U0189965

Fundamentals of Oceanic Internal Waves and Internal Waves in the China Seas
海洋内波基础和中国海内波

方欣华(FANG Xinhua)
杜　涛(DU Tao)　编著

中国海洋大学出版社
CHINA OCEAN UNIVERSITY PRESS
青岛 · QINGDAO

内容摘要

本书在阐述海洋内波基础知识、基本理论的基础上，着重介绍与海洋实际工作、应用科学及工程技术密切相关的知识与技术；强调海洋内波的随机性和潮成内波的非线性，介绍中国海内波实际状况，其中包含作者的研究成果和工作经验，有的是首次发表。本书内容包括：海洋内波的基础知识和基本方程；在各种浮频率垂向剖面和存在剪切流的海洋中线性内波的传播特性；线性和非线性潮成内波；内波实验室实验；海洋内波观测和资料分析；随机海洋内波场的统计特性和谱模型；海洋内波的生成、相互作用及消衰；中国海的内波；等等。

本书的读者对象为海洋科学、海洋技术、大气科学、海洋工程、海洋环境科学与工程、海洋石油开发，水下航行器的设计与操纵等领域的大学本科高年级学生、研究生、教师、科研及工程技术人员、管理及决策人员等，而非仅对海洋内波研究方向的研究生和学者。

图书在版编目（CIP）数据

海洋内波基础和中国海内波/方欣华，杜涛编著．青岛：中国海洋大学出版社，2004．12（2011．8重印）
ISBN 7-81067-656-3

Ⅰ．海…　Ⅱ．①方…②杜…　Ⅲ．海洋－内波　Ⅳ．P731．24

中国版本图书馆 CIP 数据核字（2004）第 122034 号

中国海洋大学出版社出版发行
（青岛市香港东路23号　邮政编码：266071）
出版人：王曙光
青岛双星华信印刷有限公司印刷
新 华 书 店 经 销
*
开本：787mm × 1 092mm　1/16　印张：22　字数：505 千字
2005 年 5 月第 1 版　2011 年 8 月第 2 次印刷
印数：1 201~2 000　定价：40.00 元

序

由于海洋内波在多种海洋运动过程中所占据的重要位置，以及它对人类在海洋中的活动所起的不容忽视的作用，一个多世纪以来，众多海洋学家投身于对它的观测与研究，尤其是自20世纪60年代以来，研究取得了长足的进展。在我国，关于海洋内波的研究则开展较晚。20世纪70年代末，基于我国海洋科学发展和国家建设的需要，在山东海洋学院（今中国海洋大学）开始了海洋内波的研究与教学，方欣华和王景明教授在极其困难的条件下承担了这一开创性的任务，逐步建立起一套完整的科研与教学体系，形成了一个以海洋内波为主要方向的科研与教学集体，取得了丰硕的成果。

《海洋内波基础和中国海内波》一书是作者多年来关于海洋内波科研与教学成果的总结。它用较大篇幅阐述了海洋内波的基础理论和实验、观测及资料分析的基本手段，介绍了这一研究领域的最新发展，并首次系统地论述了中国海的内波状况，其中不乏作者自己的成果。它既是一部由浅入深的海洋内波教材，引导读者步入海洋内波知识的殿堂，也是一部与实际应用紧密结合的实用性著作，为与海洋内波有关的各类专业人员和管理人员提供重要参考。我相信它的问世必将惠及读者，对我国海洋内波的教学、研究和应用起促进作用。

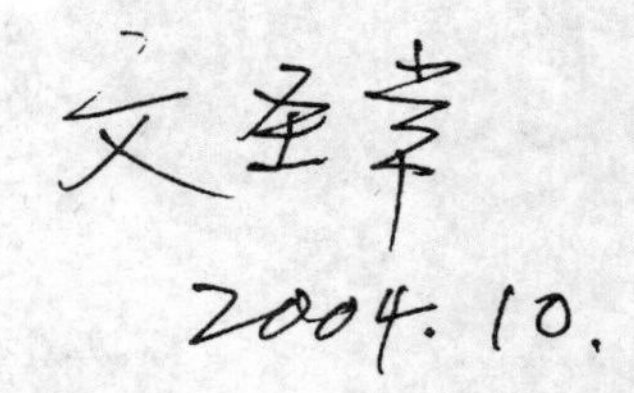

前言

海洋内波以其优美巧妙的数学形式和绚丽多姿的物理图案引导众多知名数学家、力学家和海洋学家竞相折腰。自然,海洋内波对众多学者的真正吸引力在于它在海洋科学中的重要学术价值和对人类海洋活动的不容忽视的影响。海洋内波将海洋上层能量带入深层,也是海洋大中小尺度能量级串中的重要环节。内波运动参与海洋中的物质输运过程,它的破碎使海水发生混合,从而对海洋环境有重要影响。它的存在会改变水下声信号传播路线;对海上石油、天然气等资源的勘探和开采设施的安全是一潜在的威胁。潜艇的航行与隐蔽以及鱼雷的发射等也都受到它的影响。在以非内波研究为目的的海洋观测资料中,海洋内波产生的噪声信号给资料分析带来麻烦。

对海洋内波的研究在国际上(尤其是在美国和前苏联)受到了高度重视。一些知名学者都曾投身海洋内波的研究工作中。中国老一辈海洋学家也以焦急的心情企盼着在中国开展海洋内波的研究工作。赫崇本教授在20世纪70年代初就曾与我详谈过开展海洋内波研究的设想,但由于种种原因,未能如愿。1979年,“科学的春天"来到了,文圣常院士决定在山东海洋学院(今中国海洋大学)开展对海洋内波的研究和教学工作。本人有幸与我的老师王景明教授承担了这一任务,从此开始了对海洋内波的学习、研究和教学工作。在此期间,我与老师、同事及学生共同完成了多项国家科技专项中的有关海洋内波专题(编号:85-927-05-03,97-926-05-02)、国家自然科学基金(基金号:数85632,4880228,4937625,49676275,49976002)、高等学校博士学科点专项科研基金(基金号:8842304,9045117,9342305,9542309,9842306)和山东省自然科学基金项目(编号:Y2000E04),获得了多项省部级科技进步奖;筹建了内波实验室,逐步建立起从本科生、硕士与博士研究生到博士后的全套海洋内波教学体系。在此,我深深怀念给我以海洋内波启蒙教育的已故赫崇本教授及给我极大帮助和支持的同事好友已故张玉琳高级工程师。我衷心感谢引我进入海洋科学大门并委以海洋内波研究与教学重任的文圣常院士,给我指导、帮助和支持的老师王景明教授,甘子钧研究员,学兄冯士筰院士以及始终关心支持我们工作的早年学生马继瑞研究员和江明顺博士等。我衷心感谢共事多年的同事徐肇廷教授、范植松教授和杜涛教授，还有众多国外同行好友，如G. Cresswell博士和M. Tomczak教授，他们引领我进入实际海洋内波观测和资料分析，P. Baines博士，他携我进行内波实验并为筹建我们的海洋内波实验室无偿赠送技术资料和量测设备。我还要感谢给予我们资助和指导的科技部、教育部和各基金委。

多年来，有很多不同专业的人员问及一些海洋内波的问题，希望有一部能帮助他们入门、易于理解、适于应用的关于海洋内波问题的著作。我们也希望拙著的出版能为我国海洋内波研究和应用尽绵薄之力。鉴于此，本书的读者对象定位于海洋科学、海洋技术、海洋工程、海洋声学、大气科学、海洋环境科学与工程、海洋石油勘探与开发、海洋渔业、军事海洋学等学科专业的大学本科高年级学生和研究生，教师，科研、工程、技术人员，决策和管理人员等。根据读者对象确定本书的特点为非学院式的著作，易于读者阅读理解和实际应用，并具有显著的中国特色。本书着重阐述实际海洋内波的基本特性，力图为读者提供一些研究和解决海洋内波实际问题的基本知识和方法。同时，也介绍一些作者自己的研究成果，其中有的内容是首次问世。

本书的出版得益于我们科研教学集体20多年工作经验的积累，也与老师们的指导与鼓励，同事、早年的学生及海外的同行友人，以及科技部、教育部、各基金委的支持与帮助分不开；我的合作者杜涛教授的加盟大大地丰富了本书的内容，并加快了其写作进度；中国海洋大学领导、海洋环境学院和物理海洋研究所历届领导给予了大力支持；我们的学生李海艳和孙丽认真校阅了书稿和清样。在此对他们致以衷心的感谢。

由于海洋内波现象的复杂性，理论与实践的困难，文献的浩瀚，更因为作者水平有限，书中难免会有错误和不足之处，敬请读者批评指正。

方欣华

2004年9月

目 录

CONTENTS

第 1 章 基础知识和基本方程

§1.1 概 述

1.1.1 定义、学术意义与应用价值

生活在海边的人对海面上复杂多变的波浪是司空见惯的，即使从未见过大海的人也会在电视或电影上看到过汹涌澎湃的海浪。然而，也许很多人认为，海洋的内部会是一个宁静的世界，至少不会存在起伏不停的波浪。其实，海洋内部的海水也存在着形式多样的运动，内波即是其中之一。

海洋内波是发生在密度稳定层化的海水内部的一种波动，其最大振幅出现在海洋内部，波动频率介于惯性频率和浮性频率之间；其恢复力在频率较高时主要是重力与浮力的合力（称为约化重力或弱化重力），当频率低至接近惯性频率时主要是地转柯氏惯性力，所以内波也称为内重力波或内惯性-重力波。由于实际海水密度的层间变化很小（跃层上下的相对密度差也仅约为 0.1%），所以约化重力比重力小得多，海水只要受到很小的扰动就会偏离其平衡位置而产生“轩然大波”。这种波动很缓慢，相速度仅为相应表面波的几十分之一，即一般不足 1 ms^{-1}。海洋内波具有很强的随机性，其波长和周期分布在很宽的范围内，常见的波长为几十米至几十千米，周期为几分钟至几十小时。振幅一般为几米至几十米，根据 Roberts(1975) 的统计，最大垂向振幅甚至高达 180 m。在稳定层化海洋中都可能存在内波。在海洋观测资料中常常包含着各种尺度的脉动，虽然它们并非全是内波的表现，但频率介于惯性频率与浮性频率之间的脉动，可能主要是内波的表现。

最早人们将内波作为调查资料中令人讨厌的噪声，只想将它们从数据中消除掉以获得人们见惯了的光滑无“噪声”的资料。然而，如 Garrett 和 Munk(1979) 所说的，“一些人视为噪声的因素，在另一些人看来却是一种（有用的）信号”。随着研究的深入，人们逐渐认识到内波在海洋中的重要作用。

内波在海洋中起着重要的动力学作用（Thorpe，1975，1999；Garrett & Munk，1979；Munk & Wunsch，1998；Müller & Briscoe，1999；等等）。低温高密度海水在极地区域形成后下沉到海底并在底层散布开来，这层高密度水必然要与其上的密度较低的水缓慢地混合，内波是引起这种混合的最可能因素。因为内波的群速度与水平方向成一夹角，此夹角是内波频率的函数，内波能将能量和动量从含能量和动量较高的上层海洋传入含能量和动量较低的深层，所以内波是能量和动量垂向传输的重要载体。人们普遍认为，海洋中存在大、中、小尺度能量级串，内波是这一能量级串中的一个重要环节。内波与其他大、中尺度运动过程间以及不同尺度内波间的非线性相互作用，将能量从含能较高的大尺度运动过程传递给含能较低的较小尺度运动过程，再传给更小尺度的运动过程，直至成为湍流而耗散。这种观

念正在逐步地被证实。内波引起和参与的混合过程是保持海洋层结状态的关键因素。

内波反复地将海水由光照较弱的较深处抬升到光照较强的浅层,从而促进了较深水层中的海洋生物的光合作用,提高了海洋初级生产力。内潮(由潮汐引起的内波)在陆架外缘等地形变化的海域形成上升流,将营养盐丰富的深层海水输送到浅层,有利于生活在浅层的海洋生物的增殖。

内波引起的海水混合,尤其是穿过等密度面的混合,有利于物质与热量的输运,从而对海洋环境和海洋生态保护发挥重要作用。

内波引起的等温度面和等密度面的起伏会影响到海洋中声信号的传播速度与方向,即改变了声道,从而降低了声呐功能,增加了水下通讯和目标探测的困难。大振幅内孤立波和内孤立子引起多种专业人员的关注。它使等密度面发生快速大振幅上下起伏。若有潜艇或鱼雷等水下航行物体处于这种等密度面处,则它们将随等密度面的起伏而上下运动或骤然地上浮或下沉,导致鱼雷脱靶,使潜艇难以操纵。这并非是鲜见的事件。中国某潜艇在航行中突然从 8 m 深层下沉到 80 m 深层,令操作者难于控制;也曾遇到剧烈的上下起伏长达 123 分钟之久。[①] 这些现象很可能是大振幅内孤立波和内孤立子所致。Thurman(1988)论及一次潜艇沉没的重大事件:美国海军核动力潜艇"Thrushes"号(大鲨鱼号)于 1963 年 4 月 10 日在马萨诸塞州海岸外 350 km 处出事沉没,129 名艇员全部遇难。他们发出的最后一条信息说,潜艇遇到"一点小麻烦",正在用高压空气从潜艇贮水柜往外排水。这一信息表明,当时潜艇可能正在经受着无法控制的急速下沉。Thurman 推测,这种情况可能与内波有关。海上石油钻探与开采设施也会经受内波的作用。大振幅内孤立波或内孤立子除产生等密度面大振幅垂向起伏外,还产生具有强垂向剪切的往复水平流。这种往复剪切流对刚性结构一般地不至于产生破坏性作用,但使一些柔性构件受到方向交替的剪应力。在这种剪应力的反复作用下,它们会因材料超过疲劳极限而断裂。水下输油管和电缆等的断裂很可能与这种作用有关。Ebbesmeyer 等(1991)报告,在南海陆丰油田,大振幅内孤立波在近海面水层产生强往复流,以至于使作业船发生操纵困难,也曾使油轮在短短 5 分钟内将船向改变 110°。

1.1.2 研究发展的一些重要事件

海洋内波现象的绚丽多姿、物理内涵的丰富多彩、解决海洋内波问题所用数学工具和处理方法的艰深与巧妙,在早期都引起众多研究者的兴趣。但关于海洋内波研究的真正动力,则是内波在上述各方面的作用。

最早的内波理论研究是 1847 年 Stokes 关于两层流体间的界面波动,继之 1883 年 Rayleigh 将研究扩展到连续层化流体中的内波(Munk,1981)。关于实际海洋内波观测报告要比 Stokes 的理论工作落后半个世纪。

根据 Defant(1961)和 Munk(1981)等的叙述,第一个发现海洋内波现象的是 Nansen。在 1893~1896 年的北极考察过程中,考察船"Fram"号在巴伦支海航行时,他注意到海水明显地分成两层,即在盐水上面覆盖着一薄层淡水,船在水上航行的速度显著地

① 该资料由某潜艇艇长提供。

降低了,Nansen称这一现象为“死水”现象。Ekman于1904年(Munk,1981)对此现象的解释是:由于船的运动在两层流体的界面处产生波动,此波动消耗了船的运动能量,使船速降低。此后就不断地有关于海洋内波的观测报告,如1910年的“Michael Sars”号的考察、1927年和1938年“Meteor”号的考察、1929～1930年“Snellius”号的考察等。Defant(1961)综述了1960年之前的海洋内波观测与研究工作。这一时期,人们对内波的特性与运动规律知之甚少。经典海洋学观点认为,人们观测到的海水物理量的脉动变化都是由内波引起的,并将它们视为叠加在较大尺度运动过程中的小尺度噪声。

随着在海洋调查中逐渐采用了高分辨率,快速密集取样的电子仪器和自动化设备(如温-深仪、CTD、测温链、各种自记电子海流计、ADCP,即Doppler声学海流计、声呐、锚系设备、中性浮子、各种类型的拖体以及卫星遥感技术等),海洋内波的观测工作广泛地展开了。定点锚系观测获得了不同水层处的海水物理量(如温度、盐度、密度、流速、流向等)随时间变化的记录,即时间序列。走航拖曳观测获得了不同水层海水物理量随航迹的分布,即得到沿某一水平坐标轴的(空间)序列。定点垂向下放仪器记录下物理量随深度的变化,即得到垂向(空间)序列。声呐可测出声束传播方向海水物理量的变化,例如流速剖面或密度剖面。遥感手段,尤其是SAR图片能记录下大范围的海面流场受内波调制的信号并从中分析出水下内波特性。

与应用上述观测手段同步,相应的资料处理分析理论与方法也迅速发展。时间序列分析,尤其是谱分析理论与技术的发展,使人们从资料中得到重要的内波统计特性,尤其是谱特性。

在20世纪60～70年代,海洋内波研究中一个里程碑式的成就是Garrett和Munk(1972,1975)提出的大洋内波谱模型。它的实际依据来自大量的观测资料,其中需要提及的是Fofonoff(1966,1969a,b)和Webster(1968a,1968b)在西北大西洋“D”点(39°N,5°E)和百慕大海域(32°N,64°W)的锚系海流计观测;Perkins(1970)*[①]在地中海(38°N,5°W)和Voorhis*在新英格兰外海(39°N,71°W)的中性浮子观测等;Charnock(1965)*在直布罗陀(34°N,12°W),Lafond和Lafond(1971)*在加利福尼亚(34°N,120°W)及华盛顿州外海(47°N,131°W)的走航拖曳测温链观测;Ewart*在夏威夷附近(20°N,157°W)用潜艇拖曳测温链探头的观测等等。Muller等(1978)提出了IWEX谱模型,他们所依据的资料来自IWEX(内波试验)大型锚系观测(Briscoe,1975)。Pinkel(1984)根据在观测平面“FLIP”上的声纳观测资料分析得到了内波场的波数频率(经验)谱。随着对陆架和陆坡海域内波观测研究的发展,在GM谱模型的基础上,Levine(1999)提出了一个浅海内波谱模型的框架。

Osborne等(1978)是较早(若非最早的话)以海洋石油钻探和开采作业的安全为目的进行海洋内波观测的人。Ebbesmeyer等(1991)在南海东北部陆丰油田的观测研究记录下强内孤立波现象,引起了众多学者的兴趣,致使这一海区成了观测研究内孤立波和内孤立子的“试验场”。

最早将遥感技术用于内波观测的当推Shand(1953,见Munk,1981),他用航空摄影记录下内波引起的表面条带现象。此后就不断地有这方面的研究报告,如Apel等

---

① 含*的文献参见Garrett和Munk(1972,1975),下同。

(1975),Zeng 和 Alpers(2004),Liu 等(1985, 2002)和 Zheng 等(2001),等等。

从20世纪70年代GM谱模型出现之后,人们开始将研究重点转移到内波动力学方面,力图搞清内波的生成、相互作用、演变及耗散机制,内波在整个海洋能量平衡中的作用,内波引起的混合及内波对边界混合的作用等(Wunsch, 1975; Thorpe, 1975; McComas & Bretherton, 1977; Müller, 1986; Munk & Wunsch, 1998; Müller & Briscoe, 1999)。

1984,1989,1991和1999年在夏威夷举行了一系列关于海洋内波(主要是动力学问题)的研讨会——Aha Huliko'a Hawaiian Winter Workshop (Muller & Pujalet,1984; Muller & Henderson,1989,1991,1999)。在每次会上都展示了当时的最新研究成果,回顾了前一阶段的研究进展,展望了以后的研究方向。它们对海洋内波的研究产生了前瞻性的影响。

与此同时,从力学和应用数学角度对内波的理论和实验研究也蓬勃展开。对这方面的工作,本书仅简介部分与海洋内波密切相关的内容。

我国关于海洋内波的研究起步很晚。虽然早在1963年5月下旬、1964年5月中旬和下旬中科院海洋研究所“金星”号等海洋调查船在舟山外海进行了多次关于海洋内波的观测(潘惠周等,1982),此后就中断了。对海洋内波进行认真的研究始于20世纪70年代末80年代初。中国海洋大学的王景明、方欣华、张玉琳、尤钰柱[①]、徐肇廷、范植松、杜涛、江明顺[②]、吴巍[③]、鲍献文等,国家海洋局第一海洋研究所的束星北、赵俊生、耿世江、孙洪亮等,中科院南海海洋研究所的甘子钧、蔡树群等,中科院声学研究所的高天赋、关定华等,在极其困难的条件下开创了我国海洋内波以及与内波紧密相关的海洋细结构与海洋混合等方面的研究与教学工作。他们的主要论文、著作列在本章的参考文献中,这里不再一一标注。进入本世纪后,海洋内波研究在我国受到高度重视,一些与海洋内波有关的研究项目相继展开,祝愿其在不久的将来能获得丰硕的成果。

§1.2 基础知识

1.2.1 坐标系、海水静力稳定性及浮频率

由于海洋内波运动属于物理海洋学的中、小尺度过程,因而在研究它时采用物理海洋学中常用的描述中、小尺度运动的坐标系,即固结在地球上与地球一起运动的直角坐标系。它的原点位于平均海面,x_1,x_2 轴位于此平均海面中,而且分别指向东与北,z 轴(有时也记成 x_3 轴)铅垂向上。在较早的文献中,取 z 轴垂直向下,如GM72。$\hat{\boldsymbol{i}}_1$,$\hat{\boldsymbol{i}}_2$,$\hat{\boldsymbol{i}}_3$ 分别

① 现在澳大利亚的悉尼大学。
② 现在美国 University of Massachusetts Boston。
③ 现在美国 Taxus A&M University。

为 x_1, x_2, z 坐标轴方向的单位向量。各种向量在此坐标轴方向的投影分别用下标 1,2,3 表示,如水质点运动速度向量的 3 个分量分别写成 u_1, u_2, u_3,其中 u_3 也常用 w 表示。

在上一节已指出,内波存在的先决条件是介质密度"稳定层化"。密度存在垂向梯度的流体称为层化流体。由于海洋中海水的温度和盐度都是时间与空间的函数,因而海水密度也是时间与空间的函数。记静止时的海水密度或说同一位置的时间平均密度值为 $\bar{\rho}(x_1, x_2, z)$。除海洋锋等水域中存在较大的密度水平梯度外,在大部分海域中海水平均密度的水平梯度很小,一般地可不予考虑,于是将 $\bar{\rho}(x_1, x_2, z)$ 简化为 $\bar{\rho}(z)$。[①] 若不计压缩性影响,当 $\bar{\rho}(z)$ 随深度的增大而增大,即 $\mathrm{d}\bar{\rho}(z)/\mathrm{d}z<0$,则说海水处于静力稳定状态。这时若有一小团海水由于某种外加干扰而从 z 处垂直向上偏移到 $z+\Delta z$ 处。由于历时短,这一移动过程可视为绝热无扩散过程。此小团海水应保持它的原密度 $\bar{\rho}(z)$ 不变。它所新占据之位置 $z+\Delta z$ 周围的海水密度为 $\bar{\rho}(z+\Delta z)$。因而它与周围海水密度差为

$$\Delta\bar{\rho}(z)=\bar{\rho}(z+\Delta z)-\bar{\rho}(z)=[\mathrm{d}\bar{\rho}(z)/\mathrm{d}z]\Delta z<0$$

所以,在外部扰动消除后,由此密度差 $\Delta\bar{\rho}(z)$ 引起的负浮力会使这团海水具有一向下的加速度而向下运动。当它回到原来位置 z 时,虽然所受浮力为零,但由于惯性作用,使它不能停留在此位置而继续向下运动。一旦越过原位置 z,这团水的密度就比周围密度低,从而受一向上之浮力,使速度减低直至为零,而后又因受浮力作用而向上运动。若不计阻力,这团水就会不停地以 z 为平衡位置而上下往复运动。这表明这样的密度层化状态不会因外部扰动而遭破坏,因而说这种层化是稳定层化。反之,若 $\mathrm{d}\bar{\rho}(z)/\mathrm{d}z>0$,则一旦一小团海水离开原位置后,即使外部干扰消失,也无法返回原位。这样原来的层化状态就会因外部干扰而遭破坏,因而这样的层化状态为不稳定状态。于是可用指标

$$E=-\frac{1}{\bar{\rho}}\frac{\mathrm{d}\bar{\rho}}{\mathrm{d}z} \tag{1.2.1}$$

作为密度层化是否稳定及稳定性强弱的度量,称为海水稳定度。若 $E>0$,海水为稳定层化,E 值越大,层化越稳定;$E<0$,为不稳定层化;$E=0$,密度为均匀状态。

下面再进一步考察在稳定层化时一小团海水偏移平衡位置后在平衡位置附近上下振荡的频率。设 z 处海水微团在铅垂方向偏移了一个位移 ζ,于是微团与周围海水密度差为

$$\Delta\bar{\rho}=\zeta\mathrm{d}\bar{\rho}/\mathrm{d}z$$

因而单位体积流体微团受到力 $g\Delta\bar{\rho}$ 之作用。可写出它的运动方程

$$\bar{\rho}\frac{\mathrm{d}^2\zeta}{\mathrm{d}t^2}=g\Delta\bar{\rho}=g\zeta\frac{\mathrm{d}\bar{\rho}}{\mathrm{d}z}$$

即

$$\frac{\mathrm{d}^2\zeta}{\mathrm{d}t^2}-\frac{g}{\bar{\rho}}\frac{\mathrm{d}\bar{\rho}}{\mathrm{d}z}\zeta=0 \tag{1.2.2}$$

记

---

① 关于在具有水平密度梯度的海洋中,内波的传播特性,请参阅其他有关论著,如徐肇廷(1999)。

$$N^2=-\frac{g}{\bar{\rho}}\frac{\mathrm{d}\bar{\rho}}{\mathrm{d}z} \tag{1.2.3}$$

则有

$$\frac{\mathrm{d}^2\zeta}{\mathrm{d}t^2}+N^2\zeta=0 \tag{1.2.4}$$

如上所述，对于稳定层化流体，$\mathrm{d}\bar{\rho}/\mathrm{d}z<0$，因而 $N^2>0$。这时，式(1.2.4)为熟知的弦振动方程，N 为振动的圆频率(以“弧度/单位时间”为单位的频率)。故流体微团在外部干扰消失后将以 N 为圆频率在平衡位置附近作上下振动。通常称此频率为浮频率也称 Brunt-Väisäla 频率或 Väisäla 频率。如同单摆振动的固有频率是描述单摆特性的重要物理量一样，浮频率是描述海水运动特性的一个重要物理量。同稳定度 E 一样，它也是海水密度层化状况的一种度量。显然，对于不稳定层化，$N^2<0$，N 为虚数。

必须指出，只有在很浅的上层海洋中才能近似地忽略压缩性对海水层化稳定度或浮频率的影响。在稍深的水层，压强对浮频率的影响与浮频率自身的量值同量阶。因而在较深的水层，就必须考虑压缩性对它们的影响。下面将讨论压缩性对浮频率的影响。

处于深度为 z_1，z_2 的两层流体，它们的平均密度分别为 $\bar{\rho}_1$，$\bar{\rho}_2$。若将 z_1 处的一团流体移到 z_2 处，$z_2-z_1=\Delta z$，流体团的密度由于压缩性影响由 $\bar{\rho}_1$ 变成 $\bar{\rho}_1{}'$。于是

$$\lim_{\Delta z\to 0}\frac{\bar{\rho}_1{}'-\bar{\rho}_1}{\Delta z}=\left(\frac{\partial\bar{\rho}}{\partial z}\right)_{\eta s}=\left(\frac{\partial\bar{\rho}}{\partial p}\right)_{\eta s}\frac{\partial p}{\partial z}=-\frac{\bar{\rho}_1 g}{c_s^2} \tag{1.2.5}$$

式中，下标 ηs 表示绝热无扩散过程。c_s 为声速。

此流体团的单位体积在 z_2 处所受的约化重力 F 不再是 $g(\bar{\rho}_2-\bar{\rho}_1)$，而是 $g(\bar{\rho}_2-\bar{\rho}_1{}')$，即

$$\begin{aligned}F&=g(\bar{\rho}_2-\bar{\rho}_1{}')=g[(\bar{\rho}_2-\bar{\rho}_1)-(\bar{\rho}_1{}'-\bar{\rho}_1)]\\&=g\left[\frac{\partial\bar{\rho}}{\partial z}-\left(\frac{\partial\bar{\rho}}{\partial z}\right)_{\eta s}\right]\Delta z\\&=g\left(\frac{\partial\bar{\rho}}{\partial z}+\frac{\bar{\rho}_1 g}{c_s^2}\right)\Delta z\end{aligned} \tag{1.2.6}$$

仍用 ζ 代替 Δz，与式(1.2.2)相对应的运动方程为

$$\bar{\rho}\frac{\mathrm{d}^2\zeta}{\mathrm{d}t^2}=\zeta g\left[\frac{\partial\bar{\rho}}{\partial z}+\frac{\bar{\rho}_1 g}{c_s^2}\right]$$

$$\frac{\mathrm{d}^2\zeta}{\mathrm{d}t^2}-\zeta\left(\frac{g}{\bar{\rho}}\frac{\partial\bar{\rho}}{\partial z}+\frac{g^2}{c_s^2}\right)=0 \tag{1.2.7}$$

记

$$\begin{aligned}N^2&=-\left(\frac{g}{\bar{\rho}}\frac{\partial\bar{\rho}}{\partial z}+\frac{g^2}{c_{2s}}\right)\\&=-\frac{g}{\bar{\rho}}\left[\frac{\partial\bar{\rho}}{\partial z}-\left(\frac{\partial\bar{\rho}}{\partial z}\right)_{\eta s}\right]\end{aligned} \tag{1.2.8}$$

式(1.2.8)代入(1.2.7)，即

$$\frac{\mathrm{d}^2\zeta}{\mathrm{d}t^2}+N^2\zeta=0 \tag{1.2.9}$$

它与式(1.2.4)相同。所以式(1.2.8)即为考虑压缩性时层化流体的固有振荡频率，亦即浮频率。图 1.2.1 给出了分别用式(1.2.3)和(1.2.8)计算得的浮频率的比较。图1.2.2

为不同海区的浮频率剖面实例。

与浮频率 N 一样，稳定度 E 也会受到海水压缩性的影响。考虑压缩性后的稳定度为

$$E=-\left(\frac{1}{\bar{\rho}}\frac{\partial\bar{\rho}}{\partial z}+\frac{g}{c_{\mathrm{s}}^{2}}\right)=-\frac{1}{\bar{\rho}}\left[\frac{\partial\bar{\rho}}{\partial z}-\left(\frac{\partial\bar{\rho}}{\partial z}\right)_{\eta}\right]$$

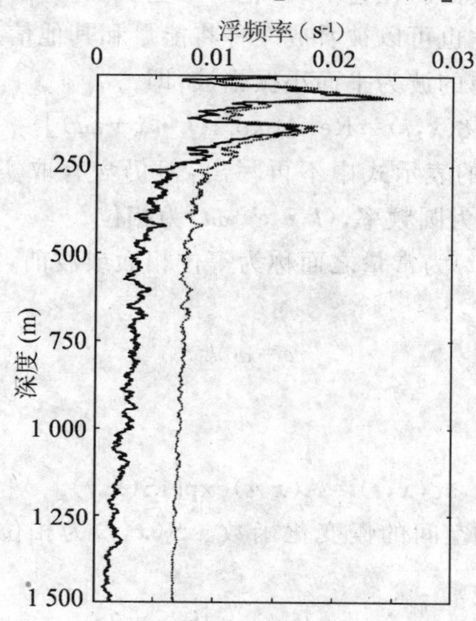

图 1.2.1　分别用式(1.2.3)和(1.2.8)计算得到的浮频率的比较

细线——未作订正；粗线——作了订正

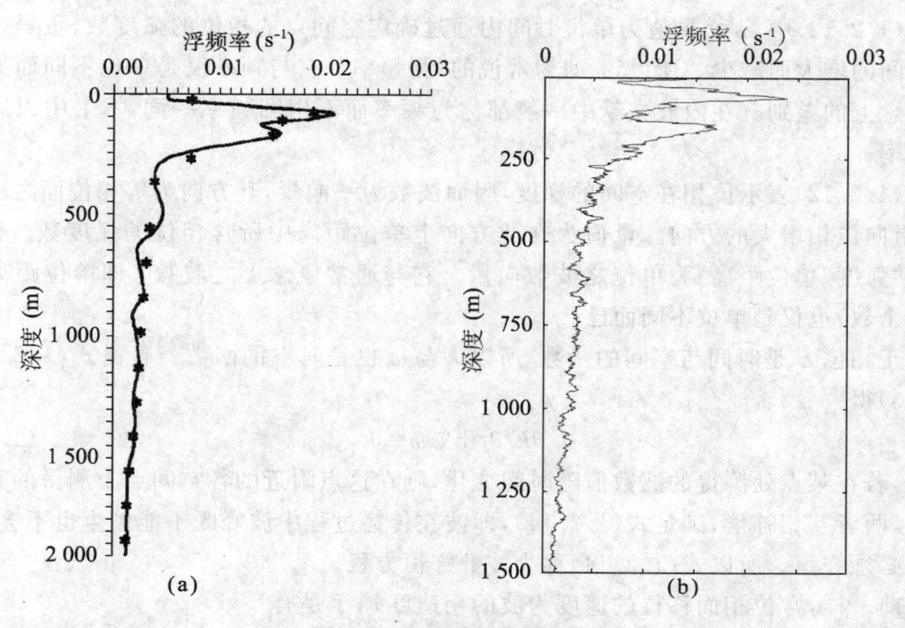

图 1.2.2　几种浮频率剖面

(a) 赤道西太平洋(Fang *et al*, 2000)　(b) 南海西南海域

1.2.2 波动运动学的一些基本概念

波动可以看成是水质点相对于平衡位置的扰动。进行波可视为一移行着的扰动。它可以想像成一个运动着的表面。在这个表面上，某些物理量(如温度、压强等)与其周围的物理量保持着密切关系。它也可以被看成一种将能量和其他信息从一点传到另一点而没有质量传递的系统。最简单的波为平面小振幅波，即

$$\zeta(\boldsymbol{x},t)=\mathrm{Re}\{A\exp[\mathrm{i}(\boldsymbol{k}\cdot\boldsymbol{x}-\omega t)]\} \tag{1.2.10}$$

式中，Re 表示取实部(以后的表示式中不再写出，但仍含有取实部之意)，A 为振幅，$\boldsymbol{k}$ 为波数向量，$\boldsymbol{x}$ 为坐标向量，ω 为圆频率，$(\boldsymbol{k}\cdot\boldsymbol{x}-\omega t)$为相位。

在物理空间，$(\boldsymbol{k}\cdot\boldsymbol{x}-\omega t)$为常量之面称为等位相面或波前，显然它的移动速度为波的相速度

$$c=\omega/k$$

它的方向与 $\boldsymbol{k}$ 一致。

一般的波动表示式为

$$\zeta(\boldsymbol{x},t)=A(\boldsymbol{x},t)\exp[\mathrm{i}S(\boldsymbol{x},t)] \tag{1.2.11}$$

此时，振幅 A 为时间和空间的慢变化函数。$S(\boldsymbol{x},t)$为相位，波数向量 $\boldsymbol{k}$ 及圆频率 ω 的定义分别如下

$$\boldsymbol{k}=\nabla S=\frac{\partial S}{\partial x_1}\hat{\boldsymbol{i}}_1+\frac{\partial S}{\partial x_2}\hat{\boldsymbol{i}}_2+\frac{\partial S}{\partial z}\hat{\boldsymbol{i}}_3 \tag{1.2.12}$$

$$\omega=-\partial S/\partial t \tag{1.2.13}$$

式(1.2.13)中，ω 之量值为单位时间内通过确定空间点的相位的弧度数，负号表示相位随时间的增大而减少。所以，ω 即为常说的“圆频率”，它与频率仅是单位不同而无任何物理概念上的差别。在内波文献中一般都称为频率而不用圆频率一词，本书中以后也统称为频率。

式(1.2.12)表示位相在空间的梯度，因而波数为一向量，其方向为等相位面之法线方向，且指向位相增大的方向。量值为在此方向上单位距离中所含相位的弧度数。因而 $\boldsymbol{k}$ 即为以“弧度/单位距离”为单位之波数向量。它与通常概念上之波数（即单位距离中所含波的个数)也仅是单位不同而已。

由于相位 S 是时间与空间的函数，所以 $\boldsymbol{k}$ 与 ω 也是时空的函数。且由式(1.2.12)和(1.2.13)得

$$\partial\boldsymbol{k}/\partial t+\nabla\omega=0 \tag{1.2.14}$$

这表明，若在某点处测得的波数值随时间变化，则在这点附近的各空间点上测得的频率必然不等，两者互相补偿，满足式(1.2.14)，即波在传播过程中波峰既不能创生也不会消失，其总数必须守恒。所以式(1.2.14)称为波数守恒方程。

同前一样，常位相面移行的速度为波的相速度 $\boldsymbol{c}$，于是有

$$\partial S/\partial t+\boldsymbol{c}\cdot\nabla S=0 \tag{1.2.15}$$

将式(1.2.12)与(1.2.13)代入上式得

$$\omega=\boldsymbol{k}\cdot\boldsymbol{c} \tag{1.2.16}$$

因为按定义 $\boldsymbol{k}$ 平行于 $\boldsymbol{c}$，所以

$$c=|\boldsymbol{c}|=\omega/k$$

$$\boldsymbol{c}=\boldsymbol{k}\omega/k^2 \tag{1.2.17}$$

$$\boldsymbol{k}=k_1\hat{\boldsymbol{i}}_1+k_2\hat{\boldsymbol{i}}_2+k_3\hat{\boldsymbol{i}}_3 \tag{1.2.18}$$

式中，k_1，k_2，k_3 分别为波数在 3 个坐标轴方向的分量。有时记

$$\boldsymbol{k}_{\mathrm{h}}=k_1\hat{\boldsymbol{i}}_1+k_2\hat{\boldsymbol{i}}_2 \tag{1.2.19}$$

称 $\boldsymbol{k}_{\mathrm{h}}$ 为水平波数，$k_3\hat{\boldsymbol{i}}_3$ 为垂向波数。

另一个重要的物理量是群速 $\boldsymbol{c}_{\mathrm{g}}$，它的定义为

$$\boldsymbol{c}_{\mathrm{g}}=\frac{\partial\omega}{\partial k_1}\hat{\boldsymbol{i}}_1+\frac{\partial\omega}{\partial k_2}\hat{\boldsymbol{i}}_2+\frac{\partial\omega}{\partial k_3}\hat{\boldsymbol{i}}_3=\frac{\partial\omega}{\partial\boldsymbol{k}} \tag{1.2.20}$$

从式(1.2.17)表明，$\boldsymbol{c}$ 描述频率与整体波数向量之间的关系，而从式(1.2.20)表明，$\boldsymbol{c}_{\mathrm{g}}$ 能进一步地阐明频率与波数向量各分量之间的关系。以后将会看到，可以将 ω 写成 $\boldsymbol{k}$ 及介质特性 λ，如浮频率或平均流速等的函数

$$\omega(\boldsymbol{x},t)=\sigma[\boldsymbol{k}(\boldsymbol{x},t),\lambda(\boldsymbol{x},t)] \tag{1.2.21}$$

当介质特性 λ 不随时空变化时，上式简化为

$$\omega(\boldsymbol{x},t)=\sigma[\boldsymbol{k}(\boldsymbol{x},t)] \tag{1.2.22}$$

式(1.2.21)或(1.2.22) 称为波的频散关系式也称为色散关系式或弥散关系式。

1.2.3 射线理论及驻相法

将式(1.2.21)代入波峰守恒方程(1.2.14)，并应用式(1.2.20)，可得

$$\frac{\partial\boldsymbol{k}}{\partial t}+(\boldsymbol{c}_{\mathrm{g}}\cdot\nabla)\boldsymbol{k}=-\frac{\partial\sigma}{\partial\lambda}\nabla\lambda \tag{1.2.23}$$

式(1.2.21)对 t 求导，并应用式(1.2.14)，可得

$$\frac{\partial\omega}{\partial t}+\boldsymbol{c}_{\mathrm{g}}\cdot\nabla\omega=\frac{\partial\sigma}{\partial\lambda}\frac{\partial\lambda}{\partial t} \tag{1.2.24}$$

上两式具有相同的数学形式。

若选一自然坐标，它的切线方向与 $\boldsymbol{c}_{\mathrm{g}}$ 一致，且沿此曲线有

$$\frac{\mathrm{d}\boldsymbol{x}}{\mathrm{d}t}=\boldsymbol{c}_{\mathrm{g}}=\frac{\partial\sigma}{\partial\boldsymbol{k}}=\frac{\partial\sigma}{\partial k_1}\hat{\boldsymbol{i}}_1+\frac{\partial\sigma}{\partial k_2}\hat{\boldsymbol{i}}_2+\frac{\partial\sigma}{\partial k_3}\hat{\boldsymbol{i}}_3 \tag{1.2.25}$$

在数学上称此曲线为特征线，在波动论著中也称它为射线。沿此射线积分(1.2.25)，得

$$\boldsymbol{x}-\int\boldsymbol{c}_{\mathrm{g}}\mathrm{d}t=\boldsymbol{\alpha} \tag{1.2.26}$$

沿同一射线，向量 $\boldsymbol{\alpha}$ 为常量；对不同射线，$\boldsymbol{\alpha}$ 有不同的量值与方向。若沿一射线($\boldsymbol{\alpha}$ 保持不变)作时间全微商，则有如下运算关系

$$\left(\frac{\mathrm{d}}{\mathrm{d}t}\right)_{\boldsymbol{\alpha}}=\frac{\partial}{\partial t}+\boldsymbol{c}_{\mathrm{g}}\cdot\nabla \tag{1.2.27}$$

于是式(1.2.25)，(1.2.23)，(1.2.24)可分别写成

$$\mathrm{d}\boldsymbol{x}/\mathrm{d}t=\partial\sigma/\partial\boldsymbol{k} \tag{1.2.28}$$

$$\frac{\mathrm{d}\boldsymbol{k}}{\mathrm{d}t}=-\frac{\partial\sigma}{\partial\lambda}\frac{\partial\lambda}{\partial\boldsymbol{x}} \tag{1.2.29}$$

$$\frac{\mathrm{d}\omega}{\mathrm{d}t}=\frac{\partial\sigma}{\partial\lambda}\frac{\partial\lambda}{\partial t} \tag{1.2.30}$$

以上3个方程称为射线方程或哈密尔顿射线方程。式(1.2.28)描述射线自身的迹线,式(1.2.29)和(1.2.30)限定了 $\boldsymbol{k}$ 与 ω 沿射线的变化规律。因而这3个方程就可作为射线理论的概括。若介质特性不是时空的函数,则上3式之右端皆为零,表明沿射线,$\boldsymbol{k}$ 与 ω 守恒。方程(1.2.28)和(1.2.29)在形式上与经典的微粒动力学哈密尔顿方程相同,这一波动力学和微粒动力学之间的相似性表明射线理论将波动现象从理论上上升到一更高层次,它揭示出波动具有理论物理中之微粒运动特性。

射线理论是解决波动问题的一种有效工具,它将用偏微分方程描述的波动问题之求解简化为沿射线对常微分方程求积分的问题。

在实际应用射线理论时,方法如下:

(1) 找出波动频散关系式;

(2) 求出某一(非射线)曲线上的 $\boldsymbol{k},\omega$,再用式(1.2.28)求出通过此曲线各点的射线的方向;

(3) 波阵面沿射线方向以速度 $\boldsymbol{c}_g$ 移动一小距离(1个时间步长);

(4) 用式(1.2.29)和(1.2.30)求出新位置上的 $\boldsymbol{k}$ 与 ω;

(5) 多次重复(2),(3),(4)。就求出全域的波动。

只要在波峰守恒方程成立的区域中,射线理论就有效,当射线交叉或重迭时,射线理论失效。只要所讨论的是近似为平面波,波的振幅、波数和频率是时空的慢变化函数时,射线理论是波传播的有效的表示方法。下面立即可看到射线理论实质上是频散波场的一种渐近表示。

设波场 $F(\boldsymbol{x},t)$ 可以对波数 $\boldsymbol{k}$ 作付氏分析

$$F(\boldsymbol{x},t)=\int_{-\infty}^{\infty}G(\boldsymbol{k})\exp\{\mathrm{i}[\boldsymbol{k}\cdot\boldsymbol{x}-\omega(\boldsymbol{k})t]\}\mathrm{d}\boldsymbol{k} \tag{1.2.31}$$

对于绝对值较大的 $\boldsymbol{x}$ 与 t,上式可用驻相法求得。驻相法的原理是,若相位 $\boldsymbol{k}\cdot\boldsymbol{x}-\omega(\boldsymbol{k})t$ 随 $\boldsymbol{k}$ 变化比振幅 $G(\boldsymbol{k})$ 随 $\boldsymbol{k}$ 的变化快得多(一般地这一条件是成立的),则对上积分之主要贡献来自满足下列方程的波数 $\boldsymbol{k}$

$$\frac{\mathrm{d}}{\mathrm{d}\boldsymbol{k}}[\boldsymbol{k}\cdot\boldsymbol{x}-\omega(\boldsymbol{k})t]=0 \tag{1.2.32}$$

因为对于这些波数,位相不随波数而变化,取其他的 $\boldsymbol{k}$ 值时,位相随波数 $\boldsymbol{k}$ 急剧地改变,作积分时相互抵消。满足式(1.2.32)之相位点称为驻相点。

由式(1.2.32)得

$$\frac{\mathrm{d}\boldsymbol{x}}{\mathrm{d}t}=\frac{\mathrm{d}\omega(\boldsymbol{k})}{\mathrm{d}\boldsymbol{k}} \tag{1.2.33}$$

对照式(1.2.25)可知上式中 $\mathrm{d}\omega/\mathrm{d}\boldsymbol{k}=\boldsymbol{c}_g$,所以式(1.2.33)与(1.2.26)相同,即驻相点的迹线等同于射线迹线。

式(1.2.31)之均方值为

$$\overline{F^2(\boldsymbol{x},t)}=\iint_{-\infty}^{\infty}G(\boldsymbol{k})G(\boldsymbol{k}')\exp\{\mathrm{i}[(\boldsymbol{k}-\boldsymbol{k}')\cdot\boldsymbol{x}-(\omega-\omega')t]\}\mathrm{d}\boldsymbol{k}\mathrm{d}\boldsymbol{k}' \tag{1.2.34}$$

根据驻相法原理，只有非常接近的 $\boldsymbol{k}$ 与 $\boldsymbol{k}'$ 值，才对上式积分有贡献，其他的 $\boldsymbol{k}$ 与 $\boldsymbol{k}'$ 值对上积分贡献为零，在 $\boldsymbol{k}'$ 附近将 $\omega=\sigma(\boldsymbol{k})$ 展开成泰勒级数，取其第1,2项并注意到 $\boldsymbol{c}_g=\mathrm{d}\sigma/\mathrm{d}\boldsymbol{k}$，可得

$$\omega(\boldsymbol{k})=\omega(\boldsymbol{k}')+\boldsymbol{b}\cdot\boldsymbol{c}_g$$

式中，$\boldsymbol{b}=\boldsymbol{k}-\boldsymbol{k}'$

将上式代入(1.2.34)，对于窄谱，可得最低阶近似式

$$\overline{F^2(\boldsymbol{x},t)}=\iint_{-\infty}^{\infty}\overline{G(\boldsymbol{k}'+\boldsymbol{b})G^*(\boldsymbol{k}')}\exp[\mathrm{i}(\boldsymbol{b}\cdot(\boldsymbol{x}-\boldsymbol{c}_g t)]\mathrm{d}\boldsymbol{k}'\mathrm{d}\boldsymbol{b} \qquad (1.2.35)$$

由上式可清楚地看出，与 $\overline{F^2(\boldsymbol{x},t)}$ 成比例的物理量如波能密度等以群速传输，而群速的方向又正好是射线切线方向，这就是由射线理论和驻相法得出的一个很重要结论。

能量沿射线传递这一特性可容易地用实验演示出来。在密度连续层化流体中撒入一些能较均匀地悬浮在液体中的浅色小塑料珠或铝粉等示踪物，在此液体中发生内波时，示踪物与水质点一起运动，明显呈现出在某些辐射线上的示踪物运动速度远远大于其他地方的示踪物运动速度，表明在这些线上液体具有远比其他地方高的机械能。这些辐射线即为上述射线。图1.2.3为铝粉显示出的射线，它从左上方波源开始射向斜右下方，到了槽底后反射向斜右上方。由于射线处的铝粉末运动速度大，在照片中呈短线状，对光线的反射强，在照片上成亮条，其他区域运动速度低，反光弱，呈暗色(在造波板附近的亮区也是因铝粉运动速度较大之故)。

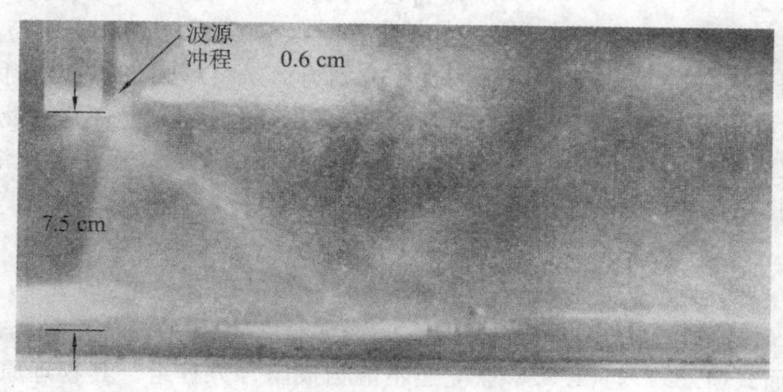

图1.2.3　铝粉末显示的内波射线(Turner,1979)

§1.3　内波基本方程

1.3.1　流体动力学基本方程

在不讨论因不稳定而产生湍流的情况时，可用以下的流体动力学基本方程作为研究内波运动的基本方程

$$\rho\frac{\mathrm{d}\boldsymbol{u}}{\mathrm{d}t}+\rho\boldsymbol{F}\times\boldsymbol{u}+\nabla p-\rho\boldsymbol{g}=\rho\boldsymbol{R} \qquad (1.3.1)$$

式中，$\rho,\boldsymbol{u},p$ 分别为流体的密度、速度(其分量记成 u_1,u_2,w 或 u_1,u_2,u_3)及压强，$\boldsymbol{g}$ 为重

力加速度，$\boldsymbol{R}$ 为单位质量流体所受的除重力及地转引起的柯氏力外之其他一切外力(包括粘性摩擦力等)。$\boldsymbol{F}$ 为地转科氏力向量，它具有随地理纬度而变化的水平分量和垂向分量，即

$$\boldsymbol{F}=\hat{\boldsymbol{i}}_2\tilde{f}+\hat{\boldsymbol{i}}_3 f \tag{1.3.2}$$

式中，$\tilde{f}$ 和 f 分别为地转向量水平分量和垂向分量

$$\tilde{f}=\Omega\cos\phi \tag{1.3.3}$$

$$f=\Omega\sin\phi \tag{1.3.4}$$

ϕ 为(x_1,x_2,z)点的地理纬度。Ω 为地转向量的量值，等于地转角速度的 2 倍，为

$$\Omega=|\boldsymbol{\Omega}|=2\cdot 2\pi/24\mathrm{h}=1.46\cdot 10^{-4}\ \mathrm{s}^{-1} \tag{1.3.5}$$

方向与地轴一致，指向正北。

所以 $\boldsymbol{F}$ 在南北极只有垂向分量，而在赤道只有水平分量。在其他纬度处，同时存在垂向分量和水平分量。

海水密度是温度 T、盐度 S 及压强 p(或说深度 D)的函数。其状态方程可抽象地表示成

$$\rho=\rho(T,S,p) \tag{1.3.6}$$

目前海洋学中采用的计算公式是经验性的，冗长复杂(Fofonoff & Millard,1983)，这里不讨论式(1.3.6)之具体变化规律，而将密度用欧拉变量来表示，即

$$\rho=\rho(x_1,x_2,z,t) \tag{1.3.7}$$

由于内波引起的海水位移不大(一般地垂向位移不超过 100 m，水平位移仅以千米计)，运动速度不大(其垂向与水平分量的量级分别为厘米每秒和米每秒)，时间尺度也较短(一般地，量级为数分钟至数十小时)。为简单计，在讨论中一般地不考虑物质扩散的影响且把海水视为不可压缩流体或以绝热状态方程描述。现在先采用不可压缩流体模型，于是与密度均匀的流体相同，它应满足

$$\nabla\cdot\boldsymbol{u}=0 \tag{1.3.8}$$

对于均质流体，在 ρ 为已知常数的情况下，问题的未知量仅有 4 个，即 u_1,u_2,w,p，将式(1.3.1)与(1.3.8)联立就得一闭合方程组。而在密度不均匀的流体中，$\rho(x_1,x_2,z,t)$也是未知的，因而式(1.3.1)与(1.3.8)联立还不能构成闭合方程组。其物理原因是对于密度不均匀的流体，式(1.3.8)仅能控制流体体积流量而不能控制流体密度变化，因而还需另一方程来确定流体密度变化规律。它就是不可压缩流体状态方程

$$\mathrm{d}\rho/\mathrm{d}t=0 \tag{1.3.9}$$

为了形象说明这一问题，分析一段等截面直管中的流动情况，设在相距 Δx 之两横截面处，流体流速分别为 v_1 与 $v_2=v_1+\Delta v$，则对不可压流体，无论是均质还是非均质流体，流过两截面之体积流量必须相等，即有

$$v_1=v_2=v,\qquad \Delta v=0 \tag{1.3.10}$$

对于密度均匀流体，上式也确定质量流量

$$\rho v_1=\rho v_2=\rho v \tag{1.3.11}$$

对于密度不均匀流体上式不成立，也不可能从式(1.3.10)导出一相当于(1.3.11)之关于两截面处之密度关系。它还应由式(1.3.9)来规定。

$$\frac{\Delta\rho\Delta x}{\Delta t}=v_1\rho_1-v_2\rho_2=v(\rho_1-\rho_2)=-v\Delta\rho$$

$$\frac{\Delta\rho}{\Delta t}=-v\frac{\Delta\rho}{\Delta x}$$

即

$$\frac{\partial\rho}{\partial t}+v\frac{\partial\rho}{\partial x}=0\qquad\text{或}\quad\frac{\mathrm{d}\rho}{\mathrm{d}t}=0$$

于是,式(1.3.1),(1.3.8)和(1.3.9)就构成了描述不可压缩、密度不均匀流体运动的闭合方程组,即

$$\begin{cases}\rho\dfrac{\mathrm{d}\boldsymbol{u}}{\mathrm{d}t}+\rho\boldsymbol{F}\times\boldsymbol{u}+\nabla p-\rho\boldsymbol{g}=\rho\boldsymbol{R}\\ \nabla\cdot\boldsymbol{u}=0\\ \mathrm{d}\rho/\mathrm{d}t=0\end{cases}\tag{1.3.12}$$

1.3.2　Boussinesq 近似、传统近似和线性近似

Boussinesq 近似　前面已述可将海水的时间平均密度视为仅是 z 的函数,即

$$\bar{\rho}=\bar{\rho}(z)$$

它也就是静止海水的密度,在问题中假设它是已知的。由运动引起的密度脉动为 $\rho'(x_1,x_2,z,t)$,于是运动海水的密度场可表示成

$$\rho(x_1,x_2,z,t)=\bar{\rho}(z)+\rho'(x_1,x_2,z,t)\tag{1.3.13}$$

故式(1.3.12)中的第 1 式改写成

$$\left(1+\frac{\rho'}{\bar{\rho}}\right)\frac{\mathrm{d}\boldsymbol{u}}{\mathrm{d}t}+\left(1+\frac{\rho'}{\bar{\rho}}\right)\boldsymbol{F}\times\boldsymbol{u}+\frac{1}{\bar{\rho}}\nabla p-\left(1+\frac{\rho'}{\bar{\rho}}\right)\boldsymbol{g}=\left(1+\frac{\rho'}{\bar{\rho}}\right)\boldsymbol{R}\tag{1.3.14}$$

运动垂向位移产生的 $\rho'/\bar{\rho}$ 极小,一般地不超过 10^{-3}。$\mathrm{d}\boldsymbol{u}/\mathrm{d}t$ 与 $\boldsymbol{F}\times\boldsymbol{u}$ 也都远小于 $\boldsymbol{g}$,所以式(1.3.14)的第 1,2 项中的 $\rho'/\bar{\rho}$ 可以忽略,同时也可忽略等式右侧的 $\rho'/\bar{\rho}$。于是密度脉动的影响只出现在重力项中,即式(1.3.14)变成

$$\frac{\mathrm{d}\boldsymbol{u}}{\mathrm{d}t}+\boldsymbol{F}\times\boldsymbol{u}+\frac{1}{\bar{\rho}}\nabla p-\left(1+\frac{\rho'}{\bar{\rho}}\right)\boldsymbol{g}=\boldsymbol{R}\tag{1.3.15}$$

若再以某一常量,例如 $\bar{\rho}(z)$ 的深度平均值

$$\bar{\rho}_*=\frac{1}{d}\int_{-d}^{0}\bar{\rho}(z)\mathrm{d}z$$

或者甚至用海表面处的平均密度 $\bar{\rho}_0$ 代替 $\bar{\rho}(z)$,引入的误差也是极小的。

上述近似处理就是 Boussinesq 近似。引入这一近似后式(1.3.15)就写成

$$\frac{\mathrm{d}\boldsymbol{u}}{\mathrm{d}t}+\boldsymbol{F}\times\boldsymbol{u}+\frac{1}{\bar{\rho}_*}\nabla p-\left(1+\frac{\rho'}{\bar{\rho}_*}\right)\boldsymbol{g}=\boldsymbol{R}\tag{1.3.16}$$

再来分析式(1.3.15)中的压强 $p(x_1,x_2,z,t)$。与 ρ 一样将 p 分解成两部分:海水处于静力学平衡时静止压强 $\bar{p}(z)$ 与由运动引起的脉动压强 $p'(x_1,x_2,z,t)$,即

$$p(x_1,x_2,z,t)=\bar{p}(z)+p'(x_1,x_2,z,t)\tag{1.3.17}$$

$\bar{p}(z)$应满足

$$\bar{p}(z)=-\int_0^z \bar{\rho}(z)g\mathrm{d}z$$

所以

$$\begin{aligned}\nabla p&=\nabla\bar{p}+\nabla p'\\&=\bar{\rho}\boldsymbol{g}+\nabla p'\end{aligned} \tag{1.3.18}$$

将它代入式(1.3.16)得

$$\frac{\mathrm{d}\boldsymbol{u}}{\mathrm{d}t}+\boldsymbol{F}\times\boldsymbol{u}+\frac{1}{\bar{\rho}}\nabla p'-\boldsymbol{g}'=\boldsymbol{R} \tag{1.3.19}$$

式中,

$$\boldsymbol{g}'=\frac{\rho'}{\bar{\rho}}\boldsymbol{g} \tag{1.3.20}$$

$\boldsymbol{g}'$为单位质量流体微团偏离平衡位置时所受到的浮力与重力的合力,称为约化重力或减弱重力。

将式(1.3.13)代入方程组(1.3.12)的第3式并展开

$$\frac{\partial\rho'}{\partial t}+u_1\frac{\partial\rho'}{\partial x_1}+u_2\frac{\partial\rho'}{\partial x_2}+w\frac{\partial\rho'}{\partial z}+w\frac{\partial\bar{\rho}}{\partial z}=0$$

即

$$\frac{\mathrm{d}\rho'}{\mathrm{d}t}+w\frac{\mathrm{d}\bar{\rho}}{\mathrm{d}z}=0 \tag{1.3.21}$$

为简单计,在此后的方程中省略ρ'和p'的撇号,写成ρ和p。其物理意义仍为压强和密度的脉动量。

式(1.3.16)中的第2项为

$$\boldsymbol{F}\times\boldsymbol{u}=(-u_2f+w\tilde{f})\hat{\boldsymbol{i}}_1+u_1f\hat{\boldsymbol{i}}_2-u_1\tilde{f}\hat{\boldsymbol{i}}_3$$

于是流体力学方程组的展开式为

$$\begin{cases}\dfrac{\mathrm{d}u_1}{\mathrm{d}t}-fu_2+\tilde{f}w+\dfrac{1}{\bar{\rho}_*}\dfrac{\partial p}{\partial x}=R_1\\[2mm]\dfrac{\mathrm{d}u_2}{\mathrm{d}t}+fu_1+\dfrac{1}{\bar{\rho}_*}\dfrac{\partial p}{\partial x_2}=R_2\\[2mm]\dfrac{\mathrm{d}w}{\mathrm{d}t}-\tilde{f}u_1+\dfrac{1}{\bar{\rho}_*}\dfrac{\partial p}{\partial z}+g'=R_3\\[2mm]\dfrac{\mathrm{d}\rho}{\mathrm{d}t}+w\dfrac{\mathrm{d}\bar{\rho}}{\mathrm{d}z}=0\\[2mm]\nabla\cdot\boldsymbol{u}=0\end{cases} \tag{1.3.22}$$

不同文献中关于 Boussinesq 近似的叙述不尽相同,上面的叙述主要参考了 Phillips (1977),LeBlond 和 Mysak(1978)的论述。Boussinesq 近似在内波研究的大多数情况下是适用的,它大大简化了运动方程,是一个非常有用的假设。但它并非在任何情况下皆适用,当它所忽略之项与其他保留之项相比并非小量时,此近似就不再适用(Benjamin, 1967;Thorpe,1968;Phillips,1977)。

传统近似 再对地转柯氏力作进一步近似处理。在方程组(1.3.22)的第1,3两式均有含$\tilde{f}$之项,在绝大多数海洋学著作中都将它忽略了,理由是在一般海水运动问题中,第

1 式的 u_2 比 w 大得多，总是忽略含 w 的项，这对中、高纬度的大、中尺度问题是合理的。根据这一理由则应保留第 3 式中含 $\tilde{f}$ 项，然而，若忽略了第 1 式中的 $\tilde{f}w$ 而保留第 3 式中的 $\tilde{f}u_1$，则方程所描述的现象完全不同于原方程所描述的现象。因而在忽略第 1 式中 $\tilde{f}w$ 的同时，必须忽略第 3 式中的 $\tilde{f}u_1$。这就是 Eckart(1960)所称的传统近似。在传统近似下，式(1.3.22)进一步简化为

$$\begin{cases}\dfrac{\mathrm{d}u_1}{\mathrm{d}t}-fu_2+\dfrac{1}{\bar{\rho}_*}\dfrac{\partial p}{\partial x_1}=R_1\\ \dfrac{\mathrm{d}u_2}{\mathrm{d}t}+fu_1+\dfrac{1}{\bar{\rho}_*}\dfrac{\partial p}{\partial x_2}=R_2\\ \dfrac{\mathrm{d}w}{\mathrm{d}t}+\dfrac{1}{\bar{\rho}_*}\dfrac{\partial p}{\partial z}+g'=R_3\\ \dfrac{\mathrm{d}\rho}{\mathrm{d}t}+w\dfrac{\mathrm{d}\bar{\rho}}{\mathrm{d}z}=0\\ \nabla\cdot\boldsymbol{u}=0\end{cases}\tag{1.3.23}$$

传统近似是否适用于海洋内波问题是很值得商榷的，尤其对较高频率的内波，与 u_1，u_2 相比，w 并非小量。但目前有关内波问题的学术著作中多引用传统近似。本书的主要内容也采用这一近似。关于这一问题还将在后面作进一步讨论。

线性近似　对于小振幅波动，可进一步引用线性近似，使上述流体力学方程组进一步简化。在线性近似中，u_1, u_2, w 以及它们对 x_1, x_2, z, t 的偏导数的相互乘积被视为高阶小量可以忽略。于是，式(1.3.23)可简化为

$$\begin{cases}\dfrac{\partial u_1}{\partial t}-fu_2+\dfrac{1}{\bar{\rho}_*}\dfrac{\partial p}{\partial x_1}=R_1\\ \dfrac{\partial u_2}{\partial t}+fu_1+\dfrac{1}{\bar{\rho}_*}\dfrac{\partial p}{\partial x_2}=R_2\\ \dfrac{\partial w}{\partial t}+\dfrac{1}{\bar{\rho}_*}\dfrac{\partial p}{\partial z}+g'=R_3\\ \dfrac{\partial w}{\partial t}+w\dfrac{\partial\bar{\rho}}{\partial z}=0\\ \nabla\cdot\boldsymbol{u}=0\end{cases}\tag{1.3.24}$$

平均流的影响　当介质存在平均运动时，波动将受到多普勒效应的影响，使固有频率发生变化。若此平均流并非均匀的，如存在平均剪切流动时，则情况更为复杂，在 $\boldsymbol{c}-\boldsymbol{v}=0$ 时($\boldsymbol{c},\boldsymbol{v}$ 分别为波的相速度和平均流速度)，会发生临界层吸收现象，使波动能量转化为平均流的能量。所以，在某些情况下，平均剪切流对内波的影响是不容忽视的。

设流体运动速度为一随深度缓慢变化的平均流 $\boldsymbol{v}(z)$ 和一脉动速度 $\boldsymbol{u}(x_1,x_2,z,t)$ 之和，即

$$\boldsymbol{u}+\boldsymbol{v}=[v_1(z)+u_1(x_1,x_2,z,t)]\hat{\boldsymbol{i}}_1+[v_2(z)+u_2(x_1,x_2,z,t)]\hat{\boldsymbol{i}}_2+w(x_1,x_2,z,t)\hat{\boldsymbol{i}}_3\tag{1.3.25}$$

为了数学处理简单，忽略地转影响。将式(1.3.25)代入(1.3.23)并展开。将平均流及其 1,2 阶导数视为普通量，对所得展开式作线性处理，很容易得到无地转、存在平均流、采用 Boussinesq 近似的线性流体动力学方程组

$$\begin{cases}\dfrac{D_0 u_1}{Dt}+v_1{}'w+\dfrac{1}{\bar{\rho}}\dfrac{\partial p}{\partial x_1}=0\\ \dfrac{D_0 u_2}{Dt}+v_2{}'w+\dfrac{1}{\bar{\rho}}\dfrac{\partial p}{\partial x_2}=0\\ \dfrac{D_0 w}{Dt}+\dfrac{1}{\bar{\rho}}\dfrac{\partial p}{\partial z}+g'=0\\ \dfrac{D_0 g'}{Dt}-N^2 w=0\\ \nabla\cdot\boldsymbol{u}=0\end{cases}\tag{1.3.26}$$

方程组(1.3.26)中的第4式也可用下式代换

$$\frac{D_0\rho}{Dt}+w\frac{d\bar{\rho}}{dz}=0$$

式中，$v_1{}'$，$v_2{}'$为v_1，v_2的一阶导数，并有

$$\frac{D_0}{Dt}=\frac{\partial}{\partial t}+v_1\frac{\partial}{\partial x_1}+v_2\frac{\partial}{\partial x_2}\tag{1.3.27}$$

1.3.3 小振幅波动问题的本征方程

由于小振幅波动是线性问题，不存在平均流时可采用式(1.3.24)为基本方程组。再将问题局限于纯粹的波动传播问题，不考虑除重力与柯氏力外的其他外力，于是上方程组中的$\boldsymbol{R}=0$。根据波动基本特性，方程组中$\boldsymbol{u}$，p，ρ都为波动量。在上述假设下重写方程组(1.3.24)，即有

$$\frac{\partial u_1}{\partial t}+\frac{1}{\rho_*}\frac{\partial p}{\partial x_1}-fu_2=0\tag{1.3.28}$$

$$\frac{\partial u_2}{\partial t}+\frac{1}{\rho_*}\frac{\partial p}{\partial x_2}+fu_1=0\tag{1.3.29}$$

$$\frac{\partial w}{\partial t}+\frac{1}{\rho_*}\frac{\partial p}{\partial z}+g'=0\tag{1.3.30}$$

$$\frac{\partial\rho}{\partial t}+w\frac{d\bar{\rho}}{dz}=0\tag{1.3.31}$$

$$\frac{\partial u_1}{\partial x_1}+\frac{\partial u_2}{\partial x_2}+\frac{\partial w}{\partial z}=0\tag{1.3.32}$$

作以下运算

$$\partial(1.3.28)/\partial z-\partial(1.3.30)/\partial x_1$$
$$\partial(1.3.29)/\partial z-\partial(1.3.30)/\partial x_2$$

可得

$$\frac{\partial}{\partial t}\left(\frac{\partial u_1}{\partial z}-\frac{\partial w}{\partial x_1}\right)-\frac{\partial g'}{\partial x_1}-f\frac{\partial u_2}{\partial z}=0\tag{1.3.33}$$

$$\frac{\partial}{\partial t}\left(\frac{\partial u_2}{\partial z}-\frac{\partial w}{\partial x_2}\right)-\frac{\partial g'}{\partial x_2}+f\frac{\partial u_1}{\partial z}=0\tag{1.3.34}$$

再作以下运算

$$\partial^2(1.3.33)/\partial t\partial x_1+\partial^2(1.3.34)/\partial t\partial x_2$$

得

$$\frac{\partial^2}{\partial t^2}\left[\frac{\partial}{\partial z}\left(\frac{\partial u_1}{\partial x_1}+\frac{\partial u_2}{\partial x_2}\right)-\frac{\partial^2 w}{\partial x_1^2}-\frac{\partial^2 w}{\partial x_2^2}\right]-\left(\frac{\partial^2}{\partial x_1^2}+\frac{\partial^2}{\partial x_2^2}\right)\frac{\partial g'}{\partial t}+f\frac{\partial^2}{\partial t\partial z}\left(\frac{\partial u_1}{\partial x_2}-\frac{\partial u_2}{\partial x_1}\right)=0$$

即

$$-\frac{\partial^2}{\partial t^2}(\nabla^2 w)-\nabla_{\mathrm{h}}^2\left(\frac{\partial g'}{\partial t}\right)+f\frac{\partial^2}{\partial t\partial z}\left(\frac{\partial u_1}{\partial x_2}-\frac{\partial u_2}{\partial x_1}\right)=0 \tag{1.3.35}$$

式中，

$$\nabla_{\mathrm{h}}^2=\frac{\partial^2}{\partial x_1^2}+\frac{\partial^2}{\partial x_2^2} \tag{1.3.36}$$

对式(1.3.35)的第 2 项再作处理

$$-\nabla_{\mathrm{h}}^2\left(\frac{\partial g'}{\partial t}\right)=\nabla_{\mathrm{h}}^2\left(\frac{g}{\rho_*}\frac{\partial\rho}{\partial t}\right)=-\frac{g}{\rho_*}\nabla_{\mathrm{h}}^2\frac{\partial\rho}{\partial t}=\frac{g}{\rho_*}\frac{\mathrm{d}\bar{\rho}}{\mathrm{d}z}\nabla_{\mathrm{h}}^2 w$$

在导出上式最后一个等式时引用了式(1.3.31)。进一步记

$$N^2=-\frac{g}{\rho_*}\frac{\mathrm{d}\bar{\rho}}{\mathrm{d}z} \tag{1.3.37}$$

可看出，N 即为浮频率。于是(1.3.35)写成

$$\frac{\partial^2}{\partial t^2}(\nabla^2 w)+N^2\ \nabla_{\mathrm{h}}^2 w+f\frac{\partial^2}{\partial t\partial z}\left(\frac{\partial u_1}{\partial x_2}-\frac{\partial u_2}{\partial x_1}\right)=0 \tag{1.3.38}$$

作运算

$$\frac{\partial(1.3.28)}{\partial x_2}-\frac{\partial(1.3.29)}{\partial x_1}$$

可得

$$\frac{\partial}{\partial t}\left(\frac{\partial u_1}{\partial x_2}-\frac{\partial u_2}{\partial x_1}\right)=-f\frac{\partial w}{\partial z} \tag{1.3.39}$$

将式(1.3.39)代入式(1.3.38)即可以得到 Boussinesq 近似下的小振幅内波运动垂向速度分量 w 应满足的方程。

到此为止，对内波运动除作小振幅假设限制外没有其他任何限制。为了进一步简化方程，下面将引入较强的限制。设 $w(x_1,x_2,z,t)$ 可分离变量，并可表示成如下形式

$$w(x_1,x_2,z,t)=\tilde{w}(x_1,x_2,z)\exp(-\mathrm{i}\omega t) \tag{1.3.40}$$

即认为 w 是频率为 ω 的波动，其振幅是空间位置的函数。式中 $\exp(-\mathrm{i}\omega t)$ 在运算中仅取其实部。将式(1.3.39)和(1.3.40)代入(1.3.38)得

$$\nabla_{\mathrm{h}}^2\tilde{w}-\frac{\omega^2-f^2}{N^2-\omega^2}\frac{\partial^2\tilde{w}}{\partial z^2}=0 \tag{1.3.41}$$

设 $\tilde{w}$ 可进一步分离变量

$$\tilde{w}(x_1,x_2,z)=W(z)F(x_1,x_2) \tag{1.3.42}$$

即波动 $\tilde{w}$ 之振幅在水平方向的变化规律由 $F(x_1,x_2)$ 描述，垂向变化规律由 $W(z)$ 确定。上式代入式(1.3.41)

$$\frac{\nabla_{\mathrm{h}}^2 F}{F}=\frac{\omega^2-f^2}{N^2-\omega^2}\frac{1}{W}\frac{\mathrm{d}^2 W}{\mathrm{d}z^2} \tag{1.3.43}$$

上式左侧是 x_1,x_2 的函数，而右侧是 z 的函数，因而它只能是与 x_1,x_2,z 无关的常量，记

此常量为$-k_h^2$,于是有

$$\frac{1}{F}\nabla_h^2 F=\frac{\omega^2-f^2}{N^2-\omega^2}\frac{1}{W}\frac{d^2W}{dz^2}=-k_h^2$$

即

$$\frac{\partial^2 F}{\partial x_1^2}+\frac{\partial^2 F}{\partial x_2^2}+k_h^2 F=0 \tag{1.3.44}$$

$$\frac{d^2W}{dz^2}+\frac{N^2-\omega^2}{\omega^2-f^2}k_h^2 W=0 \tag{1.3.45}$$

继续设 F 为可分离变量

$$F(x_1,x_2)=F_1(x_1)F_2(x_2) \tag{1.3.46}$$

并记

$$k_h^2=k_1^2+k_2^2 \tag{1.3.47}$$

上两式代入式(1.3.44),稍加改写得

$$F''_1/F_1+k_1^2=-(F''_2/F_2+k_2^2)$$

上式左侧是 x_1 的函数,而右侧是 x_2 的函数,因而它只能是常量,不失一般性,令它为0,于是有

$$F''_1(x_1)+k_1^2F_1(x_1)=0 \tag{1.3.48}$$

$$F''_2(x_2)+k_2^2F_2(x_2)=0 \tag{1.3.49}$$

记

$$k_3^2=k_h^2\ \frac{N^2-\omega^2}{\omega^2-f^2} \tag{1.3.50}$$

则方程(1.3.45)也可写成与式(1.3.48)及(1.3.49)相同的形式

$$W''(z)+k_3^2W(z)=0 \tag{1.3.51}$$

很容易看出,式(1.3.48),(1.3.49)和(1.3.51)是本征方程,因而以后的问题就是如何求解这些形式相同的本征方程的问题。

式(1.3.51)与 Phillips(1977),Garrett 和 Munk(1972)等所用的方程相同。在另一些文献中,如 LeBlond 和 Mysak(1979),Roberts(1977),蔡树群和甘子钧(1995)等,在无 Boussinesq 近似条件下得出的方程(在下一节中将会导出)为

$$w''(z)-\frac{N^2}{g}w'(z)+k_h^2\ \frac{N^2-\omega^2}{\omega^2-f^2}w(z)=0 \tag{1.3.52}$$

在最强的跃层处,$O(N)\sim10^{-1}\,\mathrm{s}^{-1}$,一般水层中 $O(N)\leqslant10^{-3}\,\mathrm{s}^{-1}$,若按线性模型假设,$w''$,$w'$,$w$ 有相同的量阶,则式(1.3.52)中含 w' 之项应可忽略。蔡树群和甘子钧(1995)分别用式(1.3.51),(1.3.52)计算了南海的内波频散关系与波函数,比较两个结果得出,在一般的水层两者差别甚微,但在近表层,两者有较大差别,忽略含 w' 项可能产生20%的误差。

存在平均剪切流时,从方程组(1.3.26)出发,经过与前述无平均流情况相似的数学处理后可得到与式(1.3.38)相对应的方程

$$\frac{D_0^2}{Dt^2}(\nabla^2 w)-\frac{D_0}{Dt}\left(v'_1\ \frac{\partial w}{\partial x_1}+v'_2\ \frac{\partial w}{\partial x_2}\right)+N^2\ \nabla_h^2 w=0 \tag{1.3.53}$$

假设脉动是可由下式描述的波动

$$w(x_1,x_2,z,t)=W(z)\exp[\mathrm{i}(k_1x_1+k_2x_2-\omega t)] \tag{1.3.54}$$

将它代入式(1.3.53)，得到 $w(z)$ 应满足的方程

$$W''(z)+k_3^2W(z)=0 \tag{1.3.55}$$

式中，

$$k_3^2=\frac{(N^2-\omega_0^2)k_h^2+(k_1v'_1+k_2v'_2)\omega_0}{\omega_0^2} \tag{1.3.56}$$

$$\omega_0=\omega-k_1v_1-k_2v_2 \tag{1.3.57}$$

式(1.3.55)与式(1.3.51)的形式完全相同，所不同的仅是 k_3。

若平均流是均匀的，$v'_1=v'_2=0$，式(1.3.56)简化为

$$k_3^2=k_h^2\frac{(N^2-\omega_0^2)}{\omega_0^2} \tag{1.3.58}$$

或写成

$$\omega_0^2=N^2\frac{k_h^2}{k^2}\quad 或\quad \frac{\omega_0}{N}=\frac{k_h}{k} \tag{1.3.59}$$

即

$$\omega=k_1v_1+k_2v_2+N\frac{k_h}{k} \tag{1.3.60}$$

式(1.3.57)所示的 ω_0 为波相对于运动介质的频率称为固有频率，称 ω 为受多普勒迁移的频率。

因为垂向位移 $\zeta(\boldsymbol{x},t)$ 和垂向速度 $w(\boldsymbol{x},t)$ 有如下关系

$$w=\frac{\partial\zeta}{\partial t}$$

若设

$$\zeta=Z(z)\exp\{\mathrm{i}[(\boldsymbol{x}_h\cdot\boldsymbol{k}_h)-\omega t]\}$$

则 $Z(z)$ 可得到与式(1.3.51)、(1.3.52)及(1.3.55)形式相同的方程。

§1.4　关于基本方程和海面边界条件的进一步讨论

1.4.1　对基本方程的进一步讨论

前面曾给出浮频率的两个定义式即式(1.2.3)，(1.2.8)。前者为不考虑海水压缩性影响，即视海水为不可压流体；后者则计入压缩性影响，将海水视为可压缩流体。在海洋内波研究中，通常的作法是采用不可压缩流体动力学方程和计入压缩性影响的浮频率。这看起来似乎存在逻辑上的矛盾，为化解这一矛盾，再来考察基本方程。

方欣华和王景明(1984)从王景明(1982)[①]的方程组出发，讨论了海水压缩性对内波的影响，其方程组为

① 参见王景明：《物理海洋学》(内波部分)，山东海洋学院海洋系研究生教材，1982。

$$\frac{\partial u_1}{\partial t}-fu_2+\tilde{f}w+\frac{1}{\bar{\rho}}\frac{\partial p}{\partial x_1}=0 \tag{1.4.1}$$

$$\frac{\partial u_2}{\partial t}+fu_1+\frac{1}{\bar{\rho}}\frac{\partial p}{\partial x_2}=0 \tag{1.4.2}$$

$$\frac{\partial w}{\partial t}-\tilde{f}u_1+\frac{1}{\bar{\rho}}\frac{\partial p}{\partial z}+\frac{\rho}{\bar{\rho}}g=0 \tag{1.4.3}$$

$$\rho\nabla\cdot\boldsymbol{u}+w\frac{\partial\bar{\rho}}{\partial z}+\frac{\partial\rho}{\partial t}=0 \tag{1.4.4}$$

$$\frac{\partial p}{\partial t}=c_s^2\frac{\partial\rho}{\partial t} \tag{1.4.5}$$

式中，c_s 为声速。这里采用了线性近似，并用绝热等熵假设替换不可压假设，而且舍弃了常用的传统近似。应用式(1.4.5)可将式(1.4.4)的后 2 项改写成

$$w\frac{\partial\bar{\rho}}{\partial z}+\frac{\partial\rho}{\partial t}=\frac{1}{c_s^2}\left(-w\bar{\rho}g+\frac{\partial p}{\partial t}\right) \tag{1.4.6}$$

设所有的脉动量具有如下的指数形式

$$\phi(x_1,x_2,z,t)=\Phi(z)\exp[\mathrm{i}(k_1x_1+k_2x_2-\omega t)] \tag{1.4.7}$$

将它代入式(1.4.1)～(1.4.4)及(1.4.6)可得各脉动量振幅应满足的方程

$$-\mathrm{i}\omega U_1-fU_2+\tilde{f}W+\mathrm{i}\frac{k_1}{\bar{\rho}}P=0 \tag{1.4.8}$$

$$-\mathrm{i}\omega U_2+fU_1+\mathrm{i}\frac{k_2}{\bar{\rho}}P=0 \tag{1.4.9}$$

$$-\mathrm{i}\omega W-\tilde{f}U_1+\frac{1}{\bar{\rho}}\frac{\mathrm{d}p}{\mathrm{d}z}+\frac{R}{\bar{\rho}}g=0 \tag{1.4.10}$$

$$\mathrm{i}k_1U_1+\mathrm{i}k_2U_2+W'+\frac{1}{\bar{\rho}}W\frac{\mathrm{d}\bar{\rho}}{\mathrm{d}z}\frac{1}{\bar{\rho}}-\frac{1}{\bar{\rho}}\mathrm{i}\omega R=0 \tag{1.4.11}$$

$$W\frac{\mathrm{d}\bar{\rho}}{\mathrm{d}z}-\mathrm{i}\omega R+\frac{1}{c_s^2}W\bar{\rho}g+\mathrm{i}\frac{\omega}{c_s^2}P=0 \tag{1.4.12}$$

式中，$R(z)$ 和 $P(z)$ 分别为脉动密度 ρ 和脉动压强 p 的振幅，其他字母的含义同前。作运算[iω·(1.4.8)$-f$·(1.4.9)]及[f·(1.4.8)+iω·(1.4.9)]分别得

$$(\omega^2-f^2)U_1=-\mathrm{i}\omega\tilde{f}W+(\mathrm{i}fk_2+\omega k_1)\frac{P}{\bar{\rho}} \tag{1.4.13}$$

$$(\omega^2-f^2)U_2=-\tilde{f}fW+(-\mathrm{i}fk_1+\omega k_2)\frac{P}{\bar{\rho}} \tag{1.4.14}$$

记

$$N^2=-\left(\frac{g}{\bar{\rho}}\frac{\mathrm{d}\bar{\rho}}{\mathrm{d}z}+\frac{g^2}{c_s^2}\right) \tag{1.4.15}$$

由式(1.2.4)可知，N 为可压缩流体中的浮频率。

将式(1.4.15)代入式(1.4.12)得

$$R=\frac{P}{c_s^2}+\mathrm{i}\frac{\bar{\rho}W}{\omega g}N^2 \tag{1.4.16}$$

再将式(1.4.13)与(1.4.16)代入式(1.4.10)得

$$\frac{dP}{dz}=\left(\frac{i\,\tilde{f}fk_2+\tilde{f}\omega k_1}{\omega^2-f^2}-\frac{g}{c_s^2}\right)P+i\omega\bar{\rho}W\left(\frac{\omega^2-f^2-\tilde{f}^2}{\omega^2-f^2}-\frac{N^2}{\omega^2}\right) \tag{1.4.17}$$

式(1.4.13)和(1.4.14)代入式(1.4.11)并应用式(1.4.15)和(1.4.16)得

$$W'=\left(\frac{-\omega\tilde{f}k_1+i\,\tilde{f}fk_2}{\omega^2-f^2}+\frac{g}{c_s^2}\right)W-i\omega\frac{P}{\bar{\rho}}\left(\frac{k_1^2+k_2^2}{\omega^2-f^2}-\frac{1}{c_s^2}\right) \tag{1.4.18}$$

由于

$$\frac{d}{dz}\left(\frac{P}{\bar{\rho}}\right)=\frac{1}{\bar{\rho}}\frac{dP}{dz}-\frac{P}{\bar{\rho}^2}\frac{d\bar{\rho}}{dz}$$

式(1.4.17)与(1.4.18)分别化为

$$\frac{d}{dz}\left(\frac{P}{\bar{\rho}}\right)=\left[\frac{\tilde{f}(ifk_2+\omega k_1)}{\omega^2-f^2}+\frac{N^2}{g}\right]\frac{P}{\bar{\rho}}+i\omega W\left[\frac{\omega^2-f^2-\tilde{f}^2}{\omega^2-f^2}-\frac{N^2}{\omega^2}\right] \tag{1.4.19}$$

$$W'=\left[\frac{\tilde{f}(ifk_2-\omega k_1)}{\omega^2-f^2}+\frac{g}{c_s^2}\right]W-i\omega\frac{P}{\bar{\rho}}\left[\frac{k_1^2+k_2^2}{\omega^2-f^2}-\frac{1}{c_s^2}\right] \tag{1.4.20}$$

为书写简单计，将上 2 式中之系数分别用 A_1,A_2,A_3,A_4 代替，即

$$A_1=\frac{\tilde{f}(ifk_2+\omega k_1)}{\omega^2-f^2}+\frac{N^2}{g}$$

$$A_2=i\omega\left(\frac{\omega^2-f^2-\tilde{f}^2}{\omega^2-f^2}-\frac{N^2}{\omega}\right)$$

$$A_3=\frac{\tilde{f}(ifk_2-\omega k_1)}{\omega^2-f^2}+\frac{g}{c_s^2}$$

$$A_4=-i\omega\left(\frac{k_1^2+k_2^2}{\omega^2-f^2}-\frac{1}{c_s^2}\right)$$

并记

$$\frac{P}{\bar{\rho}}=Q \tag{1.4.21}$$

于是，式(1.4.19)和(1.4.20)就简写成

$$\frac{dQ}{dz}=A_1Q+A_2W \tag{1.4.22}$$

$$W'=A_3W+A_4Q \tag{1.4.23}$$

由式(1.4.23)得

$$Q=\frac{W'-A_3W}{A_4}$$

上式取微商

$$\frac{dQ}{dz}=\frac{W''-A_3W'}{A_4}$$

将上 2 式代入式(1.4.22)并将 $A_1,\cdots,A_4$ 用原式代入稍加整理得

$$W''-\left(\frac{N^2}{g}+\frac{g}{c_s^2}+i\,\frac{2\tilde{f}fk_2}{\omega^2-f^2}\right)W'$$

$$+(\omega^2-f^2)^{-1}\left[\tilde{f}^2k_2^2+k_h^2(N^2-\omega^2)-\omega\tilde{f}k_1\left(\frac{N^2}{g}-\frac{g}{c_s^2}\right)\right.$$

$$+\omega^2(\omega^2-f^2-\tilde{f}^2)\frac{1}{c_s^2}+\mathrm{i}\,\tilde{f}fk_2\left(\frac{N^2}{g}+\frac{g}{c_s^2}\right)\Bigg]W=0 \tag{1.4.24}$$

下面分不同假设来化简式(1.4.24)。

(1) 首先采用传统近似,即设 $\tilde{f}=0$,并忽略压缩性影响,即 $\frac{1}{c_s^2}=0$,式(1.4.24)简化为

$$W''-\frac{N^2}{g}W'+k_h^2\frac{N^2-\omega^2}{\omega^2-f^2}W=0 \tag{1.4.25}$$

它即为不含 Boussinesq 近似的内波方程(1.3.52)。引入 Boussinesq 近似就回到式(1.3.45)。

(2) 采用传统近似,并计入压缩性影响,式(1.4.24)简化为

$$W''-\left(\frac{N^2}{g}+\frac{g}{c_s^2}\right)W'+\left(k_h^2\frac{N^2-\omega^2}{\omega^2-f^2}+\frac{\omega^2}{c_s^2}\right)W=0 \tag{1.4.26}$$

令所含之量的量阶为

$$O(N)=O(\omega)=10^{-2}\,\mathrm{s}^{-1},\quad O(f)=10^{-4}\,\mathrm{s}^{-1},\quad c_s=10^3\,\mathrm{ms}^{-1},\quad k_h=10^{-3}\,\mathrm{m}^{-1}$$

上式 W' 前的系数所含的 2 项同量阶;W 前的系数,第 1 项的量阶大于第 2 项,仅需保留第 1 项。于是方程(1.4.26)简化为

$$W''-\left(\frac{N^2}{g}-\frac{g}{c_s^2}\right)W'+k_h^2\frac{N^2-\omega^2}{\omega^2-f^2}W=0 \tag{1.4.27}$$

仍引入 Boussinesq 近似,式(1.4.27)仍简化为(1.3.45)。但必须注意,这时式中所含的浮频率 N 应是式(1.4.15),而非(1.3.37)。

(3) 同时计入 $\tilde{f}$ 及压缩性影响,这时问题变得复杂了。

Kamke(张鸿林译,1977)引入变换

$$Z(x)=Y(x)X(x) \tag{1.4.28}$$

式中,

$$X(x)=\exp\left[\frac{1}{2}\int\frac{B}{A}\mathrm{d}x\right] \tag{1.4.29}$$

将方程

$$A(x)Y''(x)+B(x)Y'(x)+C(x)Y=0 \tag{1.4.30}$$

化为“标准型”方程

$$Z''(x)+I(x)Z(x)=0 \tag{1.4.31}$$

式中,

$$I(x)=\frac{C}{A}+\frac{1}{4}\left(\frac{B}{A}\right)^2-\frac{1}{2}\left(\frac{B}{A}\right)' \tag{1.4.32}$$

遵照 Kamke 的上述处理方法,引入

$$V(z)=W(z)X(z) \tag{1.4.33}$$

式中,

$$X(z)=\exp\left[\frac{1}{2}\int\left(\frac{N^2}{g}+\frac{g}{c_s^2}+\mathrm{i}\,\frac{2\,\tilde{f}fk_2}{\omega^2-f^2}\right)\mathrm{d}z\right] \tag{1.4.34}$$

得到与式(1.4.28)相应的“标准型”方程

$$V''(z)+m^2V(z)=0 \tag{1.4.35}$$

式中，

$$m^2=\left[k_h^2\frac{N^2-\omega^2}{\omega^2-f^2}+\frac{\omega^2\tilde{f}^2k_2^2}{(\omega^2-f^2)^2}\right]+\left(\frac{N'(z)}{N}-\frac{\omega\tilde{f}k_1}{\omega^2-f^2}-\frac{N^2}{4g}\right)\frac{N^2}{g}$$
$$+\left[\frac{\omega^2(\omega^2-f^2-\tilde{f}^2)}{\omega^2-f^2}+\frac{\omega\tilde{f}k_1g}{\omega^2-f^2}-\frac{N^2}{g}\right]\frac{1}{c_s^2}-\frac{g^2}{4c_s^4} \tag{1.4.36}$$

由于 m^2 中之各项目有相同的量纲(波数的平方)。可以不作无量纲化处理就对它所含各项作一简单的量阶分析。

根据海洋实际，先取各量的量阶如下：

$O(f)=O(\tilde{f})=O(2\Omega)=10^{-4}\ \mathrm{s}^{-1}$

$O(N)=10^{-3}\ \mathrm{s}^{-1}$

$O(N')<10^{-4}\ \mathrm{s}^{-1}\mathrm{m}^{-1}$

$O(k_h)=O(k_1)=O(k_2)=10^{-3}\ \mathrm{m}^{-1}$

舍弃量阶值小的项得到

$$m^2=k_h^2\frac{N^2-\omega^2}{\omega^2-f^2} \tag{1.4.37}$$

若 $O(\omega)=O(f)$，上式依然成立。当然，式中所含的 N 仍应由式(1.4.15)定义。

在较深水层，$O(N)=O(f)$，式(1.4.36)作量阶大小的取舍后得出

$$m^2=k_h^2\frac{N^2-\omega^2}{\omega^2-f^2}+k_2^2\tilde{f}^2\frac{\omega^2}{(\omega^2-f^2)^2} \tag{1.4.38}$$

$$X(z)=\exp\left[\mathrm{i}\frac{\tilde{f}fk_2}{\omega^2-f^2}\right]$$

在解(1.4.35)之后就得 $W(z)$

$$W(z)=V(z)\exp\left[-\mathrm{i}\frac{\tilde{f}fk_2}{\omega^2-f^2}\right] \tag{1.4.39}$$

由前面的分析得出以下几点：

(1) Boussinesq 近似引起的误差主要在 N 值较大的水层，即接近海面的跃层处。在压缩性影响较大的较深水层，Boussinesq 近似引起的误差是很小的。因而，一般地说，引入压缩性影响后就可采用 Boussinesq 近似。

(2) 在空气动力学中，压缩性对流体运动的影响由马赫数(流体流动速度与声速之比)表征。方程中含马赫数之项与其他项相比不能忽略时就必须计入压缩性影响，反之，则可不计。海洋内波引起的流体运动速度远比声速低，因而可视为不可压流体运动问题，这是问题的一个方面。其另一方面，与流动速度无关的物理量 N 则会受到压强的影响。压缩性对 N 之影响重要与否是相对于温度和盐度等物理量对密度变化的影响大小而定的。在上层，密度的变化主要由温、盐度变化引起，而在较深的水层中，温、盐度的变化极小，密度的变化主要地来自压强的变化。

Каменкович 和 Кулаков (1977) 在不可压假设下得到了与式(1.4.24)相应的方程，并作了求解与讨论。范植松和方欣华(1998a,b)也在不可压条件下对 $\tilde{f}$ 的影响作了讨论。在此不作详述。

此后若无特别说明，对海洋内波的分析采用式(1.3.52)，对浮频率的定义式则采用式(1.4.15)，即(1.2.4)。

1.4.2 海面边界条件的进一步探讨

在上两节中将海面视为刚性平面，即“刚盖假设”，认为

$$W(z=0)=0$$

它是内波传播问题中的近似边界条件，其近似程度是相当高的，但若需研究表面状态(如气压或风应力)与内波相互作用问题时，就需要寻求更适合、更精确的边界条件。Krauss (1996)对这一问题已有阐述。

设海面方程为

$$z=\zeta_0(x_1,x_2,t) \tag{1.4.40}$$

海面处的海水压强为 $\tilde{p}$，将它分解为平均压强 $\bar{p}(z)$ 和脉动压强 $p(x_1,x_2,z,t)$

$$\tilde{p}(x_1,x_2,z,t)=\bar{p}(z)+p(x_1,x_2,z,t) \tag{1.4.41}$$

再设在自由表面上的大气压强为常值 $\tilde{p}_a$，在自由表面 ζ_0 处，海水压强 $\tilde{p}$ 应等于大气压强 $\tilde{p}_a$

$$\tilde{p}(x_1,x_2,\zeta_0,t)=\tilde{p}_a \tag{1.4.42}$$

于是

$$\mathrm{d}\tilde{p}/\mathrm{d}t=\mathrm{d}\tilde{p}_a/\mathrm{d}t=0,\qquad 当\ z=\zeta_0$$

即

$$\partial\tilde{p}/\partial t+\boldsymbol{u}\cdot\nabla\tilde{p}=0,\qquad 当\ z=\zeta_0 \tag{1.4.43}$$

但

$$\partial\tilde{p}/\partial t=\partial p/\partial t$$

而

$$\nabla\tilde{p}=\nabla\bar{p}+\nabla p$$

$$\boldsymbol{u}\cdot\nabla\tilde{p}=\boldsymbol{u}\cdot\nabla\bar{p}+\boldsymbol{u}\cdot\nabla p$$

上式右方第 2 项与第 1 项相比为 2 阶小量，可以忽略，而第 1 项为

$$\boldsymbol{u}\cdot\nabla\bar{p}=-w\bar{\rho}g$$

代入(1.4.43)得

$$\partial p/\partial t=\bar{\rho}gw,\quad 在\ z=\zeta_0\ 处 \tag{1.4.44}$$

重写式(1.3.24)的水平分量式，并令 $\boldsymbol{R}=0$，

$$\frac{\partial u_1}{\partial t}-fu_2+\frac{1}{\bar{\rho}}\ \frac{\partial p}{\partial x_1}=0 \tag{1.4.45}$$

$$\frac{\partial u_2}{\partial t}+fu_1+\frac{1}{\bar{\rho}}\ \frac{\partial p}{\partial x_2}=0 \tag{1.4.46}$$

作运算 $\dfrac{\partial^2(1.4.45)}{\partial t\partial x_1}+\dfrac{\partial^2(1.4.46)}{\partial t\partial x_2}$ 得

$$\frac{\partial^2}{\partial t^2}\left(\frac{\partial u_1}{\partial x_1}+\frac{\partial u_2}{\partial x_2}\right)-f\frac{\partial}{\partial t}\left(\frac{\partial u_2}{\partial x_1}-\frac{\partial u_1}{\partial x_2}\right)=-\frac{1}{\bar{\rho}}\nabla_h^2\left(\frac{\partial p}{\partial t}\right) \tag{1.4.47}$$

式中，$\nabla_h^2 \equiv \frac{\partial^2}{\partial x_1^2}+\frac{\partial^2}{\partial x_2^2}$

再作运算 $\frac{\partial(1.4.46)}{\partial x_1}-\frac{\partial(1.4.45)}{\partial x_2}$ 得

$$\frac{\partial}{\partial t}\left(\frac{\partial u_2}{\partial x_1}-\frac{\partial u_1}{\partial x_2}\right)=-f\left(\frac{\partial u_1}{\partial x_1}+\frac{\partial u_2}{\partial x_2}\right)$$

将上式以及式(1.4.44)代入式(1.4.47)，并应用不可压条件，得

$$\frac{\partial^3 w}{\partial t^2 \partial z}+f^2\frac{\partial w}{\partial z}-g\nabla_h^2 w=0, \quad 在\ z=\zeta_0\ 处 \tag{1.4.48}$$

令

$$w=W(z)\exp[\mathrm{i}(k_1x_1+k_2x_2-\omega t)]$$

代入式(1.4.48)得

$$W'-\frac{k_h^2 g}{\omega^2-f^2}W=0, \quad 在\ z=\zeta_0\ 处 \tag{1.4.49}$$

式(1.4.49)即为表面气压为常值且无风应力时之精确的表面边界条件。

若以解

$$W=A\exp(\mathrm{i}k_3z)+B\exp(-\mathrm{i}k_3z)$$

代入式(1.4.49)，可得

$$\mathrm{i}\frac{\sqrt{(N^2-\omega^2)(\omega^2-f^2)}}{gk_h}[A\exp(\mathrm{i}k_3\zeta_0)-B\exp(-\mathrm{i}k_3\zeta_0)]$$
$$=A\exp(\mathrm{i}k_3\zeta_0)+B\exp(-\mathrm{i}k_3\zeta_0)=W(z=\zeta_0) \tag{1.4.50}$$

显然，若

$$\sqrt{(N^2-\omega^2)(\omega^2-f^2)}\ll gk_h \tag{1.4.51}$$

则式(1.4.50)可用下式近似，

$$W(z=0)=0 \tag{1.4.52}$$

因为 ζ_0 是很小的，不等式(1.4.51)是极易满足的。因而一般地可用近似边界条件(1.4.52)来代替复杂的式(1.4.49)，由此而引入的误差是极小的。

若大气压强不为常值，而是

$$\tilde{p}_a=\tilde{p}_a(x_1,x_2,t) \tag{1.4.53}$$

且记

$$p_{at}=\frac{\mathrm{d}\tilde{p}_a}{\mathrm{d}t}$$

则式(1.4.43)应改为

$$\frac{\partial\tilde{p}}{\partial t}+\vec{\mathbf{V}}\cdot\nabla\tilde{p}_a=\frac{\mathrm{d}\tilde{p}_a}{\mathrm{d}t}=p_{at} \tag{1.4.54}$$

于是与式(1.4.44)相应的式子为

$$\frac{\partial p}{\partial t}=\bar{\rho}gw+p_{at}, \quad 在\ z=\zeta_0\ 处 \tag{1.4.55}$$

与式(1.4.48)相应的为

$$\frac{\partial^3 w}{\partial t^2\partial z}+f^2\frac{\partial w}{\partial z}-g\nabla_h^2 w=\frac{1}{\rho}\nabla_h^2 p_{at}, \quad 在\ z=\zeta_0\ 处 \tag{1.4.56}$$

在讨论移行的气压场激发内波的问题时,(1.4.56)即为一有用的关系式。

若在海面存在脉动的风应力场,$\tau_1(x_1,x_2,t)$,$\tau_2(x_1,x_2,t)$分别为海面风应力在 x_1,x_2 方向的分量,则应采用如下的表面边界条件

$$\begin{cases}\tau_1(x_1,x_2,t)=-E\dfrac{\partial u_1}{\partial z}\\ \tau_2(x_1,x_2,t)=-E\dfrac{\partial u_2}{\partial z}\end{cases},\quad 在\ z=\zeta_0\ 处 \tag{1.4.57}$$

E 为海面摩擦系数,由经验确定。

第2章 线性内波的传播特性

§2.1 内波的垂向进行模态、反射特性及垂向驻模态

2.1.1 内波的垂向进行模态

如图1.2.1所示，在海洋中浮频率随深度而变化，但除了季节性跃层外，这一变化是很缓慢的。在讨论有限深度段中内波传播的一些基本特性时，可先近似地假设浮频率为常量。在实验室进行内波实验时可以很方便地配制出浮频率为常值的密度层化流体，大量关于内波的基本原理实验都是在这样的条件下进行的。因而无论是真实海洋中内波的研究还是实验室内波的研究，浮频率为常量的假设既具有数学上的简单性，也不失其真实性。

重写式(1.3.51)，(1.3.50)及(1.3.47)

$$W''+k_3^2W=0 \tag{2.1.1}$$

$$k_3^2=k_{\mathrm{h}}^2\frac{N^2-\omega^2}{\omega^2-f^2} \tag{2.1.2}$$

$$k_{\mathrm{h}}^2=k_1^2+k_2^2 \tag{2.1.3}$$

式中，k_{h} 与 k_3 分别为水平波数和垂向波数。

$k_3^2<0$ 时，W 为 x_3 的指数函数；$k_3^2=0$ 时，W 为 x_3 的线性函数。即当 $k_3^2\leqslant 0$ 时，W 的最大值(因而垂向位移 u_0 的最大值)总是位于海面而非海水内部，这与内波定义中所规定的最大振幅发生在流体内部的限制不符，因而当 $k_3^2\leqslant 0$ 时，(2.1.1)不可能得到内波解。

当 $k_3^2>0$ 时，式(2.1.1)具有波动解，它可写成如下形式

$$W(z)=C_3\sin(k_3z+\alpha_3)=A_3\sin(k_3z)+B_3\cos(k_3z) \tag{2.1.4}$$

或写成指数形式

$$W(z)=A_3\exp(\mathrm{i}k_3z)+B_3\exp(-\mathrm{i}k_3z) \tag{2.1.5}$$

它表明 W 为2个正弦函数的线性迭加，总可能在流体内部出现最大振幅，因而符合内波定义。

若 $k_3^2>0$，且 $k_{\mathrm{h}}^2>0$，则由(2.1.2)得

$$\frac{N^2-\omega^2}{\omega^2-f^2}>0 \tag{2.1.6}$$

在一般情况下 $f<N$，因而要使式(2.1.1)具有内波解，则必须满足 $f<\omega<N$，即在传统近似下，式(2.1.6)限定了内波的频率范围，这一结论对于浮频率不为常量的介质也成立。

$$\begin{aligned}w(x_1,x_2,z,t)&=F(x_1,x_2)W(z)\exp(-\mathrm{i}\omega t)\\&=A_3\exp[\mathrm{i}(k_1x_1+k_2x_2+k_3z-\omega t)]+B_3\exp[\mathrm{i}(k_1x_1+k_2x_2-k_3z-\omega t)]\end{aligned}$$

$$=A_3\exp[\mathrm{i}(\boldsymbol{k}\cdot\boldsymbol{x}-\omega t)+B_3\exp[\mathrm{i}(\boldsymbol{k}'\cdot\boldsymbol{x}-\omega t)] \tag{2.1.7}$$

式中，

$$\begin{cases}\boldsymbol{k}=\hat{\boldsymbol{i}}_1k_1+\hat{\boldsymbol{i}}_2k_2+\hat{\boldsymbol{i}}_3k_3\\ \boldsymbol{k}'=\hat{\boldsymbol{i}}_1k_1+\hat{\boldsymbol{i}}_2k_2-\hat{\boldsymbol{i}}_3k_3\\ \boldsymbol{x}=\hat{\boldsymbol{i}}_1x_1+\hat{\boldsymbol{i}}_2x_2+\hat{\boldsymbol{i}}_3x_3\end{cases} \tag{2.1.8}$$

显然，式(2.1.7)是一列波形向斜上方传播的正弦波和一列波形向斜下方传播的正弦波的线性迭加，它们水平波数相同，垂向波数量值相等，方向相反。只要清楚其中的一列就可知道内波传播的一些基本性质。首先，如上所述，内波是一种在三维空间传播的波，波数 $\boldsymbol{k}$ 为一三维向量。由于波形沿波数向量 $\boldsymbol{k}$ 的方向传播，因而内波不同于熟知的在水平方向传播的表面波，它是斜向传播的波。其波形传播方向，即波向线或波数向量 $\boldsymbol{k}$ 之方向与铅垂方向的夹角 α 可由式(2.1.2)得出

$$\tan\alpha=k_{\mathrm{h}}/k_3=\sqrt{(\omega^2-f^2)/(N^2-\omega^2)} \tag{2.1.9}$$

对于给定的 f 和 N，只要 ω 确定了，α 就是确定的，而 k_{h} 可能在水平平面的任意方向，所以对于确定的 ω，$\boldsymbol{k}$ 的可能方向就落在锥角为 2α 的圆锥面上。图 2.1.1 给出了这一圆锥面的几何图形。

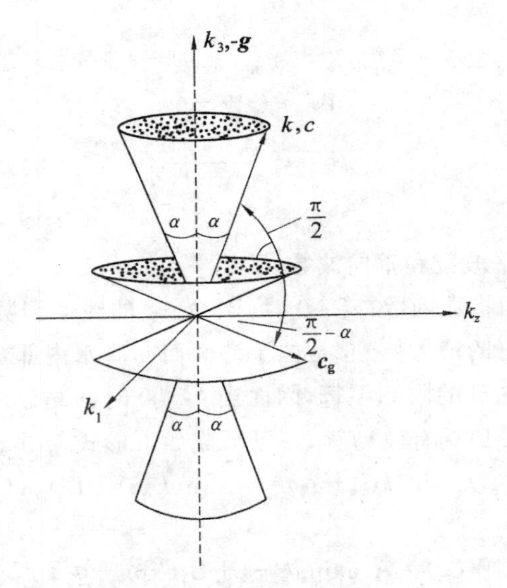

图 2.1.1　波数向量 k 及相应的群速向量 C_g 的可能方向构成的圆锥面(LeBlond & Mysak, 1978)

由上式得出，若 N 与 f 确定不变，即波所在的纬度确定(认为是小范围的)，而且层化均匀不变，则 α 随波频 ω 而变。当 ω 接近于 f 时，α 接近于 0°，波形近于沿铅垂方向传播；当 ω 接近 N 时，α 接近 90°，波形近似地沿水平方向传播；在一般情况下，即 ω 远离 f 与 N 时，波形沿斜向传播。内波波形传播方向与 ω 的这种关系已在图 2.1.2 给出。

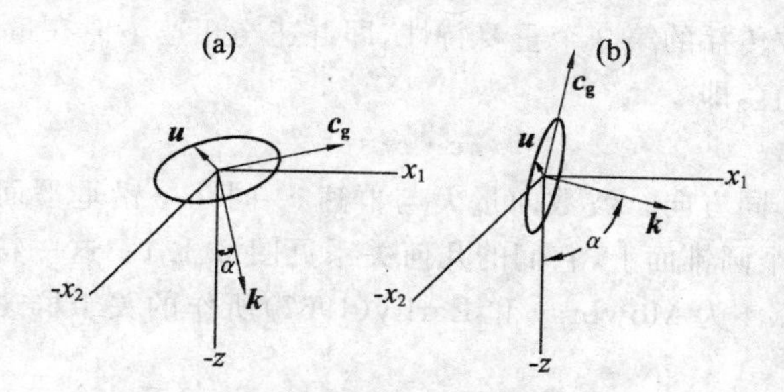

图 2.1.2　内波波形传播方向与 ω 的关系

(a) $\omega\approx f$;(b) $\omega\approx N$

缘于上述传播特性，故在某处发生一列由各种频率的分波合成的内波，因不同频率的分波向不同方向传播，即使在离发生地不远的地方观测到的波形也就与原来的波形大不相同了。这一特点已被大量海洋内波调查资料所证实。图 2.1.3 即为在澳大利亚悉尼附近陆架上观测得到的温度脉动随时间变化的曲线。图 2.1.3(a),(b)与(c)之仪器的水平距离约为 1 000 m,同一图中的两曲线为垂向相距 40 m,可以看出它们之间的差别是相当大的。

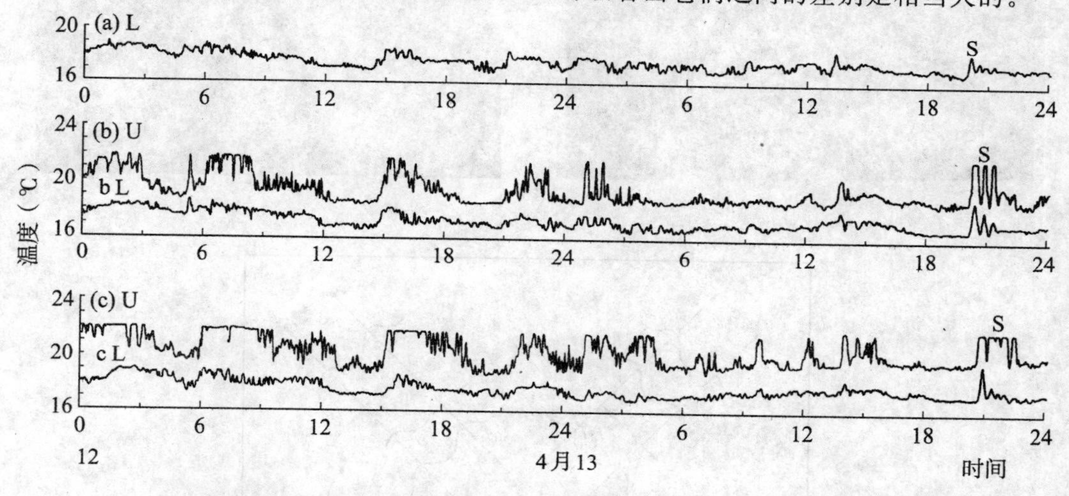

图 2.1.3　澳大利亚悉尼附近陆架区内波观测所得的温度-时间曲线 (Fang *et al*,1984)

(a),(b),(c)表示水平间距约为 1 km 的 3 个锚系,U 与 L 分别表示上层与下层资料

相速 $\boldsymbol{c}$ 为

$$\boldsymbol{c}=\frac{\omega}{k^2}\mathbf{k}=\frac{\omega}{k_1^2+k_2^2+k_3^2}(\hat{\boldsymbol{i}}_1k_1+\hat{\boldsymbol{i}}_2k_2+\hat{\boldsymbol{i}}_3k_3)\tag{2.1.10}$$

而群速 $\boldsymbol{c}_g$ 为

$$\boldsymbol{c}_g=\hat{\boldsymbol{i}}_1\frac{\partial\omega}{\partial k_1}+\hat{\boldsymbol{i}}_2\frac{\partial\omega}{\partial k_2}+\hat{\boldsymbol{i}}_3\frac{\partial\omega}{\partial k_3}\tag{2.1.11}$$

由式(2.1.2)得

$$\omega=\frac{\sqrt{k_h^2N^2+k_3^2f^2}}{k}\tag{2.1.12}$$

于是很容易得出内波传播的第 3 个重要特性，即群速与相速不但在量值上不等，连方向也不一致，它们相互垂直，即

$$\boldsymbol{c} \cdot \boldsymbol{c}_g = 0 \tag{2.1.13}$$

波速 $\boldsymbol{c}$ 与波数向量 $\boldsymbol{k}$ 同方向。波数向量 $\boldsymbol{k}$ 与群速 $\boldsymbol{c}_g$ 同在一铅垂平面，所以，对于任意频率 ω，$\boldsymbol{c}_g$ 只能落在一个圆锥面上，它们的几何关系见图 2.1.1。这一特性很容易由实验室实验所证实。图 2.1.4 为 Mowbray 和 Rarity(1967)所作的关于群速（或射线）之实验及其示意图。

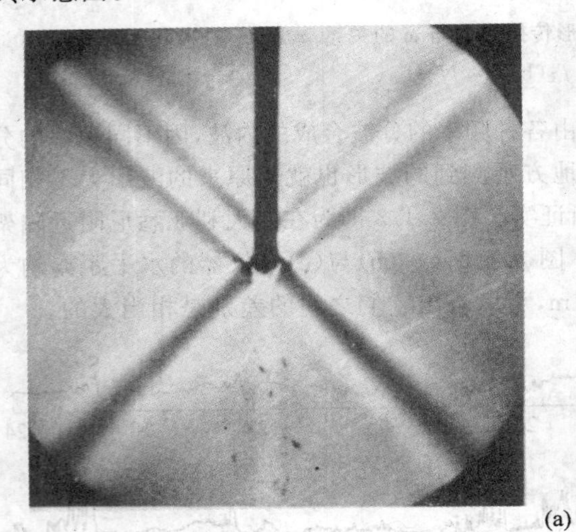
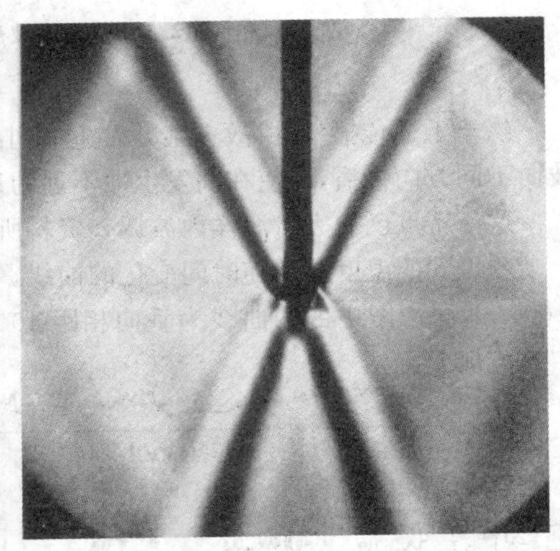

(a)

(b)

图 2.1.4　群速 $\boldsymbol{c}_g$ 与相速 $\boldsymbol{c}$ 之关系

(a) 实验照片(Mowbray & Rarity,1967)　左：$\omega/N=0.615$，　右：$\omega/N=0.9$

(b) 示意图(Roberts,1975)

水深与波长相比大得多的开阔海洋可以近似地视为无论是水平方向还是垂向都是无限的，内波往前传播时不会被反射回来。式(2.1.7)可作为这种海域中的内波模型。

2.1.2　内波的反射特性及垂向驻模态

海面与海底对内波的传播有重要影响。在实验室的实验中由于水深很浅，水面与槽底的影响就更突出。因而在求解式(2.1.1)，(2.1.2)时应有相应的海底与表面边界条件。若将底面视为水平光滑平面，则在此底面处，流体垂向速度为 0。在表面，虽然内波会引起表面起伏变化，但理论与实测都表明此起伏与流体内部的起伏相比是极微小的，因而可近似地将表面视为刚性平面，此即海洋学中著名的“刚盖假设”。于是可将问题化为如下形式

$$W''(z)+k_3^2W(z)=0 \tag{2.1.14}$$

$$k_3^2=k_h^2\frac{N^2-\omega^2}{\omega^2-f^2} \tag{2.1.15}$$

$$W(z)=0,\text{当 } z=0,-d \tag{2.1.16}$$

式中，d 为水深。

式(2.1.14)之解即为式(2.1.4)或(2.1.5)。这里采用式(2.1.5)并在其中加上初位相 α，使之更具一般性

$$W(z)=A_3\exp[\mathrm{i}(k_3z+\alpha)]+B_3\exp[-\mathrm{i}(k_3z+\alpha)] \tag{2.1.17}$$

取实部

$$W(z)=A_3\cos(k_3z+\alpha)+B_3\cos(k_3z+\alpha)$$
$$=(A_3+B_3)\cos(k_3z+\alpha)$$

记

$$A=A_3+B_3$$

$$W(z)=A\cos(k_3z+\alpha) \tag{2.1.18}$$

将式(2.1.16)中的海面边界条件代入上式，得

$$A\cos(k_3z+\alpha)=0$$

得

$$\alpha=\frac{\pi}{2}$$

即

$$W(z)=A\cos\left(k_3z+\frac{\pi}{2}\right)=A\sin(k_3z)$$

再将海底边界条件代入上式，得

$$-A\sin(k_3d)=0$$

即

$$k_3=\frac{j\pi}{d},\qquad j=1,2,3,\cdots \tag{2.1.19}$$

于是得

$$W(z)=A\sin(k_3z) \tag{2.1.20}$$

式(2.1.20)即为满足式(2.1.14)，(2.1.15)和(2.1.16)之本征解。由式(2.1.15)与式(2.1.19)得频散关系式为

$$k_h=\frac{j\pi}{d}\left(\frac{\omega^2-f^2}{N^2-\omega^2}\right)^{1/2},\qquad j=1,2,3,\cdots \tag{2.1.21}$$

或

$$\omega=\left[\frac{N^2k_h^2+k_3^2f^2}{k_h^2+k_3^2}\right]^{1/2}$$

根据以前的讨论，可以将垂向速度 w 写成

$$w(x_h,z,t)=A\sin(k_3z)\exp[i(k_hx_h-\omega t)]$$

取实部

$$w(x_h,z,t)=A\sin(k_3z)\cos(k_hx_h-\omega t) \tag{2.1.22}$$

将连续方程写成

$$\frac{\partial u_h}{\partial x_h}+\frac{\partial w}{\partial z}=0$$

式中，x_h，u_h 分别为波在水平传播方向的坐标和水质点运动速度在水平方向的分量。

由式(2.1.22)得

$$\frac{\partial w}{\partial z}=Ak_3\cos(k_3z)\cos(k_hx_h-\omega t)$$

于是

$$\begin{aligned}u_h&=-\int\frac{\partial w}{\partial z}\,dx_h+C(z)\\&=-A\frac{k_3}{k_h}\cos(k_3z)\sin(k_hx_h-\omega t)+C(z)\end{aligned}$$

小振幅波动不可能产生水平流的非波动成分，因而上式的 $C(z)$ 应为零，此后，类似的积分常数不再写出。于是

$$u_h=-A\frac{k_3}{k_h}\cos(k_3z)\sin(k_hx_h-\omega t) \tag{2.1.23}$$

或写成指数形式

$$u_h=-A\frac{k_3}{k_h}\cos(k_3z)\exp[-i(k_hx_h-\omega t)]$$

其振幅为

$$U_h=-A\frac{k_3}{k_h}\cos(k_3z) \tag{2.1.24}$$

由垂向位移 ζ 与垂向速度 w 之关系可得垂向位移

$$\begin{aligned}\zeta&=\int w\,dt\\&=-\frac{1}{\omega}A\sin(k_3z)\sin(k_hx_h-\omega t)\end{aligned} \tag{2.1.25}$$

故振幅 Z 为

$$Z=-\frac{1}{\omega}A\sin(k_3z) \tag{2.1.26}$$

由式(2.1.22)～(2.1.26)可得出，此波动在铅垂方向是由一列上传波和一列下传波迭加而成的，而这上传与下传的波可能是在表面和底面反射的结果。

Z 随 z 的变化如图 2.1.5 所示，它是一族正弦曲线，当 $j=1$ 时，$Z_{(1)}$ 有 1 个极值，位于 $z=-d/2$，而在表面与底面，$Z_{(1)}$ 皆为 0。这表明，从海底到海面，$Z_{(1)}$ 是同位相的，它沿深度仅有量值变化而无方向改变。它引起的等密度面的起伏变化如图 2.1.6(a) 所示。当 $j=2$ 时，$Z_{(2)}$ 有 2 个极值点，其间有一零点，在海底与海面处也为零，如图 2.1.6(b)所示。这表明

它在垂向不仅有量值变化，而且有方向改变，上下两部分水层垂向运动方向相反。随着 j 的增大，$Z_{(j)}$ 的极值数目也增多，而且极值数正好等于 j。j 称为垂向驻内波的模态数。

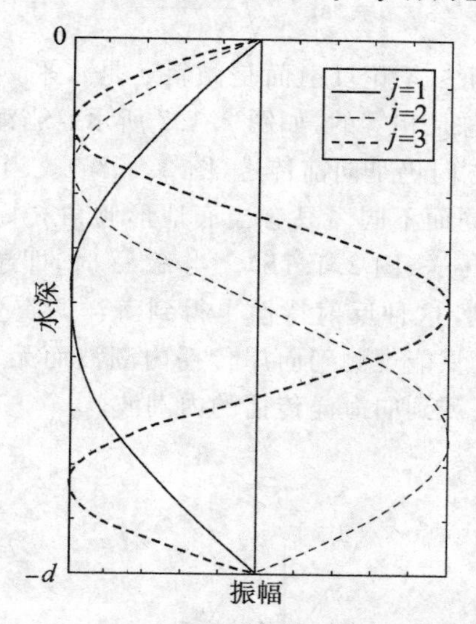

图 2.1.5　不同模态驻内波引起的水质点运动垂向位移的振幅 Z

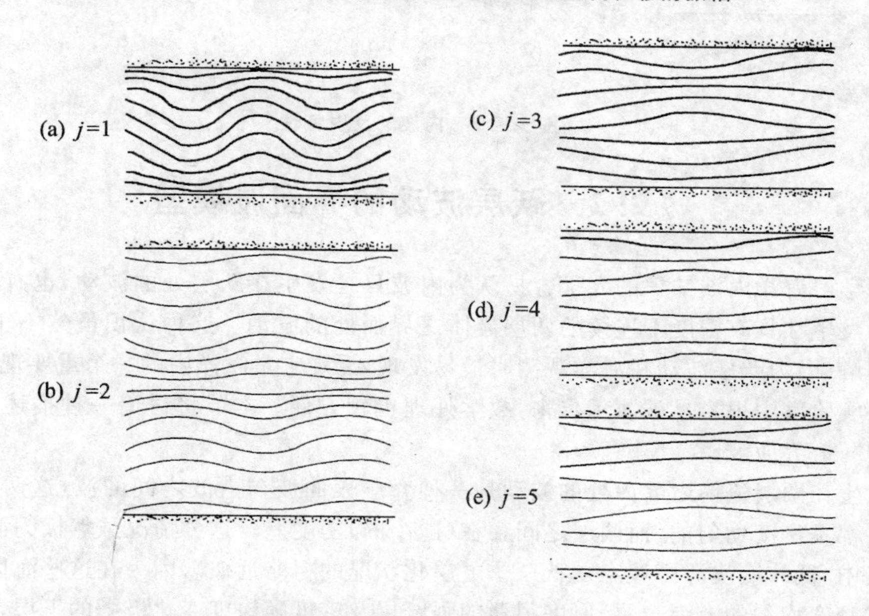

图 2.1.6　不同模态驻内波引起的等密度面的波动图案

(a) $j=1$　(b) $j=2$　(c) $j=3$　(d) $j=4$　(e) $j=5$

应当指出，波的反射是能量的反射。波形的反射是通过能量的反射来实现的。表面波的能量传输方向与波形传播方向一致，这一机制常易被模糊。对于内波的反射，这一点是很容易用实验室实验清楚地演示出来，如图 1.1.2。在图中可清楚地看到从左上方向下之射线在底部受到反射后又转向斜上方。波能集中在此射线及其附近。

内波能量反射的方向可以从弥散关系式简单而直观地得出。由式(2.1.9)得 $\boldsymbol{k}$ 与铅

直方向之夹角α为

$$\alpha=\tan^{-1}\sqrt{\frac{\omega^2-f^2}{N^2-\omega^2}}$$

它即为射线与水平方向之夹角。不论反射面是倾斜还是水平，入射之射线与水平之夹角与反射之射线与水平之夹角总是相等的，如图 2.1.7 所示。当海底为水平时，波能通过海底及海面不断反射，在水平方向仍是向前传送(图 2.1.7a)。当海底倾斜时，在海底的反射特性根据海底倾斜程度不同而不同。只有当底地形倾角$\beta<\alpha$时，即亚临界地形，波能才能不断地在水平方向向前传送(图 2.1.7b)。当$\beta>\alpha$时，即超临界地形，波能在水平方向也将受到反射(图 2.1.7c)。这种反射特性也得到海洋调查资料的证实。在陆架外缘形成的内潮，于平缓的陆架上只能观测到向岸传播内潮波而无相反方向的内潮波。相反地，在陡峭的陆坡上则只能观测到向海洋传播的内潮波。

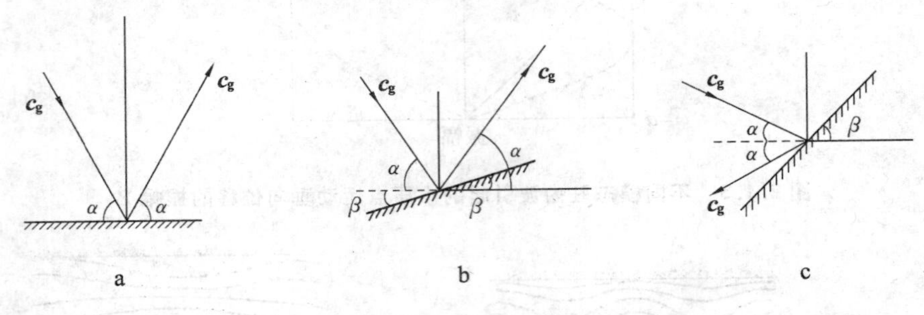

图 2.1.7　内波的反射特性

§2.2　跃层波动的界面波模型

未学习海洋内波知识的人很容易认为内波只是发生在跃层处的波动，也有人将内波等同于发生在具有密度不连续的两层流体之界面处的波动。这种认识虽然不正确，但是可以理解，因为跃层波动在海洋观测时最易发现，无疑它是海洋中的一个重要现象。界面波动在实验室中很容易被演示出来，数学处理也较方便。本节将讨论一种描述跃层波动的模型——界面波。

发生在两层流体之界面处的波动是一种介于表面波与内波之间的波，这两层流体的每一层都是密度均匀的，而两层之间存在(微小的)密度差。这种情况虽然极为简单，但却是一般中、低纬度浅海区域春夏秋三季之层化状况的粗略近似。因为在这些海区，海水可以分成密度均匀的上混合层、厚度很薄的强跃层及密度随深度变化极微的下层，若将跃层简化成间断面，并忽略下层密度的微小变化，则可用上述分层模型来近似。图 2.2.1 给出了长江口外浅海区温、盐、密度随深度分布的实测曲线。用两层模型近似虽然会引入误差，但处理方法简单，在很多情况下是可取的。

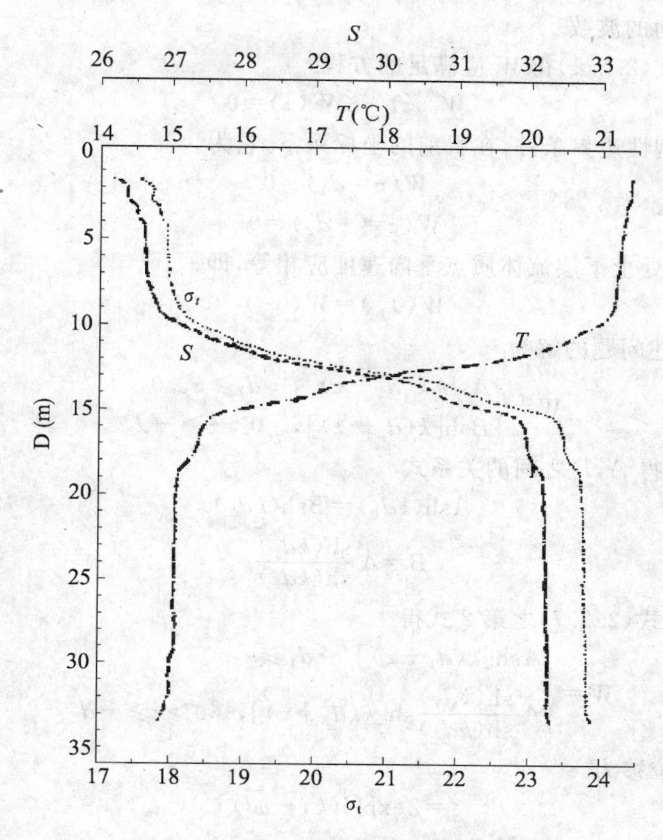

图 2.2.1　长江口外浅海区温、盐、密度剖面

两层模型(即界面波模型)是强跃层的近似,在实验室实验中更是经常采用这种模型。两层流体系统可用两种密度不等且互不混掺的液体组成。例如,可以用淡水与硅油,或淡水与煤油等置于具有透明侧壁的水槽或水箱中。界面波极易在实验室中产生,例如,若在界面处放置一扰动源(如上下或前后往复运动的推板),即可产生界面波。

这一问题早在 1847 年已由 Stokes 作了研究。其后有很多学者又对它作了研究和阐述,如 Lamb(1879,见 Lamb,1975),Yih(1980),Phillips(1977),Krauss(1966)等。本节内容是在他们的基础上用浅显的方法阐述其基本特性。

从本征值问题看,界面波是内波的一种最低模态波动。为方便计,仅讨论二维问题。将坐标原点置于无波动时的界面处,z 轴垂直向上,波动发生在 xoz 平面上;海底为水平,上下两层厚度分别为 d_1,d_2,密度分别为 ρ_1,ρ_2。除波动外无其他形式的运动,并且不考虑地转作用。

由于在上下层内流体密度均匀,所以除间断面处存在 $N=\infty$ 外,在其他地方 $N=0$,式(1.3.38)退化为

$$\frac{\partial^2}{\partial t^2}(\nabla^2 w)=0 \tag{2.2.1}$$

令 w 为

$$w(x,z,t)=W(z)\exp[\mathrm{i}(kx-\omega t)] \tag{2.2.2}$$

式中的 k 为 x 方向的波数。

将上式代入式(2.2.1)得 W 应满足的方程

$$W''(z)-k^2W(z)=0 \tag{2.2.3}$$

仍采用水平刚性边界条件,在目前的坐标系下,它为

$$W(z=d_1)=0 \tag{2.2.4}$$

$$W(z=-d_2)=0 \tag{2.2.5}$$

另外,在界面处上下层流体质点垂向速度应相等,即

$$W(0_+)=W(0_-) \tag{2.2.6}$$

仍假设 $k^2>0$,上述问题的解为

$$W=\begin{cases}A\mathrm{sh}[k(d_1-z)], & d_1\geqslant z\geqslant 0\\ B\mathrm{sh}[k(d_2+z)], & 0>z\geqslant -d_2\end{cases} \tag{2.2.7}$$

由式(2.2.6)得 A,B 之间的关系式

$$A\mathrm{sh}(kd_1)=B\mathrm{sh}(kd_2)$$

即

$$B=A\frac{\mathrm{sh}(kd_1)}{\mathrm{sh}(kd_2)} \tag{2.2.8}$$

将式(2.2.8)代入式(2.2.7)之第2式得

$$W=\begin{cases}A\mathrm{sh}[k(d_1-z)], & d_1\geqslant z\geqslant 0\\ A\dfrac{\mathrm{sh}(kd_1)}{\mathrm{sh}(kd_2)}\mathrm{sh}[k(d_2+z)], & 0>z\geqslant -d_2\end{cases} \tag{2.2.9}$$

设质点垂向位移为

$$\zeta=Z\exp[\mathrm{i}(kx-\omega t)] \tag{2.2.10}$$

因

$$\zeta=\int\omega\mathrm{d}t=-\frac{1}{\mathrm{i}\omega}W(z)\exp[\mathrm{i}(kx-\omega t)]$$

所以

$$Z(z)=-\frac{W(z)}{\mathrm{i}\omega} \tag{2.2.11}$$

设界面波动的振幅为 a,则有

$$a=-\frac{W(0)}{\mathrm{i}\omega}=-\frac{A}{\mathrm{i}\omega}\mathrm{sh}(kd_1)$$

于是得

$$A=-\frac{\mathrm{i}\omega a}{\mathrm{sh}(kd_1)} \tag{2.2.12}$$

代入式(2.2.9)和(2.2.11)后得

$$Z=\begin{cases}\dfrac{a}{\mathrm{sh}(kd_1)}\mathrm{sh}[k(d_1-z)], & d_1\geqslant z>0\\ \dfrac{a}{\mathrm{sh}(kd_2)}\mathrm{sh}[k(d_2+z)], & 0\geqslant z\geqslant -d_2\end{cases} \tag{2.2.13}$$

$$W=\begin{cases}-\dfrac{\mathrm{i}\omega a}{\mathrm{sh}(kd_1)}\mathrm{sh}[k(d_1-z)], & d_1\geqslant z>0\\ -\dfrac{\mathrm{i}\omega a}{\mathrm{sh}(kd_2)}\mathrm{sh}[k(d_2+z)], & 0\geqslant z\geqslant -d_2\end{cases} \tag{2.2.14}$$

从连续方程得

$$\frac{\partial u_{\mathrm{h}}}{\partial x}=-\frac{\partial w}{\partial z}=-W'\exp[\mathrm{i}(kx-\omega t)]$$

令

$$u_{\mathrm{h}}=U_{\mathrm{h}}\exp[\mathrm{i}(kx-\omega t)]$$

则有

$$U_{\mathrm{h}}(z)=-\frac{1}{\mathrm{i}k}W' \tag{2.2.15}$$

即

$$U_{\mathrm{h}}(z)=\begin{cases}-\dfrac{\omega a}{\mathrm{sh}(kd_1)}\mathrm{ch}[k(d_1-z)], & d_1\geqslant z>0\\ \dfrac{\omega a}{\mathrm{sh}(kd_2)}\mathrm{ch}[k(d_2+z)], & 0>z\geqslant -d_2\end{cases} \tag{2.2.16}$$

最后得 ζ,u_{h},w 如下

$$\zeta(x,z,t)=\begin{cases}\dfrac{a}{\mathrm{sh}(kd_1)}\mathrm{sh}[k(d_1-z)]\exp[\mathrm{i}(kx-\omega t)], & d_1\geqslant z\geqslant 0\\ \dfrac{a}{\mathrm{sh}(kd_2)}\mathrm{sh}[k(d_2+z)]\exp[\mathrm{i}(kx-\omega t)], & 0>z\geqslant -d_2\end{cases} \tag{2.2.17}$$

$$U_{\mathrm{h}}(z)=\begin{cases}-\dfrac{\omega a}{\mathrm{sh}(kd_1)}\mathrm{ch}[k(d_1-z)]\exp[\mathrm{i}(kx-\omega t)], & d_1\geqslant z\geqslant 0\\ \dfrac{\omega a}{\mathrm{sh}(kd_2)}\mathrm{ch}[k(d_2+z)]\exp[\mathrm{i}(kx-\omega t)], & 0>z\geqslant -d_2\end{cases} \tag{2.2.18}$$

$$W=\begin{cases}-\dfrac{\mathrm{i}\omega a}{\mathrm{sh}(kd_1)}\mathrm{sh}[k(d_1-z)]\exp[\mathrm{i}(kx-\omega t)], & d_1\geqslant z\geqslant 0\\ -\dfrac{\mathrm{i}\omega a}{\mathrm{sh}(kd_2)}\mathrm{sh}[k(d_2+z)]\exp[\mathrm{i}(kx-\omega t)], & 0\geqslant z\geqslant -d_2\end{cases} \tag{2.2.19}$$

从上述运算结果可得界面波的一些重要物理特点。

由式(2.2.13)得，波动振幅在界面处有极大值 a，随着至界面的距离增大，它以双曲正弦形式递减，到自由表面及底面减为零。垂向速度的振幅具有同样的变化规律，见式(2.2.14)。但水平速度的振幅呈现出“出乎意料”的变化规律：在界面处虽然上下层都具有最大振幅，但其方向相反(界面为水平流速的间断面)，随着至界面的距离增大以双曲余弦形式减小，在自由表面及底面它并不为零。此外，两层流体之水平速度的深度平均值也不相等，簿层的速度大于厚层的速度，使两层流体的体积通量值相等，方向相反，保持通过从海面到海底的整个截面的流量为零。

由式(2.2.17)和(2.2.19)得，上下层之垂向运动之相位相同。与表面波一样，垂向速度的相位比垂向位移的相位超前 $\pi/2$。下层水平流速与垂向位移具有相同的位相，而上层则相反，故在波峰和波谷处有最大的水平速度而垂向速度则为零，在峰谷间的中点处具有最大的垂向速度，峰前为上升流，峰后为下沉流。当 d_1 较小时，这种流动反映在自由表面上，在峰后形成辐聚区，在峰前形成辐散区。这种辐聚辐散流对较小的表面波起着调制作用，使辐聚区的波变陡，表面变粗糙；辐散区的波变平，表面变光滑。图 2.2.2 给出了此现象的示意图。从正上方俯视，粗糙面呈暗色，光滑面显得明亮。相反，若用卫星 SAR 遥

感从斜上方观测，则粗糙面明亮而光滑面色暗，其原因将在以后叙述。这样，在内波列上方的自由表面呈现出明暗交替的条纹。因而可由此（加上一些其他海洋背景资料）分析出一些发生在强跃层处的内波特性。

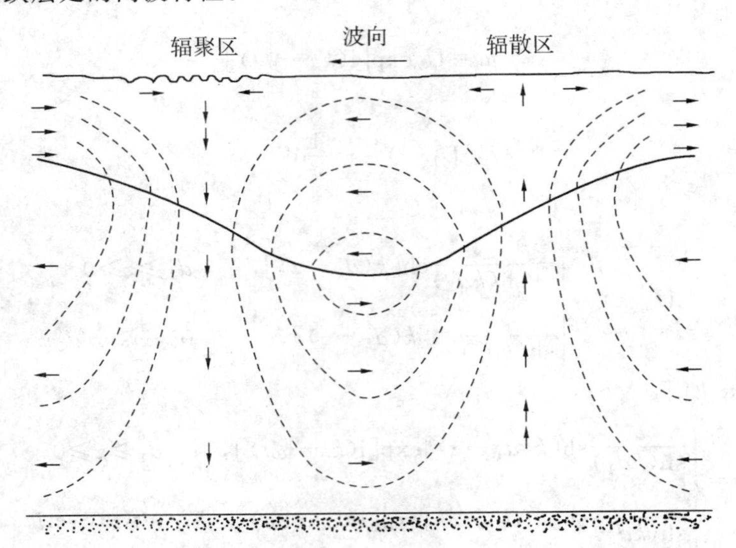

图 2.2.2　界面波产生的波流辐聚和辐散对表面粗糙度的影响

与表面波一样，它也存在确定的频散关系式。从本征值问题看，式(2.2.3)中的 k^2 为本征值，它必须满足一定的条件。

在界面处，由式(2.2.14)得

$$W'(z=0_+)=\mathrm{i}\omega ka\,\mathrm{cth}(kd_1) \tag{2.2.20}$$

$$W'(z=0_-)=-\mathrm{i}\omega ka\,\mathrm{cth}(kd_2) \tag{2.2.21}$$

再将跃层恢复其原有的物理面貌，将它视为厚 δ 的薄水层，在此水层中，流体密度由 ρ_1 变为 ρ_2。在跃层中，式(2.2.3)不再适用而需回到式(1.3.45)，并假设无地转作用。于是方程为

$$W''+\frac{N^2-\omega^2}{\omega^2}k^2W=0 \tag{2.2.22}$$

由于 δ 很小，可设

$$W''=\frac{\mathrm{d}W'}{\mathrm{d}z}=\frac{W'(z=0_+)-W'(z=0_-)}{\delta} \tag{2.2.23}$$

而

$$N^2|_{z=0}=\frac{g}{\bar{\rho}}\frac{\Delta\rho}{\delta}=\frac{g'}{\delta} \tag{2.2.24}$$

式中，

$$\Delta\rho=\rho_2-\rho_1,\quad g'=\frac{\Delta\rho}{\bar{\rho}}g$$

$\bar{\rho}$ 也可以用 ρ_1 或 ρ_2 代替，引入差别甚微。

将式(2.2.20)，(2.2.21)，(2.2.23)代入式(2.2.22)得

$$\frac{\delta(N^2-\omega^2)}{\omega^2}\frac{k}{\mathrm{cth}(kd_1)+\mathrm{cth}(kd_2)}=1 \tag{2.2.25}$$

这就是界面波必须遵从的频散关系式。

当 $N \gg \omega$ 时，$N^2-\omega^2 \approx N^2$，并用式(2.2.24)，可得

$$\omega^2=\frac{kg'}{\operatorname{cth}(kd_1)+\operatorname{cth}(kd_2)} \tag{2.2.26}$$

人们常常关注 $N \gg \omega$ 的情况，此时式(2.2.26)比式(2.2.25)更加实用。

对于不同深浅的水域和不同深浅的跃层，式(2.2.26)可作进一步化简。

深海浅跃层的简单模型可设 d_1 有限，d_2 为无穷，于是得

$$\omega^2=\frac{kg'}{\operatorname{cth}(kd_1)+1} \tag{2.2.27}$$

对于深海深跃层，d_1 也很大，上式可再简化为

$$\omega^2=\frac{kg'}{2} \tag{2.2.28}$$

若波长比水深 d_1，d_2 大得多，则有近似式

$$\operatorname{cth}(kd_1)=\frac{1}{kd_1},\qquad \operatorname{cth}(kd_2)=\frac{1}{kd_2}$$

于是式(2.2.26)变成

$$\omega^2=g'k^2\frac{d_1d_2}{d_1+d_2} \tag{2.2.29}$$

再设 $d_1 \ll d_2$，即浅跃层长波，上式化为

$$\omega^2=g'k^2d_1 \tag{2.2.30}$$

反之，若 $d_1 \gg d_2$，则有

$$\omega^2=g'k^2d_2 \tag{2.2.31}$$

相应于弥散关系式(2.2.26)～(2.2.31)，波的相速度分别为

$$C=\left(\frac{g'}{k}\right)^{1/2}[\operatorname{cth}(kd_1)+\operatorname{cth}(kd_2)]^{-1/2} \tag{2.2.32}$$

$$C=\left(\frac{g'}{k}\right)^{1/2}[\operatorname{cth}(kd_1)+1]^{-1/2} \tag{2.2.33}$$

$$C=\left(\frac{g'}{2k}\right)^{1/2} \tag{2.2.34}$$

$$C=\sqrt{g'd_1} \tag{2.2.35}$$

$$C=\sqrt{g'd_2} \tag{2.2.36}$$

进一步考察式(2.2.35)与(2.2.36)可看出，控制长界面波相速的是两层中较簿的那一层海水的厚度。另外，与表面波的波速及弥散关系式相比，仅以弱化重力 g' 代替重力 g。在海洋中 g'/g 之量阶约为 10^{-3}，故界面波的传播速度远低于表面波。若在上述诸式中，令 $\rho_1=0$，$d_1=\infty$，即可退化为表面波的相应式子。所以，从这一角度看，可将界面波视为表面波的一种特例。

既然界面波是表面波的一种特例，那么，是否可以引用表面波的处理方法来研究界面波呢？例如，能否将上、下层流场分别视为无旋的，采用无旋运动处理方法，如引入速度势来分析界面波动？回答是肯定的。例如，文圣常和余宙文(1984)、柯钦等(1956)对此都有叙述。

§2.3 跃层波动的其他模型

当两层模型不能满足要求时,可采用 3 层模型或其他适当的模型来近似跃层波动。本节将根据 Roberts(1975)的综述简介几种模型的假设和结果,以便于读者查找有关文献及应用其结果。

线性过渡模型 上、下两层流体密度分别为 ρ_0 和 $\rho_0+\Delta\rho$,其间有一厚度为 ε 的过渡层。ε 比上、下两层的厚度小得多,可视为小量。将坐标原点取在海面处,其密度分布式可写成

$$\bar{\rho}=\begin{cases}\rho_0, & 0\geqslant z\geqslant -d+\varepsilon/2\\ \rho_0-\Delta\bar{\rho}(z+d-\dfrac{\varepsilon}{2}), & -d+\varepsilon/2\geqslant z\geqslant -d-\varepsilon/2\\ \bar{\rho}+\Delta\bar{\rho}, & -d-\varepsilon/2\geqslant z\geqslant -D\end{cases} \tag{2.3.1}$$

如图 2.3.1a 所示。相应的浮频率分布见图 2.3.1b。

由于引入了过渡层 ε,模型更接近真实的跃层现象(图 2.2.1),所得结果应优于界面波模型。

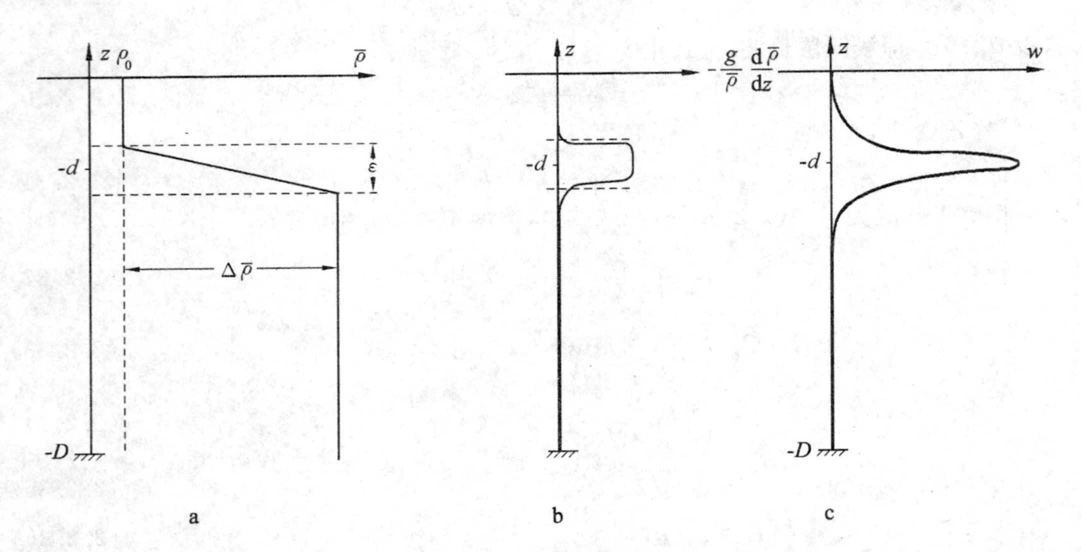

图 2.3.1 线性过渡密度分布模型(Roberts,1975)

a 密度分布 b 浮频率分布 c 垂向位移波函数

Benjamin(1967)指出,在这种情况下,若采用 Boussinesq 近似,必须小心,尤其是在有限深海情况下。Thorpe(1968)提出,当波长比跃层厚度大得多时,Boussinesq 近似不适用。针对这一限制,Phillips(1977)给出了限制条件

$$\left|\frac{\mathrm{d}^2W}{\mathrm{d}z^2}\right|\gg\left|\frac{N^2}{g}\frac{\mathrm{d}W}{\mathrm{d}z}\right| \tag{2.3.2}$$

即若式(1.3.52)中的第 2 项可以忽略,则可采用 Boussinesq 近似。为简单计,与上节界面波模型一样,忽略地转作用。频散关系为

$$\omega^2 - gk_h \frac{\Delta\bar{\rho}}{\rho_0}\{k_h\varepsilon + \mathrm{cth}(k_h d) + \mathrm{cth}[k_h(D-d)]\}^{-1} = 0 \tag{2.3.3}$$

与式(2.2.26)相比，式(2.3.3)仅多出一项含 ε 的项。由于 ε 极小，Phillips 在计算第 1 模态波函数时将它视为零，得出垂向位移函数为

$$W = \begin{cases} A\mathrm{sh}(k_h z), & 0 \geqslant z \geqslant -d \\ B\mathrm{sh}[k_h(z+d)], & -d > z \geqslant -D \end{cases} \tag{2.3.4}$$

若将坐标原点移到 $z=-d$ 处，上式就转换成与式(2.2.7)相同的形式。它的图线见图 2.3.1c。

指数形式过渡的密度剖面　密度分布为

$$\bar{\rho} = \begin{cases} \rho_0, & 0 \geqslant z > z_1 \\ \rho_0 \exp\left[\dfrac{N^2}{g}(z_1 - z)\right], & z_1 \geqslant z \geqslant z_2 \\ \rho_0 \exp\left[\dfrac{N^2}{g}(z - z_2)\right], & z_2 > z \geqslant -D \end{cases} \tag{2.3.5}$$

曲线于图 2.3.2a 给出。图 2.3.2b 为与之对应的浮频率剖面。

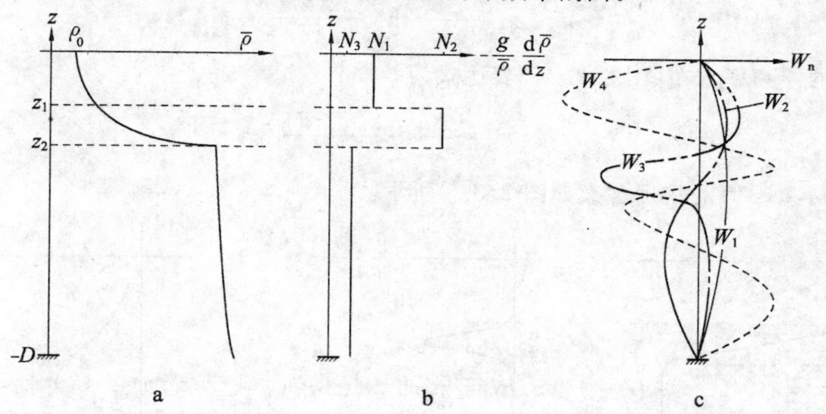

图 2.3.2　指数形式过渡的密度剖面模型(Roberts，1975)

a 密度剖面　b 浮频率分布　c 垂向位移波函数曲线

Fjeldstad(1933，见 Roberts，1975)和 Krauss(1966)等人对它作了研究。仍采用如下 2 个限制：忽略地转作用；假设满足式(2.3.2)。仍归结为寻找内波方程式(1.3.51)之解。他们得出波函数为

$$W_{(j)}(z) = \begin{cases} c_1 \mathrm{sh}(k_{h(j)} z), & 0 \geqslant z \geqslant z_1 \\ c_2 \sin\left[k_{h(j)}\left(\dfrac{N^2-\omega^2}{\omega^2}\right)^{1/2} z\right] + c_3 \cos\left[k_{h(j)}\left(\dfrac{N^2-\omega^2}{\omega^2}\right)^{1/2} z\right], & z_1 \geqslant z \geqslant z_2 \\ c_4 \exp(k_{h(j)} z) + c_5 \exp(-k_{h(j)} z), & z_2 \geqslant z \geqslant -D \end{cases} \tag{2.3.6}$$

式中，j 为模态数。

根据 Krauss(1966)稍作改写得出，由下述方程组确定上式中所含系数

$$\begin{cases} c_1\mathrm{sh}(k_h z_1)-c_2\sin(k_3 z_1)-c_3\cos(k_3 z_1)=0 \\ c_1 k_h\mathrm{ch}(k_h z_1)-c_2 k_3\cos(k_3 z_1)+c_3 k_3\sin(k_3 z_1)=0 \\ c_2\sin(k_3 z_2)+c_3\cos(k_3 z_2)-c_4\exp(k_h z_2)-c_5\exp(-k_h z_2)=0 \\ c_2 k_3\cos(k_3 z_2)-c_3 k_3\sin(k_3 z_2)-c_4 k_h\exp(k_h z_2)+c_5 k_h\exp(-k_h z_2)=0 \\ c_4\exp(-k_h D)+c_5\exp(k_h D)=0 \end{cases} \tag{2.3.7}$$

Roberts(1975)根据 Fjeldstad(1933)的结果绘制了垂向位移第 1,2,3 模态波函数,它们表示在图 2.3.2c 中。相应的频散关系为

$$\tan\left[\frac{(N^2-\omega^2)^{1/2}}{\omega}k_h\varepsilon\right]+\frac{(N^2-\omega^2)^{1/2}\{\mathrm{th}(k_h z_1)-\mathrm{th}[k_h(z_2+D)]\}}{1+(N^2-\omega^2)\omega^{-2}\mathrm{th}(k_h z_1)\mathrm{th}[k_h(z_2+D)]}=0 \tag{2.3.8}$$

对于深海高模态内波,$k_h D\gg1$,则上式可展成级数表达式

$$\omega^2-gk_h\frac{\Delta\bar{\rho}}{\rho_0}\left[\frac{1}{j\pi}-\frac{\varepsilon k_h}{(j\pi)^3}+\cdots\right]=0,\qquad 模态数\ j\gg1 \tag{2.3.9}$$

指数双曲函数形式的密度剖面 线性过渡模型和指数形式过渡模型都存在密度变化不光滑点,下述分布(图 2.3.3a)就消除了这种不光滑点,使模型更接近实际海洋状况。

$$\bar{\rho}=\rho_{-d}\exp\left\{\frac{\Delta\bar{\rho}}{2g\rho_{-d}}\mathrm{th}\left[\frac{2(z+d)}{\varepsilon}\right]\right\} \tag{2.3.10}$$

与它相应的浮频率分布(图 2.3.3b)表达式为①

$$N=\sqrt{\frac{g\Delta\bar{\rho}}{\varepsilon\rho_0}}\mathrm{sh}\frac{2(z+d)}{\varepsilon} \tag{2.3.11}$$

式中,$\Delta\bar{\rho}$,ρ_0,d,ε 等的物理含义如图 2.3.3 所示。

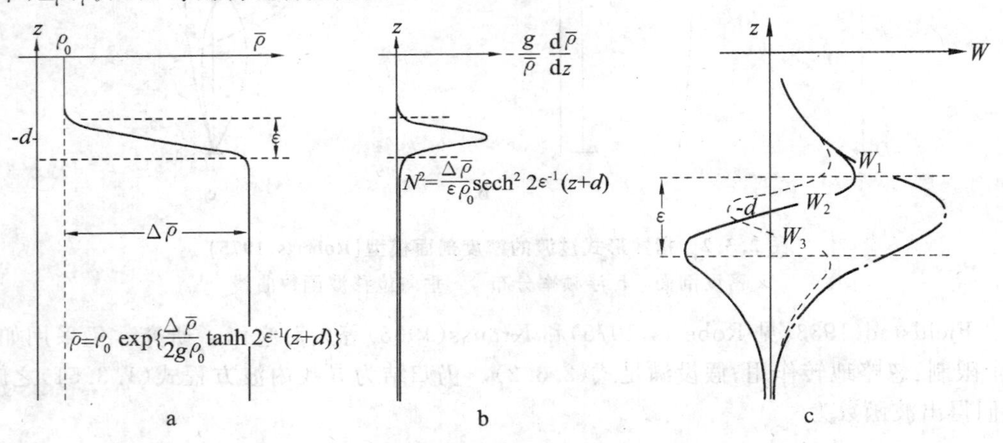

图 2.3.3 指数双曲函数形式的密度剖面(Roberts,1975)

a 密度剖面 b 浮频率分布 c 垂向位移波函数曲线

前面所述的 Thorpe(1968)关于应用 Boussinesq 近似所需的限制仍成立。

最早给出这一模型的是 Groen(1948,见 Roberts,1975)。仍设式(2.3.2),采用超几何方法求解式(2.2.22)和(2.3.11),所得的 $W(z)$ 曲线如图 2.3.3c 所示。Krauss(1966)给出了相应的频散关系式

① Roberts(1977)所给表达式有误,在此已作更正。

$$k_h^2+\frac{2\varepsilon^{-1}(2j+1)(\omega^2-f^2)^{1/2}\omega}{\omega^2-g\varepsilon^{-1}(\Delta\bar{\rho}/\rho_{-d})}k_h+\frac{\varepsilon^{-2}[(2j+1)^2-1](\omega^2-f^2)}{\omega^2-g\varepsilon^{-1}(\Delta\bar{\rho}/\rho_{-d})}=0 \qquad (2.3.12)$$

式中，j 为模态数。

Davis 和 Acrivos(1967，见 Roberts，1975)处理了类似的模型。

浮频率为 N_2，N_2，N_3 的三层流体模型　浮频率分布曲线如图 2.3.4a 所示。Kanari (1968)曾采用这一模型讨论了日本 Biwa 湖中的内波(见 Roberts，1975)。所用假设同前，即式(2.3.2)成立，并忽略地转作用，得到垂向位移的波函数如下

$$W^{(j)}(z)=\begin{cases} c_1\sin\left[k_h^{(j)}\dfrac{N_1}{\omega}z\right]\Big/\sin\left[k_h^{(j)}\dfrac{N_1}{\omega}z_1\right] & 0\geqslant z\geqslant z_1 \\ \dfrac{c_1\sin\left[k_h^{(j)}\dfrac{N_2}{\omega}(z_2-z)\right]+c_2\sin\left[k_h^{(j)}\dfrac{N_2}{\omega}(z-z_1)\right]}{\sin\left[k_h^{(j)}\dfrac{N_2}{\omega}(z_2-z_1)\right]} & z_1\geqslant z\geqslant z_2 \\ c_2\sin\left[k_h^{(j)}\dfrac{N_3}{\omega}(-D-z)\right]\Big/\sin\left[k_h^{(j)}\dfrac{N_3}{\omega}(-D-z_2)\right] & z_2\geqslant z\geqslant -d \end{cases} \qquad (2.3.13)$$

式中，系数 c_1，c_2，c_3 由界面 z_1，z_2 处的波动确定。

垂向位移振幅的前 3 个模态的波函数曲线在图 2.3.4b，c 中给出。频散关系如下

$$N_2^2A_1A_2A_3-(A_1+A_2+A_3)=0 \qquad (2.3.14)$$

式中，

$$\begin{cases} A_1=\dfrac{1}{N_1}\tan\left[\dfrac{N_1}{\omega}k_h^{(j)}z_1\right] \\ A_2=\dfrac{1}{N_2}\tan\left[\dfrac{N_2}{\omega}k_h^{(j)}(z_2-z_1)\right] \\ A_3=\dfrac{1}{N_3}\tan\left[\dfrac{N_3}{\omega}k_h^{(j)}(-D-z_2)\right] \end{cases} \qquad (2.3.15)$$

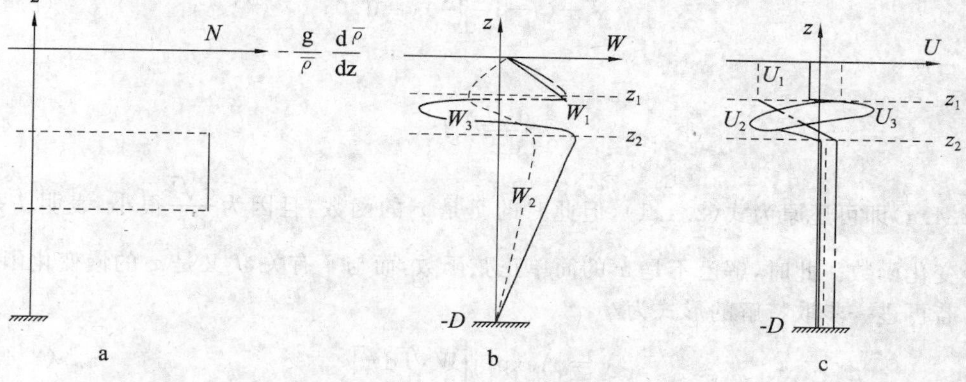

图 2.3.4　三层流体模型(Roberts，1975)

a 浮频率分布　b 垂向位移波函数　c 水平速度波函数

§2.4 WKB近似

当式(1.3.51)和(1.3.50)中所含的$N(z)$为z的任意函数时，一些近似解法就成了解决问题的有效工具。在本节中讨论WKB近似，它适用于内波方程中的$N(z)$为z的慢变化函数，而且ω离f和N都较远的情况，亦即垂向波数k_3是z的慢变化函数。

根据汪德昭和尚尔昌(1981)的论述，WKB并不是近年提出的新方法，它出现于19世纪后期和20世纪早期。它的命名来自下列3位学者姓氏的首字母：Wentzel，Kramer和Brillouin。后来发现Jeffreys在1923年就已经提出此方法，于是也称此方法为WKBJ近似。事实上，这一方法最早提出的应是Liouville(1837)和Rayleigh(1912)，于是也有人称此方法为LR法。

若用通俗的说法来讲，WKB方法的实质是很简单的：在不同的z处采用各自的$N(z)$值，但忽略$\frac{\partial N}{\partial z}$的影响。根据这一基本思想，下面由浅入深地介绍几种处理方法。

根据王景明(1982)[①]和方欣华(1983)[②]，若微分方程

$$\frac{\mathrm{d}^2 y}{\mathrm{d}x^2}+Iy=0 \tag{2.4.1}$$

的系数I为正且与x无关，则其解的形式可写成

$$y=A\mathrm{e}^{\mathrm{i}\sqrt{I}x}+B\mathrm{e}^{-\mathrm{i}\sqrt{I}x} \tag{2.4.2}$$

若I是x的函数时，

$$y=A\mathrm{e}^{\mathrm{i}\int\sqrt{I}\mathrm{d}x}+B\mathrm{e}^{-\mathrm{i}\int\sqrt{I}\mathrm{d}x} \tag{2.4.3}$$

能否作为式(2.4.1)之解？

将式(2.4.3)右侧第1项作为一个特解，二次微分后得

$$y''+\left(I-\mathrm{i}\,\frac{\mathrm{d}\sqrt{I}}{\mathrm{d}x}\right)y=0 \tag{2.4.4}$$

显然只要

$$\frac{\mathrm{d}\sqrt{I}}{\mathrm{d}x}\ll I \tag{2.4.5}$$

式(2.4.4)即可还原为式(2.4.1)，但此时的I是x的函数，且因为$\frac{\mathrm{d}\sqrt{I}}{\mathrm{d}x}$很小，表明$I$是$x$的慢变化函数。此时，解已不是$x$的简单正弦函数，而与$I$有关，$I$又是$x$的慢变化函数。

若再进一步取特解的形式为

$$y=A\exp\left[\mathrm{i}\int W\sqrt{I}\,\mathrm{d}x\right] \tag{2.4.6}$$

即指数中加了权函数$W(x)$。

式(2.4.6)二次微分后得

① 参见王景明：《物理海洋学(内波部分)》，山东海洋学院海洋系研究生教材，1982。

② 参见方欣华：《内波讲义》，山东海洋学院教材，1983。

$$y''+\left[W^2-\mathrm{i}\frac{W}{I}\frac{\mathrm{d}\sqrt{I}}{\mathrm{d}x}-\mathrm{i}\frac{1}{\sqrt{I}}\frac{\mathrm{d}W}{\mathrm{d}x}\right]Iy=0 \tag{2.4.7}$$

若上式左侧第 2 项系数的括号中之内容近似为 1，则又近似地蜕化为式(2.4.1)。为做到这一点，首先设

$$\frac{W}{I}\frac{\mathrm{d}\sqrt{I}}{\mathrm{d}x}\gg\frac{1}{\sqrt{I}}\frac{\mathrm{d}W}{\mathrm{d}x}$$

即可以忽略式(2.4.7)系数括号中之第 3 项，于是，系数括号中之内容近似 1，可简化为

$$W^2-\mathrm{i}\frac{W}{I}\frac{\mathrm{d}\sqrt{I}}{\mathrm{d}x}=1$$

即 W 必须满足

$$\begin{aligned}W&=\frac{1}{2}\left[\frac{\mathrm{i}}{I}\frac{\mathrm{d}\sqrt{I}}{\mathrm{d}x}\pm\sqrt{-\frac{1}{I^2}\left(\frac{\mathrm{d}\sqrt{I}}{\mathrm{d}x}\right)^2+4}\right]\\&=\frac{\mathrm{i}}{4I^{3/2}}\frac{\mathrm{d}I}{\mathrm{d}x}\pm\sqrt{1-\frac{1}{16I^3}\left(\frac{\mathrm{d}I}{\mathrm{d}x}\right)^2}\end{aligned} \tag{2.4.8}$$

可以得到式(2.4.1)之近似解

$$y=I^{-1/4}\left\{A\exp\left[\mathrm{i}\int\sqrt{1-\frac{1}{16I^3}\left(\frac{\mathrm{d}I}{\mathrm{d}x}\right)^2}\sqrt{I}\mathrm{d}x\right]+B\exp\left[-\mathrm{i}\int\sqrt{1-\frac{1}{16I^3}\left(\frac{\mathrm{d}I}{\mathrm{d}x}\right)^2}\sqrt{I}\mathrm{d}x\right]\right\} \tag{2.4.9}$$

按 WKB 的基本思想，设

$$\frac{1}{16I^3}\left(\frac{\mathrm{d}I}{\mathrm{d}x}\right)^2\ll 1$$

于是，式 (2.4.9)化简为

$$y=I^{-1/4}\left\{A\exp\left[\mathrm{i}\int\sqrt{I}\mathrm{d}x\right]+B\exp\left[-\mathrm{i}\int\sqrt{I}\mathrm{d}x\right]\right\} \tag{2.4.10}$$

由此式可得出，这时波函数的振幅不再是常量，而是 x 的慢变函数。

以上做法清楚地显示出 WKB 方法的物理含义，但其数学处理不够规范。奈弗(1984)用严格的数学演绎给出了 WKB 解。它采用如下含小参数 ε 的方程

$$y''+p(\varepsilon x,\varepsilon)y'+q(\varepsilon x,\varepsilon)y=0 \tag{2.4.11}$$

将 p,q 对 ε 展开成级数形式

$$p=\sum_{n=0}^{\infty}\varepsilon^n p_n(\xi),\ q=\sum_{n=0}^{\infty}\varepsilon^n q_n(\xi) \tag{2.4.12}$$

式中，$\xi=\varepsilon x$

可得式(2.4.11)的通解渐近展开式

$$y=\sum_{n=0}^{\infty}\varepsilon^n A_n(\xi)\mathrm{e}^{\theta_1}+\sum_{n=0}^{\infty}\varepsilon^n B_n(\xi)\mathrm{e}^{\theta_2} \tag{2.4.13}$$

式中，

$$\frac{\mathrm{d}\theta_1}{\mathrm{d}x}=\lambda_1(\xi),\ \frac{\mathrm{d}\theta_2}{\mathrm{d}x}=\lambda_2(\xi)$$

λ_1 和 λ_2 是下述方程的根

$$\lambda^2+p_0(\xi)\lambda+q_0(\xi)=0$$

设 λ_1,λ_2 在所讨论的区间内是不相同的，在式(2.4.13)中 θ_1,θ_2 和 ξ 是互相独立的，于是导数可按下式进行变换

$$\frac{\mathrm{d}}{\mathrm{d}x}=\lambda_1\frac{\partial}{\partial\theta_1}+\lambda_2\frac{\partial}{\partial\theta_2}+\varepsilon\frac{\partial}{\partial\xi}$$

$$\frac{\mathrm{d}^2}{\mathrm{d}x^2}=\lambda_1^2\frac{\partial^2}{\partial\theta_1^2}+2\lambda_1\lambda_2\frac{\partial^2}{\partial\theta_1\partial\theta_2}+\lambda_2^2\frac{\partial^2}{\partial\theta_2^2}+2\varepsilon\lambda_1\frac{\partial^2}{\partial\theta_1\partial\xi}+2\varepsilon\lambda_2\frac{\partial^2}{\partial\theta_2\partial\xi}+\varepsilon\lambda_1'\frac{\partial}{\partial\theta_1}+\varepsilon\lambda_2'\frac{\partial}{\partial\theta_2}+\varepsilon^2\frac{\partial^2}{\partial\xi^2}$$

式中，$\lambda_1'=\dfrac{\mathrm{d}\lambda_1}{\mathrm{d}\xi}$，$\lambda_2'=\dfrac{\mathrm{d}\lambda_2}{\mathrm{d}\xi}$

记

$$A=\sum_{n=0}^{\infty}\varepsilon^n A_n(\xi),\ B=\sum_{n=0}^{\infty}\varepsilon^n B_n(\xi) \tag{2.4.14}$$

将式(2.4.13)代入式(2.4.11)，并使 $\exp(\theta_1)$ 和 $\exp(\theta_2)$ 的系数等于零，得

$$(\lambda_1^2+\lambda_1 p+q)A+\varepsilon(2\lambda_1+p)A'+\varepsilon\lambda_1'A+\varepsilon^2A''=0 \tag{2.4.15}$$

$$(\lambda_2^2+\lambda_2 p+q)B+\varepsilon(2\lambda_2+p)B'+\varepsilon\lambda_2'B+\varepsilon^2B''=0 \tag{2.4.16}$$

将式(2.4.14)代回式(2.4.15)和(2.4.16)，并使 ε 的同次幂的系数相等，可得到逐次求 A_n 和 B_n 的方程。首项 A_0 和 B_0 由下 2 式给出

$$(2\lambda_1+p_0)A_0'+(\lambda_1'+\lambda_1 p_1+q_1)A_0=0 \tag{2.4.17}$$

$$(2\lambda_2+p_0)B_0'+(\lambda_2'+\lambda_2 p_1+q_1)B_0=0 \tag{2.4.18}$$

它们的解

$$A_0\propto\exp\left[-\int\frac{\lambda_1'+\lambda_1 p_1+q_1}{2\lambda_1+p_0}\mathrm{d}\xi\right] \tag{2.4.19}$$

$$B_0\propto\exp\left[-\int\frac{\lambda_2'+\lambda_2 p_1+q_1}{2\lambda_2+p_0}\mathrm{d}\xi\right] \tag{2.4.20}$$

在 $p\equiv0$，并且当 $n\geqslant1$ 时 $q_n=0$，则有

$$\lambda_1=\lambda_2=\pm\mathrm{i}[q_0(\xi)]^{1/2}$$

$$A_0=\frac{a}{\sqrt{\lambda_1}},\ B_0=\frac{b}{\sqrt{\lambda_1}},$$

式中，a,b 为常数。

于是，方程

$$y''+q_0(\varepsilon x)y=0 \tag{2.4.21}$$

的首阶近似解为

$$y=[q_0(\xi)]^{-1/4}\left\{c_1\cos\int[q_0(\xi)]^{1/2}\mathrm{d}x+c_2\sin\int[q_0(\xi)]^{1/2}\mathrm{d}x\right\} \tag{2.4.22}$$

式中，$\xi=\varepsilon x$

它即为方程(2.4.21)的 WKB 近似解。显然，式(2.4.22)和式(2.4.10)等价。

若将式(2.4.1)中的 y 视为波函数 W，I 为垂向波数的平方 k_3^2，则式(2.4.1)即为

$$W''+k_3^2W=0$$

再将式(2.4.11)与式(1.3.52)比较，将式(2.4.21)与式(1.3.51)比较，可知，它们分别为

不含 Boussinesq 近似和含 Boussinesq 近似的内波方程，所得的解即为内波方程的 WKB 解。在此后的分析中，一般采用的 WKB 的解为式(2.4.10)或式(2.4.22)。

§2.5　Airy 函数形式的波函数及相应频散关系

WKB 方法应用的条件是垂向波数 k_3 为 z 的慢变化函数，当 ω 远离 f 和 N 时，若 $N(z)$ 为 z 的慢变化函数，就可得出 k_3 也是 z 的慢变化函数。若 ω 很接近 N 时，即使 N 是 z 的慢变化函数，k_3 也不是 z 的慢变化函数，就不能采用上节所述的 WKB 近似。

为了解决 ω 接近 N 时出现的问题，Desaubies(1973，1975)和 Munk(1980)对它做了详细的研究，得出了 Airy 函数形式的波函数和相应的频散关系。本节将以 Desaubies 的研究为主要参考来阐述这一问题。

所用基本方程为 Garrett 和 Munk(1972)关于大洋内波谱模型(GM72)中所导出的无量纲方程。它的导出过程将在 §6.1 中叙述，这里先行引用。而且 GM72 及 Desaubies (1973)中所用坐标系 z 的轴都是垂直向下为正，为尊重原作并避免坐标系改变可能引入的错误，本节的 z 轴也以垂直向下为正，原点落在海面处。

无量纲方程

$$W''+k_{\mathrm{h}}^{2}\frac{N^{2}-\omega^{2}}{\omega^{2}-f^{2}}W=0 \tag{2.5.1}$$

N 为 z 的函数，从总的趋势看，随着深度的增大，N 逐渐减小，在海底处，N 有最小值。为简单计，仍采用刚盖表面边界条件和水平刚性海底边界条件

$$W=0,\text{当 } z=0,d \tag{2.5.2}$$

将无量纲垂向波数的平方

$$k_{3}^{2}=k_{\mathrm{h}}^{2}\frac{N^{2}-\omega^{2}}{\omega^{2}-f^{2}}$$

改写成

$$k_{3}^{2}=a^{2}p(z) \tag{2.5.3}$$

式中，

$$a^{2}=k_{\mathrm{h}}^{2}\frac{\omega^{2}}{\omega^{2}-f^{2}} \tag{2.5.4}$$

$$p(z)=\frac{N^{2}-\omega^{2}}{\omega^{2}} \tag{2.5.5}$$

于是式(2.5.1)变成

$$W''+a^{2}p(z)W=0 \tag{2.5.6}$$

再作变量置换

$$q(z)=a\int_{z_{*}}^{z}(-p)^{1/2}\mathrm{d}z \tag{2.5.7}$$

$$\xi(z)=\left(\frac{3}{2}q\right)^{2/3} \tag{2.5.8}$$

$$\eta(\xi)=\xi^{-1/4}(q')^{1/2}W \tag{2.5.9}$$

式(2.5.7)中的积分下限 z_* 称为转折深度或转折点,它满足

$$N(z_*)=\omega \tag{2.5.10}$$

因此有

$$p(z_*)=0 \tag{2.5.11}$$

假设在整个深度上,满足式(2.5.10)的 z_* 只有一个,而且有

$$p'(z=z_*)\neq 0 \tag{2.5.12}$$

再将 $\sqrt{-p}$ 的辐角 $\arg(\sqrt{-p})$ 定义为

$$-\frac{\pi}{2}<\arg(\sqrt{-p})<\frac{3\pi}{2}$$

于是有

$$\arg(\sqrt{-p})=\frac{\pi}{2},\ \arg(q)=\frac{3\pi}{2},\ \arg(\xi)=\pi,\ 当\ z<z_* \tag{2.5.13}$$

$$\arg(\sqrt{-p})=\arg(q)=\arg(\xi)=0,\qquad 当\ z>z_* \tag{2.5.14}$$

即在转折深度以上的水层中,$\sqrt{-p}$ 为正虚数,q 为负虚数,ξ 为负实数;而在转折点以下的水层中,$\sqrt{-p}$,q 和 ξ 都为正实数。

通过这样的处理,式(2.5.6)变成

$$\frac{\mathrm{d}^2\eta}{\mathrm{d}\xi^2}-\xi\eta=\left[\frac{1}{2}\frac{\xi''}{(\xi')^3}-\frac{3}{4}\frac{(\xi'')^2}{(\xi')^4}\right]\eta \tag{2.5.15}$$

上式右侧方括号中的量是有界的,它与 ξ 相比可以忽略,若 a 较大,而且 $N(z)$ 相当光滑,式(2.5.15)可用下述 Airy 方程近似

$$\frac{\mathrm{d}^2\eta}{\mathrm{d}\xi^2}-\xi\eta=0 \tag{2.5.16}$$

Airy 方程在数学上有现成的解,可以很方便地从数学手册中查得

$$\eta=A\mathrm{Ai}(\xi)+B\mathrm{Bi}(\xi) \tag{2.5.17}$$

式中,A 和 B 为待定系数,Ai 和 Bi 为 Airy 函数。

将式(2.5.17)代入式(2.5.9),得到式(2.5.6)的解为

$$W=\xi^{1/4}(q')^{-1/2}[A\mathrm{Ai}(\xi)+B\mathrm{Bi}(\xi)] \tag{2.5.18}$$

式中,ξ 与 q 由式(2.5.8)和(2.5.7)定义。

对于低模态波,此近似解误差很大,随着模态数增大,误差趋小。

由边界条件确定常数 A 和 B 中的一个,式(2.5.18)变成

$$W=A\xi^{1/4}(q')^{-1/2}\mathrm{Bi}^{-1}(\xi(d))[\mathrm{Bi}(\xi(d))\mathrm{Ai}(\xi)-\mathrm{Ai}(\xi(d))\mathrm{Bi}(\xi)] \tag{2.5.19}$$

由边界条件确定频散关系

$$\mathrm{Ai}(\xi(0))\mathrm{Bi}(\xi(d))=\mathrm{Ai}(\xi(d))\mathrm{Bi}(\xi(0)) \tag{2.5.20}$$

为便于读者对上述结果的理解,从数学手册(Abramowitz & Stegun,1972)中摘录下 Airy 函数曲线,见图 2.5.1。

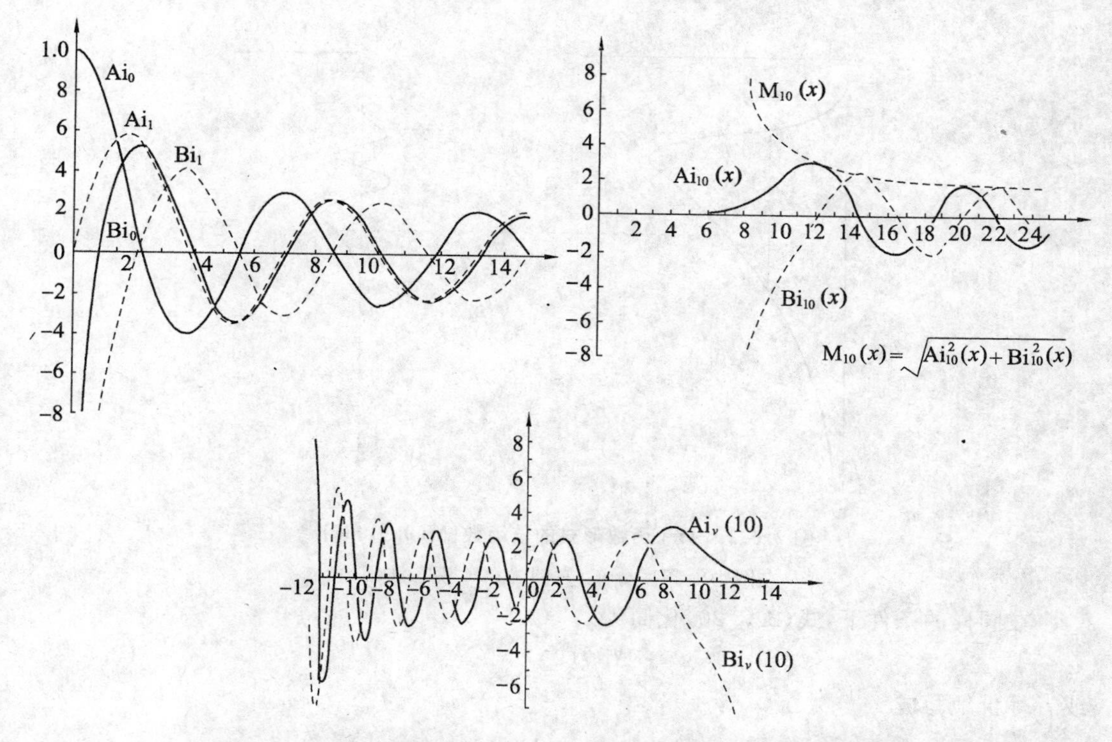

图 2.5.1　Airy 函数 Ai(x)和 Bi(x)曲线(Abramowitz & Stegun,1972)

在很多情况下,应用大变量 Airy 函数渐近表示式,上述结果可以得到化简。Airy 函数渐近展开式中之第1项的误差小于

$$\begin{cases} 10\%, & 当\ 3/4<|\xi|<1; \\ 5\%, & 当\ 1<|\xi|\leqslant 3; \\ 1\%, & 当\ |\xi|>3。\end{cases}$$

从图 2.5.1 看出,当时 $\omega>N(d)$ 时,

$$\mathrm{Ai}[\xi(d)]/\mathrm{Bi}[\xi(d)] \approx \exp\left[-a\int_{z_*}^{d}(-p)^{1/2}\right]\mathrm{d}z \tag{2.5.21}$$

小得可以忽略。于是式(2.5.19)化简为

$$W=A\xi^{1/4}(q')^{-1/2}\mathrm{Ai}(\xi) \tag{2.5.22}$$

根据数学手册(Abramowitz & Stegun,1972),上式可进一步写成

$$W=\begin{cases} \dfrac{1}{2}A\pi^{-1/2}(q')^{-1/2}\mathrm{e}^{-q}, & 当\quad z>z_* \qquad (2.5.23) \\ A(2\pi a)^{-1/2}p^{-1/2}[\sin|q|+\cos|q|], & 当\quad z<z_* \qquad (2.5.24) \end{cases}$$

由此得出,当 $z<z_*$(在转折深度以上)时,$W(z)$呈波状变化;当 $z>z_*$(在转折深度以下)时,随着深度的增大,$W(z)$单调衰减。$W(z)$最大值不在 $N_{\max}$ 所在的深度附近,而是距离 z_* 最近的峰值。$W(z)$的这种变化规律参见图 2.5.2。

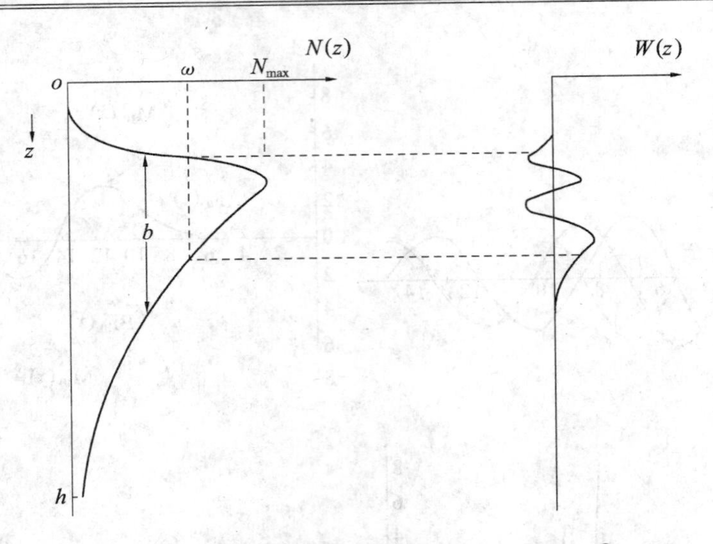

图 2.5.2　Airy 函数形式的波函数(Munk,1980)①

左图为浮频率分布;右图为第 4 模态波函数

在同样的条件下,式(2.5.20)化简为

$$\mathrm{Ai}(\xi(0))=0 \tag{2.5.25}$$

或者等价地写成

$$a\int_0^{z_*} p^{1/2}\,\mathrm{d}z=\left(j-\frac{1}{4}\right)\pi,\ j=1,2,\cdots \tag{2.5.26}$$

式中,j 为模态数。

ξ 的变化范围为

在海面处,$\xi=\xi(0)\approx-\left[\frac{3}{2}\left(j-\frac{1}{4}\right)\pi\right]^{2/3}$;

在转折深度处,$\xi(z_*)=0$;

在转折深度以下,$\xi(z>z_*)>0$,

即 ξ 随深度增大而增大。

若 $\omega<N(d)$,即不存在转折深度,此时有波函数

$$W=cp^{-1/4}\sin\left(a\int_0^z p^{1/2}\,\mathrm{d}z\right) \tag{2.5.27}$$

式中,c 为常数。

相应的频散关系式为

$$a\int_0^d p^{1/2}\,\mathrm{d}z=j\pi \tag{2.5.28}$$

式(2.5.27)和(2.5.28)与 WKB 解相同。

当转折深度靠近海面时,$\omega\approx N(0)=1$,或靠近海底时,$\omega\approx N(d)$,式(2.5.19)和(2.5.20)不能作近似处理。

作为例子,采用 GM72 中的浮频率剖面 $N=\mathrm{e}^z$,对式(2.5.25)和(2.5.27)作运算,可

① 为与 GM72 及 Desaulbies(1973)的叙述一致,在此将 Munk(1980)之图的坐标 z 由向上改为向下。

分别得到

$$\left(\frac{1-\omega^2}{\omega^2}\right)^{1/2}-\arctan\left(\frac{1-\omega^2}{\omega^2}\right)^{1/2}=\left(j-\frac{1}{4}\right)\frac{\pi}{a},\qquad 当\ \omega>\mathrm{e}^{-d} \tag{2.5.29}$$

$$\left(\frac{1-\omega^2}{\omega^2}\right)^{1/2}-\left(\frac{\mathrm{e}^{-2d}-\omega^2}{\omega^2}\right)^{1/2}+\arctan\left(\frac{\mathrm{e}^{-2d}-\omega^2}{\omega^2}\right)^{1/2}-\arctan\left(\frac{1-\omega^2}{\omega^2}\right)^{1/2}=j\,\frac{\pi}{a},\qquad 当\ \omega<\mathrm{e}^{-d} \tag{2.5.30}$$

或将式(2.5.29)近似地写成

$$(1-\mathrm{e}^{-d})\approx j\pi\omega/a,\qquad \omega>\mathrm{e}^{-d} \tag{2.5.31}$$

对于 a 较大的情况，频散关系式(2.5.28)渐近地等价于

$$\mathrm{J}_a(a/\omega)=0,\qquad \omega<\mathrm{e}^{-d} \tag{2.5.32}$$

式中，J_a 为 a 阶 Bessel 函数。

进而简化为

$$a(1-\omega^2)^{1/2}=\frac{3\pi(4j-1)}{8\sqrt{2}},\qquad 当\ 1-\omega^2\ll 1 \tag{2.5.33}$$

$$\frac{a}{\omega}\approx\left(j-\frac{1}{4}+\frac{a}{2}\right)\pi,\qquad 当\ \omega\ll 1 \tag{2.5.34}$$

§2.6　转折深度和转折纬度

在 Desaubies(1973)关于 Airy 函数形式内波波函数的基础上，Munk(1980)对转折深度和转折纬度现象作了进一步的研究，LeBlond 和 Mysak(1978)也有相关的论述。本节内容主要参考 Munk(1980)。由于他采用了 z 轴向上为正的坐标系(相应地，x_1 向东，x_2 向北)，也由于还需要讨论 Desaubies 没有涉及的转折纬度问题，这里将从基本方程出发，阐述 Munk 关于转折深度和转折纬度问题的研究。

2.6.1　基本方程

在 Boussinesq 近似下，线性化基本方程组写为

$$\frac{\partial u_1}{\partial t}-fu_2=-\frac{\partial p}{\partial x_1} \tag{2.6.1}$$

$$\frac{\partial u_2}{\partial t}+fu_1=-\frac{\partial p}{\partial x_2} \tag{2.6.2}$$

$$\frac{\partial w}{\partial t}-B=-\frac{\partial p}{\partial z} \tag{2.6.3}$$

$$\frac{\partial B}{\partial t}+N^2w=0 \tag{2.6.4}$$

$$\frac{\partial u_1}{\partial x_1}+\frac{\partial u_2}{\partial x_2}+\frac{\partial w}{\partial z}=0 \tag{2.6.5}$$

式中，$B=g(\rho_0-\rho)/\rho_0$，Munk 将它称为浮力，严格地说，它是单位质量流体所受的弱化重力。p 为脉动压强除以 ρ_0；其他符号的物理含义同前。

式(2.6.3)和(2.6.4)联立消去 B，得到

$$\frac{\partial^2 w}{\partial t^2}+N^2w=-\frac{\partial^2 p}{\partial t\partial z} \tag{2.6.6}$$

剩下 4 个未知量、4 个方程。再设运动为向东传播的进行波，在 x_2，z 方向的运动形式待定，于是方程组具有如下形式的解

$$\begin{bmatrix} u_1 \\ u_2 \\ w \\ p \end{bmatrix} = \exp[\mathrm{i}(k_1 x_1 - \omega t)] \begin{bmatrix} U_1 Z \\ \mathrm{i} U_2 Z \\ \mathrm{i} P W \\ c_j P Z \end{bmatrix} \tag{2.6.7}$$

式中，U_1，U_2 和 P 为 x_2（向北为正）的函数，W，Z 为 z（向上为正）的函数；c_j 为具有速度量纲的未定参数。

将式(2.6.7)代入式(2.6.5)可得

$$\frac{k_1 U_1 + U'_2}{P} = -\frac{W'}{Z} \tag{2.6.8}$$

式中，$U'_2 = \dfrac{\mathrm{d}U_2}{\mathrm{d}x_2}$，$W' = \dfrac{\mathrm{d}W}{\mathrm{d}z}$

式(2.6.8)左侧仅是 x_2 的函数，右侧仅是 z 的函数，于是得出分离参数既非 x_2 的函数亦非 z 的函数，将它设为 ω/c_j。于是有

$$k_1 U_1 + U'_2 = \frac{\omega}{c_j} P \tag{2.6.9}$$

$$W' = -\frac{\omega}{c_j} Z \tag{2.6.10}$$

进而可得

$$W'' + k_3^2 W = 0 \tag{2.6.11}$$

式中，

$$k_3^2 = c_j^{-2}(N^2 - \omega^2) \tag{2.6.12}$$

$$U''_2 + k_2^2 U_2 = 0 \tag{2.6.13}$$

式中，

$$k_2^2 = c_j^{-2}(\omega^2 - f^2) - k_1^2 - \beta k_1/\omega \tag{2.6.14}$$

$$\beta = \frac{\mathrm{d}f}{\mathrm{d}x_2} \tag{2.6.15}$$

$$k_1^2 + k_2^2 = \frac{\omega^2 - f^2}{c_j^2} - \frac{\beta k_1}{\omega} = k_\mathrm{h}^2 \tag{2.6.16}$$

式(2.6.16)代入式(2.6.12)得到

$$k_\mathrm{h}^2 = k_3^2 \frac{\omega^2 - f^2}{N^2 - \omega^2} - \frac{\beta k_1}{\omega} \tag{2.6.17}$$

若令 $\beta=0$，上式退回到以前所得的关系式

$$k_3^2 = k_\mathrm{h}^2 \frac{N^2 - \omega^2}{\omega^2 - f^2} \tag{2.6.18}$$

上式代入式(2.6.12)得

$$\frac{\omega^2}{k_\mathrm{h}^2} = \frac{c_j^2}{1 - f^2/\omega^2} \tag{2.6.19}$$

当 $\omega^2 \gg f^2$，上式化简为

$$c_j^2 = \frac{\omega^2}{k_\mathrm{h}^2} \tag{2.6.20}$$

由此可见，分离参数 c_j 即为 f 平面中频率远大于惯性频率的内波之水平相速度。当频率接近惯性频率时，水平相速度趋于无限大，而群速度趋于零。

2.6.2　转折深度附近的波动

Desaubies 只研究了具有一个转折点的问题，Munk 研究了具有单峰浮频率分布的海洋中内波的垂向结构，即具有两个转折点的问题。

具有浮频率 $N(z)>\omega$ 的水层称为频率为 ω 的波的波导。在此波导中，波函数 $W(z)$ 呈波状变化，而在此波导之外（$N(z)<\omega$），波函数呈指数或双曲函数形式衰减。这两种变化的过渡发生在转折深度处。在波导中，垂向波数为

$$k_3(\omega,j,z)=\frac{j\pi}{b}\left[\frac{N^2(z)-\omega^2}{N_{\max}^2-\omega^2}\right]^{1/2},\qquad j=1,2,\cdots \tag{2.6.21}$$

式中，b 为与 N 峰的垂向伸展幅度有关的量，若海深很大，则 b 可用 $N(z)$ 的 e 折尺度定义，它的典型值为 $b\approx1$ km。关于 b 的含义还将在第 6 章中论述。

由式(2.6.12)和(2.6.21)得到分离参数 c_j 为

$$c_j=\frac{b}{j\pi}(N_{\max}^2-\omega^2)^{1/2}\approx\frac{bN_{\max}}{j\pi} \tag{2.6.22}$$

上式的近似式在 $\omega\ll N_{\max}$ 时成立。由于讨论在转折深度处发生的现象，这一近似是可用的。于是，当 $\omega\ll N_{\max}$ 时，可得

$$W''+k_3^2W=0 \tag{2.6.23}$$

$$k_3^2(\omega,j,z)=c_j^{-2}[N^2(z)-\omega^2] \tag{2.6.24}$$

与 Desaubies(1973)一样（见式(2.5.22)）得到解为

$$W=k_3^{-1/2}\zeta^{1/4}\mathrm{Ai}(-\zeta) \tag{2.6.25}$$

式中，

$$\zeta=\left[\frac{3}{2}\int_{z_*}^{z}k_3\mathrm{d}z\right]^{-2/3} \tag{2.6.26}$$

在转折深度 z_* 处，有

$$\omega=N(z_*)=N_* \tag{2.6.27}$$

即

$$k_3(\omega,j,z_*)=k_{3*}=0 \tag{2.6.28}$$

在 z_* 附近取一点 z，由于$(z-z_*)$很小，可得如下近似关系

$$N(z)+N(z_*)=2N_*$$

$$N(z)-N(z_*)=\frac{\mathrm{d}N}{\mathrm{d}z}(z-z_*)$$

于是有

$$N^2-N_*^2=2N_*N'(z-z_*)=N^2-\omega^2 \tag{2.6.29}$$

代入式(2.6.18)

$$k_3^2=\frac{2N_*N'k_{\mathrm{h}}^2}{\omega^2-f^2}(z-z_*)=\frac{z-z_*}{z_A^3} \tag{2.6.30}$$

式中，

$$z_A^3=\frac{\omega^2-f^2}{2N_*N'k_{\mathrm{h}}^2}=\frac{c_j^2}{2N_*N'} \tag{2.6.31}$$

将式(2.6.30)代入式(2.6.26)得

$$\zeta=\frac{z-z_*}{z_A}=\left[\frac{2N_*N'k_{\mathrm{h}}^2}{\omega^2-f^2}\right]^{1/3}(z-z_*) \tag{2.6.32}$$

式(2.6.32)代入式(2.6.25)得

$$W = z_A^{1/2}\mathrm{Ai}(-\zeta),\ \text{当}\ \zeta \ll 1 \tag{2.6.33}$$

图 2.6.1 给出了 W 在转折深度附近的波形变化情况，图中 $\zeta=0$ 对应的深度即为转折深度。可看到在转折深度以上(波导之内)W 变化呈波状，而在其下则单调衰减。

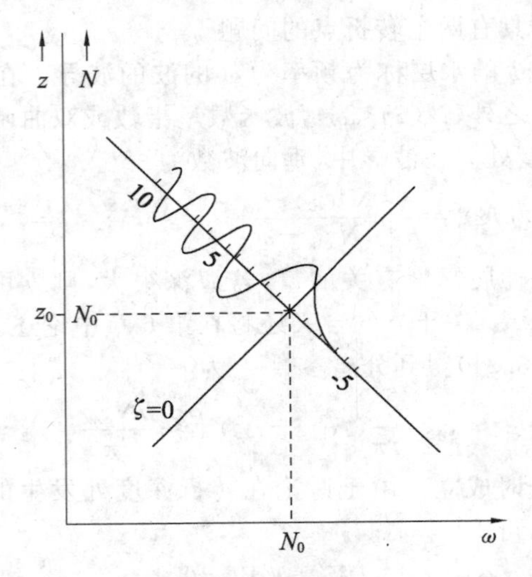

图 2.6.1　在下转折深度处(在具有 N_{max} 的深度之下)，Airy 函数的详细结构 (Munk, 1980)

再依射线的观点来讨论转折深度处发生的动力学现象。在波导中，波能沿射线方向以群速传送。随着 $N(z)$ 随深度逐渐减小，射线逐渐变陡，垂向波数 k_3 逐渐减小。当波传至转折深度 z_* 处时，射线呈铅垂方向($k_3=0$)。于是发生波的反射，射线转为铅直向上。

在同一地点，$N(z)$ 剖面确定不变，一个频率对应一个转折深度，不同频率的波对应不同的转折深度和不同的波导垂向厚度，频率越高，上转折深度越深，而下转折深度越浅，波导越窄。当频率高于海底处的浮频率(最小浮频率)时，不存在转折深度。这种现象可在图 2.5.2 中清楚看出。

2.6.3　转折纬度附近的内波传播特性

再察看式(2.6.13)至(2.6.16)，与前面的处理方法相类似，可得到解为

$$U_2 = k_2^{-1/2}(-\eta)^{1/4}\mathrm{Ai}(\eta) \tag{2.6.34}$$

式中，

$$-\eta = \left(\frac{3}{2}\int_{x_{2(0)}}^{x_2} k_2 \mathrm{d}x_2\right)^{2/3} \tag{2.6.35}$$

研究某一参考纬度 ϕ_0 附近的情况，与 ϕ_0 相应的惯性频率为

$$f_0 = 2\Omega\sin\phi_0 = \beta x_{2(0)}$$

设 $\omega=f_0$ 之波在 $x_{2(0)}$ 处的波数 $k_2=k_{2(0)}$，并记此频率 ω 为 ω_0，由式(2.6.14)得

$$k_{2(0)}^2 = k_2^2(\omega_0, j, x_{2(0)}) = -k_1^2 - \frac{\beta k_1}{\omega_0} \tag{2.6.36}$$

与式(2.6.28)中之 $k_{3*}=0$ 不同，若 k_1 不为零且 $k_1 \neq -\dfrac{\beta}{\omega_0}$，上式之 $k_{2(0)}^2$ 不为零。

取一列频率非常接近 ω_0 的波(ω, j, k_1)，若 x_{2*} 满足

$$k_{2*} = k_2(\omega, j, k_1, x_{2*}) = 0 \tag{2.6.37}$$

则 x_{2*} 对应的纬度 ϕ_0 为此波列的转折纬度。

由式(2.6.14)得 ϕ_0 对应的惯性频率 f_* 满足

$$f_*^2(\omega,j,k_1)=\omega^2-c_j^2\left(k_1^2+\frac{\beta k_1}{\omega}\right) \tag{2.6.38}$$

由上式可得出，频率为 ω 的波所对应的转折纬度 ϕ_* 处之惯性频率 f_* 并不等于 ω，它低于 ω。由于 k_h^2 的量阶比 $\frac{\beta k}{\omega}$ 的量阶大得多，因而可以忽略 β 效应，上式简化为

$$f_*^2(\omega,j,k_1)=\omega^2-c_j^2k_1^2 \tag{2.6.39}$$

§2.7　临界层现象和稳定性问题

在本节将研究发生于以平均剪切流为背景的内波的特殊问题，即临界层现象和稳定性问题。

2.7.1　临界层现象

有大量文献阐述临界层现象，本节主要参考 LeBlond 和 Mysak(1978)的叙述。

为简单计，设运动是二维的，坐标轴记为 x,z，平均流速 $\boldsymbol{v}$ 与 x 轴一致，它与波速 c 及群速 $\boldsymbol{c}_g$ 在同一垂直平面上，于是可表示为

$$\boldsymbol{v}=\hat{\boldsymbol{i}}_1 v(z) \tag{2.7.1}$$

式(1.3.25)化简为

$$\boldsymbol{v}+\boldsymbol{u}=\hat{\boldsymbol{i}}_1[v(z)+u_1(x,z,t)]+\hat{\boldsymbol{i}}_3 w(x,z,t)$$

式(1.3.54)和(1.3.53)化简为

$$w(x,z,t)=W(z)\exp\{\mathrm{i}k_1(x-ct)\} \tag{2.7.2}$$

$$\frac{\mathrm{D}_0^2}{\mathrm{D}t^2}\left(\frac{\partial^2 w}{\partial x^2}+\frac{\partial^2 w}{\partial z^2}\right)-\frac{\mathrm{D}_0}{\mathrm{D}t}\left(v'\frac{\partial w}{\partial x}\right)+N^2\frac{\partial^2 w}{\partial x^2}=0 \tag{2.7.3}$$

相应地，有

$$\frac{\mathrm{D}_0}{\mathrm{D}t}=\frac{\partial}{\partial t}+v\frac{\partial}{\partial x} \tag{2.7.4}$$

将式(2.7.2)代入式(2.7.3)得 W 应满足之方程

$$(v-c)^2W''+[N^2-(v-c)v''-(v-c)^2k_h^2]W=0 \tag{2.7.5}$$

式(2.7.5)即为连续层化流体中的 Taylor-Goldstain 方程的一种简单形式。

引入垂向位移 ζ 和 w 之关系

$$\frac{\mathrm{D}_0\zeta}{\mathrm{D}t}=w \tag{2.7.6}$$

可得 ζ 之振幅 Z 与 W 之关系

$$W=\mathrm{i}k_h(v-c)Z \tag{2.7.7}$$

式(2.7.7)代入式(2.7.5)可得用 Z 表示之 Taylor-Goldstain 方程

$$(v-c)^2Z''+2(v-c)(v-c)'Z'+[N^2-k_h^2(v-c)^2]Z=0$$

即

$$((v-c)^2Z')'+[N^2-k_h^2(v-c)^2]Z=0 \tag{2.7.8}$$

由式(2.7.5)得

$$W''+k_3^2W=0 \tag{2.7.9}$$

式中，

$$k_3^2=\frac{N^2-(v-c)v''-(v-c)^2k_h^2}{(v-c)^2} \tag{2.7.10}$$

$$=\frac{k_h^2[N^2-(vk_h-\omega)v''/k_h-(vk_h-\omega)^2]}{(vk_h-\omega)^2} \tag{2.7.11}$$

由于存在平均剪切流，射线发生弯曲，各种波要素也发生变化，尤其当

$$v-c=0 \tag{2.7.12}$$

或

$$\omega_0=\omega-vk_h=0 \tag{2.7.13}$$

当 $k_3\rightarrow\infty$，式(2.7.11)出现奇点。对应于式(2.7.12)的深度 z 称为临界层或临界深度。记为 z_c。根据这一模型，内波不可能从平均流速较低的水层穿过临界层传到平均流速较高的水层。它可以解释为波能被平均流吸收了，内波消失了。这一过程图像表示在图2.7.1中。

采用高阶近似模型，可得到对临界层中发生的过程更详细的描述。

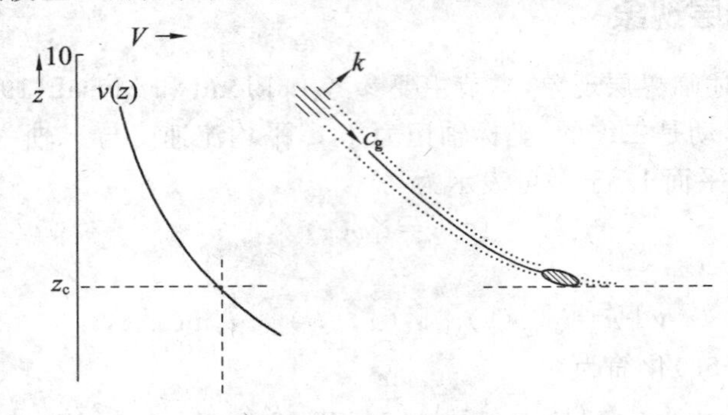

图 2.7.1　内波在平均剪切流场中的传播特性及临界层吸收现象(Munk,1981)

左图为平均流速度剖面，z_c 为临界层深度；右图显示出射线弯曲，到 z_c 处呈水平，内波消失。

设 $z=z_c$ 在之邻域，v 和 N 可展成泰勒级数

$$v=c+v'_c(z-z_c)+\cdots \tag{2.7.14}$$

$$N=N_c+N'_c(z-z_c)+\cdots \tag{2.7.15}$$

式中，v'_c，N_c，N'_c 等为 $v'(z_c)$，$N(z_c)$，$N'(z_c)$等的简写。

再设 $v'_c\neq0$(目的是使 $z=z_c$ 为正则奇点)。将(2.7.9)之解表示成泰勒级数形式

$$W(z)=\sum_{n=0}^{\infty}a_n(z-z_c)^{n+\alpha}\qquad a_0\neq0 \tag{2.7.16}$$

并且对式(2.7.14)、(2.7.15)和(2.7.16)取近似，分别得

$$v=c+v'_c(z-z_c) \tag{2.7.17}$$

$$N=N_c \tag{2.7.18}$$

$$W=a_0(z-z_c)^{\alpha} \tag{2.7.19}$$

将式(2.7.17)～(2.7.19)代入式(2.7.9)，(2.7.10)，并忽略$(z-z_c)^{\alpha+1}$等高阶项，只取$(z-z_c)^{\alpha}$之项，可得

$$[N_c^2+\alpha(\alpha-1)(v'_c)^2]a_0(z-z_c)^{\alpha}=0$$

要此式成立，必须有

$$N_c^2+\alpha(\alpha-1)(v'_c)^2=0$$

即

$$\alpha^2-\alpha+Ri_c=0 \tag{2.7.20}$$

式中，

$$Ri_c=\frac{N_c^2}{(v'_c)^2} \tag{2.7.21}$$

它是 $z-z_c$ 处之 Richardson 数，以后将会阐述若 $Ri<1/4$，流动就可能不稳定，为保证流动是稳定的，这里假设在全流场满足

$$Ri>1/4 \tag{2.7.22}$$

对于 $Ri<1/4$ 之情况将在以后讨论。于是，式(2.7.20)之解为

$$\alpha=\frac{1}{2}\pm i\mu \tag{2.7.23}$$

式中，

$$\mu=\sqrt{Ri_c-\frac{1}{4}} \tag{2.7.24}$$

为正实数。

式(2.7.23)代入式(2.7.19)，得

$$\begin{aligned} W(z)&=A(z-z_c)^{\frac{1}{2}+i\mu}+B(z-z_c)^{\frac{1}{2}-i\mu}\\ &=A\exp\left\{\left(\frac{1}{2}+i\mu\right)[\ln|z-z_c|+i\arg(z-z_c)]\right\}\\ &\quad+B\exp\left\{\left(\frac{1}{2}-i\mu\right)[\ln|z-z_c|+i\arg(z-z_c)]\right\}\\ &=W_A+W_B \end{aligned} \tag{2.7.25}$$

式中，arg 表示幅角。

在 z_c 邻域，$\ln|z-z_c|\to-\infty$；当 $z>z_c$ 时，$\arg(z-z_c)=0$；而当 $z<z_c$ 时，$\arg(z-z_c)=\pm\pi$。所以当 $z>z_c$ 时，有

$$W_A=A(z-z_c)^{1/2}\exp[i\mu\ln(z-z_c)]\equiv W_{Au} \tag{2.7.26}$$

$$W_B=B(z-z_c)^{1/2}\exp[-i\mu\ln(z-z_c)]\equiv W_{Bu} \tag{2.7.27}$$

由于 $|(z-z_c)|<1$，因而 W_A 之垂向波数为负值，而 W_B 的垂向波数为正值。于是得知 W_{Au} 为能量上传(位相下传)之波，而 W_{Bu} 为能量下传(位相上传)之波。

经数学分析并结合流场实际情况，可得到 $z<z_c$ 时之 W 表示式

$$W_A=A|(z-z_c)|^{\frac{1}{2}}\exp[\mu\pi\mathrm{sgn}(v'_c)]\exp\left\{i\left[\mu\ln|z-z_c|-\frac{\pi}{2}\mathrm{sgn}(v'_c)\right]\right\}\equiv W_{Al} \tag{2.7.28}$$

$$W_B=B|(z-z_c)|^{\frac{1}{2}}\exp[-\mu\pi\mathrm{sgn}(v'_c)]\exp\left\{i\left[\mu\ln|z-z_c|+\frac{\pi}{2}\mathrm{sgn}(v'_c)\right]\right\}\equiv W_{Bl} \tag{2.7.29}$$

式中，$\mathrm{sgn}(v'_c)$ 表示 v'_c 值的符号，取＋或－。

由(2.7.26)～(2.7.29)可得波动通过临界层时振幅之变化

$$W_{Au}/W_{Al}=\exp(-\mu\pi\mathrm{sgn}v'_c)$$

$$W_{Bu}/W_{Bl}=\exp(\mu\pi\mathrm{sgn}v'_c) \tag{2.7.30}$$

即 $v'_c>0$ 当时，能量上传波 W_A 通过临界层时振幅以因子 $e^{-\mu\pi}$ 减弱，而下传波 W_B 却以因子 $e^{\mu\pi}$ 放大，反之，当 $v'_c<0$ 时，W_A 以 $e^{\mu\pi}$ 放大，而 W_B 以 $e^{-\mu\pi}$ 减弱。故当波能从 $v<c$ 的区

域通过 $v=c$ 之临界层向 $v>c$ 之区域传输时，此波总是以因子 $e^{-\mu\pi}$ 减弱。在临界层处波能被平均剪切流所吸收，但不同于前面所述的完全被吸收，而只是部分波能被吸收。反之，当波能从 $v>c$ 区域向 $v<c$ 区域传输时，波从平均流吸收能量。

临界层现象是一个复杂的问题。这里仅讨论了平均速度的垂向剪切对内波传播的影响。在锋面附近，速度不但存在垂向剪切，而且也有水平剪切，即临界层不再是水平的而是倾斜的面。这时又会出现一些新的现象，在此不作讨论。

2.7.2 连续层化流体中内波的稳定性

前面所讨论的情况限于 $Ri>1/4$，但若 $Ri<1/4$，内波就可能不稳定。

对 Taylor-Goldstain 方程(2.7.8)作变换

$$V=v-c \tag{2.7.31}$$

$$G=V^{1/2}Z \tag{2.7.32}$$

并取近似 $(v-c)'=v'$，有

$$Z'=V^{-1/2}G'-\frac{1}{2}V^{-3/2}Gv'$$

将上面几式代入式(2.7.8)，乘以 $V^{-1/2}$，可得

$$(VG')'-\left\{\frac{1}{2}v''+k_h^2V+V^{-1}\left[\frac{1}{4}(v')^2-N^2\right]\right\}G=0 \tag{2.7.33}$$

仍假设海面和海底都是刚性水平边界，即

$$W(0)=W(-d)=0 \text{ 或 } Z(0)=Z(-d)=0$$

故有

$$G(0)=G(-d)=0 \tag{2.7.34}$$

G 可能是复数，以其共轭 G^* 乘式(2.7.33)，适当改写，从海底到海面积分，并代入边界条件(2.7.34)，方程化为

$$\int_{-d}^{0}\left\{V\left[\left|G'\right|^2+k_h^2\left|G\right|^2\right]+\frac{1}{2}v''\left|G\right|^2+\left[\frac{1}{4}(v')^2-N^2\right]V^*\left|\frac{G}{V}\right|^2\right\}dz=0 \tag{2.7.35}$$

式中，V^* 为 V 的共轭。

再回到原设的 $w(x,z,t)$，即式(2.7.2)，当 c 为实数时，波动是稳定的，但若 c 为复数，即

$$c=c_r+ic_i$$

则性质变化了，这时有

$$w(x,z,t)=W(z)\exp\{c_it\}\cdot\exp\{ik_h(x-c_rt)\} \tag{2.7.36}$$

若 $c_i<0$，波动随 t 的增大而衰减，即为阻尼波；反之，若 $c_i>0$，波动则随时间 t 增大而增大，即波动处于不稳定状态。因

$$V=v-c=(v-c_r)-ic_i$$

$$V^*=(\overline{V}-c_r)+ic_i$$

上两式代入式(2.7.35)，将被积函数写成虚部与实部，其虚部为

$$c_i\left\{\int_{-d}^{0}\left[\left|G'\right|^2+k^2\left|G\right|^2\right]dz+\int_{-d}^{0}\left[N^2-\frac{1}{4}(v')^2\right]\left|\frac{G}{V}\right|^2dz\right\}=0 \tag{2.7.37}$$

上式第1项之被积函数为正，因而其积分必为正值。若第2项中

$$N^2-\frac{1}{4}(v')^2>0$$

即

$$Ri=N^2/v'^2>1/4 \tag{2.7.38}$$

则式(2.3.37)之第 2 个积分也为正值。要使式(2.7.37)成立就必须

$$c_i=0$$

所以若流场中处处满足式(2.7.38),波动就一定是稳定的。

若

$$Ri<1/4$$

则式(2.7.37)之第 2 项为负值,就可能出现 2 个积分之和为 0 的情况。这时即使 $c_i\neq0$,式(2.7.37)也能成立,亦即可能(并非一定!)出现波动的不稳定状态。

考虑 Richardson 数 Ri 之物理含义

$$Ri=N^2/v'^2$$

其分子为浮频率 N 之平方,N^2 越大,表示$|\mathrm{d}\bar{\rho}/\mathrm{d}z|$越大,流体越稳定,而分母为速度梯度(即速度剪切)的平方$(v')^2$,速度剪切 v'是不稳定的因素,剪切越大越不稳定。因而 Ri 数反映了使流体保持稳定之因素和使流体不稳定之因素的比,是衡量流体运动稳定程度的一个特征量。

Kelvin 和 Helmholtz 曾研究过两层均质流体之界面处波动的稳定性问题,人们称之为 Kelvin-Helmholtz 稳定性问题,本节内容是 Kelvin-Helmholtz 问题的推广。

2.7.3　**Kelvin-Helmholtz 稳定性**

发生在两层流体之界面处之波动也存在稳定性问题,由于两层流体之界面处密度不连续,因而式(2.7.5)和(2.7.8)就不适用,需从新的方程入手。

仍设运动是二维的,平均运动速度和垂向脉动速度仍分别由式(2.7.1)和(2.7.2)规定。仍忽略地转影响,脉动量应满足方程组(1.3.26),各脉动量之振幅应满足的方程组为

$$\begin{cases}\bar{\rho}[\mathrm{i}k_h(v-c)U+Wv']+\mathrm{i}k_hP=0\\ \bar{\rho}\mathrm{i}k_h(v-c)W+P'+Rg=0\\ \mathrm{i}k(v-c)R+\bar{\rho}'W=0\\ \mathrm{i}k_hU+W'=0\end{cases} \tag{2.7.39}$$

式中,P,R 分别为 p,ρ 之振幅,而 U,W 则为 u,w 之振幅。

从上方程组得

$$[\bar{\rho}(v-c)W']'-(\bar{\rho}v'W)'-\left[\frac{\bar{\rho}'g}{v-c}+\bar{\rho}k_h^2(v-c)\right]W=0 \tag{2.7.40}$$

此即为 Taylor-Goldstain 方程,若将第 1,2 项中所含 $\bar{\rho}'$之内容予以忽略,并用连续层化流体中之 N^2 表达式,式(2.7.40)就转化为式(2.7.5)。

设上下两层流体密度分别为 $\bar{\rho}_1,\bar{\rho}_2,\bar{\rho}_2>\bar{\rho}_1$,坐标原点选取在界面平衡位置处,界面的波动用

$$z=\zeta_{(i)}(x,t) \tag{2.7.41}$$

表示,下标(i)表示界面。由于界面处 $\bar{\rho}$ 不连续,因而必须在上、下层分别求解方程(2.7.40),并通过在 $z=\zeta_{(i)}$ 处之连接条件将两层的解统一起来。

第 1 个连接条件是在两层中算得的界面位移应相等。由于

$$w=\frac{\mathrm{D}_0\zeta}{\mathrm{D}t}=\frac{\partial\zeta}{\partial t}+v\frac{\partial\zeta}{\partial x}$$

在上、下层紧邻界面的流体质点应有

$$w_{(1)}=\frac{\partial\zeta_{(\mathrm{i})}}{\partial t}+v_{(1)}\frac{\partial\zeta_{(\mathrm{i})}}{\partial x}$$

$$w_{(2)}=\frac{\partial\zeta_{(\mathrm{i})}}{\partial t}+v_{(2)}\frac{\partial\zeta_{(\mathrm{i})}}{\partial x}$$

下标(1)和(2)分别表示上、下层。

将

$$w=W(z)\exp\{\mathrm{i}k_{\mathrm{h}}(x-ct)\}$$

代入上两式得

$$\begin{aligned}W_{(1)}&=-\mathrm{i}k_{\mathrm{h}}cZ_{(\mathrm{i})}+\mathrm{i}k_{\mathrm{h}}v_{(1)}Z_{(\mathrm{i})}\\&=\mathrm{i}k_{\mathrm{h}}(v_{(1)}-c)Z_{(\mathrm{i})}\\W_{(2)}&=\mathrm{i}k_{\mathrm{h}}(v_{(2)}-c)Z_{(\mathrm{i})}\end{aligned}$$

故

$$\begin{aligned}Z_{(\mathrm{i})}&=W_{(1)}/[\mathrm{i}k_{\mathrm{h}}(v_{(1)}-c)]\\&=W_{(2)}/[\mathrm{i}k_{\mathrm{h}}(v_{(2)}-c)]\end{aligned}$$

即

$$W_{(1)}/[v_{(1)}-c]=W_{(2)}/[v_{(2)}-c] \tag{2.7.42}$$

显然，只有在 $v_{(1)}=v_{(2)}=0$ 时，才有 $W_{(1)}=W_{(2)}$。

第 2 个连接条件是在界面处压强连续，这个条件的线性形式最易通过以下方法得到：在界面上下一小薄层($-\varepsilon\sim+\varepsilon$)处，对式(2.7.40)作积分，而后使 $\varepsilon\to0$。但由于在界面处 $\bar{\rho}'$ 不连续，因而不存在 $\bar{\rho}'$，作积分前应对 $\bar{\rho}'$ 作近似处理，即取

$$\bar{\rho}'=\bar{\rho}_1\delta(z-d)-\bar{\rho}_2\delta(z+d)$$

$\delta(z-d)$ 与 $\delta(z+d)$ 为 δ 函数，$\varepsilon\ll1$，对式(2.7.40)积分后再使 $\varepsilon\to0$。

$$\int_{-\varepsilon}^{\varepsilon}[\bar{\rho}(v-c)W']'\mathrm{d}z-\int_{-\varepsilon}^{\varepsilon}\bar{\rho}(v'W)'\mathrm{d}z-$$

$$\int_{-\varepsilon}^{\varepsilon}\left\{\frac{g}{v-c}[\bar{\rho}_1\delta(z-d)-\bar{\rho}_2\delta(z+d)]+\bar{\rho}k_{\mathrm{h}}^2(v-c)\right\}W\mathrm{d}z=0$$

即

$$\{\bar{\rho}[(v-c)W'-v'W]\}\Big|_{-\varepsilon}^{\varepsilon}-g\frac{\bar{\rho}w}{v-c}\Big|_{-\varepsilon}^{\varepsilon}-k_{\mathrm{h}}^2\int_{-\varepsilon}^{\varepsilon}\bar{\rho}(v-c)W\mathrm{d}z=0$$

上式中第 2 项结果是由于在上层 $\delta(z+d)=0$，而在下层 $\delta(z-d)=0$，上式第 3 项之积分由于被积函数有界，在 $\varepsilon\to0$ 时，它为 0。故最后得

$$\left\{\bar{\rho}\left[(v-c)W'-\left(v'+\frac{g}{v-c}\right)W\right]\right\}_{(1)}=\left\{\bar{\rho}\left[(v-c)W'-\left(v'+\frac{g}{v-c}\right)W\right]\right\}_{(2)}\text{，在 } z=0 \text{ 处} \tag{2.7.43}$$

值得指出的是连接条件式(2.7.42)与(2.7.43)也适用于 $\bar{\rho}$，v 及 v' 不连续的点上。

在不失物理特点的前提下，讨论一数学较简单的情况：两流体层厚皆为∞，每层中之密度 $\bar{\rho}$ 及平均流速 v 都均匀，但两层间之 $\bar{\rho}$ 与 v 不等，显然可将 $W_{(1)}$ 与 $W_{(2)}$ 分别取成如下形式

$$W_{(1)}=A_1\mathrm{e}^{-k_h z} \tag{2.7.44}$$

$$W_{(2)}=A_2\mathrm{e}^{k_h z} \tag{2.7.45}$$

它们一定满足边界条件

$$W_{(1)}\to 0,\qquad \text{当 } z\to\infty$$

$$W_{(2)}\to 0,\qquad \text{当 } z\to-\infty$$

式(2.7.44)与(2.7.45)还需满足连接条件(2.7.42)与(2.7.43)，即

$$\frac{A_1}{v_{(1)}-c}=\frac{A_2}{v_{(2)}-c} \tag{2.7.46}$$

$$-\bar{\rho}_1\left[k_h(v_{(1)}-c)+\frac{g}{v_{(1)}-c}\right]A_1=\bar{\rho}_2\left[k_h(v_{(2)}-c)-\frac{g}{v_{(2)}-c}\right]A_2 \tag{2.7.47}$$

式(2.7.46)与(2.7.47)构成对 A_1 与 A_2 的一个线性齐次方程组，其函数行列式为零，即

$$\begin{vmatrix} \dfrac{1}{v_{(1)}-c} & -\bar{\rho}_1\left[k_h(v_{(1)}-c)+\dfrac{g}{v_{(1)}-c}\right] \\ \dfrac{1}{v_{(2)}-c} & \bar{\rho}_2\left[k_h(v_{(2)}-c)-\dfrac{g}{v_{(2)}-c}\right] \end{vmatrix}=0$$

故

$$c=\frac{\bar{\rho}_1 v_{(1)}+\bar{\rho}_2 v_{(2)}}{\bar{\rho}_1+\bar{\rho}_2}\pm\sqrt{\frac{g(\bar{\rho}_2-\bar{\rho}_1)}{k_h(\bar{\rho}_1+\bar{\rho}_2)}-\frac{\bar{\rho}_1\bar{\rho}_2(v_{(1)}-v_{(2)})^2}{(\bar{\rho}_1+\bar{\rho}_2)^2}} \tag{2.7.48}$$

要使 c 有实值，必须使上式根号内之值为正。

即

$$\frac{g}{k_h}(\bar{\rho}_2-\bar{\rho}_1)\geqslant\frac{\bar{\rho}_1\bar{\rho}_2}{(\bar{\rho}_1+\bar{\rho}_2)}(v_{(1)}-v_{(2)})^2$$

或

$$\frac{k_h}{g}(v_{(1)}-v_{(2)})^2\leqslant\frac{\bar{\rho}_2{}^2-\bar{\rho}_1{}^2}{\bar{\rho}_1\bar{\rho}_2} \tag{2.7.49}$$

否则，波动可能不稳定，式(2.7.49)即为 Kelvin-Helmholtz 稳定性准则。

由式(2.7.49)得两层流速差越大，密度差越小，就越易出现不稳定状态，这是可以想象得到的。而波动尺度越小(即 k_h 越大)，越易成为不稳定状态，这也不难理解。

若平均流与波峰线一致(即与波向垂直)，则此平均流不会对波的稳定与否产生任何影响。

图 2.7.2 给出了 Thorpe(1971)所做两层流体界面处剪切不稳定性实验的结果。

图 2.7.2　两层流体界面处剪切不稳定性实验的照片(Thorpe,1971)

§2.8 海洋内波频散关系的数值解法

前面介绍了用解析方法和 WKB 近似方法计算几种不同浮频率分布情况的频散关系式,但是实际海洋的浮频率分布通常不能近似成前面所述的模型剖面,甚至也不适于用 WKB 近似,这样就需要用数值方法计算频散关系。蔡树群和甘子钧(1995)讨论了数值方法的选取。他们认为可供选择的方法虽然很多,但并不都适用。打靶法或用矩阵法计算其特征值,前者麻烦,后者精度欠高,而且未必适用于真实海洋状况。他们采用了 Fliegel 和 Hunkins(1975)成功采用的 Thomson-Haskell 法(此后称它为 TH 法)计算了南中国海内波的无 Baussinesq 近似的频散关系。Fliegel 和 Hunkins 用 Boussinesq 近似计算了北冰洋和大西洋的频散关系,此后 Fang,Jiang 和 Du(2000)采用同样的方法计算了赤道西太平洋存在强剪切流条件下的内波频散关系。

随着观测资料的增加,在实际工作中,用数值方法计算频散关系和波函数将会得到更广泛的应用,在此对 TH 法作详细阐述。读者可根据以下内容很方便地编制出计算程序。

2.8.1 **Thomson-Haskell 法(简称 TH 法)**

根据观测得到的浮频率 $N(z)$ 的实际情况将海水在铅垂方向,划分成 n 层,每层厚度为 h_p,$p=1,2,3,\cdots,n$。划分时,$N(z)$ 变化剧烈的水层,h_p 应取得薄一些;$N(z)$ 变化缓慢的水层,h_p 可取得厚一些。忽略每一层中 $N(z)$ 随深度的变化,即设每一层中的 $N(z)$ 为常量,相邻两层间 N 值有一微小的跳跃,即层与层之间 N 不连续,再设其他更基本的物理量,如密度、速度仍是深度的连续函数。

将波函数记成 ϕ,ϕ 可以是垂向位移、垂向速度、水平位移、水平速度等的波函数。Boussinesq 近似下的内波方程为

$$\phi''(z)+k_3^2\phi(z)=0 \tag{2.8.1}$$

式中,

$$k_3^2=k_h^2\left(\frac{N^2-\omega^2}{\omega^2-f^2}\right) \tag{2.8.2}$$

对第 p 层,式(2.8.2)为

$$k_{3p}^2=k_{hp}^2\left(\frac{N_p^2-\omega^2}{\omega^2-f^2}\right) \tag{2.8.3}$$

Fliegel 和 Hunkins 将式(2.8.1)和(2.8.2)之解写成

$$\phi=A_p\exp(m_pz)+B_p\exp(-m_pz) \tag{2.8.4}$$

式中,

$$m_p=\mathrm{i}k_{3p} \tag{2.8.5}$$

显然

$$m_p=\begin{cases}\text{实数}, & \text{当 } \omega<f,\omega>N_p\\ \text{虚数}, & \text{当 } f<\omega<N_p\end{cases} \tag{2.8.6}$$

对式(2.8.4)取微商,有

$$\frac{d\phi}{dz}=\dot{\phi}=m_pA_p\exp(m_pz)-m_pB_p\exp(-m_pz) \tag{2.8.7}$$

将第 p 层的上下界面的序号分别记成 $p-1$ 和 p，将 z 之原点移到 $p-1$ 界面处，于是在 $p-1$ 界面处有

$$\begin{cases}\phi_{p-1}=A_p+B_p\\ \dot{\phi}_{p-1}=m_pA_p-m_pB_p\end{cases} \tag{2.8.8}$$

引入矩阵 $\boldsymbol{E_p}$

$$\boldsymbol{E_p}=\begin{bmatrix}1 & 1\\ m_p & -m_p\end{bmatrix} \tag{2.8.9}$$

式(2.8.8)可表示成矩阵形式

$$(\phi_{p-1},\dot{\phi}_{p-1})=\boldsymbol{E_p}(A_p,B_p) \tag{2.8.10}$$

或写成

$$\begin{bmatrix}\phi_{p-1}\\ \dot{\phi}_{p-1}\end{bmatrix}=\begin{bmatrix}1 & 1\\ m_p & -m_p\end{bmatrix}\begin{bmatrix}A_p\\ B_p\end{bmatrix} \tag{2.8.11}$$

在第 p 界面处，$z=h_p$，式(2.8.4)和(2.8.7)分别变为

$$\begin{cases}\phi_p=A_p\exp(m_ph_p)+B_p\exp(-m_ph_p)\\ \dot{\phi}_p=m_pA_p\exp(m_ph_p)-m_pB_p\exp(-m_ph_p)\end{cases} \tag{2.8.12}$$

或写成矩阵形式

$$(\phi_p,\dot{\phi}_p)=\boldsymbol{D_p}(A_p,B_p) \tag{2.8.13}$$

式中，$\boldsymbol{D_p}$ 为

$$\boldsymbol{D_p}=\begin{bmatrix}\exp(m_ph_p) & \exp(-m_ph_p)\\ m\exp(m_ph_p) & -m\exp(-m_ph_p)\end{bmatrix} \tag{2.8.14}$$

由式(2.8.10)和(2.8.13)分别得

$$(A_p,B_p)=\boldsymbol{E_p}^{-1}(\phi_{p-1},\dot{\phi}_{p-1})$$

$$(A_p,B_p)=\boldsymbol{D_p}^{-1}(\phi_p,\dot{\phi}_p)$$

上两式结合，消去(A_p,B_p)后得

$$(\phi_p,\dot{\phi}_p)=\boldsymbol{D_p}\boldsymbol{E_p}^{-1}(\phi_{p-1},\dot{\phi}_{p-1}) \tag{2.8.15}$$

式中，

$$\boldsymbol{E_p}^{-1}=\begin{bmatrix}\dfrac{1}{2} & \dfrac{1}{2}m_p^{-1}\\ \dfrac{1}{2} & -\dfrac{1}{2}m_p^{-1}\end{bmatrix} \tag{2.8.16}$$

再定义一个新的矩阵

$$\boldsymbol{a_p}=\begin{bmatrix}a_{p11} & a_{p12}\\ a_{p21} & a_{p12}\end{bmatrix}$$

$$=\boldsymbol{D}_p\boldsymbol{E}_p^{-1} \tag{2.8.17}$$

当 m_p 为实数时，矩阵 $\boldsymbol{a}_p$ 的各元素为双曲正弦或双曲余弦；反之，当 m_p 为虚数时，它们为三角正弦或三角余弦，即

$$\boldsymbol{a}_p=\begin{cases}\begin{bmatrix}\mathrm{ch}(m_ph_p) & \dfrac{1}{m_p}\mathrm{sh}(m_ph_p)\\ m_p\mathrm{sh}(m_ph_p) & \mathrm{ch}(m_ph_p)\end{bmatrix}, & \text{当 } m_p \text{ 为实数}\\ \begin{bmatrix}\cos(k_{3p}h_p) & \dfrac{1}{k_{3p}}\sin(k_{3p}h_p)\\ -k_{3p}\sin(k_{3p}h_p) & \cos(k_{3p}h_p)\end{bmatrix}, & \text{当 } m_p \text{ 为虚数}\end{cases} \tag{2.8.18}$$

式中，k_{3p} 的值由式(2.8.3)给出。

引入 $\boldsymbol{a}_p$ 后，第 p 层上下界的 ϕ 和 $\dot{\phi}$ 之关系以及第 $(p-1)$ 层上下界的 ϕ 和 $\dot{\phi}$ 之关系可分别表示成

$$(\phi_p,\dot{\phi}_p)=\boldsymbol{a}_p(\phi_{p-1},\dot{\phi}_{p-1}) \tag{2.8.19}$$

$$(\phi_{p-1},\dot{\phi}_{p-1})=\boldsymbol{a}_{p-1}(\phi_{p-2},\dot{\phi}_{p-2}) \tag{2.8.20}$$

由于假设了 $\phi,\dot{\phi}$ 是 z 的连续函数(没有如 N 那样变成不连续分层)，式(2.8.19)和(2.8.20)中的 $\phi_{p-1},\dot{\phi}_{p-1}$ 应分别相等，于是由式(2.8.19)和(2.8.20)可得出

$$(\phi_p,\dot{\phi}_p)=\boldsymbol{a}_p\boldsymbol{a}_{p-1}(\phi_{p-2},\dot{\phi}_{p-2}) \tag{2.8.21}$$

这一计算过程向上进行到第1层的第0界面和第1界面，向下到第 n 层的第 $(n-1)$ 界面和第 n 界面，最后得到方程

$$\begin{aligned}(\phi_n,\dot{\phi}_n)&=\boldsymbol{a}_n\boldsymbol{a}_{n-1}\cdots\boldsymbol{a}_{p+1}\boldsymbol{a}_p\boldsymbol{a}_{p-1}\cdots\boldsymbol{a}_2\boldsymbol{a}_1(\phi_0,\dot{\phi}_0)\\&=\boldsymbol{F}(\phi_0,\dot{\phi}_0)\end{aligned} \tag{2.8.22}$$

式中，矩阵 $\boldsymbol{F}$ 为

$$\begin{aligned}\boldsymbol{F}&=\begin{bmatrix}F_{11} & F_{12}\\ F_{21} & F_{22}\end{bmatrix}\\&=\boldsymbol{a}_n\boldsymbol{a}_{n-1}\cdots\boldsymbol{a}_2\boldsymbol{a}_1\end{aligned} \tag{2.8.23}$$

式(2.8.22)中的 $\phi_0,\dot{\phi}_0$ 和 $\phi_n,\dot{\phi}_n$ 分别为海面和海底的 $\phi,\dot{\phi}$ 值。由于假设海底和海面为刚性水平面，于是

$$\phi_0=\phi_n=0 \tag{2.8.24}$$

将式(2.8.22)化简为

$$(0,\dot{\phi}_n)=\boldsymbol{F}(0,\dot{\phi}_0) \tag{2.8.25}$$

上式可分列为两个式子

$$0=0F_{11}+F_{12}\dot{\phi}_0 \tag{2.8.26}$$

$$\dot{\phi}_n=0F_{21}+F_{22}\dot{\phi}_0 \tag{2.8.27}$$

式(2.8.26)和(2.8.27)中的任一个方程都可作为波动方程，由于式(2.8.26)比(2.8.27)

简单，故选用式(2.8.26)，即

$$F_{12}=0 \tag{2.8.28}$$

采用迭代算法求解上式，即得到频散关系。

只要计算出频散关系，就很容易算出波函数。在任一层中，对于一个参数 m_p 给定的 ω 有无限个离散值，每一离散值对应一个模态。如式(2.8.6)所示，它们可能是实的，也可能是虚的，它取决于 ω 与 N_p 之相对大小。对于一个给定的 ω 和模态数，当 m_p 为实的，在第 p 层的 ϕ 和 $\dot{\phi}$ 可写成指数形式

$$\phi_p=A_p\exp(m_pz)+B_p\exp(-m_pz) \tag{2.8.29}$$

$$\dot{\phi}_p=m_pA_p\exp(m_pz)-m_pB_p\exp(-m_pz) \tag{2.8.30}$$

当 m_p 为虚的，采用下列三角函数形式表示更方便

$$\phi_p=A_p\sin(r_pz)+B_p\cos(r_pz) \tag{2.8.31}$$

$$\dot{\phi}_p=r_pA_p\cos(r_pz)-r_pB_p\sin(r_pz) \tag{2.8.32}$$

式中，$r_p=-\mathrm{i}m_p$ 为实数。　(2.8.33)

在海面，即第 n 层，$z=z_n$，$\phi_n=0$，有

$$B=\begin{cases}-A_n\exp(2m_nz_n), & \text{当 } m_n \text{ 为实数}\\ -A_n\tan(r_nz_n), & \text{当 } r_n=\mathrm{i}m_n \text{ 为实数}\end{cases} \tag{2.8.34}$$

在计算开始时就要先选定 A_p 值，所有其他常量(A_p，B_p)就在计算中确定了。在任一界面处，ϕ 和 $\dot{\phi}$ 都是连续的，一旦 A_p 和 B_p 确定了，ϕ 和 $\dot{\phi}$ 就可确定。

2.8.2　应用实例

Fliegel 和 Hunkins(1975) 用 Boussinesq 近似方程计算了北冰洋和大西洋的频散关系和波函数，图 2.8.1 给出了他们采用的大西洋观测浮频率及其分层模型和计算得到的前三模态及频散关系曲线，$\omega=0.154\,58\times10^{-3}$ hz 的波函数。

蔡树群和甘子钧(1995)采用无 Boussinesq 近似的内波方程

$$\phi''(z)+\frac{N^2}{g}\phi'(z)+k_3\phi(z)=0 \tag{2.8.35}$$

代替式(2.8.1)。在第 p 层之一般解为

$$\phi(z)=\mathrm{e}^{-\varepsilon z}(A_p\exp(d_pz)+B_p\exp(-d_pz)) \tag{2.8.36}$$

式中，

$$\varepsilon=\frac{N_p^2}{2g},\quad d_p=(\varepsilon^2-k_{3p}^2)^{1/2}$$

用下两式取代式(2.8.9)和(2.8.14)

$$\boldsymbol{E_p}=\begin{bmatrix}1 & 1\\ d_p-\varepsilon & -d_p-\varepsilon\end{bmatrix} \tag{2.8.37}$$

$$\boldsymbol{D_p}=\begin{bmatrix}\mathrm{e}^{(-\varepsilon+d_p)h_p} & \mathrm{e}^{-(\varepsilon+d_p)h_p}\\ (d_p-\varepsilon)\mathrm{e}^{(-\varepsilon+d_p)h_p} & (-d_p-\varepsilon)\mathrm{e}^{-(\varepsilon+d_p)h_p}\end{bmatrix} \tag{2.8.38}$$

于是可得与式(2.8.18)相应的表达式

$$a_p=\begin{cases}\dfrac{\exp(-\varepsilon h_p)}{d_p}\begin{bmatrix}\varepsilon\mathrm{sh}(d_p h_p)+d_p\mathrm{ch}(d_p h_p) & \mathrm{sh}(d_p h_p)\\ (d_p^2-\varepsilon^2)\mathrm{sh}(d_p h_p) & -\varepsilon\mathrm{sh}(d_p h_p)+d_p\mathrm{ch}(d_p h_p)\end{bmatrix}, & \text{当 } d_p \text{ 为实数}\\ \dfrac{\exp(-\varepsilon h_p)}{k_{3p}}\begin{bmatrix}\varepsilon\sin(k_{3p} h_p)+k_{3p}\cos(k_{3p} h_p) & \sin(k_{3p} h_p)\\ -(k_{3p}^2+\varepsilon^2)\sin(k_{3p} h_p) & -\varepsilon\sin(k_{3p} h_p)+k_{3p}\cos(k_{3p} h_p)\end{bmatrix}, & \text{当 } d_p \text{ 为虚数}\end{cases}$$

（2.8.39）

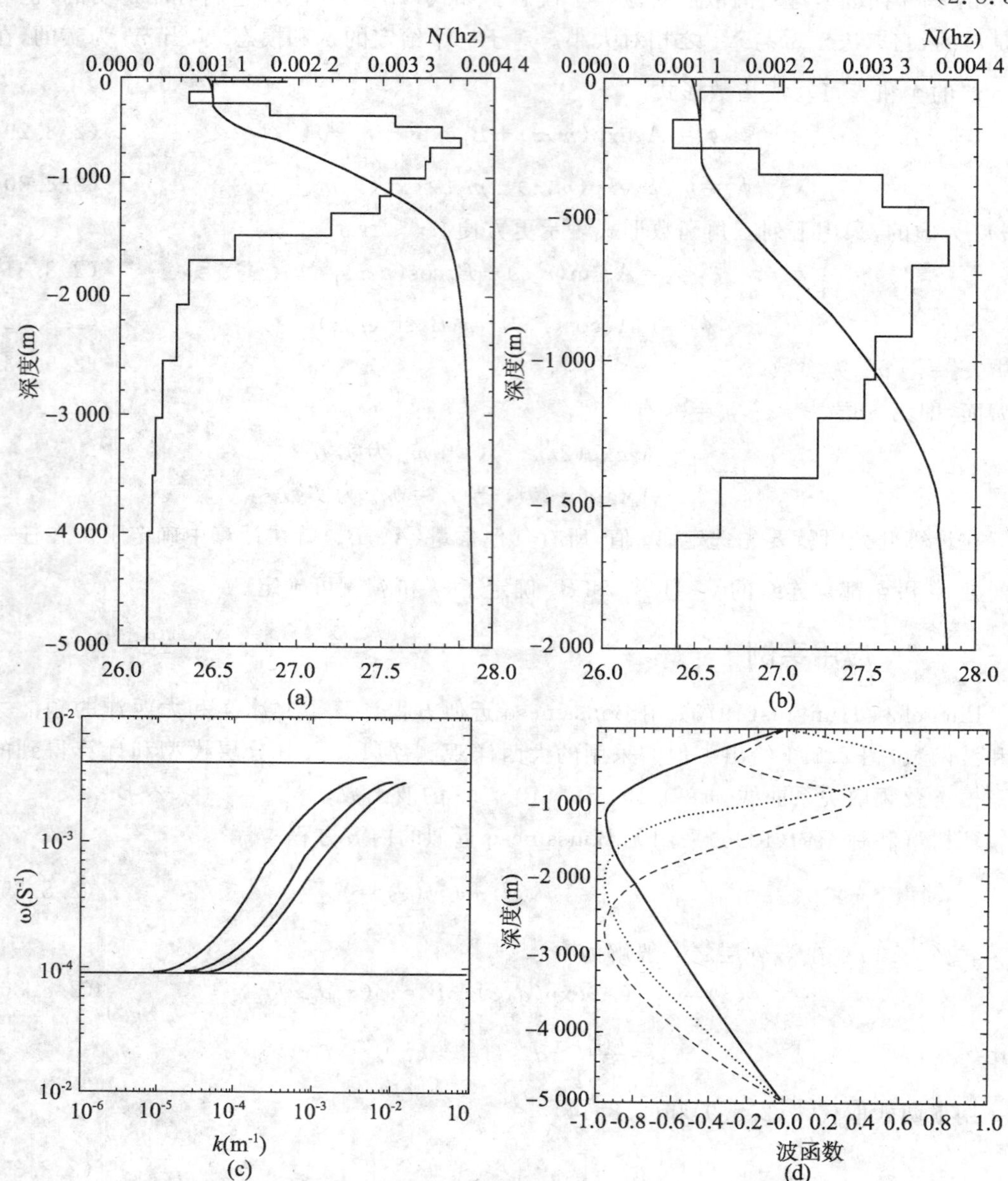

图 2.8.1　Fliegel 和 Hunkins 用 Boussinesq 近似方程得到的大西洋频散关系（Fliegel & Hunkins, 1975）

(a),(b)为实测浮频率剖面及其分层模型;(c)为前 3 模态的频散关系曲线;(d)为 $\omega=0.154\ 58\times10^{-3}$ hz 的前 3 模态波函数。

计算结果表明，k_3 值越小，Boussinesq 近似引起的误差越大；当 k_3 值增大时，误差减小。蔡树群和甘子钧认为，一般地说，$\varepsilon/k_{3p}\leqslant O(10^{-3})$，这时有无 Boussinesq 近似差别极微，可以忽略。但是，当 $\varepsilon/k_{3p}\geqslant O(10^{-2})$时，引用 Boussinesq 近似就会产生不容忽视的误差，如在近表面处的误差超过 20%。

Fang 等(2000)采用同样方法计算了赤道西太平洋的内波频散关系。由于在此海域存在不容忽视的平均剪切流，采用下式代替式(2.8.2)之 k_3 的表达式

$$k_3^2=k_{\mathrm{h}}^2\frac{N^2-(\omega-vk_{\mathrm{h}})^2+(\omega-vk_{\mathrm{h}})v''/k_{\mathrm{h}}}{(\omega-vk_{\mathrm{h}})^2} \tag{2.8.40}$$

式中，$v=v(z)$为与内波传播同向或反向的平均剪切流分量。

只要用式(2.8.40)置换式(2.8.2)，其他运算完全与 Fliegel 和 Hunkins 的计算相同。在 Fang 等之前，Wijesekera 和 Dillon (1991) 以及 Boyd 等 (1993) 也处理了存在平均流的情况。Wijesekera 和 Dillon 假设波传播方向与流向一致；Boyd 等假设只存在平均流东分量，但波传播方向可与平均流向不一致。Fang 等从另一角度处理流向与波向之间的关系，即先根据波的实际情况给定波的传播方向，而后将平均流分解成与波向相同或相反的分量和与波向垂直的分量，在长峰波的假设下，与波向垂直的流分量对频散关系无影响。波的传播方向可用多种方法确定，例如，用流速东分量和北分量之相位谱。图 2.8.2 为 Fang 等所用的实测平均流及其相应的模型值，实测浮频率及相应的模型值已在图1.2.1中给出。

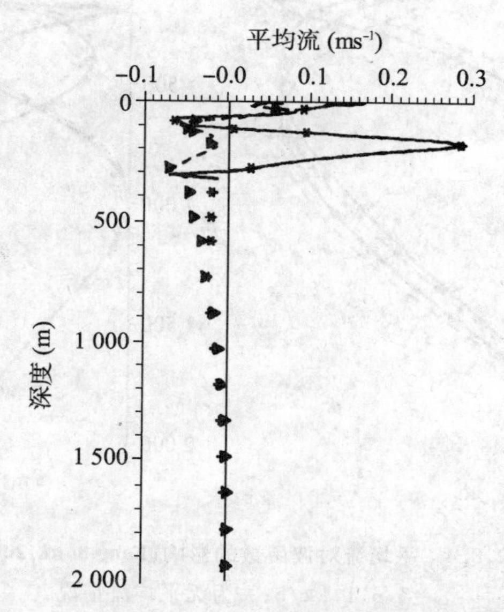

图 2.8.2　平均流实测剖面及其分层模型(Fang *et al*, 2000)

实线与虚线分别为观测得到的东、北分量，* 和▲分别为它们相应的分层模型取值

计算得的频散关系曲线及波函数分别见图 2.8.3 和图 2.8.4 所示。从图中可以看出，在赤道西太平洋平均流的影响是重要的。尤其是对东向、东北向、南向、东南向、西北向传播的波，更加严重。

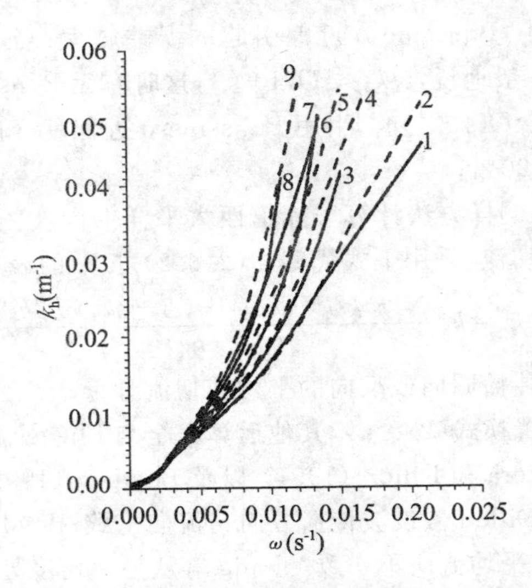

图 2.8.3 平均流对 8 个不同传播方向的内波第 1 模态频散关系的影响(Fang *et al*,2000)

图中序号 1,2,3,…,9 分别为向正东、东北、正南、东南、西北、无平均流、正西、正北及西南传播的内波

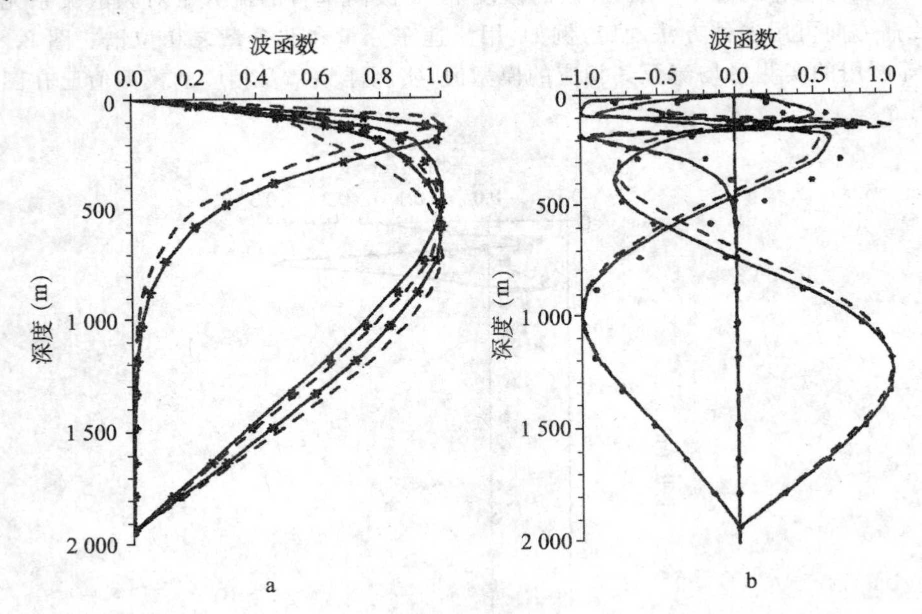

图 2.8.4 平均流对波函数的影响(Fang *et al*,2000)

ω=1/6,1,4 c/h; * 为无平均流情况

a 第 1 模态 b 第 2 模态

第3章 潮成内波

§3.1 潮成内波的基本知识

3.1.1 什么是潮成内波

潮成内波(tide-generated internal waves)是世界各大洋及其边缘海中经常出现的一种中、小尺度海洋内波现象。潮成内波现象与海水的表面潮波(又称正压潮波)运动有着非常密切的关系。海洋中普遍存在的潮汐、潮流运动为潮成内波的产生提供了能源。在海底地形变化剧烈的地方,在密度稳定层化的海洋中有潮汐、潮流运动时,变化的地形对层化海水潮流运动的扰动激发或诱发了潮成内波的产生。此时,地形的扰动是潮成内波激发源;稳定层化的海水是潮成内波的载体。所以,能源、激发源和载体是潮成内波产生的3个必要条件。任何海洋内波的产生都需要这两源一体,只是能源和激发源的具体形式不同而已。目前普遍认为,在层化海洋中正压潮流与变化的底地形相互作用是产生内潮的一种有效机制。在陆架坡折处、大洋的边缘海域、岛屿和海峡等海区,海底地形变化剧烈,由海底地形与层化海水的潮流运动共同作用产生的潮成内波现象通常是很显著的。相比之下,在大洋中由于水深较深,地形变化的扰动对密度变化较大的上层影响相对较小,由此产生的潮成内波就相对弱一些。关于潮成内波的生成机制,还将在后面作进一步的讨论。

潮成内波的波形或表现形式与它的非线性强弱有着非常密切的关系。当潮成内波的非线性较弱时,它会以接近标准正弦波的形式存在。此时的潮成内波又被称为内潮波,因为它具有与表面潮相同或相近的周期。实际观测得到的内潮波可能由多个频率的内潮波构成,且由于非线性等因素的影响,其波形会有不同程度的变形(图3.1.1,上图)。当潮成内波的非线性较强且处于某种稳定(或动态稳定)状态时,它会以内孤立波(或波列)的形式出现(图3.1.1,下图);更强的非线性也会使潮成内波以内涌的形式存在(图3.7.1)。关于内孤立波的一些概念将在§3.6中详细介绍。内涌(internal bore)是由内潮波波峰迅速增高而产生的一种不连续波面的传播,是内孤立波进一步的非线性变异。如果这种不连续波面不传播,它就是与水跃对应的一种现象,可称为内水跃(internal hydraulic jump)。在本书中,把内潮波及与内潮波特性密切相关的内孤立波和内涌统称为潮成内波。

3.1.2 潮成内波的基本观测方式

虽然在第5章中将详细讨论海洋内波的观测。为了便于对潮成内波的理解,这里先对其基本观测作一简介。

既可以通过观测海水温度(或盐度)垂直结构的时间变化,也可以通过观测流速垂直结构的时间变化来确定在海洋中是否存在潮成内波。图3.1.1是温度链观测到的海水温度随时间的变化(等温线波动,Colosi *et al*,2001)。观测时间为 1996 年 6～8 月,地点在美国东北部大西洋海域的新英格兰陆架外侧(40.16°N, 71.16°W)、水深稍大于 110 米的海域。图 3.1.1 上图清楚地反映了内部各深度上的内潮波动,30 米深度附近显示出了比较明显的内潮变化。图 3.1.1 下图是第 214～215 天之间某个时间段的局部放大,左上部分显示出存在内孤立波。图 3.1.2 是在美国西北部太平洋海域 Oregon 陆架(44.65°N, 235.69°W)上,水深 80 米左右的地方,通过声学多普勒剖面仪观测流速垂直结构变化得到内潮流速椭圆图(Kurapov *et al*,2003)。图中最上面一行椭圆是流速在整个水深上的平均状况,代表正压潮部分;下面的椭圆分别代表各深度上的内潮变化。椭圆中的"半径"线代表零时的流速方向,向上为北,向右为东。通过不同深度上潮流椭圆的变化,可以看到近表层和近底层的内潮流速方向相反,中间最大垂直位移发生的深度上流速最小;在第 159～167 天之间有非常明显的底流增强现象;整个椭圆图表明所观测到的半日内潮以第 1 模态占优势。

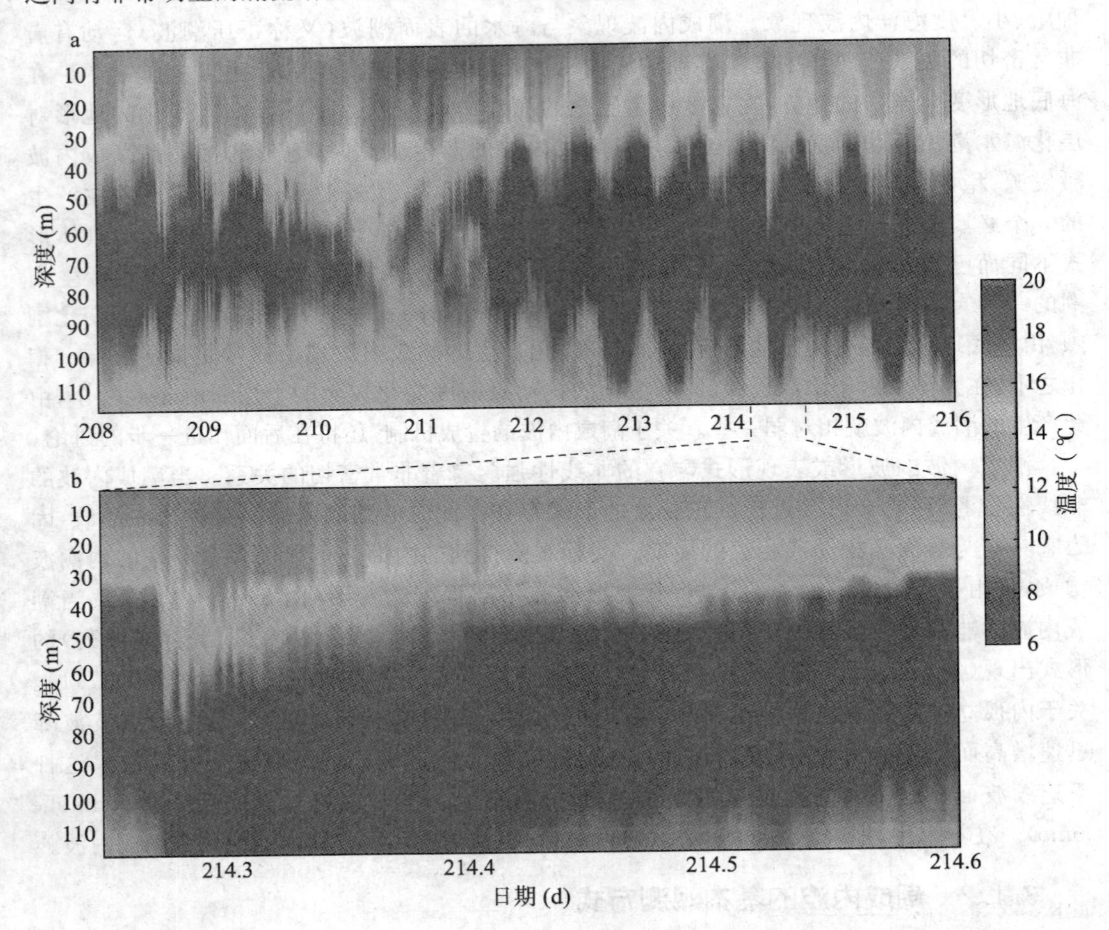

图 3.1.1 显示内潮信息的海水温度时间序列(Colosi *et al*,2001)

横坐标为时间(天),纵坐标是水深(米),右边是温度色标(度)

下图是上图中两条虚线中间所属时间段的局部放大,左上部分显示出存在内孤立波

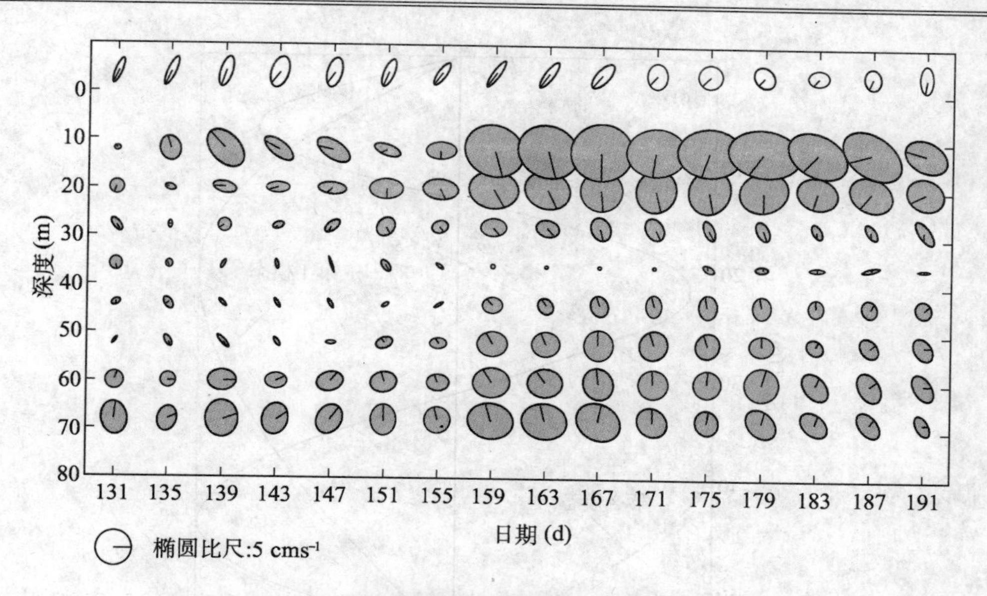

图 3.1.2　内潮和正压潮的潮流椭圆图(Kurapov *et al*,2003)

椭圆中的“半径”代表零时的流速方向,向上为北,向右为东

除了通过对温、盐和流的直接观测获得潮成内波的信息外,当潮成内波以内孤立波的形式存在时,可以通过遥感手段观测到内孤立波流场在海面的一些分布特征。此外,还可以通过海洋生物示踪方法和声学方法等进行观测。

3.1.3　潮成内波的基本特征

内潮波是一类内波,它具有内波的明显的特征。例如,在传播过程中由于海面和海底的反射,在垂向可形成驻波模态结构。在某些海湾内,由于湾顶的反射,内潮在水平方向上也会形成驻波。内潮引起的水质点最大垂向位移和最大垂向波动振幅既不在海面也不在海底,而是在海水内部。在整个水深范围内,第 1 模态内潮波的垂向波动振幅有一个极大值,而高模态的内潮波则有多个极大值。内潮最大水平流速不在最大位移点而在最大位移点之上和之下,其垂向分布和海水的层化结构密切相关。如果海水的层化状况可以用两层结构近似,那么在内界面处水质点垂向位移最大,水平流速为零,向上或向下离开内界面水平流速在相反方向上迅速达到最大,使界面上下形成水平流动的强剪切;继续向上或向下,流速不断减小。在海面上垂向位移几乎消失,但水平流速并不消失。如果密度跃层并不特别显著,那么在最大垂向位移上、下,最大水平流速并没有紧接着迅速出现,而是缓慢增大,甚至最大水平流速可能出现在近表层和近底层,如图3.1.2所示。由于内潮波是潮成内波,所以它的最显著的特征是频率常常等于或接近内潮源地的天文潮频率。图 3.1.3 是根据 1991 年 9 月 3 日在日本 Sagami 湾水深 55 米左右的水域(35.2°N,139.6°E)测得的密度场计算出的前三垂向驻波模态结构。

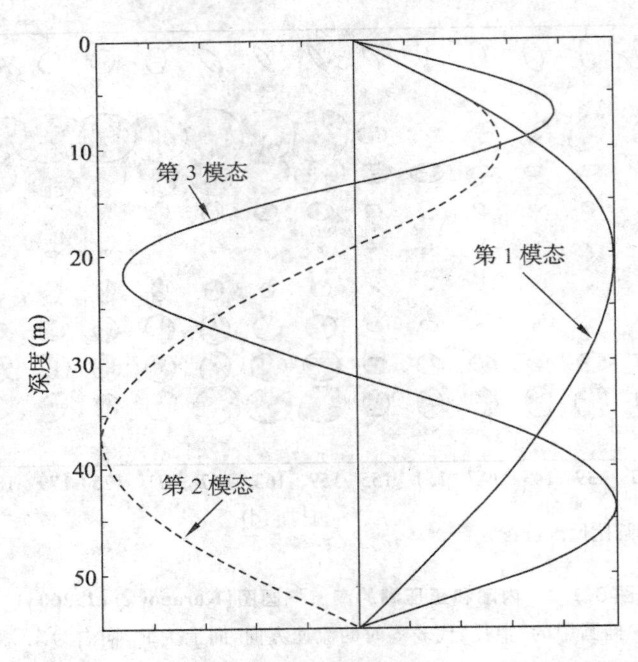

图 3.1.3 Sagami 湾某观测点的内潮垂直模态(Kitade & Matsuyama, 1997)

潮成内孤立波最令人关注的特征是它独特的波形及其在海洋中的远距离传播,它的传播距离通常可达上百千米。在很多情况下内孤立波与内潮波同时出现,在一个内潮周期内可能有一列或多列内孤立波。若在一个内潮周期内只有一列内孤立波,则相邻内孤立波列之间的时间间隔具有明显的天文潮周期或接近天文潮周期的特征。内孤立波有时只有单个波形,有时是一列波形。对于后者,通常从第 1 个到最后一个它们的振幅按从大到小、波长按从长到短顺序排列;但有时并非第 1 个内孤立波具有最大振幅,可能第 2 个或第 3 个内孤立波反而具有最大振幅。内孤立波列中所含波的数量也不是自始至终固定不变的,它视传播过程中的具体情况而定,可由一个裂变为多个(在初生或成长期),也可能后面的内孤立波逐渐消衰,使波列中的孤立波总数减少(在消衰期)。内孤立波可以是下凹型的,也可以是上凸型的;在从深水向浅水传播的过程中,随着水深和层化状况的改变,当跃层下部的水深从大于跃层上部的水深变到小于跃层上部的水深时,内孤立波将从下凹型转变为上凸型(图 3.7.4)。如果内孤立波列的波是下凹型的,那么在目前的 SAR 遥感图像上它们的特征是亮、暗相间的条纹,以亮条纹在前;反之,若波是上凸型的,则在 SAR 遥感图像上的特征是暗、亮相间的条纹,以暗条纹在前。内孤立波既可以出现在内潮波的波峰前,也可以出现在内潮波的波峰后(图 3.7.3)。同样,内孤立波的最大垂直波动也一定是在水体内部。

潮成内孤立波与内潮波之间的主要区别是由于非线性强弱不同,使它们在时间和空间上的尺度存在较大的差异。与非线性较弱的内潮波相比,非线性较强的内孤立波之垂向振幅和水平波长之比值要大得多。内孤立波的时间变化尺度(周期)也远小于内潮波的时间变化尺度。

内涌的最大特征就是不连续波面的传播。它的产生除了要求产生它之前的内潮波要有较大振幅外，还要求地形是亚临界的(图3.6.1)。一般认为它是内波破碎前的一种过渡状态，但在地形和层化条件合适的情况下，它也能传播比较远的距离。所以，它也被看作是一类特殊的内孤立波。

3.1.4　潮成内波的早期发现

人类在海洋中最初观测到的海洋内波就是内潮波。1893年挪威探险家F. Nansen乘坐他崭新的木船("Fram"号)开始了为期3年的北极探险(1893～1896)，他到达了85°57′N的地方，这个记录直到1958年核潜艇"Nautilus"号到达北极点后才被打破(Briscoe，1975)。后来，Nansen分析研究了探险途中所观测到的水温垂直分布，发现内部有波动现象；1907年瑞典船"Skagerak"号在Great Belt观测到具有半日周期的内振动；Helland-Hansen和Nansen发表于1909年的文章研究了挪威船"Michael Sars"号于1900～1904年在挪威海域所得到的观测记录，对于在垂直断面上等值线的"迷波"作了相当详尽的叙述；1910年丹麦调查船"Thor"号在Farce群岛附近时，测得某固定深度的盐度和温度值随潮汐周期而变化(普劳德曼，1956)。限于当时的观测水平，尤其是观测仪器对采样间隔的限制，上面所观测到的这些海洋内波都是内潮波。

§3.2　内潮波的生成机制

根据马尔丘克和卡岗(1982)论述，早在1907年，Petterson就根据瑞典船"Skagerak"号在Great Belt获得的具有半日潮周期内振动的观测资料，第一次提出了海洋内波包含起源于潮汐的内潮波，从而将海洋内潮波的产生与潮汐现象联系起来。随后，围绕内潮波的生成机制问题进行了大量探讨。1912年，Zeilon首先提出了关于分层液体在不平坦地形上移动导致内波产生的假说。1934年经过实验后，Zeilon又指出：内波的周期与大洋中的潮周期是相同的，这项工作首次给出了潮汐与海洋中跃层内波的产生有必然联系的实验证明。1930年，Petterson提出了在大洋中天体引潮力垂向分量的作用下形成内潮波的概念。这个概念受到了Defant的批评。Ржонсницкий和Фукс讨论了引潮力水平分量对内潮波的影响。

Haurwitz(1950)和Defant(1950)各自提出在大洋中"有限宽"的地区内由于柯氏力的存在，使得某些频率的海洋内波与引潮力发生共振作用导致产生强内潮波的假说。

自20世纪60年代起，潮地作用生成内潮的理论逐渐被接受。该理论认为，当密度稳定层化的海水在正压潮的驱动下流过剧烈变化的地形(如陆架坡折处，海峡，海山、海岭和海沟等)时，由于流动与地形的相互作用在稳定层化的海水中产生了持续的周期性扰动，该扰动向外传播，最终形成内潮波。Rattray (1960)用具有阶梯状地形的两层模式，首先提出了潮地作用生成内潮的理论模型。

3.2.1　内潮的潮地作用生成机制

潮地作用生成机制在解释发生于陆架陆坡周围海域及浅海中的内潮波时，是比较令人满意的。然而，无论是内潮生成的潮地作用机制，还是在引潮力直接作用下产生内潮以及与柯氏力共振产生内潮的提法，都不能很好地对深海大洋中的内潮波进行解释。关于大洋中的内潮波，是否存在与上述各种机制相异的其他生成机制现在还不清楚。或许上面提到的产生内潮波的某种成因会成为大洋中某个区域内潮波生成的主要因素，或许它们都不起主要作用，或许它们的共同作用导致了大洋内潮波的产生，这些问题在大洋内潮波生成机制的研究中尚无定论。但有一点是可以肯定的，上述各种成因在大洋内潮波的生成过程中如果不起主要作用的话，也会有各自的贡献（杜涛，1999；杜涛等，2000）。最近，Krauss(1999)提出了内潮波的一种新的生成理论：当正压潮通过斜压涡场时，两者之间的非线性相互作用会产生内潮波，内潮波的波长和垂向模态结构由涡场决定；静止涡场产生内潮驻波，运动涡场产生内潮行波。这一最新理论是否能够圆满解释大洋内潮现象还需要大量的观测进行验证。下面通过一个两层模型(Mazé，1987)对内潮波的潮地作用生成机制进行简单介绍。

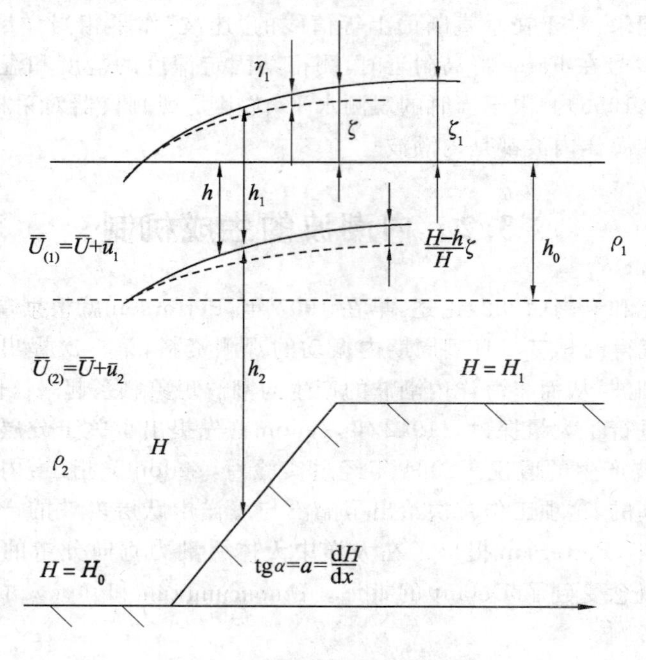

图 3.2.1　两层模式分层示意图

假定根据海洋中海水的密度层化状况，可以将全部海水近似分为上下两层（图 3.2.1）。图中，底部的斜坡代表陆坡或其他不平坦的地形。若各层中的海水都是理想流体，且上下层海水的密度分别为 ρ_1,ρ_2；上层静止厚度为 h_0，瞬间厚度为 h_1；下层瞬间厚度为 h_2，总水深 H；上下层的流速分别为 $\boldsymbol{U}_{(1)},\boldsymbol{U}_{(2)}$；上下层的压强分别为 P_1,P_2；下标 $i=1$ 表示上层，$i=2$表示下层；上下层的控制方程为

$$\begin{cases}\dfrac{\partial \boldsymbol{U}_{(i)}}{\partial t}+(\boldsymbol{U}_{(i)}\cdot\nabla)\boldsymbol{U}_{(i)}+f\boldsymbol{z}_0\times\boldsymbol{U}_{(i)}=-\dfrac{1}{\rho_i}\nabla P_i & (3.2.1)\\ \nabla\cdot(h_i\boldsymbol{U}_{(i)})=-\dfrac{\partial h_i}{\partial t} & (3.2.2)\end{cases}$$

式中，f 为科氏力参数，$\boldsymbol{z}_0$ 是垂向单位矢量。

在边缘海中,天体引潮力的直接作用与压强梯度力相比较小,因此,可以忽略不计。假定有天文(正压)潮波从深水向陆架浅水区传播。在潮波传播的过程中,由于地形变化产生的扰动会在密度稳定层化的海水中诱发一种新的运动。不妨先假定这种运动就是内潮。因此,实际海水的运动是天文潮与内潮的叠加。令 $\boldsymbol{U}$ 表示无层化海水中的正压潮流流速,$\boldsymbol{u}_i$($i=1,2$ 分别表示上下层)是内潮流速。则上下层海水中的实际流速可以近似表示为

$$\boldsymbol{U}_{(i)}=\boldsymbol{U}+\boldsymbol{u}_i \tag{3.2.3}$$

同样,由于内潮的产生,海面高度的变化也应是正压潮 ζ 和内潮 η_1 共同作用的结果。即,自由海面的高度

$$\zeta_1=\zeta+\eta_1 \tag{3.2.4}$$

令 h 表示由内潮引起的、上下层水体的界面相对于静止海面的高度,则上下层水体的瞬间厚度分别为

$$h_1=h+\frac{h}{H}\zeta+\eta_1 \tag{3.2.5}$$

$$h_2=H-h+\frac{H-h}{H}\zeta \tag{3.2.6}$$

上面各式中与海水正压潮运动相关的参数——正压潮流速 $\boldsymbol{U}$ 和海面高度 ζ,可由下面的方程得出

$$\begin{cases}\dfrac{\partial \boldsymbol{U}}{\partial t}+(\boldsymbol{U}\cdot\nabla)\boldsymbol{U}+f\boldsymbol{z}_0\times\boldsymbol{U}=-g\nabla\zeta & (3.2.7)\\[2ex] \dfrac{\partial\zeta}{\partial t}=-\nabla\cdot[(H+\zeta)\boldsymbol{U}] & (3.2.8)\end{cases}$$

采用静压近似,上下层水体中的压强梯度力分别为

$$\nabla P_1=\rho_1 g\nabla(\zeta+\eta_1) \tag{3.2.9}$$

$$\nabla P_2=\rho_2 g\nabla(\zeta+\eta_1)-g\delta\rho\nabla h_1 \tag{3.2.10}$$

式中,$\delta\rho=\rho_2-\rho_1$

将式(3.2.3),(3.2.9)和(3.2.10)代入式(3.2.1)得

$$\begin{cases}\dfrac{\partial \boldsymbol{u}_1}{\partial t}+[(\boldsymbol{U}+\boldsymbol{u}_1)\cdot\nabla]\boldsymbol{u}_1+(\boldsymbol{u}_1\cdot\nabla)\boldsymbol{U}+f\boldsymbol{z}_0\times\boldsymbol{u}_1=-g\nabla\eta_1 & (3.2.11)\\[2ex] \dfrac{\partial \boldsymbol{u}_2}{\partial t}+[(\boldsymbol{U}+\boldsymbol{u}_2)\cdot\nabla]\boldsymbol{u}_2+(\boldsymbol{u}_2\cdot\nabla)\boldsymbol{U}+f\boldsymbol{z}_0\times\boldsymbol{u}_2=-g\nabla\eta_1+g'\nabla h_1 & (3.2.12)\end{cases}$$

式中,$g'=g\delta\rho/\rho_2$ 是约化重力。

将上下层的连续方程(3.2.2)相加,并代入式(3.2.8)得

$$\frac{\partial\eta_1}{\partial t}+\nabla\cdot(\eta_1\boldsymbol{U})=-\nabla\cdot(h_1\boldsymbol{u}_1+h_2\boldsymbol{u}_2) \tag{3.2.13}$$

再将式(3.2.5)和(3.2.6)代入上式,得

$$\frac{\partial\eta_1}{\partial t}+\nabla\cdot[(\boldsymbol{U}+\boldsymbol{u}_1)\eta_1]=-\nabla\cdot\left\{\left[\left(1+\frac{\zeta}{H}\right)[h\boldsymbol{u}_1+(H-h)\boldsymbol{u}_2]\right]\right\} \tag{3.2.14}$$

将式(3.2.6)和(3.2.8)代入下层水体的连续方程(3.2.2)可得

$$\frac{\partial h}{\partial t}=-\boldsymbol{U}H\cdot\nabla\frac{h}{H}+\nabla\cdot[(H-h)\boldsymbol{u}_2]+(H-h)\boldsymbol{u}_2\frac{H}{H+\zeta}\cdot\nabla\left(1+\frac{\zeta}{H}\right)\quad(3.2.15)$$

因此,由内潮引起的内界面的垂直运动速度为

$$\frac{\mathrm{d}h}{\mathrm{d}t}=\frac{\partial h}{\partial t}+(\boldsymbol{U}+\boldsymbol{u}_2)\cdot\nabla h=\frac{\boldsymbol{U}h}{H}\cdot\nabla H+\boldsymbol{u}_2\cdot\nabla H+(H-h)\nabla\cdot\boldsymbol{u}_2+(H-h)\boldsymbol{u}_2\cdot\frac{H}{H+\zeta}\nabla\left(1+\frac{\zeta}{H}\right)\quad(3.2.16)$$

从上式可以看出,在正压潮波由深水向陆架浅水区传播的过程中,在正压潮没有传播到的地方,没有内潮产生。即 $\boldsymbol{u}_1=0,\boldsymbol{u}_2=0,\boldsymbol{U}=0$,所以,垂直运动速度$\frac{\mathrm{d}h}{\mathrm{d}t}=0$。当传播中的正压潮波遇到变化的地形后,地形变化产生的∇H迫使做正压运动的层化海水产生一个附加的垂向运动速度 $\mathrm{d}h/\mathrm{d}t$。该速度从海底到海面线性递减,在海底为$\boldsymbol{U}\cdot\nabla H$,在内界面处为$\frac{\boldsymbol{U}h}{H}\cdot\nabla H$。相应于这个附加的垂向运动速度,内界面上下起伏。对于层化水体而言,由于上下层水体密度的不同,伴随着内界面的起伏,在下层水体中将产生一个额外的压强梯度力,即式(3.2.10)右边第 2 项;该力驱动下层水体做内潮运动并产生速度分量 $\boldsymbol{u}_2$(式 3.2.12)。通过连续方程(3.2.13)和上层的运动方程(3.2.11)先后可得到内潮引起的海面垂向位移 η_1 和上层中的内潮流速 $\boldsymbol{u}_1$。另一方面,内潮运动的产生反过来也(通过下层的内潮速度 $\boldsymbol{u}_2$)影响内界面的垂向运动速度(式(3.2.16)中右边最后 3 项)。所以,最终的内潮是天文潮波和变化的地形在垂向密度稳定层化海水中共同作用的结果。

3.2.2 内潮生成的条件

$\frac{\boldsymbol{U}h}{H}\cdot\nabla H$ 表示内潮刚开始产生时内界面的垂向运动速度。式中,$\boldsymbol{U}$ 代表表面潮潮流的强度,∇H 代表地形的变化。潮流、地形变化和稳定层化的水体三者之中,缺少任何一项都不能发生内潮运动。因此,潮地作用机制产生内潮,要求满足下列条件:

(1) 天文潮——作为能源提供能量,从而使海水做潮周期运动。

(2) 变化的地形——作为激发源对海水的潮周期运动进行扰动,使海水内部的等密度面产生相应的起伏。

(3) 密度稳定层化的海水——载体,相应于上述等密度面起伏有额外的压强梯度力产生,使垂向波动在内界面达到最大,从而形成海水的内潮运动。

换句话说,当天文潮波、变化的海底地形和海水密度在垂向的稳定层化这两源一体的条件都满足后,内潮的产生就是必然的。

必须指出,上述结果是在理想流体、静压近似和内界面上下没有混合等假定条件下得到的。如果没有这些假定,是否有内潮或内波产生将取决于是否有混合发生、以及混合的强度和范围等。因为混合的发生,破坏了密度稳定层化的条件,所以混合区内是没有内波和内潮的。在混合区外,内波的产生与混合强度有着非常密切的关系,它决定着内波的强弱与形式。

从上述内潮的产生过程中还可以看出,由天文潮驱动的内界面起伏,以及由此产生的压强梯度力都应该与天文潮具有同样的周期特征。也就是说,内潮是一种有规律的波动,

且在它的源地，其周期与相应的天文潮周期是一致的。正如天文潮的垂向波动在海面上达到最大一样，由下层水体中额外的压强梯度力驱动的内潮，其垂向波动在内界面上达到最大。因此，它具有一般海洋内波的特征。前面曾经假定：这种由于地形变化产生的扰动在密度稳定层化的海水中诱发的新运动为内潮。至此可以说，前面的假定是正确的。

在内潮产生的过程中，天文潮和内潮之间存在着相互作用。从能量的角度分析，一部分天文潮或正压潮的能量通过这种相互作用转化成了内潮的能量；同时，天文潮或正压潮会因为失去能量而减弱。当非线性相互作用在此能量转换过程中占据主要地位时，所产生的内潮波就可能以内孤立波或内孤立波列的形式出现并传播。上面在不考虑正压潮与内潮非线性相互作用的情况下，用一个两层模型讲述了内潮的潮地作用生成机制，它显然不能用来描述非线性较强的内孤立波形式的潮成内波之产生过程。

3.2.3　内潮与天文潮的区别

首先，从表观形式上看，天文潮是一种表面波动，且能够通过人体感官直接感觉到，通过仪器在海面上直接测量到。而内潮的能量主要在海洋内部，虽然可以通过观测其海面特征来获得它是否存在等信息，但通常不能直接测量它的强弱。必须将仪器放入海洋内部，通过对海水温、盐、流场的垂向结构及时间变化进行直接测量，才能得到较为直接的内潮强度参数。

其次是两者在空间和时间尺度上的差别。在空间上，天文潮波的水平波长通常是数千千米的量级，而内潮波相应的波长一般只是数十千米的量级，尤其是当内潮波以内孤立波形式出现时，相应的波长只有几百米或千米量级。就存在或出现的范围而言，在全球海洋中，天文潮波是无处不在的；而对内潮波而言，至少在没有密度稳定层化的海域，它是不会出现的。在时间域的变化上，天文潮波的传播速度要远大于内潮的传播速度。天文潮波的频率通常集中在全日或半日潮等低频段，而内潮在浅海，特别是海水层化较强的季节，高频部分(内孤立波形式)显著。

天文潮波属于表面波，所以它的能量在水平方向传输。在理想化了的界面波模型中，界面内潮波的能量也是水平传输的。但在连续层化海洋中，内潮波的能量则沿射线传输，因而它的能量既在水平方向，也在垂向传输。

最后，两者的生成机制是完全不同的。在大洋中，天文潮是由天体引潮力直接强迫产生的。在边缘或附属海中，天文潮主要是受大洋潮波的驱使产生的。对大洋中内潮的产生机制，目前尚不完全清楚。而产生于边缘或附属海中的内潮，主要是通过潮地作用机制产生的。

3.2.4　与潮地作用机制相关的一些参数

事实上，内潮波的潮地相互作用生成机制还只是对内潮生成过程的一种比较初步的认识，它尚不能详细地刻画内潮的整个生成过程。例如，在不同地形、不同层化条件下，如何度量非线性相互作用在整个潮地相互作用中的影响？内潮从天文潮中获得了多少能量？是什么因素决定着内潮获能量的多少？等等。已经知道，有很多因素，如天文潮的流速大小、频率，内潮产生地的总水深，地形的斜率、高度或水平长度尺度，浮力频率和科氏力参量等都影响着内潮的产生过程。概括起来，是以下几个无量纲参数控制着潮地作用机制生成内潮的过程(Legg & Adcroft，2003)：

(1) 地形坡度与内潮波群速度特征线坡度之比

$$\alpha=\frac{\mathrm{d}h/\mathrm{d}x}{\sqrt{(\omega^2-f^2)/(N^2-\omega^2)}} \tag{3.2.17}$$

式中，$\mathrm{d}h/\mathrm{d}x$ 表示地形的坡度(相当于∇H)。

$\tan\varphi=\sqrt{(\omega^2-f^2)/(N^2-\omega^2)}$是内潮波群速度特征线的坡度，而 φ 是特征线与水平线之夹角。当 $\alpha<1$ 时，地形为亚临界地形；当 $\alpha=1$ 时，为临界地形；而当 $\alpha>1$ 时，则为超临界地形。需要注意的是，不管是亚临界地形还是超临界地形，它们都不是一成不变的。对某种频率的内潮波是超临界地形，对另一种频率的内潮波可能就变为亚临界地形。即便是对同一频率的内潮波，层化状况的改变，也会使地形的亚临界特性或超临界特性发生改变。而在较小尺度范围内的地形变化，也会使此参数的变化更加复杂。

(2) 内弗罗得数

$$Fr=U/c_p \tag{3.2.18}$$

式中，U 表示内潮水平流速的振幅，c_p 是内潮相速度的水平分量。内弗罗得数用来描述内潮流动的非线性，流动速度越大，非线性就越强，内弗罗得数也就越大。在§3.8谈到内潮波生成和传播的统一模式时，还会有其他的参数形式来描述内潮的非线性。

(3) 内潮的水平波长尺度与地形坡度的水平尺度之比

$$s=\lambda/L \tag{3.2.19}$$

式中，λ 表示内潮的水平波长；L 表示地形坡度的水平尺度。

另外，其他一些较重要的无量纲参数包括雷诺数和内潮波的斜入射角等。

由于现场观测等方面的困难，对内潮生成过程的研究大部分仍处于数值模拟和实验室实验的阶段。所使用的地形多数为二维地形，对三维地形的研究进行的较少，而对地形的小尺度变化所产生的影响研究得就更少(Laurent & Garrett，2002)，这些问题有待于进一步研究。

§3.3 内潮波的解析解例

通过对内潮运动的主要本质特征进行抽象，获得一组数学方程式或方程组。然后，以各种数学技巧获得方程组的解析解，或借助于计算机得到方程组在各种条件下的数值解，是内潮研究中的两种重要方法。从上一节中提到的内潮产生条件可知，由于天文潮波、变化的海底地形和海水密度在垂向的稳定层化这3个条件在各海域中的不同组合，使得不同地方出现的内潮千差万别。这些条件的诸多变化也给求解内潮方程组的解析解带来了许多困难，在很多情况下不得不求其数值解。由于内潮解析解的获取比较困难，所以这方面的研究工作相对较少。这里依据 Rattray(1960)，Jiang 和 Fang(1995)的工作，给出正压潮流与阶梯地形和倾斜地形相互作用产生内潮的解析解例。

3.3.1　阶梯地形上产生的内潮

控制方程　这是第一个关于表面潮与地形共同作用形成内潮的理论模型。在这个模型中，Rattray(1960)以阶梯地形(图 3.3.1)代替实际地形，将海水分为上、下两层。上层水深为 h'(常数)。下层水深在深水区为 h_2，浅水区为 h''。深水代表大洋，浅水代表陆架。上层流速分量为 u'，v'，密度为 ρ'，海面水位为 ζ'，下层流速分量为 u''，v''，密度为 ρ''，内界面水位为 ζ''，不考虑摩擦和铅垂加速度，上、下两层的控制方程为

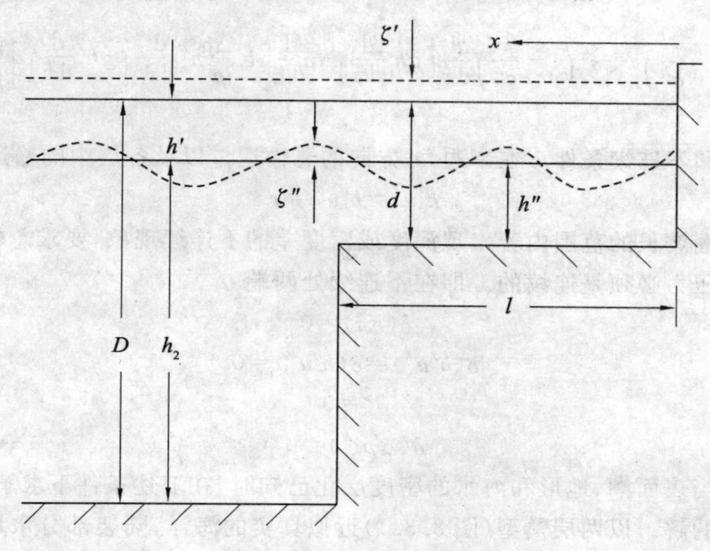

图 3.3.1　以阶梯地形表示的两层模型

$$\frac{\partial u'}{\partial t}-fv'=-g\frac{\partial \zeta'}{\partial x} \tag{3.3.1}$$

$$\frac{\partial v'}{\partial t}+fu'=0 \tag{3.3.2}$$

$$\frac{\partial (h'u')}{\partial x}=\frac{\partial \zeta''}{\partial x}-\frac{\partial \zeta'}{\partial t} \tag{3.3.3}$$

$$\frac{\partial u''}{\partial t}-fv''=-g\left(1-\frac{\Delta\rho}{\rho}\right)\frac{\partial \zeta'}{\partial x}-g\frac{\Delta\rho}{\rho}\frac{\partial \zeta''}{\partial x} \tag{3.3.4}$$

$$\frac{\partial v''}{\partial t}+fu''=0 \tag{3.3.5}$$

$$\frac{\partial (h''u'')}{\partial x}=-\frac{\partial \zeta''}{\partial t} \tag{3.3.6}$$

式中，f 为地转铅垂分量，$\Delta\rho=\rho''-\rho'$，$\rho=\dfrac{\rho'+\rho''}{2}$

取时间因子为 $e^{i\sigma t}$，而 $\sigma=2\pi/$周期。在上面方程中消去 v'，v''，得到

$$i\sigma\left(1-\frac{f^2}{\sigma^2}\right)u'=-g\frac{\mathrm{d}\zeta'}{\mathrm{d}x} \tag{3.3.7}$$

$$i\sigma\left(1-\frac{f^2}{\sigma^2}\right)u''=-g\left(1-\frac{\Delta\rho}{\rho}\right)\frac{d\zeta'}{dx}-g\frac{\Delta\rho}{\rho}\frac{d\zeta''}{dx} \tag{3.3.8}$$

$$\frac{d}{dx}(h'u')=i\sigma(\zeta''-\zeta') \tag{3.3.9}$$

$$\frac{d}{dx}(h''u'')=-i\sigma\zeta'' \tag{3.3.10}$$

从式(3.3.7)～(3.3.10)中消去 ζ'',u',u'',并令 $h=h'+h''$,得到关于 ζ' 的一个4阶方程

$$\left\{\sigma^4\left(1-\frac{f^2}{\sigma^2}\right)^2+\sigma^2\left(1-\frac{f^2}{\sigma^2}\right)\frac{d}{dx}\left(gh\frac{d}{dx}\right)+\frac{d}{dx}\left[g\frac{\Delta\rho}{\rho}h''\frac{d^2}{dx^2}\left(gh'\frac{d}{dx}\right)\right]\right\}\zeta'=0 \tag{3.3.11}$$

边界条件和不连续条件　在岸边,x 方向的总输运量以及各层中的输运量为零。即

$$h'u'=h''u''=0 \tag{3.3.12}$$

在小于内潮波长的范围内若出现深度或密度差的不连续现象,要求总输运量、各层中的输运量以及压力必须是连续的。即在不连续处两端

$$\delta(hu)=0 \tag{3.3.13}$$

$$\delta(h'u')=\delta(h''u'')=0 \tag{3.3.14}$$

$$\delta\zeta=0 \tag{3.3.15}$$

$$\delta(\Delta p\zeta'')=0 \tag{3.3.16}$$

解析解　当表面潮、地形和海水的密度层化已知时,在上述条件下求解方程(3.3.11)即可得到内潮的解。以两层模型(图3.3.1)近似真实的海洋,陆架部分水域为等深的,深度为 d,陆架宽度为 l,深水海洋也是等深的,深度为 D,上层厚度为恒定的 h'。将方程(3.3.11)中的微分算子进行分解,方程变为

$$\left[\frac{\sigma^2}{2}\left(1-\frac{f^2}{\sigma^2}\right)\left(1+\sqrt{1-\frac{4h'h''}{h^2}\frac{\Delta\rho}{\rho}}\right)+\frac{gh'h''}{h}\frac{\Delta\rho}{\rho}\frac{d^2}{dx^2}\right]\cdot$$
$$\left[\frac{\sigma^2}{2}\left(1-\frac{f^2}{\sigma^2}\right)\left(1-\sqrt{1-\frac{4h'h''}{h^2}\frac{\Delta\rho}{\rho}}\right)+\frac{gh'h''}{h}\frac{\Delta\rho}{\rho}\frac{d^2}{dx^2}\right]\zeta'=0 \tag{3.3.17}$$

方程的4个独立解为

$$\zeta'=\zeta'_s+\zeta'_i,\quad u'=u'_s+u'_i$$
$$\zeta''=\zeta''_s+\zeta''_i,\quad u''=u''_s+u''_i \tag{3.3.18}$$

式中,下标s表示表面潮的贡献,而下标i表示内潮的贡献。
它们分别满足下列方程

$$\left[\frac{\sigma^2}{2}\left(1-\frac{f^2}{\sigma^2}\right)\left(1-\sqrt{1-\frac{4h'h''}{h^2}\frac{\Delta\rho}{\rho}}\right)+\frac{gh'h''}{h}\frac{\Delta\rho}{\rho}\frac{d^2}{dx^2}\right]\zeta'_s=0 \tag{3.3.19}$$

$$\left[\frac{\sigma^2}{2}\left(1-\frac{f^2}{\sigma^2}\right)\left(1+\sqrt{1-\frac{4h'h''}{h^2}\frac{\Delta\rho}{\rho}}\right)+\frac{gh'h''}{h}\frac{\Delta\rho}{\rho}\frac{d^2}{dx^2}\right]\zeta'_i=0 \tag{3.3.20}$$

因为 $\Delta\rho/\rho\ll1$,所以方程中仅保留它的最低次幂项,上述方程近似为

$$\left[(\sigma^2-f^2)+gh\frac{d^2}{dx^2}\right]\zeta'_s=0 \tag{3.3.21}$$

$$\left[(\sigma^2-f^2)+g\frac{h'h''}{h}\frac{\Delta\rho}{\rho}\frac{\mathrm{d}^2}{\mathrm{d}x^2}\right]\zeta'_{\mathrm{i}}=0 \tag{3.3.22}$$

最后,在满足边界条件和不连续条件的情况下,求解方程(3.3.7)～(3.3.10),(3.3.21)和(3.3.22),得到内潮波的解为

陆架海区:

$$\zeta''_{\mathrm{i}}=A\cos k_1 x,\quad 0\leqslant x<l \tag{3.3.23}$$

深水海洋:

$$\zeta''_{\mathrm{i}}=B\mathrm{e}^{-\mathrm{i}k_2 x}\quad x\geqslant l \tag{3.3.24}$$

式中,$k_1^2=\dfrac{(\sigma^2-f^2)\dfrac{d}{h'(d-h')}}{g\Delta\rho/\rho}$, $k_2^2=\dfrac{(\sigma^2-f^2)\dfrac{D}{h'(D-h')}}{g\Delta\rho/\rho}$

$$A=\zeta'_0 h'\left(\frac{1}{d}-\frac{1}{D}\right)\sqrt{\frac{1+k_2^2 l^2}{\cos^2 k_1 l+\dfrac{k_2^2}{k_1^2}\sin^2 k_1 l}}\,\mathrm{e}^{\mathrm{i}(\alpha-\beta)} \tag{3.3.25}$$

$$B=\zeta'_0 h'\left(\frac{1}{d}-\frac{1}{D}\right)\frac{\left(k_2 l\cos k_1 l-\dfrac{k_2}{k_1}\sin k_1 l\right)}{\sqrt{\cos^2 k_1 l+\dfrac{k_2^2}{k_1^2}\sin^2 k_1 l}}\,\mathrm{e}^{\mathrm{i}(k_2 l-\beta+\frac{\pi}{2})} \tag{3.3.26}$$

式中,$\tan\alpha=k_2 l$, $\tan\beta=\dfrac{k_2}{k_1}\tan k_1 l$;$\zeta_0$ 是表面潮引起的表面水位,ζ_{i} 是内潮引起的表层水位,$\zeta_{\mathrm{i}}\leqslant\zeta_0$,一般予以忽略。

分析不同区域内潮的计算公式(3.3.23)～(3.3.26)可以看出,内潮在陆架区呈驻波形式,在深水海洋则呈前进波的形式。内潮振幅与表面潮的振幅、上层的厚度以及总水深的变化(或地形的变化)等成正比。由于 $h'\left(\dfrac{1}{d}-\dfrac{1}{D}\right)$的取值范围在0～1之间,不妨将它取为0.5。如果此时陆架上仍有内潮产生的话,要求式(3.3.25)中的剩余部分要大于1,这需要满足条件 $k_2 l\gg1$。然后,它的取值依 $k_1 l$ 而定,范围落在 $k_1 l$～$k_2 l$ 之间。对于大的陆架内潮驻波,其振幅与表面潮振幅之比有关系

$$\sqrt{\frac{(\sigma^2-f^2)\dfrac{D}{h'(D-h')}}{g\dfrac{\Delta\rho}{\rho}}}<\left|\frac{A}{\zeta'_0 h'\left(\dfrac{1}{d}-\dfrac{1}{D}\right)}\right|<\sqrt{\frac{(\sigma^2-f^2)\dfrac{d}{h'(d-h')}}{g\dfrac{\Delta\rho}{\rho}}} \tag{3.3.27}$$

它要求陆架的宽度 l 应大于或等于几个内潮波的波长。因此,较宽的陆架容易产生强的内潮。可以想像,上下层较小的密度差也是内潮振幅较大的一个重要原因。

对于深水区的内潮,有下列关系式:

$$\left|\frac{B}{\zeta'_0 h\left(\dfrac{1}{d}-\dfrac{1}{D}\right)}\right|\approx\sqrt{\frac{(\sigma^2-f^2)\dfrac{D}{h'(D-h')}}{g\dfrac{\Delta\rho}{\rho}}}\cos k_1 l \tag{3.3.28}$$

与式(3.3.27)比较,若不考虑因子 $\cos k_1 l$ 的作用,在陆架上有大振幅内潮产生时,深水中的内潮振幅也会较大。由于 $\cos k_1 l$ 的取值在0～1之间,所以深水中内潮波的振幅永远不会大于陆架内潮波的振幅。

3.3.2 在常斜率陆坡上具有常浮频率的海洋中的内潮

Jiang 和 Fang(1995)把陆坡海域抽象成具有常浮频率和二维半无限线性斜面底地形(图 3.3.2)的简单模型,采用坐标变换方法求出一种解析解。

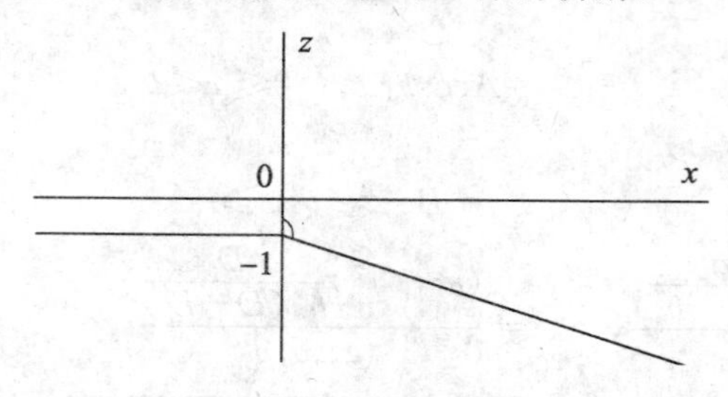

图 3.3.2 Jiang 和 Fang 所用模型底地形(Jiang & Fang,1995)

基本方程及变换 因讨论的是内波范畴内的问题,所以有 $\omega>f$。先对变量作无量纲化处理

$$\varphi=\varphi^*/(UH_0),x=x^*/L,z=z^*/H_0,H=H^*/H_0,N=N^*/N_0 \quad (3.3.29)$$

式中,x^*,z^*,φ^*,N^* 和 H^* 分别为有量纲的水平坐标、垂向坐标、流函数、浮频率和水深,不带上标"*"号的相应变量为无量纲量;L,H_0,N_0 和 U 分别为水平长度比尺、垂向长度比尺、浮频率特征值和内潮流速比尺。

用 U_s,L_s 和 Q 分别表示正压潮流速、正压潮水平比尺和由正压潮产生的质量通量;构成下列无量纲参数

$$\alpha=\frac{N_0^2H_0^2}{L^2\omega^2},\beta=\frac{L}{L_s},\gamma=\frac{\beta U_s}{U},\tau=\frac{f}{\omega} \quad (3.3.30)$$

于是,内波特征线的斜率 C 可写成

$$C^2=\frac{1-\tau^2}{N^2\alpha} \quad (3.3.31)$$

根据 Baines(1982),流函数方程可写成

$$\begin{cases}\varphi_{xx}-C^2\varphi_{zz}=\dfrac{Q\gamma z}{\beta}\left[\dfrac{1}{H}\right]_{xx}\\ \varphi=0,\text{当 } z=0,-H\end{cases} \quad (3.3.32)$$

无量纲底地形用下式表示

$$H=1+\alpha_1x \qquad 0<x<\infty \quad (3.3.33)$$

式中,α_1 为无量纲斜率。

作坐标变换

$$\xi=\int_0^x\frac{\alpha_1}{H}\mathrm{d}x,\ \eta=-\frac{\delta z}{H} \quad (3.3.34)$$

式中,

$$\delta=\frac{\alpha_1}{C} \quad (3.3.35)$$

由(3.3.34)可得

$$H=\mathrm{e}^{\xi} \quad (3.3.36)$$

于是，式(3.3.32)可转换为

$$\begin{cases}(\eta^2-1)\varphi_{\eta\eta}+2\eta(\varphi_\eta-\varphi_{\xi\eta})+\varphi_{\xi\xi}-\varphi_\xi=2\gamma_1\eta\\ \varphi(0)=\varphi(\delta)=0\end{cases} \tag{3.3.37}$$

式中，

$$\gamma_1=-\frac{\gamma Q}{\delta\beta} \tag{3.3.38}$$

解与频散关系　因强迫项仅是 η 的函数，可设受迫波具有如下形式

$$\varphi(\xi,\eta)=f(\eta) \tag{3.3.39}$$

式中，$f(\eta)$满足

$$\begin{cases}(\eta^2-1)f_{\eta\eta}+2\eta f_\eta=2\gamma_1\eta\\ f(0)=f(\delta)=0\end{cases} \tag{3.3.40}$$

再设

$$A=(1-\eta)/(1+\eta),\ B=(1-\delta)/(1+\delta) \tag{3.3.41}$$

很容易通过积分得到：对于亚临界地形($\delta<1$)，有

$$f(\eta)=\gamma_1[\eta-\delta\ln A/\ln B] \tag{3.3.42}$$

对于超临界地形($\delta>1$)，有

$$f(\eta)=\begin{cases}\gamma_1\eta+\Psi\ln A, & \eta<1\\ \gamma_1(\eta-\delta)+\Psi\ln(A/B), & \eta>1\end{cases} \tag{3.3.43}$$

式中，

$$\Psi=\gamma_1\delta/\ln B \tag{3.3.44}$$

因为求解域是半无限的，可假设

$$\varphi(\xi,\eta)=\mathrm{e}^{-S\xi}f_S(\eta) \tag{3.3.45}$$

于是问题就归结为求解下述常微分方程的解

$$\begin{cases}(\eta^2-1)f_{S,\eta}+2(S+1)\eta f_{S,\eta}+S(S+1)f_S=0\\ f_S(0)=f_S(\delta)=0\end{cases} \tag{3.3.46}$$

引入变换

$$f_S(\eta)=(1-\eta)^{-S}g_S(\eta) \tag{3.3.47}$$

很易得出

$$S=\mathrm{i}k \tag{3.3.48}$$

并得出：

当 $\delta<1$ 时，有

$$f_n(\eta)=(1+\eta)^{-\mathrm{i}k}-(1-\eta)^{-\mathrm{i}k} \tag{3.3.49}$$

以及相应频散关系

$$\delta=\mathrm{th}(n\pi/k)\quad 或\quad k=-\frac{2n\pi}{\ln B} \tag{3.3.50}$$

式中，n 为非零整数；

当 $\delta>1$ 时，有

$$f_n(\eta)=\begin{cases}(1+\eta)^{-\mathrm{i}k}-(1-\eta)^{-\mathrm{i}k} & \eta<1\\ (\eta-1)^{\mathrm{i}k}[(A/B)^{\mathrm{i}k}-1] & \eta>1\end{cases} \tag{3.3.51}$$

及相应的频散关系

$$\delta=\mathrm{cth}(n\pi/k)\quad 或\quad k=-\frac{2n\pi}{\ln B} \tag{3.3.52}$$

完全解为

$$\varphi(\xi,\eta)=f(\eta)+\sum_{n\neq 0}C_n\mathrm{e}^{-k\xi}f_n(\eta) \tag{3.3.53}$$

式中的系数 C_n 要通过所得解与陆架上的解之连接来确定，这陆架解可用在陆架上传播的谐波构成的级数表示。

显然，当 $\delta\geqslant 1$ 时，解在 $\eta=1$ 处是奇异的，但此奇点不同于 Baines(1982) 所得结果。除 $\eta=1$ 是特征线外，一般地，等 η 线并非特征线。

与实验结果的比较 Baines 和 Fang(1985) 在实验水槽中做了实验。Jiang 和 Fang 将他们所得结果与 Baines 和 Fang 实验及 Baines(1982) 的理论结果作了比较。在亚临界底形时(实验用 $\delta=0.745$)，两断面速度剖面如图 3.3.3 所示，图中 z 已无量纲化。从图中可看出，涨潮期间两种理论结果与实验结果一致，高潮时，在 A 断面处 Jiang 和 Fang 的结果优于 Baines 的结果；在 B 断面处，两者都不理想，且 Jiang 和 Fang 的结果不及 Baines 的结果。由于 B 断面靠近深海，半无限斜面假设与实验条件相差甚远，理论与实验不一致是可以理解的。

由于在 $\eta=1$ 处出现奇异性，在超临界地形时未能确定 C_n 值，因而无法与实验作比较。

Jiang 和 Fang(1996) 还以相同的假设条件和相同的坐标变换方法对 $\omega<f$ 的斜压潮问题求出了解析解。

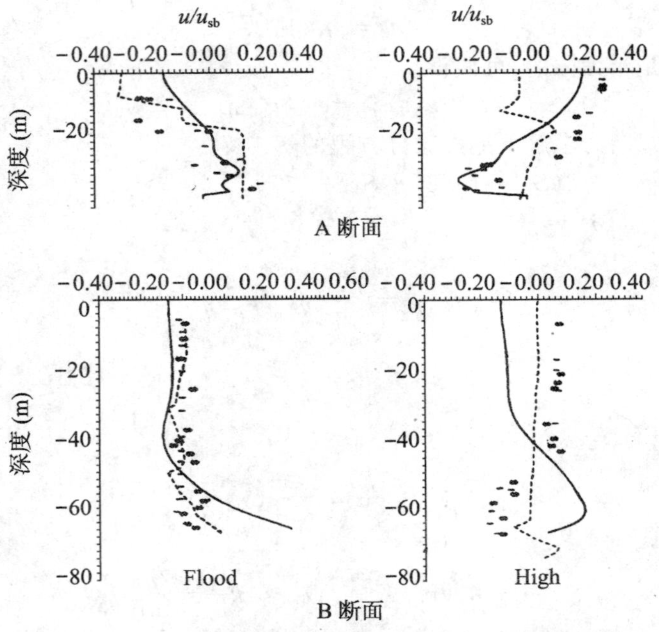

图 3.3.3 Jiang 和 Fang(1995) 和 Baines(1982) 的理论解及 Baines 和 Fang(1985) 的实验结果之比较(Jiang & Fang, 1995)

------ Baines (1982) 的理论曲线
— Baines 和 Fang (1985) 的实验值
$ Baines 和 Fang (1985) 的实验值
—— Jiang 和 Fang 的式 (3.3.53) 理论曲线
u_{sb} 在陆架坡折处正压潮最大流速

§3.4　内潮波的一个二维三层模式

海洋内波问题的理论工作（如 Baines，1973，1982；Craig，1987；Gerkema，1996；等）建立了比较完善的控制方程，得到了一些解析解。但由于问题本身的复杂性，解析求解在多数情况下较困难，而且靠理论模型定性地或在一些近似（或理想）条件下定量地研究内波，远远不能满足实际需求。在这种情况下，海洋内波数值模式的研制和应用得到了迅速发展。

与表面潮数值模式的发展相比，内潮数值模式的研究尽管起步较晚，但已发展了一些有价值的模式。它们中有线性的、也有非线性的；有采用刚盖近似的，也有使用自由表面的；有密度垂向分层变化的，也有连续变化的；有二维的，也有三维的；等等。杜涛和方欣华（1999）根据模式所能解决的主要问题将现有的内潮数值模式分为 3 种类型：生成模式、传播模式和统一模式。生成模式主要研究在表面潮与地形的相互作用下，在层化海水中产生内潮的过程；传播模式主要研究内潮生成后的传播和演变过程；统一模式则将生成和传播演变过程一起进行模拟研究。

较早的生成模式是由 Chuang and Wang（1981）提出的，Sherwin 和 Taylor（1990）将流函数方程从 z 坐标变化为 σ 坐标，使其能更好地模拟真实地形。对强季节跃层情况下内潮的模拟，大都使用分层模式。诸如，Mazé（1987），Willmott 和 Edwards（1987），Heathershaw 等（1987），Mazé 和 Le Tareau（1990）和江明顺等（1995）采用二维分层模式；Matsuyama（1985），方国洪等（1997），Du 等（1999a，b，2000）采用三维分层模式。上述模式大都采用静压近似假设，不能描述内波的非静压频散特性，所以只能用来模拟内潮波的生成过程和以非内孤立波形式进行传播的特性。作为内潮生成模式的一个例子，下面介绍江明顺等（1995）建立的一个二维三层模式。

3.4.1 控制方程

考虑理想的陆架陆坡地形，如图 3.4.1。其中 H 为总水深，深水海区总水深为 H_d，陆架区总水深为 H_s。采用 Boussinesq 近似，并限于二维问题，即假设 $\frac{\partial}{\partial y}=0$。

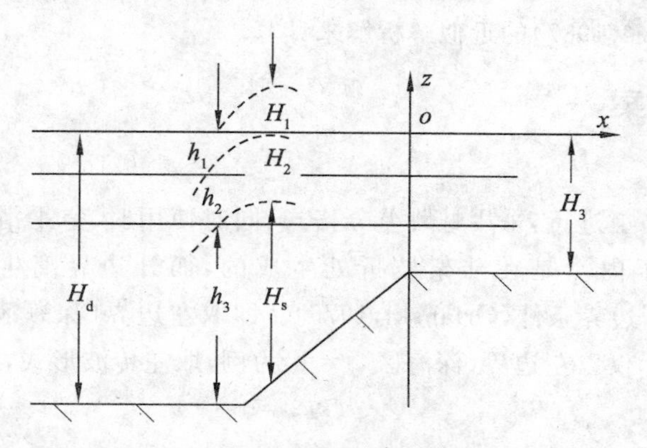

图 3.4.1　地形及垂直分层图（Jiang & Fang，1995）

将海水分为上、中、下3层，各层水体的密度、初始厚度、瞬时厚度、x方向和y方向的流速、正压潮引起的水位变化和内潮引起的水位变化分别为$\rho_i, h_i, H_i, u_i, v_i, \xi_i, \zeta_i (i=1,2,3)$。显然有

$$\begin{cases} H_1 = h_1 + \zeta_1 + \xi_1 - \zeta_2 - \xi_2 \\ H_2 = h_2 + \zeta_2 + \xi_2 - \zeta_3 - \xi_3 \\ H_3 = h_3 + \zeta_3 + \xi_3 \end{cases} \tag{3.4.1}$$

定义各层中的平均流速为

$$u_i = \frac{1}{H_i}\int u_i \mathrm{d}z, \quad v_i = \frac{1}{H_i}\int v_i \mathrm{d}z \quad (i=1,2,3) \tag{3.4.2}$$

上式的积分是对各层分别进行的。对各层积分原始方程，然后依据 Mazé 和 Le Tareau(1990)的方法估计内潮引起的表面水位。得到控制方程

$$\begin{cases} \dfrac{\partial H_i}{\partial t} + H u_s \dfrac{\partial}{\partial x}\left(\dfrac{H_i}{H}\right) + \dfrac{\partial H_i u_i}{\partial x} = 0 & i=1,2,3 \\ \dfrac{\partial u_i}{\partial t} + (u_s + u_i)\dfrac{\partial u_i}{\partial x} + u_i \dfrac{\partial u_s}{\partial x} - f v_i = \begin{cases} I - g_{21}\dfrac{\partial H_1}{\partial x} & i=1 \\ I & i=2 \\ I + g_{32}\dfrac{\partial (H_1 + H_2)}{\partial x} & i=3 \end{cases} \\ \dfrac{\partial v_i}{\partial t} + (u_s + u_i)\dfrac{\partial v_i}{\partial x} + u_i \dfrac{\partial v_s}{\partial x} + f u_i = 0 & i=1,2,3 \end{cases} \tag{3.4.3}$$

式中，u_s, v_s为正压潮的流速分量，对正压潮使用了刚盖近似假设(因而$Hu_s = C$)。因为已经估计了表面水位，所以连续方程只有两个。对内潮波假设水平通量为零

$$H_1 u_1 + H_2 u_2 + H_3 u_3 = 0 \tag{3.4.4}$$

而

$$\begin{cases} I = g_{21}\left(1 - \dfrac{H_2}{H}\right)\dfrac{\partial H_1}{\partial x} - \left(1 - \dfrac{H_1 + H_2}{H}\right)\left(g_{31}\dfrac{\partial H_1}{\partial x} + g_{32}\dfrac{\partial H_2}{\partial x}\right) \\ g_{21} = g\dfrac{\rho_2 - \rho_1}{\rho_2} \quad g_{31} = g\dfrac{\rho_3 - \rho_1}{\rho_3} \quad g_{32} = g\dfrac{\rho_3 - \rho_2}{\rho_3} \end{cases} \tag{3.4.5}$$

正压潮使用 Mazé(1987)的近似解析解来计算。

3.4.2 数值方案

(一) 离散化

计算在交错网格上进行，采用蛙跳差分格式，同时使用时、空平滑(此处每10步平滑1次)，零起动。由于内潮是在陆架坡折处生成的，而开边界离生成区较远，故采用 Orlanski 形式辐射开边界条件(Orlanski, 1976)。即取左边界(深海区)为左传波，右边界(陆架区)为右传波。仅以左边界(深海区，$j=1$)为例，取左传波形式，对任意变量Ψ

$$\Psi_t + C\Psi_x = 0 \tag{3.4.6}$$

离散化

$$\begin{cases} C_{i,1}^{n}<0, & \Psi_{i,1}^{n+1}=\Psi_{i,1}^{n}-\dfrac{\Delta t}{\Delta x}C_{i,1}^{n}(\Psi_{i,2}^{n}-\Psi_{i,1}^{n}) \\ C_{i,1}^{n}>0, & \Psi_{i,1}^{n+1}=\Psi_{i,1}^{n} \end{cases} \tag{3.4.7}$$

式中的 $C_{i,1}^n$ 和 $C_{i,k}^n$ 在计算中估计，此量值的估计是至关重要的。因此将估计点取在从边界向内取的第 j 点，对应的估计方法为

$$C_{i,1}^{n}=-\frac{\Psi_{i,j+1}^{n}-\Psi_{i,j+1}^{n-1}}{\Psi_{i,j+2}^{n-1}-\Psi_{i,j+1}^{n-1}}\frac{\Delta x}{\Delta t} \tag{3.4.8}$$

考虑到小数作分母可能引起的计算误差，当 $|\Psi_{i,j+2}^{n-1}-\Psi_{i,j+1}^{n-1}|<\varepsilon$ 时，认为 $\Psi_{i,1}^{n+1}=\Psi_{i,1}^{n}$。$\varepsilon$ 需根据物理量的特征值来选取，其值可能是重要的，因为若太大，则辐射条件不起作用，若太小，可能导致数值不稳定。本模式中有 2 个典型量 u 和 h，相应地取 $\varepsilon_u=0.001$，$\varepsilon_h=0.1$。

（二）计算稳定性

根据 Willimott 和 Edwards(1987)做模态分离，可得第 1，2 模态约化深度 $h^{(1)}$ 和 $h^{(2)}$，根据长波假设，各模态相速为

$$C^{(i)}=\sqrt{\frac{gh^{(i)}}{1-f^2/\omega^2}} \qquad (i=1,2) \tag{3.4.9}$$

对 $h_1=50$ m，$h_2=30$ m，$\Delta\rho=1\times10^{-3}$ gcm^{-3}，可以得理论估计 $C^{(1)}\approx2$ ms^{-1}，取 $\Delta t=120$ s，$\Delta x=500$ m，显然满足 CFL 条件。

（三）算例参数的选取

水深 $H_s=200$ m，$H_d=2\ 000$ m，正压潮频率 $\omega=1.4\times10^{-4}$ s^{-1}，正压潮最大流速 $u_s=0.5$ ms^{-1}，陆架宽 $L_s=150$ km，陆坡宽（水平）$L=50$ km，深海宽 $L_d=200$ km，重力加速度 $g=9.8$ ms^{-1}，网格和时间步长 $\Delta x=500$ m，$\Delta t=120$ s，过渡层厚度 $h_2=30$ m。

（四）算例结果与讨论

使用 4 个典型算例来分析，参数取值如表 3.4.1。正压潮的最大流速为 0.5 ms^{-1}。每一例均计算了 20 个潮周期，结果均取自第 19 个潮周期。

表 3.4.1 算例参数取值(Jiang & Fang,1995)

	h_1(m)	ρ_1(gcm^{-3})	ρ_2(gcm^{-3})	ρ_3(gcm^{-3})
Ⅰ	50	1.027	1.027 5	1.028
Ⅱ	50	1.027	1.028	1.029
Ⅲ	100	1.027	1.027 5	1.028
Ⅳ	100	1.027	1.028	1.029

一般特征 以算例Ⅰ来讨论波动的一般特征。图 3.4.2 为界面波动的空间分布，每幅小图显示了 1 个潮周期内波形的变化，每条线相隔 2 小时。从图中可以看出，在深海区波动向左传，而在陆架区波动向右传且波动传播形态不规则。界面波形和 Wililnott 和 Edwards(1987)，Hethershaw 等(1987)的结果相近，波动的最大振幅出现在陆架坡折处，

界面起伏幅度可达 20 m，流速最大可达 0.3 ms^{-1}（算例Ⅱ），这可和最大正压潮流值相比拟。

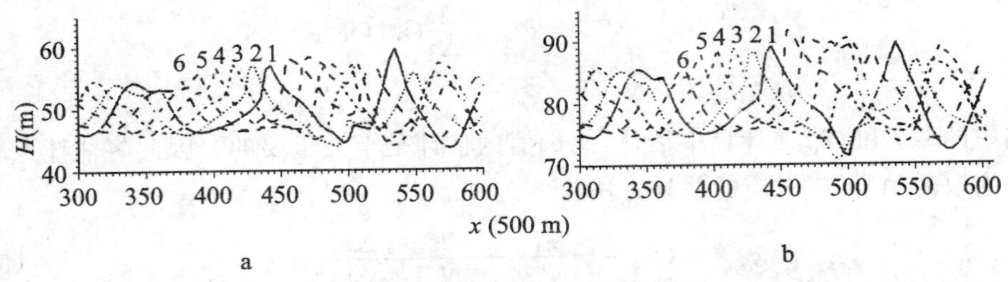

图 3.4.2　界面波动的空间分布(Jiang & Fang,1995)

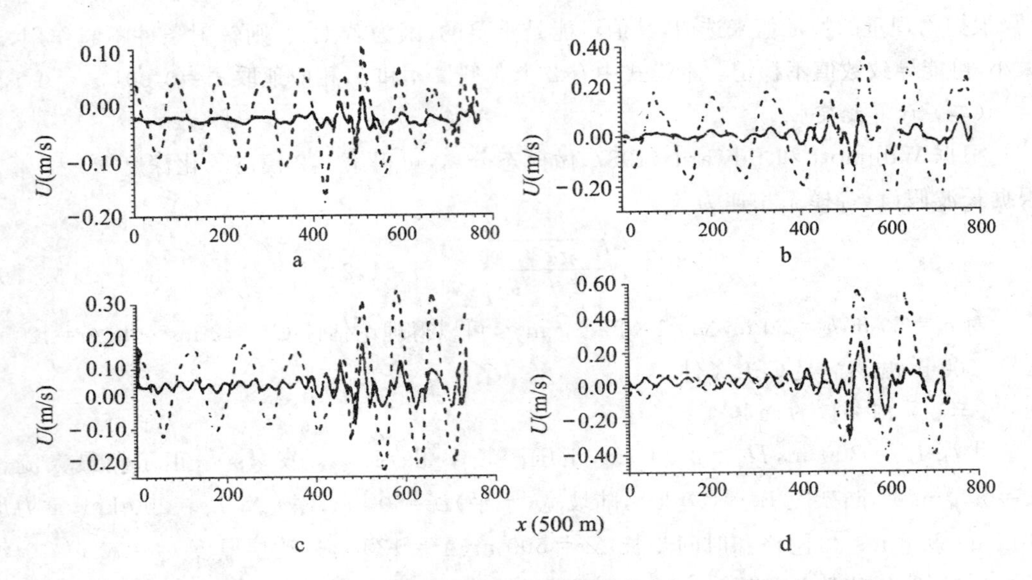

图 3.4.3　4 个算例的第 1,2 模态流速的空间分布(Jiang & Fang,1995)

a,b,c,d 分别对应于算例Ⅰ,Ⅱ,Ⅲ,Ⅳ；虚线为第 1 模态，实线为第 2 模态

图 3.4.3 画出了 4 个算例的第 1,2 模态流速的空间分布。在坡折区第 2 模态相当可观，其量值一般为第 1 模态的 1/3。但在陆架上和深海区，其值均较小。在算例Ⅲ,Ⅳ中，陆架上 1,2 模态的分离不甚好。

各模态波长的理论估计式如下

$$\lambda=2\pi\sqrt{\frac{gh}{\omega^2-f^2}} \tag{3.4.10}$$

式中，h 为约化深度，据此可以估计各算例中陆架上和深海区波长，和数值计算结果比较如表 3.4.2 所示。表中，$\lambda_s^{(1)}$，$\lambda_s^{(2)}$，$\lambda_d^{(1)}$，$\lambda_d^{(2)}$ 分别为陆架区和深海区第 1,2 模态波长。由表可见，除了深海区第 1 模态的理论值偏大外，理论值和数值结果很好地吻合。一般地，陆架上第 1 模态波长约为 40～60 km，第 2 模态约为 14～20 km，深海二者分别为 45～70 km，15～20 km。

表 3.4.2 波长比较表(Jiang & Fang,1995)　　单位:km

	算例Ⅰ		算例Ⅱ		算例Ⅲ		算例Ⅳ	
	理论	计算	理论	计算	理论	计算	理论	计算
$\lambda_s^{(1)}$	41.8	43	59.2		39.5	43	56	60
$\lambda_s^{(2)}$	14.1	14	20	15	13.9	15	19.6	20
$\lambda_d^{(1)}$	62.8	56	88.8	60	47.8	45.5	67.6	60
$\lambda_d^{(2)}$	15.4	18	21.8	23.5	14.5	15	20.5	20

上混合层厚度的影响　比较算例Ⅰ和Ⅲ,Ⅱ和Ⅳ可见,当上层厚度增加时,界面水位波动增大,流速亦增大,这和 Mazé(1987)的结果是一致的。然而第 2 模态流速则变小(图 3.4.3)。

图 3.4.4 为流速垂向分布,取的是时刻 $t=200$ h。图 3.4.4a 显示,在陆架区:u_1 和 u_2 反相,而 u_2 和 u_3 同相。而图 3.4.4b 中 u_1 和 u_2 同相,而 u_1 和 u_3 反相。可见上混合层厚度对流速垂向位相关系影响很大。

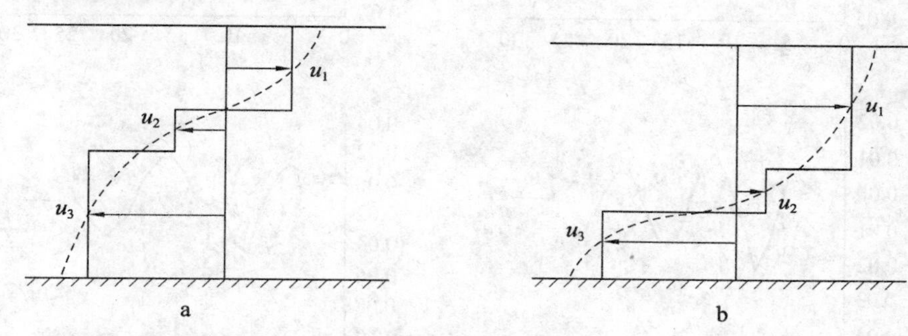

图 3.4.4　上混合层厚度对流速垂向结构的影响(Jiang & Fang,1995)

a,b 分别对应于算例Ⅰ,Ⅱ

过渡层厚度的影响　改变过渡层厚度 h_2,表 3.4.3 给出了界面水位最大振幅和 1,2 模态的最大流速随 h_2 的变化。由表可见,当以 h_2 从 10 m 加厚至 20 m 时,第 2 模态流速明显增大,再增大时变化不明显。当厚度增至 40 m 时,水位幅度突然减小。h_2 对第 1 模态流速的影响甚小。

表 3.4.3 过渡层厚度的影响(Jiang & Fang,1995)

h_2(m)	$u_{max}^{(1)}$(ms^{-1})	$u_{max}^{(2)}$(ms^{-1})	ζ_{2max}(m)	ζ_{3max}(m)
10	0.33	0.063	13.5	15
20	0.38	0.16	15	16.5
30	0.38	0.14	16.5	16.5
40	0.36	0.15	13	12

层化强度的影响　当层化减弱时,水平方向流速减小(图 3.4.4)。在坡折区,尖点变得不那么突出。然而界面的振幅却增大了。

余流　将流速在 1 个潮周期内进行平均,得到内潮波的 Euler 余流(简称余流)。图

3.4.5 为 4 个算例的 x 方向余流。图中仅选取了陆架坡折附近的 25 个段面，各段面间隔 5 km，$x=5$ 对应于陆架坡折点。一般地，上下层的余流方向相反；上层有一明显的最大流速点，位于陆架上离坡折点 20～30 km 处，下层则不那么规则。当上层厚度增大时，上层余流增大，最大值点向岸边移。余流可达 8 cms^{-1}，这是相当可观的。

同样地，当上层厚度增加时，y 方向的上层余流增大，但没有明显的最大值点。相隔一定距离（1 个内潮波长）流速反向。Mazé(1987)也曾注意到这一点，他据此解释了 Celtic Sea 陆架坡折点附近相隔约 40 km 流场的明显差异（包括反向余流）。

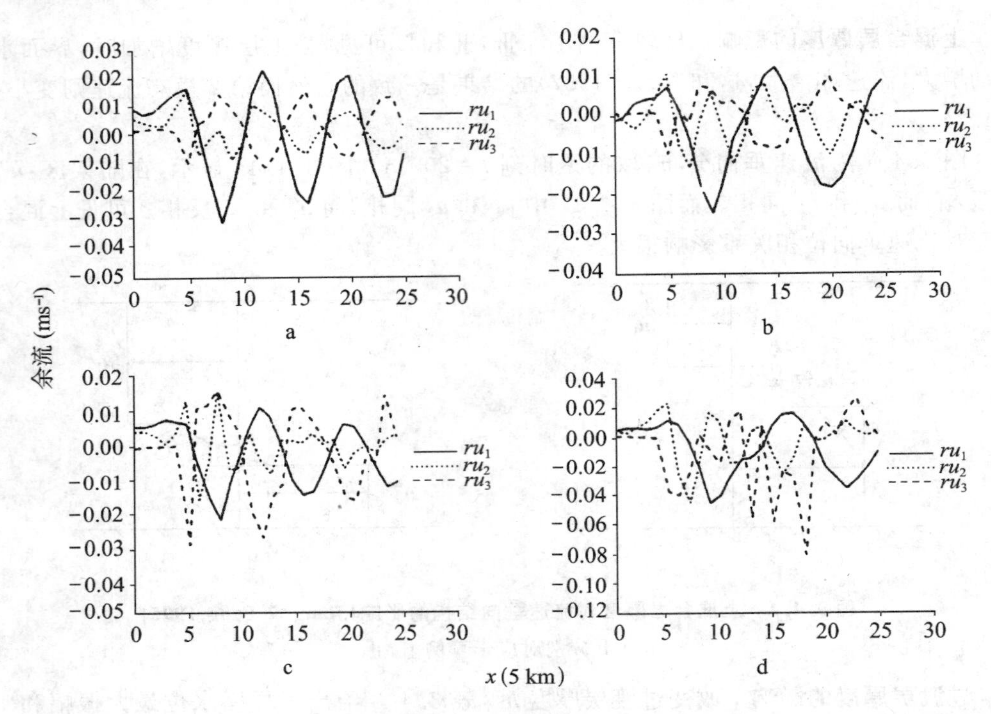

图 3.4.5　4 个算例的 x 方向余流(Jiang & Fang, 1995)

陆坡：$x<5$，陆架：$x>5$；实线、点线、虚线分别表示上、中、下层余流

§3.5　内潮波的一个三维多层模式

在上节的数值模式中，内潮的计算是在正压潮已知的情况下进行的，正压潮需要用近似解析解来计算。当实际地形比较复杂时，正压潮的计算误差会使内潮的计算精度受到影响。本节中的三维非线性任意分层模式也是一种生成模式，它将正压潮和内潮一起计算，避免了正压潮近似解析解计算误差带来的不利影响。

将正压潮与内潮一起计算，首先需解决计算网格的空间分辨率问题。因为两者在水平空间的波长相差甚远，若按正压潮（数千千米的波长）的计算精度来选取网格的尺寸，可能根本反映不了内潮（几十千米的波长）的信息；反之，若按内潮的计算精度来选取网格的尺寸，对正压潮而言，计算精度没有问题，但由于计算点的大量增加使计算量骤增，对计算设备的容量、速度、能力等提出了更高的要求。

其次，是计算时间步长的选取问题。正压潮的传播速度远远大于内潮的传播速度，说明正压潮空间分布状况的变化比内潮要快得多。因此，为了随时了解正压潮的空间变化，模式计算的时间步长不能取得太大。然而，适合于正压潮时间分辨率的时间步长对内潮的计算就显得太小，致使内潮部分的计算量变得非常大，这是非常不经济的。反之，适合内潮的、经济的时间步长，对正压潮的时间分辨率就达不到要求。解决上述问题的一个办法就是采用模态分离技术，即在空间和时间域内，采用不同的空间网格和时间步长，分别计算正压潮和内潮。

下面对可任意分层模式的叙述主要参考了杜涛和方国洪(1998)，Du 等(1999a，1999b，2000)，杜涛和方欣华(2000)。此模式采用了模态分离技术，使计算既满足正压潮和内潮计算精度，又提高了计算效率。它在垂向采用 z 坐标、可任意分层适用于各种海洋层化状况。

3.5.1　控制方程

假定海水在垂向可任意地分为 $K(k=1,2,\cdots,K)$ 层，海水的密度在水平方向是均匀一致的，在垂直方向是稳定层化的，各层海水之间不会因内潮运动而发生混合。各层中的控制方程为

$$\begin{cases}\dfrac{\partial u_k}{\partial t}=-L_k(u_k)+fv_k-g\left(\displaystyle\sum_{l=1}^{k}\dfrac{\rho_l-\rho_{l-1}}{\rho_k}\dfrac{\partial\zeta_l}{\partial x}\right)-\dfrac{1}{\rho_k}\dfrac{\partial p_a}{\partial x}+\dfrac{\tau_{(k-1)x}-\tau_{kx}}{h_k+\zeta_k-\zeta_{k+1}}+A\Delta u_k\\[2ex]\dfrac{\partial v_k}{\partial t}=-L_k(v_k)-fu_k-g\left(\displaystyle\sum_{l=1}^{k}\dfrac{\rho_l-\rho_{l-1}}{\rho_k}\dfrac{\partial\zeta_l}{\partial y}\right)-\dfrac{1}{\rho_k}\dfrac{\partial p_a}{\partial y}+\dfrac{\tau_{(k-1)y}-\tau_{ky}}{h_k+\zeta_k-\zeta_{k+1}}+A\Delta v_k\\[2ex]\dfrac{\partial\zeta_k}{\partial t}=\dfrac{\partial\zeta_{k+1}}{\partial t}-\dfrac{\partial[(h_k+\zeta_k-\zeta_{k+1})u_k]}{\partial x}-\dfrac{\partial[(h_k+\zeta_k-\zeta_{k+1})v_k]}{\partial y}\end{cases}\tag{3.5.1}$$

式中，

$$L_k(a)=u_k\frac{\partial a}{\partial x}+v_k\frac{\partial a}{\partial y},\quad \Delta a=\frac{\partial^2 a}{\partial x^2}+\frac{\partial^2 a}{\partial y^2}$$

$$\tau_{kx}=\mu_k\frac{\partial u}{\partial z}=\mu_k\frac{2(u_{k+1}-u_k)}{h_{k+1}+h_k},\quad \tau_{ky}=\mu_k\frac{\partial v}{\partial z}=\mu_k\frac{2(v_{k+1}-v_k)}{h_{k+1}+h_k}$$

$$\rho_0=0,\quad \zeta_{K+1}=0$$

g——重力加速度，　f——柯氏力参数，　A——水平涡动粘性系数，
p_a——大气压强，　μ_k——第 k 层垂直涡动粘性系数，
ζ_k——第 k 层界面(表层 $k=1$)的垂直位移，　h_k——第 k 层的静止厚度，
τ_{sx},τ_{sy}——风应力分量，　τ_{bx},τ_{by}——底摩擦应力分量，
τ_{kx},τ_{ky}——第 k 和第 $k+1$ 层之间的垂向剪切应力分量，
ρ_k——第 k 层的密度，　u_k,v_k——第 k 层的流速分量。

3.5.2　初始条件和边界条件

初始条件　采用零初值条件：$u_k=v_k=0$，　$\zeta_k=0$，　$(k=1,2,\cdots)$

开边界条件　假定开边界上只有正压潮，在开边界各网格点上的表面潮高取为时间的函数，由潮汐的调和常数计算得到；内界面上的垂直位移由表面潮高计算，即

$$\zeta_1 = \sum_{m=1}^{K} A_m \cos(\omega_{mt} - \theta_m), \zeta_2 = (1 - h_1/h)\zeta_1,$$

……

$$\zeta_K = \left(1 - \frac{(h_1 + h_2 + \cdots + h_{K-1})}{h}\right)\zeta_1。$$

式中，$h = \sum_{l=1}^{K} h_l$—— 静止（无扰动）总水深，A_m—— 分潮振幅，θ_m—— 分潮迟角。

3.5.3　计算网格及相关系数

计算网格采用 Arakawa-C 网格，计算点的配置如图 3.5.1。

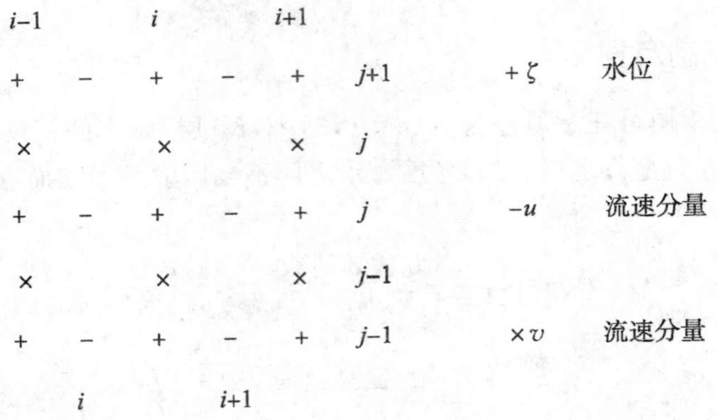

$i-1$		i		$i+1$			
+	−	+	−	+	$j+1$	$+\zeta$	水位
×		×		×	j		
+	−	+	−	+	j	$-u$	流速分量
×		×		×	$j-1$		
+	−	+	−	+	$j-1$	$\times v$	流速分量
	i		$i+1$				

图 3.5.1　计算点的配置

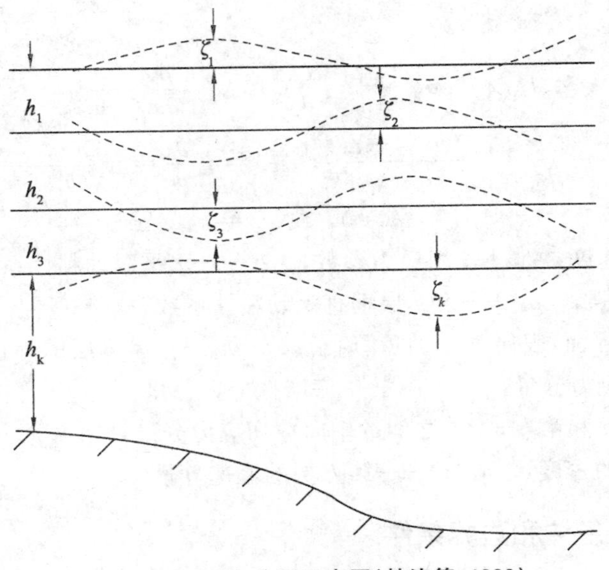

图 3.5.2　垂向分层示意图(杜涛等，1999)

图3.5.2为计算海域的垂向分层图。下面以3层模式说明各计算点的相关参量。

ζ 点：$\zeta_{1(i,j)}, \zeta_{2(i,j)}, \zeta_{3(i,j)}, P_{a(i,j)}, h_{(i,j)}$

u 点：$h'_{(i,j)}, k'_{(i,j)}, h'_{1(i,j)}, h'_{2(i,j)}, h'_{3(i,j)}, u_{(i,j)}, u'_{1(i,j)}, u'_{2(i,j)}, u'_{3(i,j)}, \tau_{sx(i,j)}$

v 点：$h''_{(i,j)}, k''_{(i,j)}, h''_{1(i,j)}, h''_{2(i,j)} h''_{3(i,j)}, u_{(i,j)}, u''_{1(i,j)}, u''_{2(i,j)}, u''_{3(i,j)}, \tau_{sy(i,j)}$

若水深在水平网格中心给出，则

$$h'_{(i,j)}=(h_{(i,j+1)}+h_{(i,j)})/2, h''_{(i,j)}=(h_{(i,j)}+h_{(i+1,j)})/2$$

若 $h'_{(i,j)}\leqslant h_1$ 则

$$k'_{(i,j)}\leqslant 1, h'_{1(i,j)}=h'_{(i,j)}$$

若 $h_1<h'_{(i,j)}\leqslant h_1+h_2$，则

$$k'_{(i,j)}=2, h'_{1(i,j)}=h_1, h'_{2(i,j)}=h'_{(i,j)}-h_1。$$

若 $h_1+h_2<h'_{(i,j)}\leqslant h_1+h_2+h_3$ 则

$$k'_{(i,j)}=3, h'_{1(i,j)}=h_1, h'_{2(i,j)}=h_2,$$
$$h'_{3(i,j)}=h'_{(i,j)}-h_1-h_2。$$

同理，可确定 $k''_{(i,j)}, h''_{1(i,j)}, h''_{2(i,j)}, h''_{3(i,j)}$。$k'_{(i,j)}$ 和 $k''_{(i,j)}$ 分别为 $h'_{(i,j)}$ 和 $h''_{(i,j)}$ 处的分层数。

模型采用了内、外模态分离技术，将正压潮与内潮的计算在时间和空间上都分别进行。即正压潮的计算在粗网格上进行，内潮的计算在细网格上进行，将粗网格的尺度取成细网格的整数倍，以便于将粗网格上正压潮的参量插值到细网格上；内潮计算的时间步长取为正压潮时间步长的整数(N)倍。计算开始时，先由外模态计算模式在粗网格上计算正压潮的海面水位和水平流速；每计算 N 次后，将粗网格上的正压潮参量插值到细网格上，然后由内模态的计算模式得到各个内界面的水位变化和各层内的内潮流速。如此循环计算。

3.5.4 外模态计算模式

（一）外模态控制方程

$$\begin{cases}\dfrac{\partial u}{\partial t}=-L(u)+fv-g\dfrac{\partial\zeta}{\partial x}-\dfrac{1}{\rho}\dfrac{\partial p_a}{\partial x}+\dfrac{\tau_{sx}-\tau_{bx}}{h_+\zeta}+A\Delta u\\ \dfrac{\partial v}{\partial t}=-L(v)-fu-g\dfrac{\partial\zeta}{\partial y}-\dfrac{1}{\rho}\dfrac{\partial p_a}{\partial y}+\dfrac{\tau_{sy}-\tau_{by}}{h+\zeta}+A\Delta v\\ \dfrac{\partial\zeta}{\partial t}=-\dfrac{\partial[(h+\zeta)u]}{\partial x}-\dfrac{\partial[(h+\zeta)v]}{\partial y}\end{cases}\tag{3.5.2}$$

式中，$L(a)=\dfrac{1}{h+\zeta_1}\sum_{k=1}^{K}H_kL_k(a), a=u,v$

$$H_k=\begin{cases}h_k+\zeta_k-\zeta_{k+1} & k=1,2,\cdots,K-1\\ h_k+\zeta_k & k=K\end{cases}$$

$$\tau_{bx}=\gamma_x u, \tau_{by}=\gamma_y v, \gamma=\frac{c_k}{h+\zeta}\sqrt{u^2+v^2}$$

c_k 为底摩擦系数。

（二）差分方程

采用半隐半显的方法(Casulli，1990)对方程组(3.5.2)进行离散，可以取较大的时间

步长以减少计算次数，提高计算效率。具体作法是：

(1) 对动量方程中的水位梯度项 $g\dfrac{\partial\zeta}{\partial x}, g\dfrac{\partial\zeta}{\partial y}$ 和连续方程中的速度散度项作隐式处理，以消除重力波给计算稳定性带来的对时间步长 Δt 的限制。

(2) 对平流项进行 Eulerian-Lagrangian 显式离散以消除对时间步长 Δt 的 Courant 条件限制。

(3) 为了保证计算的稳定性，对底摩擦项中的 u, v 作隐式处理；对式中的 γ_x 和 γ_y 作显式处理则以保证离散后的方程是线性的。

(4) 对方程中的其他项作显式处理以保持计算的高效率。

离散后得到

$$u_{i+1,j}^{n+1}=Fu_{i+1,j}^{n}-\frac{1}{2}g\frac{\Delta t}{\Delta x}(\zeta_{i+1,j}^{n+1}-\zeta_{i,j}^{n+1}+\zeta_{i+1,j}^{n}-\zeta_{i,j}^{n})-\Delta t\gamma_{x(i+1,j)}^{n}u_{i+1,j}^{n+1} \tag{3.5.3}$$

$$v_{i,j}^{n+1}=Fv_{i,j}^{n}-\frac{1}{2}g\frac{\Delta t}{\Delta y}(\zeta_{i,j+1}^{n+1}-\zeta_{i,j}^{n+1}+\zeta_{i,j+1}^{n}-\zeta_{i,j}^{n})-\Delta t\gamma_{y(i,j)}^{n}v_{i,j}^{n+1} \tag{3.5.4}$$

$$\zeta_{i,j}^{n+1}=\zeta_{i,j}^{n}-\frac{1}{2}\frac{\Delta t}{\Delta x}(H'^{n}_{i+1,j}u_{i+1,j}^{n+1}-H'^{n}_{i,j}u_{i,j}^{n+1}+H'^{n}_{i+1,j}u_{i+1,j}^{n}-H'^{n}_{i,j}u_{i,j}^{n})$$

$$-\frac{1}{2}\frac{\Delta t}{\Delta y}(H''^{n}_{i,j}v_{i,j}^{n+1}-H''^{n}_{i,j-1}v_{i,j-1}^{n+1}+H''^{n}_{i,j}v_{i,j}^{n}-H''^{n}_{i,j-1}v_{i,j-1}^{n}) \tag{3.5.5}$$

式中，$H'^{n}_{i+1,j}=h'_{i+1,j}+\dfrac{(\zeta_{i+1,j}^{n}+\zeta_{i,j}^{n})}{2}$，$H'^{n}_{i,j}=h'_{i,j}+\dfrac{(\zeta_{i-1,j}^{n}+\zeta_{i,j}^{n})}{2}$

$$H''^{n}_{i,j}=h''_{i,j}+\frac{(\zeta_{i,j+1}^{n}+\zeta_{i,j}^{n})}{2},\quad H''^{n}_{i,j-1}=h''_{i,j-1}+\frac{(\zeta_{i,j}^{n}+\zeta_{i,j-1}^{n})}{2}$$

$$\gamma_{x(i+1,j)}^{n}=\frac{c_k}{H'_{i+1,j}}\sqrt{(u_{i+1,j}^{n})^2+(\overline{v}_{i+1,j}^{n})^2},\quad \overline{v}_{i+1,j}^{n}=\frac{1}{4}(v_{i,j}^{n}+v_{i+1,j}^{n}+v_{i,j-1}^{n}+v_{i+1,j-1}^{n})$$

$$\gamma_{y(i,j)}^{n}=\frac{c_k}{H''_{i,j}}\sqrt{(\overline{u}_{i,j}^{n})^2+(v_{i,j}^{n})^2},\quad \overline{u}_{i,j}^{n}=\frac{1}{4}(u_{i,j}^{n}+u_{i+1,j}^{n}+u_{i,j+1}^{n}+u_{i+1,j+1}^{n})$$

F 是含对流项、水平涡动粘性项和柯氏力项的差分算子(Casulli，1990，Casulli 和 Cheng，1992)，它定义为

$$Fu_{i+1,j}^{n}=u_{i+1-a,j-b}^{n}+f\Delta t v_{i+1-a,j-b}^{n}+A\Delta t$$
$$\left(\frac{u_{i+1-a+1,j-b}^{n}-2u_{i+1-a,j-b}^{n}+u_{i+1-a-1,j-b}^{n}}{(\Delta x)^2}+\frac{u_{i+1-a,j-b+1}^{n}-2u_{i+1-a,j-b}^{n}+u_{i+1-a,j-b-1}^{n}}{(\Delta y)^2}\right)$$

$$Fv_{i,j}^{n}=v_{i-a,j-b}^{n}-f\Delta t u_{i-a,j-b}^{n}+$$
$$A\Delta t\left(\frac{v_{i-a+1,j-b}^{n}-2v_{i-a,j-b}^{n}+v_{i-a-1,j-b}^{n}}{(\Delta x)^2}+\frac{v_{i-a,j-b+1}^{n}-2v_{i-a,j-b}^{n}+v_{i-a,j-b-1}^{n}}{(\Delta y)^2}\right)$$

$a=u\dfrac{\Delta t}{\Delta x}, b=v\dfrac{\Delta t}{\Delta y}$，称为网格的 Courant 数。

以 c 表示速度(u,v)，则 $c_{i-a,j-b}^{n}$ 表示 $n+1$ 时刻通过(i,j)点的特征线上位于$(i-a,j-b)$的流点在 n 时刻的流速。

令 $a=n+r, b=m+s$，(n,m 为整数，$0\leqslant r<1, 0\leqslant s<1$)，则 $c_{i-a,j-b}^{n}$ 通过双线性插值求得

$$c_{i-a,j-b}^{n}=(1-r)[(1-s)c_{i-n,j-m}^{n}+sc_{i-n,j-m-1}^{n}]+r[(1-s)c_{i-n-1,j-m}^{n}+sc_{i-n-1,j-m-1}^{n}]$$

将式(3.5.3)和(3.5.4)代入(3.5.5)，整理后得到差分方程

$$a_5\zeta_{i,j}^{n+1}-a_1\zeta_{i+1,j}^{n+1}-a_2\zeta_{i-1,j}^{n+1}-a_3\zeta_{i,j+1}^{n+1}-a_4\zeta_{i,j-1}^{n+1}=b_{i,j} \tag{3.5.6}$$

式中，

$$a_1=\overline{g}_xH'S_{i+1,j}^n,\quad a_2=\overline{g}_xH'S_{i,j}^n$$

$$a_3=\overline{g}_yH''S_{i,j}^n,\quad a_4=\overline{g}_yH''S_{i,j-1}^n,\quad a_5=1+\sum_{i=1}^{4}a_i$$

$$b_{i,j}=(2-a_5)\zeta_{i,j}^n+a_1\zeta_{i+1,j}^n+a_2\zeta_{i-1,j}^n+a_3\zeta_{i,j+1}^n+a_4\zeta_{i,j-1}^n+c$$

$$c=-\frac{\Delta t}{2\Delta x}(H'S_{i+1,j}^n\cdot Fu_{i+1,j}^n+H'^n_{i+1,j}\cdot u_{i+1,j}^n-H'S_{i,j}^n\cdot Fu_{i,j}^n-H'^n_{i,j}\cdot u_{i,j}^n)$$
$$-\frac{\Delta t}{2\Delta y}(H''S_{i,j}^n\cdot Fv_{i,j}^n+H''^n_{i,j-1}\cdot v_{i,j}^n-H''S_{i,j-1}^n\cdot Fv_{i,j-1}^n-H''^n_{i,j-1}\cdot v_{i,j-1}^n)$$

$$H'S_{i,j}^n=\frac{H'^n_{i,j}}{1+\gamma_{x(i,j)}^n\Delta t},\qquad H''S_{i,j}^n=\frac{H''^n_{i,j}}{1+\gamma_{y(i,j)}^n\Delta t}$$

$$\overline{g}_x=\frac{g(\Delta t)^2}{4(\Delta x)^2},\qquad \overline{g}_y=\frac{g(\Delta t)^2}{4(\Delta y)^2}$$

若 $H'^n_{i,j}>0,H''^n_{i,j}>0$，方程组(3.5.6)的系数矩阵是严格对角占优的对称阵，方程有惟一的解。关于上述差分格式的稳定性分析，请参阅 Du 等(1999b)。

（三）共轭斜量加速 Jacobi 法

线性代数方程组的求解方法有直接法和迭代法两大类。对中等规模($n<100$)的方程组和一些大型的带型或稀疏方程组，可选用直接法求解。而对较高阶和由偏微分方程求解中出现的方程组，使用迭代法求解则更为经济、适用。

对于外模态离散得到的差分方程组，使用共轭斜量加速 Jacobi 迭代法(清华大学应用数学系，1990)求解。因为此方法具有在加速迭代过程中不需要人工选取任何参数、收敛速度快和计算量小的特点。具体过程如下。

设线性方程组为

$$\boldsymbol{Ax}=\boldsymbol{b}$$

用共轭斜量法加速 Jacobi 法求解的步骤是：

(1) 任取初始向量 $\boldsymbol{x}^{(0)}$。

(2) 由 Jacobi 迭代公式 $\boldsymbol{x}^{(k+1)}=\boldsymbol{B}_J\boldsymbol{x}^{(k)}+\boldsymbol{f}_J$ 求得 $\boldsymbol{x}^{(1)}$。

式中， Jacobi 迭代矩阵 $\boldsymbol{B}_J=\boldsymbol{I}_n-\boldsymbol{D}^{-1}\boldsymbol{A}$，$\boldsymbol{f}_J=\boldsymbol{D}^{-1}\boldsymbol{bD}$ 为对角阵；$\boldsymbol{A}=\boldsymbol{D}-\boldsymbol{L}-\boldsymbol{U}$

(3) 令 $\boldsymbol{\delta}^{(k)}=\boldsymbol{Bx}^{(k)}+\boldsymbol{f}-\boldsymbol{x}^{(k)}$ 为伪残余向量。

(4) 加速公式

$$\boldsymbol{x}^{(k+1)}=\omega_{k+1}\{\zeta_{k+1}\boldsymbol{\delta}^{(k)}+\boldsymbol{x}^{(k)}\}+(1-\omega_{k+1})\boldsymbol{x}^{(k-1)}$$

$$\zeta_{k+1}=\frac{1}{1-\dfrac{\boldsymbol{\delta}^{(k)T}\boldsymbol{W}^T\boldsymbol{WB\delta}^{(k)}}{\boldsymbol{\delta}^{(k)T}\boldsymbol{W}^T\boldsymbol{W\delta}^{(k)}}},\quad \omega_{k+1}=\frac{1}{1-\dfrac{\boldsymbol{\delta}^{(k)T}\boldsymbol{W}^T\boldsymbol{W\delta}^{(k)}\zeta_{k+1}}{\boldsymbol{\delta}^{(k)T}\boldsymbol{W}^T\boldsymbol{W\delta}^{(k)}\zeta_k\omega_k}}$$

$$\omega_1=1;\quad k=1,2,\cdots$$

$\boldsymbol{W}$ 是使 $\boldsymbol{W}(\boldsymbol{I}_n-\boldsymbol{B})\boldsymbol{W}^{-1}$ 为对称正定矩阵的可对称化矩阵，式中，$\boldsymbol{D},\boldsymbol{L},\boldsymbol{U}$ 分别是 $\boldsymbol{A}$ 的对角部分，严格下三角部分和严格上三角部分。

3.5.5 内模态计算模式

每计算 N 次外模态得到粗网格上正压潮的海面水位和整个水深上的水平流速后，通过插值得到细网格上相应的参量,然后开始内模态的计算。为了防止内、外模态分别计算时的差别导致计算失真,每计算一次内模态后,都必须根据外模态做一次订正,以保证它们的一致性。根据垂向分层数的多少,可选择不同的内模态计算方法。若分层数不太多,可选择半隐格式或全流计算法,而分层数较多时,用显格式计算法更为方便。

(一) 显格式计算法

以 $n+1$ 时刻的正压潮参量和前一时刻的内潮参量为已知状态,依据式(3.5.1)先由表层的控制方程计算出 $n+1$ 时刻表层的流速及表层与第 2 层之间的界面垂向位移,然后依次向下层计算。最后,根据外模态计算出的流速,对内模态流场进行修正,使内模态流速在垂向的积分平均与相应的外模态流速相等。

需要特别指出,这里的内模态并不是内波,内波流速在垂向的积分应为零。将所得的内模态流速减去垂向平均值才是内波流速。同样地,内波引起的界面垂直位移应是内模态界面垂直位移减去此深度处的正压潮引起的界面垂直位移。

假定 n 时刻的内模态 $u_1^n, u_2^n, \cdots, u_K^n; v_1^n, v_2^n, \cdots, v_K^n; \zeta_1^n, \zeta_2^n, \cdots, \zeta_K^n$ 和 $n+1$ 时刻的外模态 $u^{n+1}, v^{n+1}, \zeta^{n+1}$ 已知,则与 (i,j) 点对应的内模态速度和水位为:

若 $k'_{(i,j)}=1$,则 $\hat{u}_{(i,j)}^{n+1}=u_{(i,j)}^{n+1}$

若 $k'_{(i,j)}>1, k''_{(i,j)}>1$,则

(1) 表层 $k=1$

$$\hat{u}_{(i,j)}^{n+1}=Fu_{1(i,j)}^n+\Delta t\left[f\overline{v}_{(i,j)}^n-g\frac{\zeta_{1(i,j)}^{n+1}-\zeta_{1(i-1,j)}^{n+1}}{\Delta x}-\frac{1}{\rho}\frac{p_{a(i,j)}-p_{a(i-1,j)}}{\Delta x}+\frac{\tau_{sx(i,j)}^n-\tau_{1x(i,j)}^n}{h'_{1(i,j)}+\zeta'^{n+1}_{1(i,j)}-\zeta'^{n}_{2(i,j)}}\right] \tag{3.5.7}$$

$$\hat{v}_{1(i,j)}^{n+1}=Fv_{1(i,j)}^n-\Delta t\left[f\overline{u}_{(i,j)}^n+g\frac{\zeta_{1(i,j+1)}^{n+1}-\zeta_{1(i,j)}^{n+1}}{\Delta y}+\frac{1}{\rho}\frac{p_{a(i,j+1)}-p_{a(i,j)}}{\Delta y}-\frac{\tau_{sy(i,j)}^n-\tau_{1y(i,j)}^n}{h''_{1(i,j)}+\zeta''^{n+1}_{1(i,j)}-\zeta''^{n}_{2(i,j)}}\right] \tag{3.5.8}$$

$$\zeta_{2(i,j)}^{n+1}=\zeta_{2(i,j)}^n+\zeta_{1(i,j)}^{n+1}-\zeta_{1(i,j)}^n+\frac{\Delta t}{\Delta x}(hz'_{1(i+1,j)}u_{1(i+1,j)}^n-hz'_{1(i,j)}u_{1(i,j)}^n)+\frac{\Delta t}{\Delta y}(hz''_{1(i,j)}v_{1(i,j)}^n-hz''_{1(i,j-1)}v_{1(i,j-1)}^n) \tag{3.5.9}$$

(2) 中间层 $k=2,3,\cdots,K-1$

$$\hat{u}_{k(i,j)}^{n+1}=Fu_{k(i,j)}^n+\Delta t\left[f\overline{v}_{(i,j)}^n-g\frac{\rho_1}{\rho_k}\frac{\zeta_{1(i,j)}^{n+1}-\zeta_{1(i-1,j)}^{n+1}}{\Delta x}-g\sum_{l=2}^{k}\frac{\rho_1-\rho_{l-1}}{\rho_k}\frac{\zeta_{l(i,j)}^{n+1}-\zeta_{l(i-1,j)}^{n+1}}{\Delta x}-\frac{1}{\rho_k}\frac{p_{a(i,j)}-p_{a(i-1,j)}}{\Delta x}+\frac{\tau_{(k-1)x(i,j)}^n-\tau_{kx(i,j)}^n}{h'_{k(i,j)}+\zeta'^{n+1}_{k(i,j)}-\zeta'^{n}_{(k+1)(i,j)}}\right] \tag{3.5.10}$$

$$\hat{v}_{k(i,j)}^{n+1}=Fv_{k(i,j)}^n-\Delta t\left[f\overline{u}_{k(i,j)}^n+g\frac{\rho_1}{\rho_k}\frac{\zeta_{1(i,j+1)}^{n+1}-\zeta_{1(i,j)}^{n+1}}{\Delta y}+g\sum_{l=2}^{k}\frac{\rho_1-\rho_{l-1}}{\rho_k}\frac{\zeta_{l(i,j+1)}^{n+1}-\zeta_{l(i,j)}^{n+1}}{\Delta y}-\frac{1}{\rho_k}\frac{p_{a(i,j+1)}-p_{a(i,j)}}{\Delta y}+\frac{\tau_{(k-1)y(i,j)}^n-\tau_{ky(i,j)}^n}{h''_{k(i,j)}+\zeta''^{n+1}_{k(i,j)}-\zeta''^{n}_{(k+1)(i,j)}}\right] \tag{3.5.11}$$

$$\zeta_{k(i,j)}^{n+1}=\zeta_{k(i,j)}^n+\zeta_{(k-1)(i,j)}^{n+1}\zeta_{(k-1)(i,j)}^n+\frac{\Delta t}{\Delta x}(hz'_{k(i+1,j)}u_{k(i+1,j)}^n-hz'_{k(i,j)}u_{k(i,j)}^n)+\frac{\Delta t}{\Delta y}(hz''_{k(i,j)}v_{k(i,j)}^n-hz''_{k(i,j-1)}v_{k(i,j-1)}^n) \tag{3.5.12}$$

（3）底层 $k=K$

$$\hat{u}_{k(i,j)}^{n+1}=Fu_{k(i,j)}^{n}+\Delta t\Big[f\,\overline{v}_{(i,j)}^{n}-g\frac{\rho_1}{\rho_k}\frac{\zeta_{1(i,j)}^{n+1}-\zeta_{1(i-1,j)}^{n+1}}{\Delta x}-g\sum_{l=2}^{K}\frac{\rho_l-\rho_{l-1}}{\rho_k}\frac{\zeta_{l(i,j)}^{n+1}-\zeta_{l(i-1,j)}^{n+1}}{\Delta x}$$

$$-\frac{1}{\rho_k}\frac{p_{a(i,j)}-p_{a(i-1,j)}}{\Delta x}+\frac{\tau_{(k-1)x(i,j)}^{n}-\tau_{bx(i,j)}^{n}}{h'_{k(i,j)}+\zeta'^{n+1}_{k(i,j)}}\Big] \tag{3.5.13}$$

$$\hat{v}_{k(i,j)}^{n+1}=Fv_{k(i,j)}^{n}-\Delta t\Big[f\,\overline{u}_{k(i,j)}^{n}+g\frac{\rho_1}{\rho_k}\frac{\zeta_{1(i,j+1)}^{n+1}-\zeta_{1(i,j)}^{n+1}}{\Delta y}+g\sum_{l=2}^{K}\frac{\rho_l-\rho_{l-1}}{\rho_k}\frac{\zeta_{l(i,j+1)}^{n+1}-\zeta_{l(i,j)}^{n+1}}{\Delta y}$$

$$-\frac{1}{\rho_k}\frac{p_{a(i,j+1)}-p_{a(i,j)}}{\Delta y}+\frac{\tau_{(k-1)y(i,j)}^{n}-\tau_{by(i,j)}^{n}}{h''_{k(i,j)}+\zeta''^{n+1}_{k(i,j)}}\Big] \tag{3.5.14}$$

$$\zeta_{k(i,j)}^{n+1}=\zeta_{k(i,j)}^{n}+\frac{\Delta t}{\Delta x}(hz'_{k(i+1,j)}u_{k(i+1,j)}^{n}-hz'_{k(i,j)}u_{k(i,j)}^{n})$$

$$+\frac{\Delta t}{\Delta y}(hz''_{k(i,j)}v_{k(i,j)}^{n}-hz''_{k(i,j-1)}v_{k(i,j-1)}^{n}) \tag{3.5.15}$$

前几式中，$\zeta'^{n}_{k(i,j)}=\frac{1}{2}(\zeta_{k(i,j)}^{n}+\zeta_{k(i+1,j)}^{n}),\zeta''^{n}_{k(i,j)}=\frac{1}{2}(\zeta_{k(i,j+1)}^{n}+\zeta_{k(i,j)}^{n})$

$$hz'_{k(i,j)}=h'_{k(i,j)}+\zeta'^{n+1}_{k(i,j)}-\zeta'^{n}_{(k+1)(i,j)},hz''_{k(i,j)}=h''_{k(i,j)}+\zeta''^{n+1}_{k(i,j)}-\zeta''^{n}_{(k+1)(i,j)}$$

（4）内模态订正

$$u_{k(i,j)}^{n}=\hat{u}_{k(i,j)}^{n}+\Delta u(k=1,2,\cdots,K);\Delta u=u_{k(i,j)}^{n}-\Big(\sum_{k=1}^{K}\hat{u}_{k(i,j)}^{n}\cdot h'^{n}_{k(i,j)}\Big)/h'_{(i,j)}$$

$$v_{k(i,j)}^{n}=\hat{v}_{k(i,j)}^{n}+\Delta v(k=1,2,\cdots,K);\Delta v=v_{k(i,j)}^{n}-\Big(\sum_{k=1}^{K}\hat{v}_{k(i,j)}^{n}\cdot h''^{n}_{k(i,j)}\Big)/h''_{(i,j)}$$

（二）半隐格式计算法

此方法主要是通过求解各层模态的联立方程，获得内模态的解。由于是半隐格式，计算的时间步长可以取得较大以减少计算次数和总计算量。以垂向分两层为例，若 t 时刻的内、外模态和 $t+\Delta t$ 时刻的外模态已知，则 $t+\Delta t$ 时刻的内模态参数计算公式为

$$\hat{u}_{1(i,j)}^{t+\Delta t}=(B_2F_1-C_1F_2)/(1-A_2-C_1) \tag{3.5.16}$$

$$\hat{u}_{2(i,j)}^{t+\Delta t}=(B_1F_2-A_2F_1)/(1-A_2-C_1) \tag{3.5.17}$$

式中，$C_1=-2\mu_1\Delta t/[h'_{1(i,j)}(h'_{1(i,j)}+h'_{2(i,j)})]$，$B_1=1-C_1$

$$A_2=C_1h'_{1(i,j)}/h'_{2(i,j)},\ B_2=1-A_2$$

$$F_1=u_{1(i,j)}^{t}+\Delta t(f\,\overline{v}_{1(i,j)}^{t}-G_1+\tau_{sx(i,j)}^{t+\Delta t}/h'_{1(i,j)})+$$

$$A\Delta t\Big(\frac{u_{1(i-1,j)}^{t}-2u_{1(i,j)}^{t}+u_{1(i+1,j)}^{t}}{(\Delta x/2)^2}+\frac{u_{1(i,j-1)}^{t}-2u_{1(i,j)}^{t}+u_{1(i,j+1)}^{t}}{(\Delta y/2)^2}\Big),$$

$$F_2=u_{2(i,j)}^{t}+\Delta t\Big(f\,\overline{v}_{2(i,j)}^{t}-G_2-c_k\frac{u_{2(i,j)}^{t}\sqrt{(u_{2(i,j)}^{t})^2+(\overline{v}_{2(i,j)}^{t})^2}}{h'_{2(i,j)}}\Big)+$$

$$A\Delta t\Big(\frac{u_{2(i-1,j)}^{t}-2u_{2(i,j)}^{t}+u_{2(i+1,j)}^{t}}{(\Delta x/2)^2}+\frac{u_{2(i,j-1)}^{t}-2u_{2(i,j)}^{t}+u_{2(i,j+1)}^{t}}{(\Delta y/2)^2}\Big)$$

$$G_1=g(\zeta_{1(i,j)}^{t+\Delta t}-\zeta_{1(i-1,j)}^{t+\Delta t})/(\Delta x/2)$$

$$G_2=G_1\rho_1/\rho_2+g(1-\rho_1/\rho_2)(\zeta_{1(i,j)}^{t+\Delta t}-\zeta_{1(i-1,j)}^{t+\Delta t})/(\Delta x/2)$$

其中，$\overline{v}_{l(i,j)}$ 是 $u_{l(i,j)}$，$l=1,2$ 周围4点 v 的平均。同样，可以计算 $\hat{v}_1,\hat{v}_2$。再利用 $(t+\Delta t)$ 时刻的外模态流速对内模态的流速进行订正。最后，用下层的连续方程计算内界面的内潮水

位。

（三）全流计算法

此方法的思想是在计算第 k 层与第 $k+1$ 层之间的界面垂向位移时，近似地认为第 $k+1$ 层以下各层（含第 $k+1$ 层）为一同性层，密度为式中各层密度的平均值。例如，当通过外模态计算得到 $n+1$ 时刻的表层水位和全流速度后，由第 1 层的动量方程求出该层内的内模态流速，然后将以下所有各层看作是一个假想的同性层，密度为

$$\bar{\rho}=\frac{1}{K-1}\sum_{l=2}^{K}\rho_l,\ \text{或}\ \bar{\rho}=\left(\sum_{l=2}^{K}\rho_l\cdot h_l\right)/\sum_{l=2}^{K}h_l$$

控制方程为

$$\begin{cases}\dfrac{\partial\bar{u}}{\partial t}=-L(\bar{u})-g\dfrac{\rho_1}{\bar{\rho}}\dfrac{\partial\zeta_1}{\partial x}-g\dfrac{\bar{\rho}-\rho_1}{\bar{\rho}}\dfrac{\partial\zeta_2}{\partial x}-\dfrac{1}{\bar{\rho}}\dfrac{\partial p_a}{\partial x}+\dfrac{\tau_{1x}-\tau_{bx}}{h-h_1+\zeta_2}+A\Delta\bar{u}\\ \dfrac{\partial\bar{v}}{\partial t}=-L(\bar{v})-g\dfrac{\rho_1}{\bar{\rho}}\dfrac{\partial\zeta_1}{\partial y}-g\dfrac{\bar{\rho}-\rho_1}{\bar{\rho}}\dfrac{\partial\zeta_2}{\partial y}-\dfrac{1}{\bar{\rho}}\dfrac{\partial p_a}{\partial y}+\dfrac{\tau_{1y}-\tau_{by}}{h-h_1+\zeta_2}+A\Delta\bar{v}\\ \dfrac{\partial\zeta_2}{\partial t}=-\dfrac{\partial[(h-h_1+\zeta_2)\bar{u}]}{\partial x}-\dfrac{\partial[(h-h_1+\zeta_2)\bar{v}]}{\partial y}\end{cases}\qquad(3.5.18)$$

使用外模态的数值计算方法求解方程(3.5.18)得到 1,2 层之间的界面位移 ζ_2，再由第 2 层的动量方程计算出相应的内模态流速。如此依次类推，计算出各层的内模态流速和内界面垂直位移。最后利用外模态流速对内模态进行修正。此方法的优点是在求解每一层内界面位移时都直接反映了地形的影响。

（四）边界条件

在内模态的计算过程中，为了防止内潮波从生成区传播到开边界（假定开边界上只有正压潮）并发生反射，在开边界（大约一个内潮波长的区域内）对内模态部分的计算使用海绵边界条件。在其他固体边界，也使用了海绵边界条件以防止内潮在边界上发生反射，影响内部的计算结果。

3.5.6 算例

此模式的外模态计算曾用来模拟珠江口风暴潮的漫滩（杜涛、方国洪，1998），整个模式曾用来计算南海北部的内潮波（Du *et al*，2000），这里给出它的另一个例子（杜涛[①]，1999），模拟陆架坡折处存在岛礁地形时内潮的产生情况。研究所用的地形见图 3.5.3，其数学式为

$$\begin{cases}z_{(x,y)}=260\ \mathrm{th}\dfrac{(x-16)}{3}, & 1\leqslant x\leqslant 60,1\leqslant y\leqslant 14\\ z_{(x,y)}=260\ \mathrm{th}\dfrac{(x-16)}{3}+\dfrac{3}{20}\mathrm{e}^{\frac{-(y-30)^2}{40}}\mathrm{e}^{\frac{--(x-19)^2}{32}}\dfrac{x^4}{2\pi}, & 1\leqslant x\leqslant 60,15\leqslant y\leqslant 30\\ z_{(x,31)}=2\times z_{(x,30)}-z_{(x,29)}, & 1\leqslant x\leqslant 60,y=31\\ z_{(x,y)}=z_{(x,62-y)}, & 1\leqslant x\leqslant 60,32\leqslant y\leqslant 61\end{cases}\qquad(3.5.19)$$

① 杜涛：《内潮研究》，青岛海洋大学博士后研究工作报告，1999。

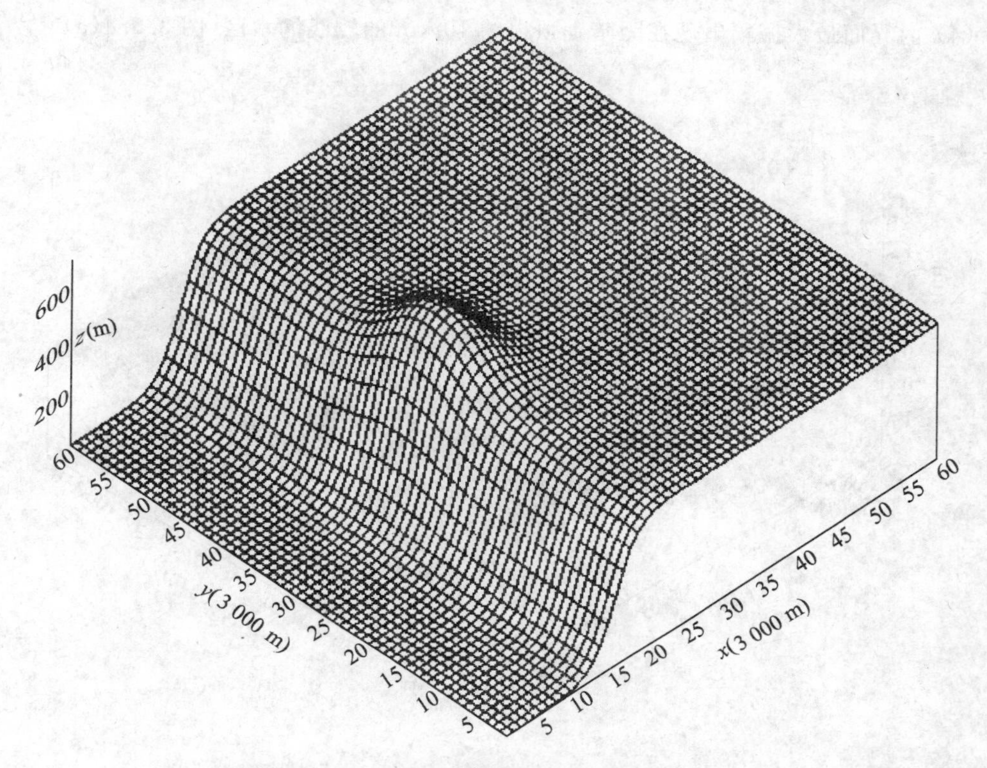

图 3.5.3　模拟研究使用的地形(杜涛,1999①)

图 3.5.3 中,$x<10$ 的区域表示深水区,$10<x<25$ 的区域斜坡代表陆坡,$25<x\leqslant 60$ 的区域代表陆架。在陆架坡折的顶端有一个隆起代表未露出水面的水下暗礁。x,y 方向上的网格尺度是 300 m,整个计算区域大约是 180 km×180 km。假定海水的层化状况可用两层模型近似,取表层深度为 50 m。设有正压潮从深水区沿 x 方向向浅水区传播,即 $x=1$ 处的深水区为开边界,在这里输入正压潮,其他边界都为固体边界。为了防止在陆架坡折处产生的内潮传播到各边界后发生反射,在开边界和其他固体边界上设置海绵边界层,对内潮流速进行松弛。

模拟计算结果　取外模态网距 $\Delta x=\Delta y=3\ 000$ m,内模态网距 $\Delta x=\Delta y=1\ 500$ m。开边界输入振幅为 0.5 m,周期为 12 h 的标准正弦波动。图 3.5.4 给出的是两层水体内界面各点的垂直位移在一个周期内两个不同时刻的变化情况。其中图 3.5.4(a)表示 t 时刻内界面各点垂直位移的分布情况,图 3.5.4(b)表示 t 时刻后 6 h 内界面各点垂直位移的分布情况。可以看出:

(1) 由暗礁产生的内潮波是与陆架坡折处产生的内潮叠加在一起以暗礁为中心、以弧形向周围传播的。这与苏禄海的内波传播方式是相同的。

(2) 在陆架陆坡连接处沿陆架陆坡走向,由暗礁产生的内潮几乎没有影响。

(3) 由暗礁产生的内潮向陆架传播时,大约 3 个波长(1 个波长约 25 km)后,其影响已不明显。

① 杜涛:《内潮研究》,青岛海洋大学博士后研究工作报告,1999。

(4) 内界面最大振幅出现在距暗礁顶端约 10 km 的较浅的水区(图 3.5.4(a))。

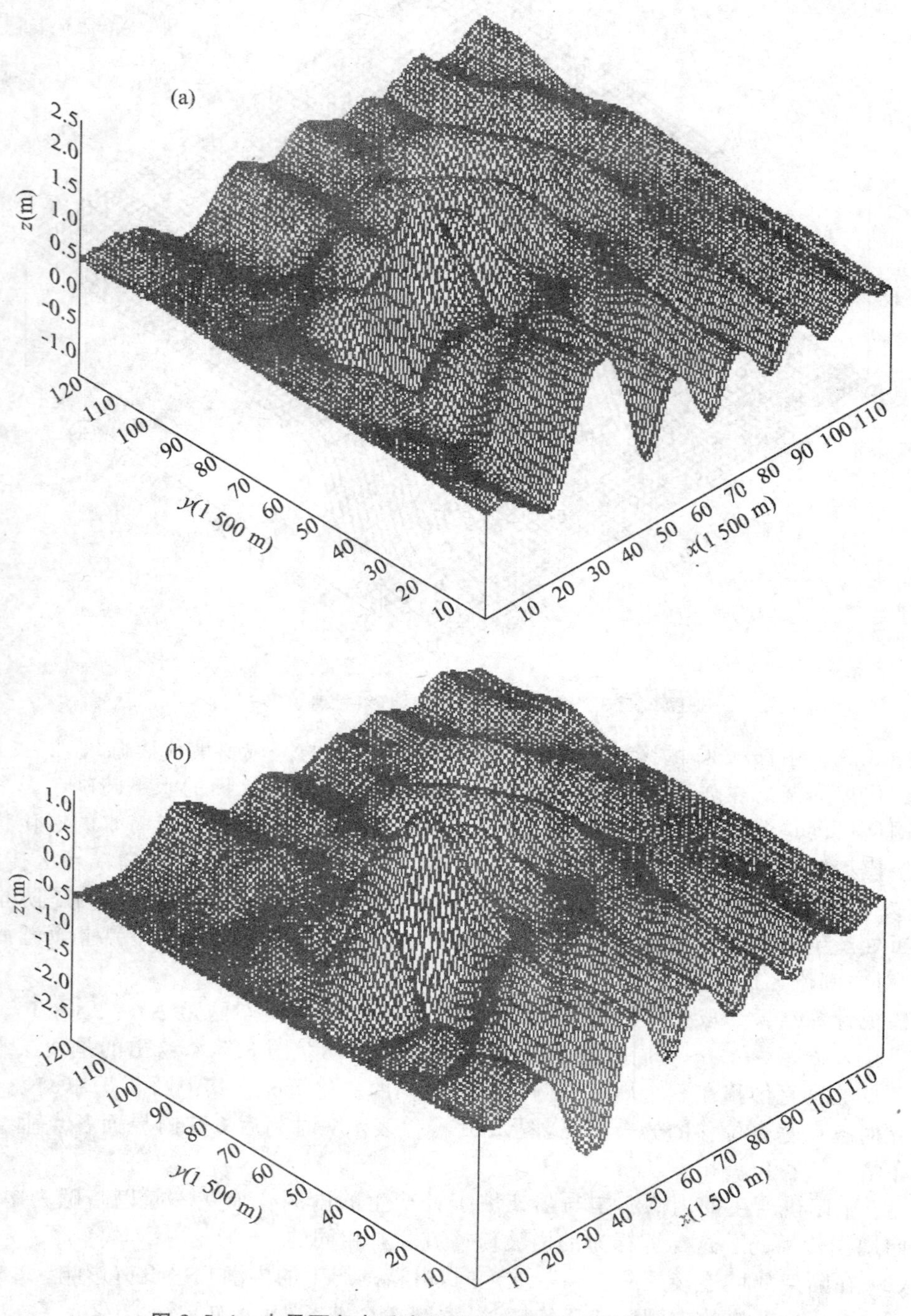

图 3.5.4　内界面各点垂直位移的分布情况(杜涛,1999①)

(a) t 时刻;(b) t 时刻后 6 小时

① 杜涛:《内潮研究》,青岛海洋大学博士后研究工作报告,1999。

图 3.5.5 是内界面最大振幅处波动随时间的变化。它说明，尽管开边界上输入的是标准正弦波，但生成的内潮波已发生变形。这在利用传播模式研究非线性内潮波的传播、演变和开边界输入已生成的内潮波时，需要特别注意。

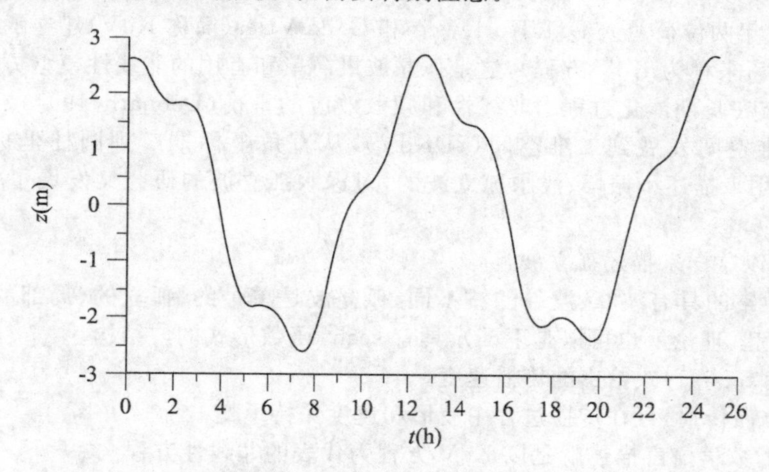

图 3.5.5　内界面最大振幅处波动随时间的变化（杜涛，1999①）

上述模拟结果说明：

(1) 由暗礁产生的内潮波在陆架水域中的影响仅限于一个准扇形的区域内。扇形顶端位于暗礁地形处，其中线垂直于陆架走向。当扇形的边长从顶端向外延伸约 3 个波长后，其内部的内潮波明显减小。

(2) 当陆架地形的变化较大、内潮波在陆架上传播时，振幅衰减变小且有可能裂变为内孤立波，这时准扇形的范围因其边长的增加而扩大。

§3.6　内孤立波的生成机制

在对海洋内波的研究中，经常遇到内孤立波（internal solitary wave）、内孤立子（internal soliton）、内孤立波列或内孤立波包这样的名词，它们都是从对表面孤立波的研究中直接借鉴过来的，尚没有严格的定义。为了使读者在学习与内孤立波有关的知识时不至于因此产生混淆，下面先简单介绍表面孤立波的研究历史和一些相关的概念。

3.6.1　基本概念

表面孤立波现象是由苏格兰人 J. Scott Russel 于 1834 年 8 月首先发现的。他注意到在一狭窄的河道中快速行驶的小船突然停下时，河水在船头迅速堆积，形成一个大的孤立凸起——圆圆的、光滑的、轮廓鲜明的一堆水体，而后迅速地以很大的速度沿着河道席卷向前。J. Scott Russel 把它称为直线运动的大波。后来，人们称这种波为孤立波。

在孤立波被发现后，J. Scott Russel 进行了很多实验，发现孤立波的传播速度为

$$u=\sqrt{g(h+a)} \tag{3.6.1}$$

① 杜涛：《内潮研究》，青岛海洋大学博士后研究工作报告，1999。

式中,h 为水深,a 为自由表面之上的最大振幅(Debnath,1994)。因为传播速度与振幅大小有关,所以孤立波是非线性频散的。Boussinesq 于 1871 年、Rayleigh 于 1876 年在 $a \ll h$ 的条件下,发现无粘、不可压流体中孤立波廓线具有 sech^2 的函数形式(Debnath,1994)。1895 年两位荷兰人 D. J. Korteweg 和 G. de Vries(简称 KdV)建立了描述孤立波的数学方程(后来称为 KdV 方程),这是孤立波最简单和有用的非线性模型方程之一,它展示了孤立波在长期演化过程中非线性和频散效应的平衡(Debnath,1994)。随后,KdV 方程又从一维空间发展到二维空间(2DKdV),从直角坐标推广到圆柱坐标(cKdV)。KdV 方程是用来描述小振幅、浅水孤立波的,对深水孤立波的研究又发展了非线性薛定鄂方程(NLS)。

至此,可以这样来描述孤立波:

(1) 与通常的具有波峰、波谷的波不同,孤立波是单个的、孤立的(局部的)、对称的、光滑的、圆凸起(理论上也可以是下凹)、具有 sech^2 函数形式的波结构。

(2) 具有(3.6.1)式给出的传播速度。

(3) 单方向传播,且在传播过程中波形和速度保持不变。

孤立波的数学语言描述就是以 KdV 方程为代表的非线性方程。

Zabusky 和 Kruskal(1965)用数值的方法研究了 KdV 方程的周期性初始条件问题。他们发现:给一个正弦型的初始波动结构,它在传播过程中会分解成一系列相互作用的、具有 sech^2 结构形式的脉冲。这些脉冲的最神奇特性是它们之间或与其他孤立波发生非线性相互作用后仍保持各自原有的特性。因为它们能很好地保持形状和具有像粒子一样的特性,Kruskal 和 Zabisky 把这种孤立波称为孤立子,孤立子的概念也因此诞生(Debnath,1994)。此后 Gardner 等(1967,1974)和 Hirota(1971,1973a,1973b)又构造出了 KdV 方程的孤立子解析解。

KdV 方程和其他类似方程的单个孤立子解通常称为孤立波,如果多于一个孤立子出现在解中,他们被称为孤立子群或孤立子串(Solitons)。亦即,当一个孤立子与其他孤立子无限分开时,它就是孤立波。对于其他非线性方程(非 KdV 形式的方程)之孤立波解,可能不是 sech^2 函数的形式,而是 sech 或 $\tan^{-1}(e^{ax})$ 函数的形式。所以有些非线性方程的孤立波解不是孤立子;有些方程如 KdV 方程的孤立波解也是孤立子(Debnath,1994)。

在物理学中,有人这样定义孤立波和孤立子:孤立波是由 J. Scott Russel 发现的一种局部波,它单方向传播且波形不变;孤立子是由 Kruskal 和 Zabusky 发现的大振幅相干脉冲或非常稳定的孤立波,它是一种波动方程的精确解,当它与其他孤立波发生碰撞后波形和速度保持不变(Remoissenent,1999)。

可以看出,除数学或物理学实验外,在其他应用科学领域如海洋学中讨论孤立子和孤立波的区别意义不大。它们都具有保持初始形状、尤其是与其他的孤立波发生相互作用后仍保持原有形状的特征,只是从数学定义上看,孤立子是 KdV 方程的具有 sech^2 函数形式的解析解,而孤立波还会有其他形式的解(如数值的、非解析的解)。

孤立波和孤立子都是在非线性与频散效应相平衡占主导地位的系统——可逆系统中的现象,在此系统中能量耗散因为不占主导地位而被忽略,在研究中常作如此处理。在实际应用中,有时就需考虑其影响,特别是当能量耗散起主要作用时。

实际的海洋环境是一个不可逆系统。在海洋内波的研究中,常需考虑能量耗散或传递的问题。与内孤立波在碰撞后保形的特征相比,目前人们更关注的是它能够传播较远的距离并保持一定的形状。孤立子传播到无限远时才消失、与其他孤立子(或孤立波)碰撞后仍保持原形是在平地形等理想条件下得出,随着研究技术和能力的不断提高,为使所研究的问题与实际状况更接近,人们考虑到实际海洋中的内孤立波都是在地形不断变化的环境中传播的,非线性效应必然随着地形的变化而变化,为了保持平衡(或相对稳定的波形),频散效应必然要进行相应的调整,这将引起波形的改变,所以将它们称为内孤立波比称为内孤立子更接近实际情况。

有时孤立波解带有像尾巴一样的余波,或者几个孤立波同时存在,所以存在内孤立波列或内孤立波包所描述的现象。

下面,通过 Maxworthy(1979)的实验来说明内孤立波的生成机制。

3.6.2　实验装置

图 3.6.1 是模拟内孤立波生成的实验装置。上图为装置的正视图,下图是它的俯视图。

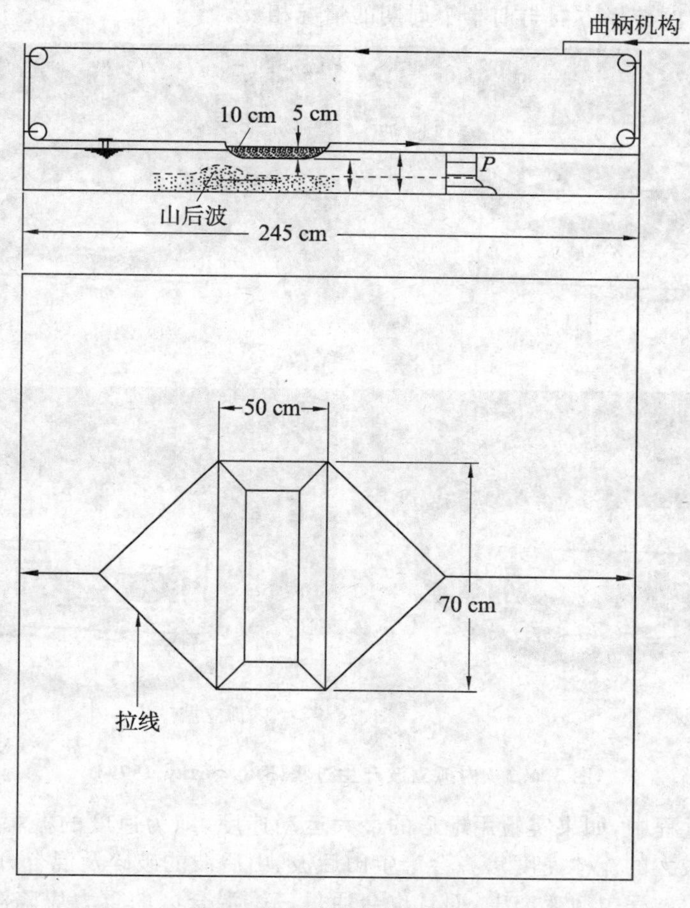

图 3.6.1　内孤立波生成实验装置(Maxworthy,1979)

实验水箱的长、宽都是 245 cm。俯视图中间的物体(其剖面如正视图,长、宽、高分别为 76 cm,30 cm,5 cm)代表海脊地形,由两边的拖绳牵引做周期运动,相当于下面的层化水体做潮流运动。水体的层化结构如正视图中所示。当地形被拖动时,其后就有上升型山后波(相当于实际海洋中的下陷波)生成。

3.6.3 实验结果

实验过程中拖动地形做周期性往复运动,相当于潮流流过海脊地形。首先,实验用地形从静止开始运动(代表一个潮周期运动的前半个周期之开始),随着运动速度的不断增加,在实验用地形的后面产生山后波(图 3.6.2a);随着运动速度的继续增加,山后波因振幅过大而破碎并形成三维强混合区(图 3.6.2a)。当运动速度达到最大后开始减小,此时山后波脱离地形并沿着地形的运动方向向前(逆流)传播(图 3.6.2b)。在运动速度持续减小的过程中,强混合区的重力塌陷对周围的层化水体产生类似活塞运动的冲击作用,并在其中激发出内孤立波向两个方向(与山后波传播方向相同和相反)传播。另一方面,山后波在传播过程中也会演化为内孤立波(图 3.6.2c,d)。当运动速度减小到零时,实验用地形开始反向运动(后半个周期开始),上述过程在实验用地形的另一侧重复产生。当然,所产生内孤立波的传播方向与前半个周期的情况相反。

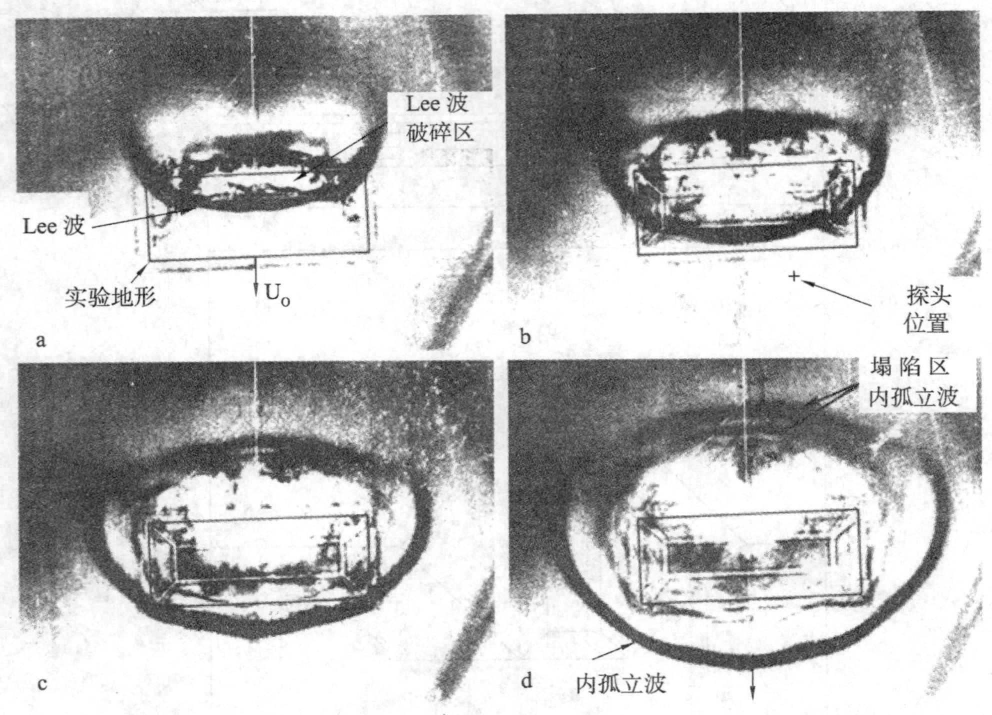

图 3.6.2 内孤立波产生过程(Maxworthy,1979)

在上面的过程中,如果实验用地形的最大运动速度(即为速度的振幅)大于某个上限值 U_m(对应于最大的流体速度),将会产生山后波、山后波的破碎及混合,内孤立波将不仅由山后波在传播过程中演变产生、而且也会通过三维混合区的重力塌陷激发产生。如果地形或流体的最大运动速度虽然小于上限值 U_m,但仍大于某个下限值 U_c,则只有山后波产生,并在传播过程中演变为内孤立波。因为此时的流动不够强,所以不能使山后波因振幅过大而破碎从而产生三维混合区。如果地形或流体的最大运动速度小于下限值 U_c,则不再产生山后波。因此,内孤立波的产生与实验用地形的运动速度(即流体的运动速度)

有密切的关系。为了衡量运动速度强度，定义 Froude 数

$$Fr=U/C \tag{3.6.2}$$

式中，U 表示运动速度（潮流水平流速）的振幅，C 是在给定密度层化结构水体中的小振幅长内波相速度。与流体运动速度上限值对应的 Froude 数为 Fr_m；与下限值对应的 Froude 数为 Fr_c。

3.6.4　生成机制

上述实验结果展示了内孤立波的两个生成机制：

第一，山后波在脱离地形逆流传播的过程中演变为内孤立波。山后波以及由它产生的内孤立波是单方向传播的。

第二，混合区的塌陷对周围层化水体产生了类似活塞运动的冲击作用，在层化水体中激发了内孤立波。

Maxworthy(1980)专门研究了在二维、三维空间里混合区的重力塌陷激发产生内孤立波的过程：当混合区的势能大于周围层化流体的势能时，趋向于平衡状态的塌陷将在周围的层化水体中产生一系列非线性频散波（内孤立波），这些波的数量和振幅取决于混合区和周围层化水体的特性。这种机制可用来解释海洋中的内孤立波现象。

Maxworthy(1980)对混合区重力塌陷激发内孤立波的进一步研究，发现了生成内孤立波的第三种机制，即当两列内孤立波斜相交时（两传播方向之间存在夹角），它们之间发生的共振相互作用，可能会产生振幅更大的内孤立波。

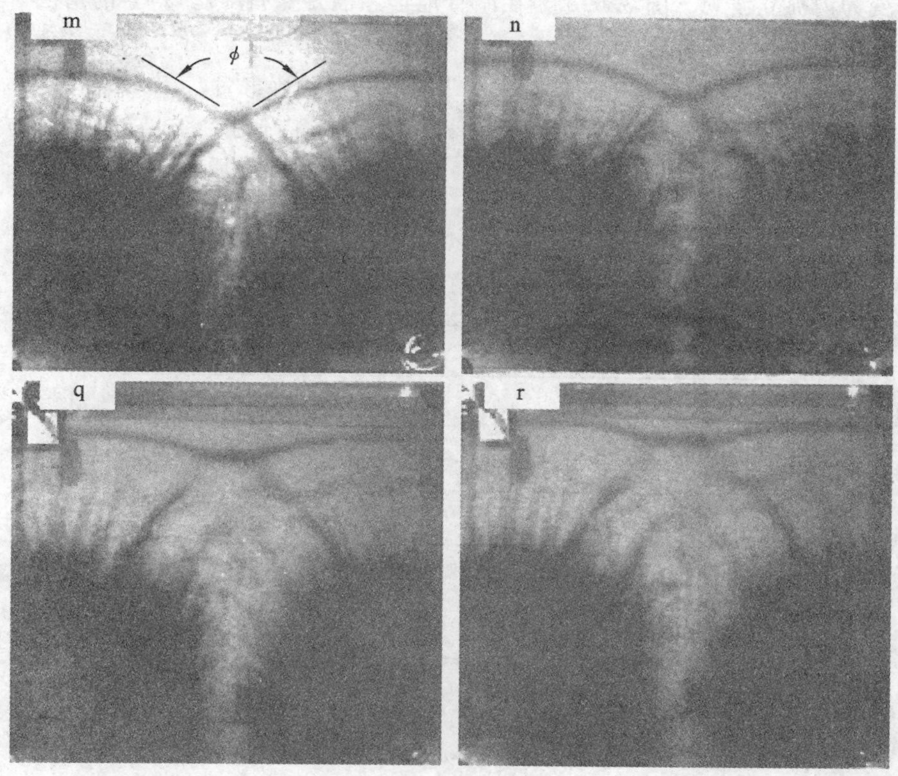

图 3.6.3　内孤立波相互作用产生内孤立波(Maxworthy,1980)

有时，新生内孤立波的振幅过大，还会产生新的混合区。图 3.6.3 是这个过程的部分片段。图中显示从 2 个不同混合源产生的内孤立波相遇后的夹角为 ϕ(图 3.6.3m)，它们构成一个类似 X 状的区域；随着相互作用的持续进行，该区域逐渐变为 V 型(图3.6.3n)；之后，在共同区内由于内孤立波相互作用产生的混合及其重力塌陷，开始有新的内孤立波产生(图 3.6.3q,r)，它可以比原来的内孤立波振幅更大。由这种机制产生的内孤立波是否具有潮成内波的特征，取决于相互作用的内孤立波是否是潮成内波。

显然，除了最后这种生成机制外，前面两种内孤立波的生成机制都与潮流的强度和地形的变化有着非常密切的关系。

3.6.5 海洋中的内孤立波生成过程

在上述实验条件下得到的内孤立波的生成机制，在海洋中同样存在，情况可能更复杂一些，只是缺乏足够的实测资料，目前尚难验证。图 3.6.4 为在海脊地形和满足条件 $Fr_c \leqslant Fr \leqslant Fr_m$ 的情况下，海洋中产生内孤立波的示意图。图 3.6.4a 表示当潮流向右运动且速度增加时，在海脊的右侧产生了下陷的山后波(下陷波)。图 3.6.4b 表示当潮流减速时，山后波越过海脊地形逆流向左传播。潮流速度的大小和海脊的宽度决定着下陷波能否越过海脊并与海脊左侧半个周期前产生的下陷波发生相互作用。图 3.6.4c 显示下陷波演变为内孤立波列。图 3.6.5 为在海脊地形和满足条件 $Fr \geqslant Fr_m$ 的情况下或者海脊地形直接穿透到上混合层，由混合区产生内孤立波的示意图。图 3.6.5a 表示当潮流向右运动且速度增加时，在海脊的右侧产生了下陷波及其破碎混合。图 3.6.5b 表示当潮流的右向流动减速时，下陷波向右传，同时由混合区产生的内孤立波向左、右两个方向传播(左传速度 $Cm_1 > Cm_2$ 右传速度)。图 3.6.5c 显示向左传的内孤立波列。

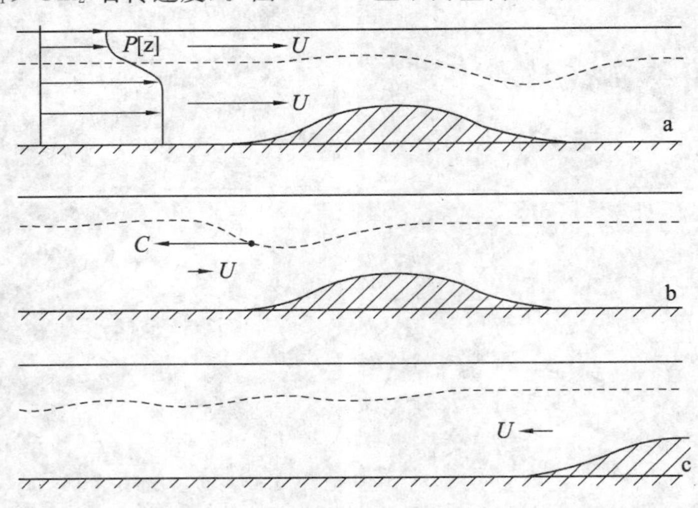

图 3.6.4　在海脊地形和满足条件 $Fr_c \leqslant Fr \leqslant Fr_m$ 的情况下，内孤立波由下陷波产生(Maxworthy, 1979)

潮成内孤立波的产生需要满足下列两个条件中的任意一个，即 $Fr_c \leqslant Fr \leqslant Fr_m$ 或

$Fr \geqslant Fr_m$。前者对应于第一种生成机制，后者对应于第二种生成机制。如果上述条件都不满足，即 $Fr \leqslant Fr_c$，这时，因为流速较小导致非线性效应不强，没有内孤立波产生。但因为潮流和地形的相互作用仍然存在，所以在这种情况下只有内潮波产生，这已在§3.2中论述。

如果上面的地形不是海脊，而是陆架陆坡地形，当潮流沿陆坡向深水区（下坡）流动时，在陆坡上产生下陷波或混合区，随着潮流的减速，它们将逆流向陆架浅水区传播并生成内孤立波；如果有混合发生，它也会激发向深水方向传播的内孤立波。关于潮流沿陆坡向浅水区流动（上坡）的过程中，内孤立波的生成及其机制将在下节中讨论。

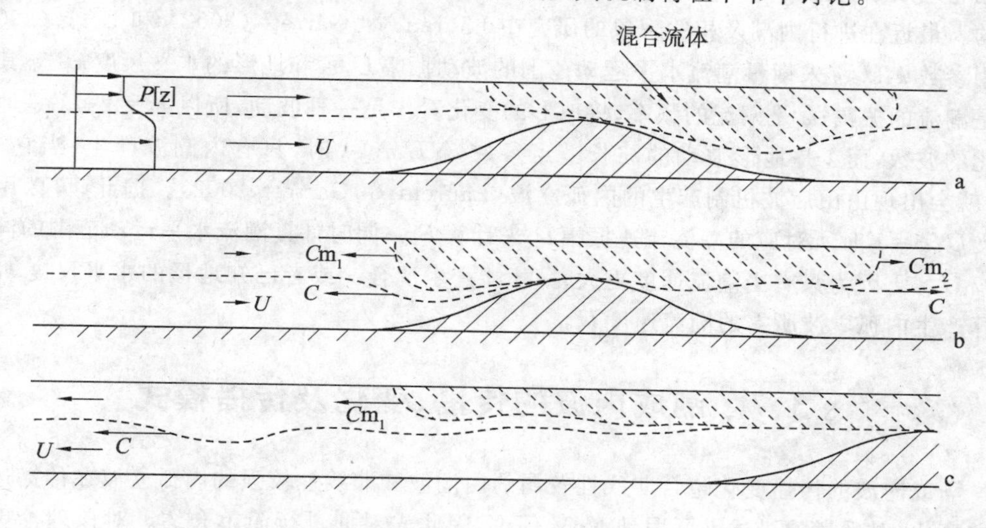

图 3.6.5　在海脊地形和满足条件 $Fr \geqslant Fr_m$ 的情况下，内孤立波由混合区产生（Maxworthy，1979）

3.6.6　混合与内孤立波

从内孤立波的第 2 种生成机制可以看出，内孤立波的产生和海洋中的混合有着密切的联系。只要混合区内的势能大于周围层化流体的势能，它在趋向于平衡的过程中就有可能在周围的层化流体中激发内孤立波。实际海洋中，混合的产生有多种原因。Maxworthy(1980)认为有 3 种明显的方式产生混合，它们是：

(1) 某种形式的的剪切失稳。

(2) 机械混合，如地形对潮流的扰动。

(3) 由于垂直方向或水平方向上的温度差产生的对流混合。

实际海洋中有很多混合过程，它们基本上可以归属于其中的某一种。如，内波的破碎混合可归属于第 1 种方式，而潜艇在跃层中运动产生的混合可归属于第 2 种方式等。由第 3 种方式产生内孤立波的情况在大气中比较常见。在海洋中，逆温跃层处、不同水团之间或海洋锋面附近都可能产生混合，但由这类混合产生内孤立波的情形尚未见报道。

由不同方式产生的混合具有不同的特点。因此，由它们激发的内孤立波也就具有不同的特征。如，潮流与海底地形相互作用产生混合所激发的内孤立波就有潮周期的特征（在传播过程中，受环境因素影响，其周期可能会变，使之具有准潮周期），而其他混合激发的内孤立波则一般不具备这种特征。所以，虽然有很多种混合都可能激发内孤立波，但对潮成内孤立波的辨别仍然比较容易。

3.6.7 混合区范围的确定

Maxworthy(1979)的工作对发现或确定内孤立波的生成机制有重要的意义。但是，当把它应用于实际海洋内波的研究时，确定 Froude 数的两个特征值 Fr_m 和 Fr_c 是比较困难的。最近在进行内潮及相关现象的研究中 Laurent & Garrett (2002) 和 Legg (2004) 使用参数 k_bU/ω 来衡量潮流水平运动范围的波动振幅 U/ω 和地形的水平尺度 k_b^{-1}。其中 U 是潮流的振幅；ω 是潮流的频率；将地形的变化看作是一种波动，所以 $k_b=2\pi/\lambda$ 是地形变化的波数，而 λ 是地形波动的波长。当参数 $k_bU/\omega<1$ 时，只有内潮波产生；当它>1 时，就会出现由山后波机制产生的内孤立波(Laurent & Garrett,2002)。据此，可以用参数 $k_bU/\omega=1$ 时所对应的潮流流速振幅 U 来计算 Fr_c；同时计算潮流水平运动范围的波动振幅 U/ω。因为只有当潮流速度更大时，才能产生混合。或者已知地形的水平尺度 k_b^{-1}，计算产生内孤立波所需的潮流速度 U。

§3.7 潮成内波的传播、变化及传播模式

潮成内波的传播变化包含非线性较弱的内潮波和非线性较强的内孤立波在传播过程中的变化，对后者的描述需要用到 KdV 理论，因此先对此进行简单介绍。对该理论更详细的学习，可参考非线性波动理论方面的书籍。

3.7.1 KdV 理论简介

1895 年 Korteweg 和 de Vries 首先推导出了表面波的 KdV 方程并得到了特定的周期解和孤立波解。Djordjevic 和 Redekopp(1978)得到两层流体中的内波 KdV 方程

$$\zeta_t+c_0\zeta_x+\frac{3}{2}\frac{H_1-H_2}{H_1H_2}c_0\zeta\zeta_x+\frac{1}{6}H_1H_2c_0\zeta_{xxx}=0 \tag{3.7.1}$$

式中，ζ 是内界面垂向位移，H_1，H_2 分别是上下层流体的厚度，$c_0^2=g\Delta\rho\dfrac{H_1H_2}{H_1+H_2}$，$\Delta\rho=\dfrac{\rho_2-\rho_1}{\rho_2}$，$\rho_1$，$\rho_2$ 分别是上下层流体的密度，c_0 是微振幅长内波的相速度。

将上式无量纲化，令 a，L，L/c_0 分别为振幅尺度，波长尺度和波传播的时间尺度，上式变为

$$\zeta_t+\zeta_x+\varepsilon\zeta\zeta_x+\delta\zeta_{xxx}=0 \tag{3.7.2}$$

式中，$\varepsilon=\dfrac{3(H_1-H_2)a}{2H_1H_2}$是非线性系数，$\delta=\dfrac{1}{6}\dfrac{H_1H_2}{L^2}$是频散系数。

尽管 KdV 方程假定内孤立波是(有限)小振幅的和(有限)长波长的(相对于微振幅和

极长的波长而言），这两个参数仍然是小参数。

非线性的作用　假定内波波长相对于上下层的厚度是无限长的，从而有 $\delta \to 0$。式(3.7.2)变为

$$\zeta_t + \zeta_x + \varepsilon \zeta \zeta_x = 0 \tag{3.7.3}$$

在特征线上，$\frac{\mathrm{d}x}{\mathrm{d}t} = 1 + \varepsilon\zeta$，$\zeta$ 满足 $\frac{\mathrm{d}\zeta}{\mathrm{d}t} = 0$，即特征线是直线，且 ζ 在特征线上为常数。对于任意的特征线 $x = x(t)$ 有

$$\zeta(t, x) = f(x_0) \tag{3.7.4}$$

因为 $x_0 = x(0)$ 和 $f(x_0) = \zeta(0, x_0)$，所以特征线方程也可以写为

$$x = [1 + \varepsilon f(x_0)]t + x_0 \tag{3.7.5}$$

将式(3.7.4)和(3.7.5)对 x_0 求导数，得到

$$\frac{\partial \zeta}{\partial x} = \frac{f'(x_0)}{1 + \varepsilon f'(x_0) t} \tag{3.7.6}$$

当 $t = -\frac{1}{\varepsilon f'(x_0)} = O(1/\varepsilon)$ 时，ζ_x 变为无穷大，内波发生破碎。亦即，若仅有非线性的作用，不管它多小，只要非线性系数 $\varepsilon > 0$，都会使波面不断变陡并最终破碎。故非线性作用使振幅增加。当然，当波面很陡时，$\delta \to 0$ 的假定就不再成立了。

频散的作用　对于两层流体中微振幅平面重力内波，频散关系为

$$\omega^2 = \frac{gk\Delta\rho}{\coth kH_1 + \coth kH_2} \tag{3.7.7}$$

若相对于每一层的厚度，波长都很长，则 kH_1，kH_2 为小量（k 为波数），上式可展成

$$\omega^2 = c_0^2 k^2 \left(1 - \frac{1}{3} H_1 H_2 k^2 + \cdots\right) \text{ 或 } \omega = c_0 k \left(1 - \frac{1}{6} H_1 H_2 k^2 + \cdots\right) \tag{3.7.8}$$

对式(3.7.8)做代换 $\omega \leftrightarrow \mathrm{i}\frac{\partial}{\partial t}$，$k \leftrightarrow -\mathrm{i}\frac{\partial}{\partial x}$ 得到式(3.7.1)的线性形式。也就是说，两层流体中的内波 KdV 方程（式 3.7.1）表示的振幅有限小、波长有限长的内波，若只有频散作用，最终将变为微振幅波。即频散作用使振幅减小。上述部分内容参考 Gerkema (1994)的论述。

3.7.2　内潮波的传播及地形对传播的影响

在内潮波向生成区外传播的过程中，受到一些稳定或不太稳定的因素（如地形、垂向速度剪切、柯氏力、海水底部及内部的耗散以及大气压力、风应力和来自跃层垂向或水平分布变化等）的影响，内潮波的波形要发生变化。当非线性因素的影响越来越强时，波形会变得越来越陡；反之，当频散效应的影响越来越大时，波形会变得越来越平坦。这两种因素互相制约，决定着内潮波的波形变化情况。如果非线性项的作用不能被频散效应平衡或者被耗散掉，内潮波会变得越来越陡并最终发生破碎。伴随内潮波的破碎，会发生海水混合，从而可能将底部富含营养盐的低温海水带到表层，使表层的生态环境发生改变。相反，较强的频散效应会克服非线性项的作用使内潮波的波形越变越平坦，并由于耗散作用而最后消失。

大量的观测和数值模拟研究表明(如 Russell & William，1982; Sandstrom & Oakey，1995)，内潮波的破碎现象在浅海海域时有发生，这说明非线性项的作用在内潮波的传播过程中并不总能够被平衡或耗散掉。非线性项的作用与频散效应的平衡尺度可分为两种情况：第一种情况是，这种平衡发生在内潮波波长的尺度上，这时内潮波以大约接近正弦波的形式进行传播；第二种情况是，在众多地形变化复杂的浅海区中的内潮波，由于受到来自地形的强非线性影响，非线性在整体上要远大于频散效应，两者的平衡仅能够在比内潮波波长小得多的尺度上达成，这时将从内潮波中裂变产生波幅按大小顺序排列的孤立波包，这也是内孤立波产生的又一种机制。所以，在内潮波的传播过程中，其非线性与频散效应是否达到平衡，在什么尺度上达到平衡决定着是否有孤立波包从内潮波中裂变出来。

图 3.7.1 演示的是不同斜坡地形条件下内波的传播演变情况。在遇到斜坡地形倾角小于内波群速度特征线角的情况下(亚临界地形)，内波可能变为内涌(图 3.7.1 的左下图)。此时，斜坡地形的出现使垂向空间减小、能量积聚，以致内波的波面迅速增高成为不连续波面，这种波面的继续传播就是内涌；若波面持续增高，最终内涌将破碎，产生混合。如果内波在传播过程中遇到斜坡地形倾角近似等于内波群速度特征线角的情况(临界地形)，内波将在斜坡地形上破碎、消失，并激发出小尺度的湍流运动(图 3.7.1 的右下图)。

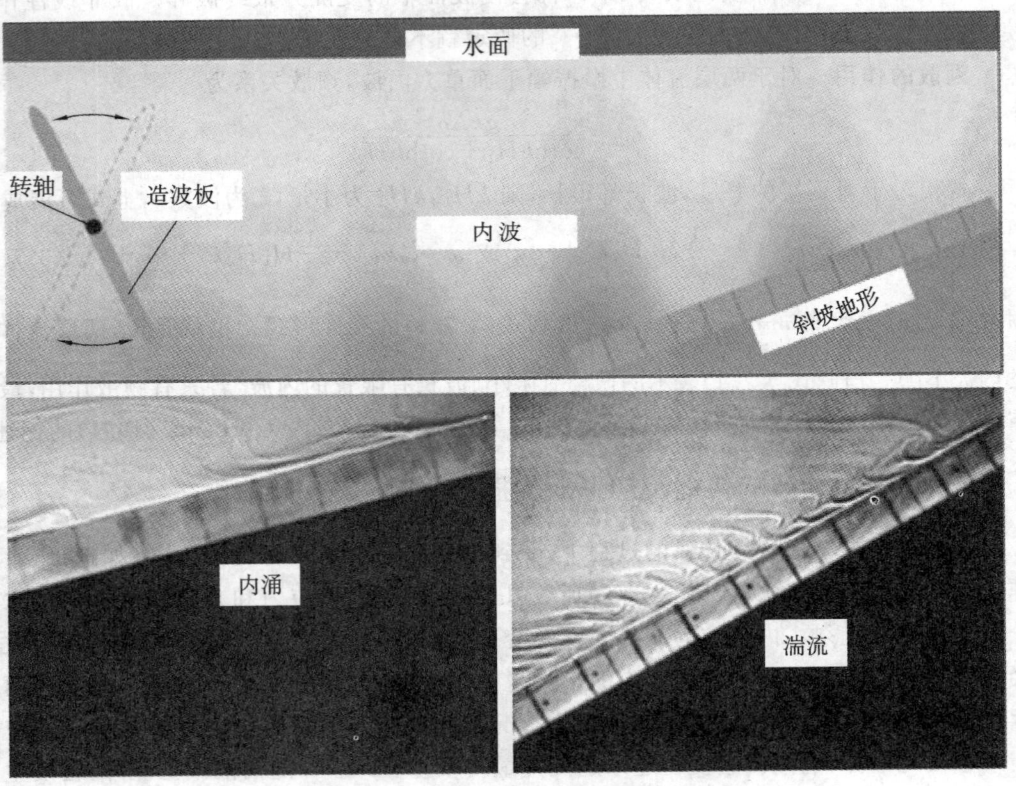

图 3.7.1　地形对内波传播的影响

(http://WWW.americanscientist.org/template/AssetDetail/assetid/31306/page/4;jsessionid=aaa44em8z66dXR#31140)

图 3.7.2 给出了海洋底地形的不同坡度对内潮能量传播的影响。图 3.7.2a 显示,当内潮波的能量沿其群速度特征线传播时,若特征线坡度大于所遇到的陆坡地形坡度(亚临界地形),则能量在陆坡和混合层底部之间不断反射,在水平方向上继续向前(向浅水方向)传播。而能量在垂向的反射,也是促使内涌产生或者至少使内潮波波形改变的一个原因。图 3.7.2b显示,当特征线坡度小于所遇到的陆坡地形坡度时(超临界地形),能量经过陆坡的反射后在水平方向向后(向深水方向)传播。图 3.7.2c 显示,当特征线坡度近似等于所遇到的陆坡地形坡度时(临界地形),内潮能量没有反射,而是被陆坡底部捕获,这时内潮波的能量全部用来产生底部湍流运动,使海底沉积物悬浮或者至少使沉积在这里难以发生。

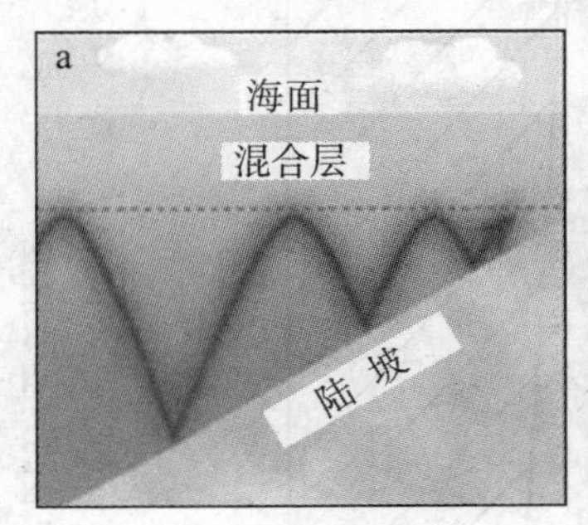

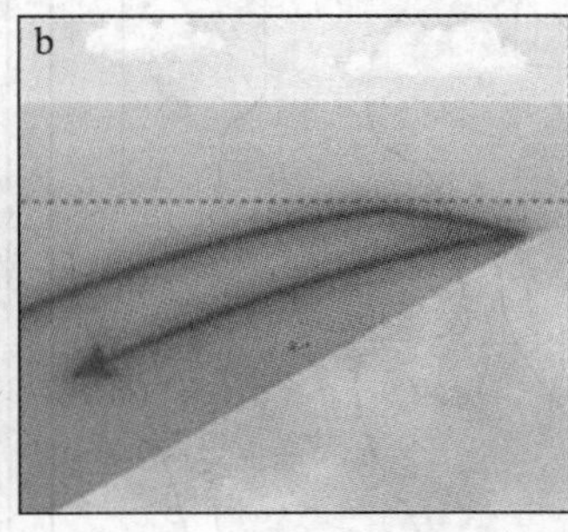

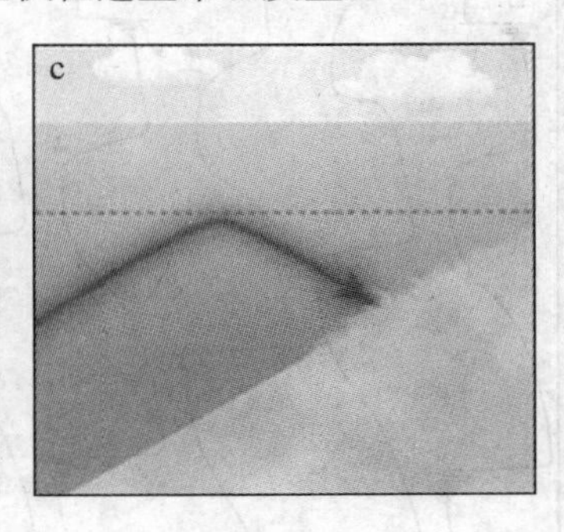

图 3.7.2　不同地形对内潮波能量传播的影响
(http://www.americanscientist.org/template/AssetDetail/assetid/31306/page/4;jsessionid=aaa44em8z66dXR#31140)

3.7.3　内孤立波的传播模式

假定内潮已经生成,并以此作为边界条件输入到模式中,研究内潮波在传播过程中的变化是传播模式要解决的问题。如上所述,决定内潮波传播波形的主要因素是内潮波的非线性和非静压频散效应以及两者之间的平衡关系,鉴于 KdV 理论能够较好地处理这两种因素,研究内潮波传播特性的模式多依据 KdV 理论建立。如 Holloway 等(1997)在研究澳大利亚西北陆架海区强跃层内潮波向岸的传播演变过程时,以 KdV 方程为基础,给出一个两层一维地形非线性传播模式。Liu 等(1985)对苏禄海的浅强跃层大振幅内波,Liu 等(1998),Hsu 等(2000)对台湾岛邻近海域强跃层大振幅非线性内波演化过程的研究,都使用了根据广义 KdV 理论建立的非线性数值模型来演绎内波在传播过程中裂变为孤立波包的现象。Holloway 等的模型中考虑了底摩擦效应,忽略了高阶非线性的影响。而 Liu 等、Hsu 等的模型考虑了高阶非线性的影响但舍去了底摩擦效应。

下面的模型综合考虑了内潮传播过程中的非线性、高阶非线性、频散效应、浅水效应以及耗散、底摩擦效应。模型的控制方程(杜涛[①],1999)为

$$A_t+C_0A_x+\alpha AA_x+kA^2A_x+\beta A_{xxx}+\gamma A+f_bA|A|-\frac{1}{2}\varepsilon A_{xx}=0 \tag{3.7.9}$$

式中,$A(x,t)$—两层水体界面的波动振幅,C_0—线性波波速,α—非线性系数,k—高阶非线性系数,β—频散系数,γ—浅水效应系数,f_b—底摩擦系数,ε—涡动粘性系数。

① 杜涛:《内潮研究》,青岛海洋大学博士后研究工作报告,1999。

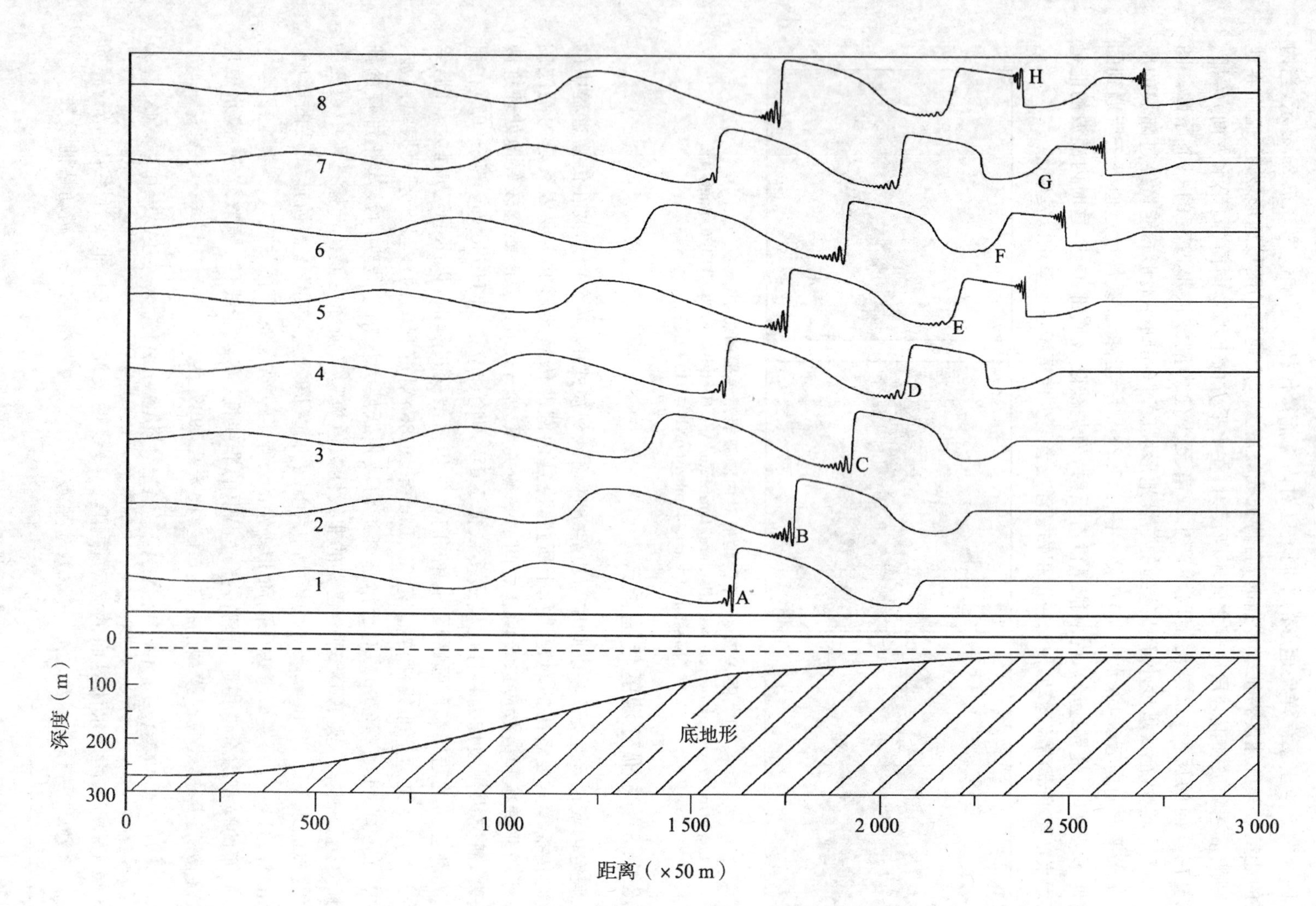

图 3.7.3　在内潮波传播过程中内孤立波的产生及演变

假设海水分上下两层，H_1 是上层厚度，H_2 是下层厚度。非线性系数 α、频散系数 β 和线性波波速 C_0 的计算公式为(Liu 等,1998)

$$\alpha=\frac{3}{2}\frac{H_1-H_2}{H_1H_2}C_0 \tag{3.7.10}$$

$$\beta=\frac{1}{6}H_1H_2C_0 \tag{3.7.11}$$

$$C_0=\left[\frac{\Delta\rho gH_1H_2}{\rho(H_1+H_2)}\right]^{\frac{1}{2}} \tag{3.7.12}$$

当上下层厚度接近相等时，由上面 α 的计算公式可知它将接近于零，这时方程中的非线性项接近失去作用，高阶非线性效应开始变得很重要，其系数为

$$k=-3\frac{H_1^2-H_1H_2+H_2^2}{(H_1H_2)^2}C_0 \tag{3.7.13}$$

在内潮波传播的过程中，随着水深等情况的改变，内孤立波形式的内潮波可能会从 $H_2>H_1$ 的地方传播到 $H_2<H_1$ 的地方，所对应的非线性项系数将由负号变为正号，内孤立波也将从下凹型变为上凸型。

方程(3.7.9)可以很容易用差分法或其他方法求得数值解。

3.7.4　算例

用差分法将上述模型中的方程(3.7.9)进行离散，在深水区(开边界)输入半日潮波动(它既可以代表半日周期的表面潮、也可是内潮的波动)；在图 3.7.3 和式(3.7.14)所示地形条件下，模拟内孤立波从具有正弦波波形的内潮波中裂变、发展及其从下凹型变为上凸型的转化过程。

上层水深 $H_1=30$ m

下层水深(或计算用地形)为

$$\begin{cases} H_2=230\ \text{m}, & x\leqslant 100 \\ H_2=230\ \text{m}+105\left(\cos\pi\dfrac{x-100}{2\,000}-1\right)\text{m}, & 100\leqslant x\leqslant 1\,600 \\ H_2=43.63-23.63\dfrac{(x-1\,600)}{700}, & 1\,600\leqslant x\leqslant 2\,100 \\ H_2=10\ \text{m}, & x\geqslant 2\,100 \end{cases} \tag{3.7.14}$$

式中，x 的单位长度代表水平距离 50 m。

取浅水效应系数 $\gamma=-2\times10^{-5}\ \text{s}^{-1}$，涡动粘性系数 $\varepsilon=2\ \text{m}^2\text{s}^{-1}$，底摩擦系数 $f_b=0.002$。

图 3.7.3 下部是地形和两层模式的水深变化，其中的虚线代表内界面。图 3.7.3 上部各条曲线按标号从 1～8 表示时间的发展顺序。在深水区开边界输入正弦波形式的内潮波或正压潮波，随着它不断向浅水区传播，振幅逐渐增大，波形也不断变形；首先在波峰后开始产生下凹型内孤立波(线 1,A)且振幅不断增大(线 2,B)。在传播到接近上下层厚度相等的位置时，由于非线性项作用的减弱，内孤立波的振幅逐渐减小(线 3,C)。在上下层厚度相等的位置，虽然非线性项为零，但由于高阶非线性等因素的存在，下凹型内孤立

波不可能完全消失(线 4,D,5,E);随着波不断向更浅海域传播,下凹型内孤立波逐渐消失(线 6,F,7,G);然后出现上凸型内孤立波(线 8,H)。

在上述内孤立波的演变过程中,当下凹型内孤立波逐渐消失后,它具有的能量并没有随之消失,而是转而使内潮波的波形发生变形(线 6,7)。在波峰后和波谷前的部分变平、变宽,而在波峰前波谷后波形变窄、变陡(即能量积聚)并最终产生上凸型内孤立波(线 8,H)。根据潮流、地形和层化状况的不同,不仅内孤立波在内潮波中出现的位置会有所不同,而且上述演变过程也不相同。如有时内孤立波从下凹型转变为上凸型,并不像线 6,7 所示的那样完全消失。

上面的分析和计算都表明,内潮波或正压潮波向浅海传播过程中,由于地形、层化状况等条件的改变,当非线性和频散效应在某种尺度上达到比较稳定的平衡时,就会产生内孤立波,这回答了上一节在海洋中内孤立波生成过程中提出的问题。它是内孤立波产生的又一种(或称第 4 种)生成机制。当然,这种机制是否是上一节第 1 种生成机制的另一种解释,尚需要更多的研究来证明。

虽然前面提到,内潮波遇到亚临界地形时可转变为内涌,而遇到临界地形时将破碎为更小尺度的湍流,但实际海洋中地形的变化要复杂得多,尤其是考虑到其局部的变化,内潮波传播经过的地形可能在亚临界和超临界之间不断转变,再考虑到层化状况随时间和地形的变化,因此是否有内孤立波产生完全取决于当时当地的实际情况。

3.7.5 内孤立波极性转换的实测资料

在上面的算例中,首先有下凹型内孤立波在深水区产生,在向岸传播的过程中,随着水深的不断变浅,上层水深的厚度 H_1 从远小于下层水深的厚度 H_2,变到两者相等,再变到 H_1 大于 H_2,内孤立波变为上凸型,这个过程就是内孤立波的极性转换过程。用上面描述内孤立波传播的 KdV 理论来解释,当 $H_1<H_2$ 时,由式(3.7.10)知,非线性系数$\alpha<0$;此时非线性使下凹型内孤立波的振幅增加;当 $H_1=H_2$ 时,$\alpha=0$,非线性作用消失(高阶非线性起作用);当 $H_1>H_2$ 时,$\alpha>0$,非线性系数改变符号,此时非线性使上凸型内孤立波的振幅增加。正是由于非线性系数符号的改变,才有内孤立波极性的转变。

图 3.7.4 是在南海 117.25°~117.45°E,21.85°~22°N 由船载高频(200 kHz)声学后向散射系统(或高频声学流速显像仪)现场记录到的内孤立波从下凹向上凸转变的过程(Orr & Mignerey, 2003)。实际内孤立波的传播方向是从东南到西北。图中的水平箭头表示船的航行方向,内孤立波在图中从左向右传播。图 3.7.4a 表示船从西北向东南行驶(即与内孤立波迎面相遇),首先遇到第 1 个内孤立波(箭头 1)然后第 2 个内孤立波(箭头 2);在第 2 个内孤立波经过后,船头掉转方向从东南向西北方向行驶(追赶内孤立波),先后经过内孤立波 2 和 1(图 3.7.4b 中箭头 2,1)。这两个图中显示的为下凹型内孤立波,且基本上对称于经过波谷谷底的中垂线。当船再次转向(从西北向东南)行驶并与内孤立波迎面相遇时(图 3.7.4c),由于水深变浅和层化状况的改变,原来的第 1 个内孤立波已经开始变形。波谷的前半部分变长(图 3.7.4c,箭头 3),后半部分变窄且波谷最后部分开始向上隆起(图 3.7.4c,箭头 4)。当船第 2 次从东南向西北追赶内孤立波时,内孤立波的

变形更明显(图 3.7.4d)。在船第 3 次与内孤立波正面相遇(图 3.7.4e)和追随行驶时(图 3.7.4f),第 1 个内孤立波后的隆起已经发展成为两个上凸型内孤立波(箭头 5,6),同时第 2 个下凹型内孤立波也已经隆起(图 f 无标号的箭头)。在船第 4 次与内孤立波相遇并穿过前两个上凸型内孤立波后(图 3.7.4g,箭头 7,8)记录停止。当水深从 260 m 变到约 110 m(见图 3.7.4d 到 g 下部的粗线),内孤立波完成了从下凹向上凸转变的整个过程。

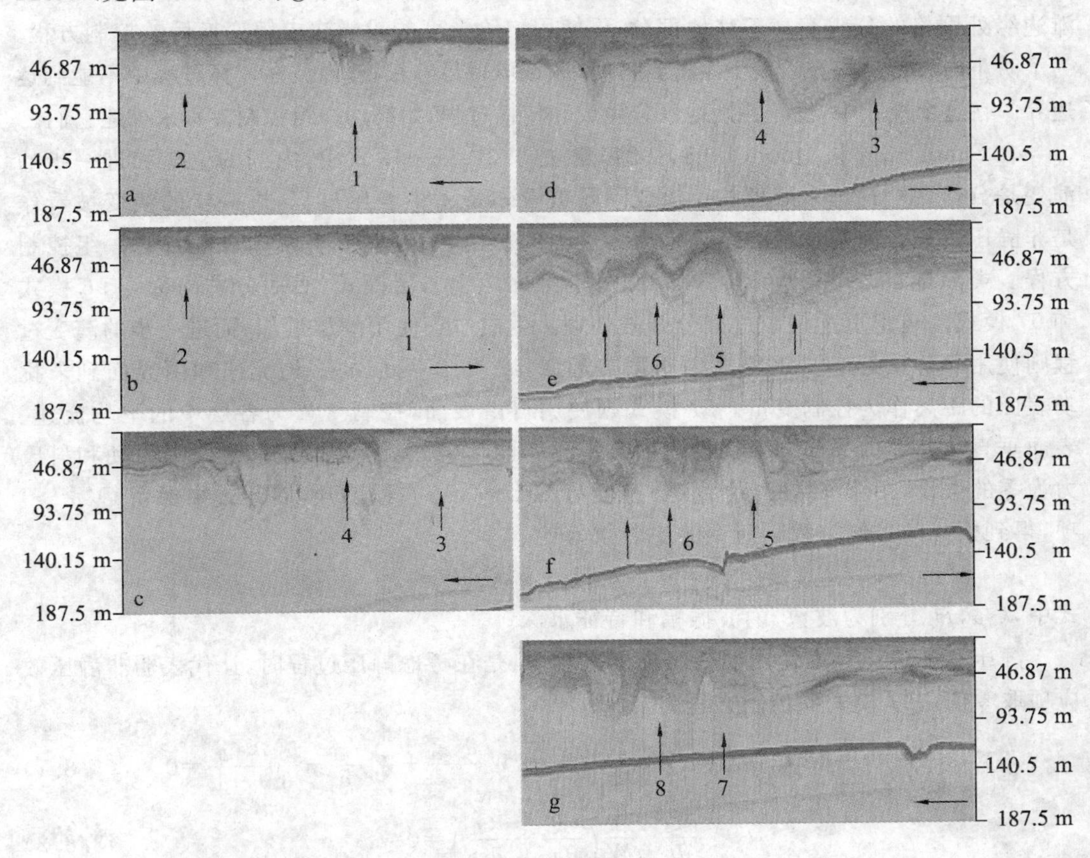

图 3.7.4　内孤立波由下凹型向上凸型的转变过程(Orr & Mignerey, 2003)

§3.8　潮成内波模拟的统一模式

统一模式将潮成内波的生成过程(生成内潮波)及其在传播过程中的演化状况(从中裂变产生内孤立波或波群、波包)一起进行研究。由于内孤立波的频率远高于内潮波频率,其水平波长只有千米尺度,远小于内潮波波长。因此,用统一模式模拟研究潮成内波的传播特性时,除了必须能够考虑潮成内波传播过程中非线性和频散效应的平衡问题,还需要考虑内潮波和内孤立波在时间和空间上的不同尺度。所以,如何将上述两个过程有机地统一在一起是统一模式首先需要解决的问题。

统一模式的发展是 20 世纪 90 年代以后的事(杜涛、方欣华,1999)。Lamb(1994)给出了一个二维统一模式。在模式中他采用刚盖近似、并假设沿水平方向密度层化一致、具有有限幅度浅滩地形。所用控制方程为无粘性、非线性、非静压近似、f 平面近似的不可压 Boussinesq 方程组。空间变化仅限于铅垂方向和与浅滩等深线垂直的水平方向,不考虑变量沿浅滩等深线平行方向的变化,但保留沿此方向的流速。即只考虑与传播方向平行的一个断面内垂直和水平方向上各变量的变化。先用地形坐标对方程进行变换,使浅滩边缘处网格的分辨率高于其他部分,再使用二阶精度的投影法求解变换后的控制方程。为了防止内波传到边界后发生反射,将计算区域取得足够长,使内波在计算过程中不能到达边界。在这个模式中,没有特别地区分生成和传播过程,始终用一组控制方程来描述它们。

在 Sandstrom 和 Quon(1993,1994)建立的二层统一模式中,内潮的生成和进一步的演变是分作两个过程来处理的。生成问题被看作是一个静压过程,进一步的演变被看作是非静压过程。前一过程的结果是后一过程的初始状态,对应于两个过程各有一组控制方程。类似地,Brandt 等(1996,1997)分别给出两个二层模式(后面分别简称为 96 模式和 97 模式),也把上述两个过程分开来处理。生成过程使用静压近似,而进一步的演变过程则使用非静压近似。96 模式采用刚盖近似,以上、下两层的平均流速和内界面到未扰动表面的距离作为控制变量。97 模式则使用自由表面,控制变量为各层中的平均流速、表面垂直位移和内界面到未扰动表面的距离。两个模式均采用浅水、小振幅波动和科氏力为零的假设,用小参数摄动将各层速度势的 Laplace 方程展开,展开式中保留 $O(\mu^2,\varepsilon)$ 项,得到模式的控制方程。所用的小参数为

$$\mu^2=k^2H,\quad \varepsilon=\alpha H^{-1}$$

式中,k,α,H 分别为波数、内波振幅和特征水深。

静压和非静压过程使用同一组控制方程,只是在考虑静压过程时,让代表弱非静压效应项取零值。97 模式的控制方程为

$$\frac{\partial Q_1}{\partial t}+\frac{\partial}{\partial x}(u_1Q_1)+gh_1W\frac{\partial \zeta_1}{\partial x}-A_Hh_1W\frac{\partial^2 u_1}{\partial x^2}+W\frac{\tau_{\text{int}}}{\bar{\rho}}-\frac{h_1^2}{6}\frac{\partial^3 Q_2}{\partial x^2\partial t}=0 \tag{3.8.1}$$

$$\frac{\partial \zeta_1}{\partial t}+\frac{1}{W}\left(\frac{\partial Q_1}{\partial x}+\frac{\partial Q_2}{\partial x}\right)=0 \tag{3.8.2}$$

$$\frac{\partial Q_2}{\partial t}+\frac{\partial}{\partial x}(u_2Q_2)+gh_2W\frac{\partial \zeta_1}{\partial x}+g'h_2W\frac{\partial \zeta_2}{\partial x}-A_Hh_2W\frac{\partial^2 u_2}{\partial x^2}$$

$$-W\frac{\tau_{\text{int}}-\tau_{\text{bot}}}{\bar{\rho}}-\left(\frac{h_2^2}{3}+\frac{h_2h_1}{2}\right)\frac{\partial^3 Q_2}{\partial x^2\partial t}=0 \tag{3.8.3}$$

$$\frac{\partial \zeta_2}{\partial t}+\frac{1}{W}\frac{\partial Q_2}{\partial x}=0 \tag{3.8.4}$$

式中,$D(x)$ 为水深,$h_1(x,t)$、$h_2(x,t)$ 分别为上、下层厚度,

$\zeta_1(x,t)$ 为海面位移,$\zeta_2(x,t)$ 为内界面到平均海平面距离,

$u_1(x,t)$,$u_2(x,t)$ 分别为上、下层速度,$W(x)$ 为计算区域宽度,

ρ_1,ρ_2,$\Delta\rho=\rho_2-\rho_1$ 分别为上、下层密度和上下层的密度差,

$\bar{\rho}=\dfrac{\rho_1+\rho_2}{2}$,$g'=g\dfrac{\Delta\rho}{\bar{\rho}}$ 分别为上、下层的平均密度和约化重力,

$\frac{\tau_{int}}{\rho}=\gamma_{int}|u_1-u_2|(u_1-u_2)$，为上下层之间的垂向剪切应力，

$\frac{\tau_{bot}}{\rho}=\gamma_{bot}|u_2|u_2$ 为底摩擦应力，$Q_i=u_ih_iW$ 为上下层的输运量，

γ_{int}，γ_{bot}分别为内界面上的无量纲摩擦系数和无量纲底摩擦系数。

式(3.8.1)，(3.8.2)为上层的控制方程，式(3.8.3)，(3.8.4)为下层的控制方程。假定所有变量都不随 y 变化，所用地形和自由表面如图 3.8.1 所示。

式(3.8.1)，(3.8.3)右边最后一项，为弱非静压效应项。在这两个方程中引入水平扩散项，以避免在进行亚临界和超临界流动转换时出现流动不连续现象。取水平涡动粘性系数为常数，并在保证数值计算的稳定性的条件下取最小值。开边界使用 Orlanski 辐射边界条件，以减小开边界上的反射。

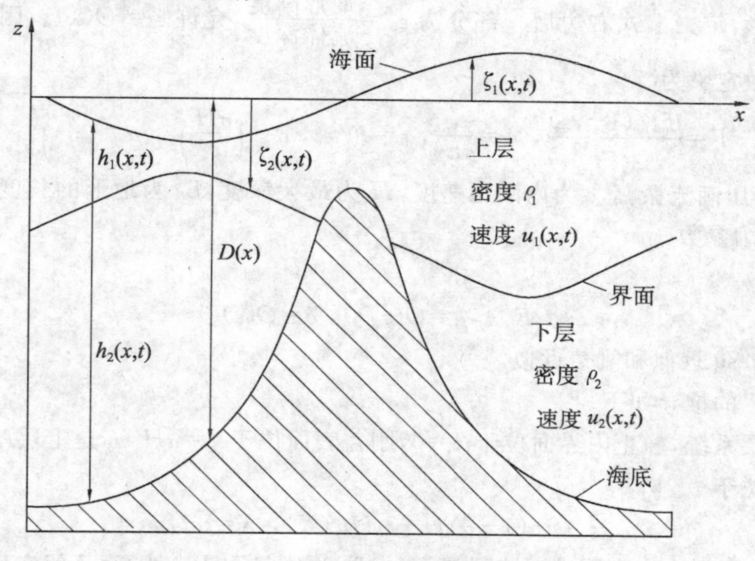

图 3.8.1　地形和自由表面

模式的数值计算　将内潮的生成和进一步的演变过程分开处理。生成模式采用静压近似，即将方程(3.8.1)，(3.8.3)中最后一项取为零。在计算过程中，随着内界面垂向位置的变动，海底地形有可能与内界面相交，如图 3.8.1，其交界处是可移动横向边界。采用 Arakawa-C 网格和中央差分格式对控制方程进行差分离散，在时间域上的计算使用显格式。为保证计算的稳定性，每 100 个时间步，对内界面深度进行一次平滑处理。传播模式采用弱非静压近似，即方程(3.8.1)，(3.8.3)中最后一项不为零。仍然采用 Arakawa-C 网格和中央差分格式对控制方程进行差分离散，不同的是在时间域上的计算使用隐格式来完成。

将生成模式和传播模式耦合在一起，因为所用计算格式的不同，选取的时间步长、空间步长等就会有所区别。若某个模式所需变量不能通过调整时间步长直接获得，则要通过将不同时间步长的值插值得到。更重要的是确定生成和传播过程的计算区域或它们之间的边界。在 Brandt 等(1997)给出的两层模式中，在两端边界上输入半日频率的正压潮

驱动模式，而生成和传播模式交界处的选取原则是交界处位置的微小变化对向两边传播的内潮波之演变过程不产生显著影响。实际交界位置的选取，需要通过多次数值试验来确定。

Gerkma 的统一模式 Gerkma 和 Zimmerman (1995)，Gerkema (1996)分别给出正压潮流流过有限小幅度地形和大幅度地形时，内潮产生和传播的统一模式。这两个模式的控制方程的建立和求解方法差异不大。

因为在实际海洋中，产生于地形变化较大的、陆架坡折处的内潮通常比较明显，所以这里仅介绍关于大幅度地形的后一模式。在该模式中，非线性参数定义为

$$\varepsilon=\frac{\text{潮流水平运动尺度}}{\text{地形长度尺度}}\times\frac{\text{地形高度}}{\text{流体深度}} \tag{3.8.5}$$

对大振幅地形，定义上式右边后一部分为 $\varepsilon_b=\dfrac{\text{地形高度}}{\text{流体深度}}$，允许 $\varepsilon_b=O(1)$。因而 $\varepsilon\ll 1$。其他无量纲参数定义为

$$F=\frac{U_0/(1-\varepsilon_b)}{c},\ \Lambda=\frac{c}{\sigma L_b},\ \varepsilon=F\Lambda\varepsilon_b,\ \delta=\left(\frac{\sigma H}{c}\right)^2,\ \mu=\left(\frac{f}{c}\right)^2 \tag{3.8.6}$$

式中，U_0 为正压潮流振幅，c 为内潮相速度，H 为最大深度，L_b 为地形的长度尺度，σ 为潮频，f 为柯氏力参数。

假定

$$F,\Lambda,\mu=O(\varepsilon^{1/2}),\ \delta=O(\varepsilon)$$

采用 Boussinesq 近似和刚盖近似。

控制方程的推导如下。

对于两层系统，静止内界面位于 $z=0$，刚盖表面位于 $z=\alpha H$ (α 是上层厚度与总水深之比)，海底位于

$$z=-(1-\alpha)H+\varepsilon_b Hh(X),\ X=x/L_b$$

式中，h 是任意函数，当它取 0 时表示最深处，取 1 时表示最浅处，而且假定h，$h_x=O(1)$。正压潮的流速取值为

$$U=\frac{U_0\sin\sigma t}{1-\varepsilon_b h},\ V=\frac{(f/\sigma)U_0\cos\sigma t}{1-\varepsilon_b h},\ W=(\alpha H-z)\varepsilon_b h_x\frac{U_0\sin\sigma t}{(1-\varepsilon_b h)^2} \tag{3.8.7}$$

垂向流速需满足的边界条件为

$$W|_{z=\alpha H}=0,\ W|_{z=-(1-\alpha)H+\varepsilon_b Hh}=\varepsilon_b HUh_x$$

定义 ζ 是内界面相对于其静止位置的位移，$u_i,v_i,w_i\,(i=1,2)$分别是上下层流体中斜压部分的流速。f 平面上描述内波场的运动方程为

$$\rho[u_{i,t}+(U+u_i)u_{i,x}+u_iU_x+(W+w_i)u_{i,z}-fv_i]=-P_{i,x} \tag{3.8.8}$$

$$v_{i,t}+(U+u_i)v_{i,x}+u_iV_x+(W+w_i)v_{i,z}+fu_i=0 \tag{3.8.9}$$

$$\rho[w_{i,t}+(U+u_i)w_{i,x}+u_iW_x+(W+w_i)w_{i,z}+w_iW_z]=-P_{i,z} \tag{3.8.10}$$

$$u_{i,x}+w_{i,z}=0 \tag{3.8.11}$$

边界条件为

$$w_1=0,\quad \text{当 } z=\alpha H \tag{3.8.12}$$

$$w_2=\varepsilon_b H u_2 h_x，\quad 当\ z=-(1-\alpha)H+\varepsilon_b Hh \tag{3.8.13}$$

$$W+w_i=\zeta_t+(U+u_i)\zeta_x，\quad 当\ z=\zeta \tag{3.8.14}$$

$$P_2-P_1=(\rho_2-\rho_1)g\zeta，\quad 当\ z=\zeta \tag{3.8.15}$$

当正压潮流过起伏地形时会诱发垂向流动 W，它从海底到刚盖表面逐渐衰减为零。在内界面上为 W^*，是正压潮强迫作用的一种度量。垂向流动 W 的线性表示为

$$W|_{z=0}=(1-\varepsilon_b)\varepsilon c\sqrt{\delta}\frac{\alpha h_x \sin\sigma t}{(1-\varepsilon_b h)^2} \tag{3.8.16}$$

因为
$$\frac{\alpha h_X \sin\sigma t}{(1-\varepsilon_b h)^2}=O(1)$$

所以
$$W^*=O\big((1-\varepsilon_b)\varepsilon c\sqrt{\delta}\big)$$

取空间和时间尺度为　　$[x]=c/\sigma,\ [z]=H,\ [t]=1/\sigma$

正压潮流速的尺度为 $[U]=Fc,\ [V]=Fc\sqrt{\mu},\ [W]=(1-\varepsilon_b)\varepsilon c\sqrt{\delta}$

将方程(3.8.8)～(3.8.11)无量纲化后得

$$u_{i,t}+(FU+\varepsilon u_i)u_{i,x}+F\Lambda u_i U_x+\varepsilon(1-\varepsilon_b)(W+w_i)u_{i,z}-\mu v_i=-P_{i,x} \tag{3.8.17}$$

$$v_{i,t}+(FU+\varepsilon u_i)v_{i,x}+F\Lambda u_i V_x+\varepsilon(1-\varepsilon_b)(W+w_i)v_{i,z}+u_i=0 \tag{3.8.18}$$

$$(1-\varepsilon_b)\delta[W_{i,t}+(FU+\varepsilon u_i)w_{i,x}+\varepsilon\Lambda u_i W_x+\varepsilon(1-\varepsilon_b)(W+w_i)w_{i,z}+\varepsilon(1-\varepsilon_b)w_i W_z]=-P_{i,z} \tag{3.8.19}$$

$$u_{i,x}+(1-\varepsilon_b)w_{i,z}=0 \tag{3.8.20}$$

边界条件为

$$w_1=0，\quad 在\ z=\alpha \tag{3.8.21}$$

$$(1-\varepsilon_b)w_2=\Lambda\varepsilon_b H u_2 h_x，\quad 在\ z=\alpha-1+\varepsilon_b h \tag{3.8.22}$$

$$W+w_i=\zeta_t+(FU+\varepsilon u_i)\zeta_x，\quad 在\ z=(1-\varepsilon_b)\varepsilon\zeta \tag{3.8.23}$$

$$P_2-P_1=\zeta，\quad 在\ z=(1-\varepsilon_b)\zeta \tag{3.8.24}$$

而无量纲化后的正压潮流为

$$U=\frac{1-\varepsilon_b}{1-\varepsilon_b h}\sin t,\ V=\frac{1-\varepsilon_b}{1-\varepsilon_b h}\cos t,\ W=\frac{(\alpha-z)\sin t}{(1-\varepsilon_b h)^2}h_x \tag{3.8.25}$$

定义内界面水平速度的剪切为

$$\bar{u}=\lim_{z\to\varepsilon\zeta}u_2-\lim_{z\to\varepsilon\zeta}u_1,\ \bar{v}=\lim_{z\to\varepsilon\zeta}v_2-\lim_{z\to\varepsilon\zeta}v_1 \tag{3.8.26}$$

对方程(3.8.17)～(3.8.20)做小参数($\varepsilon^{1/2}$)展开，保留前 3 阶，对给定的地形 $h(X)$ 和潮流速度 U,V,W 得到一组强迫的、地转修正的 Boussinesq 方程。

$$\bar{u}_t+FU\bar{u}_x+F\bar{u}U_x+\varepsilon\frac{2\alpha-1+\varepsilon_b h}{(1-\varepsilon_b h)}\bar{u}\bar{u}_x-\mu\bar{v}+\zeta_x=0 \tag{3.8.27}$$

$$\bar{v}_t+FU\bar{v}_x+F\bar{u}V_x+\varepsilon\frac{2\alpha-1+\varepsilon_b h}{(1-\varepsilon_b h)}\bar{u}v_x+\bar{u}=0 \tag{3.8.28}$$

$$\zeta_t+FU\zeta_x-W^*+\varepsilon\frac{2\alpha-1+\varepsilon_b h}{(1-\varepsilon_b h)}(\bar{u}\zeta)_x+\frac{\alpha(1-\alpha-\varepsilon_b h)}{(1-\varepsilon_b)(1-\varepsilon_b h)}\bar{u}_x$$
$$\frac{\alpha^2\varepsilon_b\bar{u}h_x}{(1-\varepsilon_b)(1-\varepsilon_b h)^2}-\frac{1}{3}\delta\alpha(1-\alpha-\varepsilon_b h)(\zeta_t+FU\zeta_x)_{xx}=0 \tag{3.8.29}$$

与标准的 Boussinesq 方程相比，由水深的变化对各系数的修正通过 $\varepsilon_b h$ 表示，式(3.8.29)中倒数第2项表示地形变化对内波传播的影响，地形变化与正压潮的结合由 $F\,\overline{u}U_x$，$F\,\overline{u}V_x$ 表示，对地形变化最重要的影响是 W^*。当然，还有正压潮流动产生的对流项 $FU(\cdot)_x$ 以及柯氏力作用项。即式(3.8.27)中的倒数第2项和(3.8.28)中的最后一项。

Gerkma 模式的离散和计算　取时间步长 Δt，空间步长 Δx，则任意 n 时刻表示为 $t_n=n\Delta t$，j 网格点的坐标为 $x_j=j\Delta x$。若下面式子中的 ζ 分别代表上面方程中的变量 $\zeta,\overline{u}$ 或 $\overline{v}$，且 ζ_j^n 代表 $\zeta(t_n,\ x_j)$，则方程中的导数用中央差分格式近似表示为

$$\frac{\partial\zeta}{\partial t}(t_n,\ x_j)\cong\frac{\zeta_j^{n+1}-\zeta_j^{n-1}}{2\Delta t}$$

$$\frac{\partial\zeta}{\partial x}(t_n,\ x_j)\cong\frac{\zeta_{j+1}^n-\zeta_{j-1}^n}{2\Delta x}$$

$$\frac{\partial^2\zeta}{\partial x^2}(t_n,\ x_j)\cong\frac{\zeta_{j+1}^n-2\zeta_j^n+\zeta_{j-1}^n}{(\Delta x)^2}$$

将方程离散后，通过由式(3.8.27)，(3.8.28)得到的差分方程，在已知 n 和 $n-1$ 时刻的各量后，可以直接求得 $n+1$ 时刻的 $\overline{u}_j{}^{n+1}$，$\overline{v}_j{}^{n+1}$。而在由(3.8.29)得到的差分方程中求解 ζ_j^{n+1} 时，需要用到 ζ_{j+1}^{n+1}，ζ_{j-1}^{n+1}，它们都是未知量，因此需要隐式求解。

§3.9　连续层化海洋中内潮波的谱差分模式

对强跃层的情况，内潮的产生和传播特性可用前面介绍的生成模式、传播模式和统一模式进行模拟研究。而对连续层化海洋中内潮波的生成和传播，使用其他的模式，如这里将要介绍的二维谱差分模式(Jiang & Fang,1996)，进行模拟研究可能更合适。

从 Chuang 和 Wang(1981)提出适用于连续层化海洋中的内潮模式后，已有很多类似的模式发展起来，大部分是二维线性的，如 Chuang 和 Wang(1981)，Sherwin 和 Taylor (1990)的模式使用了有限差分法，Craig(1987b)，Cushman-Roisin 等(1989)的模式则使用了特征线法。他们能够模拟出内潮的许多特征，并估计内潮的能通量，然而由于模式本身的线性假设使得其不能探讨非线性效应，计算所得到的内潮幅度亦可能偏小。Mass 和 Zimmermann(1989)使用多重尺度摄动法，对二维小振幅地形情况的研究表明：若正压潮位移，内波波长和地形尺度同量级，则非线性是重要的。Matsuura 和 Hibiya(1990)虽然使用了非线性数值模式，但由于要求地形是小振幅的，所以不能用于研究发生于陆架陆坡处的内潮波。

Jiang 和 Fang(1996)的谱差分模式，是基于有限振幅地形假设的拟线性模式。同时，假设密度场垂向为连续变化，且不考虑上混合层和内波自身的非线性耦合。

3.9.1　控制方程

取坐标如图3.9.1所示，其中 $H(x)$ 是水深，L，L_s，L_d 分别是陆坡、陆架和深海的宽度。考虑二维问题，假定背景场中只有正压潮，这样密度场分为两部分：

$$\rho^{*}=\rho_0(z)+\rho(x, z, t) \tag{3.9.1}$$

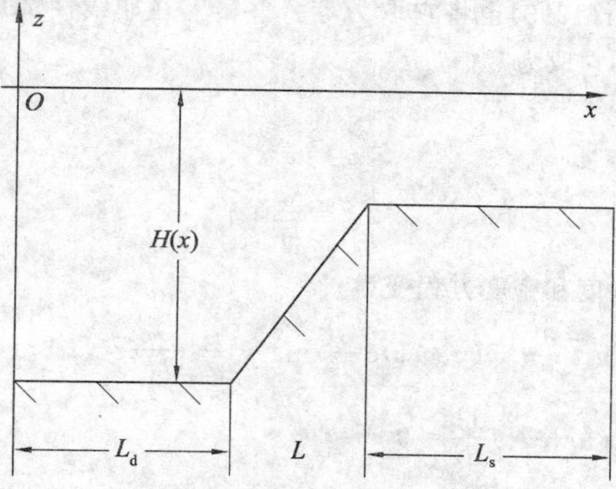

图 3.9.1　地形及相关参量

$\rho_0(z)$为流体静止时的密度场，其平均值为 $\bar{\rho}$。ρ 是由正压潮和内潮引起的扰动密度。若密度场是水平均匀的，不计海水的压缩性影响，定义浮频率 N

$$N^2=-\frac{g}{\rho}\frac{\mathrm{d}\rho_0}{\mathrm{d}z} \tag{3.9.2}$$

显然，海水层化的强度和结构仅仅由 N 决定，而它对内潮有重要影响。在不考虑上混合层的情况下，采用 GM72 所用的密度垂向层化

$$N=N_0\exp(z/b) \tag{3.9.3}$$

式中，b 是 e 折尺度。当 $b\to\infty$，$N\to$常数。

不考虑海水的粘性，在 Boussinesq 近似下，不计地转效应和内潮自身的非线性，消去正压潮即得到内潮的控制方程如下

$$\begin{cases}\dfrac{\partial\zeta}{\partial t}+u_s\dfrac{\partial\zeta}{\partial x}+\dfrac{g}{\rho}=0\\ \dfrac{\partial\rho}{\partial t}+u_s\dfrac{\partial\rho}{\partial x}+(w+w_s)\dfrac{\mathrm{d}\rho_0}{\mathrm{d}z}=0\end{cases} \tag{3.9.4}$$

式中，下标 s 表示正压潮变量，ζ 是内潮涡度，定义为

$$\zeta=-\frac{\partial u}{\partial z}=\frac{\partial^2\varphi}{\partial z^2} \tag{3.9.5}$$

而流函数 φ 定义为

$$u=-\frac{\partial\varphi}{\partial z},\ w=\frac{\partial\varphi}{\partial x} \tag{3.9.6}$$

底边界条件使用法向零流速条件，即

$$\varphi=0,\ 当\ z=-H \tag{3.9.7}$$

上表面条件是

$$\varphi=c(t),\ 当\ z=0 \tag{3.9.8}$$

此处 $c(t)$代表了内波流产生的体积通量，它是不确定量。在 Craig(1987)的模式中，它不

出现；而 Cushmann-Roisin 等(1989)由于在两边开边界使用零流速($u=0$)，$c(t)$实际取为零，Sherwin 和 Taylor(1990)也将它取为零。事实上在非线性情形此值不一定为零，但将是一小量，这里也将它取为零值。

作如下坐标变换

$$\begin{cases} x'=x \\ z'=\dfrac{2z}{H}+1 \end{cases} \tag{3.9.9}$$

式(3.9.4)中的涡度和密度方程变为

$$\begin{cases} \dfrac{\partial\zeta}{\partial t}+u_s\left[\dfrac{\partial\zeta}{\partial x'}-(z'-1)\beta\dfrac{\partial\zeta}{\partial z'}\right]=-\dfrac{g}{\rho}\left[\dfrac{\partial\rho}{\partial x'}-(z'-1)\beta\dfrac{\partial\rho}{\partial z'}\right] \\ \dfrac{\partial\rho}{\partial t}+(w+w_s)\dfrac{\mathrm{d}\rho_0}{\mathrm{d}z}=0 \end{cases} \tag{3.9.10}$$

式中，

$$\beta=\frac{1}{H}\frac{\mathrm{d}H}{\mathrm{d}x'}$$

在密度方程中，为了保持数值计算的稳定性，略掉正压潮平流项。式(3.9.5)，(3.9.6)变为

$$\zeta=-\frac{2}{H}\frac{\partial u}{\partial z'}=\frac{4}{H^2}\frac{\partial^2\varphi}{\partial z'^2},\ w=\frac{\partial\varphi}{\partial x'}-(z'-1)\beta\frac{\partial\varphi}{\partial z'} \tag{3.9.11}$$

同时，表面和底边界条件为

$$\begin{cases} \varphi=0 \quad z'=-1 \\ \varphi=0 \quad z'=1 \end{cases} \tag{3.9.12}$$

深海开边界取为辐射条件。由于陆架上计算域取得较宽，岸界开边界取为零边条件。

3.9.2 谱模式

谱方法在计算流体力学中已有广泛应用，包括可压缩流如激波的计算。物理海洋学中一般采用的是谱差分法，即垂向用完备正交级数或样条函数展开，对微分方程使用加权余量原理，得到展开系数的控制方程，水平方向则用有限差分加以离散化，这和气象上的做法恰相反(冯士筰、孙文心，1992)。Heaps 于 1972 年就将谱方法用于海洋计算，此后由他本人和 Davies 等人作了推广应用。

(一) 谱展开

由于上表面使用刚盖近似，亦可视为固壁，这样垂向选取 Chebyshev 多项式

$$T_n(z)=\cos(n\arccos z) \qquad -1\leqslant z\leqslant 1,\ n=0,1,2,\cdots$$

作为基函数。为方便起见，除特殊注明外，后文将自变量的上标号′去掉。这样任意场变量 $Q(x,z,t)$可展开如下

$$Q(x,z,t)=\sum_{k=0}^{K}Q_{k(x,t)}T_k(z) \tag{3.9.13}$$

式中，K 为谱截断的阶数。

（二）差分格式

在交错网格上使用蛙跳格式将方程在水平空间上离散，涡度方程离散后为

$$\frac{\zeta_{k,j}^{n+1}-\zeta_{k,j}^{n-1}}{2\Delta t}=-\overline{u}_s\left(\frac{\zeta_{k,j+1}^{n}-\zeta_{k,j-1}^{n}}{2\Delta x}-\overline{\beta}D_{k,j}^{(1)n}\right)-\frac{g}{\overline{\rho}}\left(\frac{\rho_{k,j+1}^{n}-\rho_{k,j-1}^{n}}{\Delta x}-\overline{\beta}\,\overline{D}^{(2)}\right) \tag{3.9.14}$$

式中，n,j 分别为时间和水平空间坐标网格点序号，

$$\overline{\beta}=0.5(\beta_j+\beta_{j+1})$$

$$\overline{u}_s=0.5(U_{s,j}^{n}+U_{s,j+1}^{n})$$

$$\overline{D}^{(2)}=0.5(D_{k,j}^{(2)n}+D_{k,j+1}^{(2)n})$$

谱展开截断阶数的选取是出于计算量和稳定性的考虑，若截断阶数取值太高，则稳定性要求时间步长很短，这样计算量将急剧增大。实际数值实验表明，谱展开系数收敛很快，展开到五阶系数即降至10%或更小。

（三）平滑处理

采用时间和空间同时滤波的办法，一般地，平滑的频率依据保持计算稳定的最低要求来选取。首先进行空间平滑

$$\overline{Q}_{k,j}^{n}=Q_{k,j}^{n}+0.5S_x(Q_{k,j+1}^{n}-2Q_{k,j}^{n}+Q_{k,j-1}^{n})$$

式中，k 为 Chebyshev 展开的下标，j 为水平坐标格点。

取 $S_x=0.5$。再将上述平滑后的量取时间平滑，即

$$\tilde{Q}_{k,j}^{n}=\overline{Q}_{k,j}^{n}+0.5S_t(\overline{Q}_{k,j+1}^{n+1}-2\overline{Q}_{k,j}^{n}+\tilde{Q}_{k,j}^{n})$$

式中，$S_t=0.25$

§3.10　潮成内波对相关学科研究的影响

随着科学技术的不断发展，人们在海洋中的活动范围越来越大。但就目前和今后一段时间的发展来看，大部分的海上活动，如对海洋石油和天然气等地矿资源开采、渔业和海水养殖业发展、海洋环境保护等，仍然限于近海或陆架浅海的区域内。在这些海域潮成内波是极其重要的海洋现象，其影响成为最为引人关注的问题之一。由于潮成内波影响的广泛性，不仅在物理海洋学中，而且在很多其他相关学科中，都需要对潮成内波的作用和影响进行研究。

3.10.1　潮成内波产生影响的方式

潮成内波包括内潮波、内孤立波和内涌，其作用或影响方式大体分为以下几种：

(1) 内潮和内孤立波使海水内部的等密度面产生大幅度的上、下波动，这种波动会改变声信号在海水中的传播路线，使声信号的强度和传播速度等产生大的波动等。

(2) 当内孤立波形式的潮成内波在较浅的密度跃层传播时，可使表层流场产生较大的改变，表现为出现突发性强流，对海洋工程结构物、设备和船只等将施加额外的冲击作用力。

(3) 当密度跃层较接近海底或在临界地形的情况下，内潮和内孤立波可使底层流动

速度增大，从而强化底层流场，对海底产生较强的冲刷，对底部的物质输运及地形地貌的变化等产生影响。

(4) 大振幅内潮波、内孤立波和内涌在浅海或水深较浅海区的破碎会引发强烈的海水混合，或者形成上升流，从而将底部富含营养盐的低温海水带到表层，使表层的生态环境等发生改变。

(5) 由于潮成内波的存在，使得密度跃层上下的海水流动呈剪切状态，对于跨越跃层的水中运动物体产生剪切作用，从而可能影响到运动物体的运动姿态和运动轨迹等。

(6) 当内孤立波以波列的形式出现或传播时，伴随其中每一个内孤立波的出现，都有强弱不等的剪切流产生。致使在不太长的时间内，它们将对所遇到的物体，如水下结构物，产生多个时间间隔不等、剪切强度和方向变化的冲击载荷。

(7) 潜坐在密度跃层上的潜艇，在随着大振幅潮成内波上下运动时，随着潜艇潜水深度的改变，潜艇的隐蔽性和安全性可能会受到影响。而运行中的潜艇，当遇到强内孤立波时，突然而至的强流对其操作性能、运行稳定性和安全性等都将产生较大影响。

(8) 水中运行着的潜艇与内孤立波迎面相遇时，内孤立波波峰前后的下降和上升流对潜艇的附加冲击可能对潜艇的沉浮状态产生扰动。

(9) 现有的海洋调查仪器和方法在用于潮成内波和一般海洋内波的观测时，还有很多地方需要更新和完善，因此潮成内波的研究也对发展新的观测设备和研究方法等有一定的刺激或促进作用。

3.10.2 潮成内波对相关学科研究的影响

(一) 潮成内波与水声学

在诸多受到潮成内波影响的学科中，除了海洋学本身外，水声学受潮成内波的影响可能是研究得最早、也是最多的，因为水声信号在海洋学的研究中、尤其是在海洋测量中应用得最广泛。潮成内波的存在使得海水内部的温跃层或密度跃层等产生大幅度的垂向波动，水中传播的声信号以不同的角度与这种波动跃层相遇时，波动的跃层对水声信号的反射、折射和水声信号的聚焦性等都受到严重的影响或破坏，信号强度和传播速度产生大幅度波动，传播距离和传播方向等发生较大的改变。图 3.10.1 是一个半日潮的过程中、0～85 m 水深范围内声场强度的时间变化(中间大图)，声场强度由最下方的色标表示。最上面 3 个小图分别是直线所指时刻的局部放大。由前 2 个小图中可以看出有 2 组内孤立波从右向左传播，对应于每一组内孤立波的通过，声速的最大波动可达20～30 ms^{-1}，声信号的强度也发生相应的变动(如中间图)。可以说，一切与水声学有关的活动如海洋观测、水下通讯、潜艇的探测与隐蔽以及海洋观测资料分析等都会因海洋内波的存在受到不同程度的影响。例如，海洋内波被认识以前，在处理含有海洋内波的观测资料时，就常被其中复杂的内波信号所困扰。

(二) 潮成内波与海洋资源的开发

资源紧缺、人口膨胀和环境污染等是人类社会持续发展迫切需要解决的一些问题，而开发和利用海洋中的石油、天然气等类资源正是解决这些问题的一个重要且有效的途径。

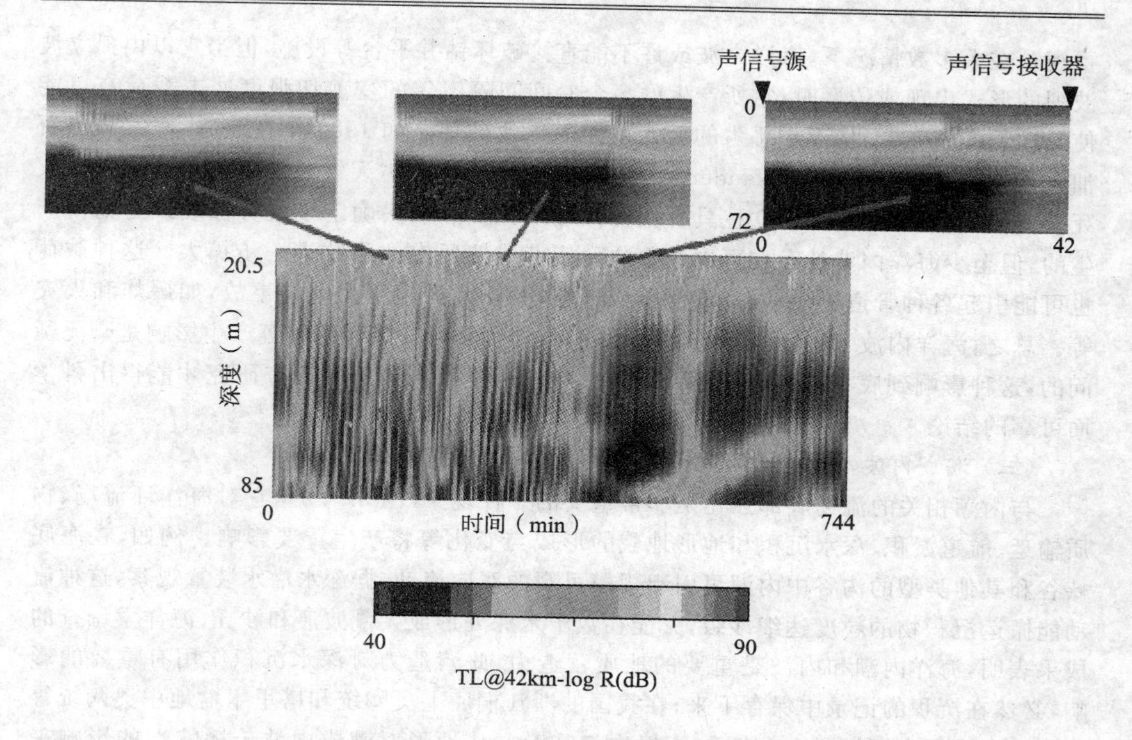

图 3.10.1　内波对水声信号强度的影响

(Finette *et al*, http://www.whoi.edu/science/AOPE/people/tduda/isww/text/finette/finette.htm)

对海洋资源进行开发和利用的活动是否能够成功，有赖于对各种海洋环境要素如浪、流、潮以及内波等的分布和变化规律的掌握。因此，全面系统地掌握开发海域内各种海洋环境要素的变化规律是非常重要的。海洋内波作为一种常见的海洋环境要素，尤其是潮成内波对海洋结构物(如对海上平台、钻杆、输油和输气管道、储油轮和缆绳等)的影响，也是必须深入研究的一项重要内容。潮成内波与随机内波相比较，不论是理论分析、实验观察、现场和遥感观测还是数值模拟等，前者都比后者容易得多。在现阶段开展内波对海洋结构物影响的研究，主要应该针对潮成内波的影响进行。这一方面是因为对潮成内波的生成机制和传播特性有了较多的了解；另一方面，先对较简单的潮成内波影响进行研究，再对较困难的随机内波影响进行研究，比较符合人类认识事物的一般规律。

潮成内波的影响不仅与承受其作用的具体构件有关，而且与密度跃层的深、浅、强、弱以及潮成内波的非线性强弱等因素有关。例如，内孤立波在深度较浅的密度跃层传播时引发的突发性表面强流会对各种海上设备产生较强的冲击作用，使油轮在靠近海上储油罐时发生操作困难等；而当跃层的深度较深时，线性、非线性潮成内波都使底部流动增大，产生强烈的底部冲刷，可对海底输油、输气管道和柱桩等的安全稳定性产生不利影响。当内波与其他海洋环境因素共同作用时，内波对共同作用结果的贡献究竟有多大，这个问题到目前为止还未研究过，甚至还没有引起注意。例如，若在潮成内波长期存在的地方出现台风，这时的流场将是天文潮流场、台风产生的流场、潮成内波流场以及与台风的压力场、应力场对应的内波流场等共同作用的结果。但对后两者的贡献，显然还没有给予足够的重视。在大多数情况下,海洋内波或许不能直接破坏钻井平台等设施,但当它以内孤立波波列的形式出现或传播时,它所产生的多个时间间隔不等的变剪切强度冲击载荷有可能使结构物产生疲劳,从而在恶劣的天气条件下导致破坏。如 1980 年在北海,一家美国石油公司所属的钻井平台(alexander kielland platform)在恶劣天气条件下坍塌造成 123 人死亡;事后发现平台的一根立柱具有疲劳性裂纹。虽然无法确定该疲劳性裂纹是如何产生的,但至少海洋内波的存在可以产生这种疲劳或使原有的裂纹进一步扩大。这种载荷也可能引起各种管道的松动,造成泄露或进水,并由此产生更严重的事故,如爆炸和火灾等。总之,海洋内波、尤其是潮成内波会对海洋结构物的安装和使用等产生影响是毫无疑问的,这种影响到底有多大、其重要性如何,必须通过深入细致的调查研究才能得出科学而可靠的结论。

(三) 潮成内波与地学

与内潮相关的流场底部强化是非常重要的一种现象(图 3.1.2),它对海洋环流场、物质输运、航道淤积、深水沉积和地形地貌的形成与变化等将产生重要影响。例如,在海底峡谷和其他类型的沟谷中内潮可引起规模可观的双向流动,据深水潜水装置观察,这种流动能搬运沉积物的粒度达细沙级,并能在数千米深处形成大量波痕和沙丘;海洋学调查的成果表明,海洋内潮和内波是重要的地质营造力,此营造力对深水沉积作用有重要的影响,必然在沉积的记录中保存下来;在我国的浙江桐庐上奥陶统和塔里木盆地中奥陶统等地相继发现了内潮沉积(何幼斌、高振中,1998)。从地形对潮成内波传播特性的影响来看,内波对海底地形的形成与内波的频率和地形本身的变化程度有着密切的关系。例如,在临界地形处,由于内波在海底破碎产生的小尺度湍流运动就使沉积难以发生(图 3.7.1,右下图)。在我国渤海湾西部不断增长的黄河三角洲海区进行的调查表明,短周期内波在该地区是广泛存在的,其生成机制有待于进一步研究;此海区的强潮流能提供必要的能量,随着潮相的变化,在深度正在变化的三角洲前缘移动能触发内波系列。所以,这里的内波如果不属于内潮波,它的生成至少与潮流的变化有密切的联系。就黄河三角洲成长的过程来说,上述内波与其他海洋因素一起共同促成三角洲前缘沉积物的再悬浮是可能的。也许更重要的是,内波能够通过三角洲上方散布着悬浮物的超重羽状流的上表层增强混合,从而有助于超重羽状流的减速(Wright *et al*,1986)。显然,若浅海航道所在的位置是潮成内波经常发生或出现的地方,那么在合适的条件下,由潮成内波引起的物质输运、沉积或沉积物的再悬浮等,必然会对航道的淤积或冲刷产生影响——或者加重航道的淤积,或者使之减轻。在地壳内的岩浆流动中,也存在着类似与海洋内孤立波的现象(於崇文,1999)。那么,岩浆中的这种孤立波是否与地震有某种联系呢?如果有联系,那么,海洋内孤立波理论对地震的研究也应当有一定的参考价值。

(四) 潮成内波与海洋环境、生态、生物以及海水养殖与渔业捕捞

大振幅的潮成内波在传播到浅海区后,由于各种因素导致的内波破碎将产生剧烈的海水混合或者形成上升流区,将底层高营养盐含量的低温海水带到表层,提高了表层海水的初级生产力,给鱼类及其他海洋生物提供了良好的生存环境(Russell & William,1982)。潮成内波流场直接影响到物质输运(Huthnance, 1989)、尤其是对近海的污水排放(Petrenko *et al*,2000),而污水的排放又直接关系到海洋环境保护问题。Pineda

(1995) 在分析了美国西海岸从南加州到华盛顿州的 Neah 湾的 10 个沿岸站记录的 18～64 年间的表层水温后发现，内潮涌破碎产生的混合可引起持续 2～9 天的表层水温降低；这种水温异常在春、夏季比在秋、冬季更容易预测，因为在层化良好的水体中内潮最活跃。上述内潮涌现象除了直接通过上下层的水体交换使海表层水温降低改变水文环境外，还使海洋生态环境在局部区域内发生较大改变，因而对研究海洋和大气的物质交换、海洋生态环境的保护、海洋生物、海水养殖与渔业捕捞、甚至赤潮等灾害的防治等都有一定的参考价值。

由内波流场在海面产生的辐聚、辐散区除了在遥感图像上产生亮暗条纹外，也使多种浮游生物有机体产生相应的聚散。内波流场对浮游生物分布的这种影响不仅存在于海洋表面，也存在于海水内部。图 3.10.2 显示 1997 年夏天在加利福尼亚 Mission 海滩水深为 30 m 左右的水层荧光强度随内波流场的变化(Lennert-Cody *et al*)。其中，下方的色标代表荧光强度(μgL^{-1})；温度变化用等温线表示，从上至下依次为 17℃～11℃，间隔 1℃。垂向采样间隔大约为 0.5 m，每 1 分钟采样 1 次，共测量了 6 小时。图中等温线的变化显示内波的周期为 5～6 分钟左右，属于高频内波；在整个观测期间，观测到周期为 5～30 分钟的内波。一般情况下，浮游生物有机体在波谷的上部和波峰的下部大量积聚。

图 3.10.2 虽然显示的是高频内波的影响，对潮成内波、尤其是内孤立波而言，这种影响应该是一样的。

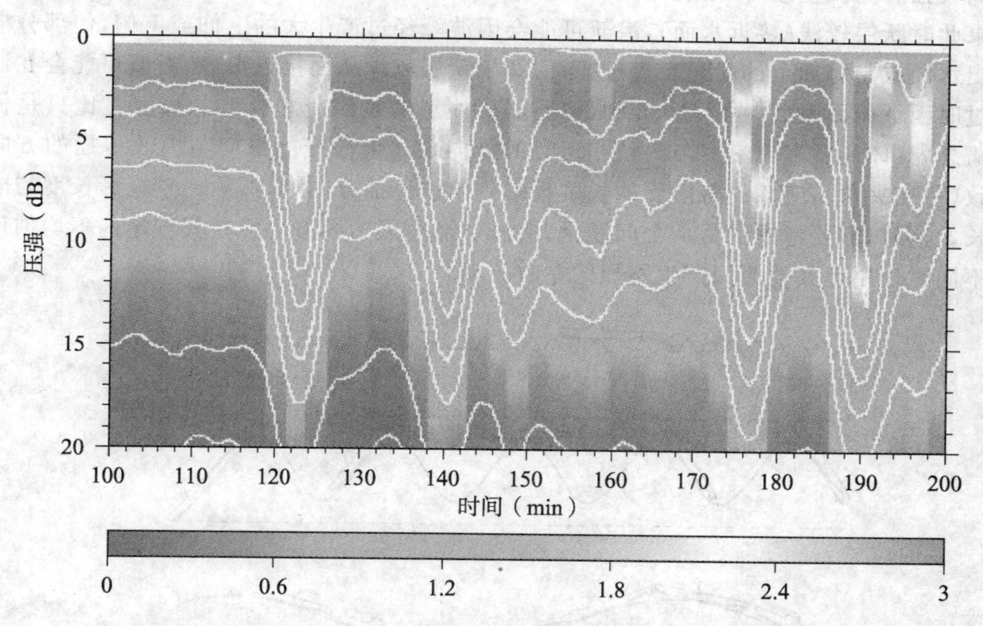

图 3.10.2　内波引起的荧光强度的改变。图中颜色代表荧光强度(μgL^{-1})，温度用等温线表示(从上到下 17℃～11℃，间隔 1℃)(Lennert-Cody *et al*)(http://www.whoi.edu/science/AOPE/people/tduda/isww/text/lennert/clennert.html)

(五) 潮成内波与军事海洋学

潮成内波的存在使海洋内部产生大振幅垂向波动，在跃层界面上下的水体中引起速度剪切，当运动物体(如潜艇和鱼雷等)穿越潮成内波或内孤立波影响区域时，其运动稳定性或运动姿态可能会发生变化，从而改变其运动轨迹，这对海军战场环境的建设和研究是非常重要的。潮成内波对潜艇的影响包括潜艇的"适航性"、"耐波性"、"安全性"及航道航线的选取，潜艇的探测和反探测等。例如，在强内潮区活动的潜艇，其发动机等产生的噪声可能由于潮成内波的存在而很快衰减，这对己方潜艇的反探测是有利的。水下航行中的潜艇在遇到突然而至的强内孤立波时，潜艇的操作性、稳定性和安全性等会受影响。停坐在跃层上的潜艇，在随跃层处潮成内波做大幅度的上下波动时，可能会在潜艇距海面的距离变小时暴露其位置，这对己方潜艇的反探测是非常不利的。如果潜艇对潮成内波的适应性较差，在选取其航线时，利用内波知识避开潮成内波存在的区域就变得非常重要了。在水下发射鱼雷，当鱼雷在穿越内波区时受内波引起的剪切流的影响，鱼雷在水中和出水时的姿态将异于没有内波的情况，为保证鱼雷打击目标的准确性，了解鱼雷发射区潮成内波和内孤立波的活动规律也是非常必要的。

下面来分析内波对停坐在跃层上的潜艇之影响。这里从潜艇的艇长尺度和内波的波长之比入手，当内波的波长远小于潜艇长度时，内波只能使潜艇产生幅度较小的上下颠簸(图 3.10.3 上部)。相反，当内波的波长远大于潜艇长度时，如遇到非线性较弱的内潮波时(内潮波波高相对于波长来说比较小)，潜艇随着内潮波波浪起伏，一般比较平稳(图 3.10.3 下部)。最不利的情况是当潜艇的长度尺度与内波的波长或半波长接近时，如遇到较强的内孤立波时，潜艇随内孤立波的颠簸就比较大(波峰经过时，从上仰到下俯)；如果此时跃层较浅(接近水面)，潜艇可能会因波峰经过产生大的上仰或下俯，使部分潜艇露出水面或与海面上的船只发生碰撞；而如果跃层较深从而接近海底，潜艇可能会在波谷经过时因下俯而触底(图 3.10.3 中部)。需要注意的是潜艇和内波的长度之比只是相对的概念，具体还要考虑潜艇与内波相遇时的方向。如果潜艇的方向与内波传播的方向不一致(存在夹角)，应该先将潜艇的长度投影到内波传播方向上，然后比较投影长度与内波波长。这时，需要考虑的另一个问题是，潜艇可能会因为内波流场在其首尾的不均匀作用或不同时作用等其他原因产生剧烈的左右晃动。

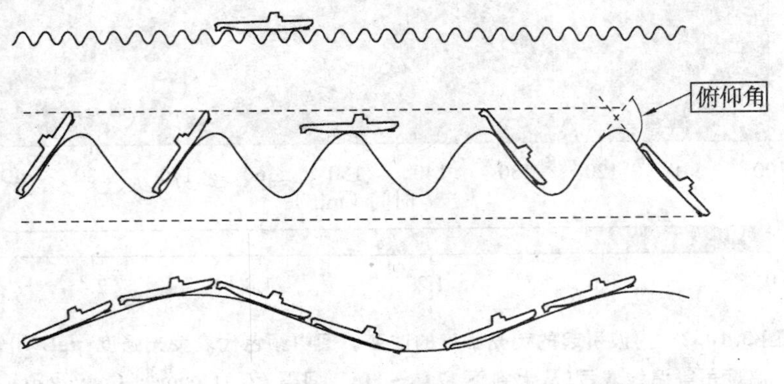

图 3.10.3　内波对潜坐在跃层上的潜艇之影响

内孤立波对潜艇之所以危险主要是因为：内孤立波的波长一般是百米到千米的量级，与一般的潜艇长度具有尺度可比性；内孤立波通常波峰到波谷的垂向波动范围较大，几十米是经常可以遇到的，因此它能够使潜艇产生较剧烈的上下颠簸和左右晃动。另外，内孤立波的周期较短，可能从几分钟到 1 或 2 个小时，潜艇在短时间内的超常规运动不容易被控制，若应对措施不当，则会产生不良后果。

据 W. Gregory 收集的资料，从 1904～2003 年全球公开报道的潜艇事故有 203 起，其中有 61 起是与船只、其他潜艇和鱼雷等目标发生碰撞，而这之中又有 10 起是与水面上的船只发生碰撞。另外，有 9 起事故是潜艇触底，有 26 起事故是各种原因引起的无法控制的下沉，有 7 起事故是在潜水的过程中发生的，还有 8 起事故的原因不清楚。虽然潜艇与海面船只碰撞和触底等事故肯定不都是由内波引起的，但至少它是一个重要的或者说是潜在的因素。

1968 年 1 月 9 日，以色列海军新购买的 3 艘潜艇中的达喀尔号(Dakar)离开英国的普茨茅斯港开始了以以色列海法港为目的地的处女航。1 月 15 日早晨到达直布罗陀，晚上离开。在经过了地中海东部的克里特岛后，1 月 24 日早上 6 点 10 分它报告的位置是 26.26°E，34.16°N。1 月 25 日午夜完成最后的通讯联系后便消失了，直到 1999 年 5 月 28 日在 2 900 m 深的地方找到它的残骸(图 3.10.4)。在找到它之前，人们猜测它可能受到了敌意攻击或与船只碰撞，但通过残骸检查发现这种猜测是不正确的。对残骸的分析表明，可能是潜艇前面某个地方的进水导致不能控制的下沉，或者潜水角度失控导致下沉。图 3.10.5 是 1984 年 10 月 6 日在航天飞机上拍摄的克里特岛内波图像，图中显示有内孤立波从东地中海的东部经克里特岛(南北两侧)向西传播。不管潜艇是意外进水(如在潜望镜深度行驶，突然遇到内波致使潜艇下沉，水从换气管进入潜艇发生机械故障或操作失误导致潜艇下沉)还是潜水角度突然改变(因内孤立波使原有俯角增大，导致潜艇头部向下急速下降使然)都有可能由内波引起。

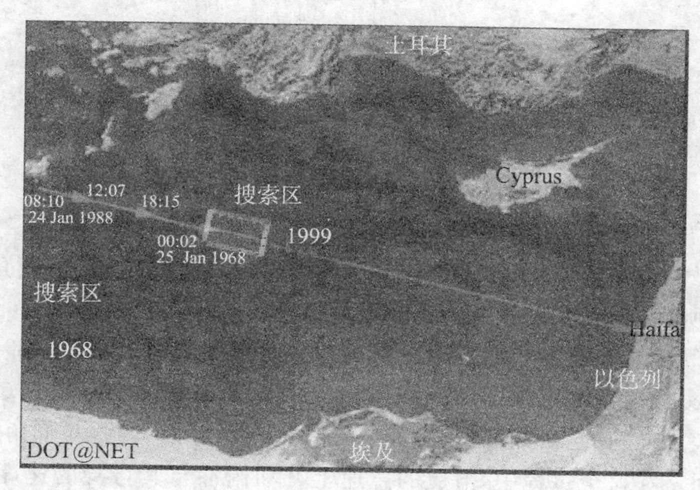

图 3.10.4　以色列 Dakar 号潜艇的残骸位置(据 Dakar 号潜艇网站)

1969 年 2 月 11 日两艘美国潜艇在古巴海岸深约 3 000 m 左右的水域执行任务，其中的一艘潜艇(Chopper 号)的交流发动机(负责为潜艇的照明、通讯、声呐和所有仪器仪表提供动力)突然出现故障时，它大约在 50 m 水深处、与水平线成 2～3°俯角且以 7～9 节的速度潜行(图 3.10.6a)，随着动力的消失，经过大约 5～15 秒潜艇的俯角迅速增加到 15°(图 3.10.6b)、15～35 秒后俯角增加到了 45°；之后艇上人员让 2 台发动机全速倒车，加上

图 3.10.5 航天飞机拍摄的克里特岛海区的内波图像
(http://eol.jsc.nasa.gov/scripts/sseop/)

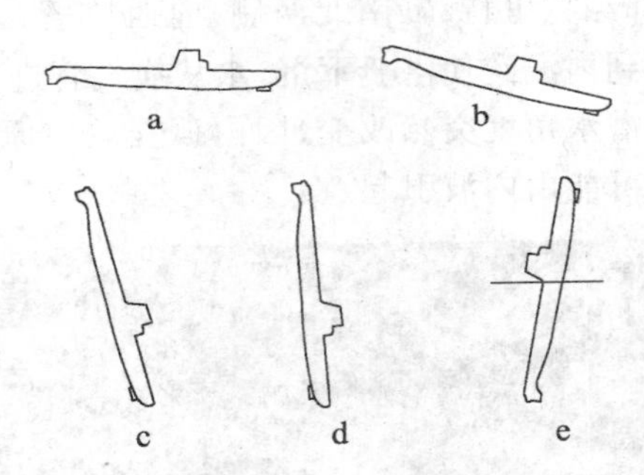

图 3.10.6 美国"Chopper"号潜艇失事过程中的艇位变化

一些其他措施仍没有制止俯角的继续增加;在动力故障后的 60 秒内,俯角增加到了 75°(图3.10.6c)。所幸,当潜艇头部向下几乎垂直俯冲直到 300 多米水深时(图3.10.6d),潜艇的俯冲得到了控制,潜艇的头部从向下转到水平并开始上升,它的头部一直转动、直到垂直向上,在动力故障后大约 120～150 秒,潜艇的前半部就冲出了水面(图 3.10.6e,图中的水平线代表水面)。之后,又下沉到 60～70 m 水深,并以大约 40°仰角在大约 23 分钟后再次冲出水面。在这个过程中,潜艇的急速上升和俯冲与其自身的速度有关,但俯、仰角的急剧改变很像是受到内波作用的结果。如果潜艇俯冲深度超过其极限下潜深度,这将又是一场灾难。因此,内波或许不能直接使潜艇发生危险,但在其他故障出现后,它的存在将会使危险加剧。所以说,内波的危险在很多情况下是潜在的、不容忽视的。

图 3.10.7 示意:当潜艇在深水水域从左向右运行时,迎面遇到下凹型内孤立波从右向左传播(图上部);潜艇的头部首先进入到内孤立波波谷前部(图 3.10.7 下部),由内孤立波产生的垂向下降流对潜艇头部的突然加载,可使潜艇的水平平衡受到影响,使向下的

俯角迅速增加并向下俯冲。如果此前潜艇在潜望镜深度运行，突然的向下俯冲可导致上面的进、排气管口沉入水中，导致潜艇进水。这种情况若不能及时阻止，进水将进一步加剧潜艇的不平衡，最终使潜艇俯冲到极限深度以下。另一种情况，如果潜艇在较浅的水域中遇到内孤立波，这时内孤立波多为上升型，而潜艇头部可能首先受到上升流的影响从而迅速向上爬行，与海面的船只、鱼雷等相撞。上述以色列潜艇 Dakar 号和美国潜艇 Chopper 号的失事都可能与内波的这种影响有关。

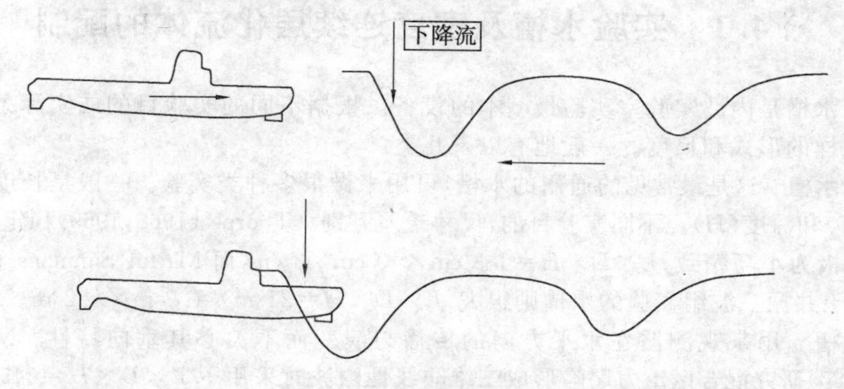

图 3.10.7　内孤立波对水下运动潜艇的影响

（六）潮成内波与卫星海洋学

潮成内波观测在海洋内波研究中一直占有重要地位，各种观测仪器的发明和使用对潮成内波研究的发展起了相当大的推动作用。例如，南森颠倒温度计的发明使人们能测量海洋内部的温度变化，从而有助于海洋内波的发现；卫星遥感 SAR 对海洋内孤立波表面特征的观测，使得对内孤立波分布范围、传播速度等有了更清楚的认识。反过来，潮成内波研究对观测仪器、观测方法和观测手段等不断提出更新的要求，也刺激并推动了它们的不断创新。卫星海洋学在海洋内波观测研究中的应用，是近年来这方面的一个成功范例。潮成内波观测要求在大范围内同步、连续进行，以获得关于其影响区域、传播方向、速度、强度、空间尺度等信息，因受各种因素的影响，用现有的海洋观测仪器目前还难以做到这一点。内孤立波的广泛存在以及它明显的海面特征，就可用卫星海洋遥感技术观测内孤立波的海面特征，获得关于其大面积同步观测信息。显然，潮成内波研究为卫星海洋学的发展开辟了新的领域，而卫星海洋遥感技术在潮成内波观测中的应用也为潮成内波研究提供了新的获取内波信息的方法。目前，遥感观测尚不能对任意位置进行定点连续观测，对内潮波的观测精度也有待于进一步提高，这需要遥感技术进一步发展来满足潮成内波研究对观测的要求。

综上所述，对潮成内波及其影响的研究，不仅对物理海洋学学科的发展，而且对许多其他相关学科的深入研究都有积极的推动作用。同时，也表明潮成内波研究要与其他学科联合进行，拓宽其研究范围。

第4章　内波实验室实验

§4.1　实验水槽及密度连续层化流体的配制

实验水槽是内波实验室实验最基本的设备。根据不同的实验目的或实际条件，水槽有多种多样的形式和尺度。一般地有以下几类：

直长水槽　这是最常见的通用的水槽，可用来做很多种类实验。一般是长度(L)远大于宽度(D)和深度(H)。不同实验目的，尺寸千差万别。Thorpe (1968,1969)稳定性实验研究的水槽极为小巧精致，$L\times D\times H=183$ cm×10 cm×3 cm，而 Martin，Simmons 和 Wunsch (1972)用于共振三波组实验的水槽则很大，$L\times D\times H=21$ m×1.2 m×1.2 m。

浅水槽　用来观测波在水平方向的传播与演变而不关心其垂向特性。Maxworthy (1979,1980)研究混合区重力塌陷形成三维非线性内波时采用了 $L\times D\times H=245$ cm×245 cm×(≤10 cm)。

深水水槽　用来研究内波的垂向特性。Mowbray 和 Rarity(1967)在 $L\times D\times H=50$ cm×50 cm×100 cm 水槽中完成了内波射线实验。

环形循环水槽　它能形成恒定的层化剪切流，进行内波与剪切流相互作用实验(Odell，Kobasznak，1971)。它将在关于产生剪切流的论述中予以介绍。

其他特殊形式的水槽　如 McEwan 和 Robinson(1975)进行内波参数不稳定性实验时采用了一方形水槽，其中固定一卧式圆柱状水槽，此圆柱半径为 15.24 cm，高为 22.9 cm。

下面以澳大利亚 CSIRO 大气研究所地球物理流体力学实验室的直长水槽为例，对直长水槽作一较详细的介绍。中国海洋大学物理海洋实验室的直长水槽就是以它为原型设计建造的(徐肇廷、王景明，1988)。

水槽为金属支架和金属框镶以玻璃的分节组装而成。每节长约 2 m，全长约 10 m。实验时可根据需要采用其中一段(用隔板分隔开)，宽 22.9 cm，高 38.1 cm。水槽两侧外部安装道轨(高度略低于水槽底)，供拖车行驶。拖车很像没有凳面的 4 腿凳子，每条腿下装有轮子。使用时将拖车横跨水槽架在道轨上。不需要时可以取下单独存放。拖车用于拖动仪器、摄影机、摄像机、模型等。由于水槽和模型尺寸都很小，产生的内波和其他运动(如剪切流)也很微弱，水槽内壁的细小凹凸和拖车运行速度的微小突变都会严重影响实验质量。因而水槽内壁和道轨应光滑平直，车轮宜用硬橡胶等防震性能好的材料。拖车由固定在地面的直流电机通过钢丝绳牵动，为保证运动速度恒定，在驱动电机上还应加一惯性较大的飞轮。

两侧壁及底面宜用透光性能好的光学玻璃或平板白玻璃或钢化玻璃。若采用有机玻璃，则使用一段时间后会变得不太透明。黏结剂应注意采用化学性质稳定的材料，无论是金属边框还是玻璃，不但要满足强度要求，而且要有足够的刚性。为加强刚性，可在金属框架的垂直柱处加置加强筋。图 4.1.1 为它的示意图。

第 2 个重要设备是密度层化流体的配制和输入系统。

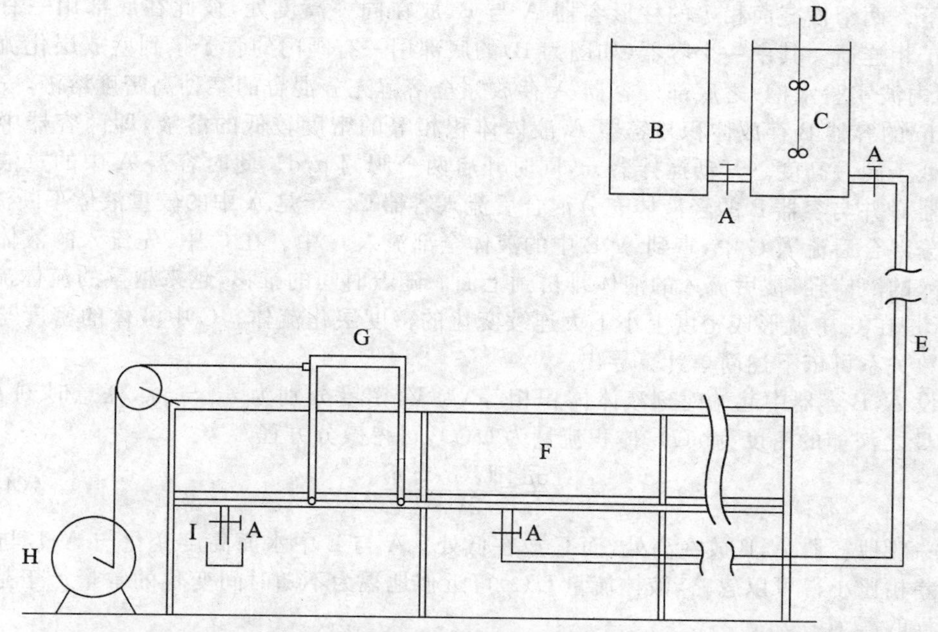

图 4.1.1 澳大利亚CSIRO大气研究所地球物理流体力学实验室内波水槽及供水系统
A—水闸 B—盐水缸 C—淡水缸 D—搅拌器 E—供水管
F—实验水槽 G—小车 H—飞轮和电机 I—排水口

内波实验用流体一般采用液体，而且以食盐的水溶液为主，虽然温度变化也能改变水的密度，但由于温控(加温、保温)较困难，很少采用它。食盐价格低廉，易溶于水，扩散缓慢，而且无毒，在内波实验中被广泛应用。

Oster(1965)首先提出了2种产生线性密度层化剖面的方法(他的原意并非针对内波实验用水)。

其一如图4.1.2所示，为叙述方便，作者在Oster原图中加入一些字母。此法用于内波实验后被称为“双缸法”(two-tank method，参见McEwan & Baines，1974)。其原理详

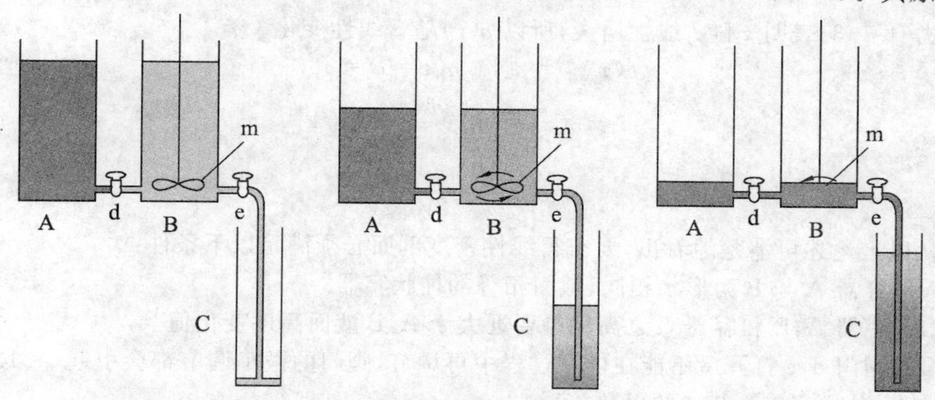

图 4.1.2 Oster配制线性层化密度剖面的“双缸法”(Oster，1965)
A—装有重液体的柱形容器 B—装有轻液体的柱形容器 C—内波实验水槽，
d—阀门 e—阀门 m—搅拌器

述如下。两个横截面相等的柱形容器A与B,放在同一高度处,彼此在底部用一有阀门的管子相连通。其中一个容器(如图为B)的底部用一有阀门的管子接到盛放层化流体容器C(内波实验水槽)之底部。容器A存放完全溶解充分混合的某种高密度溶液,安装搅拌器m的容器B存放体积与容器A液体体积相等的密度较低的溶液,即两容器中液体表面处于同一高度。开动搅拌器m,同时开启两个阀门e,d。此时容器A中的重液体流入容器B并与容器B的轻液体充分混合后流入容器C。于是A中的较重液体不断流入B中充分混合后流入C中,直到A,B中的液体全部流入C中。在C中,先流入的液体比其后流入的液体轻,被后流入的液体排挤到上面。随着时间的推移,越来越重的流体流入C中,于是在C中就形成密度上小下大连续变化的密度层化流体。C中液体的密度与深度的函数关系可依下述简单计算导出。

设A,B容器中起始时刻液体体积相等,为V,密度分别为ρ_A与ρ_B,任意时刻t从B流入C之液体的密度为$\rho(t)$,体积流量为$U(t)$,可得微分方程

$$\frac{d\rho}{dt}=\frac{U(\rho_A-\rho)}{2V-Ut} \tag{4.1.1}$$

一般地容器A,B放在高处,而C放在低处。A与B中水面高度变化与A,B与C之高度差相比小得可以忽略,液体流量$U(t)$可近似地视为不随时间变化的常量。于是可得上方程的解为

$$\rho(t)=\rho_A-(\rho_A-\rho_B)\left(1-\frac{Ut}{2V}\right) \tag{4.1.2}$$

即$\rho(t)$为t的线性函数。

两容器盐水流完所需时间为

$$t_{max}=2V/U$$

$t=0$时,流出盐水密度为ρ_B,$t=2V/U$时流出的盐水密度为ρ_A。

设一垂向坐标z,其零点位于容器C之底面,容器C之横截面S不随z变化,则有

$$Ut=Sz \tag{4.1.3}$$

当充水完成时,液面高度为

$$z_{max}=2V/S$$

式(4.1.3)表明z随t线性增大,所以$\rho(z)$随z线性变化。有

$$\rho(z_{max})=\rho_B,\quad \rho(z=0)=\rho_A,$$

$$\begin{aligned}\rho(z)&=\rho_A-\frac{\rho_A-\rho_B}{z_{max}}z\\&=\rho_A-\frac{S(\rho_A-\rho_B)}{2V}z\end{aligned} \tag{4.1.4}$$

从以上论述可清楚地看出,要获得线性密度剖面必须满足以下条件:

(1) 容器A与B为形状相同、截面相等的柱状容器。

(2) 容器A,B和容器C之高度差要远大于A,B液面高度变化值。

(3) 阀门d,e打开后不能在供水过程中再调节,阀门的微小调节都会引起(4.1.1)中U之改变,从而影响ρ与z的函数关系。

(4) 容器B中的液体要充分混合,所以搅拌器m一定要有足够大的功率与效率。

(5) 容器C的横截面S应是与z无关的常量。S的任何变化也必然改变ρ与z的函数关系。

在内波实验中，上述条件(2)有时是不易满足的，为了保证 U 为常量，通常在水箱 B 到实验水槽 C 之间的管路上安装一水泵来提供恒定的流量 U。

Oster 的第 2 种方法如图 4.1.3 所示。轻液体和重液体分别在各自的容器中，容器分别通过带有可控制流量的阀门之管子 A 和 B 与一总管子 C 连接，C 伸入容器 D 之底部。开始时将来自装轻液体容器的管子 B 中之流量开到最大，而将来自装重液体容器之管子 A 中的流量开成最小。而后，以等加速度逐渐增大管 A 的流量而减小管 B 的流量，这样流入容器 D 之液体就由轻逐渐变重。较重液体将较轻液体挤到上面，在容器 D 中形成一上小下大的稳定层化密度剖面。在这过程中，自始至终要保持流经管 C 的体积流量是恒定的。因为 Oster 仅制作极小量的层化液体，所以他采用注射器向管 A，B 供液。注射器的推杆由一变螺距的螺纹凸轮推动。或者将装轻、重液体的容器挂在滑轮上，在制作层化液体的过程中装低密度液体的容器从高处逐渐下降，相应地装高密度液体的容器逐渐上升，通过液面的升降控制液体流动速度。显然这种做法在配置大量液体时是不太可行的。但在广泛使用程序控制的时代，自动控制流量应是不难的，所以第 2 种方法也是可行的。原则上说，通过程序控制适当调节咸、淡水的进水量，可以配置出密度随深度任意分布的层化密度剖面。

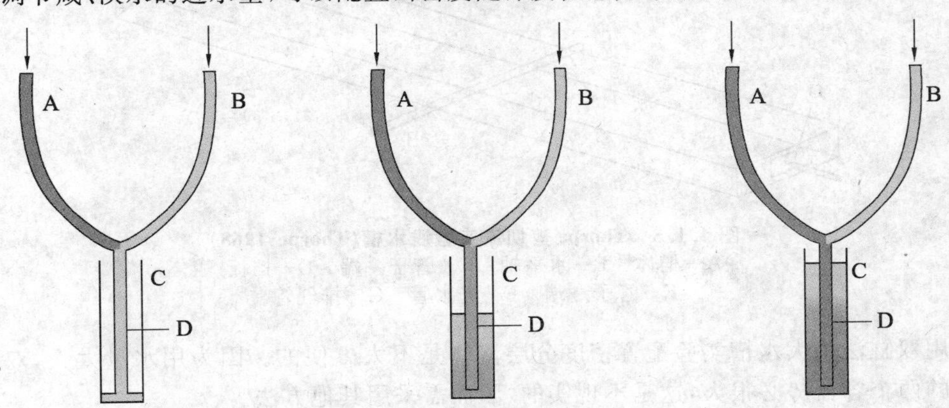

图 4.1.3　Oster 配置密度层化液体的另一种方法(Oster，1965)

A—流入重液体的管子　B—流入轻液体的管子　C—容器　D—总管子

这两种方法用于内波水槽时，还应避免水槽进水时发生强混合。一种有效的办法是采用槽底蘑菇形进水口。其结构如图4.1.4所示。即在进水孔的上面加 1 个薄的挡水板，使进入水槽的水流无垂向上冲速度，进水顺着槽底平缓地扩散开来。

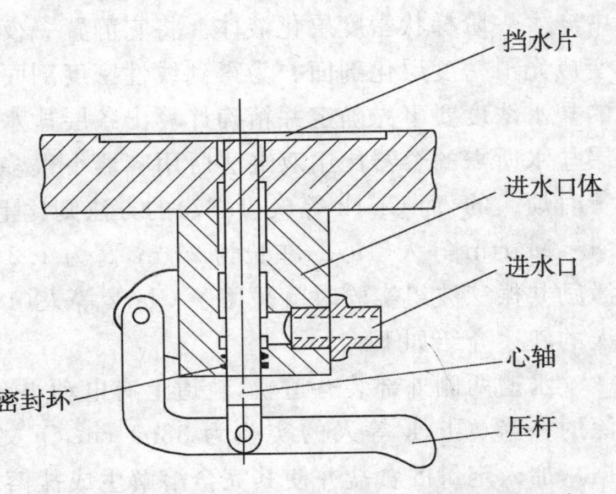

图 4.1.4　蘑菇形进水口(徐肇廷，王景明，1988)

在很浅的水槽形成密度层化流体时，即使使用了蘑菇形进水口也不足以将混合减至可以忽略的程度。这时需要采用更巧妙的方法进水。Thorpe(1968)所用水槽的注水方法是一杰出的典范。

Thorpe(1968)所用的水槽除两细管与外部相通外是全封闭的,如图 4.1.5 所示。如前所述,它的长、宽、高尺寸分别为 183 cm,10 cm,3 cm 。槽体 A 全部用透明的有机玻璃制成,并用框架加固。槽体 A 可绕位于其下几厘米处的水平轴 B 旋转。槽的一端 C 可用可拆卸的有机玻璃板封闭,拆开它可以清洁槽体内壁或在槽中放模型等物。充液时将槽 A 直立放置,C 端在下,E 端在上。有一根直径为 0.25 英寸的细管子 F 用来将双缸法配置的连续层化液体充入槽中,管子 F 的出水口安一片起着蘑菇形进水口作用的挡板 D,以减轻进液时的混合。槽的另一端做成楔状,并在楔尖 E 处接一细软管 G,使充液时槽中的空气从中排出。待水槽完全被液体充满(没有气泡)时,用夹子夹紧 G 并关闭进水管 F。这时直立水槽中充满了密度连续层化液体,高密度液体在下端 C,低密度液体在上端 E。再将直立槽 A 绕轴 B 缓慢而平稳地转成水平卧放状态。在旋转过程中,较重的液体流向下部,较轻的液体流向上部。最终,在 3 cm 深的槽中形成密度梯度极大的连续层化液体。旋转过程要特别小心,尽量避免出现湍流混合。

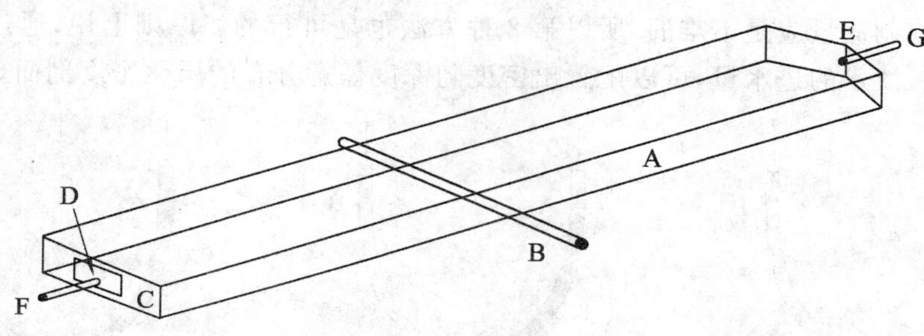

图 4.1.5　Thorpe 剪切流实验浅水槽(Thorpe,1968)

A—槽体　B—水平轴　C—管子一端　D—挡板
E—管子一端　F—进水管　G—排气管

用双缸法为大水槽实验配置密度分层流体是不太方便的。因为用水量太大,双缸法所用的两个容器势必很大,这是不现实的,因而需采用其他方法。

Wu(1969)采用以下方法:从槽底注入 1 英寸厚的淡水,接着注入 1 英寸厚的低浓度盐水,再注入 1 英寸厚的稍浓一点的盐水,……,直到充满实验所需的水量。这样就在槽中产生一阶梯状密度层化液体。将它静置一夜,由于盐分子的扩散,第 2 天阶梯状分布就变成光滑密度层化剖面。为得到线性密度剖面,各原始层间的密度差应相等。为此,各层的盐水浓度要事先确定并精确计算出各层盐水所需食盐的重量。用这种方法配制,每一层盐水所需的容器比用双缸法所用容器小得多,所以是可行的。但多次配制盐水也是很费时烦人的,而 Clark 等人(1967)的方法则比上述方法省时。

Martin 等人(1972)在长为 21 m,宽为 1.2 m,高为 1.2 m 的水槽中所做的单一内波激励共振三波组实验时就采用了 Clark 等人(1967)的盐水配制方法。这里依据 Clark 等人的叙述介绍如下。

水槽两侧外部装有道轨,轨道上有电动小车,将淡水注入水槽中,使水面达到实验水深的一半(Clark 等人的实验为 38.1 cm,下文括号中的数字也为 Clark 等人的实验数据),加入定量的食盐并使其完全溶解生成盐溶液。等其静止后,在其上面小心地注入淡水,使总水深达到预定的实验水深(76.2 cm)。

在盐水上面注入淡水的方法是:在盐水表面放一块与水槽等宽的平板,它浮在水面,将淡水注在上面,水流平缓地沿平板漫向边缘,再水平地(即无垂向下冲速度)在盐水表面蔓延开来,随着水位增高,平板也抬高,总是浮在水面上。待注水完成后撤走水管,再将平板移向水槽一端慢慢取出。这时水槽中将形成如图 4.1.6 所给出的两层流体密度剖面。

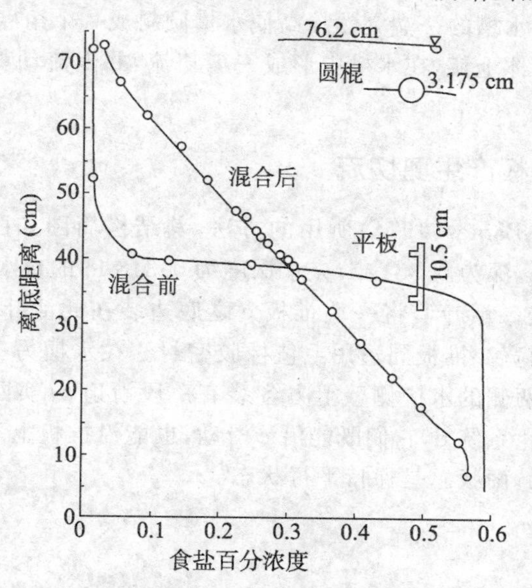

图 4.1.6　Clark 等人为大型水槽配制线性层化密度剖面时所用的平板和圆杆所在位置以及所得的密度剖面(Clark,1967)

注水前在电动小车上安装一个伸入槽中的支架,在预定的盐淡水界面处垂直装一长度比水槽宽度略小的平板,平板的高度(10.5 cm)经多次实验确定,在预定的自由水面以下一定位置(7.62 cm)装一平卧的圆杆(直径为 3.175 cm),如图 4.1.6 所示。将带有平板和圆杆的小车移到水槽的一端。做完这些准备工作后,再执行前面所说的注水程序。待注水程序完成并待水体静止后,以一定的速度(30.48 $\mathrm{cms^{-1}}$)将小车连同所带的平板和圆杆一起从水槽的一端移至另一端,使盐淡水界面处产生混合及自由表面附近液体产生混合。待水静止后就形成如图 4.1.6 所示的(除近表面,尤其是近底面外)线性密度层化剖面。若要消除近底面的非线性,可与近表面处相同,加一圆杆混合。或者,放掉那一层非线性剖面的盐水。同样,表面处可用虹吸管放掉非线性剖面的盐水以保证实验用水具有很好的线性层化密度剖面。

Clark 等人的经验表明,要制成这一槽实验用水需要 28 小时,但它的大部分时间都是在等待水体趋于静止,真正需要人工的时间大约不超过 3 小时。

§4.2　造流

内波与剪切流相互作用是一项重要的研究课题,所以,在造波的同时能造出剪切流是实验室中需要解决的问题。

由于做层化流体实验时不同密度流体层之间很容易发生混合,不能照搬均质流体中产生剪切流的方法得到剪切流，于是就出现了一些巧妙的造流方法。

4.2.1 斜置水槽生成剪切流

Thorpe(1968)在如图4.1.5所示的密闭浅水槽中充满密度连续层化液体或两层液体并呈平卧状态后，将水槽的一端突然抬高使水槽倾斜成一个角度，这时处于底部的重流体下流，而顶部的轻流体上流，在水槽中形成一剪切流，并因流动剪切不稳定性而产生内波。

4.2.2 平行推板产生剪切流

这是McEwan和Baines(1974)所用的方法，其结构简图如图4.2.1。他们在长为5.49 m，宽为0.228 m，深为0.381 m，充水深度为0.318 m的直水槽h中，距离水槽一端0.914 m处之槽底安装一活叶l，将一块推板e之底边装在此活叶上，推板长度足够伸到液面之上，并与水槽同宽。推板周边用毛毡橡胶密封。在水槽另一端对称地安装一相同的推板。在每推板的两侧的水槽侧壁上方各装有一段滑道c(实际上它就是拉门滑道)，每一推板两侧装有滑轮系统d，它们既能沿c滑动，也能沿推板上下滑动。当一块推板转动时，另一块与之联动，两板总是保持平行状态。

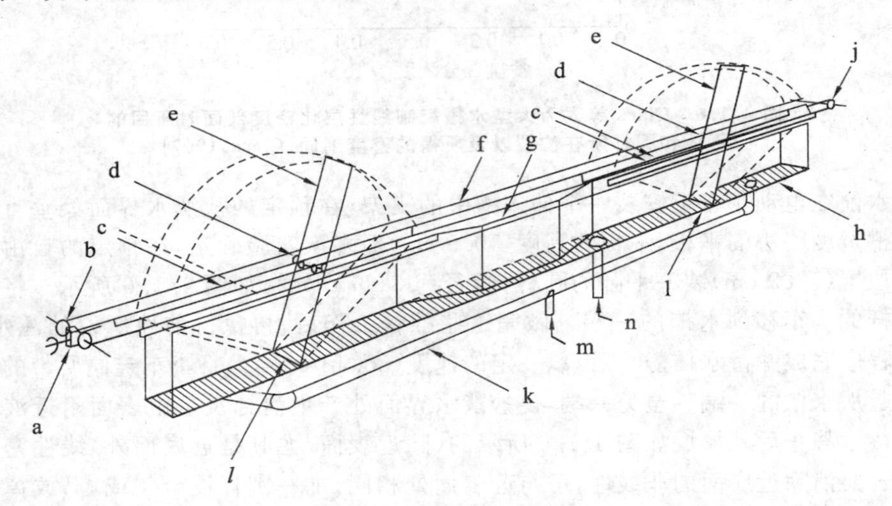

图4.2.1 用平行推板产生剪切流(McEwan & Baines,1974)

a—驱动齿轮箱 b—水平轴 c—道轨 d—滑轮系统 e—推板 f—钢缆 g—堵块
h—水槽 j—水平轴 k—大口径连通管 l—活页 m—排水口 n—蘑菇形进水口

推板e绕活页l转动时，d始终紧贴轨道c使d的运动始终平行于槽底，两推板的滑轮系统d用钢缆f相连。钢缆绕过安装在水槽两端与水槽端壁平行的水平轴b和j。其中的一根水平轴b也是电子调控直流电机驱动箱a的输出轴。这样，当两推板绕底部活页转动时，两推板间的液体段的长度与深度都保持不变，但平行于槽底的流体层相对于槽底产生一剪切流。

推板与槽端壁所限区域的体积因推板的运动而变化：一端体积增大时，相应地，另一端体积减小，增大与减小的体积正好相等。为保持这两个区域的液面高度不变，在两端槽底之间用大口径管 k 相连通，使两端区域的液体流通以保证液面高度恒定。调节齿轮箱输出轴 b 的转速，离底 0.318 m 之自由液面处的剪切流速可在 0.2～5 cms^{-1}之间变化。通过减小水槽实验段(水槽中部)的横截面积，剪切流速度和速度垂向梯度还可进一步增大。减小截面积的简便办法是在水槽中沿水槽一个侧壁插入一块两边为尖楔形体、中间为长方体的堵块 g。

这种平行推板机构造出的剪切流具有较均匀的流速垂向梯度分布，但它不是定常流，而是往复流，这可能不符合某些实验的要求。下面将介绍另一类方法，它能生成定常流。

4.2.3　环形封闭水槽和摩擦盘泵或转子泵机构

Odell 和 Kovasznay(1971)在一环形封闭水槽中用摩擦盘泵(disk pump)生成层化流体剪切流。其俯视图如图 4.2.2 所示。图中所标尺寸单位为英寸，水槽深度为 4 英寸。摩擦盘泵沿水流方向的平视图见图 4.2.3。

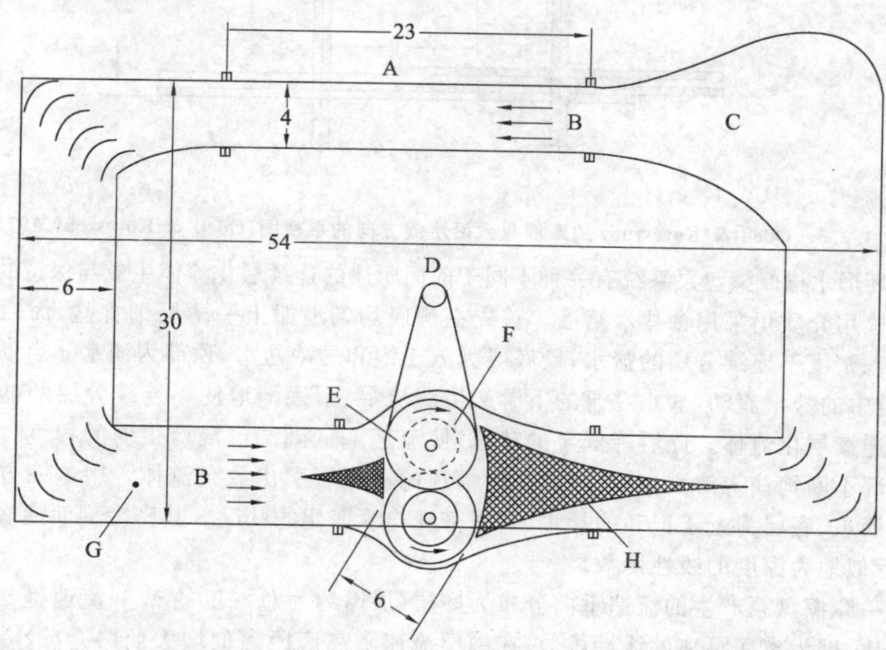

图 4.2.2　Odell 和 Kovasznay 的环形封闭水槽和摩擦盘泵俯视图(Odell & Kovasznay, 1971)

A—观测段　B—流　C—准备仓　D—马达　E—泵

F—淡水注入点　G—溢流孔　H—扩散器

马达通过滑轮、皮带和一对齿轮驱动两旋转方向相反的垂直轴。每一根轴带动由 32 片厚 0.15 英寸的树脂圆盘组成的摩擦轮组，典型转数为 30 周/分。圆盘有两种直径：3 英寸和 6 英寸。不同直径圆盘交替排列。两根轴之间的距离为 4.5 英寸，所以两个轴上的大直径圆盘相互穿插。这样两组圆盘彼此紧密衔接没有空隙，但是在大直径圆盘的外侧、两大圆盘之间却留有 0.15 英寸厚、1.5 英寸宽的水平空隙。当两组圆盘朝相反方向旋转时，流体受大盘的黏性摩擦力作用而被拉到这些空隙中并且形成两列 0.15 英寸厚的水平射流。

在这一摩擦盘泵处水槽的有效横截面大大减小，因而泵的下游需有一个扩散器使流体平稳地由窄小截面处流向正常截面，而不在壁面处发生分离。即使如此，在泵的下游仍不可避免地产生湍流。当密度剖面很稳定时，这些小尺度湍流很快就被阻尼了；反之，若密度梯度不够大，即流体稳定度不高时，所产生的湍流就会继续存在。所以层化流体的高稳定度是此摩擦盘泵正常工作的重要条件。

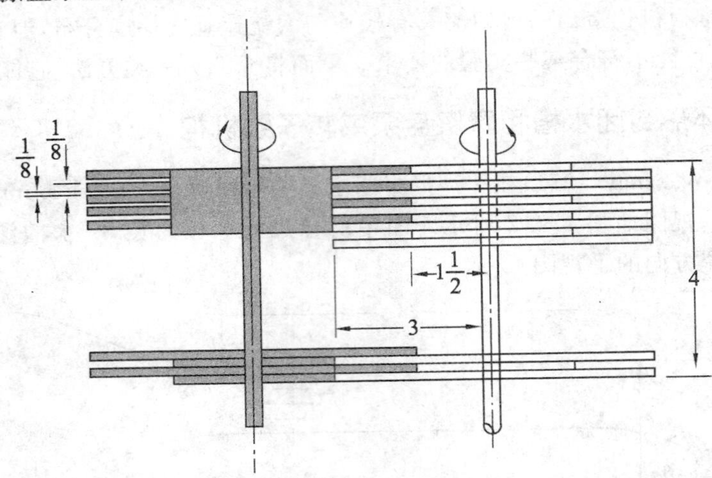

图 4.2.3　Odell & Kovasznay 的摩擦盘泵沿水流方向的平视图(Odell & Kovasznay,1971)

此环形水槽摩擦盘泵系统有一种不同于前面所述的连续层化流体生成与保持的方法。

实验用介质仍采用食盐水溶液。首先在槽底均匀地撒上一薄层细食盐，而后用适当方法注入密度不连续分层的盐水，最底层为近于饱和的浓盐水，顶部为淡水。启动摩擦轮泵，使槽中的盐水流动，盐水在泵的下游产生湍流混合，逐渐地使不连续分层的盐溶液变成线性连续层化流体。此后降低泵的转速，使流速降低到湍流混合很弱的程度。同时在泵的顶部不断地注入淡水，并在泵的上游槽顶的溢流管引出盈余流体。用这一方法保持顶层为淡水、底层为近于饱和的盐水、其间密度连续变化的状况。其密度剖面除底层与顶层外，近似地为深度的线性函数。

这一摩擦盘泵产生的流速垂向分布为底层(层厚约为总深度的 1/3)流速呈与离底距离成正比，即为离底距离的线性函数；在中层流速随离底距离的增大而略有减小；在近顶层流速随离顶部的距离减小而迅速减小。

放置在试验段中的模型(障碍物)能极大地改变流速的垂向分布，这是层化流体流动的一个重要特性。利用这一特性可以造出多种流速剖面，即在试验段任一端安装一组水平的增阻板，通过调节相邻的板之间的间隔来控制和修改速度剖面。

Odell 和 Kovasznay 用这套设备进行了山后波(lee waves)实验。

Koop(1981)改进了 Odell 和 Kovasznay 的摩擦盘泵机构，提高了流速而且改善了流速剖面。他的水槽和泵系统如下。

一环形水槽，试验段长为 3 m，横截面为深 30 cm×宽 45 cm，实验介质为连续层化食盐水。流速由一泵机构产生。Koop 在 Odell 和 Kovasznay 的摩擦盘泵之间加上柔性的转子。这样，流入泵片间的流体受到正位移活塞型之运动的作用，使流速增大。这一泵机构能很容易地产生 0～10 cms^{-1}的流速。然而在实际操作时，为降低湍流混合，流速应控制在低于 5 cms^{-1}。在强层化下($N\approx2.5\ s^{-1}$)泵和槽壁产生的湍流被很快地衰减了，使试验段中的流体很接近层流。

对 Odell 和 Kovasznay 泵机构的另一改进是用由两彼此独立的电机带动的双齿轮系统代替单一的马达-齿轮系统。此双齿轮系统使摩擦盘上半部分和下半部分具有不同的转速(但旋转方向相同)，从而使上下层流体具有不同的流速，形成剪切流。图 4.2.4 给出了这一设备的简图和产生的密度和速度垂向剖面。

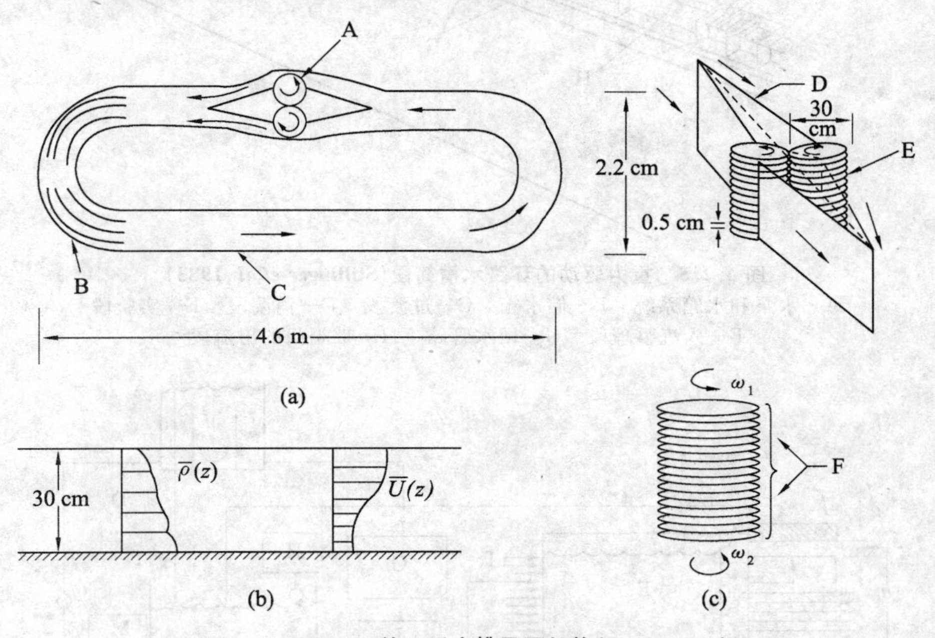

图 4.2.4　Koop 的环形水槽及泵机构(Koop,1981)

(a) 环形水槽设备的俯视图　(b) 密度和流速垂向剖面　(c) 水泵机构

A—改进的‘Kovasznay’泵　B—导向栅　C—实验段　D—分叉装置

E—转子　F—转子的上下两部分可以不同的速度旋转以产生剪切

4.2.4　重力驱动的环路水槽

Stillinger 等人(1983)为了获得连续层化流体中的剪切流动，研制了一套复杂的环路水槽及相应的造流系统，它的组成为：消湍段、实验段、上水箱组、下水箱组、水流进出口系统及供水与回水管路等。图 4.2.5 为简图，图 4.2.6 为整个水槽系统的框图。

上、下水箱组各含 10 个相互独立的水箱，上、下水箱一一对应地用安有水泵的水管相连。首先在 10 个下水箱中，按预先设定的密度配制出食盐水溶液。水泵将下水箱中的水泵入上水箱。上水箱有溢流管，多余的水从溢流管流回相应的下水箱，使工作时上水箱保持自由水面高度恒定不变。

上水箱中装有一些垂直的阻流板，使由水泵泵入的盐水不能直接冲到出口处。泵入的水流受隔板阻隔，在到达出水口之前要向上、向下地转几次弯。在这一过程中，滤掉了由水泵产生的水位高频脉动，同时排出水中的气泡。故在出口处，水箱的水位已相当恒定。

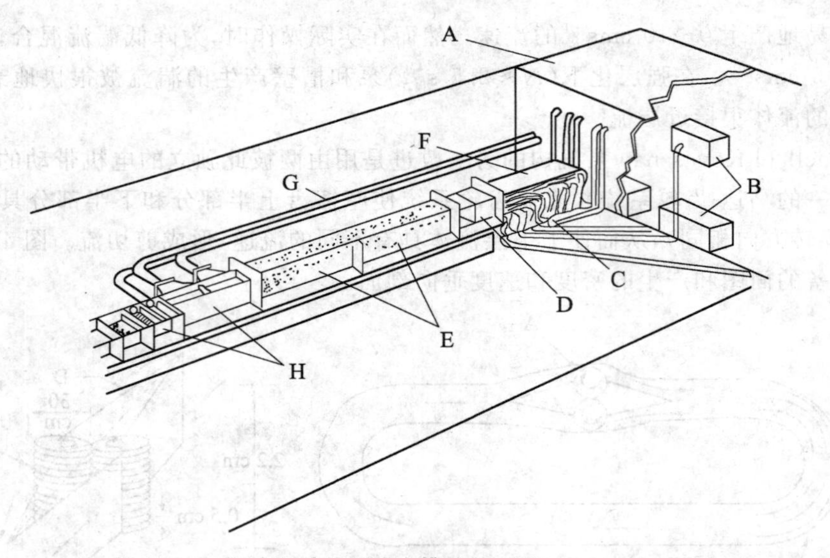

图 4.2.5 重力驱动的环路水槽简图(Stillinger *et al*,1983)
A—水泵和水箱系统 B—储水箱 C—过渡段 D—消湍段 E—实验段
F—入流整理段 G—回水管路 H—带阀门的出流段

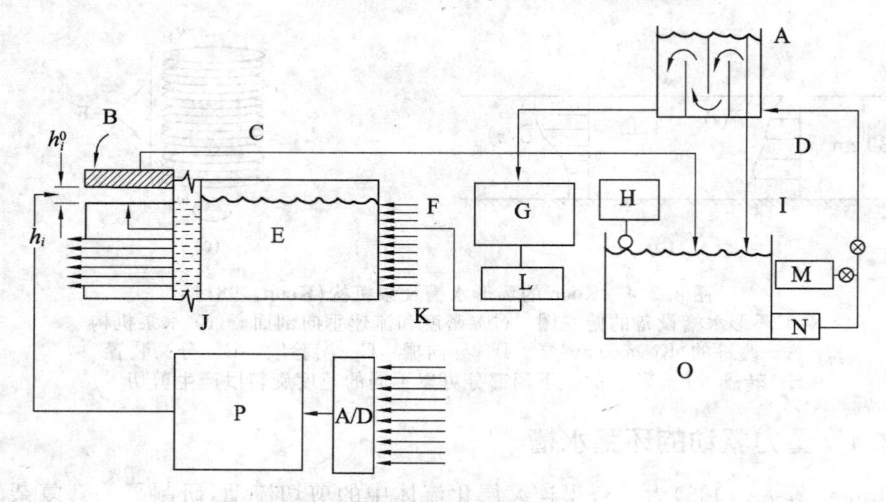

图 4.2.6 水槽系统框图(Stillinger *et al*,1983)
A—第 i 个上储水箱 B—阀门 C—回水管 D—反馈 E—实验段 F—第 i 层入水
G—文托里管和压力表系统 H—浮标 I—溢流 J—出流 K—入流 L—阀门
M—过滤器 N—泵 O—第 i 个下储水箱 P—微型计算机

上水箱的盐水通过直径 3 英寸的水管在重力作用下流入水槽的过渡段。在这些管路中装有用于监视流量的文托里管、压力表系统以及调节流量的阀门。这 10 根供水管通到水槽的过渡段。在过渡段,它们的横截面由圆形变成了扁矩形,并且截面积增大一倍。这些扁矩形截面管上下叠置,高密度盐水管在下,低密度盐水管在上,按顺序排列。这样 10 股不同密度盐水流变成 10 层不同密度的流体。层间用隔板(即矩形管管壁)隔开,隔板的端部位于消湍段的入口处。消湍段中有两层筛网,分层流体在此消湍段中一方面降低湍流强度,另一方面减小了各流体层间的流速和密度跃变,使流入实验段的流体流速剖面和密度剖面变得平滑。

实验段的长度为 500 cm，其下游为出流段，它由另一组由计算机控制的阀门和管路组成。先由隔板将流体分成 10 层，分别导入 10 根出水管中。每根出水管之阀门用来控制和调节实验段中自由液面高度，保持实验段中流动为定常状态。一定要用阀门保持各层流体的流入段的流量与流出段的流量相等。

各层流体通过各自的出水管在重力作用下流回到各自的下水箱中，水泵再次将它提升到上水箱，如此循环不止，在水槽实验段中形成密度连续层化流体的定常运动。

流速匹配由一架计算机和 10 个浮标来完成。每个浮标用电学方法显示出每个水箱的水位。每隔 30 秒取一次样并自动输入计算机，由计算机计算出每个水箱的水位变化率。再根据这一信息，计算机计算出每个阀门所需的订正值。当 10 个水箱的水位不再随时间而变化时，就达到了所预期的定常状态。

以 10 个连续方程的泰勒级数展开式为基础来预报为达到定常状态的阀门校正量 Δh，全部 10 个阀门的正确高度是用对每个阀门测量得到的影响系数来预报的。设 Q_i 为第 i 层流体的入流流量和出流流量之差，即净流量。此净流量是由所有水层阀门开启误差引起的，于是 Q_i 是所有 10 个阀门开启的函数，即

$$Q_i = f_i(h_1^0, h_2^0, \cdots, h_{10}^0)$$

式中，h_j^0 是第 j 个阀门相对于某个共同数据的高度。

定义

$$\Delta h_j = h_j - h_j^0$$

式中，h_j 为第 j 个阀门的新高度。

于是 Q_1 的泰勒级数展开式为

$$Q_1(h_1, h_2, \cdots, h_{10}) = Q_1(h_1^0, h_2^0, \cdots, h_{10}^0) + \sum_{j=1}^{10} \frac{\partial Q_1(h_1^0, h_2^0, \cdots, h_{10}^0)}{\partial h_j} \Delta h_j + \cdots \tag{4.2.1}$$

忽略高阶项，方程(4.2.1)可改写成矩阵形式

$$\boldsymbol{Q} = \boldsymbol{Q}^0 + \boldsymbol{Q}' \Delta \boldsymbol{h} \tag{4.2.2}$$

式中，$\boldsymbol{Q}$ 为当所有阀门高度为 $\boldsymbol{h}_j$[10×1]时的误差流量矩阵；$\boldsymbol{Q}^0$ 为当所有阀门高度为 $\boldsymbol{h}_j^0$[10×1]时的误差流量矩阵；$\boldsymbol{Q}'$ 为影响系数矩阵[10×10]；$\Delta \boldsymbol{h}$ 为高度变化矩阵[10×1]。

对于定常状态，矩阵 $\boldsymbol{Q}$ 为零，即

$$\Delta \boldsymbol{h} = -\boldsymbol{Q}'^{-1} \boldsymbol{Q}^0 \tag{4.2.3}$$

$\boldsymbol{Q}'$ 是在用淡水做预备性实验时确定的。

确定了实验的流入速度剖面，通过试验又确定了每个阀门新的定常状态开启高度。确立了这一定常状态，通过微动每个阀门来测得 $\boldsymbol{Q}'$。这是一个复杂而费时的工作，但是对于一个速度剖面仅需做一次这样的实验。

首先用压强计校准入流流速剖面，以设定的时间间隔读取浮标值并存入计算机。于是可对每一层计算出误差流量，用式(4.2.3)预报出使流动成为定常状态时每个阀门的高度。只要初始值选得与平衡值的偏差不过大，此方法是收敛的。实验表明，迭代两三次就可使所有误差流量减小到低于 0.5 加仑/分。一般的实验要求误差流量低于 0.1 加仑/分。

消湍段有两个功能。它必须抑制水槽入口处的背景湍流度并平滑速度剖面和密度剖面不连续变化。为了减小湍流度，安装两层网格为 6 mm 的栅网及吸声海绵膜。两个栅

网之间距为 28 cm。第 1 栅网——海绵膜紧靠入口,液流通过这两层栅网和海绵膜后消除了尺寸较大的湍动。从第 2 道栅网到试验段的距离为 47 cm。流动在这段距离内进一步受阻尼,使进入试验段的流动的湍流度衰减到允许范围(介于 ± 0.15 cms^{-1} 之间)。密度剖面和流速剖面的不连续性都被有效地消除了,产生了具有平滑连续梯度的剖面。在整个实验过程中,在垂向等间隔分布的 10 个点处测出数据就足以用来监控垂向梯度。

用这种方法产生的均匀速度剖面和剪切速度剖面在图 4.2.7 中给出。相应的密度剖面见图 4.2.8。从图 4.2.8 中可以看出,产生的密度剖面只能保持有限的时间。流体在循环过程中不断发生混合使稳定的密度剖面的梯度减小,尤其在自由表面和槽底附近。

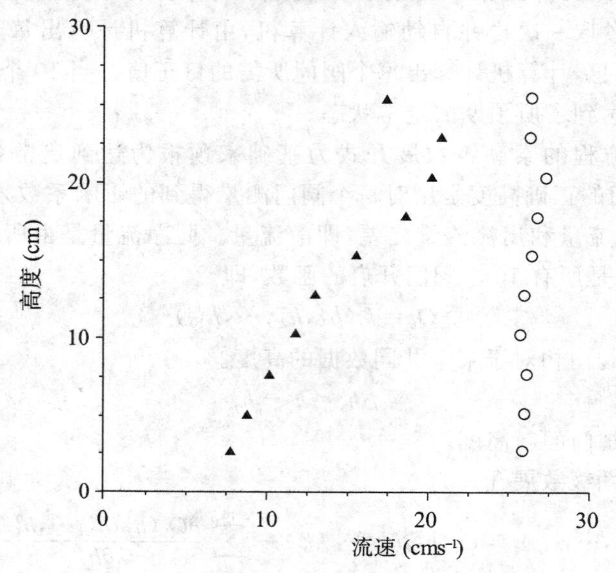

4.2.7 试验段入口处速度剖面实例(Stillinger *et al*,1983)

○—均匀流 ▲—剪切流

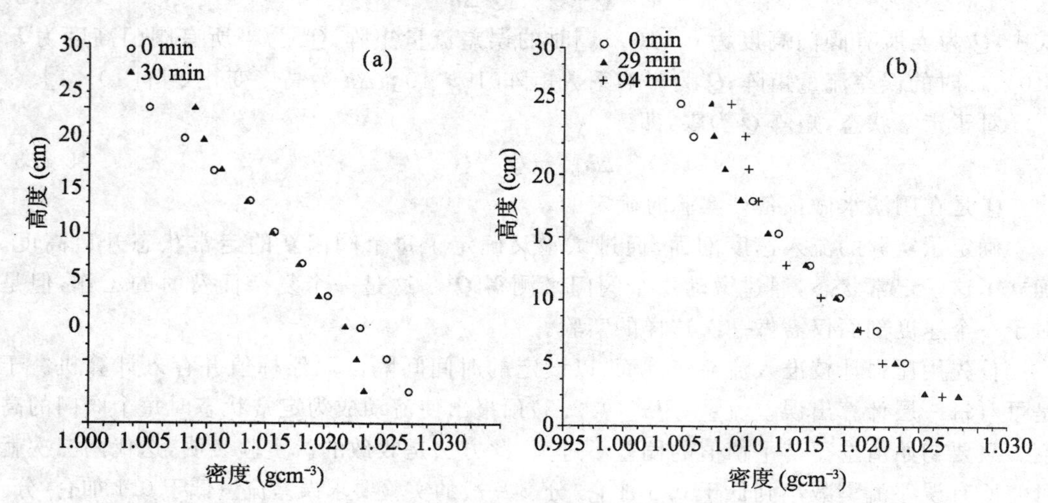

图 4.2.8 试验段入口处的密度剖面及其随时间的变化(Stillinger *et al*,1983)

(a) 均匀速度剖面(平均速度 $\overline{U}=25$ cms^{-1}) (b) 常剪切流($\partial\overline{U}/\partial z=0.87$ s^{-1})

为减小密度剖面的变化，可采取以下方法。首先应采用大容量的下水箱，使下水箱中的液体体积远大于管路、进口段、消湍段、实验段、出口段中的液体总体积。这样发生混合后的盐液回流到下水箱中再混合后对下水箱中盐液密度影响很小。其次，给盐液密度变小的水箱加入适量浓盐液；反之，给盐液密度增高的水箱注入适量淡水。在此过程中，应从水箱中放出与注入水量相同的水，以保持下水箱液面高度不变。

§4.3　造波和消波

只要在密度稳定层化流体中施加一个扰动就会产生内波，所以原则上说，造波是很容易的事，但要产生符合特定要求的内波而不发生不容忽视的混合，则需有严格理论依据和巧妙的方法。消波的原理更简单，对于有的试验，实施也不难，但对另一些实验则极不容易，有时不得不采用一些权宜做法。

4.3.1　混合区坍塌形成重力流产生内波

Wu(1969)和 Maxworthy(1980)用混合区坍塌的方法产生内波。在密度稳定层化流体中(Wu 采用连续层化剖面，Maxworthy 采用两层流体系统)，隔出一块区域，将此区域中层化流体混合或在此区域加入特定密度的均质液体。待静止后，平稳并快速移掉混合区的挡墙，使混合区中的液体流入层化流体中并在密度与此混合液体密度相等的水层漫延开来，这就形成了扰动，此扰动在层化流体中产生内波。图 4.3.1 给出了 Maxworthy 三维混合区重力坍塌产生内波的实验情况(Maxworthy，1980)。左图为俯视图，左上角的圆为内盛混合流体的无底圆柱容器的位置，右两图为平视图，右上图为坍塌发生前情况，右下图表示无底圆柱容器突然提起，形成重力流。重力流在它的前方产生内孤立波(左图)。

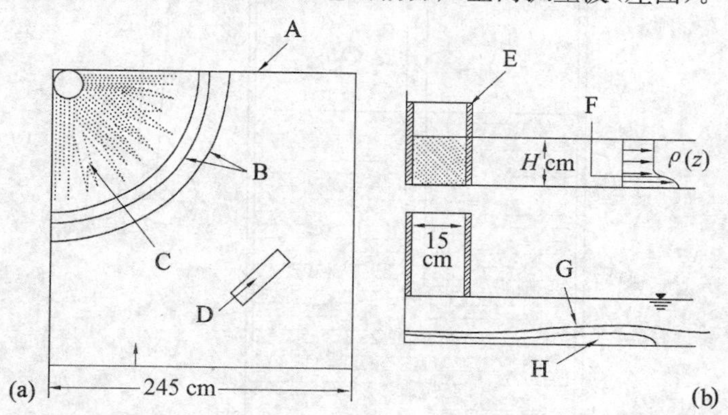

图 4.3.1　Maxworthy 的混合区坍塌产生内波的实验(Maxworthy，1980)

(a) 俯视图　(b) 正视图

A—方形造波水槽　B—柱形波波前　C—混合流体　D—电导率探头系统

E—盛混合流体的柱形容器　F—电导率探头　G—等密度面的变形　H—混合流体(重力流)

Monaghan 等(1999)在长水槽中形成斜坡重力流，从而在两层流体界面处产生大振幅内波。他采用不同倾角的斜坡和不同密度的混合流体。图 4.3.2 给出了他的实验简图。

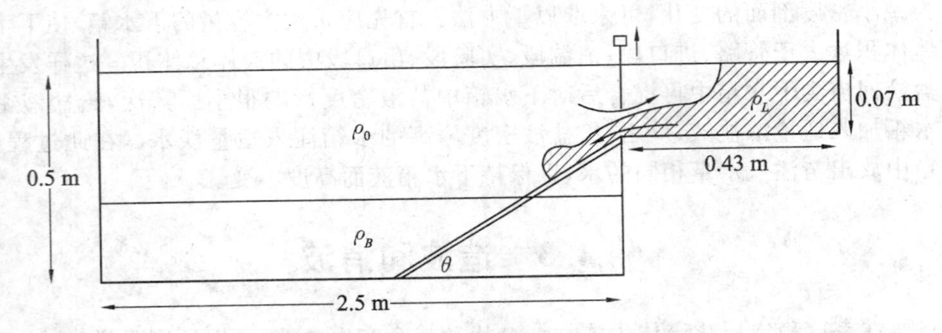

图 4.3.2 Monaghan 等的斜坡重力流产生内波的实验(Monaghan *et al*,1999)

4.3.2 振动杆(板)造波和活塞式造波机

Mowbray 和 Rarity(1967)在长 50 cm×宽 50 cm×深 50 cm 的水槽中进行的内波射线实验采用了非常简单的造波方法,图 4.3.3 即为 Mowbray 和 Rarity 给出的此设备的示意图。一根长度比水槽宽度略小的直径约为 2 cm 的圆杆 A 水平地悬挂在一根很扁的、截面呈椭圆形的直角支杆 B 上。此支杆可绕位于槽顶的支轴 C 转动,支杆另一端 D 与一连杆 E 相连,连杆另一端 F 连在转轮 G。轮 G 转动就带动在稳定层化液体中的圆杆 A 左右摆动而产生内波。改变转轮的转动速度就改变了所产生内波的频率。

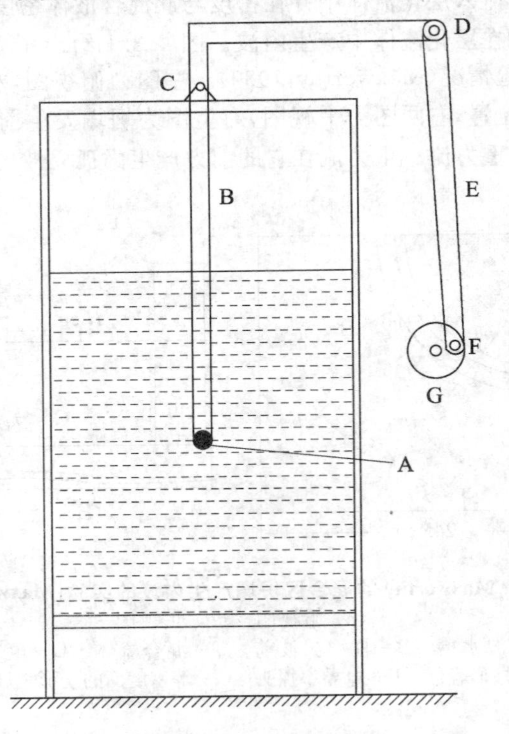

图 4.3.3 Mowbray 和 Rarity 造波实验的设备示意图(Mowbray & Rarity,1967)

A—圆杆 B—直角支杆 C—支轴 D—支杆一端
E—连杆 F—连杆一端 G—转轮

Lewis 等人(1974)做内波与表面波相互作用实验时采用了活塞式造波机。他们采用两层流体(上层为蒸馏水,下层为氟利昂与煤油混合液)系统。在长水槽的一端安装一活塞式造波机。图 4.3.4 给出了它的结构简图。

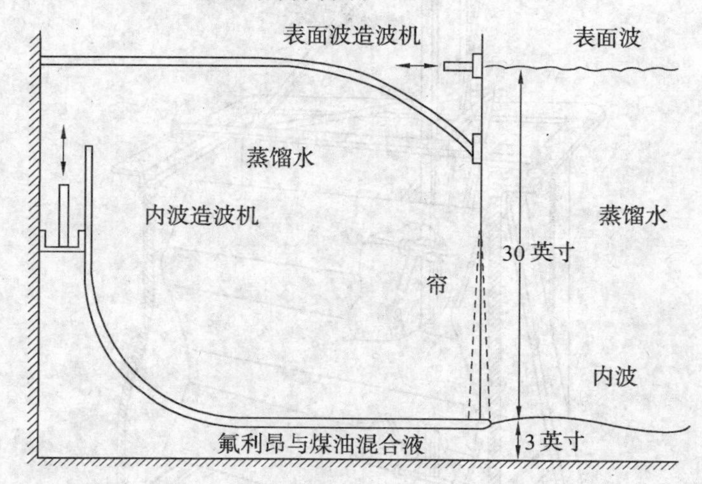

图 4.3.4　Lewis 等人的活塞式造波机结构简图(Lewis *et al*,1974)

4.3.3　推板式造波机

这是使用最多的造波机。它不但可造出不同频率和不同振幅的内波,还可以造出不同模态的内波。图 4.3.5 给出了 Thorpe(1968)所用的第 1 模态推板式造波机的结构简图。

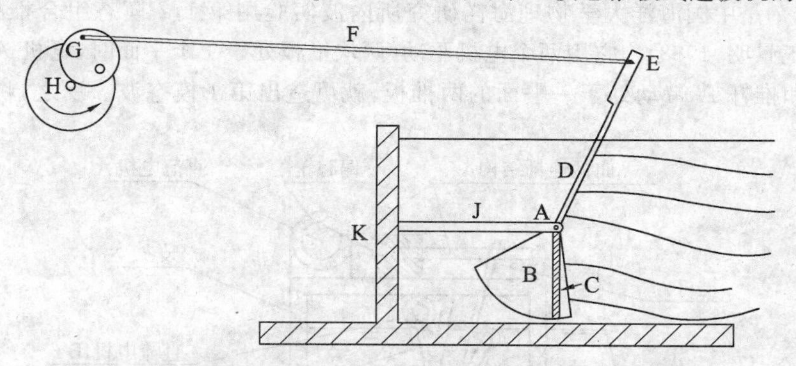

图 4.3.5　Thorpe(1968)采用的推板式造波机简图(Thorpe,1968)

A—轴　B—楔状体　C—泡沫塑料棒　D—推板　E—D 的上端
F—连杆　G—轮　H—转轮　J—连杆　K—水槽一端

在长水槽一端 K 用杆 J 固定轴 A。推板 D 和楔状体 B 刚性连结,它们可绕轴 A 转动。D 之上端 E 通过连杆 F,轮 G 和转轮 H 相连。电机带动 H 转动,H 拉动 F 往复运动使推板 D 左右摇摆产生内波。可通过轮 G 调节 D 的摆动角度大小来改变内波的振幅。为了防止推板左右水交换,在推板 D 与水槽侧壁之间隙以及楔与水槽侧壁和槽底之间隙用泡沫塑料填充。

图 4.3.6 为 Martin,Simmons 和 Wunsch(1972)进行内波共振三波组合实验所用的第 3 模态推板式造波机,此后 Hachmeister 和 Martin(1974)又用它做了内波共振不稳定性实验。要造

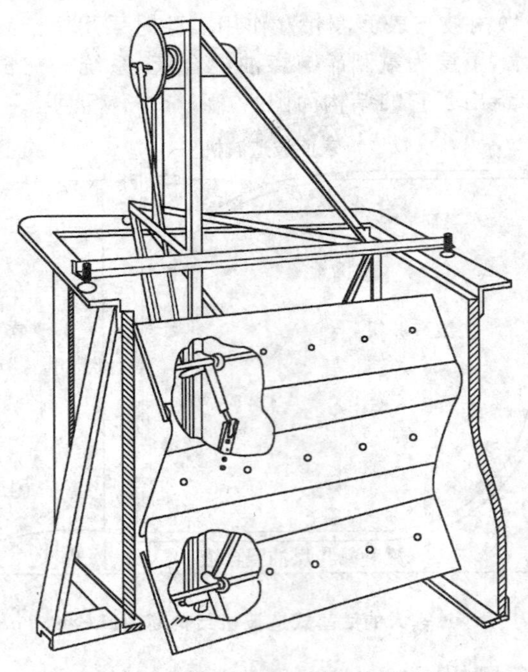

图 4.3.6 Martin 等采用的第 3 模态推板式造波机(Hachmeister & Martin,1974)

出第 3 模态内波需要 3 块推板。为了看得清楚,图中切除了槽壁,并在推板中挖出 2 个洞。

图 4.3.7 是中国海洋大学物理海洋研究所内波实验用第 1,2 模态组合推板式造波机(徐肇廷和王景明,1988)。它用两个电机驱动,两块推板处于 1 个平面时,电机 A、偏心轮曲柄连杆 A 和推杆 A 带动处于一平面的两推板,就可造出第 1 模态波。反之,将构成一平

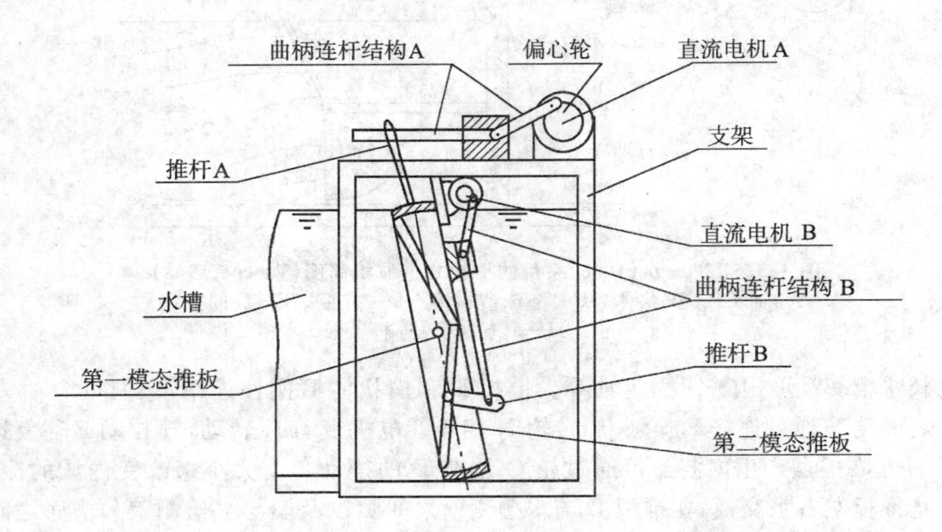

图 4.3.7 中国海洋大学物理海洋研究所内波试验用第 1,2 模态组合推板造波机(徐肇廷、王景明,1988)

面的两推板置于铅直位置，用电机 B、曲柄连杆 B 及推杆 B 驱动两个推板就可产生第 2 模态内波。当同时启动电机 A 和电机 B 则同时产生第 1,2 模态波。可通过调节曲柄连杆机构来调节所产生内波的振幅大小，通过调节直流电机转速来调节内波频率。

图 4.3.5～4.3.7 所示推板式造波机所产生的内波具有良好的品性：非常接近正弦波，振幅与理论值(Thorpe,1968；徐肇廷、方欣华、汪一明,1989)符合良好。

在层化流体中的运动物体能产生内波，层化流体流过变化的底地形时也能产生内波，但这些都不是作为内波发生手段用于实验室，而是分别作为一个理论和实验研究课题对待的，所以在此不作叙述。

4.3.4　消波技术

大多数内波实验水槽都较短小，从水槽一端产生内波很快就传到另一端并被反射回来。若不作消波处理，试验区中的波动会因波的反复反射而变得杂乱无章，所以消波是极为重要的。

主要的消波技术原理如下。在§2.1 中论述了内波能量传输与反射，当波传到倾斜底面上时，射线倾角 α 大于斜面倾角 β 时(图 2.1.7b)，内波在水平方向不断向前传。根据这一原理，在水槽一端造波，另一端放置两斜面形成尖楔状，并确保斜面倾角小于内波射线反射角。图 4.3.8 所示水槽的右端即为此种消波斜面。当内波传到斜面上时，内波变陡，非线性增强，最后导致内波破碎形成湍流混合(图 4.3.9)。这样的斜面会占据水槽中很大一段长度。为缩短消波斜面的长度，可采用锯齿状消波装置。

若在水槽中预置了斜面，会给充注确定密度剖面(如线性密度剖面)带来麻烦，因为不同深度处的水槽横截面积不相等。解决这一问题的方法是斜面仅是一块板，其下方不能用固态物质填充。斜面与槽壁之间留一窄缝，以使充水时斜面不会阻碍层化水充满全槽(即充满斜面两侧)。待充完水后，小心地将窄缝密封。斜板要有足够刚性，以免内波传入时发生振动。

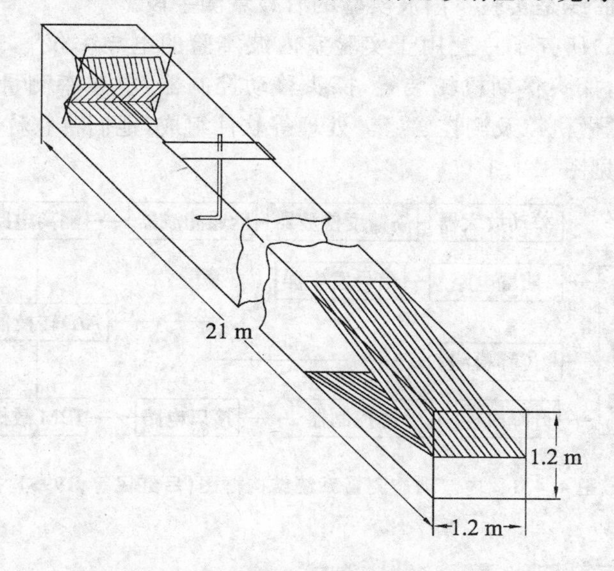

图 4.3.8　两斜面消波技术(Martin *et al*,1972)

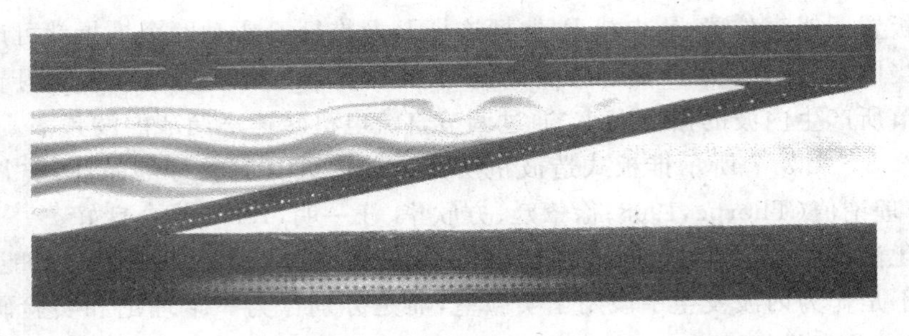

图 4.3.9 内波在斜面上的演变和消衰(Thorpe,1966)

有的实验在水槽一端造波,另一端安放实验地形模型,这时消波就困难了,如 Baines 和 Fang(1985)的实验,他们将几层很细密的金属网置于水槽靠近升潮机的一横截面处,以减弱从模型陆坡底形反射回来的波流。这样的消波不可能很有效,而且也会减弱升潮机产生的波流。

§4.4 观测技术

海洋内波的实验室实验多偏重于机理研究。采用的观测方法和设备有:定量量测分层流体密度剖面和等密面起伏变化的电导率仪;显示等密度面起伏的染色摄影;阴影摄影;纹影技术及粒子跟踪技术等。

4.4.1 电导率仪

一般内波实验用的介质为食盐溶液。盐溶液密度是温度和电导率的函数,一旦温度确定之后,它仅是电导率的函数。所以用电导率仪测定分层流体的密度垂向分布和定点处密度随时间变化曲线是实验室内波实验的有效量测手段。

吕红民等(1995)研究了一套用于实验室内波实验的电导率仪①,现简介如下。它由感应式电导率探头,探头移动机械装置,探头移动控制器,电导率测量仪,模数转换接口板,控制与记录存贮微机以及测控、采集、处理等软件组成,他们将它称为实验室用内波动态测量仪。其框图见图 4.4.1。

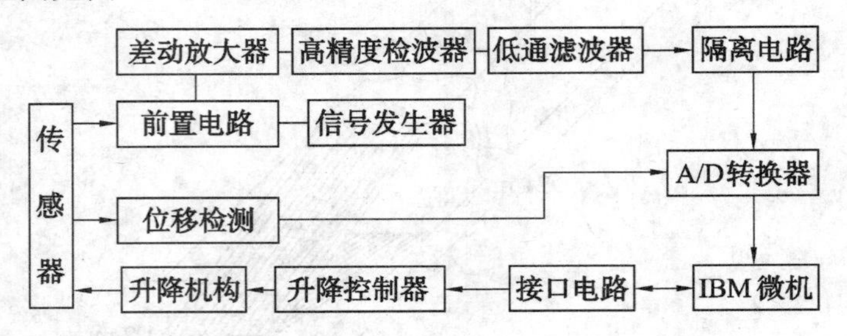

图 4.4.1 内波动态测量系统结构框图(吕红民等,1995)

① 在研制过程中,参考了澳大利亚 CSIRO 大气研究所流体力学实验室的电导率仪。

虹吸式电导率探头可以连续吸入水样，因而适用于快速连续取样，而且因电导池内盐水更新快，仪器响应时间很短，约为 20～30 ms，足以满足实验精度要求。电导池过水直径为 0.38 mm，电导池体积为 0.22 mm^3，吸入水量很少，而且探头外径也很细小，对流场干扰很小。电导率测量量程为淡水到饱和盐水浓度，满足实验室中大密度梯度的要求。

探头的定位、升降方向与速度的改变都在计算机控制下通过移动机构调节。计算机可获取探头的行程，可在探头升(降)运动时连续测取探头位置和电导率，也可静止在某一点记录下探头位置和电导率。探头上下行程为 220 mm，升降速度可在 0～5 mms^{-1}之间无级调控。行程分辨率为 0.5 mm，即全程取样多达 440 次。联系到电导率的分辨率及实验用水的电导率范畴，得到等密度面的高度变化的分辨率小于 0.2 mm。所有这些指标都满足或远远超过实验室内波实验的要求。

电导率仪制成后以及使用或存放一段时间后需要作标定。标定方法如下：将盐水密度 ρ 与计算机采样电导率输出电压 V 值之间的关系用一个 4 次多项式表示

$$\rho = C_0 + C_1 V + C_2 V^2 + C_3 V^3 + C_4 V^4 \tag{4.4.1}$$

式中，C_0, C_1, C_2, C_3, C_4 为拟合系数。标定前预制 10 瓶不同盐度的标准盐水溶液样品，它们的密度已精确测定。将电导率探头依次插入各样品瓶中，测出电导率(V 值)，每一样品测 1 000 次数并取平均作为该瓶盐水电导率测值。完成对 10 瓶盐水全部检测后作最小二乘曲线拟合，确定式(4.4.1)中的 5 个系数。将式(4.4.1)及相关系数都存入计算机中。

每次实验前仪器还需作检测，测得一份已知密度为 ρ_1 的标准盐水电导率值 V，用式(4.4.1)求得密度值 ρ，则修订值 $\Delta\rho$ 为

$$\Delta\rho = \rho - \rho_1 \tag{4.4.2}$$

将它输入计算机。

仪器含有一套相应的软件系统，用来作观测、数据处理、计算、绘图和打印。图 4.4.2 给出了此软件系统框图。

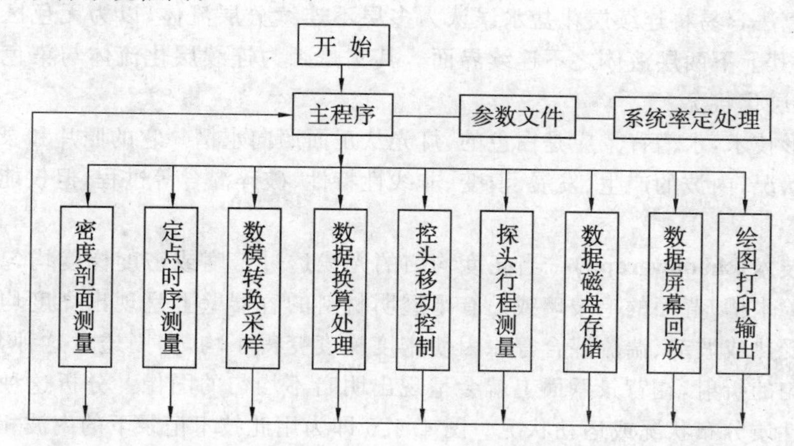

图 4.4.2　实验室用内波动态测量仪软件系统框图(吕红民等，1995)

为了同时测出水槽内同一横截面不同深度处的密度，可采用多探头内波动态测量仪。每一探头测得某一深度处的电导率(密度)的时间序列，多条时间序列曲线就可得到不同

等密度面的垂向位移时间序列。图 4.4.3 和图 4.4.4 分别为用单一探头铅直移动测得的水槽中连续层化盐水的垂向密度分布曲线和用多探头测得的内波引起的等密度面垂向位移时间序列曲线。

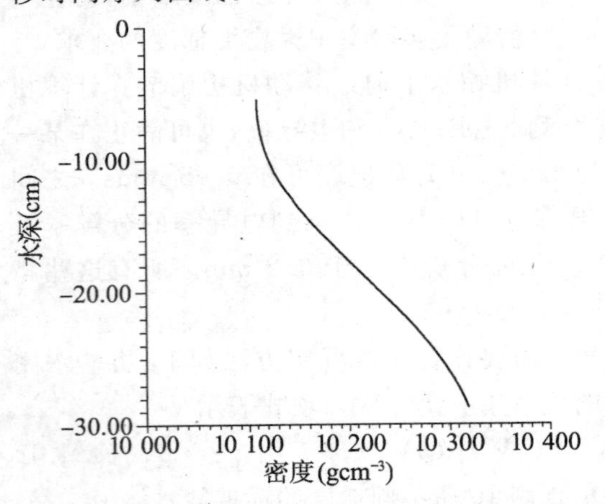

图 4.4.3 用内波动态测量仪测得的实验水槽中连续层化盐水的密度垂向分布曲线实例(吕红民等,1995)

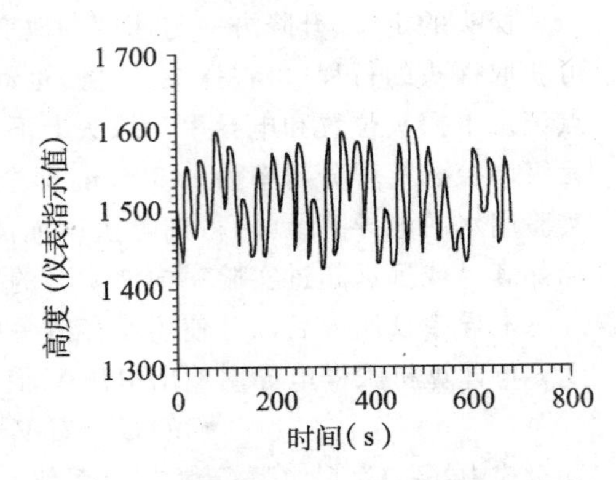

图 4.4.4 用多探头内波动态测量仪测得的内波引起的等密度面垂向位移时间序列曲线实例(吕红民等,1995)

4.4.2 染色显形技术和纹影仪技术

染色显形 内波实验中最常用的演示实验技术是染色显形。它简单直观,很适用于教学演示。在往实验水槽充水时,每充入一定量无色盐水后在入口处注入少量红(或蓝)墨水(它可通过紧接入口之水管中接一个三通阀门来解决),使水槽中的盐水呈现出间隔分布的水平窄色带,如图 4.4.5a 所示。当存在内波时,这些色带上下起伏,直观地显示出等密度面的波动状况,如图 4.4.5b。

此分层染色法容易将连续层化盐水误认为多层不连续分层流体,以为无色区为均质液体,染色带为其上下两层液体之不连续界面。其实是否为连续层化流体与染色与否无关,染色不影响层化状况。

用染色显形技术,水槽背景应是白色的,灯光从正面照向水槽。它的照片和录像可看到等密面起伏状况,内波的产生、发展、演变、非线性特性、破碎混合等过程,但仅能作粗略的定性观测。

阴影摄影技术(shadowgraph) 当亮度均匀的光线透过密度或密度梯度均匀的介质时,在容器(实验水槽)背面的毛玻璃或贴有半透明材料的容器壁上呈现出亮度均匀的状况。当介质因受热或波动、湍流混合等原因使密度梯度变得不均匀,则透过这种介质时,光线发生不均匀的折射,在背景壁面上就会呈现出明暗不均匀的图像。分析这种图像可得出介质物理性质分布状况或运动状况。图 4.4.6 即为用此技术记录下的内波相互作用产生湍流混合现象(McEwan,1973),这种技术的优点是不需要昂贵的设备,实验操作简便。缺点是若密度变化不大,图像明暗(灰度)差不大,只有存在很强的密度变化时才能得到较清晰的图像,而且只是定性结果。

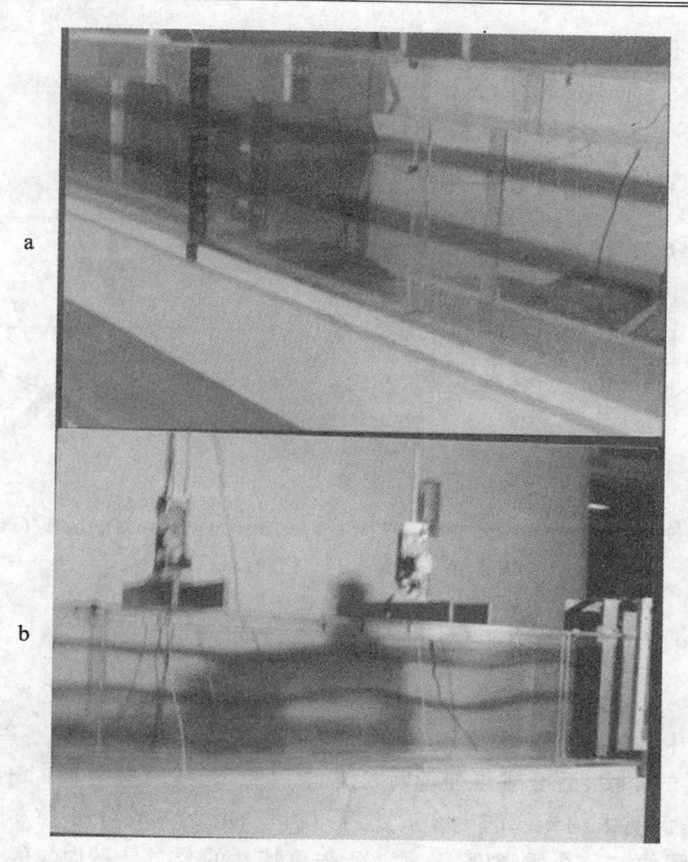

图 4.4.5　染色显形实例(中国海洋大学物理海洋研究所海洋内波研究室提供)

a 由墨水显示出连续层化流体静止状态　b 等密面的波动

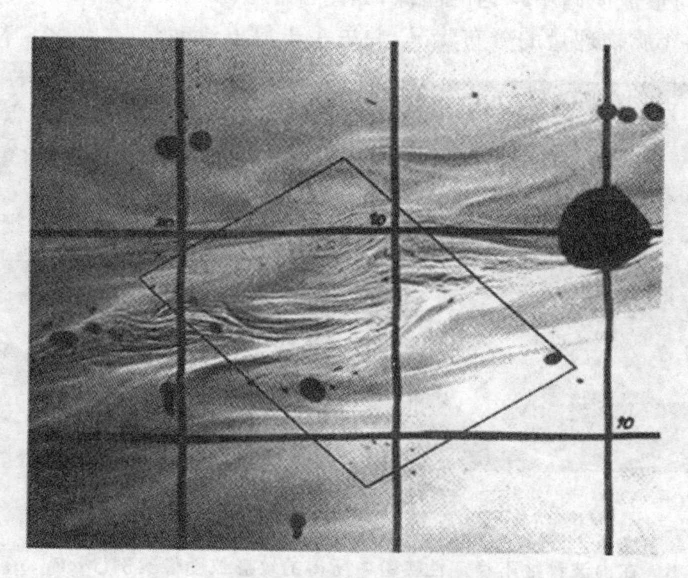

图 4.4.6　用阴影法拍摄的因内波相互作用产生的湍流混合现象(McEwan, 1973)

纹影(schlieren)技术 纹影仪应用在各种科技领域。它能显示出各种透明流体介质(如气体和水等)的光学不均匀性,从中分析这些介质的密度、温度、压强等物理量的分布状况或流动状况等重要特征。其结构和工作原理见图4.4.7。

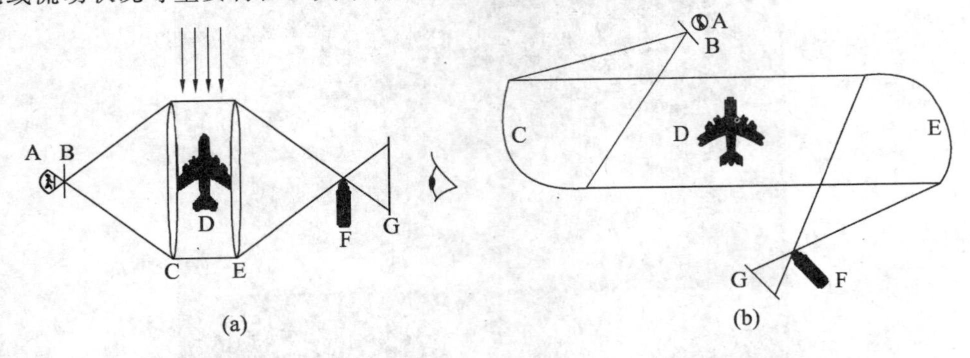

图4.4.7 纹影仪系统的结构及工作原理(www.grc.nasa.gov/www/OptInstr/folks.html)

(a) 用凸透镜 (b) 用凹面镜

A—光源 B—窄缝 C—凸透镜或凹面镜 D—试验介质

E—另一凸透镜或凹面镜 F—刀刃 G—图像

一白色光源A发出的光线通过一窄缝B照射到一块凸透镜或凹反光镜C上,形成平行光穿过试验段中的流体介质D到达另一凸透镜或凹反光镜E后被聚焦。在焦点处置一刀刃F,若介质的密度、温度或压强等特性是均匀的,光线通过介质时不发生折射或折射指数处处相等,此时大约光线的1/2被此刀刃挡住,另1/2从刀刃上方通过,在刀刃后形成亮度均匀的图像。若介质密度、温度或压强等特性的分布是不均匀的,则对光线的折射指数也是不均匀的。这时被刀刃挡住的光线可能超过1/2,使图像变暗;或者不足1/2,使图像变亮,从而形成明暗不均匀的图像,如图4.4.8(McEwan,1975)。分析图像中的明暗状况可以获得介质物理量的分布状况,并进一步得出流动状况。

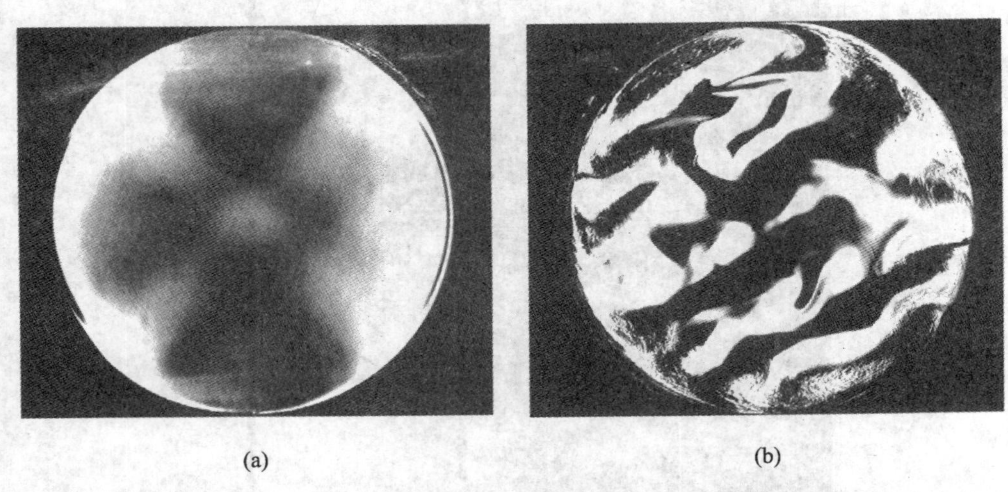

图4.4.8 在内波参数不稳定性实验中所得的纹影仪图像实例(McEwan,1975)

(a) 未出现不稳定状态 (b) 达到不稳定状态

近年来，纹影仪有新的改进：用彩色过滤器代替刀刃。因折射指数不均匀，光线通过过滤器后在图像中形成各种颜色。对不同颜色划分成很多等级（例如 256 级），这样就可对图像作定量分析，得到定量结果。Settles(2001)对纹影仪技术有系统论述。

由阴影法和纹影法所得图像都是光线穿过介质的路径上折射系数的全程累积的结果，所以，从原理上说，实验段中介质物理量的分布或运动状态应是二维的，即在光线穿行方向，物理量均匀，否则会使图像混淆不清。

4.4.3　示踪粒子显形技术

在层化流体中存在线性内波时，伴随着等密度面的上下起伏运动，水质点也围绕着各自的平衡位置运动。从射线观点看，内波运动能量集中在射线上，在射线中流体质点运动速度明显地高于其他区域的流动速度。这些运动特征已在第 1,2 章中论述过。示踪粒子显形技术就是在实验室实验中观测水质点运动的一种方法。其原理如下：在分层流体中撒入一些体积很小的、不溶解的固体颗粒，它们的密度分布在实验用分层流体的密度变化范围，这样它们能较均匀地散布在流体的整个深度范围内。由于颗粒的体积足够小，流体运动时它们能近似地与流体一起运动（惯性很小），因而粒子的运动就可代表流体质点的运动。若能记录下 t 时刻一短时间间隔 Δt 中某颗粒的位移向量 $\Delta\boldsymbol{x}$，则可得到此粒子在 t 时刻的速度向量 $\boldsymbol{u}$

$$\boldsymbol{u}=\Delta\boldsymbol{x}/\Delta t$$

在早期的实验中，通过摄影并从照片中测量出因粒子运动在照片中产生的小段轨迹得到 $\Delta\boldsymbol{x}$，摄影的曝光时间即为时间间隔 Δt。为了获得清晰的粒子运动轨迹照片，摄影机安放在水槽实验段的一侧，镜头平视水槽。灯光在正面上方照射，离相机较远的水槽侧壁覆以黑色布幕或黑纸。摄影时，还需采用闪光灯，曝光时间要适当地长一点，这样拍下的黑白照片为黑色背景下散布的白色短线，线之一端有一亮点，亮点标明了颗粒的起始位置，短线即为 $\Delta\boldsymbol{x}$，图 4.4.9 即为这类照片的实例。照片中的短线需要数字化，最早人们用带刻度的放大镜从照片上读下亮点的坐标位置，位移向量 $\Delta\boldsymbol{x}$ 的长度和方向角（或分量 Δx_1，Δx_2）。由于人工测量很费工，只能将为数不多的颗粒位移数字化，而且精度也不高。图 4.4.10 为从照片中量测出的流场某截面的速度剖面实例(Baines & Fang, 1985)。此后出现了与计算机相连接的数字化仪，但仍需人工操作，效率与精度的提高仍是有限的。近年来出现了全自动高效率的粒子图像测速技术(PIV)，它能获得全流场的（甚至是三维的）实时流速分布。由于它是一套专用设备，需专门技术操作，在此仅对它的原理作简介，主要参考文献有：盛森芝等(2000)[①]；许宏庆和 Adrian (1995)；Stanislas 等 (2000)。

当流场中的粒子很稀少时，采用粒子跟踪技术。当粒子很稠密时，使映像在查问区内重叠，形成散斑，它们都有专门技术处理。当粒子稀密程度适中时，则采用 PIV 技术。粒子稀疏、稠密和适中都有明确的参数界定。

---

① 盛森芝、徐月亭、袁辉靖：《日新月异的现代流动测量技术》，2000。

图 4.4.9 示踪颗粒显形照片实例

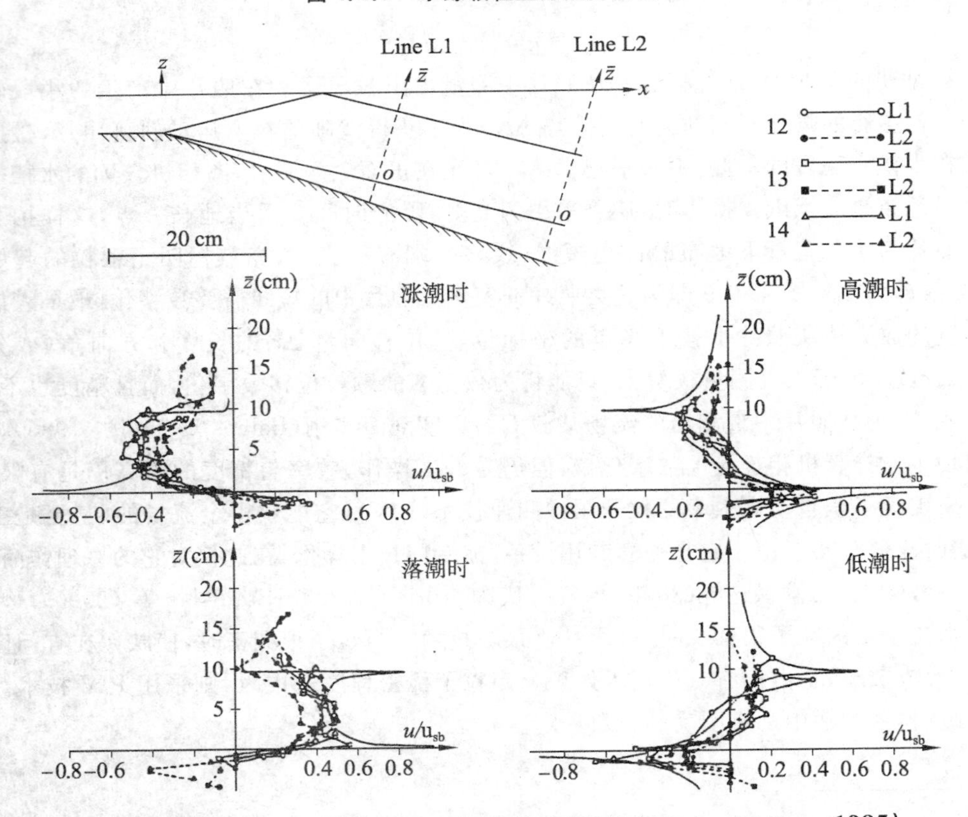

图 4.4.10 从示踪颗粒显形照片上测量的流速剖面实例(Baines & Fang,1985)

PIV 系统有两个主要的子系统，即成像子系统和分析显示子系统。

成像子系统包括：光源——适当的激光器；片光源光学元件——柱面镜和球面镜组合或光纤片光源；记录媒介——电子照相或摄像；图像漂移部件——解决粒子运动方向模糊问题的光学部件，它能消除测得的位移向量 $\Delta \boldsymbol{x}$ 的 180°不确定性。

分析显示子系统：在高象密度的 PIV 系统中，数据处理采用统计方法进行。从照相记录中获得 256 个灰度级的粒子图像，然后对其中的一小块（称为查问区）进行相关分析，得到速度信息。从原理上说图像分析算法有两种，即自相关分析法和交相关分析法。自相关法要对图像进行两次傅氏变换，而交相关法要进行三次傅氏变换。在变换后的灰度分布图中会出现一些峰值，根据峰值分布情况，得出运动速度向量。图 4.4.11 即为 PIV 系统及其工作原理框图。由 PIV 系统测得的流场速度分布的实例如图 4.4.12 所示。

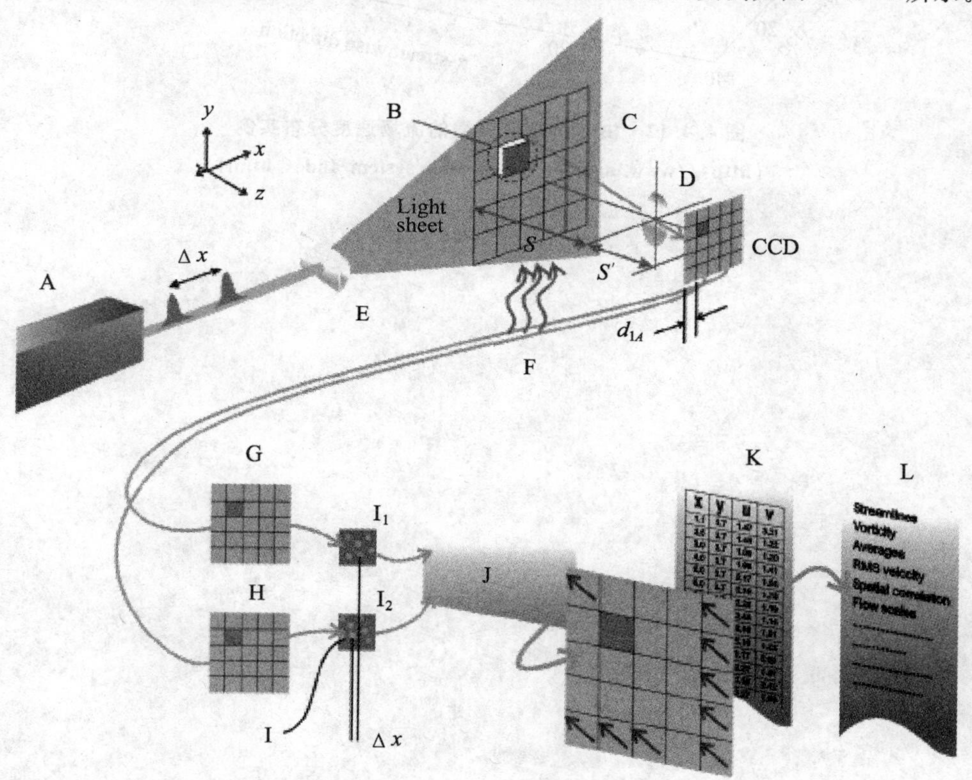

图 4.4.11　PIV 系统及其工作原理（http://www.dantecmt.com/PIV/system/Index.html）

A—双脉冲激光器　B—测量区　C—目标区　D—成像光学系统　E—柱形透镜组

F—含粒子的流　G—从脉冲 1 得到的图像　H—从脉冲 2 得到的图像

I—粒子成像　J—相关分析　K—数据　L—数据分析

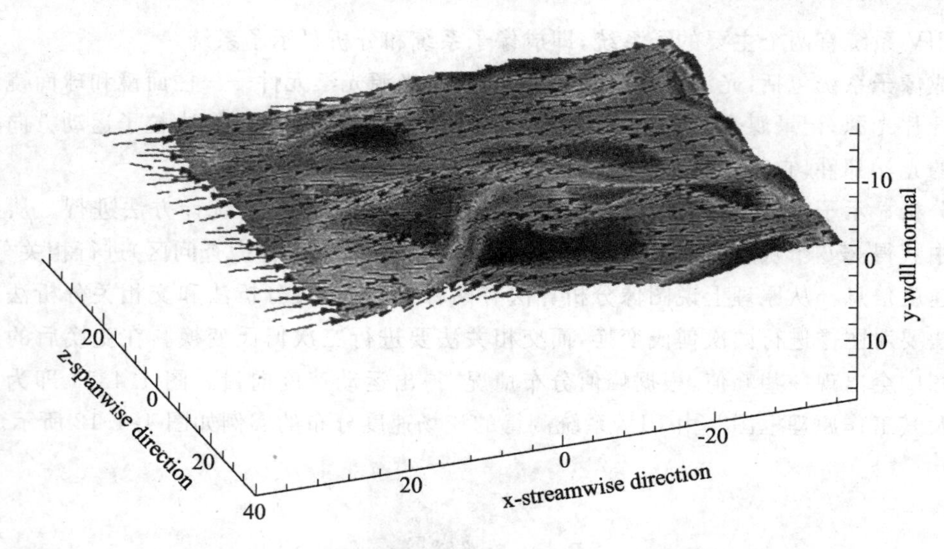

图 4.4.12 由 PIV 系统测得的流场速度分布实例
(http://www.dantecmt.com/PIV/system/Index.html)

第 5 章　海洋内波观测和资料分析

由于海洋内波具有很强的随机性，所用的观测方案和方法以及所得资料的处理分析都必须注意这一特点。

在内波观测时，首先应根据任务需要和实际可能来制定可行并有效的观测方案，选用合适的观测手段。目前采用的内波观测技术有以下几类：锚系仪器阵列观测（此后简称锚系观测）、走航拖曳仪器观测（简称走航观测）、垂向下放仪器观测（简称垂向观测）、中性浮子观测（简称浮子观测）、声学观测以及卫星遥感观测等。

在用上述方法作内波观测的同时，还应根据研究的需要搜集观测海区及其周边海域的背景资料。它们可能包括海洋深度和海底地形，观测期间海水的时间平均温、盐、密度垂向剖面及水平变化，海流、潮汐、潮流以及风速、风向、气压等气象资料等。不同的研究任务需要不同的背景资料。最基本的，也可以说是必不可少的背景资料为（时间平均）密度垂向剖面，至少应有密度跃层要素资料（跃层深度、厚度和强度）。若缺少这些背景资料，即使有很好的锚系、走航等观测资料，也很难对观测海区的内波作出有意义的分析研究。

在内波观测资料分析中，除用第 1，2 章中所述内波基本知识外，各种统计方法、时间序列分析（尤其是相关函数和谱分析）是重要的分析手段。

§5.1　时间序列分析基础知识

如上所述，由于海洋内波具有很强的随机性，观测方案和方法的制定，以及所得资料的处理分析都广泛采用时间序列分析手段，尤其是相关函数和谱分析，为此先对它的基础知识作一简介，更详细的阐述可参阅方欣华和吴巍（2002）、陈上及和马继瑞（1991）、Jenkins 和 Watts（1968），Priestly（1981）等。在本书中，随机变量、随机过程或随机函数用粗正体字母表示；它们的样本或样本函数为非随机的，用斜体字母表示；向量、张量和矩阵用粗斜体字母表示。

将每次观测所得资料曲线，如锚系温度记录 $T(t)$，视为平稳各态历经随机过程 $\mathbf{T}(t)$ 的一个样本函数。将锚系海流计测得的海流矢量 $\boldsymbol{u}(t)=u_1(t)+iu_2(t)$ 视为平稳各态历经复随机过程 $\mathbf{u}(t)$ 的一个样本函数。

在平稳各态历经假设下，随机过程 $\mathbf{x}(t)$ 的总体平均可以用它的任一样本函数 $x(t)$ 的时间平均来代替。在观测资料分析中，样本函数具体化为所得观测量的时间序列。

$$x(n\Delta t),\quad n=1,2,\cdots,N \qquad (5.1.1)$$

$$T=N\Delta t$$

式中，Δt 为取样时间间隔，N 为时间序列长度（即所含元素的数目），T 为记录时间长度。或

表示成

$$x_1, x_2, \cdots, x_N \tag{5.1.2}$$

随机过程的统计特性就由时间序列估计得到。

均值、自相关与自协方差 随机过程 $\mathbf{x}(t)$ 的均值定义为

$$\mu_{\mathbf{x}} = \langle \mathbf{x}(t) \rangle \tag{5.1.3}$$

式中的尖括号〈 〉表示总体平均。

在各态历经假设下，它的估计式为

$$\hat{\mu}_{\mathbf{x}} = \frac{1}{T}\int_0^T x(t)\,\mathrm{d}t = \frac{1}{N}\sum_{n=1}^{N} x_n \tag{5.1.4}$$

资料分析中，求均值是最基础性的工作，一般地，在研究波动问题时，总要先滤去“直流分量”，即从资料中将小尺度变化量与均值分离开来。在作谱估计时也需要先去均值或作去倾处理。

自相关函数的定义为

$$R_{\mathbf{x}}(\tau) = \langle \mathbf{x}^*(t)\mathbf{x}(t+\tau) \rangle \tag{5.1.5}$$

在上式和以后的式中，上标 * 表示复共轭。

在各态历经假设下，其估计式为

$$\hat{R}_{\mathbf{x}}(\tau) = \frac{1}{T-\tau}\int_0^{T-\tau} x^*(t)x(t+\tau)\,\mathrm{d}t \tag{5.1.6}$$

写成离散形式为

$$\begin{aligned}\hat{R}_{\mathbf{x}}(k\Delta t) &= \frac{1}{N-k}\sum_{n=1}^{N-k} x^*(n\Delta t)x[(n+k)\Delta t] \\ &= \frac{1}{N-k}\sum_{n=1}^{N-k} x_n^* x_{n+k}, \qquad k = 0,1,2,\cdots,m\end{aligned} \tag{5.1.7}$$

式中，m 为最大延时数。

自协方差的定义式为

$$C_{\mathbf{x}}(\tau) = \langle [\mathbf{x}^*(t) - \mu_{\mathbf{x}}^*][\mathbf{x}(t+\mu) - \mu_{\mathbf{x}}] \rangle \tag{5.1.8}$$

在各态历经假设下，其估计式为

$$\hat{C}_{\mathbf{x}}(\tau) = \frac{1}{T-\tau}\int_0^{T-\tau} [x^*(t) - \hat{\mu}_{\mathbf{x}}^*][x(t+\tau) - \hat{\mu}_{\mathbf{x}}]\,\mathrm{d}t \tag{5.1.9}$$

离散式为

$$\hat{C}_{\mathbf{x}}(k\Delta t) = \frac{1}{N-k}\sum_{n=1}^{N-k}(x_n^* - \hat{\mu}_{\mathbf{x}}^*)(x_{n+k} - \hat{\mu}_{\mathbf{x}}),\ k = 0,1,2,\cdots,m \tag{5.1.10}$$

将自相关与自协方差的定义式或估计式相比较可知，两者之间的差别在于后者计算前先将序列去均值，当均值为零时，两者相等。

当 $\tau = 0$ 时，亦即 $k = 0$ 时，$R_{\mathbf{x}}(0)$ 为 $\mathbf{x}(t)$ 的均方值，而 $C_{\mathbf{x}}(0)$ 为 $\mathbf{x}(t)$ 的方差。

自相关或自协方差的用途 可以通过自相关或自协方差粗略地探测出随机波场中隐含的周期分量或准周期分量，例如，若在随机内波资料序列中含有很强的半日潮成分，则计算出的自相关或自协方差将呈现出此半日周期的波动。用自协方差来定义和计算自

谱。均方值可作为随机脉动的强度，而方差为物理量分散程度的度量。在作一致性检验时也需要用到它们。

交相关和交协方差　也称互相关和互协方差。当 $\mathbf{x}(t)$ 和 $\mathbf{y}(t)$ 都为平稳各态历经过程时，它们的交相关定义式为

$$R_{\mathrm{xy}}(\tau)=\langle \mathbf{x}^*(t)\mathbf{y}(t+\tau)\rangle \tag{5.1.11}$$

在各态历经假设下，它的估计式为

$$\hat{R}_{\mathrm{xy}}(\tau)=\frac{1}{T-\tau}\int_0^{T-\tau} x^*(t)y(t+\tau)\mathrm{d}t \tag{5.1.12}$$

其离散式为

$$\begin{aligned}\hat{R}_{\mathrm{xy}}(k\Delta t)&=\frac{1}{N-k}\sum_{n=1}^{N-k}x^*(n\Delta t)y[(n+k)\Delta t]\\&=\frac{1}{N-k}\sum_{n=1}^{N-k}x_n^* y_{n+k},k=0,1,2,\cdots,m\end{aligned} \tag{5.1.13}$$

相应地，交协方差定义式为

$$C_{\mathrm{xy}}(\tau)=\langle[\mathbf{x}^*(t)-\mu_{\mathrm{x}}^*][\mathbf{y}(t+\tau)-\mu_{\mathrm{y}}]\rangle \tag{5.1.14}$$

在各态历经假设下，其估计式为

$$\hat{C}_{\mathrm{xy}}(\tau)=\frac{1}{T-\tau}\int_0^{T-\tau}[x^*(t)-\mu_{\mathrm{x}}^*][y(t+\tau)-\mu_{\mathrm{y}}]\mathrm{d}t \tag{5.1.15}$$

相应的离散式为

$$\begin{aligned}\hat{C}_{\mathrm{xy}}(k\Delta t)&=\frac{1}{N-k}\sum_{n=1}^{N-k}[x^*(n\Delta t)-\mu_{\mathrm{x}}^*][y(n+k)\Delta t-\hat{\mu}_{\mathrm{y}}]\\&=\frac{1}{N-k}\sum_{n=1}^{N-k}(x_n^*-\hat{\mu}_{\mathrm{x}}^*)(y_{n+k}-\hat{\mu}_{\mathrm{y}}),\quad k=0,1,2,\cdots,m\end{aligned} \tag{5.1.16}$$

若资料序列已去均值，则协方差与相关函数相等。在作谱分析时都采用已去均值的资料，所以在以后的叙述中，若无特殊需要，不再区分相关函数和协方差。

在资料分析中，还会用到标准化交相关或标准化交协方差。它们的定义式分别为

$$\frac{R_{\mathrm{xy}}(\tau)}{\sqrt{R_{\mathrm{x}}(\tau)R_{\mathrm{y}}(\tau)}}\text{和}\frac{C_{\mathrm{xy}}(\tau)}{\sqrt{C_{\mathrm{x}}(\tau)C_{\mathrm{y}}(\tau)}} \tag{5.1.17}$$

交相关和交协方差用途　交相关和交协方差，尤其是标准化交相关或标准化交协方差，能显示出两过程 $\mathbf{x}(t)$ 和 $\mathbf{y}(t)$ 之间的相关程度。若对于一个 τ 值或一些 τ 值，(标准化)交相关或(标准化) 交协方差值很高(高于显著限)，则认为它们是相关的。例如，若两个相距不远的锚系仪器记录下的温度脉动时间序列，它们的交相关或交协方差在某一个 τ 值处高于显著限，则可能有一含能波在一个时刻通过一个锚系点，经过时间间隔 τ 之后又经过另一锚系点。因而可以用锚系仪器记录间的交相关或交协方差分来分析主要含能内波的传播方向和传播速度，具体作法将在以后详述。交相关和交协方差更主要的用途在于计算交谱。

自谱和交谱　交谱也称互谱。由自协方差(或去均值后的序列的) 自相关定义自谱

$S_x(\omega)$，其定义式为

$$S_x(\omega) = \int_{-\infty}^{+\infty} R_x(\tau) e^{-i\omega\tau} d\tau = \int_{-\infty}^{+\infty} R_x(\tau)\cos(\omega\tau) d\tau \quad (5.1.18)$$

式中，ω 为圆频率。

在各态历经假设下，其估计式为

$$\hat{S}_x(\omega) = \int_{-\tau_m}^{\tau_m} \hat{R}_x(\tau) e^{-i\omega\tau} d\tau = \int_{-\tau_m}^{\tau_m} \hat{R}_x(\tau)\cos(\omega\tau) d\tau, -\frac{\pi}{\Delta t} \leqslant \omega \leqslant \frac{\pi}{\Delta t} \quad (5.1.19)$$

式中，τ_m 为最大延时。

写成离散式

$$\hat{S}_x(\omega_r) = \Delta t \sum_{k=-m}^{m} \hat{R}_k e^{-i\omega_r k\Delta t} = \Delta t \left[\sum_{k=-(m-1)}^{m-1} \hat{R}_k \cos(\omega_r k\Delta t) + 2\hat{R}_m \cos(\omega_r m\Delta t) \right] \quad (5.1.20)$$

式中，　$\omega_r = r\Delta\omega, \Delta\omega = \pi/(m\Delta t), \hat{R}_k = \hat{R}_x(k\Delta t), r = -m, \cdots, -1, 0, 1, \cdots, m$

交谱定义式为

$$S_{xy}(\omega) = C_{xy}(\omega) - iQ_{xy}(\omega) = \int_{-\infty}^{+\infty} R_{xy}(\tau) e^{-i\omega\tau} d\tau \quad (5.1.21)$$

式中，$C_{xy}(\omega)$ 和 $Q_{xy}(\omega)$ 分别称为同相谱（co-spectrum）和异相谱（quadrature-spectrum），在各态历经假设下，相应估计式为

$$\hat{S}_{xy}(\omega) = \hat{C}_{xy}(\omega) - i\hat{Q}_{xy}(\omega) = \int_{-\tau_m}^{\tau_m} \hat{R}_{xy}(\tau) e^{-i\omega\tau} d\tau, -\frac{\pi}{\Delta t} \leqslant \omega \leqslant \frac{\pi}{\Delta t} \quad (5.1.22)$$

离散式为

$$\hat{S}_{xy}(\omega) = \hat{C}_{xy}(\omega) - i\hat{Q}_{xy}(\omega) = \Delta t \sum_{k=-m}^{m} \hat{R}_{xy}(k\Delta t) e^{-i\omega_r k\Delta t} \quad (5.1.23)$$

式中，　$\omega_r = r\Delta\omega, \Delta\omega = \pi/(m\Delta t), r = -m, \cdots, -1, 0, 1, \cdots, m$

用自相关函数估计自谱或用交相关函数估计交谱，计算量相当大，而且会由于资料截止的边瓣效应引起不合理的负值自谱。所以，目前常采用快速傅氏变换－周期图法，其离散化估计式如下

$$\hat{S}_x(\omega_r) = \frac{\Delta t}{N} \left| \sum_{k=0}^{N-1} x_k e^{-i\omega_r k\Delta t} \right|^2 = \frac{\Delta t}{N} \left\{ \left[\sum_{k=0}^{N-1} x_k \cos(\omega_r k\Delta t) \right]^2 + \left[\sum_{k=0}^{N-1} x_k \sin(\omega_r k\Delta t) \right]^2 \right\} \quad (5.1.24)$$

式中，　$\omega_r = r\Delta\omega$,　$\Delta\omega = 2\pi/(m\Delta t)$,　$r = 0, 1, 2, \cdots, N-1$

交谱估计式为

$$\hat{S}_{xy}(\omega_r) = \frac{\Delta t}{N} \left(\sum_{k=0}^{N-1} x_k e^{-i\omega_r k\Delta t} \right)^* \left(\sum_{k=0}^{N-1} y_k e^{-i\omega_r k\Delta t} \right) \quad (5.1.25)$$

式中，　$r=-N/2,\cdots,-1,0,1,\cdots,N/2$

由式(5.1.20)，(5.1.23)，(5.1.24)，(5.1.25) 估计得到的结果都是粗谱，它们都不是无偏一致的估计量，为获得无偏一致估计，还需对粗谱作平滑，平滑方法及平滑谱的品性可参阅方欣华和吴巍(2002) 等文献。从平滑后的交谱进一步得到极其有用的相干谱(coherency-spectrum)，也称凝聚谱 $\gamma_{\mathbf{xy}}$ 估计和相位谱(phase-spectrum)$\Phi_{\mathbf{xy}}$ 估计，它们的表达式分别为

$$\hat{\gamma}_{\mathbf{xy}}(\omega_r)=\sqrt{\frac{\hat{C}^2_{\mathbf{xy}}(\omega_r)+\hat{Q}^2_{\mathbf{xy}}(\omega_r)}{\hat{S}_{\mathbf{x}}(\omega_r)\hat{S}_{\mathbf{y}}(\omega_r)}} \tag{5.1.26}$$

$$\hat{\Phi}_{\mathbf{xy}}=\arctan\left[-\frac{\hat{Q}_{\mathbf{xy}}(\omega_r)}{\hat{C}_{\mathbf{xy}}(\omega_r)}\right] \tag{5.1.27}$$

式中的 $\hat{S}_{\mathbf{x}}$，$\hat{S}_{\mathbf{y}}$，$\hat{S}_{\mathbf{xy}}$，$\hat{C}_{\mathbf{xy}}$ 和 $\hat{Q}_{\mathbf{xy}}(\omega)$ 都是平滑谱估计量。

相干谱 $\hat{\gamma}_{\mathbf{xy}}(\omega_r)$ 表示随机过程 $\mathbf{x}(t)$ 和 $\mathbf{y}(t)$ 相同频率 ω_r 之分量间的相关程度。若 $\hat{\gamma}_{\mathbf{xy}}(\omega_r)$ 超过显著限，则此两过程之 ω_r 分量彼此相关，若 $\hat{\gamma}_{\mathbf{xy}}(\omega_r)$ 低于显著限，则此两过程之 ω_r 分量互不相关。两过程彼此相关时，$\hat{\Phi}_{\mathbf{xy}}$ 表示 $\mathbf{x}(t)$ 之 ω_r 分量和 $\mathbf{y}(t)$ 之 ω_r 分量的相位差，即 $\mathbf{y}(t)$ 之 ω_r 分量超前于 $\mathbf{x}(t)$ 之 ω_r 分量的相位。由 $\hat{\Phi}_{\mathbf{xy}}$ 可得到 $\mathbf{y}(t)$ 的 ω_r 分量超前 $\mathbf{x}(t)$ 的 ω_r 分量之时间 $\hat{\tau}(\omega_r)$

$$\hat{\tau}(\omega_r)=\hat{\Phi}_{\mathbf{xy}}(\omega_r)/\omega_r \tag{5.1.28}$$

例如，两锚系 A，B 所得温度时间序列分别为 $x(t)$，$y(t)$，并假设它们分别为两平稳随机过程的现实，由 $x(t)$ 和 $y(t)$ 估计得到的相干谱是显著的，则可认为两锚系测得的 $x(t)$ 和 $y(t)$ 中的 ω_r 波分量是同一列波。若 $\hat{\tau}(\omega_r)$ 为正值，就统计而言，此波先到达 A 锚系处，经时间 $\hat{\tau}(\omega_r)$ 后到达 B 锚系处。

在海洋内波资料分析中的应用　上述随机过程和谱分析知识已应用于海洋内波资料分析(Willebrand *et al*，1978)。

在直角坐标系中，用坐标向量 $\boldsymbol{x}_i$，$\boldsymbol{x}_j$ 表示两观测仪器所在位置，观测得到的流速矢量分别为

$$\boldsymbol{u}^{(i)}=\boldsymbol{u}(\boldsymbol{x}_i,t),\boldsymbol{u}^{(j)}=\boldsymbol{u}(\boldsymbol{x}_j,t)$$

它们的分量表示成

$$u_m^{(i)},u_n^{(j)},\qquad m,n=1,2,3$$

分别表示 $\boldsymbol{u}$ 在 x_1，x_2，x_3(即 z) 方向的分量。将 $\boldsymbol{u}$ 作为总体 $\mathbf{u}$ 的一个样本函数，对照前一小节的公式可知，这里的 $u_m^{(i)}$ 和 $u_n^{(j)}$ 即为上小节中 $\mathbf{x}(t)$ 和 $\mathbf{y}(t)$ 在内波资料分析中的具体化。于是 $u_m^{(i)}$ 和 $u_n^{(j)}$ 的交协方差(在均值为零的条件下，亦为交相关) 为

$$R_{mn}^{(ij)}(\tau)=\langle\mathbf{u}_m(\boldsymbol{x}_i,t)\mathbf{u}_n(\boldsymbol{x}_j,t+\tau)\rangle \tag{5.1.29}$$

式中，$\mathbf{u}_m$，$\mathbf{u}_n$ 为实随机函数。

交谱矩阵为

$$A_{mn}^{(ij)}(\omega)=P_{mn}^{(ij)}-\mathrm{i}Q_{mn}^{(ij)}=\int_{-\infty}^{+\infty}R_{mn}^{(ij)}(\tau)\mathrm{e}^{-\mathrm{i}\omega\tau}\mathrm{d}\tau \tag{5.1.30}$$

相干谱 $\gamma_{mn}^{(ij)}$ 和相位谱 $\phi_{mn}^{(ij)}$ 分别为

$$\gamma_{mn}^{(ij)}(\omega) = |A_{mn}^{(ij)}(\omega)|(P_{mn}^{(ii)}(\omega)P_{m}^{(jj)}(\omega))^{-1/2} \tag{5.1.31}$$

$$\Phi_{mn}^{(ij)}(\omega) = \arctan[-Q_{mn}^{(ij)}(\omega)/P_{mn}^{(ij)}(\omega)] \tag{5.1.32}$$

$\Phi_{mn}^{(ij)}(\omega)$ 为正值时表示序列 $\mathbf{u}_m(\boldsymbol{x}_i,\omega)$ 领先于 $\mathbf{u}_n(\boldsymbol{x}_j,\omega)$，即波从 $\boldsymbol{x}_i$ 处传向 $\boldsymbol{x}_j$ 处。

旋转表示　由于海水运动常具有旋转特性，用旋转分量来描述速度场是较方便的，在物理海洋学中常采用之，它们和直角坐标分量之间有如下关系

$$\begin{cases} u_+ = \dfrac{1}{\sqrt{2}}(u_1 + \mathrm{i}u_2) \\ u_- = \dfrac{1}{\sqrt{2}}(u_1 - \mathrm{i}u_2) \\ u_0 = u_3 \end{cases} \tag{5.1.33}$$

u_+, u_-, u_0 分别表示正旋（逆时针方向）、负旋（顺时针方向）和铅直向上的速度分量；u_1，u_2, u_3 仍为直角坐标中 x_1, x_2, x_3（即 z）方向的分量。

旋转分量间的协方差函数 $R_{\nu\mu}^{ij}(\tau)$ 和交谱矩阵 $A_{\nu\mu}^{ij}(\omega)$ 分别定义成

$$R_{\nu\mu}^{(ij)}(\tau) = \langle \mathbf{u}_\nu^*(\boldsymbol{x}_i,t)\mathbf{u}_\mu(\boldsymbol{x}_j,t+\tau)\rangle \tag{5.1.34}$$

$$A_{\nu\mu}^{(ij)}(\omega) = P_{\nu\mu}^{(ij)}(\omega) - \mathrm{i}Q_{\nu\mu}^{(ij)}(\omega) = \frac{1}{\pi}\int_{-\infty}^{+\infty} R_{\nu\mu}^{(ij)}(\tau)\mathrm{e}^{-\mathrm{i}\omega\tau}\mathrm{d}\tau \tag{5.1.35}$$

式中，ν, μ 可取 $+, -, 0$。

旋转表示与笛卡尔表示之间的转换公式　通过代数运算，可得到旋转表示和笛卡尔表示间的转换公式，它们由下列等式给出：

$$\begin{cases} A_{++}^{(ij)} = \dfrac{1}{2}\{A_{11}^{(ij)} + A_{22}^{(ij)} + \mathrm{i}(A_{12}^{(ij)} - A_{21}^{(ij)})\} \\ A_{+-}^{(ij)} = \dfrac{1}{2}\{A_{11}^{(ij)} - A_{22}^{(ij)} - \mathrm{i}(A_{12}^{(ij)} + A_{21}^{(ij)})\} \\ A_{+0}^{(ij)} = \dfrac{1}{\sqrt{2}}\{A_{13}^{(ij)} - \mathrm{i}A_{23}^{(ij)}\} \\ A_{-+}^{(ij)} = \dfrac{1}{2}\{A_{11}^{(ij)} - A_{22}^{(ij)} + \mathrm{i}(A_{12}^{(ij)} + A_{21}^{(ij)})\} \\ A_{--}^{(ij)} = \dfrac{1}{2}\{A_{11}^{(ij)} + A_{22}^{(ij)} - \mathrm{i}(A_{12}^{(ij)} - A_{21}^{(ij)})\} \\ A_{-0}^{(ij)} = \dfrac{1}{\sqrt{2}}\{A_{13}^{(ij)} + \mathrm{i}A_{23}^{(ij)}\} \\ A_{0+}^{(ij)} = \dfrac{1}{\sqrt{2}}\{A_{31}^{(ij)} + \mathrm{i}A_{32}^{(ij)}\} \\ A_{0-}^{(ij)} = \dfrac{1}{\sqrt{2}}\{A_{31}^{(ij)} - \mathrm{i}A_{32}^{(ij)}\} \\ A_{00}^{(ij)} = A_{33}^{(ij)} \end{cases} \tag{5.1.36}$$

$$\begin{cases} A_{11}^{(ij)} = \dfrac{1}{2}\{A_{++}^{(ij)} + A_{--}^{(ij)} + A_{+-}^{(ij)} - A_{-+}^{(ij)}\} \\ A_{12}^{(ij)} = \dfrac{1}{2\mathrm{i}}\{A_{++}^{(ij)} - A_{--}^{(ij)} - A_{+-}^{(ij)} + A_{-+}^{(ij)}\} \\ A_{13}^{(ij)} = \dfrac{1}{\sqrt{2}}\{A_{+0}^{(ij)} A_{-0}^{(ij)}\} \\ A_{21}^{(ij)} = \dfrac{1}{2\mathrm{i}}\{-A_{++}^{(ij)} + A_{--}^{(ij)} - A_{+-}^{(ij)} + A_{-+}^{(ij)}\} \\ A_{22}^{(ij)} = \dfrac{1}{2}\{A_{++}^{(ij)} + A_{--}^{(ij)} - A_{+-}^{(ij)} - A_{-+}^{(ij)}\} \\ A_{23}^{(ij)} = \dfrac{1}{\sqrt{2}\mathrm{i}}\{-A_{+0}^{(ij)} + A_{-0}^{(ij)}\} \\ A_{31}^{(ij)} = \dfrac{1}{\sqrt{2}}\{A_{0+}^{(ij)} + A_{0-}^{(ij)}\} \\ A_{32}^{(ij)} = \dfrac{1}{\sqrt{2}\mathrm{i}}\{A_{0+}^{(ij)} - A_{0-}^{(ij)}\} \\ A_{33}^{(ij)} = A_{00}^{(ij)} \end{cases} \tag{5.1.37}$$

当 $i = j$ 时，即在同一观测点处，旋转分量间的平方相干谱为

$$\gamma_{+-}^2 = \frac{A_{+-}A_{+-}^*}{A_{++}A_{--}} = \frac{(P_{11} - P_{22})^2 + 4P_{12}^2}{(P_{11} + P_{22})^2 - 4Q_{12}^2} \tag{5.1.38}$$

$$\gamma_{+0}^2 = \frac{A_{+0}A_{+0}^*}{A_{++}A_{00}} = \frac{(P_{13} - Q_{23})^2 + (P_{23} + Q_{13})^2}{(P_{11} + P_{22} + 2Q_{12})P_{33}} \tag{5.1.39}$$

$$\gamma_{-0}^2 = \frac{A_{-0}A_{-0}^*}{A_{--}A_{00}} = \frac{(P_{13} + Q_{23})^2 + (P_{23} - Q_{13})^2}{(P_{11} + P_{22} - 2Q_{12})P_{33}} \tag{5.1.40}$$

§5.2　随机内波场的谱表示

在对随机内波场的研究中，如各种内波谱模型和一致性检验，常采用各种谱表达式。在本节中将参照 Willebrand 等(1978) 简述如下。

5.2.1　进行内波场的表示

进行内波可以表示成众多不同波数、不同频率的分波之叠加

$$u_\nu(\boldsymbol{x},t) = \sum_\sigma \int_f^N \mathrm{d}\omega \int \mathrm{d}^2 \boldsymbol{k}_\mathrm{h} \{[\mathbf{a}(\boldsymbol{q}) u_\nu(\boldsymbol{q}) \Psi(\boldsymbol{q}, x_3) \exp[-\mathrm{i}(\boldsymbol{k}_\mathrm{h} \cdot \boldsymbol{x} - \omega t)] + \mathbf{a}^*(\boldsymbol{q}) u_{-\nu}^*(\boldsymbol{q}) \Psi_{-\nu}^*(\boldsymbol{q}, x_3) \exp[\mathrm{i}(\boldsymbol{k}_\mathrm{h} \cdot \boldsymbol{x} - \omega t)]\} \tag{5.2.1}$$

式中，$\boldsymbol{q} = \{\omega, k_\mathrm{h}, \sigma\}$—— 波数频率空间的坐标向量，$\sigma$ 取 + 或 − 为垂向波数的符号，$\mathbf{a}(\boldsymbol{q})$—— 随机振幅，$u_\nu(\boldsymbol{q})$—— 振幅因子。

$$u_\nu(\boldsymbol{q}) = f_\nu(\omega) g_\nu(\phi), \quad \nu = +, -, 0 \tag{5.2.2}$$

$$f_+(\omega) = -\frac{\mathrm{i}}{\sqrt{2}}(\omega - f), \quad g_+(\omega) = \mathrm{e}^{\mathrm{i}\phi} \tag{5.2.3}$$

$$f_{-}(\omega)=-\frac{\mathrm{i}}{\sqrt{2}}(\omega+f),\quad g_{-}(\omega)=\mathrm{e}^{-\mathrm{i}\phi} \tag{5.2.4}$$

$$f_{0}(\omega)=\omega,\ g_{0}(\omega)=1 \tag{5.2.5}$$

ϕ 为水平波数之方向，从东开始沿逆时针方向计算。

$\Psi_{\nu}(\boldsymbol{q},x_3)$—— 垂向本征函数

$$\Psi_{\nu}(\boldsymbol{q},x_3)=\Psi_{\nu}^{0}\mathrm{e}^{-\mathrm{i}\sigma\theta(x_3)},\quad \nu=+,-,0 \tag{5.2.6}$$

$$\Psi_{+}^{0}=-\mathrm{i}\sigma\Omega^{1/2}C(\omega) \tag{5.2.7}$$

$$\Psi_{-}^{0}=-\mathrm{i}\sigma\Omega^{1/2}C(\omega) \tag{5.2.8}$$

$$\Psi_{0}^{0}=\Omega^{-1/2}C(\omega) \tag{5.2.9}$$

$\theta(x_3)$—— 垂向位相

$$\theta(x_3)=\int_{x_3^0}^{x_3}\beta(x'_3)\mathrm{d}x'_3 \tag{5.2.10}$$

$\Omega(x_3)$—— 垂向波数与水平波数之比

$$\Omega(x_3)=\frac{k_3(x_3)}{k_{\mathrm{h}}} \tag{5.2.11}$$

$C(\omega)$—— 为标准化常数，选成

$$C(\omega)=\frac{1}{\omega}(\omega^2-f^2)^{1/4}\left[\int\mathrm{d}x_3\frac{N^2-f^2}{(N^2-\omega^3)^{1/2}}\right]^{-1/2} \tag{5.2.12}$$

式(5.2.10)中的积分下限 x_3^0 为转折深度，它满足 $N(x_3^0)=\omega$；式(5.2.12)中的积分必须在两个转折点之间进行。

能量密度谱 若波场是统计平稳、水平均匀的，并且若上传波与下传波是无关的，则波的振幅满足如下的正交关系式(Willebrand *et al*,1978)

$$\begin{cases}\langle\mathbf{a}(\boldsymbol{q})\mathbf{a}(\boldsymbol{q}')\rangle=0\\ \langle\mathbf{a}(\boldsymbol{q})\mathbf{a}^{*}(\boldsymbol{q}')\rangle=\dfrac{1}{2}E(\boldsymbol{q})\delta(\boldsymbol{q}-\boldsymbol{q}')\end{cases} \tag{5.2.13}$$

式中，$E(\boldsymbol{q})$ 表示能量密度谱。因为标准化常数 $C(\omega)$ 之选择使

$$E_0=\sum_{\sigma}\int_{f}^{N}\mathrm{d}\omega\int E(\boldsymbol{q})\mathrm{d}^2\boldsymbol{k}_{\mathrm{h}} \tag{5.2.14}$$

代表每单位面积下之总能量密度。

交谱 采用场表示式(5.2.1)和正交条件(5.2.13)后，交谱矩阵变成

$$A_{\nu\mu}^{(ij)}(\omega)=\sum_{\sigma}\int\mathrm{d}^2\boldsymbol{k}_{\mathrm{h}}E(\boldsymbol{q})u_{\nu}^{*}(\boldsymbol{q})u_{\nu}(\boldsymbol{q})[\Psi_{\nu}^{0}(\boldsymbol{q},x_3^i)]^{*}$$
$$\Psi_{\mu}^{0}(\boldsymbol{q},x_3^j)\exp[-\mathrm{i}(\boldsymbol{k}_{\mathrm{h}}\cdot\boldsymbol{r}_{ij}+\sigma\theta_{ij})] \tag{5.2.15}$$

式中， 垂向位相差 $\theta_{ij}=\theta(x_3^j)-\theta(x_3^i)$ (5.2.16)

仪器的水平间隔 $\boldsymbol{r}_{ij}=(x_1^j-x_1^i,x_2^j-x_2^i,0)$ (5.2.17)

交谱表示能量密度谱在频率轴上的加权投影。(5.2.15)之等式取如下形式

$$A_{\nu\mu}^{(ij)}(\omega)=B_{\nu\mu}(\omega)\sum_{\sigma}\int\mathrm{d}^2\boldsymbol{k}_{\mathrm{h}}E(\boldsymbol{q})C_{\nu\mu}(\phi)D_{\nu\mu}(\omega,\sigma,x_3^i,x_3^j)$$

$$\exp\{-\mathrm{i}(\boldsymbol{k}_{\mathrm{h}}\cdot\boldsymbol{r}_{ij}+\sigma\theta_{ij})\}\tag{5.2.18}$$

式中，

$$\{B_{\nu\mu}\}=\{f_{\nu}^{*}f_{\mu}\}$$

$$=\begin{bmatrix}\frac{1}{2}(\omega-f)^{2} & \frac{1}{2}(\omega-f)(\omega+f) & \frac{\mathrm{i}}{\sqrt{2}}\omega(\omega-f)\\ \frac{1}{2}(\omega-f)(\omega+f) & \frac{1}{2}(\omega+f)^{2} & \frac{\mathrm{i}}{\sqrt{2}}\omega(\omega+f)\\ -\frac{\mathrm{i}}{\sqrt{2}}\omega(\omega-f) & -\frac{\mathrm{i}}{\sqrt{2}}\omega(\omega+f) & \omega^{2}\end{bmatrix}\tag{5.2.19}$$

$$\{C_{\nu\mu}\}=\{g_{\nu}^{*}g_{\mu}\}$$

$$=\begin{bmatrix}1 & \mathrm{e}^{-2\mathrm{i}\phi} & \mathrm{e}^{-\mathrm{i}\phi}\\ \mathrm{e}^{2\mathrm{i}\phi} & 1 & \mathrm{e}^{\mathrm{i}\phi}\\ \mathrm{e}^{\mathrm{i}\phi} & \mathrm{e}^{-\mathrm{i}\phi} & 1\end{bmatrix}\tag{5.2.20}$$

$$\{D_{\nu\mu}\}=\{[\Psi_{\nu}^{0}]^{*}\Psi_{\mu}^{-}\}$$

$$=C^{2}(\omega)\begin{bmatrix}(\Omega_{i}\Omega_{j})^{1/2} & (\Omega_{i}\Omega_{j})^{1/2} & \mathrm{i}\sigma\left(\frac{\Omega_{i}}{\Omega_{j}}\right)^{1/2}\\ (\Omega_{i}\Omega_{j})^{1/2} & (\Omega_{i}\Omega_{j})^{1/2} & \mathrm{i}\sigma\left(\frac{\Omega_{i}}{\Omega_{j}}\right)^{1/2}\\ -\mathrm{i}\sigma\left(\frac{\Omega_{i}}{\Omega_{j}}\right)^{1/2} & -\mathrm{i}\sigma\left(\frac{\Omega_{i}}{\Omega_{j}}\right)^{1/2} & (\Omega_{i}\Omega_{j})^{1/2}\end{bmatrix}\tag{5.2.21}$$

式中，　$\Omega_{i}=\Omega(x_{3}^{(i)}),\Omega_{j}=\Omega(x_{3}^{(j)})$　(5.2.22)

它们由(5.2.11)规定。

若用 m 和 n 代替 $\boldsymbol{\nu}$ 与 $\boldsymbol{\mu}$，则将交谱由旋转表达式 $A_{\nu\mu}^{(ij)}$ 转换为之笛卡尔表达式 $A_{mn}^{(ij)}$

$$A_{mn}^{(ij)}(\omega)=\sum_{\sigma}\int\mathrm{d}^{2}\boldsymbol{k}_{\mathrm{h}}E(\mathbf{q})T_{mn}(\omega,\phi)D_{mn}^{(ij)}(\omega,\sigma,x_{3}^{(i)},x_{3}^{(j)})\mathrm{e}^{-i(\boldsymbol{k}_{\mathrm{h}}\cdot\boldsymbol{r}_{ij}+\sigma\theta_{ij})}\tag{5.2.23}$$

式中，　$\{D_{mn}^{(ij)}\}=\{D_{\nu\mu}^{(ij)}\}$　(5.2.24)

$$\{T_{mn}\}=\begin{bmatrix}\omega^{2}\cos^{2}\phi+f^{2}\sin^{2}\phi & (\omega^{2}-f^{2})\cos\phi\sin\phi+\mathrm{i}\omega f & -\omega f\sin\phi+\mathrm{i}\omega^{2}\cos\phi\\ (\omega^{2}-f^{2})\cos\phi\sin\phi-\mathrm{i}\omega f & \omega^{2}\sin^{2}\phi+f^{2}\cos^{2}\phi & \omega f\cos\phi+\mathrm{i}\omega^{2}\sin\phi\\ -\omega f\sin\phi-\mathrm{i}\omega^{2}\cos\phi & \omega f\cos\phi-\mathrm{i}\omega^{2}\sin\phi & \omega^{2}\end{bmatrix}\tag{5.2.25}$$

若考虑 $i=j$ 时交谱对 x_{3} 之依从关系，我们得

$$\{A_{\nu\mu}(x_{3})\}\propto\begin{bmatrix}\Omega(x_{3}) & \Omega(x_{3}) & 1\\ \Omega(x_{3}) & \Omega(x_{3}) & 1\\ 1 & 1 & \Omega^{-1}(x_{3})\end{bmatrix}\tag{5.2.26}$$

因此，进行内波场的尺度为

$$
\begin{cases}
A_{++}(x_3), A_{+-}(x_3), A_{--}(x_3) \propto \left(\dfrac{N^2(x_3)-\omega^2}{\omega^2-f^2}\right)^{1/2} \\
A_{+0}(x_3), A_{-0}(x_3) \propto \text{const} \\
A_{00}(x_3) \propto \left(\dfrac{N^2(x_3)-\omega^2}{\omega^2-f^2}\right)^{-1/2}
\end{cases}
\tag{5.2.27}
$$

总能量为

$$
E(\omega, x_3) = P_{++} + P_{--} + P_{00} + \frac{N^2}{\omega^2} P_{00} \tag{5.2.28}
$$

$$
= P_{11} + P_{22} + P_{33} + \frac{N^2}{\omega^2} P_{33} \tag{5.2.29}
$$

其尺度为

$$
E(\omega, x_3) \propto \frac{N^2(x_3) - f^2}{(N^2(x_3) - \omega^2)^{1/2}} \tag{5.2.30}
$$

当 $\omega^2 \ll N^2$ 时,(5.2.27) 中的第 1,3 式和(5.2.30) 可近似成

$$
\begin{cases}
A_{++}(x_3), A_{+-}(x_3), A_{--}(x_3) \propto N(x_3) \\
A_{00}(x_3) \propto N^{-1}(x_3) \\
E(\omega, x_3) \propto N(x_3)
\end{cases}
\tag{5.2.31}
$$

5.2.2 驻内波场的表示

驻内波场的模态表示由下式给出

$$
u_\nu(\boldsymbol{x}, t) = \int_f^N \mathrm{d}\omega \int \mathrm{d}^2 \boldsymbol{k}_\mathrm{h} \{ [\mathbf{a}(\omega, \boldsymbol{k}_\mathrm{h}) \tilde{u}_\nu(\omega, \boldsymbol{k}_\mathrm{h}) \widetilde{\Psi}_\nu(\omega, \boldsymbol{k}_\mathrm{h}, x_3) \mathrm{e}^{-\mathrm{i}(\boldsymbol{k}_\mathrm{h} \cdot \boldsymbol{x} - \omega t)} + \mathbf{a}^*(\omega, \boldsymbol{k}_\mathrm{h}) \tilde{u}^*_{-\nu}(\omega, \boldsymbol{k}_\mathrm{h}) \widetilde{\Psi}_{-\nu}(\omega, \boldsymbol{k}_\mathrm{h}, x_3) \mathrm{e}^{\mathrm{i}(\boldsymbol{k}_\mathrm{h} \cdot \boldsymbol{x} - \omega t)}] \} \tag{5.2.32}
$$

$\tilde{u}, \widetilde{\Psi}$ 等表示驻内波的量。对 $\boldsymbol{k}_\mathrm{h}$ 之积分转化为一个一维积分和一列离散本征值的叠加。

垂向本征函数$\left(\widetilde{\Psi}_+ = \widetilde{\Psi}_- = \dfrac{1}{k_\mathrm{h}} \dfrac{\partial \widetilde{\Psi}_0}{\partial x_3}\right)$必须由下述本征值问题来确定

本征方程

$$
\frac{\partial^2}{\partial x_3^2} \widetilde{\Psi}_0 + k_\mathrm{h}^2 \frac{N^2(x_3) - \omega^2}{\omega^2 - f^2} \widetilde{\Psi}_0 = 0 \tag{5.2.33}
$$

相应边界条件采用活动海面边界条件

$$
\frac{\partial \widetilde{\Psi}_0}{\partial x_3} - g \frac{k_\mathrm{h}^2}{\omega^2 - f^2} \widetilde{\Psi}_0 = 0, \quad \text{在 } x_3 = 0 \tag{5.2.34}
$$

和水平刚性海底边界条件

$$
\widetilde{\Psi}_0 = 0, \quad \text{在 } x_3 = -h_0 \tag{5.2.35}
$$

很容易根据下式将本征函数标准化

$$
\int_{-h_0}^0 \mathrm{d}x_3 \frac{\omega^2 (N^2 - f^2)}{\omega^2 - f^2} \widetilde{\Psi}_0(x_3) \widetilde{\Psi}_0(x_3) + g \frac{\omega^2}{\omega^2 - f^2} \widetilde{\Psi}_0(x_3 = 0) \widetilde{\Psi}_0(x_3 = 0) = 1 \tag{5.2.36}
$$

振幅因子由下式给出

$$\left.\begin{array}{l}\tilde{u}_{+}\\ \tilde{u}_{-}\\ \tilde{u}_{0}\end{array}\right\}=\left\{\begin{array}{c}-\mathrm{i}(\omega-f)/\sqrt{2}\\ -\mathrm{i}(\omega+f)/\sqrt{2}\\ \omega\end{array}\right\}\left\{\begin{array}{l}\mathrm{e}^{\mathrm{i}\phi}\\ \mathrm{e}^{-\mathrm{i}\phi}\\ 1\end{array}\right\} \tag{5.2.37}$$

能量密度谱　设波场是统计平稳并水平均匀的，则振幅满足

$$\begin{cases}\langle \mathbf{a}(\omega,\boldsymbol{k}_{\mathrm{h}})\mathbf{a}(\omega',\boldsymbol{k}'_{\mathrm{h}})\rangle=0\\ \langle \mathbf{a}(\omega,\boldsymbol{k}_{\mathrm{h}})\mathbf{a}^{*}(\omega',\boldsymbol{k}'_{\mathrm{h}})\rangle=\dfrac{1}{2}\widetilde{E}(\omega,\boldsymbol{k}_{\mathrm{h}})\delta(\omega-\omega')\delta(\boldsymbol{k}_{\mathrm{h}}-\boldsymbol{k}'_{\mathrm{h}})\end{cases} \tag{5.2.38}$$

式中，$\widetilde{E}(\omega,\boldsymbol{k}_{\mathrm{h}})$ 表示能量密度谱，因为标准化(5.2.36)之选取使

$$E_0=\int_f^N \mathrm{d}\omega\int \mathrm{d}\boldsymbol{k}_{\mathrm{h}}E(\omega,\boldsymbol{k}_{\mathrm{h}}) \tag{5.2.39}$$

代表每单位面积下之总能量。

交谱

交谱矩阵由下式给出：

$$\begin{aligned}\widetilde{A}_{\nu\mu}^{(ij)}(\omega)=&\int \mathrm{d}^2\boldsymbol{k}_{\mathrm{h}}\widetilde{E}(\omega,\boldsymbol{k}_{\mathrm{h}})\tilde{u}_{\nu}^{*}(\omega,\boldsymbol{k}_{\mathrm{h}})\tilde{u}_{\mu}(\omega,\boldsymbol{k}_{\mathrm{h}})\widetilde{\Psi}_{\nu}(\omega,\boldsymbol{k}_{\mathrm{h}},x_3^{(i)})\\ &\widetilde{\Psi}_{\mu}(\omega,\boldsymbol{k}_{\mathrm{h}},x_3^{(j)})\exp(-\mathrm{i}\boldsymbol{k}_{\mathrm{h}}\cdot\boldsymbol{r}_{ij})\end{aligned} \tag{5.2.40}$$

或者用显式表示

$$\widetilde{A}_{\nu\mu}^{(ij)}(\omega)=B_{\nu\mu}(\omega)\int \mathrm{d}^2\boldsymbol{k}_{\mathrm{h}}E(\omega,\boldsymbol{k}_{\mathrm{h}})C_{\nu\mu}(\phi)D_{\nu\mu}^{(ij)}(\omega,\boldsymbol{k}_{\mathrm{h}},x_3^{(i)},x_3^{(j)})\mathrm{e}^{-\mathrm{i}\boldsymbol{k}_{\mathrm{h}}\cdot\boldsymbol{r}_{ij}} \tag{5.2.41}$$

式中，$B_{\nu\mu}(\omega)$ 由(5.2.19)给出，$C_{\nu\mu}(\phi)$ 由(5.2.20)给出，而 $\widetilde{D}_{\nu\mu}^{(ij)}$ 为

$$\widetilde{D}_{\nu\mu}^{(ij)}=\widetilde{\Psi}_{\nu}(\omega,\boldsymbol{k}_{\mathrm{h}},x_3^{(i)})\widetilde{\Psi}_{\mu}(\omega,\boldsymbol{k}_{\mathrm{h}},x_3^{(j)}) \tag{5.2.42}$$

§5.3　锚系仪器阵列观测

5.3.1　锚系仪器阵列观测

锚系仪器阵列观测采用系留在一组锚系装置上的多架自记仪器来获取海水物理量的地理空间分布和时间序列资料，从中分析出海洋内波等的运动规律。它是一种广泛采用的海洋观测方法。

锚系装置由浮子、缆绳、声学释放器及锚(通常采用廉价的水泥块或废金属重块)等组成。为了增加浮力、绷紧缆绳，除在顶部系有主浮子外，还可在缆绳的其他部位加挂副浮子。为减小海面的风、浪、流和水位变化对观测值的影响，通常将主浮子没入水中，在中国，锚系装置亦称为浮标，没入水下的浮标被称为潜标。主浮子与海面的距离视水深和需观测的最浅层位置而定。为标明锚系所在位置，便于回收仪器，还系留一个露出水面的标识物，或在水下系留一个声信号发射器。图5.3.1为一些用于内波观测的锚系装置实例。

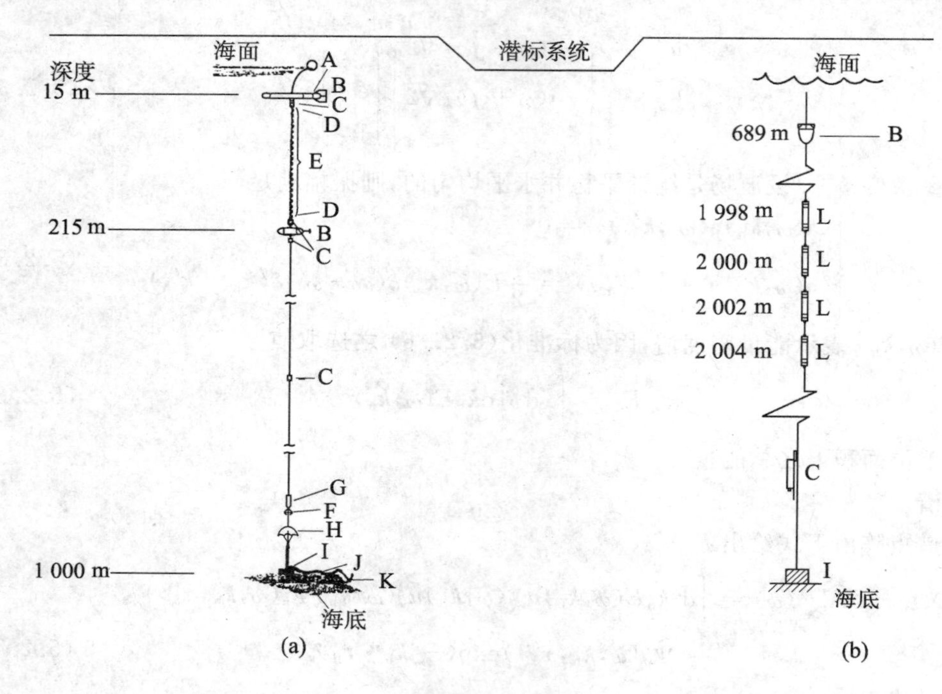

图 5.3.1　用于内波观测的锚系装置实例

(a) 在直布罗陀海峡的锚系潜标系统(Ziegenbein,1969)

(b) 在马尾藻海(36°01.7′N,69°58.8′W)的深海锚系(Briscoe,1977)

A— 标志物　B— 浮子　C— 转环　D— 压强传感器　E—21 个温度探头阵列

F— 声学释放器　G— 回收装置　H— 小降落伞　I— 重块　J— 链　K— 锚　L— 海流计

根据观测的需要和可能,缆绳上可系留各种观测仪器,如温度计、温度链、电导率计、压强计、海流计等,它们具有快速取样并自记的功能。在理想情况下,在一个锚系装置上布设多层仪器,由这些仪器获得的资料应能分析出观测前预期内容。仪器应覆盖整个研究水层,记录下所需要的各种物理量。由于海水物理量在垂向不是均匀变化的,因而通常仪器沿深度方向不是等间隔布置的,在跃层等物理量变化剧烈的水层应布设得密一些,在物理量变化缓慢的水层可以稀疏一些。这样可用尽可能少的仪器获得尽可能多的信息。

用 1 个锚系作观测只能获得 1 个地理位置处的特性,不易分析波场的水平变化特性。所以应在调查海区布放多个锚系或特殊结构的锚系。在陆架区等浅海区,为获得波动传播方向与速度等特性,应在调查海区布放三、四个锚系。例如,1981 年 4 月 5～14 日在悉尼附近陆架海域的 1 次观测(Fang *et al*,1984),计划采用 4 个锚系,布置成四边形,但放置时其中 1 个锚系出现故障而放弃,变成 3 个锚系构成的三角形布设的锚系阵列(图 5.3.2a)。三角形的边长约为 1 km,每一个锚系在离海面 36 m 和 76 m 深度处系留含有测温探头的安德拉海流计各 1 架(其中 1 架 36 m 深的海流计因仪器故障未取到资料)。图 5.3.2b 为 1996～1997 年期间在美国加利福尼亚 Mission Beach 外陆架陆坡区作观测的锚系阵列布设图(Lerczak *et al*,1999)。可以看出,这些锚系是位于 1 条垂直于等深线的直线上。

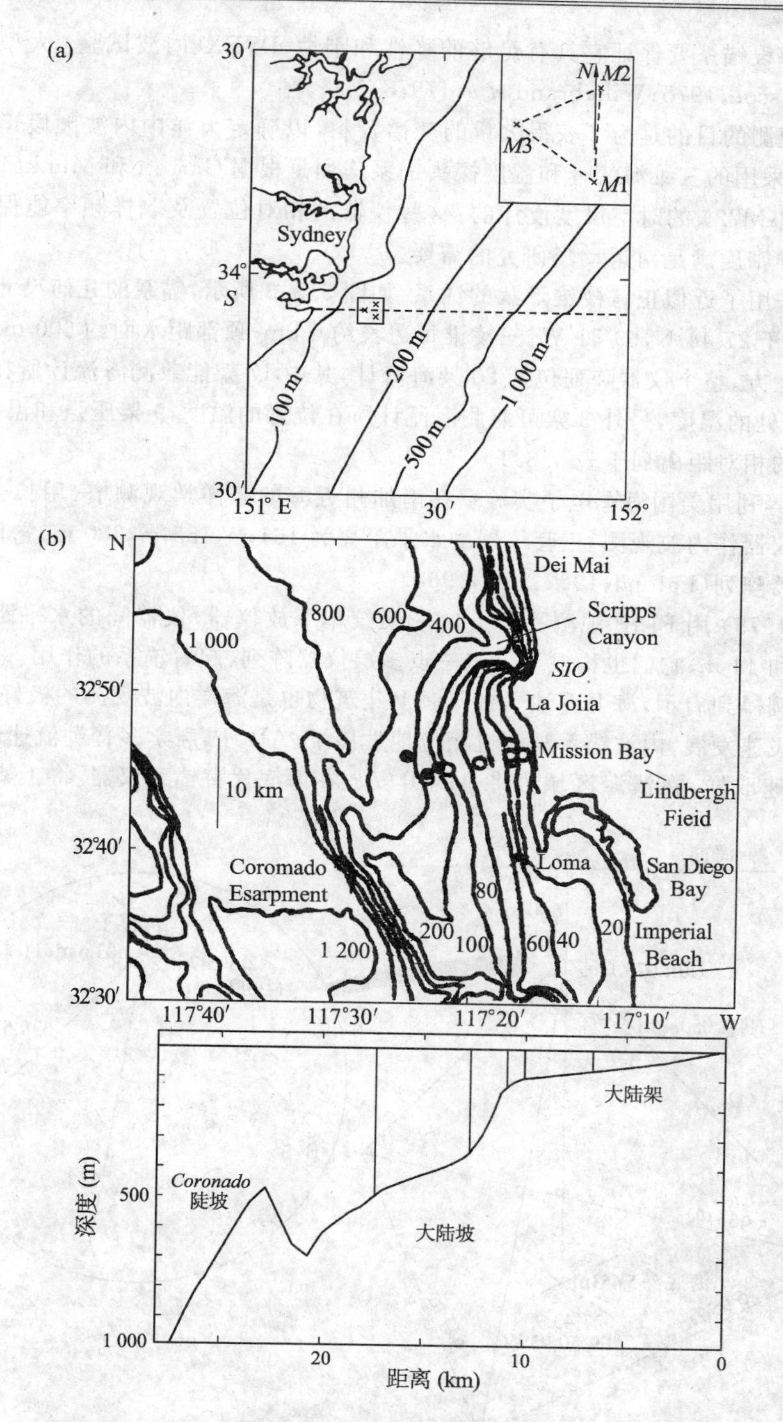

图 5.3.2　锚系布设位置实例

(a) Fang *et al*,1981 年 4 月 5～14 日在悉尼附近陆架海域内波观测锚系阵列平面(Fang *et al*,1984)

(b) 加利福尼亚 Mission Beach 外 1996～1997 年观测内波的锚系阵列，黑、白圆圈为锚系位置(Lerczak *et al*,1999)

在深海布设锚系要保证它具有足够的稳性和刚性。IWEX(内波试验)大型深海锚系堪称典范(Briscoe,1975;Willebrand *et al*,1978)。

IWEX 观测的目的是为了获得大量的交谱资料,以确定大洋中内波频段运动的运动学结构。它所采用的三维海流计和温度探头锚系阵列是根据 Garrett 和 Munk(1972) 大洋内波谱模型(GM72) 的时空尺度设计的。这些仪器的相对位置及取样频率能保证所得资料的时空取样密度满足对运动场研究的需要。

IWEX 采用了近似正三棱锥形状的锚系,如图 5.3.3 所示,锚系的几何尺寸也在图中给出了。它位于 27°44′N,69°51′W。三棱锥每边长约 6 km;顶部距水面约 600 m,位于主温跃层上界的上方。整个仪器阵列包括 20 架海流计,其中 17 架能兼测海流计所在位置及其上下 1.74 m 处的温度,另外 3 架可兼测海流计所在位置的温度;9 架压强和温度记录仪。这些仪器间的相对距离列于表 5.3.1。

Lafond 等利用美国海军电子实验室在南加州近海的海洋学观测塔,用长臂绞车在 3 个方向下放仪器作内波观测。三套仪器的水平距离为 161 m,153 m,200 m。它们取代了 3 个锚系的仪器阵列(Lafond,1962;Cox,1962)

Pinkel(1975) 用 FLIP 观测平台上的三架绞车下放仪器,仪器间的水平距离分别为 39 m,38 m 和 44 m,它们也构成了一组三点多层仪器阵列,起着锚系的作用。

由上两例得到启示,海上石油平台等海上建筑物也是海洋内波观测的极好基地。随着观测仪器的飞速发展,内波锚系观测也相应地发展了。ADCP(声学多普勒流速剖面仪) 能作多层次快速取样,在浅海区域可将 ADCP 安放在海底代替锚系仪器。将 1 架 ADCP 系

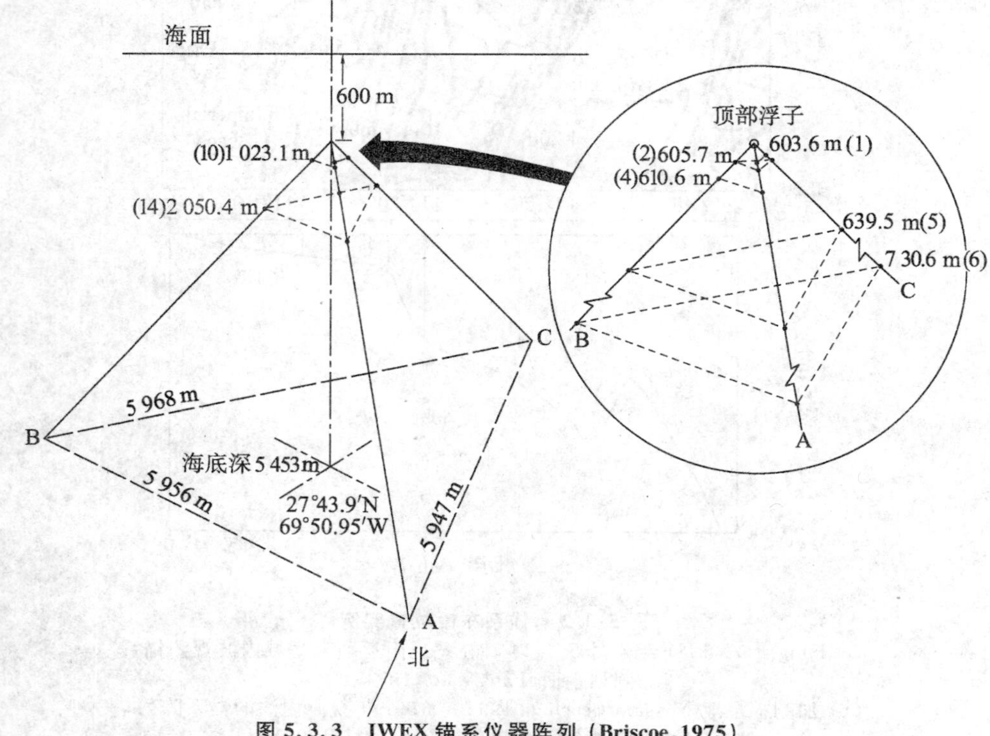

图 5.3.3　IWEX 锚系仪器阵列 (Briscoe,1975)

表 5.3.1 IWWEX 锚系仪器阵列中各仪器间的垂向间隔和水平间隔（Briscoe,1975）

同一缆绳

垂向间隔	水平间隔 (m) 1	2	4	5	6	8	10	14
1		1.4	4.6	21.9	76.8	251	256	920
2	2.1		3.2	20.5	75.4	250	255	919
4	7.0	4.9		17.3	72.2	247	252	915
5	35.9	33.8	28.9		54.9	229	235	898
6	127	125	120	91.1		174	180	843
8	411	409	404	375	284		5.4	669
10	420	417	413	384	293	8.7		664
14	1 447	1 445	1 440	1 411	1 320	1 036	1 027	

垂向间隔	斜向间隔 (m) 1	2	4	5	6	8	10	14
1	.	2.5	8.4	42.1	148	481	492	1 714
2	.	.	5.8	39.5	146	479	489	1 712
4	.	.	.	33.7	140	473	483	1 706
5	.	.	.	.	106	439	456	1 672
6	.	.	.	.	.	333	343	1 566
8	.	.	.	.	.	.	10.2	1 233
10	.	.	.	.	.	.	.	1 223
14	.	.	.	.	.	.	.	.

不同缆绳

垂向间隔	水平间隔 (m) 1	2	4	5	6	8	10	14
1	6.1	7.3	10.3	27.3	82.1	256	262	925
2	2.1	8.5	11.4	28.2	82.9	257	263	926
4	7.0	4.9	14.0	30.3	84.6	259	264	923
5	35.9	33.8	28.9	44.0	95.6	268	274	937
6	127	125	120	91.1	139	303	308	966
8	411	409	404	375	284	441	446	1 074
10	420	417	413	384	293	8.7	450	1 077
14	1 447	1 445	1440	1411	1 320	1 036	1 027	1 600

垂向间隔	斜向间隔 (m) 1	2	4	5	6	8	10	14
1	6.1	7.6	12.5	45.1	151	484	494	1 717
2	.	8.5	12.4	44.0	150	483	493	1 716
4	.	.	14.0	41.9	147	480	490	1 713
5	.	.	.	44.0	132	461	471	1 693
6	.	.	.	.	139	415	425	1 536
8	.	.	.	.	.	441	446	1 492
10	.	.	.	.	.	.	450	1 439
14	.	.	.	.	.	.	.	1 600

留在锚系装置上，可取代数十架海流计的功能，它可获得一定水层中（如近百米厚度）深度间隔为数米，时间间隔为数秒至数分（任意选定）的流速流向时空资料（Sullivan & Vithanage，1999）。

调查方案应根据实际可能条件来设计，在没有锚系设备时或不便采用锚系设备时，也可采用海洋调查船（在近海可用费用低廉的小型渔船）定点连续观测来获取海洋内波资料。这种办法在我国是常用的，当然资料质量会受到船体起伏等的影响。

我国最早的海洋内波调查在1963年5月26日至6月1日由中科院"金星号"等3艘调查船进行，观测地点在舟山群岛外海（尹逊福、潘惠周，1986）。他们按连续站常规观测方法采用颠倒温度计、南森瓶、厄克曼海流计及机械式BT（温－深剖面仪）。每隔2小时用颠倒温度计和南森瓶作1次采水测温，每隔1小时用厄克曼海流计测1次海流，每隔半小时用BT测1次温深剖面。这样的观测虽然不可能得到较高频率的内波信息，但仍分析得到关于半日潮频率的内波特性。

赵俊生、束星北、耿世江等多次采用调查船布设垂向仪器阵列或用调查船和锚系同步观测黄海内波，获得观测海区极有意义的内波信息（束星北等，1985（北黄海）；赵俊生等，1992（北黄海）；赵俊生等，1992（南黄海））。图5.3.4给出了其中一次观测仪器阵列示意图。

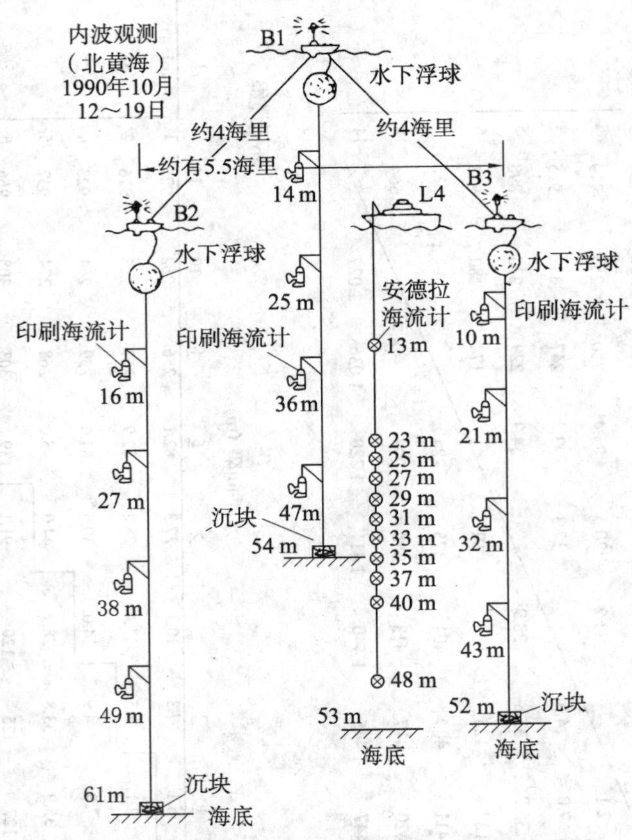

图5.3.4　赵俊生等采用的调查船和锚系同步观测仪器阵列示意图（赵俊生等，1992）

张玉琳、方欣华和叶建华等在黄海中部用“东方红”调查船定点连续观测海洋内波(叶建华,1990),所用仪器为 Endico 海流计、颠倒温度计、南森瓶及机械式 BT 等,获得了关于近惯性内波的信息。

甘子钧、张玉琳、仇德忠、方欣华、黄企洲等在南沙群岛邻近海域多次采用调查船“实验 3 号”连续站观测内波(方欣华、张玉琳等,1994a;方欣华、张玉琳等,1994b;方欣华、吴巍等,1999;方欣华、吴巍等,2000)。

5.3.2　单个锚系观测资料初步分析

单个锚系,一架仪器,如温度计(或海流计),可获得一列温度(或流速向量)随时间变化的记录(时间序列)[$T(t)$ 或 $\boldsymbol{u}(t)$]。资料中通常包含着大量温度(或流速)起伏变化。由于不能断定它们是否为波动,又因它们仅是在平均值附近较小的变化,故泛泛地称它们为“脉动”。

首先,从这列时间序列中可以看出一些显著的特性,如是否含有潮汐频率的显著脉动等。当此脉动显著时,可用单一锚系海流资料分析内潮特性。先从资料中滤掉除所需内潮频率分量外的其他频率分量。下述滤波器是一个极有效的滤波工具(Cartwright & Taylor, 1971;李红岩等,1989)。

$$\zeta(t)=\frac{1}{m}\sum_{k}\left(1+\cos\frac{k\pi}{m}\right)\zeta(t-k\Delta t)\cos(2n\pi\Delta t/T),n\geqslant 1 \tag{5.3.1}$$

式中,Δt 为资料取样时间间隔。若 $\Delta t=1$ h,则 $m=24$;若 $\Delta t=0.25$ h,则 $m=96$;

对半日潮 $n=2$,全日潮 $n=1$;$T=1$ 太阴日 $=24.841\,2$ 太阳时。

根据第 2 章中所述的线性内波流速与波传播方向之间的确定关系,可用流速确定内潮波的传播方向。还可根据水平流速与垂直位移之间的确定关系,从海流资料计算出垂向位移。束星北和赵俊生等(1985)就曾成功地根据流速与波向、流速与垂向位移之关系分析黄海内潮特性。

若有锚系温度观测序列 $T(t)$ 和垂向温度剖面记录 $T(z)$,并由 $T(z)$ 得垂向剖面 $\partial T(z)/\partial z$,则可用下式计算出垂向位移 $\zeta(t)$ 序列

$$\zeta(t)=\frac{T(t)}{\partial T(z)/\partial z} \tag{5.3.2}$$

在实际工作中,获得 $T(t)$ 与 $T(z)$ 的时间不太容易重合,这会降低由(5.3.2)所得结果的精度。

但大量的脉动是不规则的,需要用谱分析等手段来揭示其统计特性。例如,温度脉动的频率自谱。若是流速记录,可得东分量和北分量的频率自谱及两个分量之间的频率交谱,也可得到流速旋转谱,若有两层流速记录,除得各层的谱外,还可得到上下两层各分量间的交谱。

作者等曾采用交谱和旋转谱方法分析 TOGA 锚系资料,得到一些有意义的结果:内潮相位随深度变化,从总体趋势上看,深层相位大于浅层,即波形从浅向深传播,于是可知,在此锚系测站处,内潮能量是从深层传向浅层的。从 100 ~ 220 m,相位增大 25°。从观

测资料得知，统计而言，内潮具有半日潮频率，即 $\omega = 2\pi/(12.4\ \mathrm{h})$，于是，由式(5.1.28)可得，相位从 100 m 传至 220 m 需时 0.86 h。垂向传播速度为 3.88 $\mathrm{cms^{-1}}$。若已知 N，ω 和 f，由(2.1.15)可得 $\boldsymbol{k}$ 和水平方向的夹角，从而由波的垂向传播速度得出水平方向的传播速度。取此海区中 N 的值 $N = 10^{-2}\mathrm{s^{-1}}$(或 $5\times10^{-3}\mathrm{s^{-1}}$)，可得波的水平传播速度为 2.75 $\mathrm{ms^{-1}}$(或1.32 $\mathrm{ms^{-1}}$)，看起来此结果是基本合理的。各层海流资料的旋转谱分析结果：旋转椭圆长轴方向随深度有一系统性变化，从 40 m 层的 60° 变至 324 m 层的 −14°，即从东偏北 30° 变至北偏西 14°。而且在浅层以正旋谱为主变至在较深处以负旋谱为主。

5.3.3 多锚系阵列观测资料初步分析

多个锚系的观测除上述各锚系的频率自谱和交谱外，还可获得两锚系各分量间的各种交谱。作为对多锚系阵列资料初步分析的例子，介绍 Fang 等(1984) 对悉尼近海内波调查资料分析中所用的一些方法。图 5.3.5 为锚系海流计(附有温度探头)观测得到的温度、流速沿岸分量和离岸分量时间序列的实例(Fang *et al*, 1984)。在资料末尾出现了一组孤立子状波列。将它们单独摘出，温度记录如图 5.3.6 所示，从波峰到达各锚系点的时间差可以得出波传播方向与速度。得出头波与第 2 个波的传播速度分别为 0.6 $\mathrm{ms^{-1}}$ 和 0.55 $\mathrm{ms^{-1}}$。传播方向(295°) 垂直于等深线。方欣华和吴巍(2002) 对此方法作了论述，简介如下。

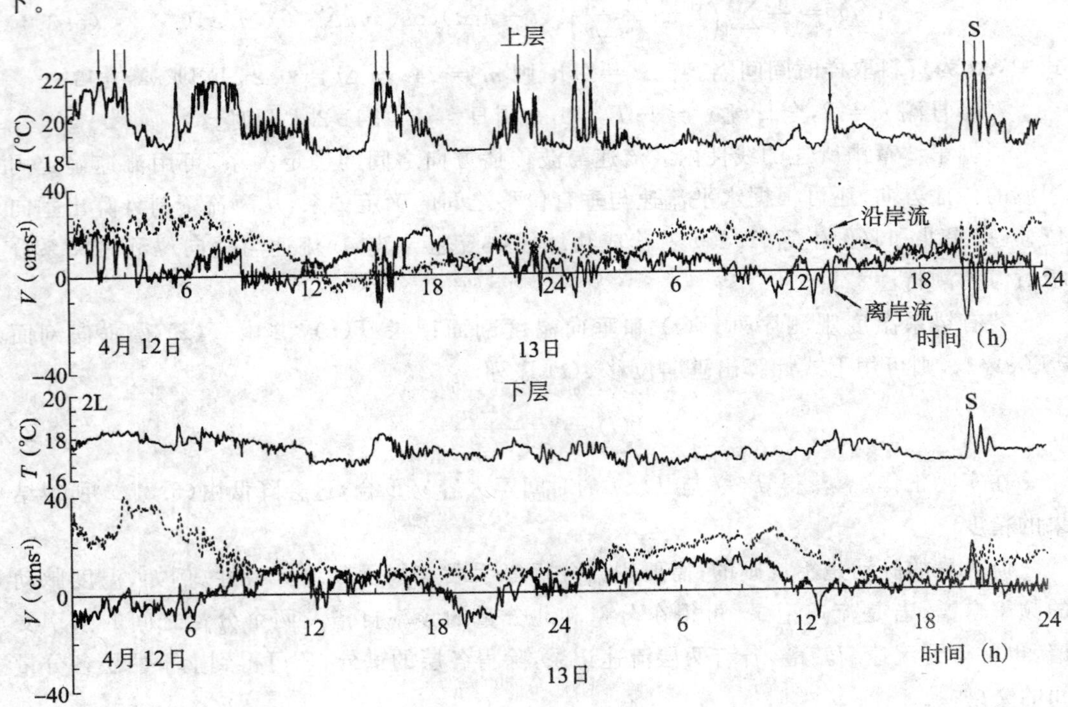

图 5.3.5　用锚系海流计(附有温度探头)观测的悉尼附近陆架海域的温度、流速沿岸分量和离岸分量时间序列曲线(第 2 锚系上层与下层的，Fang *et al*, 1984)

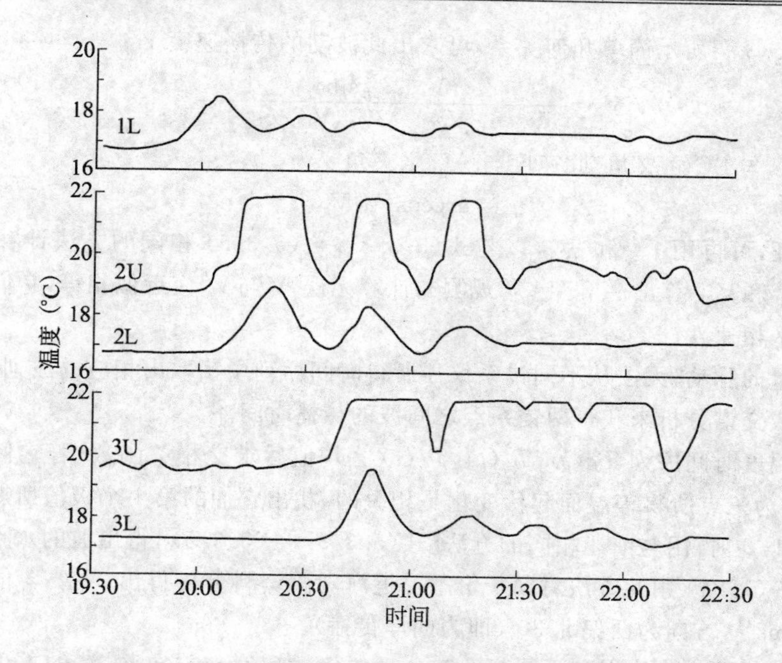

图 5.3.6　在悉尼近海观测得到的孤立子状波列引起的温度时间序列(Fang *et al*,1984)

有 1 个三角形锚系阵列,3 点位置如图 5.3.7 所示的 A,B,C 处。它们间的水平距离分别为 L_{AB},L_{BC},L_{AC},并设它们均小于所分析的内波水平波长。在 A,B,C 点的仪器测得的温度脉动时间序列分辨出要研究的特定波列(如图 5.3.6),测得波从 B 传到 A 所需的时间为 τ_{AB},从 C 到 B 和从 C 到 A 的传播时间分别为 τ_{BC} 和 τ_{AC}。则波动沿 CA 和 CB 传播的速度分别为

$$V_{CA}=\frac{L_{AC}}{\tau_{AC}},V_{CB}=\frac{L_{BC}}{\tau_{BC}} \tag{5.3.3}$$

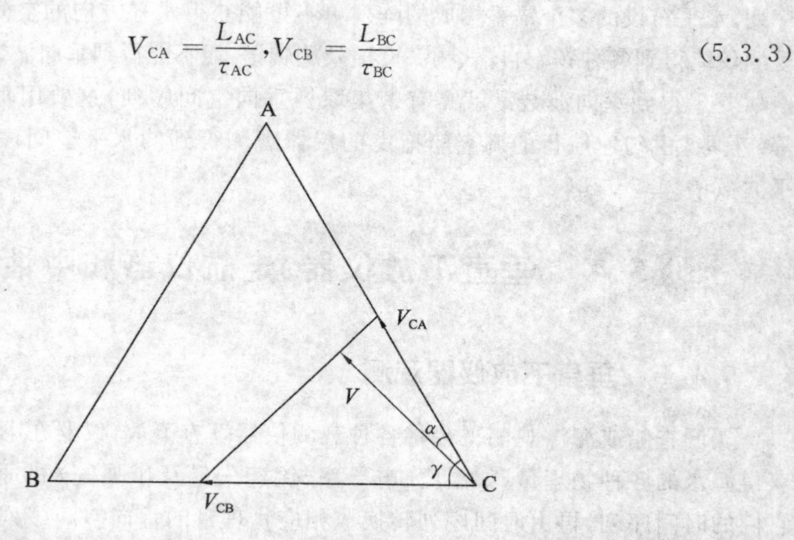

图 5.3.7　从三角形锚系阵列资料分析内波传播速度(方欣华、吴巍,2002)

根据图 5.3.7 所示简单几何关系，可求出此波动的传播速度 V

$$V=\frac{V_{CA}V_{CB}\sin\gamma}{(V_{CA}^2+V_{CB}^2-2V_{CA}V_{CB}\cos\gamma)^{1/2}} \tag{5.3.4}$$

式中，γ 为 AC 与 BC 之夹角。此速度与 AC 之夹角 α 为

$$\alpha=\arccos(V/V_{CA}) \tag{5.3.5}$$

作为验证，可再用 τ_{BA} 和 τ_{CA}，以与式(5.3.3) ～ (5.3.5) 相同的方法计算出 V_{AB} 和 V_{AC}，再由 V_{AB} 和 V_{AC} 算出 α' 和 V'。若观测与计算无误，V 与 V' 应近似相等，它们即为所分析的内波水平相速度。

对于大量的脉动，无法从不同锚系仪器所得时间序列中摘取出相应的波列，这时就需用相关函数或交谱分析来获得两锚系点之间波的传播时间。

对前述温度时间序列 $T_A(t)$，$T_B(t)$，$T_C(t)$ 去均值后求交相关函数，若它们的值超过显著限，则认为三点所得等温面起伏变化是相关的。找出它们的第 1 个极值所对应的延时值 τ_{AB}，τ_{BC}，和 τ_{AC}，再用与前述相同的方法[式(5.3.3) ～ (5.3.5)]得出波的水平相速度统计值。Fang 等(1984) 用此方法对同一份悉尼近海观测资料分析得出，主要含能波水平相速度为 0.6 ms^{-1}，方向为西偏北 30°(即为向岸传播)。

用交谱分析可进一步得到不同频率波分量的传播速度与方向。方法的差别仅在于它采用式(5.1.28) 计算频率为 ω 的波分量在两锚系点间所经历时间，而后采用式(5.3.3) ～ (5.3.5) 计算波的相速度。方欣华(1987) 用这种方法计算了悉尼近海的同一份资料，得出主要含能波分量相速度为 0.55 ms^{-1}，方向为西偏北 26°。

上述几种方法得到了非常一致的结果，表明这些方法是很有效的。锚系资料进一步的分析可采用方向谱技术，它将在 §5.8 中论述。

由于在一个锚系上安装的仪器有限，不可能获得足够长的物理量(如温度等) 垂向空间序列。水平布设的多个锚系构成的阵列更不可能获得水平方向的空间序列记录，所以，锚系观测仅能得到各种频率自谱、频率交谱及旋转谱，而不能得到垂向波数谱和水平波数谱。

要想得到垂向波数谱就需有密集取样垂向空间序列，这要用垂直下放仪器(如 CTD 等) 获取。由匀速航行的调查船拖曳的仪器观测得到的水平空间序列可估计得到各种水平波数谱。

§5.4　垂直下放仪器、走航仪器和中性浮子观测

5.4.1　垂直下放仪器观测

从调查船或海洋观测平台将各种观测仪器垂直下放，仪器在下沉的过程中快速取样，获得海水的各种物理量(如温度、电导率、流速矢量及压强等) 的垂向空间序列或先获得它们的时间序列，再由时间序列转换成相应物理量的垂向空间序列。目前最常用的仪器为 CTD 剖面仪。通常用绞车将它下放并回收，为避免船体颠簸影响观测资料质量，也有事先立起一根铅垂钢缆作“轨道”，CTD 仪沿此轨道自由下落，而后自动上浮回收。还有一些专

门仪器，如流速剖面仪、微结构剖面仪以及 XBT(从船上或飞机上投掷的投弃式温深仪)或 XCTD(投弃式 CTD 仪)等。图 5.4.1 为“实验 3 号”调查船在南海西南海域用 CTD 仪一次观测得到的温度 - 深度、盐度 - 深度和密度 - 深度剖面。

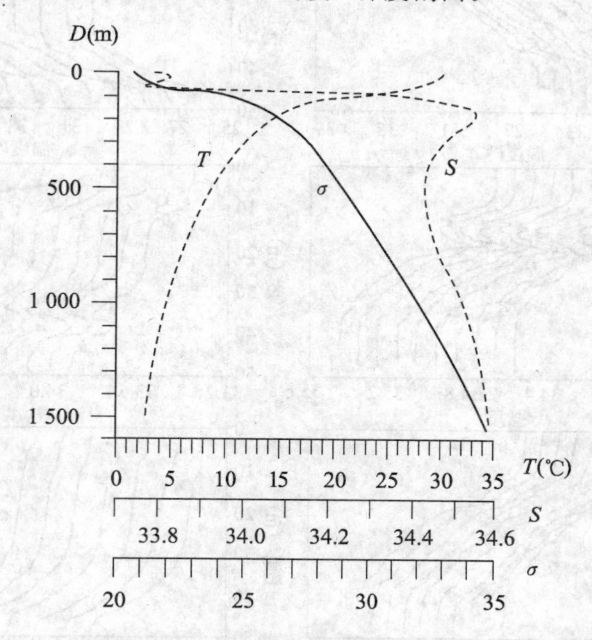

图 5.4.1　“实验 3 号”观测得到的南海西南海域的温、盐、密度 - 深度剖面实例

(此资料由国家“八五”重点攻关项目“南沙群岛及其邻近海区综合科学调查”提供)

用 CTD 仪或其他仪器在同一站位进行等时间间隔的多次重复观测，可得到一族物理量的深度或压强序列，从而可得到此物理量的多条垂向波数谱或两次观测间的交谱。也可从这族资料中摘取某些深度处的物理量取值，构成在这些深度处的此物理量的时间序列。例如，“实验 3 号”多次在南沙群岛邻近海域作定点观测，除用安德拉海流计在几个水层测取流速矢量时间序列外，还反复下放 CTD 仪，获得一列温度 - 深度剖面、电导率 - 深度剖面，经换算得到一组相应的盐 - 深、密 - 深剖面。由于各次观测曲线大致彼此重叠，为了能清楚地表示它们，采用如下做法。以温度 $T(z)$ 为例，共有 n 次观测，$T_1(z), T_2(z), \cdots, T_n(z)$。绘图时使相邻两次观测曲线间隔 ΔT，即变成

$$T_1(z), T_2(z)+\Delta T, \cdots, T_n(z)+(n-1)\Delta T$$

对于盐度 $S(z)$ 和密度 $\sigma(z)$ 也作同样处理。于是可得到如图 5.4.2 所示的曲线族。由这些剖面序列可得到确定温度(盐度、密度)值所在深度随时间变化的曲线族(如图 5.4.3)，或确定深度处的温度(盐度、密度)值随时间变化的曲线族。Holloway 等(1999)在澳大利亚西北陆架海区用从船上连续下放 CTD 仪的方法观测内潮，也用此方法获得了一系列等密度面随深度变化的时间序列。

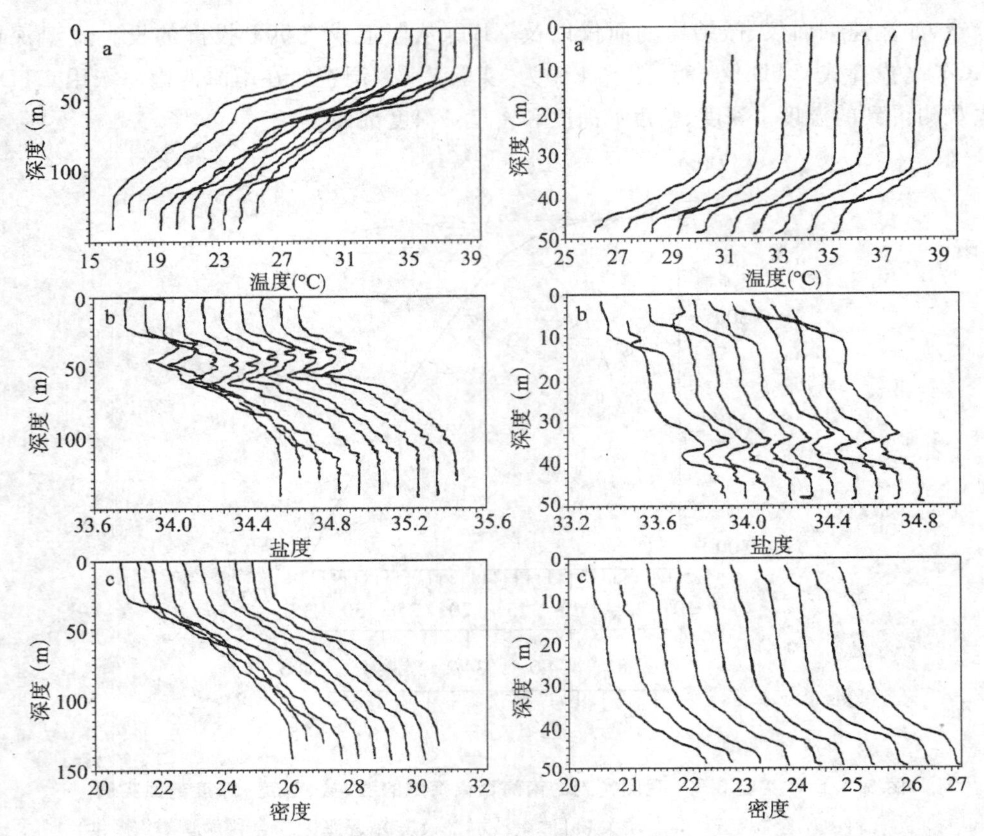

图 5.4.2 "实验 3 号"CTD 观测得到的南海西南海域两测站的温度 - 深度、盐度 - 深度和密度 - 深度剖面族的部分曲线(方欣华等,1994b)

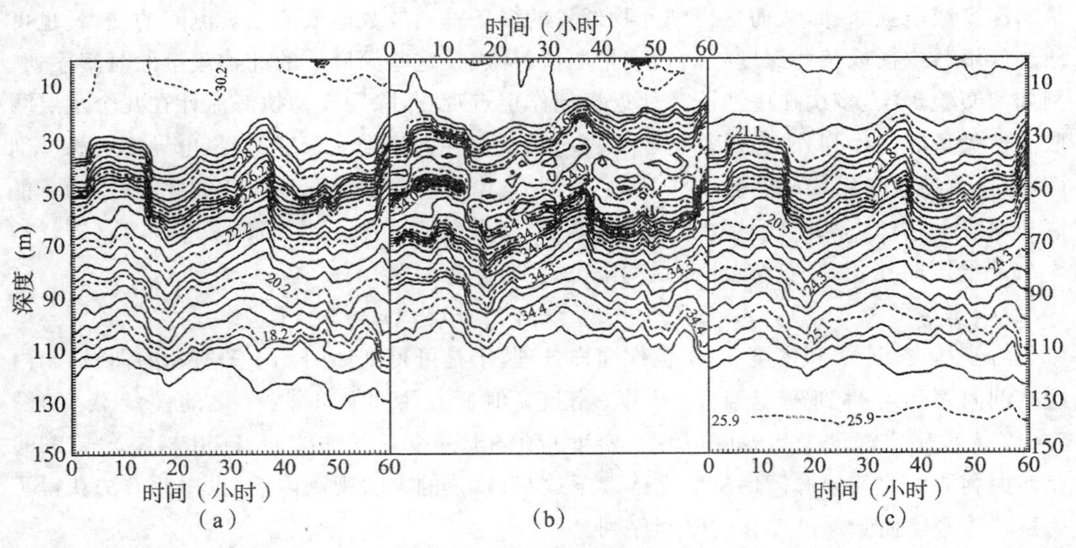

图 5.4.3 由图 5.4.2 左侧三图的资料得到的等温、盐、密度点的深度随时间变化之曲线族(方欣华等,1994b)

(a) 温度(℃) (b) 盐度 (c) 密度

对确定温、盐、密度值对应的深度随时间变化的曲线(为方便计，分别称它们为等温面、等盐面和等密面)作综合分析，可得出这些变化是由内波引起的还是由不同温盐的水体入侵或海水混合等其他因素引起的。图 5.4.4 即为这种分析方法的原理。内波引起等温面、等盐面和等密面同相位的变化，即 3 种等值面同时上凸或同时下凹，而且它们的位移相等，即若它们原来在同一深度处，以后仍保持在同一深度处(图 5.4.4a)。两种不同温盐的水体相互入侵时，温盐互补，即若等温面上凸(下凹)，则等盐面下凹(上凸)使等密面深度保持不变(图5.4.4b)。当发生水体不充分混合时，在混合区内海水物理量(温、盐、密度等)的垂向梯度减小，而在混合区与未混合海水的界面处梯度增大，即在混合区上半部分，等值面上凸；在下半部分，等值面下凹。

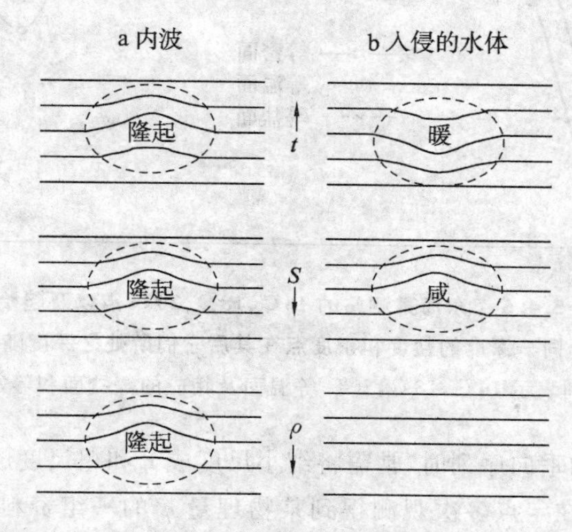

图 5.4.4　内波或入侵细尺度结构的机制(Munk,1981)

Fang 和 You(1987) 采用了这一原理对东海某一测站的资料作了分析(图 5.4.5)。他们将连续站测得的温 - 深资料内插出等温点的深度随时间的变化曲线。图中给出了16℃，18℃ 和 20℃ 的等温面(点线)。再找出这 3 条线的起始深度所对应的盐度值与密度值，也分别作出这些值的等盐面(虚线) 和等密面(实线)。若这些等值面的上下起伏是由线性内波引起的，则同一起始点的等温面、等盐面和等密面在其后的时间应保持重叠。若它们不重叠，表明存在混合或入侵过程。从图中得出，18℃ 的等温面与相应的等盐面及等密面基本重叠(偏差在误差范围以内)，这表明在这一层中，脉动成分是内波。而 16℃ 尤其是 20℃ 等温面与相应的等盐面及等密面在某些时候却有明显的差别，如对于第 12 小时及其后，等温面下偏，等盐面上偏，呈现出入侵型结构，在此深度处产生脉动的因素以内波为主，也存在不同水体的入侵。这一分析方法还被方欣华等(1994a) 成功地用于南沙群岛邻近海区的内波和细结构分析。

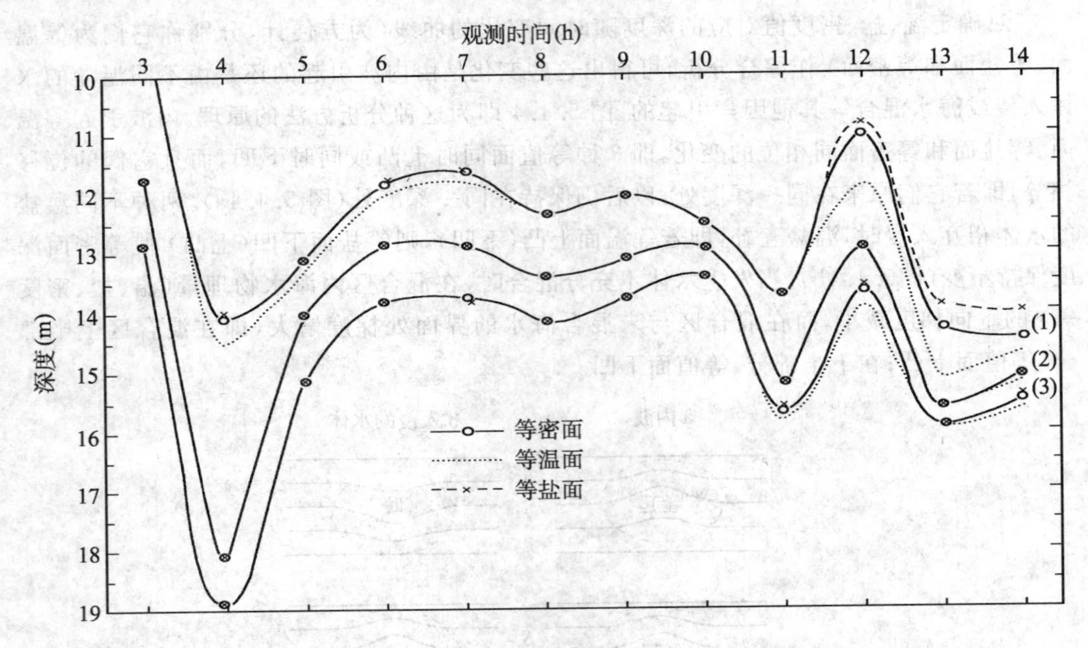

图 5.4.5　东海某测站的 16℃,18℃,20℃ 点以及起始时与它们处于同一深度的盐度和密度点在其后它们所处之深度随时间的变化

标号(1),(2),(3) 分别表示 16℃,18℃,20℃ 等温面及相应的等盐面和等密面(Fang & You,1987)

在分析物理量的垂向序列时,常需将细小尺度成分和粗尺度成分分离开来。理论上说这是个简单的问题,在定点多次观测得到某物理量 φ 的一组资料为 $\varphi_n(z)$,$n=1,2,\cdots,N$(它可以是温,盐,密,流速矢量的深度剖面 $T_n(z)$,$S_n(z)$,$\rho_n(z)$,$\boldsymbol{u}_n(z)$ 等),

$$\varphi_n(z),n=1,2,\cdots,N \tag{5.4.1}$$

对它作总体平均得

$$\langle\boldsymbol{\varphi}(z)\rangle=(1/N)\sum_{n=1}^{N}\varphi_n(Z) \tag{5.4.2}$$

它即为粗尺度成分。每次观测得到的细结构成分为

$$\varphi'_n(z)=\varphi_n(z)-\langle\boldsymbol{\varphi}(z)\rangle \tag{5.4.3}$$

然而,实际问题并非如此简单。在观测中,如 CTD 或 ADCD 观测,除少数连续站观测外,一般地,一个观测站只有一次观测,不可能对观测资料作总体平均。为解决这一难题,很多学者(如 Desaubies 和 Gregg,1981;方欣华等,1994a;张爱军和方欣华,1995)采用在以深度 z_j 为中心的一个深度段$[z_{j-l},z_{j+l}]$中沿深度平均的 $\overline{\varphi}(z)$ 代替总体平均 $\langle\varphi(z)\rangle$。$\overline{\varphi}(z)$ 为

$$\overline{\varphi}(z)=\left(\frac{1}{2l+1}\right)\sum_{i=j-l}^{j+l}\varphi(z_i) \tag{5.4.4}$$

这种处理实际上引入了一个很强的假设,即假设观测到的物理量 $\varphi(z)$ 在作平均的深度段中无倾并具有各态历经性。由于实际海水物理量无论是温、盐、密度还是流速矢量等,

随深度的变化具有明显的倾向性。只有将作平均的深度段$[z_{j-l}, z_{j+l}]$取得足够窄，使$\varphi(z)$在此深度段中可近似地视为无倾的。但此深度段也不应取得过窄，使在此深度段中应含有足够多的观测记录。在实际的资料处理中，平均深度段的宽窄应使所得的$\varphi'_n(z) = \varphi_n(z) - \overline{\varphi}(z)$含有需研究的细小尺度特性，而基本无粗尺度变化的成分；所得平均值$\overline{\varphi}(z)$基本不含细小尺度成分，也不失粗尺度变化特性。

在实际资料处理中采用沿深度的滑动平均代替总体平均。由于取平均的深度段宽窄之确定只有原则依据而无硬性规定，因而它是因人而异的，各人所得的$\overline{\varphi}(z)$和$\varphi'(z)$也有差别。

从密度 - 深度序列可求出密度垂向梯度序列，从而获得浮频率的垂向分布，这将在§5.6中再述。从温度 - 深度序列可求出温度垂向梯度序列，并算出温度Cox数；由流速垂向分布可得Richardson数。它们都是极有用的海洋学特征量，将在§7.4论述。由各种物理量的垂向空间（深度）序列可估计出物理量的垂向波数谱，如温度垂向波数谱等，它们在作统计分析时是极其重要的。

5.4.2　走航仪器观测

走航观测时，将观测仪器（可包括观测温度、电导率、压强等物理量的自容式或电缆传输式仪器）安装在流线型拖体（亦称“拖鱼”）中。拖体没入水中，用一缆绳或电缆与拖它的调查船相连。调查船以较低的均匀航速作直线航行。令被拖仪器连续采样，获得物理量的时间序列。记取采样起、止时拖鱼所在的地理位置。于是，可将上述时间序列转换成水平空间序列。

拖体可以是1个或2个。若是2个，可将它们保持在同一深度，前后相隔一段距离；或者将它们分别置于不同深度，彼此保持一定的水平和垂向距离。在观测过程中拖体可保持在一稳定深度，使航迹呈一水平直线；也可改变拖体升降翼的角度，使之在某一深度范围内沿一波状或锯齿状轨迹运动，即在向前运动的同时还作上下运动。图5.4.6为两种走航观测装置的示意图。

图5.4.6(a)为“双拖鱼”(Katz *et al*, 1979)。“上鱼”安装了温度、压强传感器以及用来控制深度的升力调节装置。“下鱼”装有温度、电导率、压强传感器以及重块。工作时从调查船上发出电子信号控制“上鱼”的深度。“下鱼”中部所置重块用来平衡重力、浮力和升力。船以常速直线航行，拖鱼保持在某一常深度行进并作记录，获得物理量随时间变化的资料，而后将它转化为此物理量随水平位置变化的资料。此拖鱼还可安装其他仪器，如流速仪等。

图5.4.6(b)是称为TOB的拖体(Cairns, 1980)，拖体中装有CTD仪，船以低于5节的速度拖着它行进，在行进过程中它还作上下运动。它的最大下潜深度为400 m。由于它以一常深度为平衡位置作上下运动，所以能记录下以此深度为中心的一厚层海水（如50 m厚）的物理量随时间变化的资料，并转换为随水平和垂向位置变化的资料。图5.4.7为TOB资料处理后得到的分别以深度和航迹为纵横坐标的位温、盐度、声速及位密的等值线实例。从这样的资料中可以看到内波沿航迹的水平分布状况，并可得到内波垂向位移的垂向波数谱等统计特性。

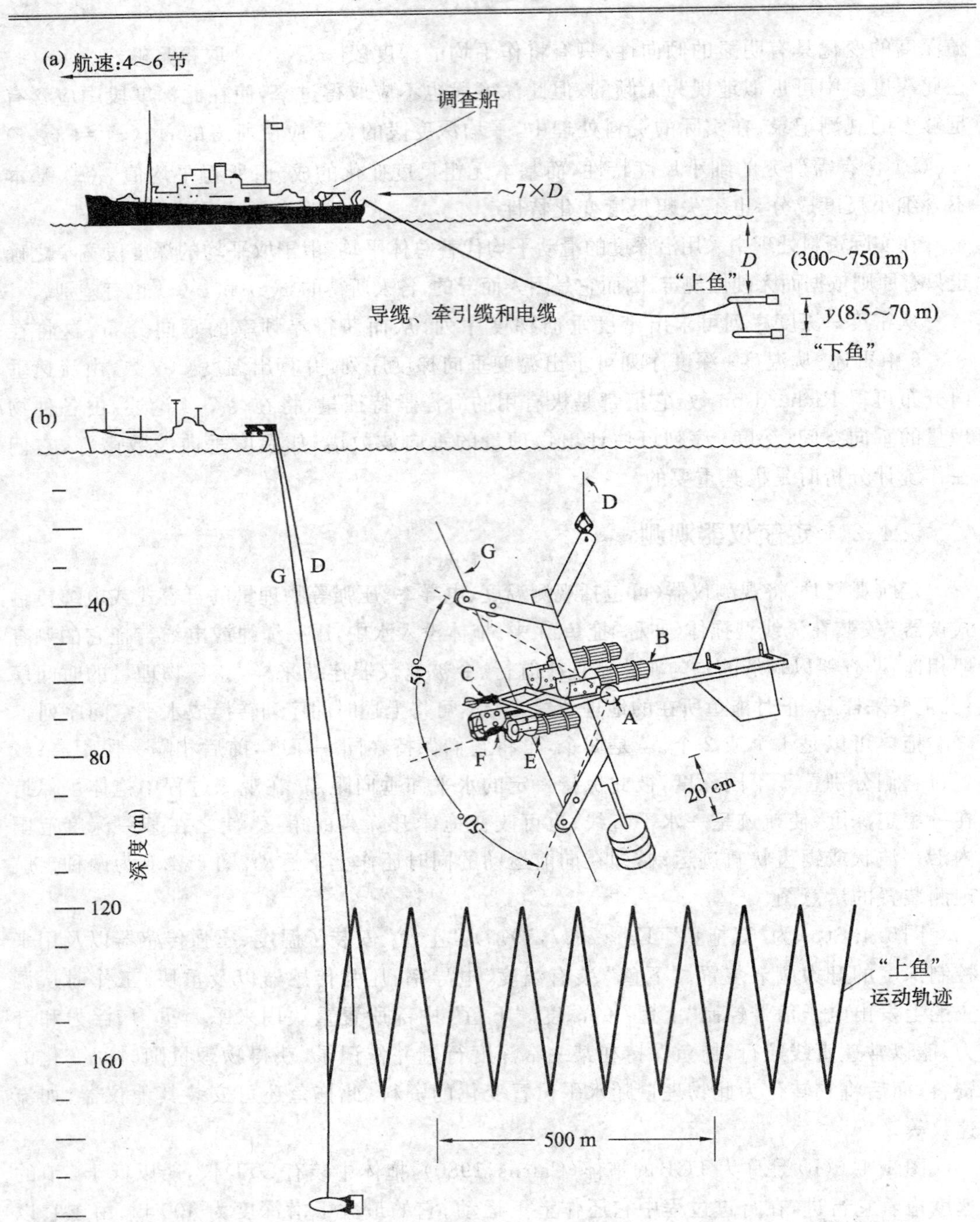

图 5.4.6　走航观测装置

(a) 双拖鱼(Katz *et al*,1979)　(b) TOB(Cairns,1980)

A— 支点　B— 压强探头　C— 海流探头　D— 牵引缆和数据传输电缆

E— 电导率探头　F— 温度探头　G— 导缆

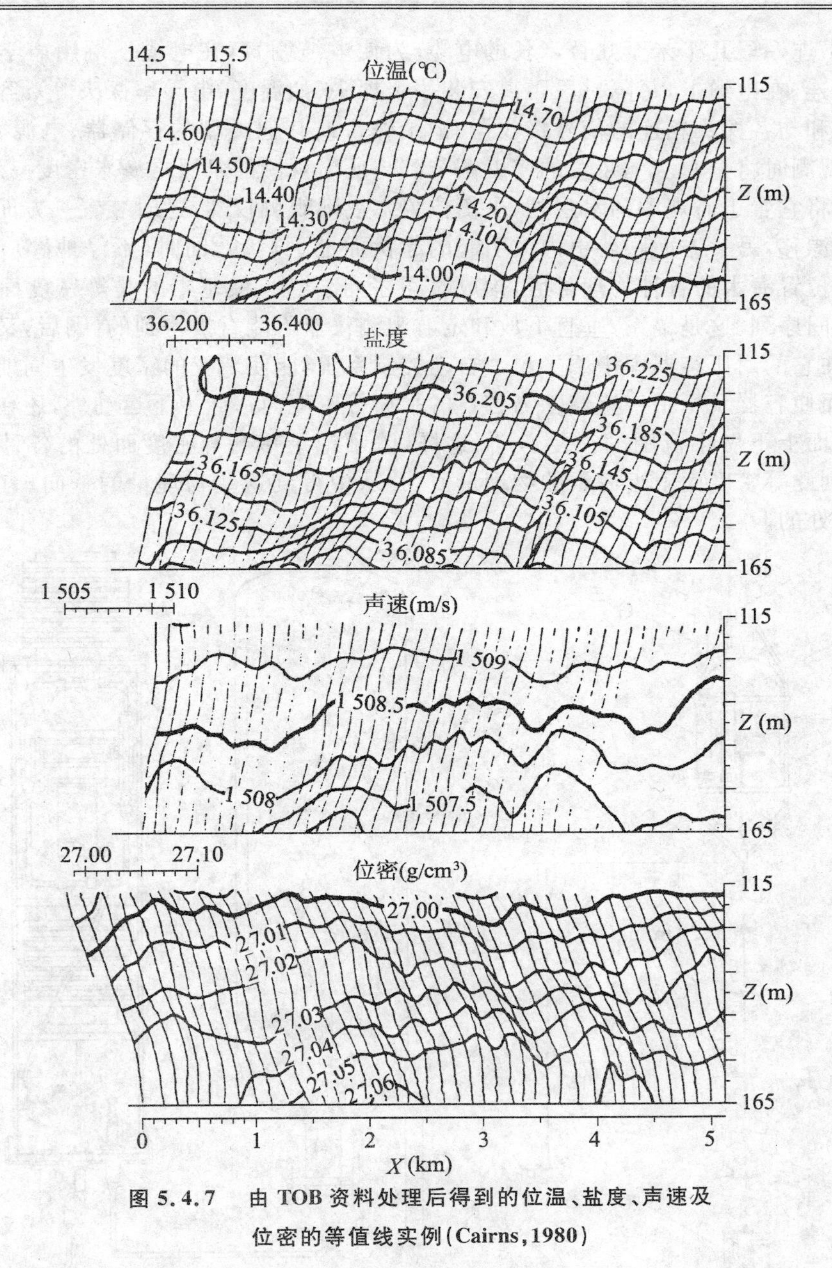

图 5.4.7　由 TOB 资料处理后得到的位温、盐度、声速及位密的等值线实例(Cairns,1980)

此外,还有广泛采用的走航多普勒流速剖面仪(ADCP)等。

5.4.3　中性浮子观测

锚系仪器所得资料含有大中尺度平流成分,它不但会使内波观测资料受到多普勒迁移的影响,而且会因内波与大中尺度运动之间的非线性相互作用而增加资料分析的难度。为避免这些影响,发展了中性浮子观测技术。

作为一个实例,对 Cairns 采用的中性浮子构成简介如下(Cairns,1975):一个耐压水下容器，下连一段几十米至几百米长的电缆。为使电缆绷直，在电缆下端用声学释放器与一重物相连。在电缆上，每隔一段距离安装一个探头（如温度、电导率探头等）。容器中装有压强探头和与各探头相连的信号接收器、记录磁带或其他类型的存储器、电源、声信号接收器等。观测时将全套水下装置的密度调节到与所需观测的水层之海水密度一致，而且用专门技术将它置于需观测的水层处（平衡位置）。启动观测仪器，这时装置一方面随海流在水平方向漂移，另一方面跟着由内波引起的起伏而上下运动。同时，不停地感应和记录下探头所在位置海水的各种物理量值，构成时间序列。其中，最基本的是等密度面起伏的垂向位移时间序列。这是锚系、垂直下放和走航观测仪器不能直接得到的。嗣后，又改进了这一装置，在它的耐压容器中增添了浮力自动控制系统，能使装置的密度发生周期性的微小变化，从而使容器及所带传感器除与各自的平衡等密度面一起上下运动外，还在各自的平衡等密度面上下做小范围的往复运动。这样，除了记录平衡等密度面处的各种物理量值外，还得到此等密度面附近海水的物理量值，并从中得到这些物理量的垂向梯度序列，这是极有用处的。

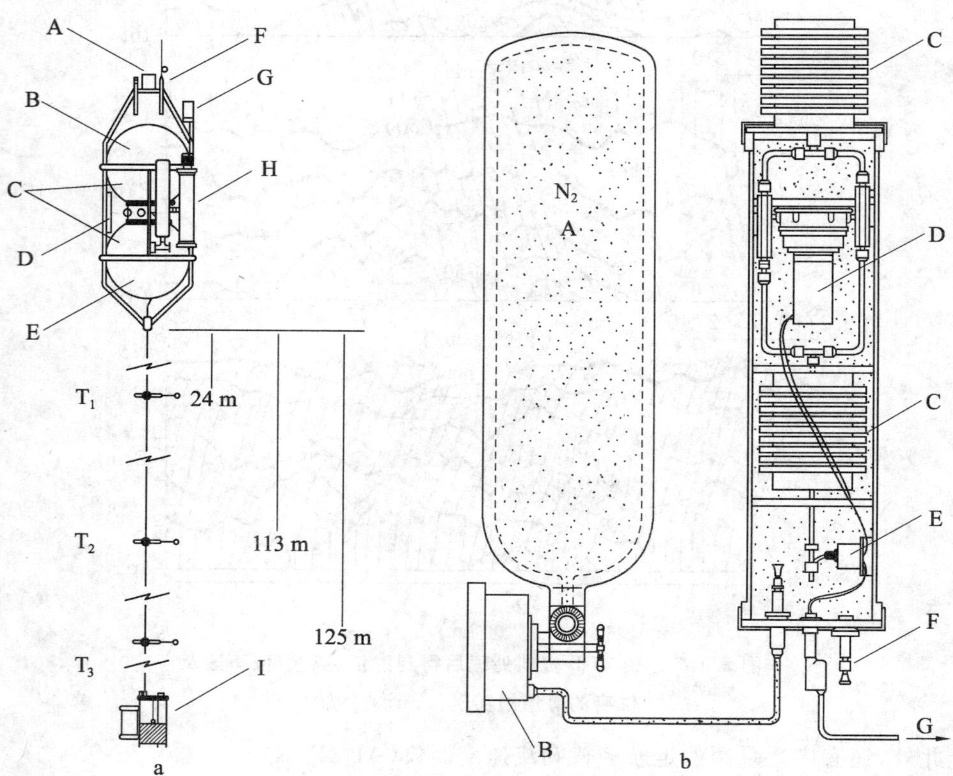

图 5.4.8　Cairns 用于内波观测的中性浮子结构简图（Cairns，1975）

a 整套装置结构简图

A— 声学传感器　B— 声、电系统和电池　C— 漂浮的铝球　D— 压强传感器
E— 磁带数据记录仪　T1，T2，T3— 温度传感器　F— 回收装置　G— 水听器
H— 浮力控制箱　I— 可释放配重物

b 浮力控制系统简图

A— 储氮容器　B— 调节器　C— 油箱　D— 泵
E— 限制开关　F— 溢流阀　G— 通往电子仓

图 5.4.8a 是 Cairns(1975) 使用的中性浮子结构简图。其浮力控制系统由充满氮气的容器、两个风箱型的油箱及连通这两个油箱的管路和油泵组成(图 5.4.8b)。上油箱露在刚性壁外，当油从下油箱泵入上油箱时，上油箱体积增大，使浮子的浮力增大，浮子上升。相反地，当油从上油箱泵入下油箱时，上油箱体积缩小，使浮子的浮力减小，浮子下沉。如此反复进行，就使浮子不断地做交替上升、下降运动，同时记录温度时间序列。刚性壳内充氮空间与储氮容器相通、下油箱体积减小时，氮从储氮器流向下油箱周围；反之，下油箱体积增大时，氮从下油箱周围流向储氮容器，以保证在下油箱体积变化时其周围压强保持不变。图 5.4.9 为此中性浮子测得的一段等温面随时间起伏的曲线(Cairns,1975)。

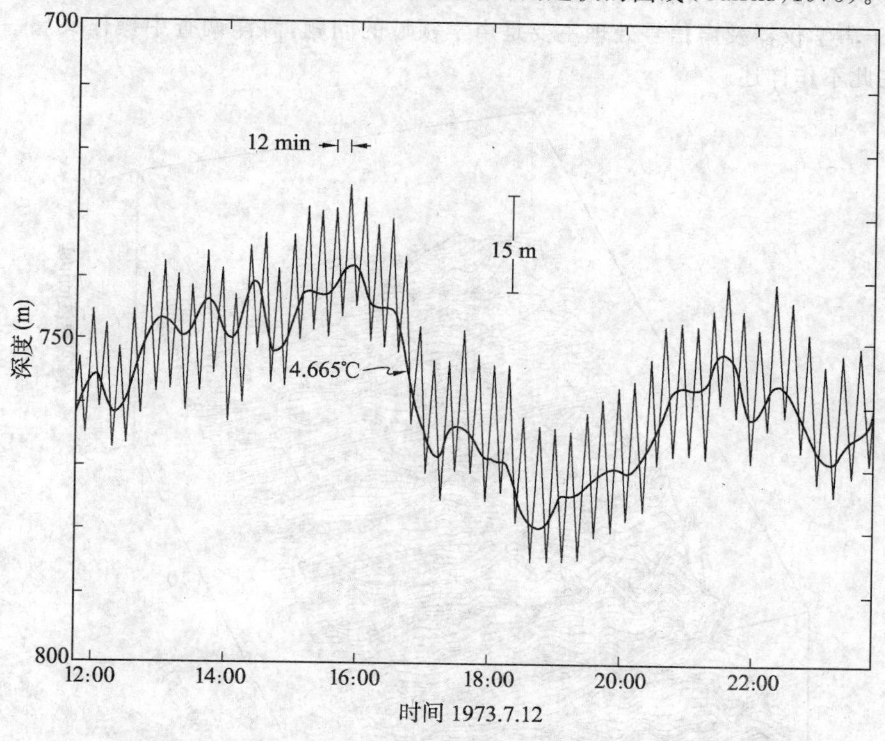

图 5.4.9　中性浮子测得的一段等温面随时间起伏的曲线(Cairns,1975)

§5.5　声学仪器观测和遥感观测

5.5.1　内波的声学技术观测

声信号在海水中传播遇到浮游生物、漂浮物质和密度变化的水层等会发生反射或散射，海洋调查中所用的声学仪器就是根据这一原理设计的。

用声学仪器观测海水的温度、密度和流速等物理量在空间的分布和随时间的变化之技术是海洋调查的一种有效手段，而且显得越来越重要(Munk,1989; Spiesber & Metzger,1992; Orcutt *et al*,2000)。在内波观测中声学手段也是一种有效工具(Proni & Apel,1975; Pinkel,1984; Alford & Pinkel,1999;等等)。随着仪器性能改善、资料处理自动化程度的提高，各种形式的声学海流计（ADCP）、多普勒声呐等声学仪器和技术正越来越广泛地被应用于海洋调查中。

Hersey（1962）综述了海洋生物对声散射的研究。Proni 和 Apel（1975）采用 20 kHz 回声声呐获得了有关海洋内波的图像，并作了相应的理论分析。Pinkel（1975，1981，1984，1985），Alford 和 Pinkel（1999）在海洋调查平台 FLIP 上用多普勒声呐作了多次观测，获得了用其他手段很难得到的海洋内波时空分布资料。声信号的发射角可按需要而改变。图 5.5.1 为测得的小时平均流速随深度与时间变化的信息（Pinkel，1984）。Pinkel 进一步由此资料分析得到了海洋内波的波数频率谱，它将在 §6.7 中叙述。

由于声学仪器及声信号处理主要是声学领域的问题，海洋调查中操作又属一般调查技术，在此不作详述。

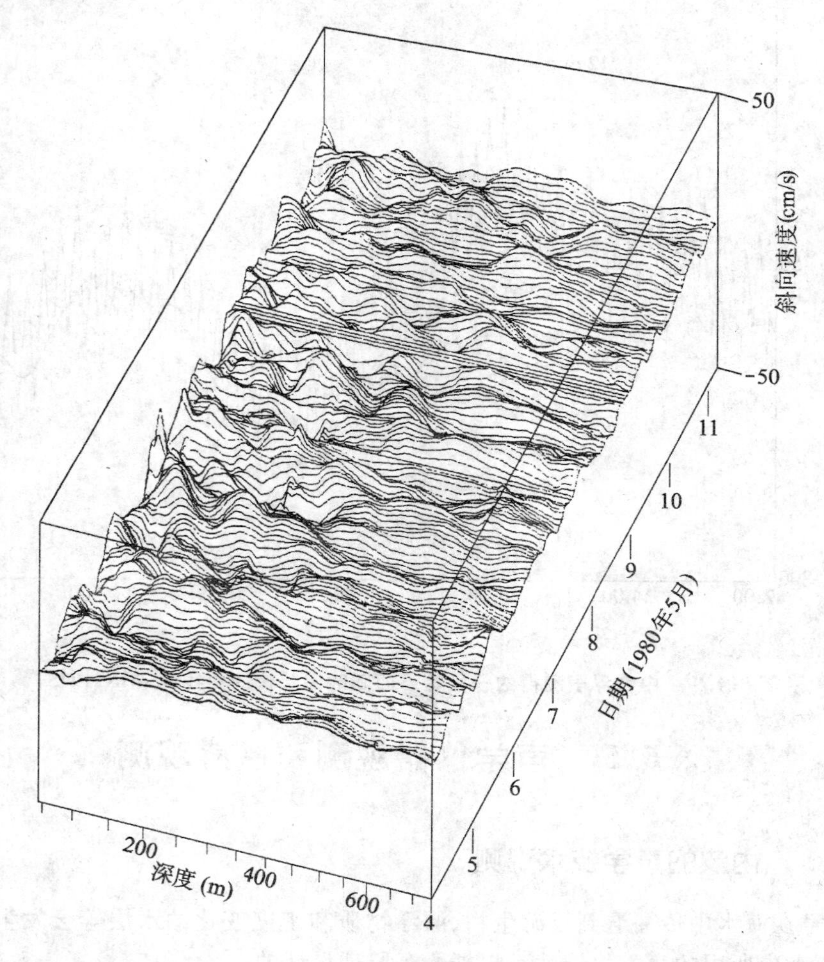

图 5.5.1　多普勒声呐获得的小时平均流速剖面（Pinkel，1984）

5.5.2　内波的遥感观测

在浅强跃层处的内波在跃层上方产生的波流，其水平分量垂直于波峰线，而且一个波长内流向改变 180°，于是，在流向相向处和相背处分别形成表面辐聚带和辐散带。这种流动图案已在 §2.2 界面波中作了阐述。

在某些海区的海面常会出现相间分布的暗色窄条与明亮宽带。这种现象早在 20 世纪 40 年代就引起人们的注意(LaFond,1962)。

人们先是从调查船、海洋观测平台或飞机上拍下了这一现象的可见光照片(LaFond,1962)，继之从卫星上拍下了这样的图片(Apel *et al*,1975)。Ewing 认为大振幅内波产生的表面高流速将表面油污和其他漂浮物输送到表面辐聚区形成一条窄的条带，由于此条带反射减弱，使其颜色发暗。Gargett 和 Hughes (1972) 提出，内波流由于表面张力的作用使毛细波积聚在辐聚区，从而使辐聚区的小尺度粗糙度增大，导致光反射率减低。上述两种解释都是基于微风条件，若风平浪静，海面如镜，或风力较强，风浪较大，都不可能形成上述明暗相间条带图案，这与实际情况是一致的。再者，要拍摄到可见光照片还需要在无云的白昼。

合成孔径雷达(SAR) 在卫星上的应用，使获得的这种图像更清晰，且不受夜晚和云雾的影响。但一般地说，SAR 图像之明暗位置与垂向拍摄的可见光照片正好相反。这是因为 SAR 图像为雷达波在海面的后向散射波形成的。在 SAR 图像中，辐聚带的粗糙海面后向散射强，图像呈明亮状；相反地，辐散带的光滑海面后向散射弱，图像呈暗色。图 5.5.2 为雷达成像示意图，图 5.5.3 表示雷达发射的信号在海面的散射情况示意图。图 5.5.4 为 SAR 所得图像实例。

这种 SAR 卫星图片可用来分析浅跃层处的内波。早期的分析工作仅能大略地给出波动所在位置、波的传播方向、两波峰间的水平距离等少量信息。现在，在一定的假设下(如孤立子假设)，将卫星图片与用其他手段获得的同步观测资料一起作综合分析还可得出波的移行速度和波高等更有价值的内波特征。这种方法的缺陷是只能观测到存在于跃层处的强内波，如以孤立子形式出现的潮成内波等。对于发生在较深处的更普遍的内波现象的观测，卫星遥感技术尚无能为力，而且受海面状况的制约。

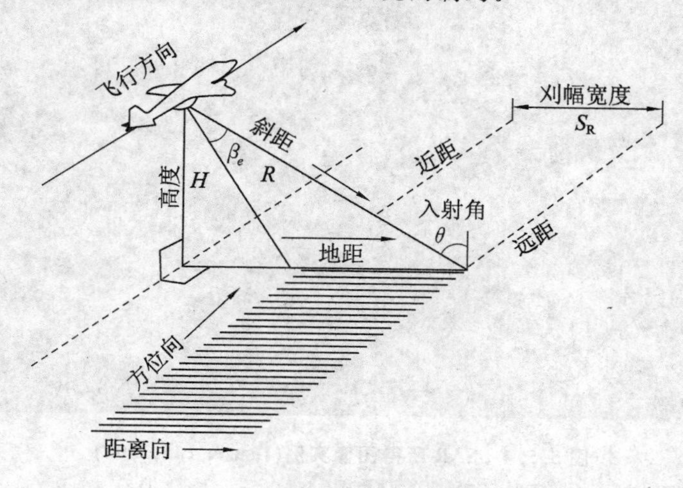

图 5.5.2　雷达成像示意图(杨劲松,[①]2001)

① 杨劲松:《合成孔径雷达海面风场、海浪和内波遥感技术》，青岛海洋大学博士学位论文，2001。下同。

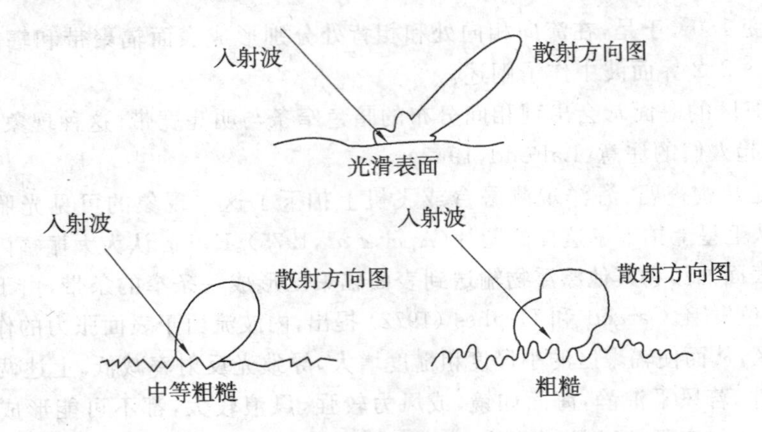

图 5.5.3 SAR 射线在海面的散射(杨劲松,2001)

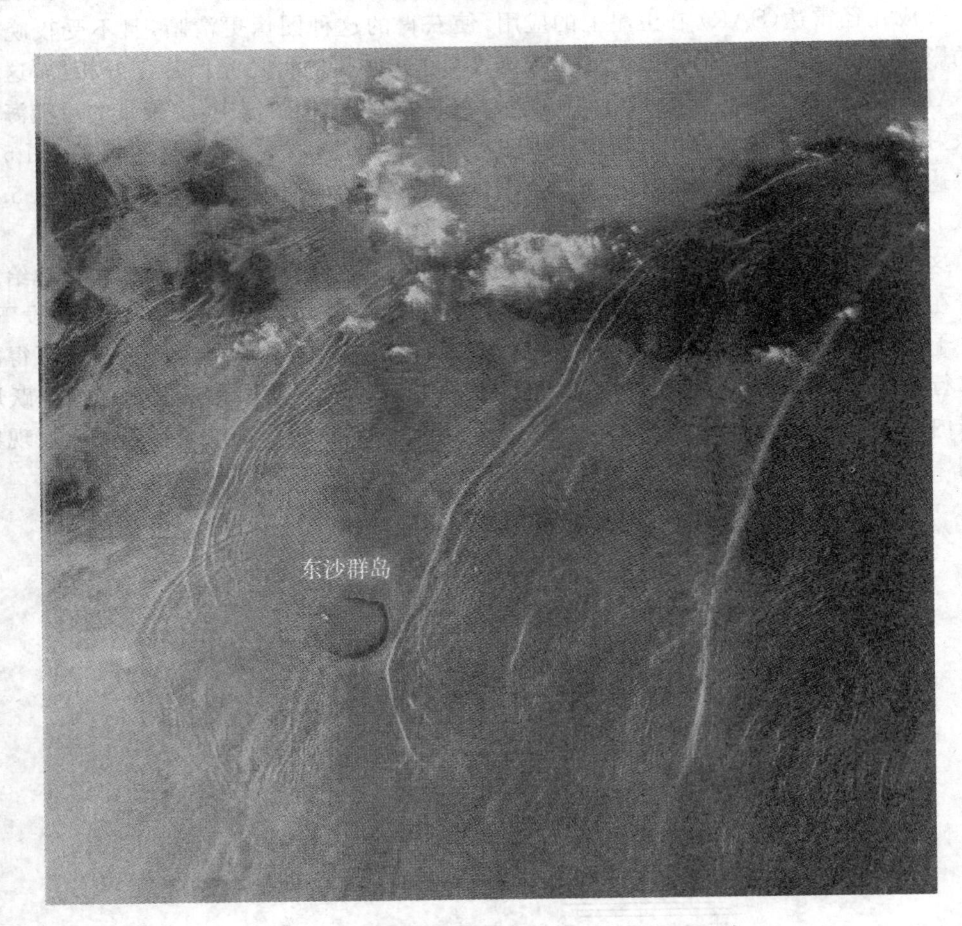

图 5.5.4 SAR 所得图像实例(Hsu & Liu,2000)

在这一研究领域中已有很多学者做了大量的工作。如:Osborne(1980);Liu 等(1985);Alpers(1985);Lamb 和 Yan(1996);Liu 等(1998);Holloway(1999);Liu 等(2000),Hsu

和 Liu(2000);Zheng 和 Yuan 等(2001);Zheng 和 Klemas(2001);杨劲松(2001);等等。下面将根据他们的研究成果综合构成一个从 SAR 图片资料获取内波信息的简单模型,使读者对其基本原理和方法有一个初步了解。

星载 SAR 发射的电磁波处于微波波段,其穿透海水的深度非常有限,仅为几毫米左右。由于内波在传播过程中使海表面流场发生辐聚－辐散相间的变化,此表层流与表面细小的风浪相互作用改变了海面粗糙度,从而改变了海面的雷达后向散射截面,使图像灰度值发生变化。此成像机理是星载 SAR 内波遥感观测的物理基础。KdV 方程、作用量谱平衡方程和 Bragg 散射模型描述了上述成像机理的物理过程。

发生在密度界面处的孤立子型的内波在水平方向(x 方向)的传播过程可以用 KdV 方程描述,它可写成表达式

$$\frac{\partial \eta}{\partial t}+(C_0+\alpha\eta)\frac{\partial \eta}{\partial x}+\beta\frac{\partial^3 \eta}{\partial x^3}=0 \tag{5.5.1}$$

式中,η 为内波垂向位移,t 为时间,C_0、α 和 β 分别为线性项(即线性波波速)、一阶非线性项和弥散项的系数。α 和 β 与内波的波函数、线性内波的相速度 C_0 有关。

对于发生在强跃层处的内波,两层模型是一简单而实用的近似,即假定海洋由两层不同密度的水体构成,近似地将跃层视为一密度不连续面,在其上下的水层海水密度分别为 ρ_1 和 ρ_2,厚度分别为 h_2 和 h_2。可以得出(Liu, *et al*,1998)

$$\alpha=\frac{3}{2}\frac{C_0}{h_1h_2}\frac{\rho_2h_1^2-\rho_1h_2^2}{\rho_2h_1+\rho_1h_2}\approx\frac{3C_0(h_1-h_2)}{2h_1h_2} \tag{5.5.2}$$

$$\beta=\frac{C_0h_1h_2}{6}\frac{\rho_1h_1+\rho_2h_2}{\rho_2h_1+\rho_1h_2}\approx\frac{C_0h_1h_2}{6} \tag{5.5.3}$$

C_0 可由最低模态内波的频散关系得到,即

$$C_0=\left[\frac{g\Delta\rho h_1h_2}{\bar{\rho}(h_1+h_2)}\right]^{1/2} \tag{5.5.4}$$

式中,$\Delta\rho=\rho_2-\rho_1$,为下层与上层海水密度之差,$\bar{\rho}$ 为海水平均密度。

求解式(5.5.1),可得到以下稳定态孤立波解

$$\eta(x,t)=\pm\eta_0\ \mathrm{sech}^2\left[\frac{x-C_pt}{l}\right] \tag{5.5.5}$$

式中,η_0 为内波最大振幅,C_p 为非线性内波相速度,l 为内波特征半宽度。C_p 和 l 分别为

$$C_p=C_0+\frac{\alpha}{3}\eta_0\approx C_0\left[1+\frac{\eta_0(h_2-h_1)}{2h_1h_2}\right] \tag{5.5.6}$$

$$l=\left(\frac{12\beta}{\alpha\eta_0}\right)^{1/2}\approx\frac{2h_1h_2}{\sqrt{3\eta_0\mid h_2-h_1\mid}} \tag{5.5.7}$$

由式(5.5.2)可知,当 $h_1<h_2$ 时,$\alpha<0$,式(5.5.5)取负号,此时两层流体的界面向下凹称为下凹型内波;当 $h_1>h_2$ 时,$\alpha>0$,式(5.5.5)取正号,此时界面向上凸,称为上凸型内波。

内波传播引起的上下两层在 x 方向上的流速分别为 u_1,u_2(Zheng *et al*,1993):

$$\begin{cases} u_1 = \pm \dfrac{C_0 \eta_0}{h_1} \operatorname{sech}^2 \left[\dfrac{x - C_p t}{l} \right] \\ u_2 = \mp \left(\dfrac{C_0 \eta_0}{h_2} \right) \operatorname{sech}^2 \left[\dfrac{x - C_p t}{l} \right] \end{cases} \tag{5.5.8}$$

式中，右侧上方符号对应于下凹型内波，下方符号对应于上凸型内波。

一般地，SAR 图像上可观测到的内波，其波长大于几百米。它们引起的表层流变化的时空尺度远大于海表面微尺度波的时空尺度，因此，表层流对海表面微尺度波的调制作用可用 Wentzel-Kramers-Brillouin 弱相互作用理论来描述。根据这一理论，缓慢变化流场中的微尺度波能谱密度的变化满足以下作用量谱平衡方程（Hughes，1978；Alpers & Hennings，1984），

$$\frac{\mathrm{d}A(\boldsymbol{r},\boldsymbol{k},t)}{\mathrm{d}t} = \left[\frac{\partial}{\partial t} + \frac{\partial \boldsymbol{r}}{\partial t} \cdot \frac{\partial}{\partial \boldsymbol{r}} + \frac{\partial \boldsymbol{k}}{\partial t} \cdot \frac{\partial}{\partial \boldsymbol{k}} \right] A(\boldsymbol{r},\boldsymbol{k},t) = S(\boldsymbol{r},\boldsymbol{k},t) \tag{5.5.9}$$

式中，$A(\boldsymbol{r},\boldsymbol{k},t) = \dfrac{\Psi(\boldsymbol{r},\boldsymbol{k},t)}{\omega'}$ 为作用量谱，$\boldsymbol{r} = (x,y)$ 为空间坐标向量，$\boldsymbol{k}$ 为微尺度波波数，$S(\boldsymbol{r},\boldsymbol{k},t)$ 为源函数，$\Psi(\boldsymbol{r},\boldsymbol{k},t)$ 为能谱密度，ω' 为微尺度波的固有频率，满足以下关系

$$\omega' = \sqrt{gk + \frac{\tau k^3}{\rho}} \tag{5.5.10}$$

式中，τ 为表面张力，$k = |\boldsymbol{k}| = \sqrt{k_x^2 + k_y^2}$。

求解式(5.5.9)，并只保留一阶项，可得

$$\left[\frac{\partial}{\partial t} + (C_g + \boldsymbol{U}_0) \cdot \frac{\partial}{\partial \boldsymbol{r}} + \mu \right] \delta A = \boldsymbol{k} \cdot \frac{\partial \boldsymbol{U}}{\partial \boldsymbol{r}} \cdot \frac{\partial A_0}{\partial \boldsymbol{k}} \tag{5.5.11}$$

式中，U 为表层流速向量，U_0 为其定常项，$C_g = \dfrac{\partial \omega'}{\partial \boldsymbol{k}}$ 为微尺度波的群速度，$A_0(\boldsymbol{k})$ 为其平衡作用量谱，μ 为张弛率。

对于海表面微尺度波而言，其波向与风向基本一致，因此，它可表示为（Hughes，1978）

$$\mu = \omega' \frac{u_*}{C_p} \times \left(0.01 + 0.016 \times \frac{u_*}{C_p} \right) \times \left[1 - \exp\left(-8.9 \times \sqrt{\frac{u_*}{C_p} - 0.03} \right) \right] \tag{5.5.12}$$

式中，$u_* = \sqrt{1.5 \times 10^{-3}} U_{10}$ 为摩擦风速，U_{10} 为海面上方 10 m 处的风速；$C_p = \omega'/k$。

由于 SAR 入射角 θ 为 20° ～ 70°，海面对雷达波的后向散射以 Bragg 散射为主（Valenzuela，1978），存在内波时海面的雷达后向散射截面 σ^0 正比于波矢为 $\pm 2\boldsymbol{k}_R \sin\theta$ 的 Bragg 波的能谱密度 Ψ 之和，即

$$\sigma^0 = M[\Psi(2\boldsymbol{k}_R \sin\theta) + \Psi(-2\boldsymbol{k}_R \sin\theta)] \tag{5.5.13}$$

式中，$\boldsymbol{k}_R$ 为雷达波矢；M 为散射系数，可由 Bragg 散射理论计算得到。Ψ 采用 Phillips 平衡谱形式，即 $\Psi \propto k^{-4}$。

由式(5.5.11) 和(5.5.13)，以及作用量谱与能谱密度的关系 $A = \Psi/\omega'$，可得到（Hughes，1978）

$$\frac{\Delta \sigma^0}{\sigma_0^0} = -\frac{4 + \gamma}{\mu} \frac{\partial U_n}{\partial n} \tag{5.5.14}$$

式中，$\Delta\sigma^0 = \sigma^0 - \sigma_0^0$，$\sigma_0^0$ 为背景海面的雷达后向散射截面，n 为雷达视向水平投影的方向，γ 为 Bragg 波群速度与相速度之比

$$\gamma = \begin{cases} 0.05 \sim 1 & \text{对于重力波} \\ 1.5 & \text{对于毛细波} \end{cases} \tag{5.5.15}$$

设内波传播方向（x 方向）与雷达视向的夹角为 ϕ，则式(5.5.14) 可表示为

$$\frac{\Delta\sigma^0}{\sigma_0^0} = -\frac{4+\gamma}{\mu}\cos^2\phi\frac{\partial U_x}{\partial x} \tag{5.5.16}$$

将式(5.5.8) 代入式(5.5.16)，得到

$$\begin{aligned}\frac{\Delta\sigma^0}{\sigma_0^0} &= \pm\frac{4+\gamma}{\mu}\frac{2C_0\eta_0}{h_1 l}\cos^2\phi\,\mathrm{sech}^2(x'/l)\tanh(x'/l) \\ &= B\,\mathrm{sech}^2(x'/l)\tanh(x'/l)\end{aligned} \tag{5.5.17}$$

式中，$x' = x - C_p t$ 为随内波一起运动的坐标系，正、负号分别对应于下凹型内波和上凸型内波。对于同一幅 SAR 图片，B 可作为常量处理。

式(5.5.17) 是由 KdV 方程、作用量谱平衡方程和 Bragg 散射模型导出的 SAR 内波遥感计算模式。它定量地描述了内波引起 SAR 图像灰度值的相对变化。灰度极大值（最亮点）和极小值（最暗点）位置由下式确定

$$\frac{\partial}{\partial x}\left(\frac{\Delta\sigma}{\sigma_0}\right) = -\frac{B}{l}\mathrm{sech}^2(x'/l)[3\tanh^2(x'/l) - 1] = 0 \tag{5.5.18}$$

由此式得

$$x' = \pm 0.66l = D/2$$

它是一个内波引起的（亦即相邻的）最亮点和最暗点间的距离 D 的一半，于是

$$D = \pm 1.32l \tag{5.5.19}$$

根据上述理论，可从 SAR 图片资料和一些基本海洋资料计算出发生在强跃层深处的内波的一些基本特性。

若获得了包含两组（孤立子型）内波列的卫片，如图 5.5.5，则可从卫片中测量出两组波列之头波间的距离 A。假设这两组波是具有半日潮或全日潮或其他已知的确定性周期 T 的内波，则可利用下式计算内波群头波的相速度

$$C_p = A/T \tag{5.5.20}$$

它应等于式(5.5.6) 算得的 C_p。

若由海洋观测资料或历史资料中得出跃层上下两层的厚度分别为 h_1，h_2，跃层上下海水相对密度差 $\Delta\rho/\bar{\rho}$，则可用式(5.5.4) 和(5.5.6) 算出头波的振幅 η_0。

然而在大多卫片资料中，只出现一组孤立子型波列，不可能用上述方法获得 C_p，从而得到 η_0。此时若能从卫片资料中测出 l 值，则可从式(5.5.4)，(5.5.7) 和(5.5.6) 得到 η_0 和 C_p。所以重要的一环是从 SAR 资料中提取出 l 值。这可有两种方法来完成（Zheng & Yuan *et al*，2001）。

曲线拟合法　在 SAR 图片中作垂直于（由内波引起的）明暗条纹的截面，求出此截面上的灰度分布，用最大灰度值将此分布标准化，得到由内波引起的标准化了的雷达后向散射截面实测曲线，如图 5.5.5 所示。将式(5.5.17) 标准化得（$t=0$ 时）理论曲线。调节理

论曲线的 l 值,使之达到与实测曲线的最佳拟合,这时所取的 l 值即为符合实测资料的 l 值。图 5.5.5 为 Zheng 和 Yuan 等(2001) 采用此法所得理论曲线与实测曲线的拟合实例。

另一种方法更为简单,可称为"峰谷法"。在实测雷达后向散射截面曲线上确定峰(最亮点)和谷(最暗点)的位置和其间的距离 D,再根据式(5.5.19) 得 l 值。

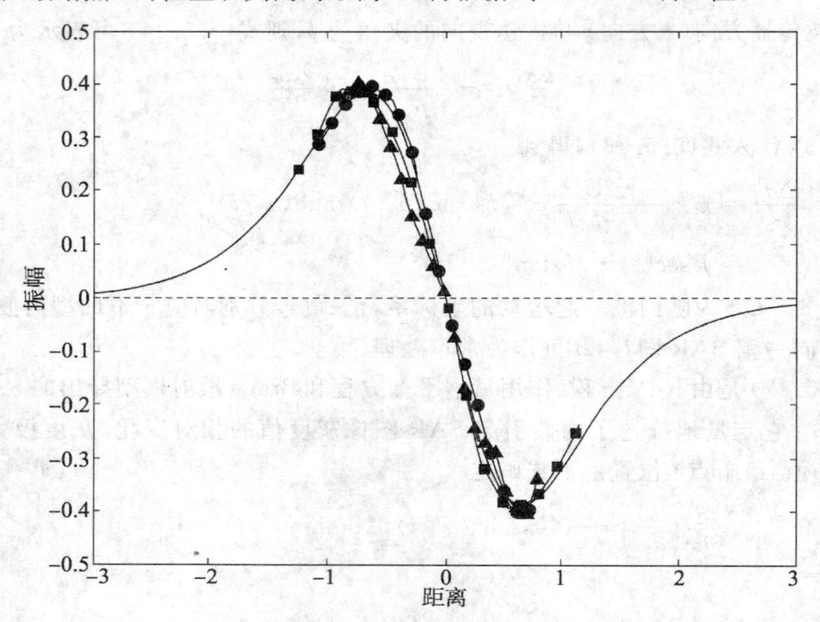

图 5.5.5　用曲线拟合法求 l 值实例(Zheng & Yuan *et al*,2001)

§5.6　浮频率的计算

如 §1.2 中所述,浮频率是稳定层化海水中海水微团绝热地偏离其平衡位置后发生自由振荡的自然频率,它是内波的高频极限,也是描述海洋垂向结构的重要物理量。由于在跃层以外,尤其在较深处,海水密度梯度是很小的,不同的计算方法得到的浮频率值各不相同,因而要小心选取浮频率计算方法。目前常用的浮频率计算方法主要有以下 3 种(Millard *et al*,1990)。

Fofonoff 绝热比容距平校正法(adiabatic steric anomaly leveling method)　(Bray & Fofonoff,1981),以后简称 F 法。

Hesselberg-Sverdrup 法　Hesselberg 和 Sverdrup(1915)(见 Millard *et al*,1990)。它采用温度垂向梯度、盐度垂向梯度以及局地膨胀系数,以后简称 HS 法。

绝热订正(或声速订正)法　见 Phillips (1977)。

浮频率 N 的定义式为①

$$N^2 = -\left(\frac{g}{\rho}\right)\frac{\Delta\rho}{\Delta z} \tag{5.6.1}$$

① 在 Millard 等(1990) 的文中与式(5.6.1) 和(5.6.5) 相当的公式符号有误,在此予以订正。

海水稳定度为

$$E = N^2/g \tag{5.6.2}$$

式中，$\Delta\rho$ 为垂向间隔为 Δz 之两水层之密度差。它可以表示成

$$\Delta\rho = \rho(S_0, \theta_0, p) - \rho(S, T, p) \tag{5.6.3}$$

式中，　$\theta_0 = \theta(S_0, T_0, p_0, p)$ 　(5.6.4)

S, T, p 分别为当场密度、当场温度(℃) 和压强。θ_0 为相对于压强 p 的位温，下标 0 表示平衡位置 z_0 处的相应值。

位温可采用不同方法计算得到。这里介绍两种计算方法，即 Bryden(1973) 方法和直接算法(Millero *et al*,1980；Millero & Poission,1981)。两种方法所用的密度都采用 EOS80(即 1980 年状态方程) 计算得到。

由于海洋观测资料如 CTD 资料中常用压强值取代深度值，可用静力学关系

$$\mathrm{d}p = -\rho g \mathrm{d}z \tag{5.6.5}$$

得到用压强表示的浮频率公式

$$N^2 = g^2 \frac{\Delta\rho}{\Delta p} \tag{5.6.6}$$

将 $\Delta\rho$ 在 p_0 附近展成泰勒级数，忽略高阶项 $O(\mathrm{d}p^2)$，再将它代入式(5.6.6)，并令 $\mathrm{d}p \to 0$，得

$$N^2 = g^2 \left[\frac{\partial\rho}{\partial p} - \frac{\partial\rho(S_0, \theta_0, p)}{\partial p} \right] \tag{5.6.7}$$

式中右侧为当场密度之垂向梯度和位密度垂向梯度之差。

F 法　方程(5.6.6)中的垂向有限差分计算如下：一个海水微团从参考压强 p 的上方移向参考压强 p 处，另一海水微团从参考压强 p 的下方移向参考压强处，用这两微团移动产生的密度差之平均值作为 $\Delta\rho$ 值。计算中还采用比容 $V = \frac{1}{\rho}$ 取代密度，于是

$$\mathrm{d}\rho = -\frac{1}{V^2}\mathrm{d}V \tag{5.6.8}$$

为了提高计算的分辨率，进一步采用比容距平 δ 取代比容 V。δ 的定义式为

$$\delta(S, T, p) = -V(35, 0, p) + V(S, T, p) \tag{5.6.9}$$

将上式代入(5.6.8)，再代入(5.6.7) 得

$$N^2 = \frac{g^2}{V^2(S, T, p)} \left[\frac{\delta(S_1, \theta_1, p) - \delta(S, T, p)}{p_1 - p} + \frac{\delta(S_2, \theta_2, p) - \delta(S, T, p)}{p_2 - p} \right] \tag{5.6.10}$$

式中，

$$\theta_1 = \theta(S_1, T_1, p_1, p)$$

$$\theta_2 = \theta(S_2, T_2, p_2, p)$$

p_1, p_2 分别为两海水微团的平衡位置，它们满足

$$\frac{1}{2}(p_1 + p_2) = p$$

将式(5.6.10)整理后得

$$N^2=\left[\frac{g}{V(S,T,p)}\right]^2\frac{\delta(S_1,\theta_1,p)-\delta(S_2,\theta_2,p)}{p_1-p_2} \tag{5.6.11}$$

若用最小二乘法计算压强区间上的垂向导数,而且比容距平的参考压强为压强间隔的平均压强,则上式第2个分数可用斜率的最小二乘估计代替。

HS法 式(5.6.7)中的密度垂向梯度和位密度垂向梯度用温度垂向梯度和盐度垂向梯度表示。将密度对温度和盐度的小变化展成泰勒级数

$$\rho(S,T,p)=\rho(S_0,T_0,p_0)+\frac{\partial\rho}{\partial T}\Delta T+\frac{\partial\rho}{\partial S}\Delta S+O(\Delta T^2,\Delta S^2) \tag{5.6.12}$$

上式代入式(5.6.7)并忽略高阶项得

$$N^2=g^2\left\{\frac{\partial\rho}{\partial S}\frac{\partial S}{\partial p}+\frac{\partial\rho}{\partial T}\left[\frac{\partial T}{\partial p}-\Gamma(S_0,T_0,p_0)\right]\right\} \tag{5.6.13}$$

式中,$\partial\rho/\partial T$和$\partial\rho/\partial S$的膨胀系数可通过对状态方程直接微商得到(Millard,1986),Γ由下式计算得到

$$\Gamma(S,T,p)=\frac{T+273.15}{C_p}\frac{\partial V}{\partial T} \tag{5.6.14}$$

式中,C_p为比热。

与计算位温相同,Γ可以用Bryden(1973)法或用EOS80状态方程直接积分法得到。

HS法的优点在于计算得到的温度梯度和盐度梯度在计算其他参数时也要用到,如计算密度比,而且此法中无须计算密度。

绝热订正法 可以直接计算式(5.6.7)右侧第2项。根据热力学,可得

$$\frac{\partial\rho(S_0,\theta_0,p)}{\partial p}=\frac{1}{c^2} \tag{5.6.15}$$

上式代入(5.6.7)得

$$N^2=g^2\left(\frac{\partial\rho}{\partial p}-\frac{1}{c^2}\right) \tag{5.6.16}$$

再将上式中的ρ用密度距平γ取代以提高计算精度。γ与ρ的关系为

$$\gamma=\rho-1\,000.00 \tag{5.6.17}$$

于是得

$$N^2=g^2\left(\frac{\partial\gamma}{\partial p}-\frac{1}{c^2}\right) \tag{5.6.18}$$

由上式可看出,绝热订正法计算浮频率是最直观的,但因为式中右侧2项,即状态方程的计算和声速的计算可能有不一致的精度,从而可能严重地影响到浮频率计算结果。

方程中所含重力加速度g是局地量,它与纬度及压强有关。虽然它随压强的变化很小,对于最大压强(最深层),其值减小0.2%。g的微小变化也对N和E的取值产生影响,即g的减少使N和E减小。从赤道到极地g值增大0.5%,在精确计算中,应考虑这一变化产生的影响。在研究纬向跨度很大的位涡时,所用的E值之计算更应该计及g值随纬度的变化。

Millard等(1990)用三大洋大量CTD调查资料对上述3种方法做了很仔细的对比。计算采用双精度变量。在对比计算时,他们采用了以下几种方案:

(1) F法及Bryden的绝热偏差率公式；

(2) F法 及从EOS80导出的绝热偏差率公式；

(3) HS法及Bryden绝热偏差率公式；

(4) HS法及Chen-Millero声速计算法(Chen & Millero,1977；Millero *et al*,1980)；

(5) 绝热校正法及由EOS80导出的声速；

(6) 绝热校正法及Chen-Millero声速计算法。

对比计算试验得出了以下一些结论：

(1) 在计算绝热偏差率时,采用Bryden的公式和采用EOS80公式所得的结果没有显著差别(< 0.01%),所以2种公式都可采用。由于EOS80为UNESCO(联合国教科文组织)所制定的,世界各国广泛采用,因而建议采用以EOS80为依据的计算公式。

(2) F法在所有各种观测条件下都得到最佳的浮频率计算结果。

(3) HS法在温-深和盐-深剖面曲率较大的水层中计算得到的浮频率有较大的差别,因而不宜采用。

(4) 绝热校正法中若用Chen和Millero(1977)或Willson(1960,参见Millard等,1990)的声速公式,则在高压强(即深层)情况下所得到的结果有显著差别(10%),不宜采用。但若声速计算公式改用EOS80,则无此与压强有关的差别。因而若采用绝热校正法,则应同时采用EOS80计算声速。

(5) 关于计算所需时间,方案3和方案4比方案1稍短;方案2为方案1的66%;方案5为方案1的200%。

计算所需的密度-深度序列早年来自颠倒温度计和南森瓶,近些年大多来自CTD。前者由于取样间隔很大,在计算浮频率之前需对资料序列作内插以减小间隔。内插除遵从规范外,还需一定的实际经验。要特别注意处理好密度梯度变化较大(即密度对深度的二阶导数较大)的水层的内插。

由CTD观测提供的资料,一般的间隔为10 hPa(约为1 m)。这样的序列中含有大量的由内波和细结构产生的脉动,直接用这样的序列计算浮频率只能得到锯齿状的不光滑浮频率剖面,而且会出现虚值,这不是计算错误。出现虚值的地方存在不稳定的密度分布,它是短暂性的现象。若用在同一地点、相隔一定时间间隔(如1 h)的2次CTD观测资料序列计算出2个浮频率剖面,它们的“锯齿”及虚值的分布及大小都会不同,但总的变化趋势大致相同。所以,这样的浮频率剖面也许对研究混合问题是有意义的,但不适于直接用于计算内波频散关系。内波频散关系是一段时期中的平均特性而非某一时刻的瞬时特性。它所依据的浮频率剖面也应是一平均特性。因而,在理想情况下应有研究的小海区内很多次CTD观测或定点的多次CTD观测,将它们同深度处的密度值取时间平均,获得一条平均密度剖面,再用此平均密度剖面计算浮频率。然而,很多情况下,一测站仅有一次CTD观测,无法作时间平均。这时常用的权宜做法是用沿深度进行的滑动平均代替时间平均。

另一个需特别提示的问题是,用压强、温度和电导率计算盐度和密度,以及计算密度梯度和声速等必须采用双精度变量,否则即使计算程序无误也会得出错误结果。

§5.7 海洋内波观测资料的概率分布

随机资料分析中,首先要掌握它们的概率分布(或概率密度)。海洋内波场的最低阶描述假设它是具有平稳性和正态性的随机过程。并假设波-波相互作用等高阶过程可以视为在这一(准正态过程)基本状态上加上一个小扰动。在线性近似中,在非常宽松的条件下,随机波场即使在开始时为非正态的,也将渐近地趋于正态分布。高阶统计描述,如二阶谱、相互作用分析计算等,很强地依赖于基态的正态性假设。因此对正态性的研究就成为迈向高阶研究的第一步。

5.7.1 锚系时间序列的概率分布

由于锚系海流与温度资料在海洋内波研究中的重要性,不少学者对它的概率分布作了研究。例如,Paquette(1972) 分析了锚系海流计得到的标量速度,为了消除资料序列元素间的相关性,他采用时间间隔为 1 小时的、互不相关的子样构成独立样本。研究发现,资料与对数正态分布吻合很好。Miropol'skiy(1973) 分析了固定深度处的温度时间序列。他用高通滤波器滤掉"非随机分量"(如潮汐波动),保留的序列元素仍是相关的。他对这些滤波后的资料作了正态性的 χ^2-检验,发现许多资料序列是非正态的,偏度明显地不为零。此外,还有不少学者作了分析研究,得出了互不相同的结论(Briscoe,1977)。

Briscoe(1977) 在综述了这方面的研究状况的基础上,对 IWEX 大型锚系仪器阵列的海流和温度资料作了正态性检验。

Briscoe 首先采用了 χ^2-拟合优度检验和 Kolmogorov-Smirnov(KS) 检验。前者采用分段求出经验分布与正态分布的平方偏差;后者则用经验累计分布与正态累计分布之单个最大差。对 IWEX 资料检验表明大部分资料段是非正态的。Briscoe 认为,这是由于所用资料是不独立的缘故,因而必须修正这 2 种拟合优度检验的置信水平。资料点是否相互独立,可以从自相关函数或自谱看出。若是独立的,自相关函数除延时 $\tau=0$ 处不为零外,对其他的 τ 值,它皆为零;相应的自谱与 ω 无关,为一平行于 ω 轴的直线。而IWEX 资料与此不符,其自谱 $S(\omega)$ 在惯性频率 f 与浮频率 N 之间呈 $S(\omega)\propto\omega^{-2}$。

可以通过 2 种途径解决这一问题。其一为先将资料预白化,预白化处理后的资料的频率自谱与 ω 无关。而后作 χ^2-检验和 KS-检验,检验时采用规范化的 χ^2-检验和 KS-检验的置信水平,它们可容易地在数理统计表格中查到。另一为 Gentleman 和 Sande(1966)(Briscoe,1977) 提出的产生一个具有已知自谱的随机过程,找出 χ^2-检验和 KS-检验的修正置信水平。Briscoe 采用了第 2 种方法,简介如下。

(1) 首先生成一列服从均值为零、方差为 1 的标准正态分布 $N(0,1)$ 的伪随机数序列

$$\{y_i\},i=0,1,\cdots,I \tag{5.7.1}$$

Briscoe 取 $I=1\,200$。

(2) 对 $\{y_i\}$ 作傅氏变换,得到傅氏系数

$$\{a_i\},\{b_i\},\ i=0,1,2,\cdots,I$$

(3) 设计一个滤波器

$$\{g_i\},\ i = 0,1,2,\cdots,600$$

用它对 $\{a_i\}$ 和 $\{b_i\}$ 滤波得到 $\{\hat{a}_i\}$ 和 $\{\hat{b}_i\}$，它们的元素分别为

$$\hat{a}_i = g_i a_i,\qquad \hat{b}_i = g_i b_i,\qquad i = 0,1,2,\cdots,600 \tag{5.7.2}$$

$\{a_i\}$ 和 $\{b_i\}$ 构成的自谱具有需模拟的资料谱形。由于各观测资料谱的谱形不尽相同，Briscoe 采用了 GM 谱形作为拟合谱形。滤波器 $\{g_i\}$ 的构成是很关键的一步，Briscoe 设计了多个滤波器，从中选出最合意的一个：

$$\left.\begin{cases} g_i = 1, i = 0, \\ g_i = (i\sqrt{10})^{-1}, i = 1,2, \\ g_i = i^{-1}, i = 3,4,\cdots,187 \\ g_i = 0, i = 188,189,\cdots,600 \end{cases}\right\} \tag{5.7.3}$$

(4) 将 $\{\hat{a}_i\}$ 和 $\{\hat{b}_i\}$ 标准化(归一化)，得到 $\{\tilde{a}_i\}$ 和 $\{\tilde{b}_i\}$，它们满足

$$\sum_{i=1}^{I}(\tilde{a}_i^2 + \tilde{b}_i^2) = 1 \tag{5.7.4}$$

(5) 以 $\{\tilde{a}_i\}$ 和 $\{\tilde{b}_i\}$ 为傅氏系数，作傅氏逆变换得到一新的时间序列 $\tilde{X}(t)$。它的方差为 1，均值为 0，偏度(三阶矩)为 0，但峰度(四阶矩)由正态分布的值($=3$)减低一个值，此值正比于滤波器 $\{g_i\}$ 之形状与水平线之偏差。因此 $\tilde{X}(t)$ 不具有正态性，但它与正态性的偏差仅在四阶矩及更高阶矩。它的概率密度函数为

$$f(x) = G\{1 + [(K-3)/24](3 - 6x^2 + x^4)\} \tag{5.7.5}$$

式中，G 为正态密度函数，K 为滤波后序列概率密度函数的峰度。

由于序列 $x_i, i = 1,2,\cdots,N$ 不满足正态分布，在严格意义上说，对它的统计拟合优度检验已不再是 χ^2- 拟合优度检验，检验的置信水平必须用概率密度函数(5.7.5)计算得到。

Briscoe 将上述方法用于 IWEX 资料检验。他采用了有代表性的 3 架海流计 A_1，C_6 和 B_{10} 的观测记录，A_1，C_6 和 B_{10} 分别位于主温跃层顶部(604 m)，中部(731 m)和底部(1 023 m)。检验结果在图 5.7.1 给出。图中的水平线为 KS- 检验的 95% 置信限，水平坐标为用于检验的资料段序号，共有 13 段资料，各段序号依次为 1，3，5，…，25。所绘出的曲线分别为均值(M)，方差(V)，偏度(S)，峰度(K)，KS- 检验(K-S)。它们在纵坐标上标度的单位分别为：对流速东分量和北分量的 M 取 $\mathrm{ms^{-1}}$，V 取 $\mathrm{m^2s^{-2}}$；对垂向位移的 M 取 m，V 取 $\mathrm{m^2}$；S，K 及 K-S 为无量纲量。

图中 K-S 曲线高于置信水平(水平直线)的资料段用阴影标出。可以看出，3 架海流计测得的流速东分量和北分量均有若干段不满足正态分布，而垂向位移仅在 B_{10} 中有一段呈弱非正态性。偏度 S 在零值上下摆动，流速两分量的峰度 K 普遍低于 3，垂向位移峰度在 3 上下摆动。

从这 3 个图中还可以看出均值和方差的变化情况。3 层海流的东分量均值都是负的，表明流动为西向流。最强的西向流发生时间随深度的增大而后延。A_1 和 C_6 的西向流峰值与 K-S 峰值一致，B_{10} 的 K-S 峰值则与西向流峰值出现前的最弱流一致。3 层流速北分量均显示出一次向北的高流速，并同时出现高方差。

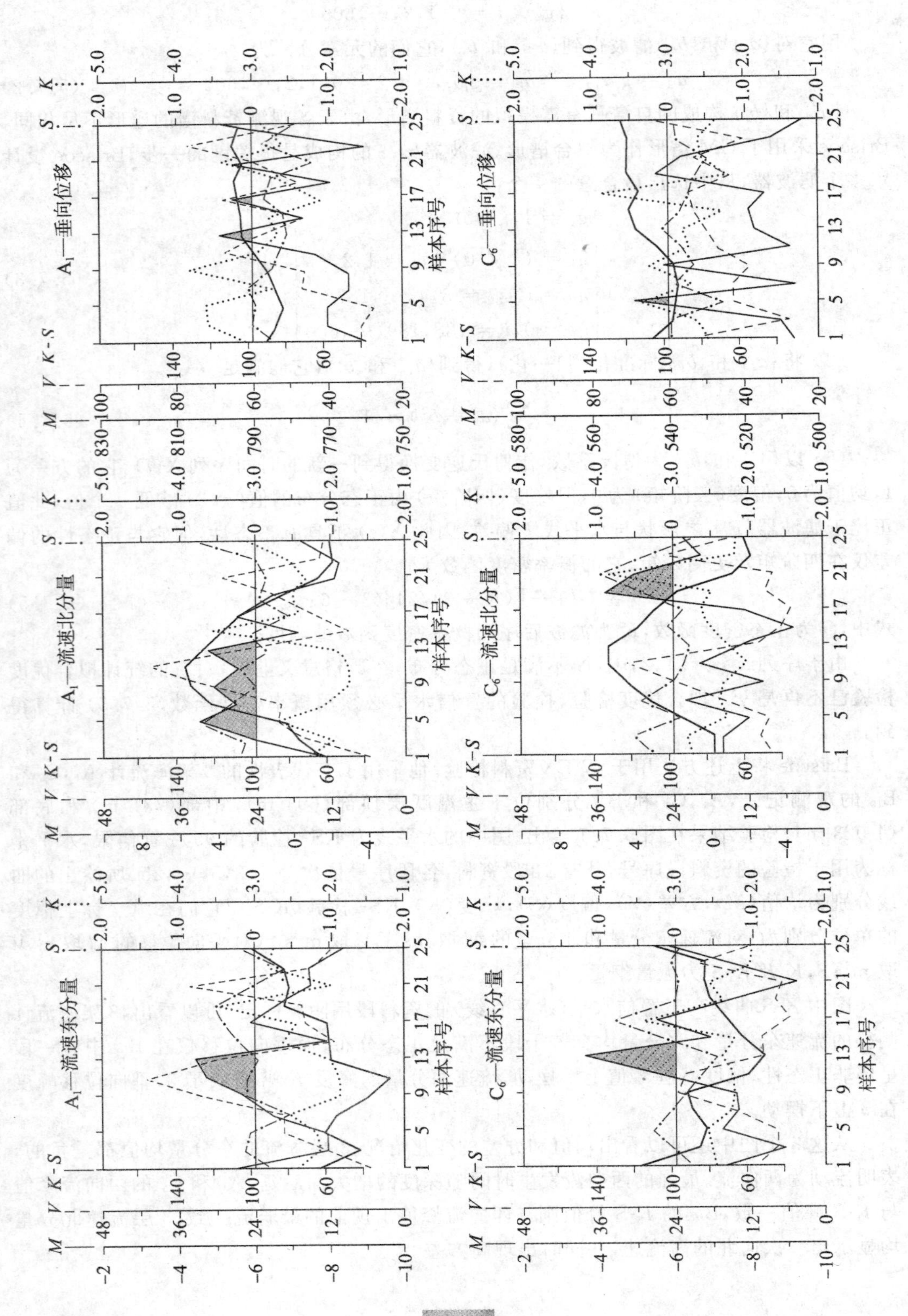
A₁—垂向位移
A₁—流速北分量
A₁—流速东分量
C₆—垂向位移
C₆—流速北分量
C₆—流速东分量
样本序号
M
V
K-S
S
K

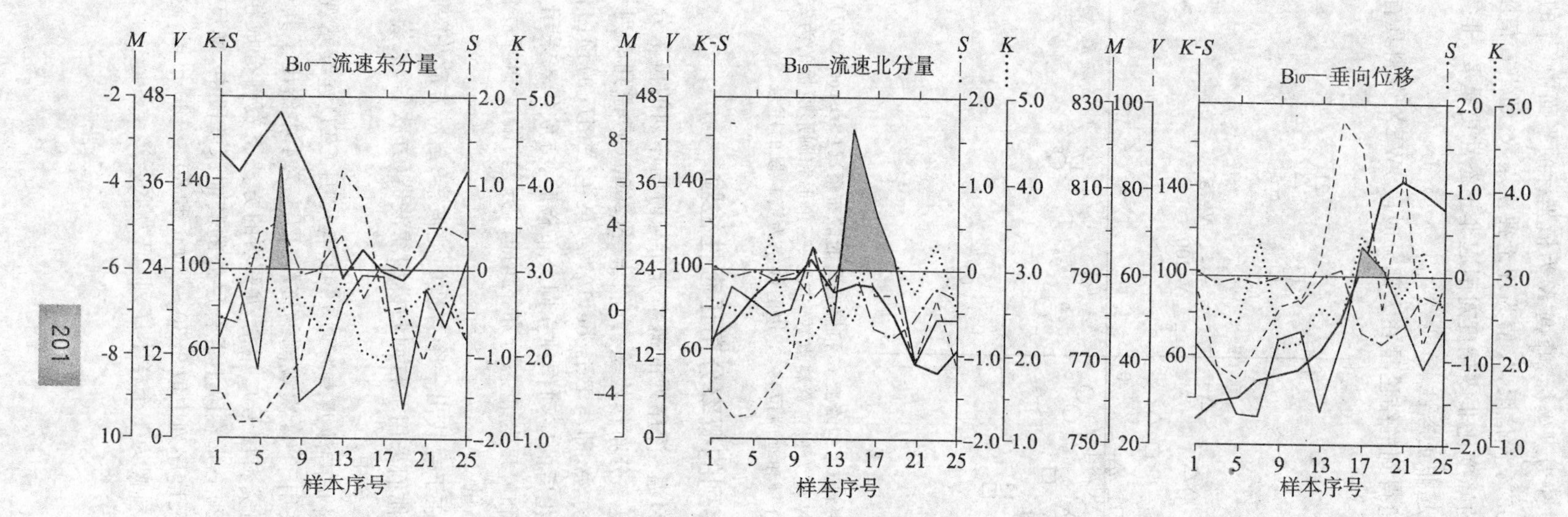

图 5.7.1　Briscoe 对 IWEX 的有代表性的锚系资料作正态性检验的结果（Briscoe,1977）

上、中、下 3 行分别为位于主温跃层顶部(604 m)A_1、中部(731 m)C_6 和底部(1023 m)B_{10}的流速东分量(左)、北分量(中)和垂向位移(右)。横坐标值为资料段序号,纵坐标为资料段的均值 M,方差 V,概率分布的偏度 S,峰度 K 及KS检验的 K-S 值,水平线为KS检验的95%置信限。阴影所示资料段KS检验出的非正态资料。坐标纵轴的单位分别为：流速东分量和北分量的 M 取 ms^{-1},V 取 m^2s^{-2}；垂向位移的 M 取 m,V 取 m^2;S,K 及 K-S 为无量纲。

图 5.7.2 给出了在以偏度 S 为纵坐标，峰度 K 为横坐标的平面中 C_6 的 S 和 K 的散布情况。虚线椭圆为 S 与 K 的 95% 置信限，N 值为理论独立点数。超出置信限的点上所标数字为资料段的序号。小于 3 的峰度比非零偏度对引起非正态性更重要。非零偏度只有同时出现小于 3 的峰度时才会引起非正态性。

Briscoe 对 IWEX 资料检验得到的结论是在大部分时段 IWEX 资料具有正态性。

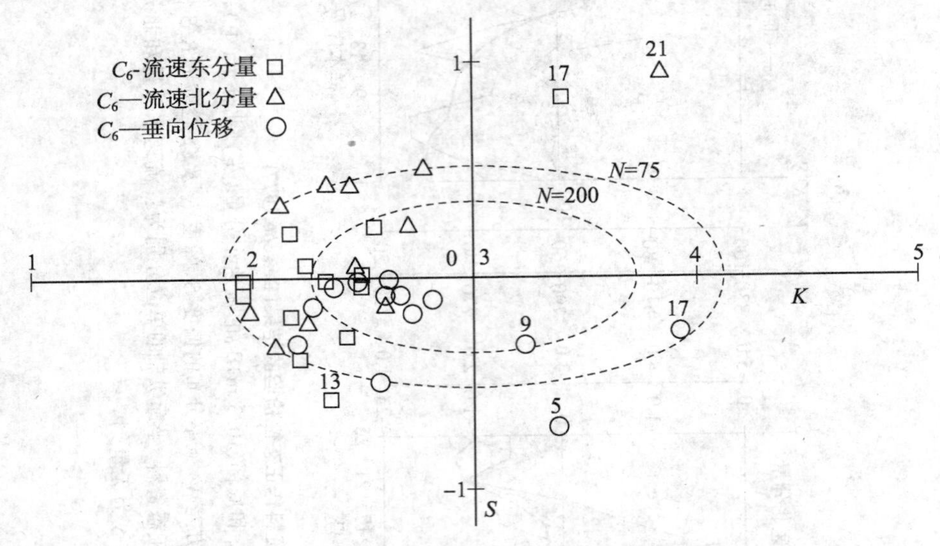

图 5.7.2 IWEX 资料 C_6 的峰度 K 和偏度 S 的散布情况(Briscoe,1977)

虚线椭圆为 95% 置信限，N 值为独立资料点数，方形、三角形和圆形所标的为资料段的东分量、北分量和垂向位移，旁边的数字为资料段的序号。

5.7.2 CTD 温-深序列的概率分布正态性检验

物理量的空间序列如 CTD 温-深序列的概率分布与时间序列的概率分布并不一定相同，为了对 CTD 温深序列的概率分布作检验，方欣华等(2000) 考虑到序列元素间的相关性，采用了前面所述的第 1 种方法，即与 Briscoe(1977) 染色法相反的预白化法来消除序列元素间的相关性。再对预白化后的序列作独立同分布检验。方欣华等采用 χ^2-拟合优度检验，并求出均值、方差、偏度和峰度与正态分布的均值、方差、偏度和峰度值作比较以确定序列的概率分布是否为正态的。

Briscoe 的染色法的关键在于寻找出一个合适的滤波器$\{g_i\}$，方欣华等的预白化的核心也在于设计合理的滤波器，他们采用了自回归模型滤波器(方欣华、吴巍，2002)。两者的比较用框图形式表示在图 5.7.3 中。

方欣华等用于检验的资料是南沙西南海域 1993 年 12 月 CTD 连续站观测的温-深序列，资料垂向间隔为 0.1 m。采用了 98 次观测的资料(图 5.7.4 中给出了其中的几次观测资料，横坐标所标数字为观测资料序号)。用滑动平均的方法将资料分成粗尺度部分(>20 m) 和细尺度部分(0.1 ~ 20 m)。在除上混合层外的其他深度段中，细尺度序列基本是无倾的(图 5.7.5)。再从这些尺度序列中取出 30 ~ 80 m 和 80 ~ 120 m 段，这样一共有 196 段基本无倾的资料，将每段资料视为 1 个样本序列，记为 $X(z)$。

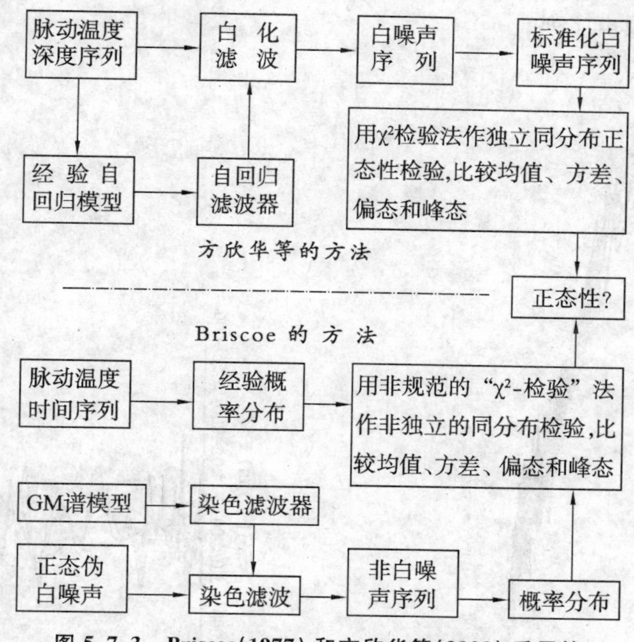

图 5.7.3　Briscoe(1977)和方欣华等(2000)采用的正态性检验流程图(方欣华等,2000)

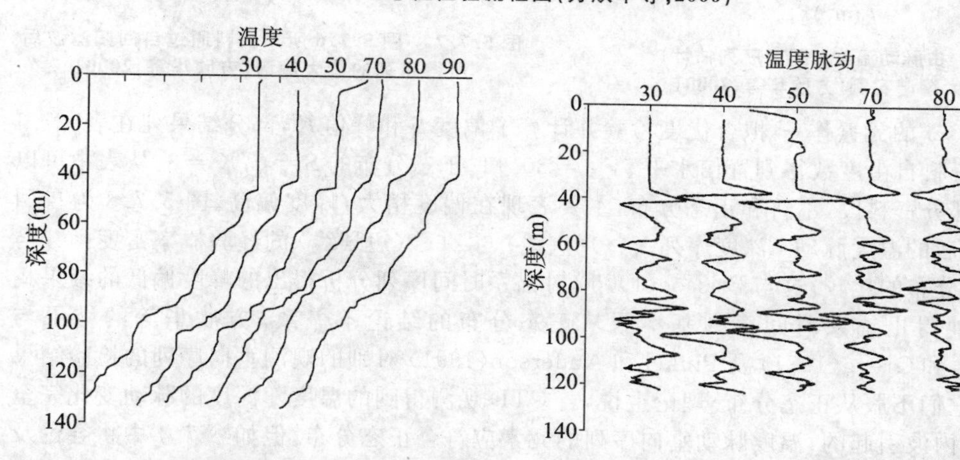

图 5.7.4　南海西南海域某 CTD 连续站观测得的温 - 深剖面实例(方欣华等,2000)
横坐标的数字为观测资料序号

图 5.7.5　从图 5.7.4 所示资料分离得到的脉动温度 - 深度剖面(方欣华等,2000)
横坐标的数字为观测资料序号

由于样本序列各元素间的相关性,使每个样本序列的自谱(垂向波数谱)的斜率不为零,图5.7.6即为用最大熵方法估计出的温度垂向波数谱的实例。预白化就是从序列 $X(z)$ 中滤掉相关成分 $Y(z)$,提取出独立成分 $Z(z)$,由于 $X(z)$ 所属随机过程的理论谱是未知的,而且无理由如 Briscoe 那样选用 GM75 谱模型来构成滤波器。为此,他们选用了 $X(z)$ 的自回归模型 AR(n) 作为滤波器。详细做法可参阅方欣华和吴巍(2002)或安鸿志(1983)。图 5.7.7 给出了与图 5.7.6 相同的资料 $X(z)$ 滤去相关部分 $Y(z)$ 所得的 $Z(z)$ 之谱曲线。可以看出,它们确实是在某一(零斜率)水平线上下波动,经"零"假设检验,这些

$Z(z)$ 序列属于白噪声序列。

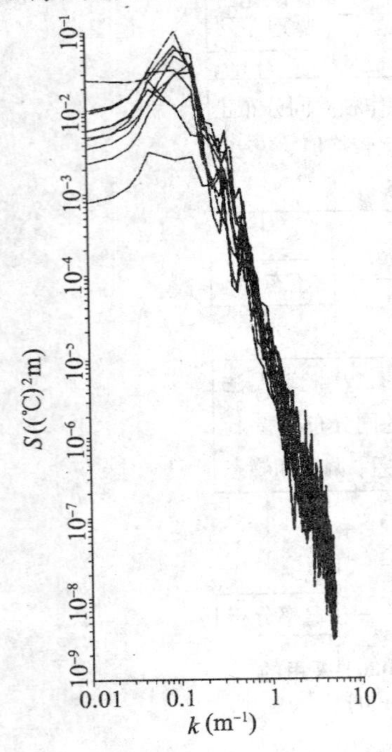

图 5.7.6　由脉动温度 - 深度序列估计得到的最大熵谱实例(方欣华等,2000)

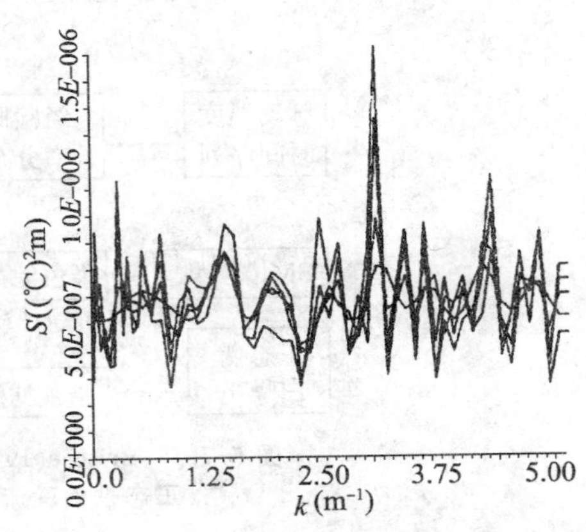

图 5.7.7　图 5.7.6 所用资料通过自回归滤波后所得序列的最大熵谱(方欣华等,2000)

对 $Z(z)$ 的元素作 χ^2 拟合优度检验并计算了偏度 S 和峰值 K，部分结果列在表5.7.1中。根据资料自由度数得到置信水平 $\chi^2_{0.95}=30.14$。正态分布的 $S=0, K=3$。从表中可以看出，大部分资料段，不符和正态分布，主要表现在偏度稍大，峰度偏高。图 5.7.8 为自回归滤波前后的温度脉动 - 深度序列 $X(z)$（点线）与 $Z(z)$（短划线）的经验概率密度函数与理论正态分布的比较。这与 Briscoe(1975) 对锚系时间序列分析得出的峰度偏低的结果相反，也与他得出锚系时间序列基本服从正态分布的结论不一致。方欣华等的结果与 Desaubies 和 Gregg(1981) 及 Pinkel 和 Anderson(1991) 对别的观测垂向序列的检验结果一致，即它们不服从正态分布。理论上说，若 CTD 观测得到的温度随深度的脉动变化完全是由线性内波引起的，温度脉动垂向序列的元素应符合正态分布。但如 §7.4 中将会论及的，在实际海洋中，包含在 0.1 m 间隔的资料中的温度脉动并非完全由线性内波引起的，其中还有其他成分，即不可逆细结构甚至微结构，它们并不一定不服从正态分布。

表 5.7.1　部分序列 $Z(d)$ 的概率密度偏度 S，峰度 K 和 χ^2 值(方欣华等,2000)

序号 No.	S	K	χ^2	序号 No.	S	K	χ^2
01	−0.37	5.85	30.79	08	−0.07	4.55	30.54
02	−5.63	8.81	44.93	09	0.03	5.20	25.2
03	0.04	15.634	50.30	10	−0.03	5.79	19.90
04	0.17	5.91	29.75	11	0.28	4.88	31.43
05	−1.09	11.12	42.90	12	−0.48	9.20	29.16
06	0.508	2.834	71.644	13	−0.141	2.648	31.872
07	−1.338	5.771	153.563	14	0.649	2.880	81.344

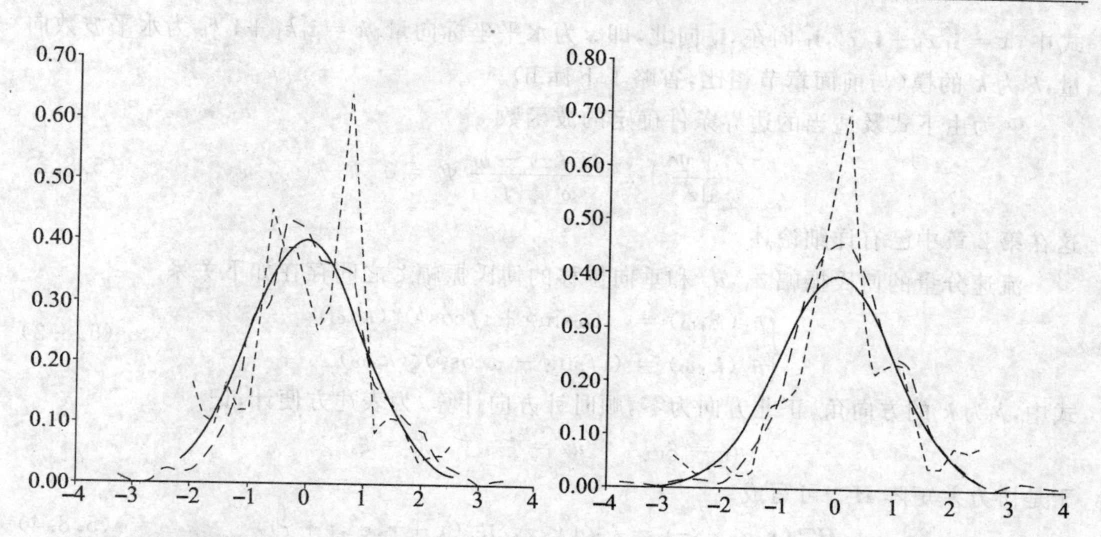

图 5.7.8　温度脉动 - 深度序列 $X(z)$ 和通过自回归滤波后的序列 $Z(z)$ 的概率密度分布实例（方欣华，庄子禄，1995）点线、短划线和实线分别为 $X(d)$，$Z(d)$ 和标准正态分布曲线

§ 5.8　内波方向谱

方向谱不但能揭示出波能随频率分布，而且还给出了此波能在水平面上传输的方向，因而方向谱是研究波的生成地和传播路径的有效工具。在海浪研究中已较普遍地采用了方向谱手段（文圣常，余宙文，1984），海洋内波方向谱的研究和应用远不及表面波方向谱那样深入广泛，究其原因可能是缺乏适合于方向谱分析的观测资料。

Schott 和 Willebrand(1973) 较详细地阐述了用锚系资料确定内波方向谱的理论与方法。Xiao 和 Fang(1991)，Fang 和 Xiao(1991) 将 Schott 和 Willebrand(1973) 的理论与方法用于澳大利亚悉尼近海的内波观测资料分析得到了合理的结果。Müller 等(1978) 在作 IWEX 资料分析中采用了方向谱手段。本节将简介 Schott 和 Willebrand(1973)，Xiao 和 Fang(1991)，以及 Fang 和 Xiao(1991) 的工作。

5.8.1　基本假设与公式

假设海水是不可压缩理想流体，忽略扩散，海洋是常深度的，除内波外不存在其他运动；WKB 近似适用的任意密度分层；Boussinesq 近似和线性近似。

用于方向谱分析的时间序列为流速脉动 $u_1(x_1, x_2, z, t)$，$u_2(x_1, x_2, z, t)$ 和垂向位移 $\zeta(x_1, x_2, z, t)$。它们可用傅氏级数表示

$$\left.\begin{array}{l} u_1(\boldsymbol{x}, z, t) \\ u_2(\boldsymbol{x}, z, t) \\ \zeta(\boldsymbol{x}, z, t) \end{array}\right\} = \sum_{k,\omega} \left\{\begin{array}{l} \dfrac{1}{k}\tilde{u}_1(\boldsymbol{k}, \omega)\ \dfrac{\mathrm{d}}{\mathrm{d}z}\Psi(k, \omega, z) \\ \dfrac{1}{k}\tilde{u}_2(\boldsymbol{k}, \omega)\ \dfrac{\mathrm{d}}{\mathrm{d}z}\Psi(k, \omega, z) \\ \dfrac{1}{k}\tilde{\zeta}(\boldsymbol{k}, \omega)\ \dfrac{\mathrm{d}}{\mathrm{d}z}\Psi(k, \omega, z) \end{array}\right\} \exp[\mathrm{i}(\boldsymbol{k} \cdot \boldsymbol{x} - \omega t)] \quad (5.8.1)$$

式中，$\boldsymbol{x}=\hat{\mathbf{i}}_1 x_1+\hat{\mathbf{i}}_2 x_2$，$\hat{\mathbf{i}}_1$ 向东，$\hat{\mathbf{i}}_2$ 向北，即 $\boldsymbol{x}$ 为水平坐标向量。$\boldsymbol{k}=\hat{\mathbf{i}}_1 k_1+\hat{\mathbf{i}}_2 k_2$ 为水平波数向量，k 为 $\boldsymbol{k}$ 的模(与前面章节相比，省略了下标 h)。

Ψ 为由下式及适当的边界条件确定的波函数

$$\frac{\mathrm{d}^2\Psi}{\mathrm{d}z^2}+k^2\frac{N^2(z)-\omega^2}{\omega^2-f^2}\Psi=0 \tag{5.8.2}$$

这在第 2 章中已有详细论述。

流速分量的傅氏振幅 $\tilde{u}_1,\tilde{u}_2$ 和垂向位移的傅氏振幅 $\tilde{\zeta}$ 之间存在如下关系

$$\begin{cases}\tilde{u}_1(\boldsymbol{k},\omega)=-(\omega\sin\phi+\mathrm{i}f\cos\phi)\tilde{\zeta}(\boldsymbol{k},\omega)\\ \tilde{u}_2(\boldsymbol{k},\omega)=(\mathrm{i}f\sin\phi-\omega\cos\phi)\tilde{\zeta}(\boldsymbol{k},\omega)\end{cases} \tag{5.8.3}$$

式中，ϕ 为 $\boldsymbol{k}$ 的方向角，正北方向为零，顺时针方向计算。为表述方便计，记

$$u_1=\xi_1,\quad u_2=\xi_2,\quad \zeta=\xi_3$$

于是协方差矩阵 $\boldsymbol{H}^{mn}$ 可写成

$$\boldsymbol{H}^{mn}(\boldsymbol{r},z,z',\tau)=\langle\xi_m(\boldsymbol{x},z,t)\xi_n(\boldsymbol{x}+\boldsymbol{r},z',t+\tau)\rangle \tag{5.8.4}$$

再记

$$\varphi_1=\varphi_2=\frac{1}{k}\frac{\mathrm{d}}{\mathrm{d}z}\Psi(k,\omega,z),\qquad \varphi_3=\Psi(k,\omega,z)$$

应用式(5.8.1)将 $\boldsymbol{H}^{mn}$ 写成傅氏级数形式

$$\boldsymbol{H}^{mn}(\boldsymbol{r},z,z',\tau)=\sum_{\boldsymbol{k},\omega}\langle\tilde{\zeta}(\boldsymbol{k},\omega)\tilde{\zeta}^*(\boldsymbol{k},\omega)\rangle\boldsymbol{T}^{mn}(\phi,\omega)\boldsymbol{R}^{mn}(k,\omega,z,z')\exp[-\mathrm{i}(\boldsymbol{k}\cdot\boldsymbol{r}-\omega\tau)] \tag{5.8.5}$$

矩阵 $\boldsymbol{T}^{mn}$ 为

$$\boldsymbol{T}^{mn}=\begin{pmatrix}\omega^2s^2+f^2c^2 & (\omega^2-f^2)sc+\mathrm{i}\omega f & -\omega s-\mathrm{i}fc\\ (\omega^2-f^2)sc-\mathrm{i}\omega f & \omega^2c^2+f^2s^2 & -\omega c+\mathrm{i}fs\\ -\omega s+\mathrm{i}fc & -\omega c-\mathrm{i}fs & 1\end{pmatrix} \tag{5.8.6}$$

式中，$s=\sin\phi, c=\cos\phi$

$$\boldsymbol{R}^{mn}=\varphi_m(k,\omega,z)\varphi_n(k,\omega,z') \tag{5.8.7}$$

式(5.8.5)是以随机相位假设为基础，即

$$\langle\tilde{\zeta}(\boldsymbol{k},\omega)\tilde{\zeta}(\boldsymbol{k}',\omega)\rangle=0，若\ \boldsymbol{k}+\boldsymbol{k}'\neq0\ 或\ \omega+\omega'\neq0$$

上式写成连续形式为

$$\langle\tilde{\zeta}(\boldsymbol{k},\omega)\tilde{\zeta}^*(\boldsymbol{k},\omega)\rangle=E(\boldsymbol{k},\omega)\mathrm{d}\boldsymbol{k}\mathrm{d}\omega \tag{5.8.8}$$

谱 $E(\boldsymbol{k},\omega)$ 与内波能量之间的关系将在后面再述。

交谱矩阵 $\boldsymbol{A}^{mn}(\boldsymbol{r},z,z',\omega)$ 是 $\boldsymbol{H}^{mn}$ 对时间的傅氏变换

$$\boldsymbol{A}^{mn}(\boldsymbol{r},z,z',\omega)=\int\mathrm{E}(\boldsymbol{k},\omega)\boldsymbol{T}^{mn}\boldsymbol{R}^{mn}\mathrm{e}^{\mathrm{i}\boldsymbol{k}\cdot\boldsymbol{r}}\mathrm{d}\boldsymbol{k} \tag{5.8.9}$$

波函数描述了能量分布状况，能量集中在波数平面的一系列圆周上，圆周半径为 $k_j(\omega)$，$(j=0,1,2,\cdots)$。

此后，为书写简单计，所有量不再标明对 ω 的依从关系。假设主要贡献仅来自少数几个模态

$$E(\boldsymbol{k}) = \sum_{j=0}^{N} \frac{E_j}{k_j} \Gamma_j(\phi) \delta(k - k_j) \tag{5.8.10}$$

式中，$\Gamma_j(\phi)$ 为第 j 个圆周上的能量的方向分布，它用下式标准化

$$\int_0^{2\pi} \Gamma_j(\phi) \mathrm{d}\phi = 1 \tag{5.8.11}$$

所以有

$$\int E(\boldsymbol{k}) \mathrm{d}\boldsymbol{k} = \sum_{j=0}^{N} E_j \tag{5.8.12}$$

图 5.8.1 即为各模态能量分布的示意图。

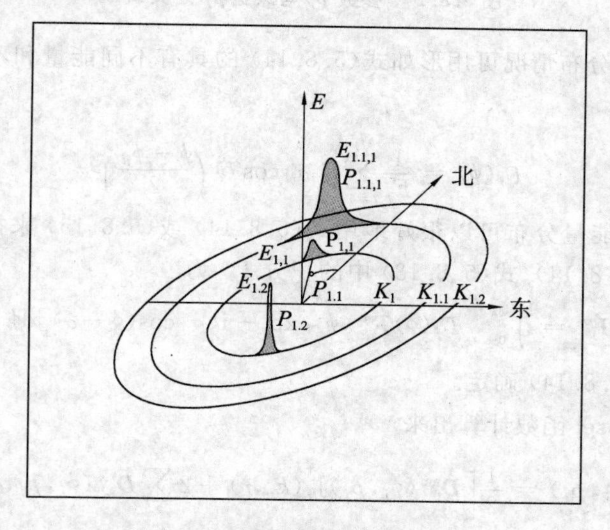

图 5.8.1　各模态能量分布

由式(5.8.9)和(5.8.10)可得出

$$\boldsymbol{A}^{mn}(\boldsymbol{r}, z, z') = \sum_{j=0}^{N} E_j \boldsymbol{R}_j^{mn} \int_0^{2\pi} \Gamma_j(\phi) \boldsymbol{T}^{mn}(\phi) \exp[-\mathrm{i}\boldsymbol{k} \cdot \boldsymbol{r} \cos(\phi - \alpha)] \mathrm{d}\phi \tag{5.8.13}$$

式中，$\boldsymbol{R}_j^{mn} = \boldsymbol{R}^{mn}(k_j), \boldsymbol{r} = (r, \alpha)$

采用双参数函数近似 $\Gamma_j(\phi)$，并将它取成如下形式

$$\Gamma_j(\phi) = \sigma_j \cos^{2p_j}\left(\frac{\phi - \phi_j}{2}\right) \tag{5.8.14}$$

式中，σ_j 由(5.8.11)确定，ϕ_j 处于平均传播方向，p_j 与束宽 β_j 有如下关系(如图 5.8.2)

$$\cos^{2p_j}(\beta_j/4) = 1/2$$

$p_j \to 0$ 代表各向同性能量分布；$p_j \to \infty$ 表示一离散平面波。表面波的方向谱表达式中也广泛采用了这一形式，如文圣常和余宙文(1984)。

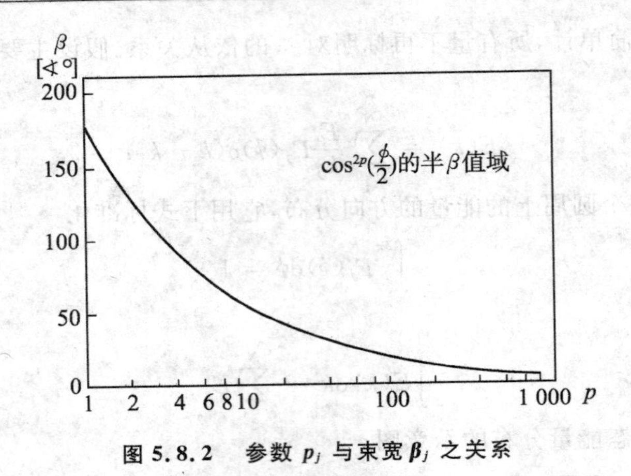

图 5.8.2　参数 p_j 与束宽 β_j 之关系

更复杂的能量分布情况可用形如式(5.8.14)的具有不同能量和不同传播方向的能束叠加来近似,即

$$\Gamma_j(\phi)=\frac{1}{E_j}\sum_{l=1}^{N_j}E_{jl}\sigma_{jl}\cos^{2p_{jl}}\left(\frac{\phi-\phi_{jl}}{2}\right) \tag{5.8.15}$$

海洋中的实际能量分布可以很好地用式(5.8.14)或(5.8.15)来描述。为简单计,后面的表述采用式(5.8.14)。式(5.8.13)中的积分 $\boldsymbol{I}_j^{mn}$ 为

$$\boldsymbol{I}_j^{mn}=\int_0^{2\pi}\Gamma_j(\phi)\boldsymbol{T}^{mn}(\phi)\exp[-\mathrm{i}k_j r\cos(\phi-\alpha)]\mathrm{d}\phi \tag{5.8.16}$$

式中,$\Gamma_j(\phi)$ 由式(5.8.14)确定。

$\boldsymbol{I}_j^{mn}$ 可根据 Bessel 函数计算出来

$$\boldsymbol{I}_j^{mn}(r,\alpha,\phi_j,p_j)=\frac{1}{2}\left[\boldsymbol{D}_0^{mn}(\phi_j,p_j)\mathrm{J}_0(k_j,r)+2\sum_{\nu=1}^{\infty}\boldsymbol{D}_\nu^{mn}(\phi_j,p_j,\alpha)\mathrm{J}_\nu(k_j,r)\right] \tag{5.8.17}$$

式中,J_ν 为 ν 阶 Bessel 函数,系数 $\boldsymbol{D}_0^{mn}$ 和 $\boldsymbol{D}_\nu^{mn}$ 列在表 5.8.1 中。

表 5.8.1　式(5.8.17)中所含系数 $\boldsymbol{D}_\nu^{mn}$

$\boldsymbol{D}_\nu^{mn}(\phi_j,p_j,\alpha)$	$\boldsymbol{D}_0^{mn}(\phi_j,p_j)$
$D_\nu^{11}=\frac{1}{2}(\omega^2+f^2)c_\nu^{(0)}-\frac{1}{2}(\omega^2-f^2)c_\nu^{(2)}$	$D_0^{11}=(\omega^2+f^2)-(\omega^2-f^2)\gamma_2\cos2\phi_j$
$D_\nu^{22}=\frac{1}{2}(\omega^2+f^2)c_\nu^{(0)}+\frac{1}{2}(\omega^2-f^2)c_\nu^{(2)}$	$D_0^{22}=(\omega^2+f^2)+(\omega^2-f^2)\gamma_2\cos2\phi_j$
$D_\nu^{33}=c_\nu^0$	$D_0^{33}=2$
$D_\nu^{12}=\mathrm{i}\omega fc_\nu^{(0)}+\frac{1}{2}(\omega^2-f^2)s_\nu^{(2)}$	$D_0^{12}=2\mathrm{i}\omega f+(\omega^2-f^2)\gamma_2\sin2\phi_j$
$D_\nu^{13}=-\omega s_\nu^{(1)}-\mathrm{i}fc_\nu^{(1)}$	$D_0^{13}=2\gamma_1(-\omega sin\phi_j-\mathrm{i}f\cos\phi_j)$
$D_\nu^{23}=-\omega c_\nu^{(1)}+\mathrm{i}fs_\nu^{(1)}$	$D_0^{23}=2\gamma_1(-\omega\cos\phi_j+\mathrm{i}f\sin\phi_j)$
$\boldsymbol{D}_\nu^{mn}=\boldsymbol{D}_\nu^{mn\,*}$	

表中，$\gamma_0 = 1, \gamma_{\nu+1} = \gamma_\nu \dfrac{p_j - \nu}{p_j + \nu + 1}$

$$s_\nu^{(l)} = \gamma_{\nu+l}\sin[l\phi_j - \nu(\alpha - \phi_j - \pi)] + \gamma_{\nu-l}\sin[l\phi_j + \nu(\alpha - \phi_j - \pi)]$$
$$c_\nu^{(l)} = \gamma_{\nu+l}cos[l\phi_j - \nu(\alpha - \phi_j - \pi)] + \gamma_{\nu-l}\cos[l\phi_j + \nu(\alpha - \phi_j - \pi)]$$

将式(5.8.13) 分成实部与虚部，即同相谱 $\boldsymbol{C}^{mn}$ 和异相谱 $\boldsymbol{Q}^{mn}$

$$\boldsymbol{A}^{mn} = \boldsymbol{C}^{mn} - \mathrm{i}\boldsymbol{Q}^{mn} = \sum_{j=0}^{N} E_j \boldsymbol{R}_j^{mn}(z,z')\boldsymbol{I}_j^{mn}(r,\alpha,\phi_j,p_j) \tag{5.8.18}$$

这样，可用上式所示理论交谱和观测交谱

$$\boldsymbol{A}_{\text{obs}}^{mn} = \boldsymbol{C}_{\text{obs}}^{mn} - \mathrm{i}\boldsymbol{Q}_{\text{obs}}^{mn}$$

拟合来确定参数 E_j, ϕ_j, p_j，本节表达式中上标或下标 obs 表示观测量。

5.8.2　方向谱的计算与检验

假设观测谱来自 M 架锚系仪器，则最多可有 $S = 9M(M+1)/2$ 条交谱。对 S 或少于 S 条观测交谱作拟合时，采用最小二乘法来确定参数，即下式必须取最小值

$$F(\mu_1,\mu_2,\cdots,\mu_{3(M+1)}) = \sum_{l=1}^{2S}{}' \lambda_l{}^2[\chi_l^{\text{obs}} - \chi_l(\mu_1,\cdots,\mu_{3(M+1)})]^2 \tag{5.8.19}$$

式中，
$$\mu_i = \begin{cases} E_j, 当\ i = 1 + j,\ j = 0,1,\cdots,M \\ \phi_j, 当\ i = 2 + j,\ j = 0,1,\cdots,M \\ p_j, 当\ i = 3 + j,\ j = 0,1,\cdots,M \end{cases}$$

并且

$$\left.\begin{aligned} \chi_l^{\text{obs}} &= C_{\text{obs}}^{m_l n_l}(r_l,\alpha_l,z_l,z'_l) \\ \chi_l &= C^{m_l n_l}(r_l,\alpha_l,z_l,z'_l) \end{aligned}\right\}, 当\ 1 \leqslant l \leqslant S,$$
$$\left.\begin{aligned} \chi_l^{\text{obs}} &= Q_{\text{obs}}^{m_l n_l} \\ \chi_l &= Q^{m_l n_l} \end{aligned}\right\}, 当\ S+1 \leqslant l \leqslant 2S \tag{5.8.20}$$

$\sum_{l=1}^{2S}{}'$ 表示若缺少某些资料(即交谱数目少于 S) 时，累加中相应的项也缺省；λ_l 为权重因子。

引入权重因子的原因是并非交谱矩阵的所有元素都有相同的量纲；而且即使量纲相同，其量值也可能有很大差别。λ_l 可设置成

$$\lambda_l = [C_{\text{obs}}^{m_l m_l}(0,z_l,z_l)C_{\text{obs}}^{n_l n_l}(0,z',z')]^{-1} \tag{5.8.21}$$

即用相应的自谱来作交谱标准化。

若确定了 $\boldsymbol{A}^{mn}$ 中所含的参数，则可计算出平方相干期望场

$$\boldsymbol{K}^{mn}(\boldsymbol{r},z,z') = \frac{|\boldsymbol{A}^{mn}(r,z,z')|^2}{\boldsymbol{A}^{mm}(0,z,z)\boldsymbol{A}^{nn}(0,z',z')} \tag{5.8.22}$$

通常，式(5.8.19) 的最小值不为零，这种与零的偏差源自理论假设与实际海洋状况的不一致。例如，可能存在一定程度的非随机位相、非平稳性、非线性、非均匀性、湍流影响、多普勒效应以及混淆等。寻找(5.8.19) 的最小值需反复进行多次，每次选取不同的起始值。Fang 和 Xiao(1991) 在计算中同时采用了改进高斯 - 牛顿法、Marquardt 法和改进

Marquardt 法(席少霖、赵风治,1983)。

对内波方向谱估计结果优劣的检验可采用如下方法。

使比值

$$B = F_{\min}/F_0 \ll 0.9$$

F_{min} 为由式(5.8.19)得到的最小值,而 F_0 为

$$F_0 = \sum_{l=1}^{2S}{}' \lambda [\chi_l^{\text{obs}}]^2$$

Schott 和 Willebrand 采用在 $-1/2 \sim 1/2$ 之间均匀分布的随机数代替观测交谱,得到 $B = 0.9$。所以,当 $B \ll 0.9$ 时,可认为拟合得的参数 $\mu_1, \cdots, \mu_{3(M+1)}$ 可描述出海区内波场的基本特性。反之,若 B 接近 0.9,说明模拟的内波场与实际状况相差甚远。

为了定量地给出所得参数 E_j, ϕ_j, p_j 的误差限,假设观测误差是非系统的(随机的),为了应用线性最小二乘近似的标准差计算,将式(5.8.19)在其最小值 $\overline{\mu_i}$ 的邻域中展开

$$F = \sum_{l=1}^{2S}{}' \lambda_l [\chi_l^{\text{obs}} - \chi_l(\overline{\mu}_1, \cdots, \overline{\mu}_{3(M+1)}) - \sum_{i=1}^{3(M+1)} \frac{\partial \chi_l}{\partial \mu_i}(\mu_i - \overline{\mu}_i)]^2 \tag{5.8.23}$$

定义矩阵

$$a_{ij} = \sum_{l=1}^{2S}{}' \lambda_l \frac{\partial \chi_l}{\partial \mu_i} \frac{\partial \chi_l}{\partial \mu_j}, i,\ j = 1, \cdots, 3(M+1) \tag{5.8.24}$$

则均方根偏差 $\Delta\mu_l$ 为

$$\Delta\mu_l = \left[(a)_{ij}^{-1} \frac{F_{\min}}{L} \right]^{1/2} \tag{5.8.25}$$

式中,$(a)_{ij}^{-1}$ 是 a_{ij} 的逆矩阵的第 j 个对角线阵;L 为自由度数,它等于观测的同相谱和异相谱数目之和减拟合参数的数目。

若观测得到的交谱具有正态概率分布,则最小值 $\overline{\mu}_j$ 服从自由度为 L 的 t 分布,并且可以从(5.8.25)计算出参数的置信限。一般地,观测交谱不具有正态性,但若自由度 L 足够大,(例如,$L \approx 100$),则不论资料分布如何,$\overline{\mu}_j$ 都趋于正态分布。(对于典型的调查资料,这一自由度数是较易达到的,例如,从 5 架海流计获得交谱,共有同相谱和异相谱总数目 100,用 3 个模态拟合。每个模态有 3 个参数,则 $L = 100 - 3 \times 3 = 91$。)于是,可以进一步给出参数估计的置信区间(Xiao & Fang,1991)

$$\left\{ \mu_j - t_\alpha \left[\frac{F_{\min}}{L}(a)_{jj}^{-1} \right]^{1/2}, \mu_j + t_\alpha \left[\frac{F_{\min}}{L}(a)_{jj}^{-1} \right]^{1/2} \right\} \tag{5.8.26}$$

式中,t_α 为自由度等于 L 的 t 分布之 α 水平的双侧分位数。

表 5.8.2　北海观测资料参数拟合结果(Schott & Willebrand,1973)

模态	拟合参数				流速椭圆		垂向起伏(cm)
	$k(\text{km}^{-1})$	E	$\phi(°)$	$\beta(°)$	长轴(cms^{-1})	短轴(cms^{-1})	
零模态	6×10^{-3}	4.09 ± 0.24	214 ± 2	5	12.2	1.7	(表面)31
一模态	0.18	0.45 ± 0.15	$222 \pm 80^{**}$ $3 \pm 15^{**}$	$180 \pm 180^{*}$	上层 3.1 下层 1.7	2.7 1.5	(温跃层)133

* 由温度交谱得到; ** 存在不确性。

表 5.8.3　北海锚系阵列中心锚系 C 各层资料和其东侧锚系 E 资料的平方相干
(Schott & Willebrand,1973)

资料对	流速分量							
	u_1-u_1		u_1-u_2		u_2-u_1		u_2-u_2	
	观测	模型	观测	模型	观测	模型	观测	模型
E 18.5－E 18.5…			0.69	0.61	0.69	0.61		
－C 18.3…	1.00	0.98	0.66	0.63	0.76	0.59	0.94	0.99
－C 36.0…	0.60	0.50	0.79	0.77	0.85	0.86	0.77	0.71
－C 70.0…	0.64	0.50	0.84	0.77	0.85	0.86	0.78	0.71
C 18.3－C 18.3…			0.73	0.61	0.73	0.61		
－C 36.0…	0.61	0.49	0.72	0.78	0.86	0.85	0.76	0.71
－C 70.0…	0.64	0.49	0.77	0.78	0.86	0.85	0.77	0.71
C 36.0－C 36.0…			0.85	0.83	0.85	0.83		
－C 70.0…	0.89	1.00	0.84	0.83	0.88	0.83	0.97	1.00
C 70.0－C 70.0			0.87	0.83	0.87	0.83		

Schott 和 Willebrand(1973) 将上述方向谱分析技术应用于内潮分析。他们采用了两份观测资料，其一为北海的四锚系阵列，中心锚系大约位于 1°E,56°N，有 3 层海流计，分别位于 18.5 m,36.0 m,70.0 m 深处。另 3 个锚系布设在中心锚系周围，近似地呈三角形(3 个边长分别为 4.0,4.3,4.5 km)，每个锚系有一架海流计。海区存在强跃层，跃层中心深度约在 30 m 深处，可用两层流体近似。拟合所得结果列于表 5.8.2 和表 5.8.3。他们还将此技术用于位于北大西洋 Great Meteor 海底山附近(约 29°20′E,29°10′N) 单一锚系资料，所得结果列在表 5.8.4。

表 5.8.4　对在北大西洋 Great Meteor 海底山附近单一锚系的参数拟合情况
(Schott & Willebrand,1973)

E_0	0.36 ± 0.07
ϕ_0	61° ± 7°
β_0	30° ± 25°
E_1	1.54 ± 0.41
ϕ_1	242° ± 78°
β_1	130° ± 110°
E_2	0.26 ± 0.11
ϕ_2, β_2	不确定

Fang 和 Xiao(1991) 采用方向谱分析技术分析了澳大利亚悉尼近海锚系观测资料。该调查采用三锚系两层海流计观测(其中一个锚系上层海流计记录无效)，并配合南森站和 BT 观测，由南森站和 BT 资料获得浮频率垂向剖面，详情见 Fang 等(1984)。用式(5.8.2) 及水平海底与刚性海面边界条件确定波函数 Ψ。

用 M_1,M_2,M_3，表示 3 个锚系标号，标号 1,2,3,4,5 分别表示 M_1 的下层、上层，M_2 的下层、上层及 M_3 的下层海流计记录。坐标 x_1,x_2 分别为向岸(与海岸线垂直)和沿岸(与海岸线平行)的坐标轴。

最小二乘估计的自由度为 24。因为仅有两层仪器，只能得到第 1，2 模态的参数。估计得的参数及 B 值列于表 5.8.5。第 1，2 模态的能比在图 5.8.3 中给出，模型与观测自谱和模型与观测相干谱实例分别在图 5.8.4，图 5.8.5 给出。

表 5.8.5　内波方向谱的参数值及其方差(Fang & Xiao，1991)

序号	频率 (c/h)	E_1		E_2		ϕ_1(°)		ϕ_2(°)		β_1(°)		β_2(°)		B
		量值	方差	量值	方差	量值	方差	量值	方差	量值	方差	量值	方差	
1	0.05	38	4.9	55	9.1	14	90	162	41	76				0.083
2	0.12	40	1.6	24	2.9	15	8.2	-45	20	36	79	141	96	0.012
3	0.18	27	1.9	11	3.8	21	11	-34	120	40	91			0.044
4	0.23	12	1.4	4	2.6	1	11	-12	45	35		94		0.188
5	0.29	6.8	0.7	4	1.2	-9	10	3.9	26	84	60	131	170	0.075
6	0.35	3.6	0.6	2.2	1.3	11	15	72		37				0.22
7	0.41	2.6	0.4	2.6	0.7	12	10	-145	45	52	65			0.14
8	0.47	1.9	0.2	1.7	0.5	-14	8	-299		52	49			0.15
9	0.53	1.5	0.2	1.3	0.5	-19	9	31.7	95	60	50	139		0.20
10	0.59	1.5	0.2	1.4	0.4	-15	6	5.4	64	40	40	124		0.13
11	0.65	1.0	0.2	0.9	0.3	-9	13	-99	135	125	78			0.21
12	0.70	0.9	0.2	1.2	0.3	-14	9	-23	134	57	44			0.20
13	0.76	0.6	0.1	0.9	0.3	-14	10	13	28	33	62	65	61	0.28
14	0.82	0.7	0.2	1.0	0.3	-7	8	32	40	34	47	126		0.25
15	0.88	0.7	0.2	1.0	0.3	8	49	16	44	44				0.28
16	0.94	0.6	0.14	1.0	0.3	118	7.5	170	27	27	32	69	85	0.24
17	1.00	0.7	0.13	0.7	0.25	1.5	50	1.3	171					0.25
18	1.06	0.5	0.08	0.91	0.16	113	4	204	18	12	40	76	74	0.13
19	1.11	0.5	0.09	0.53	0.17	106	11	-62	98	83	37			0.20
20	1.17	0.6	0.08	0.69	0.17	108	4	50	114	36	16			0.13
21	1.23	0.5	0.06	0.48	0.11	60	14	55	27	98	46	49	41	0.16
22	1.29	0.5	0.07	0.69	0.14	86	6	39	33	57	23	99		0.14
23	1.35	0.5	0.07	0.63	0.13	-91	7	-8	15	58	30	43	28	0.18
24	1.47	0.4	0.05	0.75	0.10	71	10	-52		72	31			0.12
25	1.47	0.4	0.06	0.56	0.10	-84	4	-97	22	33	16	69	115	0.16
26	1.52	0.4	0.05	0.42	0.10	-130	26	-104	7	105	107	30 16	0.19	
27	1.58	0.3	0.03	0.33	0.07	-176	6	-139	22	55	13	55	93	0.11

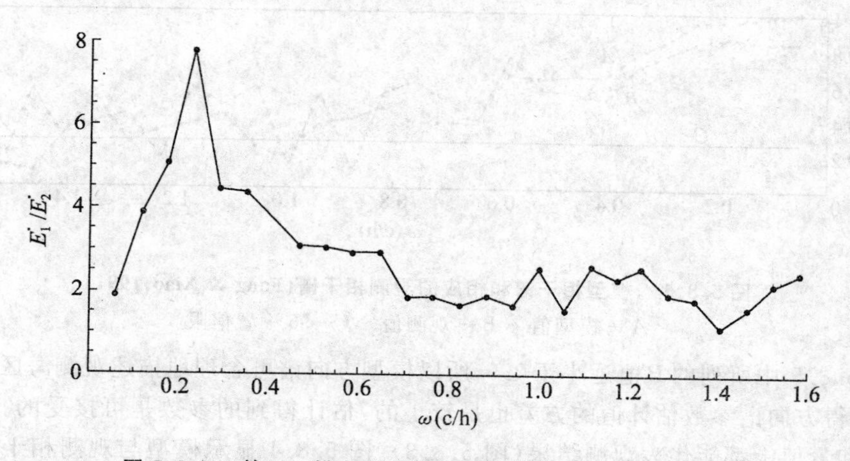

图 5.8.3　第 1,2 模态所含能量之比(Fang & Xiao,1991)

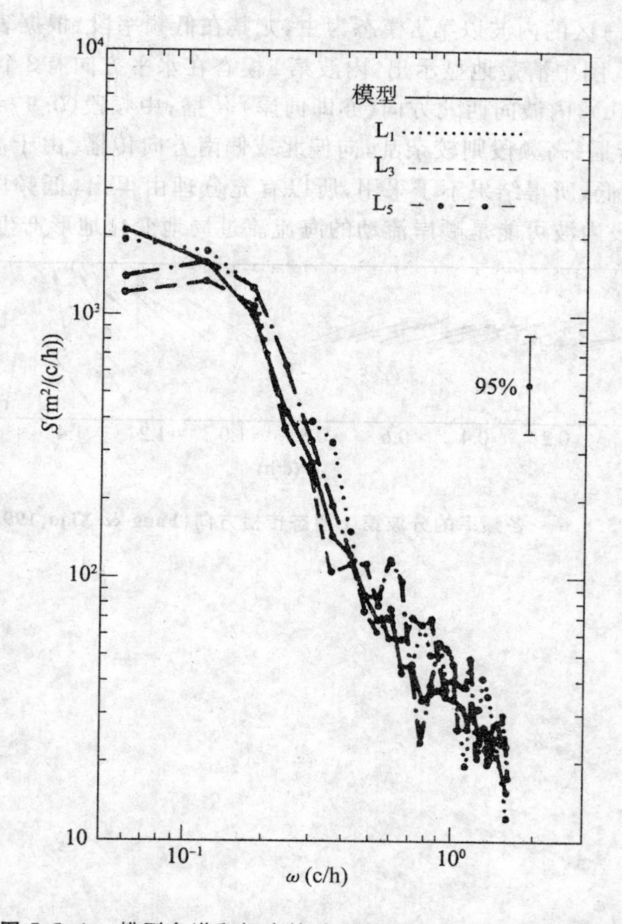

图 5.8.4　模型自谱和相应的观测自谱(Fang & Xiao,1991)

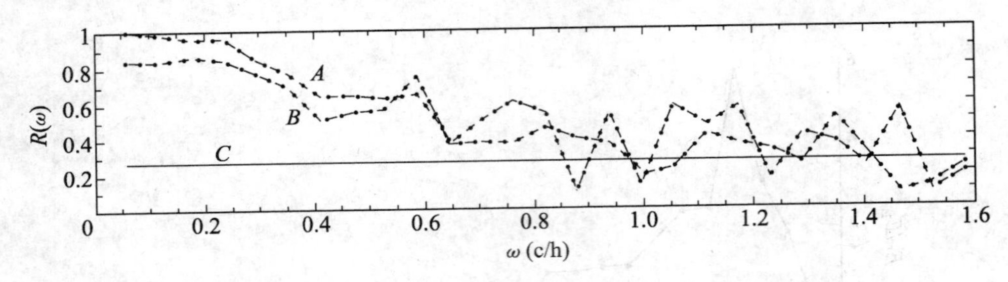

图 5.8.5　模型相干谱和相应的观测相干谱(Fang & Xiao,1991)

A— 模型值　*B*— 观测值　*C*—95% 置信限

表5.8.5中所列的*B*值远小于0.9,所以模型方向谱可合理地描述观测海区的内波谱特性。所得方向谱参数估计值的方差也是较小的,估计得到的参数是可接受的。模型自谱在趋势和量值上都能代表观测结果(图 5.8.3)。图 5.8.4 显示模型与观测相干谱拟合极佳,而且除少数频率外,其值都高于95%置信限,表明各仪器观测资料的相关程度颇高。图 5.8.5表明观测海区的内波以第1模态为主,尤其在低频率段。根据表5.8.5中所列ϕ_1,ϕ_2,绘制了图5.8.6。图中清楚地显示出,内波第1模态在水平方向有3个主要传播方向:低频段(0.1～0.8 c/h),内波向西北方向(亦即向岸)传播;中频段(0.9～1.4 c/h),主要向东北方向(沿岸)传播;高频段则较杂乱,向偏北或偏南方向传播。由于高频段估计得到的各种谱的置信度较低,所得结果不予采用,所以有充分理由得出,低频段内波自外海形成向岸传播,而中频段内波可能是顺岸流动的海流流过局地变化地形产生并传播的。

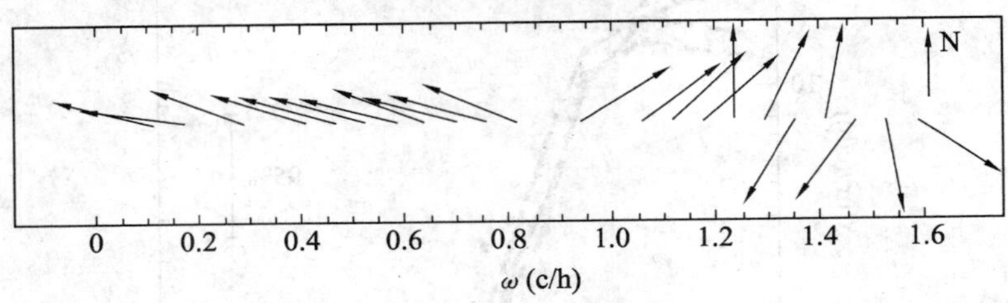

图 5.8.6　各频率的分波第1模态传播方向(Fang & Xiao,1991)

第6章　海洋内波谱模型

上一章的内容表明，一般情况下，海洋内波是一复杂的随机现象，可从观测得到的资料分析中得到各种物理量的频率自谱，水平波数自谱、垂向波数自谱以及各种交谱（相干谱和相位谱）。但不可能从这些观测资料直接得到内波能量密度的波数-频率谱。Garrett 和 Munk(1972)（此后将 Garrett 和 Munk 简写为 GM）首先成功地根据上述各种观测谱及随机过程理论构思了大洋内波能量密度波数-频率谱，这个谱模型通称为 GM72。而后他们又对 GM72 作了进一步改进，提出了 GM75(GM，1975)和 GM79(Munk，1981)。在 GM72 之后，其他学者也提出了一些内波谱模型，如 IWEX 谱（Muller *et al*，1978），Aha 谱(Levin，1999)等。由于 GM72 是基础性的内容，也是内波研究进程中的一个里程碑，而且，他们的这种理论与实践有机结合的研究方法堪称典范，所以，本章将按 GM(1972)的阐述，对它作较详细的介绍。尔后简单介绍其他谱模型。

§6.1　GM72——控制方程及浮频率垂向分布模型

GM72 模型(GM，1972)采用的坐标系：$\hat{x}_1$，$\hat{x}_2$ 为水平方向坐标轴；$\hat{z}$ 为铅垂方向坐标轴，向下为正（与目前常用的坐标方向相反）。坐标原点设在上混合层底部（而非海面）。并设上混合层厚度为 $\hat{d}$，海洋深度为$(\hat{h}+\hat{d})$。模型采用了如下的浮频率剖面模型：

$$\begin{cases}\hat{N}=0 & \text{当} -\hat{d}<\hat{z}<0 \\ \hat{N}=\hat{N}_0 e^{-\hat{z}/\hat{b}} & \text{当} 0\leqslant\hat{z}<\hat{h}\end{cases} \tag{6.1.1}$$

式中，$\hat{b}$ 称为层化深度，取值 1.3 km；$\hat{N}_0$ 为由下向上外推到 $z=0$ 处（即混合层底部）的浮频率值，它等于 3 c/h。

取 $\hat{N}_0$ 为时间标度，另外，再定义空间标度 $\hat{M}=(2\pi\hat{b})^{-1}=0.122$ c/km。无“ˆ”之量表示相应的无量纲量（下同）。

GM 认为，(6.1.1)较符合大洋实测资料，较大的误差出现在紧贴温跃层之下的水层，在此水层中它给出的值偏低。从总体上说，式(6.1.1)优于当时已有的其他表达式，如 Cox 和 Sandstran(1962)对上层海洋提出的

$$\hat{N}=\hat{N}_0(1+\hat{z}/\hat{d})^{-1/2}$$

以及 Monin* (1969)（本章中，含“*”的文献未列在书后参考文献索引中，请参见 GM，1972）和 Long(1970)根据量纲考虑提出的

$$\hat{N}=\hat{N}_0(1+\hat{z}/\hat{d})^{-1}$$

比较结果见图 6.1.1。

由于大部分结果只与当场 $\hat{N}(z)$ 有关，所以，实际上对 $\hat{N}(z)$ 的深度分布表达式关系不大。

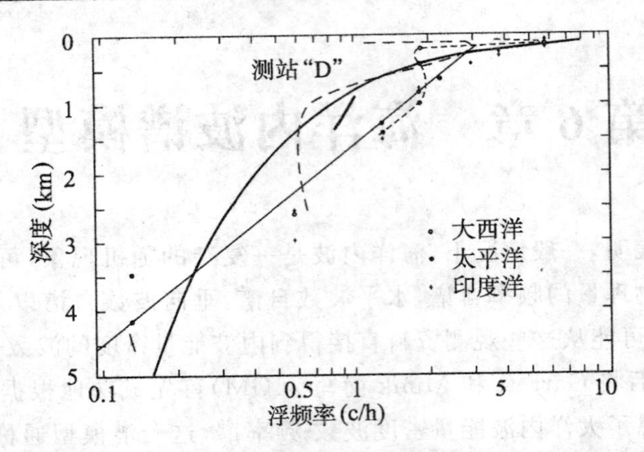

图 6.1.1　几种浮频率的表达式与实测数据的比较，粗实线为 GM 的式(6.1.1)(GM72)

控制方程采用 Boussinesq 近似并忽略地转柯氏力水平分量的线化方程

$$\begin{cases}\dfrac{\partial \hat{u}_1}{\partial \hat{t}}+\hat{f}\hat{u}_2+\dfrac{1}{\rho_0}\dfrac{\partial \hat{p}}{\partial \hat{x}_1}=0\\ \dfrac{\partial \hat{u}_2}{\partial \hat{t}}-\hat{f}\hat{u}_1+\dfrac{1}{\rho_0}\dfrac{\partial \hat{p}}{\partial \hat{x}_2}=0\\ \dfrac{\partial \hat{w}}{\partial \hat{t}}+\dfrac{1}{\rho_0}\dfrac{\partial \hat{p}}{\partial \hat{z}}+4\pi^2\hat{N}(z)\hat{\xi}=0\\ \hat{N}=\dfrac{1}{2\pi}\left(\dfrac{\hat{g}}{\rho_0}\dfrac{\mathrm{d}\hat{\rho}}{\mathrm{d}\hat{z}}\right)^{1/2}\\ \dfrac{\partial \hat{u}_1}{\partial \hat{x}_1}+\dfrac{\partial \hat{u}_2}{\partial \hat{x}_2}+\dfrac{\partial \hat{w}}{\partial \hat{z}}=0\end{cases} \tag{6.1.2}$$

显然，上述方程没有考虑平均流，并设在水平方向无密度梯度。

z 轴、波数向量 $\boldsymbol{k}$ 以及群速 $\boldsymbol{c}_g$ 构成一个铅直平面，此平面与 x_1 轴的夹角为 ϕ，$\boldsymbol{k}$ 与 x_1Ox_2 平面夹角为 θ(图 6.1.2)。水质点运动速度 $\boldsymbol{u}$ 的振幅 U 分解成两个分量 U_L 与 U_T，U_L 在群速和波数向量所在平面上，而 U_T 垂直于此平面。

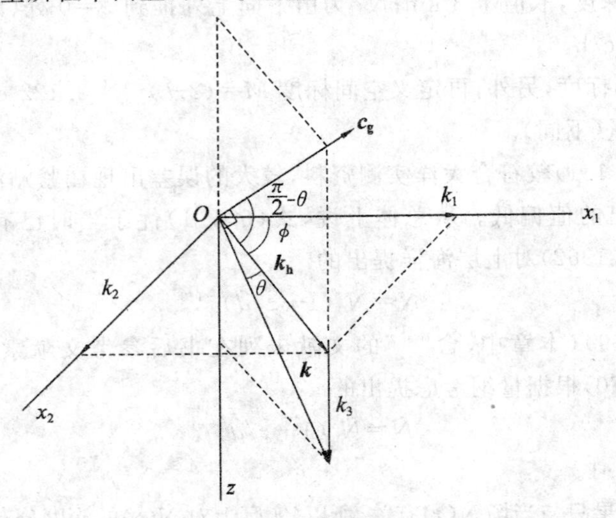

图 6.1.2　群速 c_g，波数向量 k 与坐标轴之几何关系

在水平方向沿方向角 ϕ 传播的内波模态存在如下相互关联的量

$$\begin{bmatrix}\hat{u}_1\\ \hat{u}_2\\ \hat{w}\\ \hat{\xi}\end{bmatrix}=R_e\begin{bmatrix}\mathrm{i}U_L\cos\phi-U_T\sin\phi\\ \mathrm{i}U_L\sin\phi+U_T\cos\phi\\ W\\ i(2\pi\hat{N}_0)^{-1}Z\end{bmatrix}\hat{q}\exp[\mathrm{i}(k_1x_1+k_2x_2-\omega t)] \tag{6.1.3}$$

式中，$\hat{\xi}$ 为波动的垂向位移，Z 为 $\hat{\xi}$ 的无量纲振幅；U_L,U_T,W,Z 为 z 的实函数，$\hat{q}$ 为速度比尺。

作适当运算可得方程

$$\frac{\mathrm{d}^2W}{\mathrm{d}z^2}+k_3^2W=0,\quad k_3^2=k_{\mathrm{h}}^2\frac{N^2-\omega^2}{\omega^2-f^2} \tag{6.1.4}$$

它即为式(1.3.51)和(1.3.50)。相应地取刚盖表面边界条件和光滑水平全反射海底边界条件，即

$$W=0,\quad 当\ z=-d(海面),h(海底) \tag{6.1.5}$$

在实际海洋中可能发生 $N^2(z)$ 不连续，故再设在 $N^2(z)$ 不连续处 W 和 $\mathrm{d}W/\mathrm{d}z$ 连续。又从图 6.1.2 中可得出

$$k_{\mathrm{h}}=k\cos\theta,\quad k_3=k\sin\theta$$

即 θ 为波数向量 $\boldsymbol{k}$ 与水平面之夹角。k_{h} 与 k_3 分别为波数向量 $\boldsymbol{k}$ 水平分量和垂向分量。于是，由式(6.1.4)得

$$\omega^2=N^2\cos^2\theta+f^2\sin^2\theta$$

进而采用如下的变量表达式

$$a=\frac{k_{\mathrm{h}}\omega}{(\omega^2-f^2)^{1/2}},\quad \kappa=\frac{aN}{\omega} \tag{6.1.6}$$

于是，有

$$k_3^2=a^2[N^2(z)-\omega^2]/\omega^2=\kappa^2-a^2 \tag{6.1.7}$$

当 $f=0$ 时，κ 为波数向量的模 k。

式(6.1.4)之解为

$$W(z)=\mathrm{sh}[a(z+d)],\quad 当-d<z<0，此时\ N=0 \tag{6.1.8}$$

$$W(z)=B\Lambda_a(\kappa),\ 当\ 0<z<h，此时\ N(z)=\mathrm{e}^{-z} \tag{6.1.9}$$

式中的 $\Lambda_a(\kappa)$ 为

$$\Lambda_a(\kappa)=\mathrm{J}_a(\kappa)-[\mathrm{J}_a(\kappa_h)/\mathrm{Y}_a(\kappa_h)]\mathrm{Y}_a(\kappa),\ \kappa_h=a\mathrm{e}^{-h}/\omega \tag{6.1.10}$$

式中，J_a 和 Y_a 分别为 a 阶第 1 类和第 2 类 Bessel 函数。$W(z)$ 满足 $z=-d,h$ 的边界条件。根据在 $z=0$ 处，W 和 $\mathrm{d}W/\mathrm{d}z$ 连续，可得到 B 值，并得出下式

$$\mathrm{th}(ad)=-\frac{\omega\Lambda_a(a/\omega)}{\Lambda'_a(a/\omega)} \tag{6.1.11}$$

由上式和式(6.1.6)得到频散关系式

$$k_{\mathrm{h}}=k_{\mathrm{h}}^{(j)}(\omega)$$

式中的上标 (j) 表示第 j 个模态。

地转影响仅通过式(6.1.6)中的 a 对 f 的依从关系进入频散关系，导致水平波长增

大，它仅在惯性频率附近起作用。对所有模态，在 $\omega=f$ 处，$k_h=0$。

对于较薄的上混合层，即 d 较小，式(6.1.11)的解为

$$a/\omega=\eta^{(j)}[1-d+O(d^2)] \tag{6.1.12}$$

若 $ad\ll 1$，$\eta^{(j)}$ 为 $\Lambda_a(a/\omega)$ 的第 j 个零点。若 ad 不是小量，对 $\eta^{(j)}$ 的订正就更小了。此后，在 GM72 中取 $d=0$

于是频散关系简化为

$$J_a(\kappa_0)Y_a(\kappa_h)-Y_a(\kappa_0)J_a(\kappa_h)=0 \tag{6.1.13}$$

式中，$\kappa_0=a/\omega$，$\kappa_h=a\mathrm{e}^{-h}/\omega$

若 $\omega\gg N_h=\mathrm{e}^{-h}$，则 $|Y_a(\kappa_h)|\gg 1$，式(6.1.13)退化成

$$J_a(\kappa_0)=0 \tag{6.1.14}$$

若再加之 $\omega\ll 1$，则

$$a/\omega\sim\left(j-\frac{1}{4}+\frac{1}{2}a\right)\pi \tag{6.1.15}$$

当 ω 接近 f 时，不能忽略有限深度的影响。假设

$$\kappa_h\gg 1$$

这样就可以在式(6.1.13)中应用大变量 Bessel 函数的渐近形式。于是得到

$$a/\omega=\frac{j\pi}{1-\mathrm{e}^{-h}} \tag{6.1.16}$$

只有当 $j\pi>\mathrm{e}^h$ 时，$\kappa_h=\mathrm{e}^{-h}a/\omega$ 才是大值。在 GM72 中，$\mathrm{e}^h=30$，所以，式(6.1.16)只适用于高模态情况。对于低模态，a/ω 的值介于无限深海和小水深海之间，即介于式(6.1.15)和式(6.1.16)的取值之间。GM72 对于最低模态，在 $\omega\approx f$ 附近，式(6.1.13)之数值解为

$$a/\omega=\kappa_i=2.96 \tag{6.1.17}$$

而由式(6.1.15)和(6.1.16)的取值分别为 2.36 和 3.25。

当 ω 不高于 0.22 时，式(6.1.17)之误差一般小于 20%。因此，在 ω 不接近 f 时，最低模态波的有量纲相速度为

$$\hat{\omega}/\hat{k}_h=\left(\frac{2\sqrt{2}}{\kappa_i}\right)\sqrt{\hat{g}'\hat{b}} \tag{6.1.18}$$

式中，弱化重力 $\hat{g}'=\hat{g}\dfrac{\Delta\hat{\rho}}{\hat{\rho}}=\dfrac{1}{2}\hat{b}\hat{N}_0^2$

对于 $\omega=1-\varepsilon$，ε 为小量，频散关系为

$$J_a(\kappa_0)=0$$

用 k_h 代替 a，于是

$$k_h/\omega=k_h+k_h\varepsilon$$

上式为只取 ε 的一阶项之级数展式。用 Airy 函数近似 Bessel 函数，两者的阶和变量近似地相同。对于大波数(即大 k_h 值)，有

$$J_{k_h}(k_h+\eta k_h^{1/3})=2^{1/3}k_h^{-1/3}\mathrm{Ai}(-2^{1/3}\eta)+O(k_h^{-1}) \tag{6.1.19}$$

式中，$\eta=\varepsilon k_{\mathrm{h}}^{2/3}$

因此，$-2^{1/3}\eta$ 必为 Airy 函数的零点。

于是，得到

$$-2^{1/3}(1-\omega)k_{\mathrm{h}}^{2/3}=-2.34,-4.09,\cdots,-\left[\frac{3\pi(4j-1)}{8}\right]^{2/3},\cdots \tag{6.1.20}$$

因此

$$k_{\mathrm{h}}^{(j)}(\omega)=c^{(j)}(1-\omega)^{-3/2} \tag{6.1.21}$$

式中，$c^{(j)}=2.53,5.85,\cdots,\dfrac{3\pi(4j-1)}{8\sqrt{2}}$

图 6.1.3 给出了各种模态和各种频率的波函数 $Z(z)$ 的例子，同时给出了相应的密度和浮频率的垂向分布。其中图 a 为平均密度垂向分布，图 b 为浮频率垂向分布。相应的取值为：混合层厚度 $\hat{d}=0.1\hat{b}$，密度 $\hat{\rho}=\hat{\rho}_0$，$N=0$。其下的密度层化层的厚度为 $\hat{h}=3\hat{b}$，密度分布为 $\hat{\rho}=\hat{\rho}_0+\Delta\hat{\rho}(1-\mathrm{e}^{-2\hat{z}/\hat{b}})$，$\Delta\hat{\rho}=\dfrac{1}{2}\hat{\rho}_0\hat{N}_0^2\hat{b}/\hat{g}$；浮频率呈指数函数分布 $\hat{N}=\hat{N}_0\mathrm{e}^{-\hat{z}/\hat{b}}$。图 c,d,e 为第 1,5 模态的波函数，从左到右之 $\hat{\omega}$ 分别为 $\dfrac{3}{4}\hat{N}_0$，$\mathrm{e}^{-1}\hat{N}_0$ 和 $0.03\hat{N}_0$。在图 c 和图 d 中，出现“转折深度”(用水平虚线表示)，它们分别为 $\hat{b}\ln\dfrac{4}{3}$ 和 $\hat{b}$，离海底很远，可近似地当作无限深海处理，图 e 为 $\hat{f}<\hat{\omega}<\hat{N}_h$，不存在转折点，因而应视为有限深海情况。

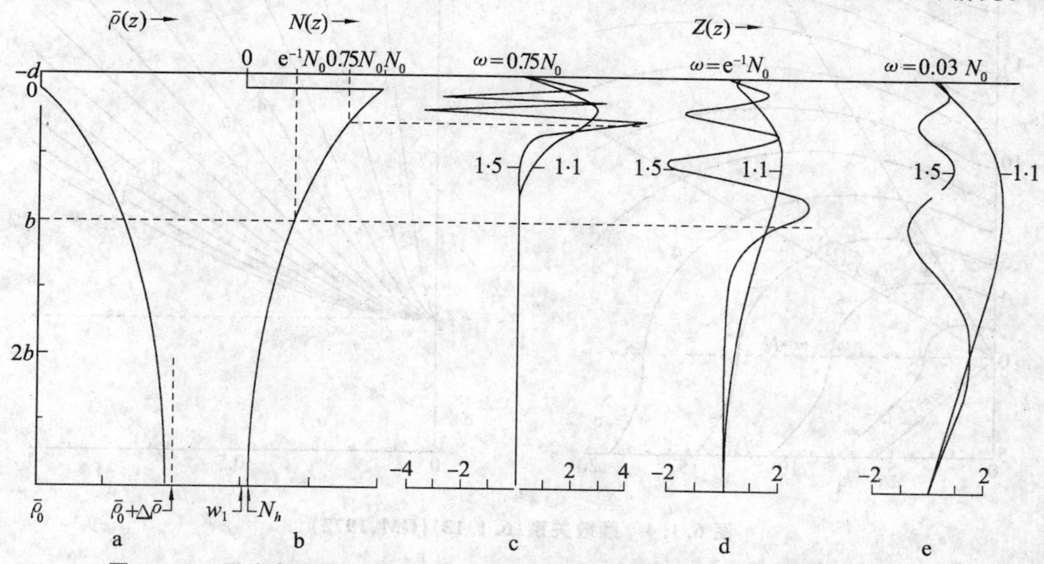

图 6.1.3　平均密度垂向分布(a)，浮频率垂向分布(b)以及标准化波函数 $Z^{(j)}(z)$ (c,d,e)实例(GM,1972)

完整的频散关系(6.1.13)在图 6.1.4 中表示。图 a 为 $k_{\mathrm{h}}^{(j)}(\omega)$，$j=1,2,\cdots$，$d=0$，$h=\dfrac{4.5\ \mathrm{km}}{1.3\ \mathrm{km}}=3.46$，$N_h=\dfrac{0.095\ \mathrm{c/h}}{3\ \mathrm{c/h}}=0.032$，$f=\dfrac{0.04\ \mathrm{c/h}}{3\ \mathrm{c/h}}=0.0133$。靠近原点处的方框

中的图像放大后在图 d 给出。图 b 和 c 分别给出了 $z=0.69$(相应的 $N=\mathrm{e}^{-z}=0.5$)时，在 (k_3,ω) 空间和 (k_h,k_3) 空间的模态分布。当 $\omega<N(z)$ 时，k_3 为当场垂向波数；当 $\omega>N(z)$ 时，k_3 为虚数，$(\mathrm{i}k_3)^{-1}$ 为当场 e 折尺度。

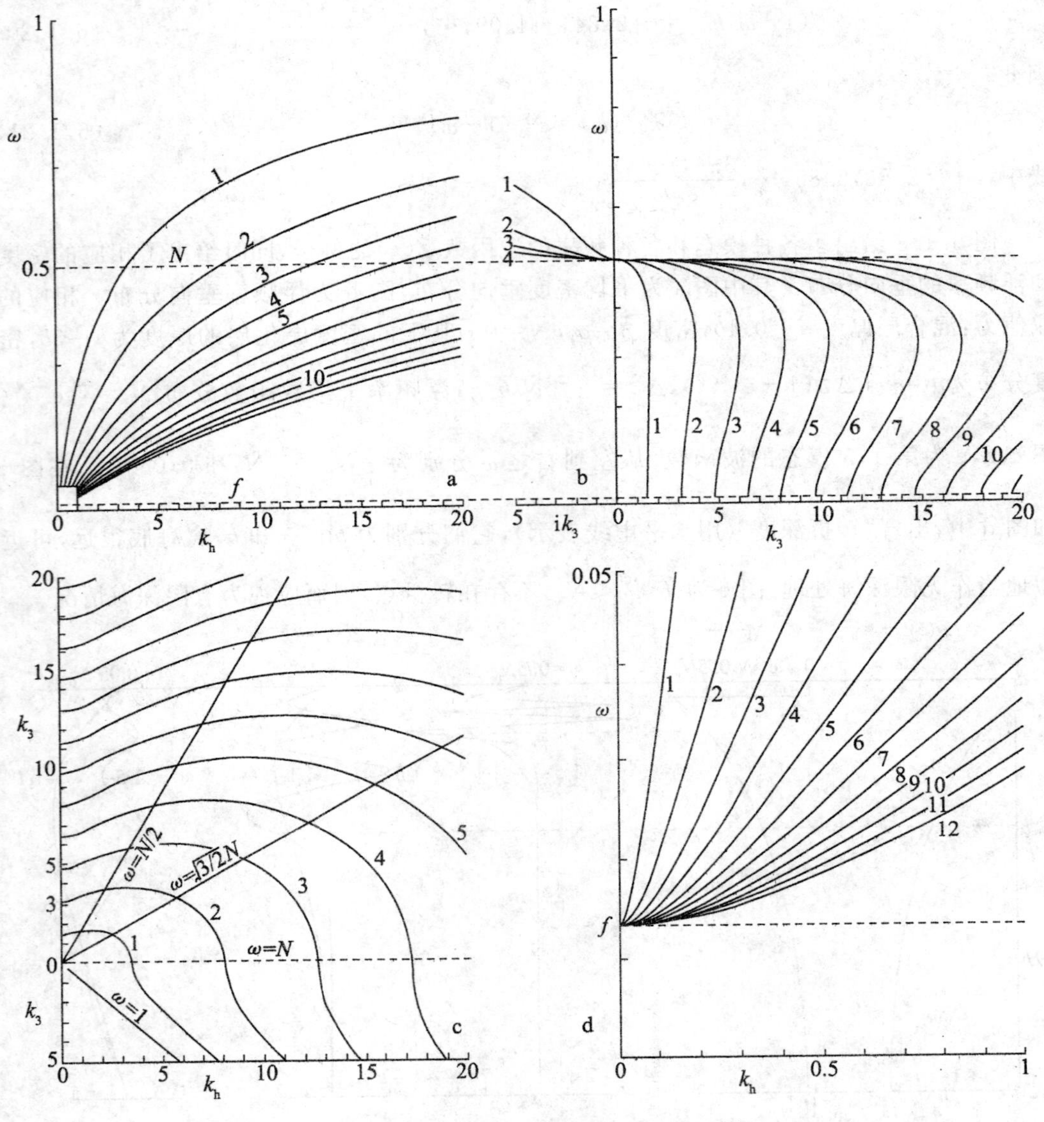

图 6.1.4　频散关系(6.1.13)(GM,1972)

这些图线的一个基本性质是对 $N(z)$ 的选取不敏感。它们在惯性段($f\leqslant\omega<2f$)，可近似成 $k_\mathrm{h}^{(1)}=\kappa_i(\omega^2-f^2)^{1/2}$，此时地转作用是重要的；在线性段($2f<\omega<0.2$)，近似式为 $k_\mathrm{h}^{(1)}\approx\kappa_i\omega$；在浮力段($0.7<\omega\leqslant1$)，可近似成 $k_\mathrm{h}^{(1)}=2.53(1-\omega)^{-3/2}$；在过渡段($0.2<\omega<0.7$)，波动没有单一的近似表达式。

§ 6.2　GM72——标准化

满足式(6.1.2)的波函数为

$$\begin{bmatrix} U_L(z) \\ U_T(z) \\ W(z) \\ Z(z) \end{bmatrix} = \begin{bmatrix} -N\Lambda'_a(\kappa) \\ (f/\omega)N\Lambda'_a(\kappa) \\ \omega(k_h/a)\Lambda_a(\kappa) \\ (k_h/a)\Lambda_a(\kappa) \end{bmatrix} C_N(\omega,k_h) \tag{6.2.1}$$

式中，$C_N(\omega,k_h)$为标准化函数，它由下述条件导出

$$\int_0^h \left[\frac{1}{2}(U_L^2+U_T^2+W^2)+\frac{1}{2}N^2Z^2\right]\mathrm{d}z = 1 \tag{6.2.2}$$

将式(6.2.1)代入式(6.2.2)的前 3 项得

$$\int_0^h \frac{1}{2}(U_L^2+U_T^2+W^2)\mathrm{d}z = \frac{1}{2}C_N^2\kappa_0^{-2}\int_{\kappa_h}^{\kappa_0}\left[\left(1+\frac{f^2}{\omega^2}\right)\kappa^2\Lambda_a'^2(\kappa)+a^2\Lambda_a^2(\kappa)\right]\kappa^{-1}\mathrm{d}\kappa \tag{6.2.3}$$

$$= \frac{1}{2}C_N^2\kappa_0^{-2}\int_{\kappa_h}^{\kappa_0}[(1+f^2/\omega^2)\kappa^2-2f^2\kappa_0^2]\Lambda_a^2(\kappa)\kappa^{-1}\mathrm{d}\kappa \tag{6.2.4}$$

式中根据 Bessel 方程，采用了

$$\int\kappa\Lambda_a'^2\mathrm{d}\kappa = \kappa\Lambda'_a\Lambda_a+\int(\kappa^2-a^2)\kappa^{-1}\Lambda_a^2\mathrm{d}\kappa$$

这两项对积分的贡献之比为

$$\frac{2f^2\kappa_0^2}{(1+f^2/\omega^2)\kappa^2} = 2\left(\frac{f}{N}\right)^2\frac{\omega^2}{\omega^2+f^2} \tag{6.2.5}$$

在靠近海底处，上式等于$(f/N_h)^2=O(10^{-1})$，在其他水层此比值更小，所以第 2 项对积分的贡献可以忽略。

式(6.2.2)第 4 项为

$$\int_0^h \frac{1}{2}N^2Z^2\mathrm{d}z = \frac{1}{2}C_N^2\kappa_0^{-2}\int_{\kappa_h}^{\kappa_0}(1-f^2/\omega^2)\Lambda_a^2(\kappa)\kappa\mathrm{d}\kappa \tag{6.2.6}$$

于是，垂向积分的势能和动能之比为

$$(\omega^2-f^2)/(\omega^2+f^2)$$

标准化条件变成

$$C_N^2\kappa_0^{-2}\int_{\kappa_h}^{\kappa_0}\kappa\Lambda_a^2(\kappa)\mathrm{d}\kappa = 1 \tag{6.2.7}$$

再应用恒等式

$$\int_0^{x_0} xC_a^2(x)\mathrm{d}x = \frac{1}{2}x_0^2C_a'^2(x_0)$$

式中，$C_a(x)$为 Bessel 方程任一解，并有 $C_a(x_0)=0$。因此

$$\begin{aligned} C_N &= \sqrt{2}[\Lambda_a'^2(\kappa_0)-N_h^2\Lambda_a'^2(\kappa_h)]^{-1/2} \\ &= \frac{1}{2}\sqrt{2}\pi\kappa_0[\mathrm{Y}_a^{-2}(\kappa_0)-\mathrm{Y}_a^{-2}(\kappa_h)]^{-1/2} \end{aligned} \tag{6.2.8}$$

上述第 2 个等式是由下述边界条件及恒等式得到的

$$\Lambda_a(\kappa)=\mathrm{J}_a(\kappa)-[\mathrm{J}_a(\kappa_p)/\mathrm{Y}_a(\kappa_p)]\mathrm{Y}_a(\kappa),\quad 当\ z=0,h$$

$$\mathrm{J}'\mathrm{Y}-\mathrm{J}\mathrm{Y}'=-2/(\pi\kappa)$$

波函数(6.2.1)和标准化条件(6.2.8)给出了模态解。在转折深度以上，此解是波状的，高模态波尤其如此。若有许多模态，可用它们的均方根代替。于是可建立起不同变量的相互联系或与总能量的联系，而不保留层化和模态结构的细节。

对于 $\omega\gg N_h$，式(6.2.8)的第 2 项可忽略

$$C_N=\sqrt{2}/\mathrm{J}'_a(a/\omega),\Lambda_a(\kappa)=\mathrm{J}_a(\kappa)$$

于是，在转折深度上方很远处，有

$$\mathrm{J}_a(\kappa)C_N=\pm\sqrt{2/N}\cos\left(\kappa-\frac{1}{2}a\pi-\frac{1}{4}\pi\right),\quad \omega\ll N \tag{6.2.9}$$

若将波函数对转折深度上方的许多波状作平均，在转折深度以下取为 0，则波函数的均方值为

$$\begin{cases}\overline{U_L^2}=N,\overline{U_T^2}=N(f/\omega)^2,\overline{W^2}=N^{-1}(\omega^2-f^2),\overline{Z^2}=N^{-1}(\omega^2-f^2)/\omega^2, & 当\ \omega\leqslant N\\ \overline{U_L^2}=\overline{U_T^2}=\overline{W^2}=\overline{Z^2}=0, & 当\ \omega>N\end{cases} \tag{6.2.10}$$

当 $\omega\ll N_h$，全部采用 Bessel 函数的渐近式，因此有

$$\mathrm{Y}_a^{-2}(\kappa_\mathrm{h})=(\kappa_\mathrm{h}/\kappa_0)\mathrm{Y}_a^{-2}(\kappa_0)$$

于是，式(6.2.8)第 2 项可忽略，得到

$$\mathrm{J}_a(\kappa)C_N=\pm\sqrt{2/N}\sin(\kappa_0-\kappa) \tag{6.2.11}$$

仍然可得到式(6.2.10)。虽然对低模态波，推导是欠精确的，仍将(6.2.10)视为对所有情况均成立。

需要的不是单独的 U_L^2 和 U_T^2，而是总的水平速度的平方值 U^2。对于一个在与 x_1 轴成 ϕ 角的铅垂平面中传播的元波场(图 6.1.2)

$$\exp(\mathrm{i}\gamma),\quad \gamma=k_1x_1+k_2x_2-\omega t$$

有

$$\begin{cases}u_1=-U_L\cos\phi\sin\gamma-U_T\sin\phi\cos\gamma\\ u_2=-U_L\sin\phi\sin\gamma+U_T\cos\phi\cos\gamma\end{cases} \tag{6.2.12}$$

因此

$$u^2=u_1^2+u_2^2=U_L^2\sin^2\gamma+U_T^2\cos^2\gamma \tag{6.2.13}$$

对相位 γ 平均得

$$\overline{u^2}=\frac{1}{2}(\overline{U_L^2}+\overline{U_T^2})=\frac{1}{2}\overline{U^2} \tag{6.2.14}$$

于是，如所预期的那样，可得

$$\begin{cases}\overline{U^2}=\overline{U_L^2}+\overline{U_T^2}=N(\omega^2+f^2)/\omega^2, & 当\ \omega\leqslant N\\ \overline{U^2}=0, & 当\ \omega>N\end{cases} \tag{6.2.15}$$

上面导出的均方量仅简单地依从于 ω 而与 k_h 无关；层化模型仅通过当场的 N 值显式关系引入。得到这些优点的代价是用下式代替(6.2.2)作为标准化条件

$$\int_0^h\left[\frac{1}{2}(\overline{U^2}+\overline{W^2})+\frac{1}{2}N^2\,\overline{Z^2}\right]\mathrm{d}z=\int_{\omega_N}^1\left[1+\frac{1}{2}N^{-2}(\omega^2-f^2)\right]\mathrm{d}N$$

$$=(1-M_{\omega N})\left[1+\frac{1}{2}M_{\omega N}^{-1}(\omega^2-f^2)\right]\tag{6.2.16}$$

式中，$M_{\omega N}=\max(\omega,N_{\mathrm{h}})$

这样就从3个方面产生误差：

(1) 对于大变量情况，$\Lambda_a(\kappa)$的渐近近似在转折深度附近不成立，因为随着$\omega\to1$，近似程度变得越来越差。

(2) 若转折深度靠近表面，即$N(z)\approx1$，标准化常数C_N的渐近近似也不佳。

(3) 对于小的ω，忽略(6.2.4)积分中的第2项会引入小误差。

对于$\omega\approx N(z)$时，可用$\Lambda_a(\kappa)$的Airy近似来改善近似式。同样也可对C_N作此处理，但这样就使问题复杂化。在应用式(6.2.10)和(6.2.13)时必须牢记它们在$\omega\approx N(z)$附近是不精确的，尤其是$N(z)=1$时。

当场位能与水平动能之比值为

$$\left(\frac{1}{2}N^2\,\overline{Z^2}\right)\Big/\left(\frac{1}{2}\overline{U^2}\right)=(\omega^2-f^2)/(\omega^2+f^2)$$

Fofonoff(1969a)得到在常N海域中平面波之能比为$N^2/(N^2-\omega^2)$乘以上述比值。若$N(z)$不为常量，则在$\omega=N$处，Fofonoff的能比为无限大，显然是不合理的虚假结果。在$\omega=N$附近，大垂向尺度的波函数不能采用WKB近似。GM72之能比在$\omega=\mathrm{N}$附近显然也不精确，但它近似地为1，较易让人接受。它与GM72之Airy近似以及Fofonoff(1969b)的观测结果良好一致。

§6.3　GM72——观测谱

6.3.1　锚系观测谱

从锚系观测资料估计得到的谱(简称锚系谱)是GM72的重要实际依据之一，在GM72的年代所能获得最完善的观测是Fofonoff和Webster在西北大西洋"D"点(39°N，70°W)的海流观测(Fofonoff，1966，1969b；Webster，1968a，b)，海流谱$F_u^{(\omega)}$在不同深度的水层具有相似的依从关系，但从深层(2 000 m)至浅层(50 m)，其强度增大了10 db。除以当场的$N(z)$之后，它们之间的差别在3 db之内，这与所示的式(6.2.15)WKB结果相一致，即

$$u\propto N^{1/2}(z)$$

另外，还有Fofonoff(1966，1969 b)和Webster(1970)的百慕大观测、Gould的比斯开湾观测*、Perkins*(1970)的地中海观测以及Voorhis*(1968)在新英格兰外海所做的中性浮子观测。它们的主要统计量列于表6.3.1，谱曲线在图6.3.1中给出。

表 6.3.1　锚系和中性浮子观测的主要参数(GM,1972)

作者	Fofonoff 和 Webster				Gould		Perkins		Voorhis	
仪器	锚系海流计								中性浮子	
地点	西北大西洋"D"点 39°N,70°W		百慕大 32°N,64°W		比斯开湾 46°N，8°W		地中海 38°N，5°E		新英格兰外海 39°N,71°W	
跃层深(m)	50		100		50		50		50	
海深(m)	2 640		2 500		5 000		2 830		2 600	
记录长度	数月		3 天		2 周		2 月		3～5 天	
	z	N	z	N	z	N	z	N	z	N
	50	3.12	494	2	350	1.1	200	2.1	390	2.3
	106	3.02			410	1.1	700	1.1	725	1.0
	511	1.48			1 400	1.3	1 200	1.1	960	0.7
	1 013	0.66					1 700	1.1		
	1 950	0.58					2 200	1.1		

注：z(m)为垂向坐标，N(c/h)为浮频率。

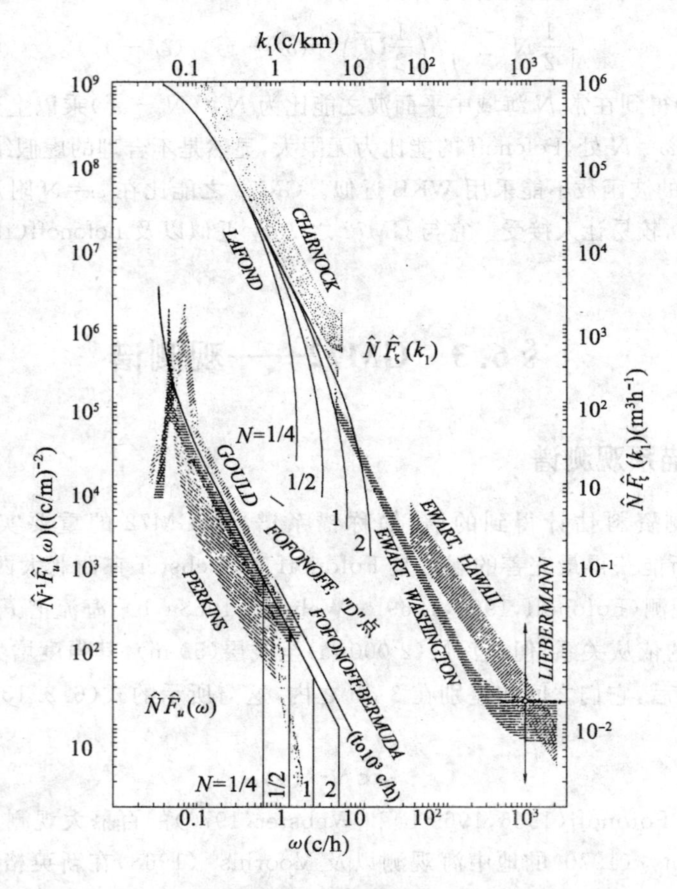

图 6.3.1　GM72 谱模型与观测谱的比较(GM,1972)

左侧线状阴影带表示锚系观测谱和中性浮子观测谱；右侧线状阴影带为走航观测谱；点状阴影带为基本未受细结构噪声污染的谱。各曲线为由 GM72 式(6.6.20)和(6.6.21)计算得到的谱

"D"点谱落在比斯开湾谱和地中海谱之间；地中海谱和"D"点谱在当场惯性频率处有尖峰，比斯开湾谱在 M_2 频率处有一谱峰，在陆坡上观测得到的谱在 $2M_2$，$3M_2$ 等频率处还有次峰。百慕大谱所含噪声极低，因而可得到 10^3 c/h 高频特性，它以 ω^{-2} 延伸。中性浮子观测谱(简称中性浮子谱)在当场浮频率处很突然地截止。

6.3.2　走航观测谱

GM72 的另一实际依据是走航观测谱(简称航测谱)。

Charnock* (1965)及 LaFond 和 LaFond* (1971)分析了由拖在船后的测温链测得的温度记录确定等温线的垂向位移，进而估计出航测位移谱。测温链含有 34 个探头，探头间的垂向间隔为 8 m。Ewart* 采用安装在自推式"等压"容器上的测温探头测到了深达 2 500 m 的某些确定水层的温度。这些观测的基本参数列在表 6.3.2。由这些观测资料估计出航测温度谱 $F_T(k_1)$。$F_T(k_1)$，可以很方便地转换成等温面位移谱 $F_\zeta(k_1)$。它们之间有如下关系式

$$F_T=\left(\frac{\mathrm{d}T}{\mathrm{d}z}\right)^2 F_\zeta$$

式中，$\frac{\mathrm{d}T}{\mathrm{d}z}$为等温面平均深度处之温度梯度。

表 6.3.2　走航观测的基本参数

作者	Charnock			LaFond			Ewart					
设备	测温链						确定深度处的潜艇					
地点	直布罗陀 34°N 12°W			加利福尼亚 34°N 120°W			华盛顿 47°N 131°W			夏威夷 20°N 157°W		
c	12			6			5			5		
L	40			72			10			8～16		
d	50			60			表面			200		
	z	N	T	z	N	T	z	N	$\mathrm{d}T/\mathrm{d}z$	z	N	$\mathrm{d}T/\mathrm{d}z$
	65	6	20	66	6	18	338	2.7	7.2	494	2.3	6.1
	73	6	18	91	6	15				1 692	0.9	1.7
										2 495	0.49	0.6

注：c(节)为走航航速，L(km)为走航观测距离，d(m)为温跃层深度，z(m)在 Charnock 和 LaFond 的资料中为等温面平均深度，在 Ewart 资料中为潜艇所在深度，T(℃)和 $\mathrm{d}T/\mathrm{d}z$(℃/km)分别为当场温度和温度梯度，N(c/h)为深度 z 处之浮频率。

另一份观测资料是 Liebermann* 的。他将快速响应的温度计安装在一艘潜艇上。此潜艇以 2～4 节的航速在 30～60 m 深的水层中航行，通过南加利福尼亚至阿拉斯加的陆架水域。所得波动的波数范围大约在 0.1～10 c/m。

Voorhis 和 Perkins(1966)在百慕大西北海域进行了走航(深为 100 m)和锚系(深为 75 m)的同步观测，得到的谱斜率分别为 k_h^{-2} 和 ω^{-2}。谱强度与图 6.3.1 中所示之谱同量阶。

6.3.3 相干

锚系水平相干 γ_{MH} 从很早的观测开始(如 1931 年由 Ekman 和 Helland-Hansen* 所进行的观测)人们就发现即使在相距很近的 2 个测站,所得观测记录几乎没有相似之处。为了研究这一现象,对观测资料作交谱分析。

设 $f_m(t)$ 为在测点 $\boldsymbol{r}_m(x_1,x_2,z)$ 测得的任一速度分量或位移等的平稳时间序列。在另一测点 $\boldsymbol{r}_n(x_1,x_2,z)$ 记录下相同变量的时间序列 $f_n(t)$。它们的交协方差、交谱(同相谱和异相谱)、相干谱和相位谱等的估计式已由§5.1 中给出,但 GM72 中将交谱写成

$$S_{mn}(\omega)=C_{mn}(\omega)+\mathrm{i}Q_{mn}(\omega) \tag{6.3.1}$$

即与式(5.1.21)相比,两式中的 Q_{mn} 相差一负号。相应的相位谱 GM72 中定义成

$$\theta_{mn}(\omega)=\arctan\left[\frac{Q_{mn}(\omega)}{C_{mn}(\omega)}\right] \tag{6.3.2}$$

与式(5.1.21)相比较,也在 Q_{mn} 前差一个负号。于是由(6.3.1)和(6.3.2)所得 θ_{mn} 与式(5.1.27)所得的结果相同,2 种定义的相干谱亦无变化。

最简单的情况为 2 个具有一定水平间隔 L_H 的锚系仪器之间的相干 γ_{MH}。为清楚计,引入半水平相干频率 $\omega_{1/2}$ 的概念,它的定义为

$$\gamma(\omega_{1/2},L_H)=1/2 \tag{6.3.3}$$

在 GM72 形成之时,没有关于水平间隔 $L_H>10$ km 之相干的有意义的资料文献。一些有关锚系相干的观测实例列于表 6.3.3。表中从左到右两观测点间的水平距离递减。表中的第 1 列分析沿岸分量(320°),仪器离海底 2 m(Munk, Snodgrass and Wimbush *, 1970)。其结果是不确定的,究其原因是相干和潮汐相关,而 10 天观测所得潮汐资料的分辨率极差,要获得足够的分辨率,必须有超过 2 个月的记录长度。另一种可能的原因是,仪器离底太近。

表 6.3.3 锚系水平相干观测资料一览表

作者	GM	Webster	Krauss	Schott	Ufford	Zalkan
仪器	海流计			测温探头		
地点	加利福尼亚 32°20′N 120°51′W	西北大西洋 39°20′N 70°00′W	波罗的海 58°N 20°E	北海 56°20′N 1°E	加利福尼亚	加利福尼亚 30°N 121°W
T	10 d	43 d	约 30 d	12 d	3 h	20 h
h	3 690	2 640	100	82		3 900
d		50		32	20	40
z	离底 2 m	90	8,12,18,20	32	20	65
L_H	4	3	3.4, 2.2	2.5	0.3	0.03
$\omega_{1/2}$	约为 0.14	约 0.06	差	0.2	约为 1	8

T 为记录长度:天(d)或小时(h);h(m)为海洋深度,d(m)为温跃层深度,z(m)为仪器所在深度,$\omega_{1/2}$(c/h)为半相干频率,L_H(km)水平间距。

Webster(1968a)将水平距离 $L_H=3$ km 的2架海流计分别置于88 m和98±10 m的水层中，记录得到相干 $\gamma_{MH}(f)=0.67$。Krauss * (1969)用与Webster之水平间隔相近的两海流计记录对惯性频率和更高频率计算出的相干很低。Schott(1971)在北海北部用三角形阵列获得了海流和温度的相干(表中仅列出温度相干)。Ufford * (1947)从3艘船上以2分钟的时间间隔下放BT(温深仪)，根据他的论文中之图5和图6，GM定性地估计了相干。Zalkan(1970)在可移动观测平台FLIP的底部悬挂3个等温面跟踪仪，组成了三维水平仪器阵列。Pinkel采用相似的做法对频率高达5～8 c/h的波动得到了显著的相干。

应该指出，所有上述从观测资料获得的相干估计都是很粗糙的，几乎比猜测好不了多少。

锚系垂向相干 γ_{MV} (图6.3.2)　Fofonoff和Webster在"D"点的观测覆盖的垂向间隔为1～1 500 m，平均深度达1 600 m。由这些资料得到的锚系垂向相干较好。一般地，在惯性频率处相干 $\gamma_{MH}(\omega,L_V)$ 超过0.7，在高频处相干减小。Webster得到了较好的拟合式

$$(\hat{\omega}\hat{L}_V)_{1/2}=13\ \text{c/h}\cdot\text{m} \tag{6.3.4}$$

Siedler(1971)对"D"点深100 m的水层之海流观测资料作了分析，垂向间隔 $\hat{L}_V$ 为4～8 m时，所得相干比Webster的低得多。Perkins* (1970)在不同深度处测得垂向间隔 $\hat{L}_V=500$ m时(表6.3.1)，得到惯性频率处的相干为0.6～0.7(图6.3.2中所标的点采用 $\hat{N}=2$ c/h，$\hat{f}=0.052$ c/h)。White(1967)给出了在北大西洋150 m深的水层和更深的水层的温度脉动相干，得出的结果表明相干随频率的变化不规律(图6.3.2中所标的点采用 $\hat{N}=1.1$ c/h，$\hat{\omega}=0.052$ c/h，$\hat{L}_V=100$ m)。Pinkel用取自FLIP的温度观测资料计算了确定等温面所在深度之间的相干，同样地表明相干随频率的变化没有一致的趋势。

航测垂向相干 γ_{TV} (图6.3.2)　Charnock对10 m垂向间隔，LaFond对25 m垂向间隔做了相干分析，有关参数列于表6.3.2。

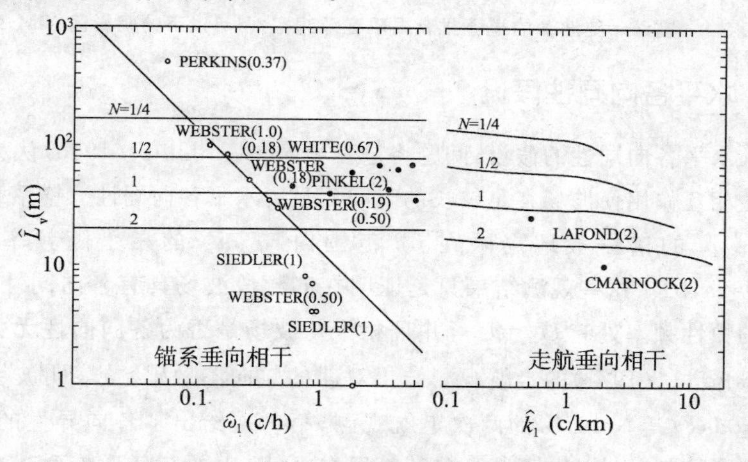

图6.3.2　半相干之垂向间隔 L_V (GM,1972)

左侧图线为 $\gamma_{MV}(\hat{L}_V,\omega)=1/2$，右侧图线为 $\gamma_{TV}(\hat{L}_V,k_1)=1/2$。研究者姓名之后的括号中的值为无量纲当场浮频率，实点为基本未受细结构干扰的资料，左方45°斜线为式(6.3.4)，其他的线为理论限带相干。

§6.4 GM72——等价连续假设下的谱表达式

6.4.1 等价连续假设

海洋内波场的复杂性在很大程度上是因多模态结构引起的。若可以将所有内波能量集中在某一单一模态,就可使问题大大简化。然而,由于上节所述垂向相距几十米或几百米的两点的观测资料之间的极低的相干,故不能采用单一模态近似,而要采用多模态模型。Cox 和 Sandstrom(1962)曾用多模态内波叠加来拟合各种深度同步观测资料。这样做是极其复杂的,因而 GM72 将离散线条表示的模态模糊成一个“等价连续”(equivalent continuum)结构,并用上下无界边界条件代替形成垂向驻波的上下固定边界条件。

因地转作用,内波频率高于惯性频率 f。最低模态(第 1 模态)的波数记成 $k^{(1)}(\omega)$,波数 $k<k^{(1)}(\omega)$ 时无解。所以假设对内波的主要贡献来自图 6.4.1 的阴影区。进而,在深 z 处,频率大于当场浮频率 $N=\mathrm{e}^{-z}$ 之波对谱无贡献,因为 z 点在转折深度以下,波能可以忽略。

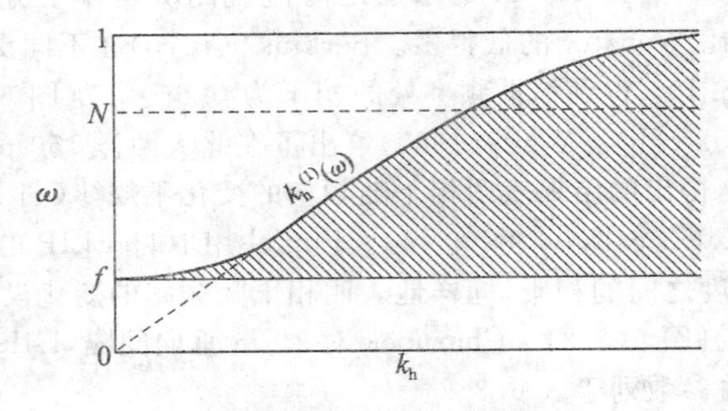

图 6.4.1 在深 z 处波动的显著贡献局限在浮频率 $N(z)$ 以下的阴影区(GM,972)

6.4.2 水平各向同性假设

若能引入水平各向同性的假设,问题将进一步简化。Phillips(1966)认为较强的内波三波组合共振相互作用使波场在足够长的时间后呈现水平各向同性。锚系站测得的水平流速分量 u_1,u_2 的谱一般地局限在 db 范围内,u_1,u_2 的相干随频率增高而下降(Fofonoff,1969a,b)。这些观测结果只是证明在高频段波场具有各向同性,而在集中了大部分能量的惯性频率处有 $U_L=U_T$,并且相干与波场是否为各向同性无关。Charnoch(1965)* 和 LaFond*(1971)的走航观测结果对船的航向不敏感,这表明波场是各向同性的。Kilangorodsky 等*(1970)的两次走航观测,第 1 次给出了各向异性的结果,而第 2 次则得到了各向同性的结论。Zalkan(1970)用在 FLIP 上的三角形阵列观测得到了一个有方向性的高频事件,他认为 70 英里以外的海底山脉可能是产生此事件的源地。Voorhis 和 Perkins(1966)给出了一些证据表明波场存在方向性,但走航观测在不同航向上的波场强度差别不大。

6.4.3　能量积分

单位体积和单位表面积下的能量分别记为 $\hat{\rho}\hat{E}(z)$ 和 $\hat{\rho}\hat{E}$，于是 $\hat{E}$ 和 $\hat{E}(\hat{z})$ 有如下关系

$$\hat{E} = \int_0^h \hat{E}(z)\mathrm{d}\hat{z}, \quad \hat{z} = \hat{b}z \tag{6.4.1}$$

采用速度比尺 $\hat{M}^{-1}\hat{N}_0$，于是可用下列关系式作定义

$$\begin{cases}\hat{E}(z) = \hat{M}^{-2}\hat{N}_0^2 E(z) \\ \hat{E} = \hat{M}^{-2}\hat{N}_0^2\hat{b}E = (2\pi)^{-1}\hat{M}^{-3}\hat{N}_0^2 E\end{cases} \tag{6.4.2}$$

注意，圆波数的比尺采用 $\hat{M}$，而距离及圆波数的倒数的比尺采用 $\hat{b} = (2\pi\hat{M})^{-1}$。

在等效连续假设下，单位面积下的谱能量密度为

$$\hat{\rho}\hat{E}(k_1, k_2, \omega) = \hat{\rho}\hat{M}^{-4}\hat{N}_0\hat{b}E(k_1, k_2, \omega) \tag{6.4.3}$$

因此有

$$\iiint E(k_1, k_2, \omega)\mathrm{d}k_1\mathrm{d}k_2\mathrm{d}\omega = E \tag{6.4.4}$$

谱被局限在由图 6.4.1 的阴影区绕 ω 轴旋转产生的体积中。在 z 处单位体积的均方量由下式给出

$$(\overline{\hat{u}^2}, \overline{\hat{w}^2}, \overline{\hat{\zeta}^2}) = \hat{b}^{-1}\iiint(\overline{U^2}, \overline{W^2}, (2\pi\hat{N}_0)^{-2}\,\overline{Z^2})\hat{E}(k_1, k_2, \omega)\mathrm{d}\hat{k}_1\mathrm{d}\hat{k}_2\mathrm{d}\hat{\omega} \tag{6.4.5}$$

式中假设波函数的平均值[式(6.2.10)和式(6.2.15)]在等价连续假设下也适用。由于水平各向同性，可引入二维能量密度

$$E(k_\mathrm{h}, \omega) = \int_{-\pi}^{\pi} E(k_1, k_2, \omega)k_\mathrm{h}\mathrm{d}\phi = 2\pi k_\mathrm{h}E(k_1, k_2, \omega) \tag{6.4.6}$$

所以有

$$\iint E(k_\mathrm{h}, \omega)\mathrm{d}k_\mathrm{h}\mathrm{d}\omega = E$$

均方量由下式表示

$$(\overline{\hat{u}^2}, \overline{\hat{w}^2}, \overline{\hat{\zeta}^2}) = \hat{M}^{-2}\hat{N}_0^2\iint(\overline{U^2}, \overline{W^2}, (2\pi\hat{N}_0)^{-2}\,\overline{Z^2})E(k_\mathrm{h}, \omega)\mathrm{d}k_\mathrm{h}\mathrm{d}\omega \tag{6.4.7}$$

单位体积能量写成

$$\hat{E}(z) = \frac{1}{2}(\overline{\hat{u}^2} + \overline{\hat{w}^2}) + \frac{1}{2}(2\pi\hat{N})^2\,\overline{\hat{\zeta}^2} = \hat{M}^{-2}\hat{N}_0^2\iint\overline{\Phi}(\omega, z)E(k_\mathrm{h}, \omega)\mathrm{d}k_\mathrm{h}\mathrm{d}\omega \tag{6.4.8}$$

式中，

$$\overline{\Phi} = \frac{1}{2}(\overline{U^2} + \overline{W^2}) + \frac{1}{2}N^2\,\overline{Z^2} = \begin{cases}N + \frac{1}{2}N^{-1}(\omega^2 - f^2), & \text{当 } \omega < N \\ 0, & \text{当 } \omega > N\end{cases}$$

于是，式(6.4.8)和标准化条件(6.2.2)以及定义式(6.4.2)一致。

谱 $E(k_\mathrm{h}, \omega)$ 由激发过程、波波非线性耦合以及耗散过程确定。对这些过程和其间的相互关系还未充分了解，因而还不能以此为基础对 $E(k_\mathrm{h}, \omega)$ 作理论预报，也尚不可能由直接观测得到 $E(k_\mathrm{h}, \omega)$。这样，就不得不通过其他途径来寻找与已有的物理知识和观测资

料相一致的 $E(k_h,\omega)$。

6.4.4 锚系观测谱和走航观测谱

在深为 z 处的速度及位移的锚系观测谱 $F(\omega)$ 定义为

$$\int \hat{F}_{u,w,\zeta}(\omega)\mathrm{d}\hat{\omega} = \left[\overline{\hat{u}^2(z)}, \overline{\hat{w}^2(z)}, \overline{\hat{\zeta}^2(z)}\right] \tag{6.4.9}$$

上式对 ω 求导数并引用式(6.4.7)得到下列能量谱表示

$$\hat{F}_{u,w,\zeta}(\omega) = \hat{M}^{-2}\hat{N}_0[\overline{U^2}, \overline{W^2}, (2\pi\hat{N}_0)^{-2}\ \overline{Z^2}]\int_0^\infty E(k_h,\omega)\mathrm{d}k_h \tag{6.4.10}$$

调查船在 x_1 方向以速度 V(V 大于波的水平相速度 ω/k_h,k_1V 为遭遇频率),拖拽仪器作水平走航观测,记录下垂向位移序列,从而得到波数谱

$$\hat{F}_\zeta(k_1) = (2\pi)^{-2}\hat{M}^{-3}\int_f^1 \mathrm{d}\omega\,\overline{Z^2}\int_{-\infty}^{\infty}\mathrm{d}k_2[E(k_1,k_2,\omega)+E(-k_1,k_2,\omega)] \tag{6.4.11}$$

它相当于在 k_1 轴(而非 k_h 轴)上的投影。在各向同性假设下,来自 k_1 与 $-k_1$,$E(k_1,k_2,\omega)$ 与 $E(-k_1,k_2,\omega)$ 之贡献相等,于是有

$$E(k_1,k_2,\omega)+E(-k_1,k_2,\omega)=2E(k_1,k_2,\omega)$$

又因

$$\overline{E^2}=0 \qquad \text{当 } \omega > N$$

$$E(k_h,\omega)=0 \qquad \text{当 } k_h < k_h^{(1)}(\omega)$$

并应用式(6.4.6),注意 $k_2^2=k^2-k_1^2$,航测谱(6.4.11)就变成

$$\hat{F}_\zeta(k_1) = \frac{1}{2}\pi^{-3}\hat{M}^{-3}\int_f^1 \mathrm{d}\omega\,\overline{Z^2}\int_{k_h^{(1)}}^{\infty}\mathrm{d}k_h(k_h^2-k_1^2)^{-1/2}E(k_h,\omega) \tag{6.4.12}$$

这样对波数 k_1 的走航观测谱包含了图 6.4.1 所示的 k_h,ω 空间中 $\omega=N$ 以下,$k_h^{(1)}$ 右方的全部阴影区。

§ 6.5 GM72——能量密度与相干的关系

将观测得到的物理量表示成时间序列 $f(t)$,并设此时间序列由如下形式的元波列叠加而成

$$\mathrm{Re}\{g(z)\exp[\mathrm{i}(k_1x_1+k_2x_2-\omega t-\varepsilon)]\} \tag{6.5.1}$$

式中,ε 为初相位,假设它是随机量,$g(z)$ 为下列波函数之一

$$\begin{bmatrix} \mathrm{i}U_L(z)\cos\phi - U_T(z)\sin\phi \\ \mathrm{i}U_L(z)\sin\phi + U_T(z)\cos\phi \\ W(z) \\ \mathrm{i}Z(z) \end{bmatrix} \tag{6.5.2}$$

式中,U_L,U_T,W,Z 如(6.2.1)所示。

于是有

$$C^{(mn)}(\omega)+\mathrm{i}Q^{(mn)}(\omega)=\int_{-\infty}^{\infty}\mathrm{d}k_1\int_{-\infty}^{\infty}\mathrm{d}k_2 E(k_1,k_2,\omega)g_m^*(\omega,z_m)g_n(\omega,z_n)$$
$$\exp[\mathrm{i}(k_1X_1+k_2X_2)] \tag{6.5.3}$$

式中，$E(k_1,k_2,\omega)$为谱能量密度，$X_1=x_{1n}-x_{1m}$，$X_2=x_{2n}-x_{2m}$，向量$(X_1,X_2,z_n-z_m)=\boldsymbol{r}_n-\boldsymbol{r}_m$。

类似的公式也应用于从不同走航观测仪器获得的时间序列之间的同相谱和异相谱的计算。在各向同性假设下，均方波函数采用平均值，若 $m=n$，则式(6.5.3)退化为锚系观测(自)谱。在式(6.5.3)中水平方向与两测点具体位置无关而仅与其间距离有关，这显然仅对水平平稳(无倾)波场成立。由于波场在垂向非平稳(有倾)，因而式(6.5.3)中必须出现两测点所在的具体深度 z_n 与 z_m。

6.5.1　锚系观测得的分量间之相干

在同一位置观测得到的水平流两分量 u_1,u_2 的同相谱和异相谱记成 $C^{(12)}$ 和 $Q^{(12)}$，它们为

$$C^{(12)}(\omega)+\mathrm{i}Q^{(12)}(\omega)=\int_0^{\infty}\mathrm{d}k_\mathrm{h}\int_0^{2\pi}k_\mathrm{h}\mathrm{d}\phi E(k_1,k_2,\omega)[(U_L^2-U_T^2)\cos\phi\sin\phi-\mathrm{i}U_LU_T] \tag{6.5.4}$$

在各向同性的假设下

$$E(k_1,k_2,\omega)=(2\pi k_\mathrm{h})^{-1}E(k_\mathrm{h},\omega)$$

式(6.5.4)就化简为

$$C^{(12)}(\omega)+\mathrm{i}Q^{(12)}(\omega)=-\mathrm{i}\int_0^{\infty}U_LU_TE(k_\mathrm{h},\omega)\mathrm{d}k_\mathrm{h} \tag{6.5.5}$$

引用式(6.2.14)，(6.2.15)并由于各向同性，有

$$\overline{u_1^2}=\overline{u_2^2}=\frac{1}{2}\overline{u^2}$$

u_1,u_2 的自谱 $C^{(11)}$ 和 $C^{(22)}$ 相等，而且

$$C^{(11)}(\omega)=C^{(22)}(\omega)=\int_0^{\infty}\frac{1}{2}U^2E(k_\mathrm{h},\omega)\mathrm{d}k_\mathrm{h} \tag{6.5.6}$$

由式(6.2.15)得出 U_L,U_T,U 的均方根值与 k_h 无关，但根据式(6.2.1)，U_L 和 U_T 符号相反，于是得 u_1 与 u_2 的相干 $\gamma^{(12)}$ 和相位差 $\theta^{(12)}$ 分别为

$$\begin{cases}\gamma^{(12)}=\dfrac{2\omega f}{\omega^2+f^2}\\ \theta^{(12)}=\pi/2\end{cases} \tag{6.5.7}$$

即 u_2 比 u_1 滞后 $\pi/2$(在北半球为顺时针方向旋转)，两者的相干在惯性频率时为 1，并随着频率的增大而减小。

6.5.2　锚系观测资料的水平相干 γ_{MH}

在同一深度 z 处水平位置为(x_{1m},x_{2m})和(x_{1n},x_{2n})的 2 个测站，其水平距离为

$(L_1=x_{1n}-x_{1m},L_2=x_{2n}-x_{2m})=(L_{\rm H},0)$，在各向同性条件下，在此两测站间的 u_1 之异相谱或 u_2 的异相谱皆为 0，同相谱为

$$C_{\rm MH}(L_{\rm H},\omega)=\int_0^{\infty}{\rm d}k_{\rm h}\int_0^{2\pi}k_{\rm h}{\rm d}\phi(2\pi k_{\rm h})^{-1}E(k_{\rm h},\omega)\ \frac{1}{2}\ \overline{U^2}(\omega,z)\exp({\rm i}k_{\rm h}L_{\rm H}\cos\phi) \tag{6.5.8}$$

式中采用了波函数的均方值。

由于

$$\frac{1}{2\pi}\int_0^{2\pi}\exp({\rm i}k_{\rm h}L_{\rm H}\cos\phi){\rm d}\phi={\rm J}_0(k_{\rm h}L_{\rm H})$$

于是相干为

$$\gamma_{\rm MH}(L_{\rm H},\omega)=\int_0^{\infty}E(k_{\rm h},\omega){\rm J}_0(k_{\rm h}L_{\rm H}){\rm d}k_{\rm h}\Big/\int_0^{\infty}E(k_{\rm h},\omega){\rm d}k_{\rm h} \tag{6.5.9}$$

虽然相位可能不为 0，上式仍给出相距 $L_{\rm H}$ 的两测点处的任意变量之时间序列之间的相干。

式(6.5.9)与 $E(k_{\rm h},\omega)$ 的 Hankel 变换紧密相关。上式的逆变换为

$$E(k_{\rm h},\omega)=\left(\int_0^{\infty}E(k_{\rm h},\omega){\rm d}k_{\rm h}\right)\int_0^{\infty}\gamma_{\rm MH}(L_{\rm H},\omega)(k_{\rm h}L_{\rm H}){\rm J}_0(k_{\rm h}L_{\rm H}){\rm d}L_{\rm H} \tag{6.5.10}$$

上式给出了一个重要信息，即 $E(k_{\rm h},\omega)$ 是两部分之乘积，一部分为 ω 的未确定的函数；另一部分为 $k_{\rm h}$ 和 ω 的函数，它原则上可以由相干得到。这一信息为 GM72 的 $E(k_{\rm h},\omega)$ 表达式的建立提供了启示。

6.5.3　锚系观测资料的垂向相干 $\gamma_{\rm MV}$

当两测点间只有垂向间隔而无水平间隔时(垂向位置分别为 z_1,z_2)，所得序列的相干就更复杂了。波函数 U_L 和 U_T 与方向 ϕ 无关，将各向同性能量密度对 $k_{\rm h}$ 积分，两点处测得的序列交谱为

$$C(\omega)+{\rm i}Q(\omega)=\frac{1}{2}\int_0^{\infty}E(k_{\rm h},\omega)[U_L(z_1)U_L(z_2)+U_T(z_1)U_T(z_2)]{\rm d}k_{\rm h} \tag{6.5.11}$$

应用式(6.2.1)，上式变成

$$C(\omega)+{\rm i}Q(\omega)=\frac{1}{2}N_1N_2\left(1+\frac{f^2}{\omega^2}\right)\int_0^{\infty}E(k_{\rm h},\omega)\Lambda_a'(\kappa_1)\Lambda_a'(\kappa_2)C_N^2(\omega,k_{\rm h}){\rm d}k_{\rm h} \tag{6.5.12}$$

式中，κ 由式(6.1.6)定义，其下标数字与 z_1,z_2 之下标数字同义，表示不同测点。

上式右侧为实的，于是有

$$Q(\omega)=0,\theta(\omega)=0$$

应用式(6.2.9)和(6.2.11)得

$$\Lambda_a'(\kappa_1)\Lambda_a'(\kappa_2)C_N^2=(N_1N_2)^{-1/2}[\cos(\kappa_1-\kappa_2)-\cos(\kappa_1+\kappa_2-2K)] \tag{6.5.13}$$

式中，

$$K=\begin{cases}\left(\dfrac{1}{4}+\dfrac{1}{2}a\right)\pi & \text{当 } \omega\gg N_h\\ \kappa_0 & \text{当 } \omega\ll N_h\end{cases}\tag{6.5.14}$$

当垂向间隔 $L_V=z_2-z_1\ll 1$(即 $\hat{L}_V\ll\hat{b}$),波数差

$$\kappa_1-\kappa_2=a\omega^{-1}(e^{-z_1}-e^{-z_2})\approx(a\omega^{-1}e^{-z})L_V=\kappa L_V\tag{6.5.15}$$

此波数差小于波数和 $\kappa_1+\kappa_2$,这对式(6.5.14)中的 2 种情况也都成立,于是大约对所有的 ω 有相干

$$\gamma_{MV}(L_V,\omega;z)=\int_0^\infty E(k_h,\omega)\cos(\kappa L_V)dk_h\Big/\int_0^\infty E(k_h,\omega)dk_h\tag{6.5.16}$$

令人惊奇的是 L_V 前的系数是

$$\kappa=aN/\omega$$

而非在常 N 模型中的

$$k_3=a(N^2-\omega^2)^{1/2}/\omega$$

在接近浮频率处,这 2 个系数都是不精确的,但 κ 稍好一点。

在式(6.5.16)的推导过程中采用垂向驻波假设,若舍弃此假设而改用完全地向上传播的进行波(相应于波能完全向下传输),则式(6.5.16)由下式替换

$$\gamma_{MV}e^{i\theta}=\int_0^\infty E(k_h,\omega)\exp(-ikL_V)dk_h\Big/\int_0^\infty E(k_h,\omega)dk_h\tag{6.5.17}$$

式中,θ 为较深的测点序列落后于较浅测点序列的相位。

若为两列传播方向相反而且振幅不等的进行波之解,平均相位的传播方向及传播速度与振幅及速度较大的那列波相同。因此,式(6.5.17)适用于具有少量下传能量的水平波长为 k_h 之所有的波的相干和相位。对于能量上传波仅需用 i 替换式中的 $-$i。若是某些 k_h 之波能量上传而另一些 k_h 之波能量下传,则采用式(6.5.16)更合适。在任何情况下,对相干的量值几乎没有影响。

引入式(6.1.6)中的第 1 式,即

$$k_h=a\left(1-\frac{f^2}{\omega^2}\right)^{1/2}$$

得式(6.5.16)的逆变换为

$$E(k_h,\omega)=\left[\int_0^\infty E(k_h,\omega)dk_h\right]\frac{1}{2\pi}\int_0^\infty\gamma_{MV}(L_V,\omega,z)N(z)(\omega^2-f^2)^{-1/2}\cos(\kappa L_V)dL_V\tag{6.5.18}$$

于是,得出与式(6.5.10)一样的结论:$E(k_h,\omega)$ 可由相干和 ω 的一个未知的函数构成。同样也可以从(6.5.17)得到类似的逆变换,并得到与上述相同的结论。

6.5.4　走航观测资料的垂向相干

具有垂向间隔 L_V 的两仪器由调查船沿水平方向拖曳,其观测得到的资料之间的相干之推导方法与锚系观测资料垂向相干及走航观测谱式(6.4.12)的推导相似。若无净垂向能量传输,其间的相干为

$$\gamma_{\mathrm{TV}}(L_{\mathrm{V}},k_1,z)=\frac{\int_f^N \mathrm{d}\omega\int_{k_1}^{\infty}(k_{\mathrm{h}}-k_1^2)^{-1/2}E(k_{\mathrm{h}},\omega)\,\overline{Z^2}(\omega,z)\cos(kL_{\mathrm{V}})\,\mathrm{d}k_v}{\int_f^N \mathrm{d}\omega\int_{k_1}^{\infty}(k_{\mathrm{h}}^2-k_1)^{-1/2}E(k_{\mathrm{h}},\omega)\,\overline{Z^2}(\omega,z)\,\mathrm{d}k_{\mathrm{h}}} \tag{6.5.19}$$

如同锚系观测资料的垂向相干，对于能量上传波或下传波，上式中的 $\cos(kL_{\mathrm{V}})$ 分别用 $\exp(\mathrm{i}kL_{\mathrm{V}})$ 和 $\exp(-\mathrm{i}kL_{\mathrm{V}})$ 取代。

§6.6　GM72——能量在波数-频率空间的分布

由式(6.5.18)得出结论：$E(k_{\mathrm{h}},\omega)$ 不能写成 k_{h} 与 ω 的分离变量的形式。观测表明 k_{h} 的带宽是频率的函数，将它写成 $\mu(\omega)$。引入相似性假设：$E(k_{\mathrm{h}},\omega)$ 的标度作为 k_{h} 的函数与 μ 成比例，而其形状是不变的，即

$$E(k_{\mathrm{h}},\omega)=c\mu^{-1}(\omega)A(\lambda)\Omega(\omega),\quad \lambda=k_{\mathrm{h}}/\mu(\omega) \tag{6.6.1}$$

先对式中的 $A(\lambda)$ 作如下限制

1)
$$A(\lambda)=0,\ 当\ \lambda<\lambda^{(1)}=k_{\mathrm{h}}^{(1)}/\mu(\omega) \tag{6.6.2}$$

式中的 $\lambda^{(1)}$ 充分地小，对大多数研究目的而言，它可取为 0。

2)
$$\int_0^{\infty}A(\lambda)\,\mathrm{d}\lambda=1 \tag{6.6.3}$$

于是有

$$\begin{cases}\displaystyle\int_0^{\infty}E(k_{\mathrm{h}},\omega)\,\mathrm{d}k_{\mathrm{h}}=c\Omega(\omega)\\ \displaystyle E=c\int_f^1\Omega(\omega)\,\mathrm{d}\omega\end{cases} \tag{6.6.4}$$

这表明常数 c 可用能量 E 表示。

首先选取适当的 $\Omega(\omega)$ 来拟合锚系观测谱。$\Omega(\omega)$ 的最简单形式是幂函数形式，根据锚系流速谱(见§6.3)显示出 f 处的尖峰，GM72 将 $\Omega(\omega)$ 取为

$$\Omega(\omega)=\omega^{-p+2s}(\omega^2-f^2)^{-s} \tag{6.6.5}$$

在 ω 远离 f 时，上式退化为 ω^{-p}。由于既要拟合锚系流速谱在 f 处的尖峰，又要满足 $\int_f^1\Omega(\omega)\mathrm{d}\omega$ 为有限量，这就要求 $0<s<1$。于是 GM 就随意地取 $s=1/2$。根据式(6.4.10)，在深 z 处的锚系谱为

$$\hat{F}_{u,\zeta}(\omega)=\hat{M}^{-2}\hat{N}_0c\omega^{-p-1}\left[N(\omega^2+f^2)(\omega^2-f^2)^{-1/2},(2\pi\hat{N}_0)^{-2}N^{-1}(\omega^2-f^2)^{1/2}\right] \tag{6.6.6}$$

$$=\hat{M}^{-2}c\omega^{-p}\left[\hat{N},\frac{1}{4\pi^2\hat{N}}\right],\qquad 当\ \omega\gg f \tag{6.6.7}$$

对均方量的大部分贡献来自惯性频率附近，而由观测谱显示，可取 $p=2$，于是有

$$[\overline{u}^2,\overline{\zeta}^2]\approx\int_f^{\infty}\hat{F}_{u,\zeta}(\omega)\,\mathrm{d}\hat{\omega}$$

$$=\left[\frac{3}{2}\hat{N},(8\pi^2\hat{N})^{-1}\right]\hat{M}^{-2}\hat{N}_0E,\qquad c=\frac{2}{\pi}fE \tag{6.6.8}$$

再来选取 $A(\lambda)$。GM 将 $A(\lambda)$ 取为如下的最简单形式

$$A(\lambda)=\begin{cases}1, & \text{当 } 0\leqslant\lambda\leqslant 1\\ 0, & \text{其他}\end{cases} \tag{6.6.9}$$

它由一"高台"和一"绝壁"组成。GM 也曾考虑过用一"斜坡"平缓地超过倾斜的"高原"。然而,后者或者与观测资料不一致(尤其是与走航观测资料不一致),或者结果与式(6.6.9)基本相同。

能量谱可写成

$$E(k_{\rm h},\omega)=\begin{cases}c\mu^{-1}\omega^{-p+1}(\omega^2-f^2)^{-1/2}, & \text{当 } k_{\rm h}^{(1)}(\omega)\leqslant k_{\rm h}\leqslant\mu\\ 0, & \text{其他}\end{cases} \tag{6.6.10}$$

于是从式(6.4.12) 得

$$\hat{F}_\zeta(k_1)=\frac{1}{2}c\hat{M}^{-3}\pi^{-3}N^{-1}\int_{\omega_\mu}^{N}{\rm d}\omega(\omega^2-f^2)^{1/2}\omega^{-p-1}\mu^{-1}\int_{k_1}^{\mu}(k_h^2-k_1^2)^{-1/2}{\rm d}k_{\rm h} \tag{6.6.11}$$

式中,ω_μ 定义为

$$\mu(\omega_\mu)=k_1 \tag{6.6.12}$$

对 $k_{\rm h}$ 积分的下限应是取 $k_{\rm h}^{(1)}$ 和 k_1 两者中较大的 1 个,但是只要 k_1 不是很小,此两值几乎没有什么差别。显然,当 $k_1\geqslant\mu(N)$时,$\hat{F}_\zeta(k_1)=0$。需注意,这里的 k_1 不是 x_1 方向的波数,而是由式(6.6.12)所定义的。

下面再来确定 $\mu(\omega)$。与(6.6.5)类似,考虑 μ 的下述形式

$$\mu=j_i\pi(\omega/f)^{r-1}(\omega^2-f^2)^{1/2} \tag{6.6.13}$$

式中,j_i 为惯性频率处的等价模态数。

只要 k_1 不是很小,有 $\omega_\mu\gg f$;并且随着 ω 的增大,式(6.6.11)中的被积函数很快地减小。所以,若 $\omega_\mu\ll N$,式(6.6.11)的积分上限 N 可用∞代替。进行式(6.6.11) 积分时,将式(6.6.13)代入式(6.6.11),并采用如下变换

$$\chi=j_i\pi(\omega/f)^r k_1^{-1}$$

若 $f\ll\omega_\mu\ll N$,采用 $\mu(\omega_\mu)=k_1$,并定义

$$q=(p+r-1)/r,\ \text{即}\ r=(p-1)/(q-1) \tag{6.6.14}$$

可得

$$\hat{F}_\zeta(k_1)\approx c\hat{M}^{-3}N^{-1}k_1^{-q}\frac{[j_i\pi/f^r]^{q-1}\Lambda\left[\frac{1}{2}q\right]}{4\pi^{5/2}qr\Lambda\left[\frac{1}{2}(q+1)\right]} \tag{6.6.15}$$

这样,当 $\omega\gg f$ 时,锚系谱和航测谱的幂律表达式中之指数 p 和 q 决定了 $k_{\rm h}$ 的带宽的幂律关系 $\mu\propto\omega^r$。关系式(6.6.14)比这里推导出的条件更一般,对任何导致相似性条件(6.6.1)的模型它都成立。

根据锚系观测资料的垂向相干(6.5.16),可得到

$$\begin{cases}\gamma_{\rm MV}(L_{\rm V},\omega,z)=\int_0^\infty A(\lambda)\cos(\lambda B){\rm d}\lambda\\ B=\mu NL_{\rm V}(\omega^2-f^2)^{-1/2}\end{cases} \tag{6.6.16}$$

当 $B=0$ 时，$\gamma_{MV}=1$，随着 B 的增大，γ_{MV} 减小，当 $B=1.9$ 时，$\gamma_{MV}=1/2$，因此

$$(\mu\omega^{-1}NL_V)_{1/2}=1.9 \qquad 当\ \omega\gg f$$

式(6.3.4)表示的 Webster 律，给出

$$(\omega L_V)_{1/2}=常值, \qquad 当\ \omega\gg f$$

由此可得

$$\mu\propto\omega^2,\ 即\ r=2, \qquad 当\ \omega\gg f$$

综上所述，由式(6.6.6)，(6.6.15)和 (6.6.13)分别给出

$$F_u(\omega)\propto\omega^{-p}, \quad F_\zeta(k_1)\propto k_1^{-q}, \quad \mu\propto\omega^r$$

下面由式(6.6.14)给出几组 p,q,r 值

p	5/3	5/3	2	2	2	3
q	5/3	2	3/2	5/3	2	2
r	1	2/3	2	3/2	1	2

观测谱表明

$$p=q=2$$

GM 将 p,q,r 选为整数

$$(p,q,r)=(2,2,1) \tag{6.6.17}$$

将能量密度谱写成

$$E(k_h,\omega)=E\left(\frac{2}{\pi}\right)f\mu^{-1}\omega^{-1}(\omega^2-f^2)^{-1/2},\ 当\ k_h^{(1)}\leqslant k_h\leqslant\mu \tag{6.6.18}$$

式中，

$$\mu(\omega)=j_i\pi(\omega^2-f^2)^{1/2} \tag{6.6.19}$$

于是，由(6.4.8)得

$$\hat{E}(z)\approx\hat{M}^{-2}\hat{N}_0^2NE$$

并有

$$\begin{cases}\hat{N}^{-1}\hat{F}_u(\omega)=2\pi^{-1}Ef\hat{M}^{-2}\omega^{-3}(\omega^2+f^2)(\omega^2-f^2)^{-1/2}\\ \hat{N}\hat{F}_\zeta(\omega)=\dfrac{1}{2}\pi^{-3}Ef\hat{M}^{-2}\omega^{-3}(\omega^2-f^2)^{1/2}\end{cases} \tag{6.6.20}$$

$$\hat{N}\hat{F}_\zeta(k_1)=j_i^{-1}\pi^{-5}Ef\hat{M}^{-3}\hat{N}_0\int_{\omega_\mu}^{N}\omega^{-3}\cosh^{-1}\left(\frac{\mu}{k_1}\right)d\omega \tag{6.6.21}$$

$$\approx\frac{1}{2}j_i\pi^{-3}Ef\hat{M}^{-3}\hat{N}_0k_1^{-2}, \qquad 当\ f\ll\omega_\mu\ll N \tag{6.6.22}$$

对于极限情况 $k_1=0$，(6.6.21)中之积分可用 $\int_f^N\omega^{-3}\ln\left(\frac{\mu}{k_h^{(1)}}\right)d\omega$ 代替，当 $j_i=20$ 时，此积分 $\approx1.5f^{-2}$，于是

$$\hat{N}\hat{F}_\zeta(0)=0.08\pi^{-5}Ef^{-1}\hat{M}^{-3}\hat{N}, \quad 当\ j_i=20 \tag{6.6.23}$$

数值积分得

$$\hat{F}_\zeta(k_1)=\frac{1}{2}\hat{F}_\zeta(0), \qquad 当\ \hat{k}_1=0.04\ \text{c/km}$$

锚系谱和由数值计算得到的航测谱曲线绘制在图 6.3.1 中，计算时采用的参数值如下

$$\begin{cases} j_i = 20, E = 2\pi \cdot 10^{-5}, \hat{\rho}\hat{E} = 0.382 \ \mathrm{Jcm^{-2}} \\ \hat{M}^{-3}\hat{N}^2 = 3.82 \cdot 10^{11} \ \mathrm{cm^3 s^{-2}} \end{cases} \tag{6.6.24}$$

选用以上常数可拟合低频锚系谱和低频航测谱，显示出它们有一定程度的普适性。只在 Voorhis 观测谱（以及可能在 Gould 观测谱）中显示出计算得到的浮频率处之截止，其他的观测谱没有出现这种突然截止。可认为 Voorhis 谱没有受到细结构作用，而其他的观测谱都含有细结构因素，而与带宽无关。

将所有能量集中在某一单一模态并取此单一模态数为 $\frac{1}{2}j_i = 10$，得到的 $F_u(\omega)$ 具有与(6.6.20)相同的表达式，$F_\zeta(k_1)$ 与(6.6.22)相一致。但如前所述，单一模态模型完全不适于相干问题的研究。

对于所推荐的谱，锚系水平相干 γ_{MH} 简化为

$$\gamma_{\mathrm{MH}}(L_{\mathrm{H}}, \omega) = \int_0^1 \mathrm{J}_0(\lambda \mu L_{\mathrm{H}}) \mathrm{d}\lambda \tag{6.6.25}$$

$$= \frac{1}{2}, \qquad \text{当 } \mu L_{\mathrm{H}} = 2.8$$

故

$$\gamma_{\mathrm{MH}} = \frac{1}{2}, \qquad \text{当 } \hat{L}_{\mathrm{H}\frac{1}{2}} = 58(\omega^2 - f^2)^{-1/2} \mathrm{m} \tag{6.6.26}$$

由上式得出，当时 $\omega \to f$ 时，$L_{\mathrm{H}\frac{1}{2}} \to \infty$，实际上由于观测资料的有限长度，产生的有限分辨率，以及模型未考虑的其他原因，它不可能达到无限值。频率离开惯性频率后，相干距离随频率增大而减小。当 $\hat{\omega}$ 分别为 0.1，1，6 c/h 时，相应的 $\hat{L}_{\mathrm{H}\frac{1}{2}}$ 为 2 000，200，30 m，这与表 6.3.3 所给出的很有限的资料相一致。

锚系垂向相干 γ_{MV} 在 $\mu N L_{\mathrm{V}}(\omega^2 - f^2)^{-1/2} = 1.9$ 时降为 1/2，故

$$\gamma_{\mathrm{MV}} = \frac{1}{2}, \text{当 } N\hat{L}_{\mathrm{V}\frac{1}{2}} = 40 \ \mathrm{m} \tag{6.6.27}$$

它与未受到细结构影响的 Pinkel 的资料大体一致。图 6.3.2 左侧所示观测资料可能在低频段受带宽的限制，而在高频处又受细结构的影响。

根据(6.5.19)，

$$\gamma_{\mathrm{TV}}(L_{\mathrm{V}}, k_1) = \frac{\int_{\omega_\mu}^{N} \mathrm{d}\omega \omega^{-3} \mu \int_{k_1}^{\mu} (k_h^2 - k_1^2)^{-\frac{1}{2}} \cos(\lambda B) \mathrm{d}\lambda}{\int_{\omega_\mu}^{N} \omega^{-3} \cosh^{-1}\left(\frac{\mu}{k_1}\right) \mathrm{d}\omega} \tag{6.6.28}$$

$$\approx 2\int_1^\infty \mathrm{d}z z^{-3} \int_1^z (x^2 - 1)^{-1/2} \cos\left(\frac{j_i \pi N L_{\mathrm{V}} x}{z}\right) \mathrm{d}x \qquad f \ll \omega \ll N \tag{6.6.29}$$

由此可得

$$\gamma_{\mathrm{TV}} = \frac{1}{2}, \quad \text{当 } N\hat{L}_{\mathrm{V}\frac{1}{2}} = 30 \ \mathrm{m}, \quad f \ll \omega \ll N \tag{6.6.30}$$

此结果与图 6.3.2 右侧所示的 LaFond 和 Charnock 的观测资料很一致。近似式(6.6.30)表明 $\hat{L}_{V\frac{1}{2}}$ 与波数无关，(6.6.28)之积分仅与波数有弱的关系。可是，LaFond 和 Charnock 发现，在波数介于 0.1～1 c/km 时，$\gamma_{TV}(L_V, k_1)$ 随波数增大而显著地减小，这表明 $\hat{L}_{V\frac{1}{2}}$ 随波数 k_1 的增大而减小。

下面将 GM72 大洋内波谱模型的基本假设、能量谱密度公式及所含参数值总结如下：

基本假设

(1) 首先假设观测所得脉动量是随机过程的一条现实，此过程具有统计平稳性和水平各向同性。

(2) 观测所得脉动量是由众多具有不同频率、不同波数，振幅(或相位)随机的内进行波叠加而成。除内波外，海洋中不存在其他运动过程，如平均流等。

(3) WKB 近似成立。

(4) 内波场是垂向对称的，即上传波能通量与下传波能通量统计地相等。

GM72 能量密度波数-频率谱最终的表达式为

$$E(k_h, \omega) = c\mu^{-1}(\omega)A(\lambda)\Omega(\omega) \tag{6.6.31}$$

式中，

$$\lambda = k_h/\mu(\omega), \quad 当\ k_h^{(1)} \leqslant k_h \leqslant \mu \tag{6.6.32}$$

由(6.6.9)

$$A(\lambda) = \begin{cases} 1, & 当\ 0 \leqslant \lambda \leqslant 1 \\ 0, & 其他 \end{cases} \tag{6.6.33}$$

$$\Omega(\omega) = \begin{cases} \omega^{-1}(\omega^2 - f^2)^{-1/2}, & 当\ f \leqslant \omega \leqslant N \\ 0, & 其他 \end{cases} \tag{6.6.34}$$

$$\mu(\omega) = j_i \pi (\omega^2 - f^2)^{1/2} \tag{6.6.35}$$

式中，

$$\begin{cases} j_i = 20 \\ E = c\int_f^1 \Omega(\omega)\mathrm{d}\omega = 2\pi \cdot 10^{-5} = 6.3 \cdot 10^{-5} \end{cases} \tag{6.6.36}$$

能量密度谱(6.6.31)可写成

$$E(k_h, \omega) = 2\pi^{-1} E f \mu^{-1} \omega^{-1} (\omega^2 - f^2)^{1/2} \tag{6.6.37}$$

由(6.4.2)

$$\hat{E} = (2\pi)^{-1} \hat{M}^{-3} \hat{N}_0^{-2} E \tag{6.6.38}$$

于是，有量纲的单位表面积下的波能为

$$\hat{\rho}\hat{E} = (2\pi)^{-1} \hat{M}^{-3} \hat{N}_0^{-2} \hat{\rho} E = 0.382\ \mathrm{Jcm^{-2}} \tag{6.6.39}$$

图 6.6.1 给出能量密度谱 $E(k_h, \omega)$ 在波数-频率空间的立体图案。它的低波数限由最低模态频散关系确定，高波数限由第 20 模态频散关系确定。

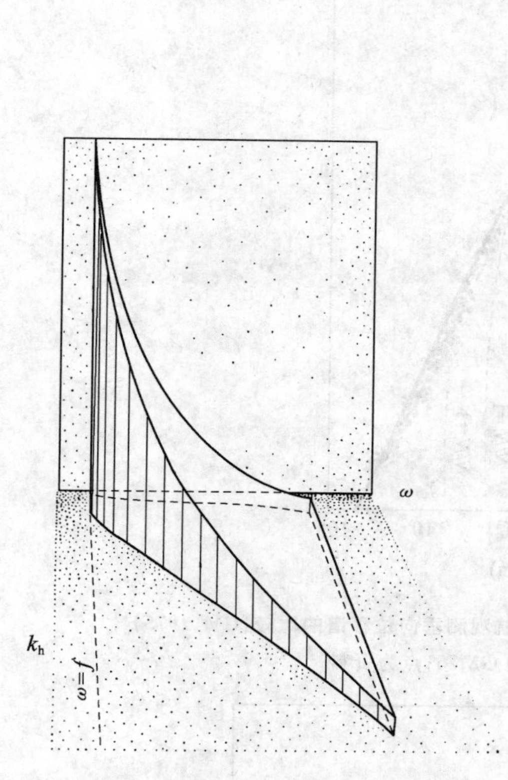

图 6.6.1 $E(k_h,\omega)$的立体图案(GM1972)

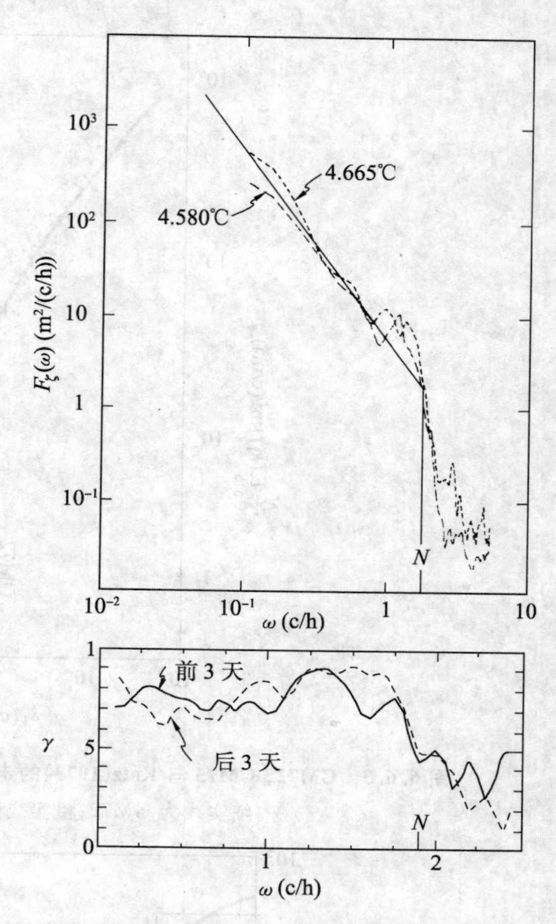

图 6.6.2 GM72 与 Cairns (1975) 中性浮子垂向位移谱的比较(GM,1975)

上图实线为 GM72 垂向位移谱,虚线为观测所得两等温线的垂向位移谱;下图为相干

GM72 掀起了海洋内波的观测与研究热潮,尽管 GM 明确申述,GM72 所采用的基本假设以及最后的模型与观测结果并不完全一致,应进一步改善。其后,出现了大量观测资料以及对 GM72 的质疑和改善,如 GM75(GM, 1975),GM79 (Munk,1981),IWEX 谱等(Muller *et al*, 1978)。

图 6.6.2 的上图给出了 GM72 与 Cairns (1975)中性浮子垂向位移谱的比较,图 6.6.3和图 6.6.4 分别给出了 GM72 和 Katz(1973)的走航垂向位移谱及 Millard** (1972) (本章中,含"**"的参考文献参见 GM,1975)的垂直下放垂向位移谱的比较。可以清楚地看出,与锚系谱的拟合较佳,与走航谱的拟合不理想,而与垂直下放观测谱的拟合极糟。鉴于此,GM 在数年后又提出改进模型 GM75。

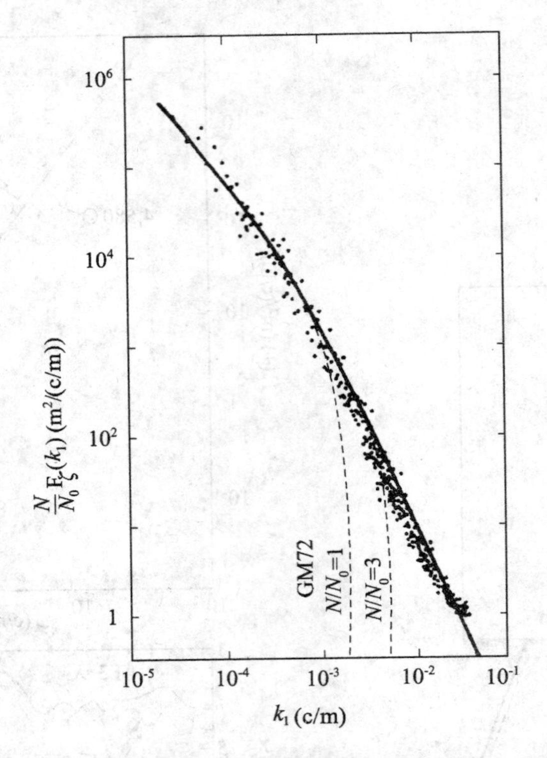

图 6.6.3 GM72, GM75 与 Katz(1973)的走航观测垂向位移谱的比较(GM,1975)

细实线为 GM72;粗实线为 GM75;点为资料

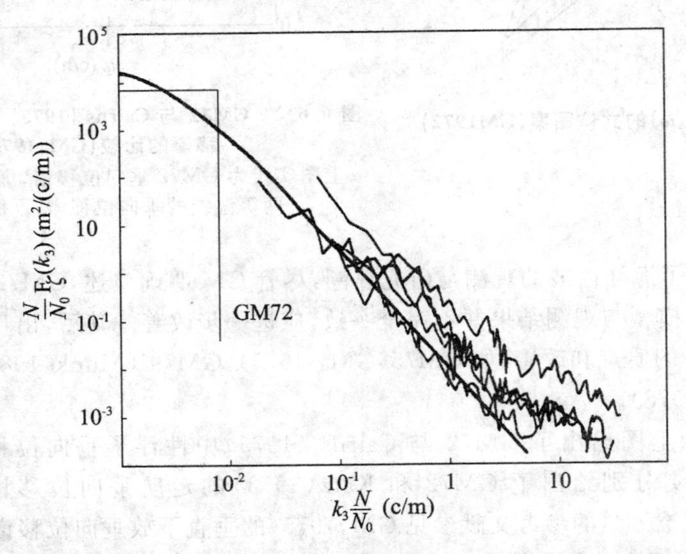

图 6.6.4 GM72, GM75 与 Millard (1972) 的垂直下放观测垂向位移谱的比较(GM,1975)

左侧细实线为 GM72;粗实线为 GM75,细实线为观测谱

§6.7　GM75,GM79,IWEX 和 Aha99 等谱模型

6.7.1　GM75 谱模型

由于在 GM72 中 $A(\lambda)$选用了“高帽子模型”就忽略了高波数波对谱的贡献。这种波数带宽的选取使谱模型在波数超过限定波数时突然截止。GM75(GM,1975)对 GM72 的改进主要在波数带宽的处理上,即 $A(\lambda)$的表达式(6.6.33)及 $\mu(\omega)$的表达式(6.6.35)中的 j_i 选取。

GM72 中把波数较高的($\lambda>1$)的脉动量视为非内波运动成分如细结构,因而不将它们计入内波模型中。GM75 假设很多海洋观测资料中的这种细结构大多是内波产生的可恢复的变化(即可逆细结构)而非湍流混合等其他过程产生的持久的结构(即不可逆细结构)。鉴于这一假设,GM75 用一缓慢截止代替 GM72 的突然截止。

在 GM75 中分别用 k_{h*} 和 j_* 表示 GM72 的式(6.6.35)中所含参数 $\mu(\omega)$和 j_i,而且引入相应的垂向波数带宽 k_{3*},它们表示成

$$\begin{cases} k_{h*}=j_*\pi(\omega^2-f^2)^{1/2} \\ k_{3*}=j_*\pi N(z) \\ j_*=6 \end{cases} \tag{6.7.1}$$

与 GM72 之式(6.6.33)相应的 GM75 的 $A(\lambda)$表达式为

$$\begin{cases} A(\lambda)=(t-1)(1+\lambda)^{-1},t=2.5 \\ \text{或}\quad A(\lambda)=\dfrac{2}{\pi(1+\lambda^2)} \\ \lambda=k_h/k_{h*}=k_3/k_{3*}=j/j_* \end{cases} \tag{6.7.2}$$

大部分能量包含在波数低于 k_{h*} 和 k_{3*} 的波动中。

上式中的 $A(\lambda)$第 2 个表达式是由 Cairns 和 Williams(1976)提出来的。他们认为,这一表达式更符合实际观测资料并且便于作理论分析,例如,Desaubies(1976)所用的解析表达式。

再将 GM72 中由式(6.6.34)定义的 $\Omega(\omega)$改写成 $B(\omega)$

$$B(\omega)=\begin{cases} 2\pi^{-1}f\omega^{-1}(\omega^2-f^2)^{-1/2}, & (f\leqslant\omega\leqslant N) \\ 0, & \text{其他} \end{cases} \tag{6.7.3}$$

此外,$A(\lambda)$和 $B(\omega)$还得满足下述标准化条件

$$\int_0^\infty A(\lambda)d\lambda=1,\qquad \int_0^\infty B(\omega)d\omega=1 \tag{6.7.4}$$

将 GM72 能量密度谱表达式(6.6.31)和(6.6.37)写成

$$E(k_h,\omega)=EA(k_h/k_{h*})B(\omega)/k_{h*} \tag{6.7.5}$$

$$E=6.3\times10^{-5} \tag{6.7.6}$$

由于式(6.7.2)第 2 式以及频散关系,作变量变换可得

$$E(k_3,\omega)=EA(k_3/k_{3*})B(\omega)/k_{3*} \tag{6.7.7}$$

$$E(k_h,k_3)=2\pi^{-1}fEN(z)(k_3/k_{3*})A(k_3/k_{3*})[N^2(z)k_h^2+f^2k_3^2]^{-1},$$
$$\text{当}\quad 0\leqslant k_h\leqslant k_3[1-f^2/N^2(z)]^{1/2} \qquad (6.7.8)$$

在图 6.7.1 中用双对数坐标给出了式(6.7.5),(6.7.7)及(6.7.8)的图案。在双对数坐标系中很清楚地显示出模型所含的幂律关系。

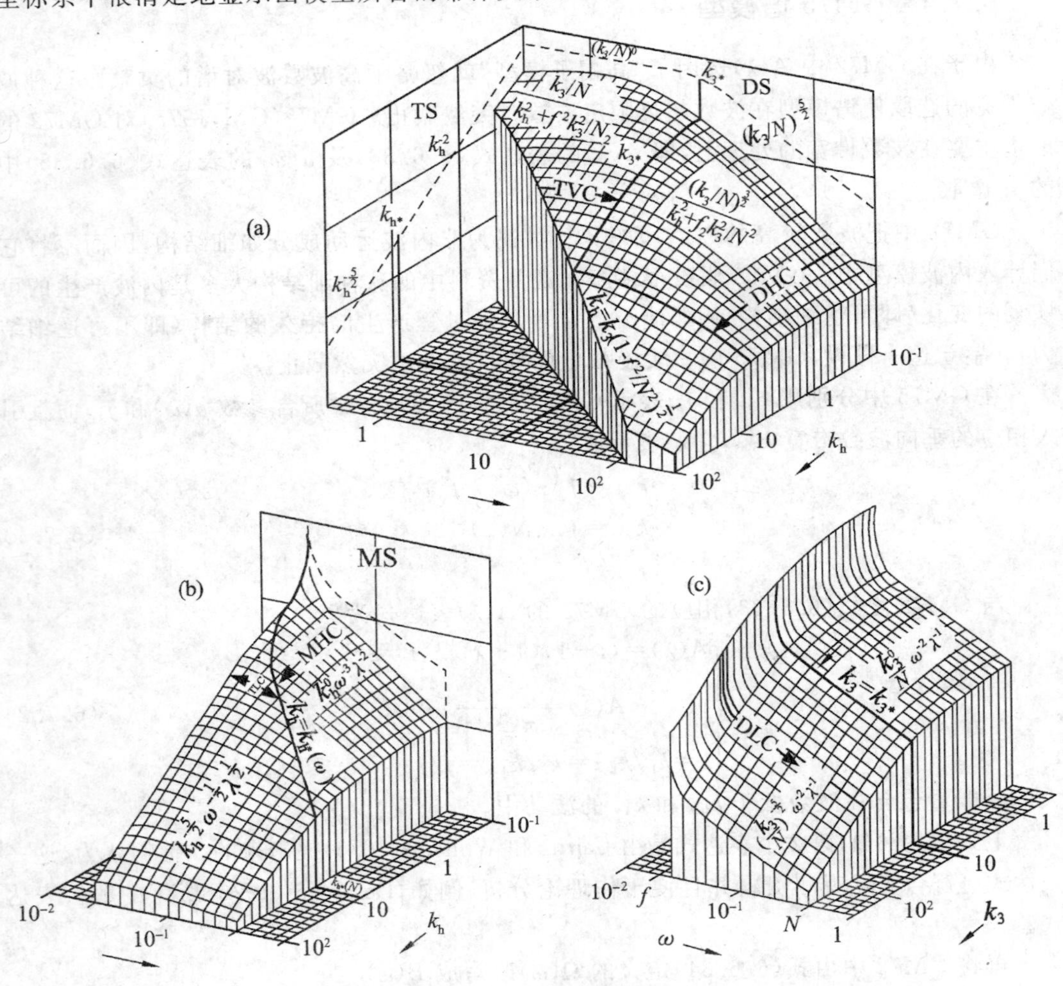

图 6.7.1 内波能量谱模型

(a) $E(k_h,\omega)$ (b) $E(k_3,\omega)$ (c) $E(k_h,k_3)$

GM 用大量观测资料为依据,确定了 GM75 中所含参数,并用实测资料对它作了检验。

首先 GM 对图 6.6.2 中所示的 GM72 与实测资料的对比作了分析,认为 GM72 谱显示出在 $\omega<N$ 的频段,其斜率与观测谱拟合良好,而在 $\omega=N$ 处的突然截止也得到了观测谱的证实。然而很多观测谱在 ω 接近 N 处出现浮频率谱峰,例如,Pinkel** (1974)和 Voorhis(1968)。GM72 未预报出来的这一现象,是由于在 N 附近,WKB 近似解或 Bessel 函数近似解不适用而应采用 Airy 函数近似解之故。Cairns 观测得到的锚系垂向相干在内波频段与 ω 的关系不大。这与 Webster(1972)得到的相干距离与 ω 成反比的结

果(式(7.3.5))不一致。GM72 预报的也是锚系垂向相干与频率无关,表明模型与 Cairns 的实测资料的一致性。

图 6.6.3 给出了 GM72,GM75 和标准化的 K ätz(1973)的走航测垂向位移谱之比较。可以看出,GM75 与观测结果的拟合比 GM72 好得多。

图 6.7.2 是根据 GM75 计算得的走航垂向相干(上图)和走航滞后相干(下图)。随着间隔或延时的增大,相干减小,随着波数的增大,相干也减小。这一结果与 Sambuco** (1974)的观测结果粗略地一致。GM72 认为走航垂向相干近似地与波数无关。所以,这也证明了 GM75 比 GM72 更接近实际海洋状况。

GM72,GM75 和 Millard** (1972)的垂直下放仪器观测得到的垂向位移谱的比较表示在图 6.6.4。模型谱值的高低取决于 E 和 j_* 的值。观测谱是等温面的垂向位移谱,它们较分散,其原因很可能是等温面位移不能很好地代替等密度面位移。但可以看出,它们的斜率是基本一致的。GM75(粗实线)与它们符合良好,而 GM72 与观测谱几乎无相似之处。

GM75 模型还预报了垂向下放仪器观测到的水平相干和滞后相干,后者与垂向波数无关。GM 也对预报的滞后相干和 Hayes** 及 Sanford(1975)的观测结果作了比较,发现预报值与实测值有一致的变化趋势和相似的量值。

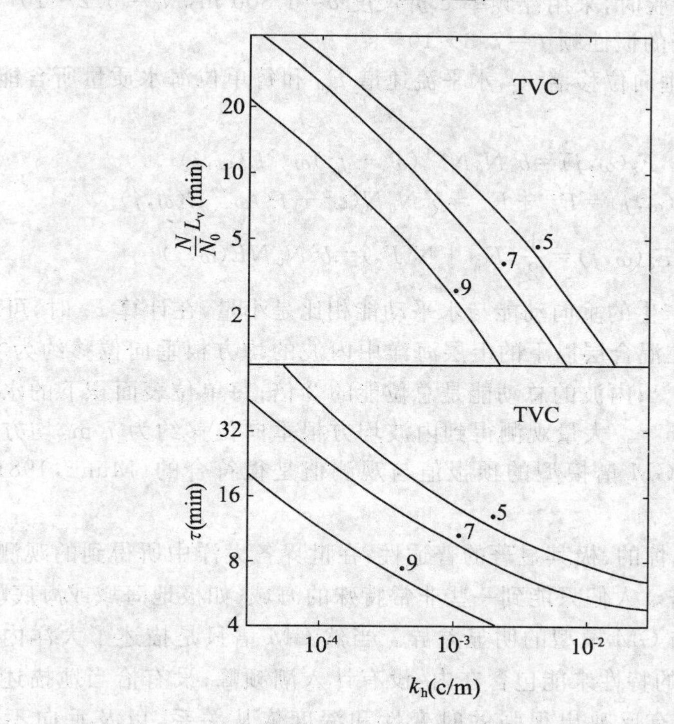

图 6.7.2　GM75 的航测垂向相干(上图)和滞后相干(下图)(GM,1975)

L_v 为垂向间隔,τ 为延时

6.7.2　GM79 谱模型

Munk(1981)在 GM72 和 GM75 的基础上又进一步提出了 GM79 谱模型。与前两者

相比，GM79 最大的变化是在表达式中用垂向模态数置换波数。

GM79 仍采用水平各向同性和垂向对称的内波场假设。采用无量纲能量密度 $E(\omega,j)$ 表达式

$$E(\omega,j)=B(\omega)H(j)E \tag{6.7.9}$$

式中，

$$B(\omega)=2\pi^{-1}f\omega^{-1}(\omega^2-f^2)^{-1/2},\quad \int_f^{N(z)}B(\omega)\mathrm{d}\omega=1 \tag{6.7.10}$$

$$H(j)=\frac{(j^2+j_*^2)^{-1}}{\sum\limits_{j=1}^{\infty}(j^2+j_*^2)^{-1}},\quad \sum_{j=1}^{\infty}H(j)=1 \tag{6.7.11}$$

$$j_*=3,\quad E=6.3\cdot10^{-5} \tag{6.7.12}$$

式(6.7.11) 中第 1 式的右侧的分母令人费解。Levine(1999) 采用下式取代式(6.7.11)

$$H(j)=[J(j^2+j_*^2)]^{-1},\ \sum_{j=1}^{\infty}H(j)=1 \tag{6.7.13}$$

式中，J 为常数，由标准化条件(上式第 2 式)确定；j_* 称为模态数尺度，E 为内波能量参数。

在用观测资料作检验时，采用浮频率 e 折尺度 $b=1\ 300$ m，$N_0=5.2\cdot10^{-3}\,\mathrm{s}^{-1}$(即 3 c/h)，以及纬度为 30°处的惯性频 $f=7.3\cdot10^{-5}\,\mathrm{s}^{-1}$。

由 $E(\omega,j)$可得到垂向位移谱 F_ζ，水平流速谱 F_{u_h} 和每单位海水质量所含能量谱 F_e，它们的表达式分别为

$$F_\zeta(\omega,j)=b^2N_0N^{-1}(\omega^2-f^2)\omega^{-2}E(\omega,j) \tag{6.7.14}$$

$$F_{u_h}(\omega,j)=F_{u_1}+F_{u_2}=b^2N_0N(\omega^2+f^2)\omega^{-2}E(\omega,j) \tag{6.7.15}$$

$$F_e(\omega,j)=\frac{1}{2}(F_{u_h}+N^2F_\zeta)=b^2N_0NE(\omega,j) \tag{6.7.16}$$

由于垂向速度 w 产生的垂向动能与水平动能相比是小量，在计算 F_e 时，可以忽略。

由 GM79 估计出在混合层以下的上层海洋中内波的均方根垂向位移约为 7 m，均方根水平流速约为 7 $\mathrm{cms^{-1}}$；内波的总动能是总位能的 3 倍；每单位表面积下的水柱中所含内波总能量为 3 800 $\mathrm{Jm^{-2}}$。大量观测得到内波均方根垂向位移约为 7 m，均方根水平流速约为 5 $\mathrm{cms^{-1}}$，可见 GM 谱模型的预报值与观测值是很符合的(Munk，1981；Olbers，1983)。

GM 谱具有令人吃惊的、极其显著的普适性，在世界各大洋中所得到的观测谱与 GM 谱的差别均不大于 3 倍。人们只能到一些非常特殊的海域(如极地海域或海底峡谷等)去探测实际海洋内波场与 GM 模型的明显差异。当然 GM 谱只是描述了大洋内波场的平均状态，还有一些重要的特性未能包含在内：没有计入潮频峰；没有恰当地描述很多观测得到的惯性峰特性；没有反映出很强的时变性和深度依从关系，以及垂向不对称性等(Muller & Briscoe，1999)。为了探测 GM 谱与实际内波的偏离情况，开展了 IWEX 等内波调查与研究工作。

6.7.3 IWEX 谱模型

在 Garrett 和 Munk 不断改进 GM 谱模态的同时，其他海洋学家也在作同样的努力，

其中最突出的工作当推“内波实验”(IWEX)大洋内波调查以及其后的资料分析工作(Briscoe,1975;Willebrand *et al*,1978;Muller *et al*,1978)。Muller,Olbers 和 Willebrand采用一致性检验技术和逆分析技术对由 IWEX 观测资料计算得到的 40 000 个交谱值作了详尽分析,提出了 IWEX 内波谱模型。

通过对 IWEX 资料分析得出:

(1) 观测得到的脉动主要是随机线性内波。

(2) 位移观测值受到因平流通过测温探头的温度细结构的污染。

(3) 流速观测资料受到海流细结构和流噪声污染。

(4) 除在惯性频率和潮汐频率处外,其他频率处的内波场是各向同性和垂向对称的。

(5) 波数谱与 GM75 很一致,但对应于非零低波数处有一个很强的谱峰;模态数带宽随频率增高稍有降低。

(6) 在潮频处,随机内波场的描述不适用。

Muller 等人提出了一个适应性很宽的内波谱模型。与 GM 谱模型(6.6.1)对应的内波能量谱模型写成

$$E^{\sigma}(k_{\mathrm{h}},\varphi,\omega)=E^{\sigma}(\omega)A(k_{\mathrm{h}},\omega)S(\varphi,\omega) \tag{6.7.17}$$

式中,$E^{\sigma}(\omega)$表示频率为 ω 的上传(σ 取负号)或下传(σ 取正号)内进行波的能量,$A(k_{\mathrm{h}},\omega)$为标准化波数分布,$S(\varphi,\omega)$为标准化方向分布。

它们分别表示成

$$A(k_{\mathrm{h}},\omega)=\begin{cases} I(t,s)\left\{1+\left(\dfrac{k_{\mathrm{h}}-k_{\mathrm{hp}}}{k_{\mathrm{h}*}}\right)^{s}\right\}^{-t/s}, & k_{\mathrm{h}}\geqslant k_{\mathrm{hp}} \\ 0, & k_{\mathrm{h}}<k_{\mathrm{hp}} \end{cases} \tag{6.7.18}$$

式中,$I(t,s)$为标准化因子,它表达成

$$I(t,s)=s\Gamma\left(\frac{t}{s}\right)\left\{\Gamma\left(\frac{1}{s}\right)\Gamma\left(\frac{t-1}{s}\right)\right\}^{-1} \tag{6.7.19}$$

式中含有 4 个参数:水平波数尺度 $k_{\mathrm{h}*}$,截止低波数或峰波数 k_{hp},高波数斜率 t 和低波数分布的形状参数 s。

波数分布在 k_{hp} 处总出现一个峰,当 $s\to1$ 时,此峰最显著,随着 s 增大,峰逐渐变平缓,当 $s\to\infty$时,峰变平。

等价带宽 k_{he} 依从于 $k_{\mathrm{h}*}$,t 和 s;

$$\begin{aligned} k_{\mathrm{he}} &= \left[\int \mathrm{d}k_{\mathrm{h}}E(k_{\mathrm{h}},\omega)\right]^{2}\left[\int \mathrm{d}k_{\mathrm{h}}E^{2}(k_{\mathrm{h}},\omega)\right]^{-1} \\ &= k_{\mathrm{h}*}\left[\Gamma\left(\frac{1}{s}\right)\Gamma\left(\frac{2t}{s}\right)\Gamma^{2}\left(\frac{t-1}{s}\right)\right]\Big/\left[s\Gamma\left(\frac{2t-1}{s}\right)\Gamma^{2}\left(\frac{t}{s}\right)\right] \end{aligned} \tag{6.7.20}$$

k_{he}和 k_{hp}也可以用等价模态数 j_{e} 和峰模态数 j_{p} 来替换。

式(6.7.18)描述的波数分布在高波数段呈幂律关系,在低波数段有显著或不显著的峰。表 6.7.1 给出了包含有 GM72,GM75,IWEX 以及 Cairns 和 Wiilliams(1976,表中简写成 CW76)根据中性浮标观测资料估计出的谱中所含这些参数的取值。

表 6.7.1　波数分布式中所含参数取值比较

	GM72	GM75	CW76	IWEX
J_*	20	6	3	
J_e	20	11	9	10～20 取 15
J_p	0	0	0	1.2±0.3
t	∞	2.5	2	2.4±0.4
s	∞	1	2	1.2±0.4

式(6.7.17)中的方向分布 $S(\varphi,\omega)$ 参数化成如下形式

$$S(\varphi,\omega)=\frac{\Lambda^2(p+1)2^{2p}}{2\pi\Lambda(2p+1)}\cos^{2p}\left(\frac{\varphi-\varphi_0}{2}\right) \tag{6.7.21}$$

它表示内波能量在水平方向的传送集中于一束射束中，此射束以 φ_0 为中心，宽度 $\Delta\varphi$ 由 p 或 q 确定。p 与 q 有如下关系

$$q=\frac{p}{p+1} \tag{6.7.22}$$

当 $q\to 0$(即 $p\to 0$)时，得到水平各向同性分布，当 $q\to 1$(即 $p\to\infty$)时得到单一方向分布，束宽 $\Delta\varphi$ 由下式确定

$$\cos^{2p}\left(\frac{\Delta\varphi}{2}\right)=\frac{1}{2} \tag{6.7.23}$$

它几乎与 q 呈线性关系。

Willerbrand 等(1978)和 Muller 等(1978)在对 IWEX 资料作分析中发现，观测资料中包含有显著的温度细结构、流速细结构及流噪声污染。他们给出了相应的污染模型，在此不作详述。

IWEX 谱模型的表达式中包含 12 个自由参数，见表 6.7.2，通过调节这些参数，可获得符合观测资料的谱模型。所以，它具有较强的适应性。然而，从另一角度看，它比 GM 模型复杂得多，应用起来不如 GM 模型那样方便，因而，自 IWEX 谱模型出现之后，GM75 或 GM79 仍是大家乐于采用的大洋内波谱模型。

表 6.7.2　IWEX 谱模型所含自由参数

总能量 E^++E^-	能量不对称性 E^+-E^-
等价带宽 k_{he} 或 j_e	峰波数 k_{hp} 或峰模态数 j_p
高波数斜率 t	峰形参数 s
水平传播方向 φ_0	束宽参数 q(或 $\Delta\varphi$)
温度细结构比 δ_f	温度细结构垂向相干尺度 σ
流细结构比 ρ_f	流噪声比 η_n

6.7.4　Pinkel 波数-频率观测谱

继 IWEX 之后，Pinkel(1984)利用安装在观测平台“FLIP”上的多普勒声呐在南加州外海观测 600 m 以浅的上层海洋流速，获得为期 18 天的流速剖面时间序列。由这些资料估计得海洋内波场的波数-频率谱。这些谱的特征是：存在一系列谱脊，它们位于近惯性频率、潮汐频率及其高阶谐波，这些谱脊和波数轴平行。存在突出的近惯性谱峰，近惯性运动由几个显著的可确认的波群控制；在近惯性频段有下传的净能量。在从近惯性频率

至 5 倍于惯性频率的频段上，谱的波数依从关系随频率而变化，不存在单一的波数带宽尺度。波场呈现出明显的不对称性。

图 6.7.3 给出了 Pinkel 的波数-频率谱，它是第一次直接由观测资料获得的海洋内波波数-频率谱。由于声呐信号是倾斜发射与反射的，分析得到的波数即是声束方向的“倾斜波数”，均用对数坐标表示。上两图的声呐频率为 70 kHz 声束与垂向呈 235°，下两图的声呐频率为 75 kHz，声束与垂向夹角为 145°。左侧图为上传能量，右侧图为下传能量。然而，Pinkel 没有给出相应的数学表示式。

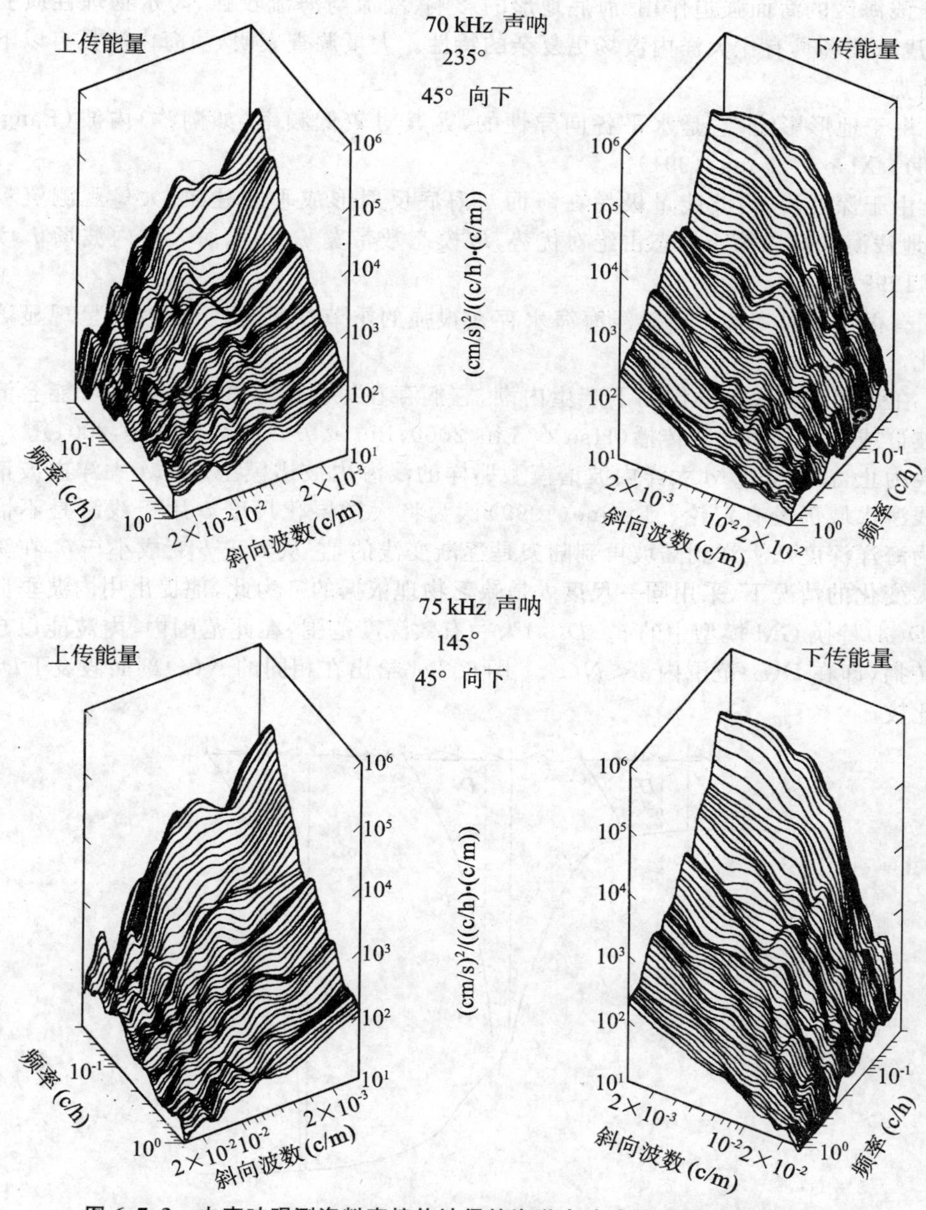

图 6.7.3　由声呐观测资料直接估计得的海洋内波波数-频率谱（Pinkel，1984）

6.7.5 浅海内波和 Aha99

浅海(陆架和陆坡海域)是人类海洋活动的主要场所,浅海内波对人类在此海区活动的影响之重要性被越来越多的人们所认识。从学术上看,浅海内波的研究可能对揭示内波生成、演变与消衰机制以及湍流混合过程提供一些答案或线索。从应用角度看,内波对海洋石油开发、环境保护、潜艇航行、声信号传播等方面都有不容忽视的影响。因而近些年来对浅海内波的研究得到更多重视。

由于浅海区的海面强迫作用、海底地形的影响、潮流与海流较强、海水物理性质变化强烈等,浅海波场具有比大洋内波场更复杂的特性。大量调查表明,浅海内波具有以下一些主要特点:

(1) 由于地形影响,它是水平各向异性的,尤其对较低频率(如潮汐)内波(Fang & Xiao,1991; Xiao & Fang,1991)。

(2) 由于深度浅,内波能量极易在海面与海底反射形成垂向驻波,大量观测资料表明,一般地浅海内波以第 1 模态占绝对优势,取模态数带宽 $j_*=1$,而大洋内波场 j_* 为 3 (Levine,1999)。

(3) 有很强的时变性。由于浅海海水存在很强的季节变化特性,内波也呈现显著的季节变化。

(4) 在强潮流与底地形作用下产生内潮,它们存在很强的非线性特性。可能会演变成孤立波群或孤立子串形式传播(Hsu & Liu,2000;Liu *et al*,1998;杜涛等,2001)。

迄今为止,尚无如 GM 大洋内波谱模型那样的浅海内波谱模型。GM 大洋内波谱能否用于浅海水域仍没有定论。Levine(1999)认为将大洋层化尺度 b 用于浅海是不恰当的。因为海洋深度从大洋到陆坡再到陆架是逐渐变浅的,它从大于 b 变成小于 b,在深度具有较大变化的情况下,采用同一尺度 b 是缺乏物理依据的。为此,他提出用内波垂向波导尺度 $D(\omega)$ 替换 GM 模型中的 b。$D(\omega)$ 为一有效深度范围,在此范围内,内波能以自由波形式传播,即在 $D(\omega)$ 范围内 $\omega<N(z)$。图 6.7.4 给出在相同的 $N(z)$ 剖面假设下 $D(\omega)$ 与 b 之比较。

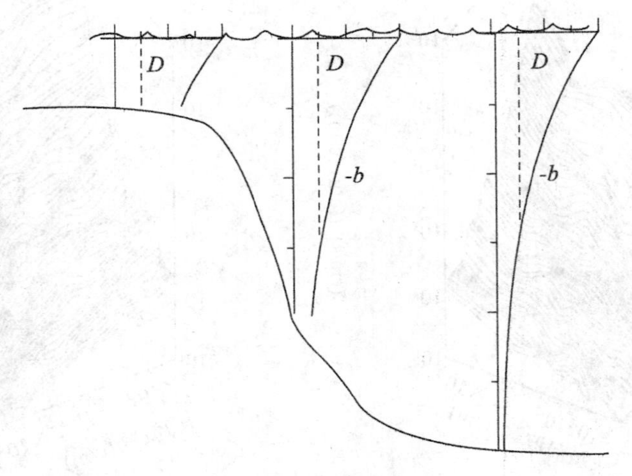

图 6.7.4 $D(\omega)$ 与 b 之比较(Levine,1999)

Levine 引入的另一个标度量为 E_0，用它取代 GM 谱中的 $Eb^2N_0^2$，即

$$E_0 = Eb^2N_0^2 \tag{6.7.24}$$

由 GM79 写出的内波总能量为式(6.7.16)，用 E_0 表示时，它变成

$$F_e(\omega, j) = \frac{N(z)}{N_0}B(\omega)H(j)E_0 \tag{6.7.25}$$

垂向波数应是

$$k_3 = \frac{j\pi N(z)}{D(\omega)N_0} \tag{6.7.26}$$

Levine 将这一重新标度的 GM79 称为 Aha99'因为他是在 Aha Huliko'a 1999 年冬季关于海洋内重力波动力学(Ⅱ)研讨会上提出来的。

根据观测资料可以得到式(6.7.25)左侧的 F_e(内波总能量)，再由式(6.7.24)得出 E_0。Levine(1999)根据在中大西洋新月湾(Mid-Atlantic Bight)的观测资料(Boyd *et al*，1977，参见 Levine，1999)得到从 7 m 层到 51 m 层的 E_0 值，它们分布在 0.6～1.6 $\mathrm{mJkg^{-1}}$ 之间，均值为 1.02 $\mathrm{mJkg^{-1}}$；根据俄勒冈陆架水域的观测资料(Pillsbury *et al*，1974，参见 Levine，1999)得到 20 m 层到 95 m 层的 E_0 值落在 1.8～4.2 $\mathrm{mJkg^{-1}}$ 之间，均值为 3.1 $\mathrm{mJkg^{-1}}$；而根据 GM79 的参数值($E=6.3\times10^{-5}$，$b=1\,300$ m，$N_0=5.2\times10^{-3}$ s)，由式(6.7.24)得到 E_0 值为 2.9 $\mathrm{mJkg^{-1}}$。此值与上述观测值相当一致，尤其是与俄勒冈陆架区的测值一致。

§6.8　逆分析技术的数学基础

根据海洋内波观测资料来确定内波能量密度在波数-频率空间的分布 $E(k_h, \omega)$，是内波研究中的重要课题。GM72(§6.5)从谱分析理论得出，$E(k_h, \omega)$ 是两部分的乘积，一部分是 ω 的一个待定的函数；另一部分为 k_h 和 ω 的函数，原则上它可以从观测资料的相干谱得到，见式(6.5.10)。他们通过大量资料分析和拟合给出了一组经验表达式(式(6.6.31)等)，而后在 GM75 中作了进一步改进，见式(6.7.5)等。计算机的应用、过程统计理论的发展以及大样本资料集的获得，使人们能从更合理的理论出发，采用更有效的方法确定 $E(k_h, \omega)$。一个成功的范例是采用逆分析技术从 IWEX 资料获得 IWEX 内波谱模型(Willebrand *et al*，1978；Muller *et al*，1978；Olbers *et al*，1976)。

采用逆分析技术确定内波谱模型是一个繁复的过程。在此仅对它作一基础性的简介，详细过程可以从 Willebrand 等(1978)的研究报告和 Muller 等(1978)论文中找到。本节内容主要参考 Olbers 等(1976)的论文。

在 GM72 中，推导出观测资料的交谱与 $E(k_1, k_2, \omega)$ 的关系式(6.5.3)和(6.5.12)等，为数学表述方便，Olbers 等将这些表达式统一写成下式

$$\boldsymbol{Y}_{ij}^{mn}(\omega) = \int \mathrm{d}\boldsymbol{k}E(\boldsymbol{k}, \omega)\boldsymbol{T}_{ij}^{mn}(\boldsymbol{k}, \omega)\exp[-\mathrm{i}\boldsymbol{k}\cdot(\boldsymbol{x}_j - \boldsymbol{x}_i)] \tag{6.8.1}$$

式中，$\boldsymbol{x}_i$，$\boldsymbol{x}_j$ 表示两测点的位置；m，n(=1，2，3)表示流速分量的序号；$\boldsymbol{Y}_{ij}^{mn}$ 为在两测点 $\boldsymbol{x}_i$ 和

$\boldsymbol{x}_j$ 处测得的流速脉动量的 m 分量和 n 分量之交谱；$\boldsymbol{T}_{ij}^{mn}(\boldsymbol{k},\omega)$ 为一简单的代数函数。

交谱矩阵 $\boldsymbol{Y}_{ij}^{mn}$ 由观测资料作谱估计得到，它可写成

$$\boldsymbol{Y}=\{Y_1(\omega),Y_2(\omega),\cdots,Y_L(\omega)\}$$

对于大样本资料集，L 是个很大的值，如 IWEX 的 $L=3\ 600$。逆分析就是在已知式(6.8.1)左侧 $\boldsymbol{Y}_{ij}^{mn}$ 来确定其右侧积分中的 $E(\boldsymbol{k},\omega)$。

用模型类型 $E(\boldsymbol{k},\boldsymbol{a})$ 表示谱 $E(\boldsymbol{k})$，$\boldsymbol{a}$ 为一组表示模型类型的参数

$$\boldsymbol{a}=(a_1,a_2,\cdots,a_p)$$

模型是强非线性的。

应用式(6.8.1)可以对每个参数计算出模型资料 $\hat{\boldsymbol{Y}}(\boldsymbol{a})$。参数向量由如下最小二乘条件确定

$$\varepsilon^2(\boldsymbol{a})=[\boldsymbol{Y}-\hat{\boldsymbol{Y}}(\boldsymbol{a})]\boldsymbol{W}[\boldsymbol{Y}-\hat{\boldsymbol{Y}}(\boldsymbol{a})]=\min \tag{6.8.2}$$

正定权重矩阵 $\boldsymbol{W}$ 可以根据最大似然率原则选为资料协方差矩阵的逆矩阵。它是一个很大的矩阵，例如 IWEX，$L=3\ 600$，矩阵为 $3\ 600\times3\ 600$。要计算它的逆矩阵，工作量是极大的。为克服这一难点，Olbers 等选用对角阵，其形式为

$$\boldsymbol{W}=\mathrm{dig}[1/\mathrm{var}(\boldsymbol{Y}_l)] \tag{6.8.3}$$

于是，权重矩阵可具体化为 $L=3\ 600$ 体维资料空间的矩阵。

在大样本情况下，$L\gg P$，求解最小二乘问题(6.8.2)是超定的。(若 $L<P$，问题就是欠定的，式(6.8.2)就没有惟一解。)

要解决超定问题，须采用下述步骤：

(1) 找出一个参数估计量 $\boldsymbol{a}_0$，其方法是，一方面采用关于资料的先验信息，另一方面采用在不计算导数的情况下找出多变量函数的极小值的方法。

(2) 在 $\boldsymbol{a}=\boldsymbol{a}_0$ 处作线化处理：

$$\hat{\boldsymbol{Y}}(\boldsymbol{a})=\hat{\boldsymbol{Y}}(\boldsymbol{a}_0)+\boldsymbol{D}(\boldsymbol{a}-\boldsymbol{a}_0)+\cdots \tag{6.8.4}$$

式中，$\boldsymbol{D}=\left\{\dfrac{\partial \boldsymbol{Y}_l}{\partial a_k}\right\}_{a=a_0}$

(3) 改善参数估计

$$\boldsymbol{a}-\boldsymbol{a}_0=\boldsymbol{H}\cdot[\boldsymbol{Y}-\hat{\boldsymbol{Y}}(\boldsymbol{a}_0)] \tag{6.8.5}$$

式中，$L\times P$ 矩阵 $\boldsymbol{H}$ 是 $\boldsymbol{D}$ 的广义逆矩阵。

若矩阵 $\boldsymbol{D}^T\boldsymbol{W}\boldsymbol{D}$ 是非奇异的，状况良好的，则

$$\boldsymbol{H}=(\boldsymbol{D}^T\boldsymbol{W}\boldsymbol{D})^{-1}\boldsymbol{D}^T\boldsymbol{W} \tag{6.8.6}$$

并且，式(6.8.5)和(6.8.2)的最小二乘一般解一致。由于 $\boldsymbol{D}^T\boldsymbol{W}\boldsymbol{D}$ 是 $P\times P$ 的矩阵，可很容易地用常规的对角线化方法求出逆矩阵。

在求得式(6.8.2)之解 $\boldsymbol{a}_{\min}$ 后，接着的问题是：

(1) 代表资料的模型好到什么程度？

(2) 求出的参数向量 $\boldsymbol{a}_{\min}$ 的精度如何？

对于第 1 个问题，作如下讨论。

因为资料向量 $\boldsymbol{Y}$ 是统计量，可以对 $\boldsymbol{Y}$ 和模型 $\boldsymbol{Y}(\boldsymbol{a}_{\min})$ 以给定的概率(如取为95%)一致

作假设检验，即模型 $\boldsymbol{Y}(\boldsymbol{a}_{\min})$ 是否落在资料点 $\boldsymbol{Y}$ 的 95％置信范围之内。图 6.8.1 给出了此假设检验的示意图。

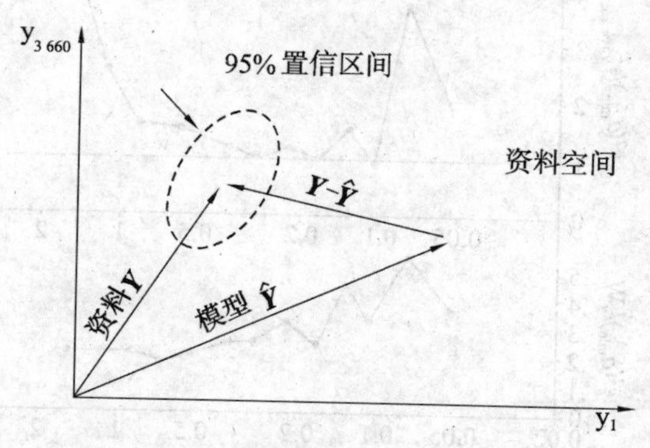

图 6.8.1　在资料空间中模型点 $\hat{Y}$、资料点 Y 以及 95% 置信域的示意图（Olbers *et al*，1976）

应用中心极限定理，95％置信域可近似成

$$\varepsilon_{95\%}^{2}=\langle\delta \boldsymbol{Y} \boldsymbol{W} \delta \boldsymbol{Y}\rangle[1+O(L^{-1/2})]\approx L \tag{6.8.7}$$

式中，$\delta\boldsymbol{Y}=\boldsymbol{Y}-\langle\boldsymbol{Y}\rangle$。

若

$$\varepsilon^{2}(\boldsymbol{a}_{\min})\leqslant\varepsilon_{95\%}^{2} \tag{6.8.8}$$

则模型是资料集的合适的一致性表示。

式(6.8.1)非统计学准则是差 $\boldsymbol{Y}-\boldsymbol{Y}(\boldsymbol{a}_{\min})$ 的量值与 $\boldsymbol{Y}$ 自身之比，即 $\varepsilon^{2}(\boldsymbol{a}_{\min})\boldsymbol{YWY}$，它对模型表示的脉动总量给出了粗略度量。

对第 2 个问题，可用计算参数协方差矩阵来回答。

应用式(6.8.5)，可从资料的 $L\times L$ 协方差矩阵 $\langle\delta\boldsymbol{Y}\delta\boldsymbol{Y}\rangle$ 得到参数 $P\times P$ 的协方差矩阵

$$\langle\delta\boldsymbol{a}\delta\boldsymbol{a}\rangle=\boldsymbol{H}\langle\delta\boldsymbol{Y}\delta\boldsymbol{Y}\rangle\boldsymbol{H}^{T} \tag{6.8.9}$$

方差和分辨率之间存在反比关系，可以用在构成广义逆矩阵时 $\boldsymbol{D}$ 的最小本征值的截止限来控制方差。

可用矩阵协方差(6.8.9)对角化来探测统计无关参数，通常这些参数缺乏明确的物理意义。

作为例子，在图 6.8.2 给出了根据模型类型 $E(\boldsymbol{k},\boldsymbol{a})$ 得到的距离 $\varepsilon^{2}(\boldsymbol{a}_{\min})$ 的结果。从总体上看，此模型能解释说明 70％以上的资料，不过，对某些较低频率和几乎全部的较高频率，没有找到统计一致的表示。若参数是正确地确定的，那么这种不一致一定是由错误选取参数模型所致。

由于式(6.8.1)中假设海水运动是由内波引起的，因而各流速分量及其交谱并非完全不相关。可以导出线性关系，即一致性关系

$$\boldsymbol{C}\hat{\boldsymbol{Y}}=0 \tag{6.8.10}$$

式中，$\boldsymbol{C}$ 是 $R\times L$ 矩阵，R 为独立约束数目。

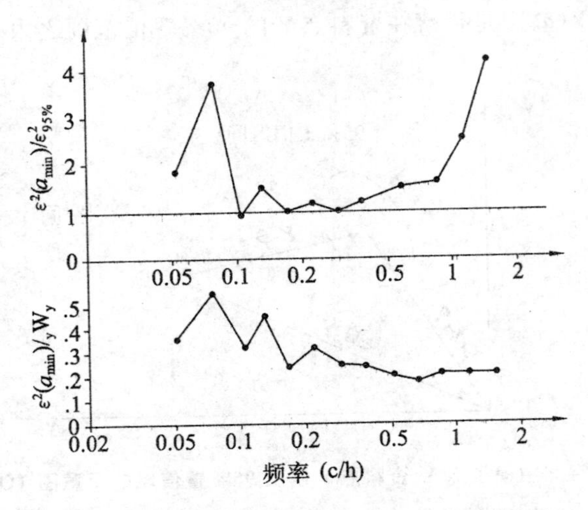

图 6.8.2　逆分析所得结果实例——对各向同性和对称性的检验(Olbers *et al*, 1976)

$\boldsymbol{C}$ 的详情取决于模型类型 $E(\boldsymbol{k},\boldsymbol{a})$，而非取决于参数值。对于 IWEX 资料，得到 R 的典型值为 $O(1\ 000)$。对于限制最强的模型类型，R 可达到 $O(3\ 000)$。

一般而言，资料不会精确地服从约束，因而，不可能对任何参数集都满足 $\boldsymbol{Y}=\hat{\boldsymbol{Y}}(\boldsymbol{a})$。这样就阻碍了寻找统计一致的解。

式(6.8.10)定义了在资料空间的一个$(L-R)$维的超平面(图 6.8.3)。落在超平面上的是模型类型而非资料。模型类型和资料间的最短距离为

$$\Delta=\left|\boldsymbol{Y}\boldsymbol{C}^T(\boldsymbol{C}\boldsymbol{W}^{-1}\boldsymbol{C}^T)^{-1}\boldsymbol{C}\boldsymbol{Y}\right|^{1/2} \tag{6.8.11}$$

它即为 $\boldsymbol{Y}$ 和 $\boldsymbol{Y}'$ 之间的距离。在超平面上的点 $\boldsymbol{Y}'$ 满足

$$\boldsymbol{Y}'=\boldsymbol{Y}-\boldsymbol{W}^{-1}\boldsymbol{C}^T(\boldsymbol{C}\boldsymbol{W}^{-1}\boldsymbol{C}^T)^{-1}\boldsymbol{C}\boldsymbol{Y} \tag{6.8.12}$$

它是离 $\boldsymbol{Y}$ 最近的点。

Δ 和 $\boldsymbol{Y}'$ 都仅取决于资料，可在计算参数 $\boldsymbol{a}$ 之前确定它们。

这就是检验给定模型类型是否适合于资料集的有效工具。

即使是 $R\approx1\ 000$，$R\times R$ 矩阵 $\boldsymbol{C}\boldsymbol{W}^{-1}\boldsymbol{C}^T$ 的逆矩阵也是简单的，因为大的子矩阵为零，问题可归结为秩为 $O(20)$的矩阵之逆矩阵。

图 6.8.4 表示用 $\varepsilon^2_{95\%}$ 归一化了的平方最小距离 Δ^2。$\varepsilon^2_{95\%}$ 是由图 6.8.2 中所示模型估计出来的。图 6.8.2 与图 6.8.4 给出了相同的不一致性，这表明，此不一致性是由于模型类型选取不当所致。

模型所采用的约束可减少用于确定参数的资料数量而不会损失所提供的信息。逆分析方法也可用于已作了变换的资料点 $\boldsymbol{Y}'$，它有 $L-R$ 个有效分量。

逆分析方法在概念上是简单的，但由于应用于大资料集，计算工作就繁杂了。需要采用有效的方法，确保计算精度的前提下，减小计算量。

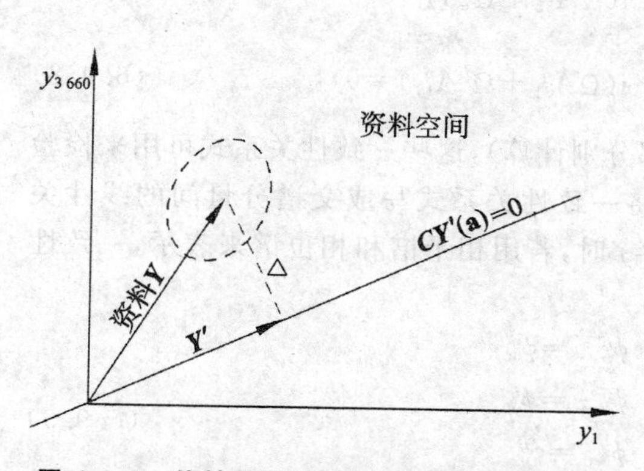

图 6.8.3　线性约束的简图(Olbers *et al*,1976)

$CY=0$ 表示资料空间中的一个超平面。Y'表示为满足约束且距离资料向量 Y 最近的向量。△为 Y 和 Y'之间的距离

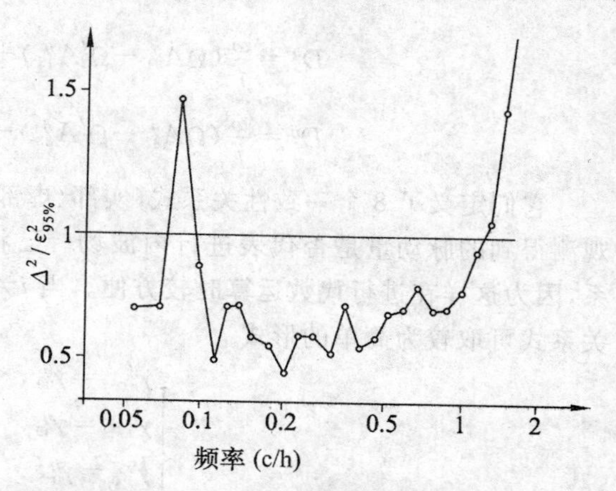

图 6.8.4　图 6.8.2 中采用的模型类型的一致性检验——对各向同性和对称性的检验(Olbers *et al*,1976)

曲线表示用 $\varepsilon^2_{95\%}$ 归一化了的平方最小距离 Δ^2

§6.9　内波的一致性关系式

Fofonoff(1969a)揭示,若观测得到的脉动量表示自由线性内波叠加的结果,从锚系仪器观测得到的水平流速和垂向位移时间序列估计得到的不同交谱分量之间必须满足一定的关系式。他发现,水平和垂向能量谱密度之比以及水平速度分量间的旋转相干都不依赖于内波场能量谱密度而仅与波的频率有关。这些关系式可用来检验测得的脉动是否能用线性内波理论来描述,称为内波的一致性关系式。此后,一些学者(Gonella,1972;Siedler,1974;Muller & Siedles,1976;Muller,Olbers & Willbrand,1978),又导出了更完整的一致性关系式。

6.9.1　进行内波的一致性关系式

并非所有的交谱分量(表达式已在§5.2 中给出)都是独立的。对任意的能量密度谱 $E(\mathbf{q})$,交谱分量间存在如下的线性独立关系完整组(Willebrand *et al*,1978):

$$D_1^{ij}=A_{++}^{ij}+A_{--}^{ij}-\frac{\omega^2+f^2}{\omega^2}\Omega\Omega' A_{00}^{ij}=0 \tag{6.9.1}$$

$$D_2^{ij}=(\omega+f)^2A_{++}^{ij}-(\omega-f)^2A_{--}^{ij}=0 \tag{6.9.2}$$

$$D_3^{ij}=\Omega'(\omega+f)A_{+0}^{ij}-\Omega(\omega-f)A_{0-}^{ij}=0 \tag{6.9.3}$$

$$D_4^{ij}=\Omega'(\omega-f)A_{-0}^{ij}-\Omega(\omega+f)A_{0+}^{ij}=0 \tag{6.9.4}$$

在笛卡尔坐标中,上 4 式分别写成

$$D_1^{ij}=A_{11}^{ij}+A_{22}^{ij}-\frac{\omega^2+f^2}{\omega^2}\Omega\Omega' A_{33}^{ij}=0 \tag{6.9.5}$$

$$D_2^{ij}=\frac{2\omega f}{\omega^2+f^2}(A_{11}^{ij}+A_{22}^{ij})+\mathrm{i}(A_{12}^{ij}-A_{21}^{ij})=0 \tag{6.9.6}$$

$$D_3^{ij}=\frac{\omega}{f}(\Omega A_{31}^{ij}-\Omega' A_{13}^{ij})+\mathrm{i}(\Omega A_{32}^{ij}+\Omega' A_{23}^{ij})=0 \tag{6.9.7}$$

$$D_4^{ij}=\frac{\omega}{f}(\Omega A_{32}^{ij}-\Omega' A_{23}^{ij})-\mathrm{i}(\Omega A_{31}^{ij}+\Omega' A_{13}^{ij})=0 \tag{6.9.8}$$

它们定义了8个一致性关系式(实部、虚部分别计算),这些一致性关系式可用来检验观测得到的脉动量是否代表进行内波场。已将一致性关系式写成交谱分量间的线性关系,因为这样在进行代数运算时较方便。当 $i\neq j$ 时,若用相干谱和相位谱来表示,一致性关系式可取较为简单的形式

$$\begin{cases}\gamma_{--}^{ij}=\gamma_{00}^{ij}, & \phi_{--}^{ij}=\phi_{00}^{ij}\\ \gamma_{++}^{ij}=\gamma_{00}^{ij}, & \phi_{++}^{ij}=\phi_{00}^{ij}\\ \gamma_{+0}^{ij}=\gamma_{0-}^{ij}, & \phi_{+0}^{ij}=\phi_{0-}^{ij}\\ \gamma_{-0}^{ij}=\gamma_{0+}^{ij}, & \phi_{-0}^{ij}=\phi_{0+}^{ij}\end{cases} \tag{6.9.9}$$

在推导式(6.9.1)~(6.9.9)时采用了尺度律(5.2.27)。

若 $i=j$,一致性关系式减少至4个。在这情况下,$D_1=0$ 预示了水平动能与垂向动能之比

$$\frac{P_{++}+P_{--}}{P_{00}}=\frac{\omega^2+f^2}{\omega^2}\frac{N^2-\omega^2}{\omega^2-f^2} \tag{6.9.10}$$

当 $\omega=N$ 时,此比值为0。而当 $\omega=f$ 时,比值为无限。

关系式 $D_2=0$ 预报了运动之反时针与顺时针旋转部分之比值

$$\frac{P_{++}}{P_{--}}=\frac{(\omega-f)^2}{(\omega+f)^2} \tag{6.9.11}$$

对于惯性振荡($\omega\approx f$),它为0;对于高频内波($\omega\gg f$),它趋于1。

关系式 $D_3=0$ 也可写成

$$\gamma_{+0}=\gamma_{-0},\quad \phi_{+0}=-\phi_{-0} \tag{6.9.12}$$

一致性关系还可用谱矩 $M_m^{ij}(\omega)$ 来表示。若观测得的脉动代表进行内波,则只能测得10个线性独立的矩,即

$$M_m^{ij}(\omega)=\frac{1}{2\pi}\sum_{\sigma}\int \mathrm{d}^2k_{\mathrm{h}}E(\boldsymbol{q})\sigma^{-m}\mathrm{e}^{-\mathrm{i}m\phi}\mathrm{e}^{-\mathrm{i}(\boldsymbol{k}_{\mathrm{h}}\cdot\boldsymbol{r}_{ij}+\sigma\theta_{ij})},\quad m=0,\pm1,\pm2 \tag{6.9.13}$$

若 $i=j$,独立矩的数目减少为5个,因为

$$M_m=M_{-m}^{*} \tag{6.9.14}$$

交谱 $A_{\nu\mu}^{ij}$ 可用下述这些标准化了的矩来表示

$$\left.\begin{matrix} A_{++}^{ij} \\ A_{+-}^{ij} \\ A_{+0}^{ij} \\ A_{-+}^{ij} \\ A_{--}^{ij} \\ A_{-0}^{ij} \\ A_{0+}^{ij} \\ A_{0-}^{ij} \\ A_{00}^{ij} \end{matrix}\right\} = 2\pi C^2(\Omega\Omega')^{-1/2} \begin{cases} \frac{1}{2}\Omega\Omega'(\omega-f)^2 M_0^{ij} \\ \frac{1}{2}\Omega\Omega'(\omega+f)(\omega-f)M_2^{ij} \\ -\frac{1}{\sqrt{2}}\Omega(\omega-f)\omega M_1^{ij} \\ \frac{1}{2}\Omega\Omega'(\omega+f)(\omega-f)M_{-2}^{ij} \\ \frac{1}{2}\Omega\Omega'(\omega+f)^2 M_0^{ij} \\ -\frac{1}{\sqrt{2}}\Omega(\omega+f)\omega M_{-1}^{ij} \\ -\frac{1}{\sqrt{2}}\Omega'(\omega-f)\omega M_{-1}^{ij} \\ -\frac{1}{\sqrt{2}}\Omega'(\omega+f)\omega M_1^{ij} \\ \omega^2 M_0^{ij} \end{cases} \tag{6.9.15}$$

式中的因子仅取决于频率与位置，$\Omega=\Omega(x_3^i)$，$\Omega'=\Omega(x_3^j)$。

各向同性及对称性关系式　当能量密度谱是各向同性和(或)对称情况时，独立矩间还有进一步的关系。

在 $i=j$ 时，若能量密度谱$E(\boldsymbol{q})$是垂向对称或与垂向波数的符号无关，可得

$$M_1=0 \tag{6.9.16}$$

若能量密度谱 $E(\boldsymbol{q})$是水平各向同性，即与水平波数的方向无关，可得关系式

$$M_1=0,\quad M_2=0 \tag{6.9.17}$$

若用交谱表示，则有对称关系式

$$A_{+0}=A_{-0}=0 \tag{6.9.18}$$

各向同性关系式

$$A_{+0}=A_{-0}=A_{+-}=0 \tag{6.9.19}$$

若用相干表示，我们有

$$\gamma_{+0}=\gamma_{-0}=\gamma_{+-}=0 \tag{6.9.20}$$

$i\neq j$ 时，即对于两架仪器既有水平间隔又具有垂向间隔时，情况如下。

若能量密度谱 $E(\boldsymbol{q})$是垂向对称的，独立矩之间不存在线性关系式。若能量密度谱 $E(\boldsymbol{q})$是水平各向同性的，有

$$\begin{cases} \mathrm{e}^{-\mathrm{i}\varphi}M_{-1}^{ij}-\mathrm{e}^{\mathrm{i}\varphi}M_1^{ij}=0 \\ \mathrm{e}^{-\mathrm{i}2\varphi}M_{-2}^{ij}-\mathrm{e}^{\mathrm{i}2\varphi}M_2^{ij}=0 \end{cases} \tag{6.9.21}$$

若波场既各向同性又对称，它满足如下 7 个关系式(其中第 2，4 两式各含实部和虚部，共有 4 个式子)

$$\begin{cases}\mathrm{Im}\{M_0^{ij}\}=0\\ M_1^{ij}-[M_{-1}^{ij}]^*=0\\ \mathrm{Im}\{\mathrm{e}^{-\mathrm{i}\varphi}M_{-1}^{ij}\}=0\\ M_2^{ij}-[M_{-2}^{ij}]^*=0\\ \mathrm{Im}\{\mathrm{e}^{-\mathrm{i}2\varphi}M_{-2}^{ij}\}=0\end{cases}\tag{6.9.22}$$

此时，只有下列 3 个矩不为零，从而提供了确定 $E(\omega,k_{\mathrm{h}})$ 之 (ω,k_{h}) 依从关系的工具

$$\begin{cases}\mathrm{Re}\{M_0^{ij}\}=\int \mathrm{d}\boldsymbol{k}_{\mathrm{h}}E^{\sigma}(\omega,\boldsymbol{k}_{\mathrm{h}},\varphi)\mathrm{J}_0(k_{\mathrm{h}}r_{ij})\cos\theta_{ij}\\ \mathrm{Re}\{\mathrm{e}^{-\mathrm{i}\Psi}M_{-1}^{ij}\}=-\int \mathrm{d}\boldsymbol{k}_{\mathrm{h}}E^{\sigma}(\omega,\boldsymbol{k}_{\mathrm{h}},\varphi)\mathrm{J}_1(k_{\mathrm{h}}r_{ij})\sin\theta_{ij}\\ \mathrm{Re}\{\mathrm{e}^{-\mathrm{i}2\Psi}M_{-2}^{ij}\}=-\int \mathrm{d}\boldsymbol{k}_{\mathrm{h}}E^{\sigma}(\omega,\boldsymbol{k}_{\mathrm{h}},\varphi)\mathrm{J}_2(k_{\mathrm{h}}r_{ij})\cos\theta_{ij}\end{cases}\tag{6.9.23}$$

式中的 $\mathrm{J}_0,\mathrm{J}_1,\mathrm{J}_2$ 为 0,1,2 阶 Bessel 函数。

6.9.2 驻内波的一致性关系式

如同对于进行波那样，在交谱矩阵之不同分量之间存在着线性关系式，它们对于任意的能量密度谱都是满足的。驻模态的一致性关系式不同于相应的进行波关系式。

进行波定义的含义为：

(1) (6.1.4)之解可用 WKB 解来近似。

(2) 上传进行波($\sigma=-1$)与下传进行波($\sigma=+1$)互不相关。

(3) 存在着解的连续集，即对于每个 ω 和 $\boldsymbol{k}_{\mathrm{h}}$ 值，存在 2 个本征解，它们的垂向波数为

$$k_3=k_{\mathrm{h}}\left(\frac{N^2-\omega^2}{\omega^2-f^2}\right)^{1/2}$$

与之相对应，驻模态定义之含义为：

(1) 必须采用(6.1.4)之精确解。

(2) 上传与下传解之间存在固定的位相和振幅关系，它们由边界条件(6.1.5)所规定，因而能构成驻模态。

(3) 仅存在解的离散集，即对于给定的 ω,φ，仅对离散的 $k_{\mathrm{h}}^{(n)}$ 值($n=0,1,2,\cdots$)存在本征值。

在给定频率处之能量是局限在一些离散值上还是漫延在一个连续域中是属于能量密度谱 E 之特性，并不影响对任意能量密度谱都成立的一致性关系式。而且，WKB 解是否提供了充分的描述，还是必须采用(6.1.4)之精确解的问题也不会影响到一致性关系式，因为 WKB 解与精确解之间的差别可任意地小，它取决于 $N(z)$ 剖面和 ω 及 $\boldsymbol{k}_{\mathrm{h}}$ 值。影响一致性关系式结构的差别在于驻模态之解由单一的驻模态(即实的模态)组成，而进行波解由 2 个统计无关的进行模态(即复的)组成。此差别由矩阵 $\boldsymbol{D}_{\nu\mu}$ 与 $\widetilde{\boldsymbol{D}}_{\nu\mu}$ 之差别反映出来。

尤其我们发现对于既有垂向间隔又有水平间隔的仪器间下面关系式对驻波与进行波都成立，即

$$D_2^{ij}=(\omega+f)^2A_{++}^{ij}-(\omega-f)^2A_{--}^{ij}=0\tag{6.9.24}$$

这关系式仅含水平速度分量。对驻模态，关系式 $D_1^{ij}=0,D_3^{ij}=0$ 及 $D_4^{ij}=0$ 不成立。然而

可得

$$D_1^{ij}=\widetilde{A}_{++}^{ij}+\widetilde{A}_{--}^{ij}-\frac{\omega^2+f^2}{\omega^2}\Omega\Omega'\widetilde{A}_{00}^{ij}$$
$$=(\omega^2+f^2)\int \mathrm{d}\boldsymbol{k}_\mathrm{h}\widetilde{E}(\omega,\boldsymbol{k}_\mathrm{h})\mathrm{e}^{-\mathrm{i}\boldsymbol{k}_\mathrm{h}\cdot \boldsymbol{r}_{ij}}\{\widetilde{\Psi}_+(x_3^i)\widetilde{\Psi}_+(x_3^j)-\Omega\Omega'\widetilde{\Psi}_0(x_3^i)\widetilde{\Psi}_0(x_3^j)\} \tag{6.9.25}$$

它可能为任意小量，取决于能量密度谱 E 和本征函数 $\widetilde{\Psi}_\nu$。

对于关系式 $D_3^{ij}=0$ 与 $D_4^{ij}=0$ 也同样如此。因此，对于进行波有 $D_I^{ij}=0(I=1,\cdots,4)$ 并不表明就排除驻波模态。

对于具有水平间隔之仪器（包括无间隔），情况是不同的。代替进行波之 $D_3^{ij}=0$ 与 $D_4^{ij}=0$，对驻波有关系式

$$D_3^{ij}=(\omega-f)A_{-0}^{ij}+(\omega+f)A_{0+}^{ij}=0 \tag{6.9.26}$$

$$D_4^{ij}=(\omega+f)A_{+0}^{ij}+(\omega-f)A_{0-}^{ij}=0 \tag{6.9.27}$$

用这些关系式就可鉴别进行模态和驻模态。然而，如果满足进行波的一致性关系式 $D_I^{ij}=0$，$(I=1,\cdots,4)$ 和对称式 $M_{1,2}^{ij}=0$，则也满足驻模态的关系式 $\widetilde{D}_{3,4}^{ij}=0$。因此，若发现观测量符合对称进行波场，则它也符合驻模态场。若满足驻模态一致性关系式，对进行波却不能说明什么。同样的论述对于垂向间隔仪器也成立。

和垂向进行波相对应，垂向驻波存在如下的独立矩

$$M_m^{\nu\mu}(\omega)=\frac{1}{2\pi}\int \mathrm{d}^2\boldsymbol{k}_\mathrm{h}\widetilde{E}(\omega,\boldsymbol{k}_\mathrm{h})\mathrm{e}^{-\mathrm{i}m\varphi}\widetilde{\Psi}_\nu(x_3^i)\widetilde{\Psi}_\mu(x_3^j)\mathrm{e}^{-\mathrm{i}\boldsymbol{k}_\mathrm{h}\cdot\boldsymbol{r}_{ij}} \tag{6.9.28}$$

通过如下的转换公式将结果转换成用独立矩表示的各种情况下的一致性关系式及非零矩

$$\left.\begin{matrix} A_{++}^{ij} \\ A_{+-}^{ij} \\ A_{+0}^{ij} \\ A_{-+}^{ij} \\ A_{--}^{ij} \\ A_{-0}^{ij} \\ A_{0+}^{ij} \\ A_{0-}^{ij} \\ A_{00}^{ij} \end{matrix}\right\}=2\pi\left\{\begin{matrix} \frac{1}{2}(\omega-f)^2M_0^{++} \\ \frac{1}{2}(\omega-f)(\omega+f)M_2^{++} \\ \frac{\mathrm{i}}{\sqrt{2}}(\omega-f)\omega M_1^{+0} \\ \frac{1}{2}(\omega-f)(\omega+f)M_{-2}^{++} \\ \frac{1}{2}(\omega+f)^2M_0^{++} \\ \frac{\mathrm{i}}{\sqrt{2}}(\omega+f)\omega M_{-1}^{+0} \\ -\frac{\mathrm{i}}{\sqrt{2}}(\omega-f)\omega M_{-1}^{0+} \\ -\frac{\mathrm{i}}{\sqrt{2}}(\omega+f)\omega M_1^{0+} \\ \omega^2M_0^{00} \end{matrix}\right. \tag{6.9.29}$$

第7章 海洋内波的生成、相互作用及消衰机制

§7.1 概 述

自从 Garrett 和 Munk(1972,1975)建立了GM大洋内波的谱模型以来,人们对海洋内波的生成、演变及消衰的研究极为关注,研究工作大有进展,但仍有一些重要的问题没有解决,一些假说或理论结果还有待进一步验证。总的来说,这方面的研究还正在进行中。本章仅介绍一些基础性的内容。为便于读者较深入了解这方面的工作情况,在参考文献中列出一些正文中未曾标注的重要文献。

GM谱模型没有说明内波能量从何处来,到何处去,没有描绘出内波场可能存在的随时间和地域的变化。因而,它一出现就有学者(如 Wunsch,1975)提出:维持这一普适谱的动力学机制是什么?

关于大洋内波的生成、相互作用和耗散过程,Thorpe(1975)作了论述,并给出了很生动、形象的图解(图7.1.1)。此后的研究焦点从对由速度和位移确定波动能量的观测研

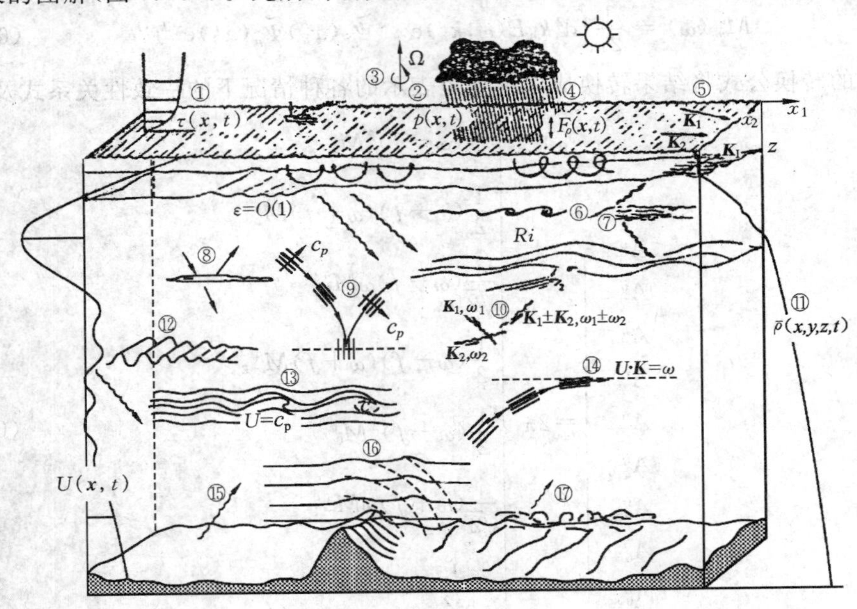

图7.1.1 和内波有关的物理过程(Thorpe,1975)[①]

①—风应力 ②—变化的大气压 ③—地转 ④—浮力通量 ⑤—表面波相互作用 ⑥—剪切不稳定性 ⑦—平均流 ⑧—湍流减弱作用 ⑨—转折深度 ⑩—波-波相互作用 ⑪—密度层化 ⑫—粘性减弱作用 ⑬—对流不稳定性 ⑭—临界层吸收 ⑮—底地形反射 ⑯—海流或潮流与底地形相互作用 ⑰—粗糙底形影响

① 为便于阅读理解,对原图的各种过程加注了序号并在图题中逐一说明。

究转为对更活跃的动力学物理量，如剪切率和拉伸率的观测研究。研究结果验证了 Thorpe 的论断，并对其中的一些因素得出了定量结果，还发现了一些 Thorpe 未曾论及的机制。Muller 和 Briscoe(1999)对此作了简单综述，下面的论述将主要参考他们的见解。

7.1.1　生成机制

大气风应力　大气风应力的变化在大洋上混合层中引起惯性振荡，此惯性振荡的一部分能量以大尺度近惯性波的形式传入大洋内部。近惯性波向赤道方向传播，在未到达局地惯性频率约为此波频率一半的纬度处之前，它们是较稳定的；再往前传时就变得容易受参数亚谐波不稳定性的影响而发生破碎。数模研究表明，破碎后波场呈碎片状分布。近惯性波在向赤道方向传播的过程中也在垂向传播，而且，它在水平方向传播到发展成不稳定状态之前，在垂向已在海底和海面(或说上混合层底面)往复反射很多次了。

在赤道附近也观测到近惯性波，它们是由西风暴发产生的。由于此海域惯性频率很低，产生的近惯性波的周期长达数周，波长有数百千米。如同在中纬度区域的近惯性波那样，它们仍然服从内波的传播规律，因而仍属于内波范畴。

正压潮流与海底地形的相互作用　正压潮流碰到变化的地形，如陆坡、陆架坡折、海山、海岭、海槛、海沟等，会在层化海洋中产生多种斜压波动，其中包含潮波频率的内波及其谐波。生成的斜压波一部分陷在生成区内并因发生边界过程而被耗散掉；另一部分从生成区向外传，离开海底进入海洋内部成为辐射内波场的一部分。虽然对这种生成机制已有大量的观测研究，然而，关于正压潮向斜压潮的能量转换机制仍未完全清楚，正在做深入的研究。Munk 和 Wunsch(1998)对内潮在海洋能量转换中的作用有较深入的论述，并给出了形象的定量的图解(图 7.1.2)。

关于上述两种生成源，还存在一个极其重要的问题没有令人信服的答案：这两种源都是高度局地性的，而内波谱却显示出很强的普适性、水平各向同性和垂向对称性，这两者之间如何统一？目前的假想之一是：大尺度近惯性波和斜压潮在长距离的传播过程中“模糊”了其生成源而演变成较均匀分布的源。然而这种假想至今尚未被证实，也还未确认从大尺度进行波中吸取能量并传给内波连续段(continuum)的机制。假想之二是：大洋中可能存在一些使内波发生散射的因素，它们将定向传播的内波束转变成各向同性的内波场。这种假想也尚未得到证实。

其他生成源　相对于前两种生成源，它们较均匀地分布在大洋各处。

海流与潮流流过粗糙的海底地形时产生山后波。在巴西海盆试验中获得的资料表明这是一个显著的内波生成机制。

大尺度流动受连续的地转校正会产生内波。

上混合层的湍流涡“撞击”到混合层底时会产生界面波，而后传入大洋内部。此时湍流成了内波能量源而非能量汇。

两列表面波(涌浪)可发生共振相互作用生成一列内波。观测表明，这种生成机制取决于海洋层化状况和涌浪的特征线；上层海洋的内波能量大小随涌浪的强弱而变化。由于生成的内波相对涌浪的滞后时间很长(有观测得到其滞后时间可长达 11 天)，致使这种机制长期未受重视，也许它是一种有效的内波生成机制。

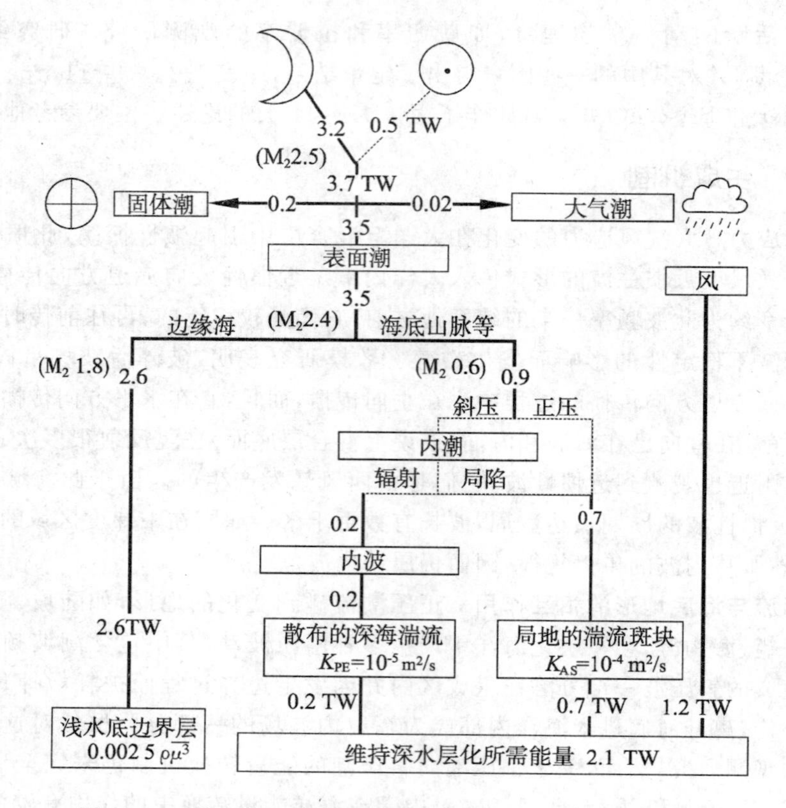

图 7.1.2　推想的潮汐能通量收支(Munk & Wunsch,1998)

粗实线表示由观测资料分析得到的结果;虚线表示缺乏观测资料证实的推测结果

7.1.2　演变

大尺度波(近惯性波和斜压潮等)在从源地向外传播时,它们自身间(如不同模态之间)会发生相互作用,也会与其他内波发生相互作用。在通过海洋锋和中尺度涡,或者遇到变化的底地形时,内波会发生散射。相互作用过程和散射过程都会将能量从大尺度波传递给较小尺度的波,这些较小尺度的波再将能量传递给更小尺度的波,此过程不断进行,最终会发生波的破碎,引发湍流和混合。目前普遍认为,在海洋中存在着这样一个大、中、小尺度的能量级串,海洋能量通过内波的生成、传播与演变,从大尺度过程获得能量,转移给中、小尺度过程并最后被耗散。然而,由于海洋环境中的非平稳性和非均匀性掩盖了想获得的信号,对观测资料的分析还未能证实上述非线性级串假说。

7.1.3　耗散

如前所述,人们将海洋能量耗散归因于内波破碎形成的湍流混合过程。自从建立了GM谱模型以来,进行了大量的海洋细微结构观测,并做了内波与细微结构的综合观测。根据多方面的综合分析推断出能量耗散率和海水混合率,它们等价于穿过等密度面(diapycnal)的扩散系数 $10^{-5}\ m^2 s^{-1}$,Garrett(1984,1991)用图解的形式解释了这一数据的可信性(图 7.1.3)。

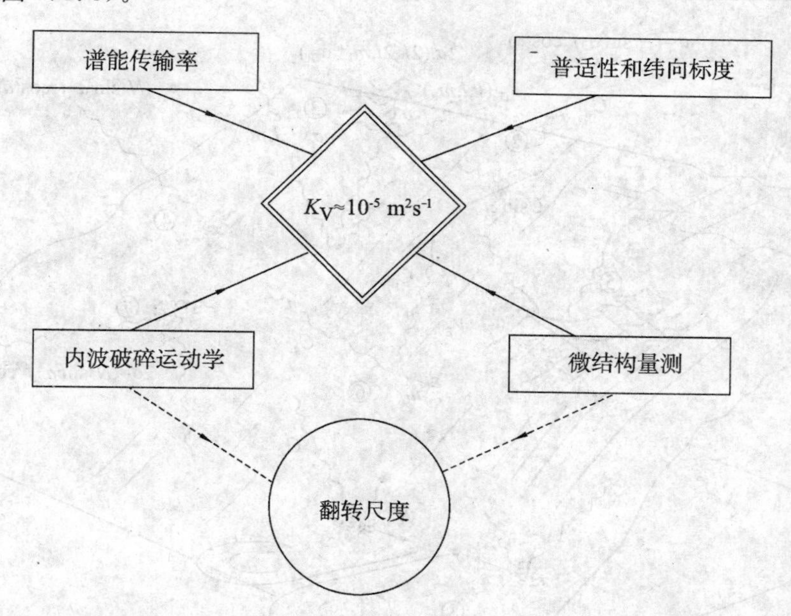

图 7.1.3　得出穿过等密度面的扩散系数 $10^{-5}\ m^2s^{-1}$ 的综合研究图解(Garrett,1991)

人们从大洋盆中的质量和热量收支推论出要维持大洋盆中的层结状态所需的扩散系数为 $10^{-4}\ m^2s^{-1}$。它比内波引起的穿过等密度面混合的扩散系数大一个量级,亦即在大洋内部产生混合的内波远不足以提供维持大洋层化所需的混合。这一能量供需矛盾使人们对原来预期内波在海洋能量转换中所处的地位受到质疑。为了解决这一问题,人们将目光转向 Thorpe(1975)未曾预计到的内波在边界混合过程中的作用。

研究表明,海洋边界混合与海洋内波密切相关。内波将足够高的能量通量辐射到地形上,根据 GM 谱估计出此通量约为 $20 \cdot 10^6\ Wm^{-2}$。只要有这一量值的 5%,即 $1\times10^6\ Wm^{-2}$转化为混合就能维持大洋内部 $10^{-4}\ m^2s^{-1}$的穿过等密度面的扩散。内波独特的性质确实具有这种转化功能。当内波传到变化的底地形时,发生反射,对于粗糙海底则发生散射。在一定的条件下,发射波的波数趋于无限大而群速趋于零,波被陷在发射面附近,使这一局部区域能量积聚,剪切增强并超过极限状态,则内波破碎,发生混合。混合后的海水流经变化的底地形时可能发生流动分离,使混合海水从边界附近“甩”到海洋内部。与此同时,层化海水取而代之补充到边界附近。这一过程反复发生,达到维持大洋层化所需的扩散系数要求。Thorpe(1999)用图解形式给出了内波在倾斜底地形附近发生的各种物理过程(图 7.1.4)。

以上所述仅是边界混合和内波散射在其中所起作用的简单模型,实际情况要复杂得多,至今还未能对一给定底地形估计出入射内波场引起的边界混合的量值。内波与底地形的相互作用问题仍是一个受人关注的重要研究领域。

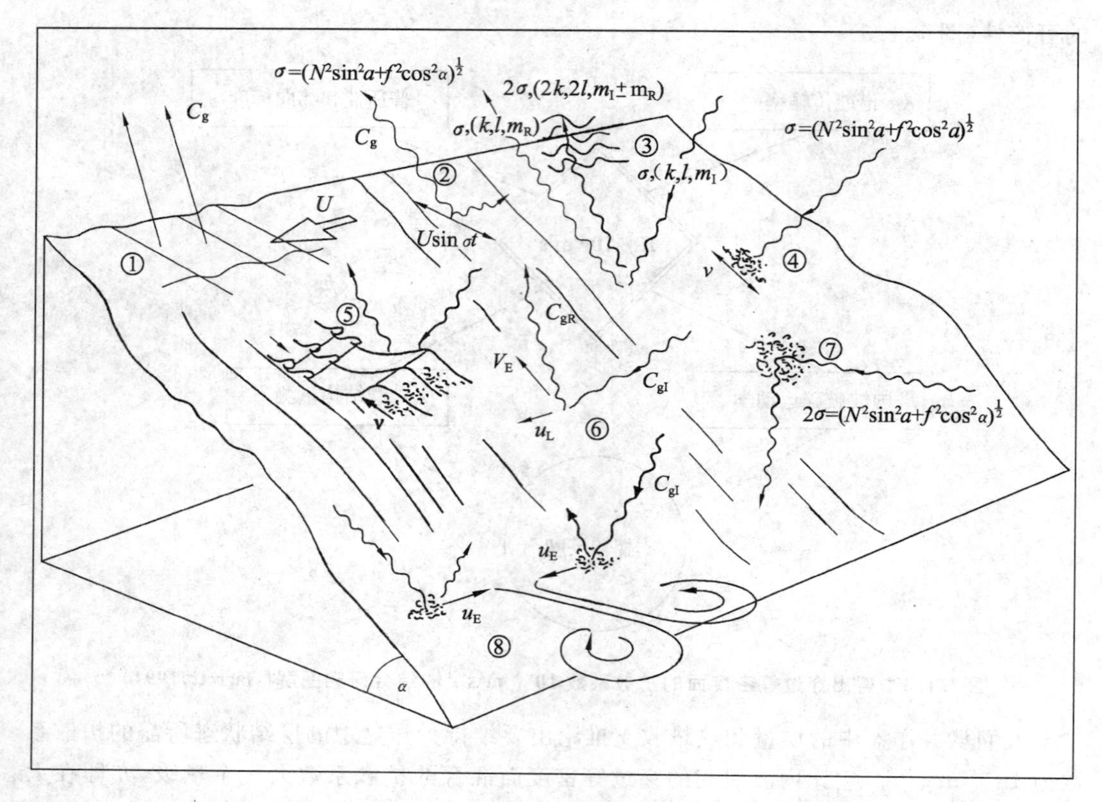

图 7.1.4　内波在倾斜底边界附近发生的各种物理过程(Thorpe,1999)

① 越过底地形的流动产生山后波;② 振荡流,尤其是潮周期流,产生内波;③ 入射波和反射波之间的共振相互作用;④ 当入射波的频率接近或等于临界频率时,内波发生破碎;⑤反射波变陡并形成锋;⑥ 形成沿斜面向上的欧拉流 V_E 和沿斜面水平方向的拉格朗日流 u_L;⑦ 当第 1 谐波接近临界频率时,亚临界波反射,发生混合;⑧ 内波在边界处破碎,损失能量产生的欧拉流 u_E。

§7.2　内波的弱非线性相互作用

7.2.1　波-波相互作用的基础知识

人们已熟知,当表面波的振幅增大到相当程度后小振幅假设不再成立,有限振幅非线性因素增强,最后导致波的不稳定和破碎,这个过程称为强非线性相互作用,类似的过程在内波运动过程中也存在。例如,Thorpe(1966)就研究了这一问题,在实验室水槽中揭示出内波在斜面上由深处向浅处传播时发生非线性演变直至破碎的过程,但它仅发生在非常局限的范围内。更常见的是弱非线性相互作用过程:波基本上是线性的,但在传播过程中不断地受到一些非线性因素的影响。这种影响使波发生非常缓慢,但又是不可忽略的变化。经过相当长的传播时间和距离之后,波与原来的特性有非常大的差别,甚至面目全非。在这方面已有大量的理论和实验室实验研究,诸如,Phillips(1975)论述了波-波相互作用在能量传输中的作用；McEwan 和 Robinson(1975)通过理论分析和实验室实验提出了参数亚谐波不稳定性；McComas 和 Bretherton(1977)确认了三类波-波共振相互作用机制；McComas 和 Muller(1981)用传输率的近似解析表达式揭示出共振三波组合(triad)的特性。然而，要在真实海洋中验证这种相互作用理论是极困难的，至今未见令人满意的证据，而且理论本身也存在不足。这里仅对它的最基础的知识作一简介，进一步工作可参阅 Muller 等(1986)，Hirst(1991)，Kunze 和 Sun 等(1999)的研究成果。

线性假设下的波动方程一般形式为

$$\mathrm{L}(u)=0 \tag{7.2.1}$$

L 表示线性算符，它包括对时间与空间的微商，其具体形式取决于所考虑的波动类型。例如，对具有 N 为常量之层化流体中的内波，流体质点运动速度的垂向分量满足

$$\frac{\partial}{\partial t^2}(\nabla^2 w)+N^2\ \nabla_h^2 w=0 \tag{7.2.2}$$

其解的形式为

$$w=a\exp[\mathrm{i}(\boldsymbol{K}\cdot\boldsymbol{x}\pm\omega t)] \tag{7.2.3}$$

$\boldsymbol{K}$，ω 又须满足一定的弥散关系式，如

$$m^2=k^2\ \frac{N^2-\omega^2}{\omega^2-f^2} \tag{7.2.4}$$

为了使公式简洁，本节中波数标识字母有别于其他章节，特此说明：记波数向量为 $\boldsymbol{K}$，水平波数为 k，垂向波数为 m。

若存在弱非线性相互作用，(7.2.1)应修正为

$$\mathrm{L}(u)=\varepsilon\mathrm{N}(u) \tag{7.2.5}$$

N 表示某种非线性算符，其具体形式取决于所研究的波之类型。ε 可以选为表示运动振幅的小参数。方程(7.2.5)之解可用展成 ε 的幂级数之逐次近似法求得：一阶近似为线性解，将线性解代入(7.2.5)之右侧构成一新的方程，它为线性非齐次方程。求解此方程得二阶近似结果。再将此结果代入方程左边，构成另一线性非齐次方程，并求解之……如此逐次逼近，可得所需精度的解，这样处理的优点在于，问题虽是非线性的，但每次处理都采用线性方程，因而大大减小了数学困难。

一般情况下，(7.2.5)之右侧项对解只产生很小的影响，但当右侧项之频率和波数与左侧项之频率和波数满足一定的关系(即共振条件)时，情况就不同了，这时波就很快地成长起来。

设有三列相互作用的波列

$$w_j=a_j\exp\{\mathrm{i}(\boldsymbol{K}_j\cdot\boldsymbol{x}-\omega_j t)\},\ j=1,2,3 \tag{7.2.6}$$

它们都是(7.2.1)的解，而且 $\boldsymbol{K}_j$，ω_j 分别满足一定的频散关系式，则 $w_1+w_2+w_3$ 亦为(7.2.1)的解，将它代入(7.2.5)之右方，求二阶近似解，则右方将会出现含有

$$\exp\{\mathrm{i}[\boldsymbol{K}_j\pm\boldsymbol{K}_l)\cdot\boldsymbol{x}]-(\omega_j\pm\omega_l)t\},\quad j=1,2,3,\quad l=1,2,3$$

例如，含

$$\exp\{\mathrm{i}[(\boldsymbol{K}_1\pm\boldsymbol{K}_2)\cdot\boldsymbol{x}]-(\omega_1\pm\omega_2)t\} \tag{7.2.7}$$

之项，它们在(7.2.5)中对基本线性系统起着小振幅强迫函数的作用，提供波数为$(\boldsymbol{K}_1\pm\boldsymbol{K}_2)$，频率为$(\omega_1\pm\omega_2)$之激励。在线性系统中，这种激励的影响是微弱的，但若第 3

列波($\boldsymbol{K}_3,\omega_3$)(它的初始能量可以为零!)之波数 $\boldsymbol{K}_3$,频率 ω_3 分别接近于($\boldsymbol{K}_1 \pm \boldsymbol{K}_2$)和($\omega_1 \pm \omega_2$),则这第 3 列波将从第 1,2 列波中吸取能量而成长起来,若 $E_3(t=0)=0$,则在开始时它将线性地增长,随着 E_3 的增大,E_1 或 E_2,或 E_1 和 E_2 相应地减小,直至 0 为止,而后第 3 列波又将能量释出,"还给"第 1,2 列波,如此反复循环不止(在无耗散的假设下),所以**共振条件**是

波列 $$\boldsymbol{K}_1 \pm \boldsymbol{K}_2 = \boldsymbol{K}_3 \tag{7.2.8}$$

$$\omega_1 \pm \omega_2 = \omega_3 \tag{7.2.9}$$

波列($\boldsymbol{K}_1,\omega_1$)、($\boldsymbol{K}_2,\omega_2$)和($\boldsymbol{K}_3,\omega_3$)称为**共振三波组合**(resonant triad)。

为得到实值解,将(7.2.6)写成

$$w_j = a_j(\varepsilon t)\exp[\mathrm{i}(\boldsymbol{K}_j \cdot \boldsymbol{x} - \omega_j t)] + a_j^*(\varepsilon t)\exp[-\mathrm{i}(\boldsymbol{K}_j \cdot \boldsymbol{x} - \omega_j t)] \tag{7.2.10}$$

并且

$$w = \sum_{j=1}^{3}\{a_j(\varepsilon t)\exp[\mathrm{i}(\boldsymbol{K}_j \cdot \boldsymbol{x} - \omega_j t)] + a_j^*(\varepsilon t)\exp[-\mathrm{i}(\boldsymbol{K}_j \cdot \boldsymbol{x} - \omega_i t)]\} \tag{7.2.11}$$

为式(7.2.1)之解,将式(7.2.11)代入式(7.2.5)。在其左方,线性算子的时间微商将产生 $\dot{a}_j$,$\ddot{a}_j$ 等。如前所述,右方的二阶项有含($\boldsymbol{K}_j \pm \boldsymbol{K}_l$),($\omega_j \pm \omega_l$)之项,若满足共振条件,左方含$\boldsymbol{K}_3$,$\omega_3$ 之项与右方含($\boldsymbol{K}_1 \pm \boldsymbol{K}_2$)和($\omega_1 \pm \omega_2$)之项具有相同的时空变化,作数学处理后可得

$$\begin{cases} \mathrm{i}\,\dot{a}_1 = c_1 a_2^* a_3^* \\ \mathrm{i}\,\dot{a}_2 = c_2 a_3^* a_1^* \\ \mathrm{i}\,\dot{a}_3 = c_3 a_1^* a_2^* \end{cases} \tag{7.2.12}$$

称式(7.2.12)为**共振三波组合相互作用方程**,$c_j(j=1,2,3)$为波类型和波数的函数,它的计算极其繁杂,包含很多复杂代数运算,在此不作详细介绍。

式(7.2.12)有 2 个独立积分,由式(7.2.12)的前 2 个方程可得

$$\frac{\dot{a}_1 a_1^*}{c_1} = -\mathrm{i}a_1^* a_2^* a_3^* = \frac{\dot{a}_2 a_2^*}{c_2}$$

由于$-\mathrm{i}\dot{a}_1^* = c_1 a_2 a_3$,$-\mathrm{i}\dot{a}_2^* = c_2 a_1 a_3$

前式可改写成

$$\frac{\mathrm{d}}{\mathrm{d}t}\left(\frac{a_1 a_1^*}{c_1} - \frac{a_2 a_2^*}{c_2}\right) = 0 \tag{7.2.13}$$

同样由方程组(7.2.12)的第 2,3 式可得

$$\frac{\dot{a}_2 a_2^*}{c_2} = -\mathrm{i}a_1^* a_2^* a_3^* = \frac{\dot{a}_3 a_3^*}{c_3}$$

从而可得

$$\frac{\mathrm{d}}{\mathrm{d}t}\left(\frac{a_2 a_2^*}{c_2} - \frac{a_3 a_3^*}{c_3}\right) = 0 \tag{7.2.14}$$

由式(7.2.13),(7.2.14)可得

$$\frac{a_1 a_1^* - A_1^2(0)}{c_1} = \frac{a_2 a_2^* - A_2^2(0)}{c_2} = \frac{a_3 a_3^* - A_3^2(0)}{c_3} \tag{7.2.15}$$

式中,$A_1^2(0)$,$A_2^2(0)$,$A_3^2(0)$分别表示 $a_1 a_1^*$,$a_2 a_2^*$,$a_3 a_3^*$ 的初值。式(7.2.15)可看成是用

来描述相互作用的三列波之间能量的分配。$a_j a_j^*$ $(j=1,2,3)$正比于波动能量密度。相互作用系数 c_j $(j=1,2,3)$正比于频率，至少有 1 个系数 c_j(如 c_1)为负值，即从另两列波吸取能量，三列波之总能量不变，而各列波的能量随时间变化，如图 7.2.1 所示。

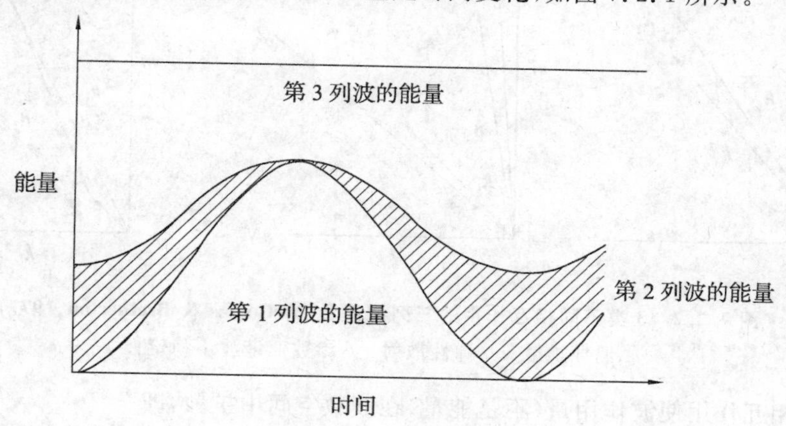

图 7.2.1　三列发生相互作用的内波之间能量的相互传递(Phillips,1975)

7.2.2　共振相互作用对内波能量谱的影响

GM 谱模型给出了普适的谱形，它是建立在线性假设的基础上的。但观测表明，内波是非线性的，然而所得到的观测谱却与 GM 模型符合良好，如何解释这一矛盾呢？

人们认为由于内波存在非线性相互作用，使不同频率和不同波数之各波分量之间发生能量交换。从而统计地达到一种动态平衡，形成统一的谱形，因而非线性相互作用被视为是构成普适谱模型的物理机制。

有三类不同的相互作用三波列组合对 GM 谱的不同时空尺度间之能量转移起重要作用，每一类组合的三分量具有它们自己特定的频率-波数关系，这些组合之重要特性是各分量的频率或波数的量值有很大差别。

为方便计，引入“波作用量”(wave action)的概念，其定义为

$$A=\frac{E}{\omega} \tag{7.2.16}$$

式中，E 为波能。

诱导扩散(induced diffusion)　第 1 类组合称为“诱导扩散”，它由一大尺度即小波数低频波(如第 2 列波)和另两列近于相同的较大波数、较高频率(因而尺度比第 2 列波小得多)的波(第 1,3 列波)构成，第 2 列波之波数几乎呈铅垂方向，而第 1,3 列波之波数与垂向交角较大，如图 7.2.2a。通过这类组合，波作用量谱在 $\boldsymbol{K}_3$ 附近的区域可能与相隔较远的低频大尺度区域的作用量相互作用，由于大部分能量和更大部分作用量落在低频区，在 $\boldsymbol{K}_3$ 处的波作用量转移会受这类作用所支配。

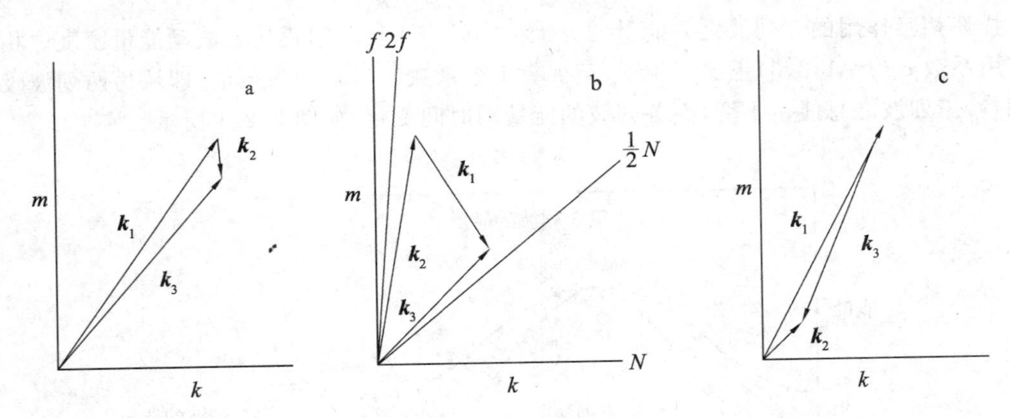

图 7.2.2　3 类不同相互作用的三列波组合(McComas & Bretherton,1977)

a 诱导扩散　b 弹性散射　c 参数亚谐波不稳定性

这种相互作用使波作用量(不是能量)在波数空间中扩散,即

$$\begin{aligned}\frac{\partial}{\partial t}A(\boldsymbol{K}_3)=&\frac{\partial}{\partial k_{31}}\left[a_{11}(\boldsymbol{K}_3)\frac{\partial A(\boldsymbol{K}_3)}{\partial k_{31}}+a_{12}(\boldsymbol{K}_3)\frac{\partial A(\boldsymbol{K}_3)}{\partial k_{32}}+a_{13}(\boldsymbol{K}_3)\frac{\partial A(\boldsymbol{K}_3)}{\partial m_3}\right]\\&+\frac{\partial}{\partial k_{32}}\left[a_{21}(\boldsymbol{K}_3)\frac{\partial A(\boldsymbol{K}_3)}{\partial k_{31}}+a_{22}(\boldsymbol{K}_3)\frac{\partial A(\boldsymbol{K}_3)}{\partial k_{32}}+a_{23}(\boldsymbol{K}_3)\frac{\partial A(\boldsymbol{K}_3)}{\partial m_3}\right]\\&+\frac{\partial}{\partial m_3}\left[a_{31}(\boldsymbol{K}_3)\frac{\partial A(\boldsymbol{K}_3)}{\partial k_{31}}+a_{32}(\boldsymbol{K}_3)\frac{\partial A(\boldsymbol{K}_3)}{\partial k_{32}}+a_{33}(\boldsymbol{K}_3)\frac{\partial A(\boldsymbol{K}_3)}{\partial m_3}\right]\end{aligned}\tag{7.2.17}$$

扩散系数 $a_{11},a_{12},\cdots,a_{33}$ 构成一张量,它为独立变量 $\boldsymbol{K}_3$ 的函数,由上式看出,波作用量在波数空间的梯度越大,引起作用量的扩散率也越大。

扩散过程的重要性质是扩散量的守恒,这样在谱的高波数区,作用量守恒,若扩散通量是向高频方向,那么这区域的能量增加,即增加的能量由大尺度低频区提供。

这类相互作用过程可用另一种说法来解释,一束波在一时空尺度比它大得多的随机波场中传播。在传播过程中经受着波数的随机扰动,逐渐地“忘记”了它的原始波数,均方差随时间增长,从而使与之相关的作用量在波数空间发生扩散,作用量守恒而能量却不守恒。在大尺度随机波场中一定有满足共振相互作用条件的波分量供给能量来支持(即诱导)这一扩散,这就是“诱导扩散”一词中“诱导”的来历。

总之,诱导扩散相互作用对波谱中较小尺度、较高频率的区段起作用。方式是作用量在垂向波数上的扩散,因为 $\boldsymbol{K}_1$ 与 $\boldsymbol{K}_3$ 之水平分量相差极小,而垂向分量相差较大,作用量在 $\boldsymbol{K}_1$ 和 $\boldsymbol{K}_3$ 之间的交换就相当于在垂向波数上的扩散。

弹性散射(elastic scattering)　第 2 类组合称之为“弹性散射”。两列波(如第 1,3 列波)的水平波数几乎相同,频率也几乎相等,但它们的垂向波数虽量值近于相等,符号却相反,即一为上传波,另一为下传波,而第 2 列波的频率很低。水平波数几乎为零,垂向波数 $m_2=2m_1=2m_3$(图 7.2.2b)。

与第 1 类组合不同,这类组合各分量间波数量值差别不大,但有一特殊关系——双倍垂向波数及很大的频率差别,ω_1 与 ω_3 比 ω_2 大得多,其能量变化率为

$$\frac{\partial E_1}{\partial t}=-\omega_1 R,\quad \frac{\partial E_2}{\partial t}=-\omega_2 R,\quad \frac{\partial E_3}{\partial t}=-\omega_3 R$$

式中,R 为与式(7.2.12)引入的相互作用系数(c_1,c_2,c_3)有关的量,因而有

$$-\frac{1}{\omega_1}\frac{\partial E_1}{\partial t}=-\frac{1}{\omega_2}\frac{\partial E_2}{\partial t}=-\frac{1}{\omega_3}\frac{\partial E_3}{\partial t} \tag{7.2.18}$$

由于 ω_2 比 ω_1 及 ω_3 小得多,因而,相互作用过程中的能量变化率也如此,即$\partial E_2/\partial t$ 比 $\partial E_1/\partial t$ 及$\partial E_3/\partial t$ 小得多。能量交换主要的发生在第 1 列与第 3 列波之间,即上传波与下传波之间,结果使波场在较高频率区段变得能量垂向对称。

第 2 列波之水平波数几乎为零,因而它可视为具有垂向波状分布的剪切流,这剪切流使高频谱段具有垂向对称性。它是一种减小垂向不对称性的积极过程,而非仅仅是对已经在谱中存在的垂向对称性的消极反射作用,“弹性散射”一名由此而得。

参数亚谐波不稳定性(parametric subharmonic instability)　第 3 类组合称为“参数亚谐波不稳定性”。第 1 列波和第 3 列波之波数几乎相反,但频率近于相等,第 2 列波之波数比第 1,3 列波之波数小得多而频率约为第 1,3 列波的 2 倍,故这类组合中之波的波数差别大而频率差别小(图 7.2.2c)。

由式(7.2.12),若与第 1,3 列波之振幅相比,第 2 列波之振幅很大(因第 1,3 列波为小尺度,第 2 列波为大尺度),则与 $\dot{a}_1$ 和 $\dot{a}_3$ 相比,$\dot{a}_2$ 就很小,可近似地视为 a_2 为常量。在这种情况下,经计算可得

$$a_1,a_3\sim\exp(DE_2 t) \tag{7.2.19}$$

式中,D 为与共振相互作用系数 c_1,c_2,c_3 有关的量。由式(7.2.19)得 a_1,a_3 随时间指数地增长,而且 E_2 越大,它们增长越快。

这类相互作用是“系统参数亚谐波不稳定性”的一个例子。在这类系统中用来确定自然频率的参数随时间变化。对内波问题而言,即为由大尺度波动(第 2 列波)引起等密度面的运动,从而改变了各点的浮频率,该浮频率变化之频率为 ω_2。

a_1 与 a_3 的增长即意味着 E_1 与 E_3 的增大,其来源自然是 E_2,所以这一过程将能量从大尺度波转移到小尺度波。

前面已述及,GM 谱的有限区段中能量的迁移主要地由上述三类相互作用三波组合中的一类来控制,在这些有限区段之间,分类就不清了,在能量迁移中没有哪一类组合占支配地位。

§7.3　内波的生成机制

在§7.1 中已指出,人们已发现很多内波的生成源,Thorpe(1975)对它有一综合性的论述,其后的研究是在此基础上的深入和发展。

7.3.1　大气的强迫作用

内波可能在海面由大气通过与移行的压强场、浮力通量和风应力的共振耦合形成。

具有波数向量 $\boldsymbol{k}$ 和频率 ω 的大气扰动将产生同样水平波数向量和频率的内波，其模态数（或垂向波数）校正成满足共振条件和表面辐射条件。研究采用随机过程理论和方法得出谱传输率(Olbers,1983)。下面介绍一个极简单的非随机的移行大气压强作用产生内波的模型(Krauss,1966)，使读者对此问题有一初步的了解。自然，它可能和实际海洋状况有相当大的差距。

当船缓慢地航行在浅密度跃层上时，跃层处会产生界面波，船的驱动能量被用来形成界面波，因而船本身很难前进，这就是著名的“死水现象”。人们从这一现象中得到启示：海面上缓慢移行的气压波除产生表面波外也会产生内波。

先从界面波入手，忽略地转影响时，界面波的频散关系式为

$$\omega^2=\frac{gk\Delta\rho}{\rho}\cdot\frac{\mathrm{th}(kd_1)\cdot\mathrm{th}(kd_2)}{\mathrm{th}(kd_1)+\mathrm{th}(kd_2)} \tag{7.3.1}$$

d_1 和 d_2 分别为上下层流体的厚度，它即为式(2.2.26)。由(7.3.1)得相应的界面波相速度为

$$c=\sqrt{\frac{\omega^2}{k^2}}=\sqrt{\frac{g\Delta\rho}{k\rho}\frac{\mathrm{th}(kd_1)\cdot\mathrm{th}(kd_2)}{\mathrm{th}(kd_1)+\mathrm{th}(kd_2)}} \tag{7.3.2}$$

它即为式(2.2.32)，当 $kd_1\ll1,kd_2\ll1$ 或 $kd_1\gg1,kd_2\gg1$ 时有极值。但在讨论气压场产生内波时，上述第2种情况(界面波波长远远小于海深和界面深度)是次要的，因而，在此仅讨论第1种情况(即界面波长远远大于海深)，这时波速为

$$c=\sqrt{\frac{g\Delta\rho}{2k\rho}} \tag{7.3.3}$$

脉动气压场以速度 V 移动，若 V 等于由式(7.3.3)所确定的 c 值，在界面处就会产生界面波，此界面波的相速度与气压移行速度一致，否则，不可能产生界面波。

对于连续层化流体，分析要复杂一些。设大气压强 p 可展成傅氏级数

$$p=\sum_{l=-\infty}^{\infty}\sum_{j=1}^{\infty}p_{\alpha j}\exp[\mathrm{i}(k_lx+\omega_jt)] \tag{7.3.4}$$

将由此压强引起的波动量 u_1,u_2,w 等量也展成傅氏级数，如

$$w=\sum_{l=-\infty}^{\infty}\sum_{j=1}^{\infty}W(z)\exp[\mathrm{i}(k_lx+\omega_jt)] \tag{7.3.5}$$

设海洋在水平方向是无界的，且为简单计设 $f\ll\omega\ll N$，仍与上节一样，k,m 分别表示水平和垂向波数，方程与边界条件简化为

$$W''_{lj}+m_{lj}^2W_{lj}=0 \tag{7.3.6}$$

$$W'_{lj}=\mathrm{i}\frac{k_l^2}{\rho\omega_j}p_{\alpha j}\text{，在 } z=0 \text{ 处} \tag{7.3.7}$$

$$W_{lj}=0,\quad\text{在 } z=-d \text{ 处} \tag{7.3.8}$$

式中，

$$m_{lj}^2=\frac{N^2}{\omega_j^2}k_l^2 \tag{7.3.9}$$

d 为水深。

对式(7.3.6)作 Laplace 变换，并将 W_{lj} 之拉氏变换记成 $\mathrm{L}\{W_{lj}\}$，即

$$\mathrm{L}\{W_{lj}(z)\}=\int_0^{\infty}W_{lj}(z)\mathrm{e}^{-sz}\mathrm{d}z \tag{7.3.10}$$

可从数学手册中查出

$$\mathrm{L}\{W_{lj}(z)\}=s^2\mathrm{L}\{W_{lj}(z)\}-sW_{lj}(z=0)-W'_{lj}(z=0) \tag{7.3.11}$$

于是式(7.3.6)的拉氏变换为

$$\mathrm{L}\{W''_{lj}(z)\}=\frac{s}{s^2+m_{lj}^2}W_{lj}(z=0)+\frac{1}{s^2+m_{lj}^2}W'_{lj}(z=0) \tag{7.3.12}$$

又因上式右侧第 2 项可化为

$$\begin{aligned}\frac{1}{s^2+m_{lj}^2}W'_{lj}(z=0)&=\frac{1}{s^2+m_{lj}^2}\frac{\mathrm{i}k_l^2}{\bar{\rho}\omega_j}p_{olj}\\&=\frac{m_{lj}}{s^2+m_{lj}^2}\frac{\mathrm{i}\omega_j m_{lj}}{\bar{\rho}N^2}p_{olj}\end{aligned}$$

于是，式(7.3.12)变成

$$\mathrm{L}\{W_{lj}z\}=\frac{s}{s^2+m_{lj}^2}W_{lj}(z=0)+\frac{m_{lj}}{s^2+m_{lj}^2}\frac{\mathrm{i}\omega_j m_{lj}}{\bar{\rho}N^2}p_{olj} \tag{7.3.13}$$

再作逆变换可得

$$\mathrm{L}\{W_{lj}(z)\}\to W_{lj}z,\quad \frac{s}{s^2+m_{lj}^2}\to\cos(m_{lj}z),\quad \frac{m_{lj}}{s^2+m_{lj}^2}\to\sin(m_{lj}z)$$

于是得

$$W_{lj}z=W_{lj}(z=0)\cos(m_{lj}z)+\frac{\mathrm{i}\omega_j m_{lj}p_{olj}}{\bar{\rho}N^2}\sin(m_{lj}z) \tag{7.3.14}$$

将海底条件(7.3.8)用于式(7.3.14)得

$$\begin{cases}0=W_{lj}(z=0)\cos(m_{lj}d)-\dfrac{\mathrm{i}\omega_j m_{lj}p_{olj}}{\bar{\rho}N^2}\sin(m_{lj}d)\\ W_{lj}(z=0)=\dfrac{\mathrm{i}\omega_j m_{lj}p_{olj}}{\bar{\rho}N^2}\tan(m_{lj}d)\end{cases} \tag{7.3.15}$$

将式(7.3.15)代回到式(7.3.14)就得到

$$W_{lj}(z)=\frac{\mathrm{i}\omega_j m_{lj}p_{olj}}{\bar{\rho}N^2}[\sin(m_{lj}z)+\tan(m_{lj}d)\cos(m_{lj}z)] \tag{7.3.16}$$

此结果同时满足海面和海底边界条件，但若上式右侧第 2 项不为零，W 的极大值出现在表面处，而内波的振幅极大值必须落在表面以下的某处，于是应使第 2 项为零，由此得频散关系为

$$m_{lj}d=n\pi,\qquad n=1,2,\cdots$$

即　　$k_l=\dfrac{n\pi}{Nd}\omega_j,\qquad n=1,2,\cdots$

n 为模态数。

因而 lj 波分量的波速为

$$c_{lj}=\frac{N\mathrm{d}}{n\pi},\qquad n=1,2,\cdots \tag{7.3.17}$$

当气压移行速度等于依式(7.3.17)所确定的波速时,能激发起内波的 lj 分量

$$W_{lj}z=\frac{\mathrm{i}}{\bar{\rho}N^2}\omega_j m_{lj}p_{olj}\sin(m_{lj}z)$$

$$=\frac{\mathrm{i}}{\bar{\rho}N}k_j p_{olj}\sin\left(\frac{n\pi}{d}z\right) \tag{7.3.18}$$

例如,气压分量振幅为

$$p_{olj}=20\ \mathrm{mb}=2\times10^4\ \mathrm{gcm^{-1}s^{-2}}$$

气压场水平波数分量为

$$k_l=10^{-6}\ \mathrm{cm^{-1}}$$

相应的波长约为 60 km。

移行速度满足式(7.3.17),再设 $N=10^{-2}\ \mathrm{s^{-1}}$,$\bar{\rho}=1.03\ \mathrm{gcm^{-3}}$

于是,有

$$W_{lj}\equiv\frac{k_l\cdot p_{olj}}{\bar{\rho}N}\approx2\ \mathrm{cms^{-1}}$$

再取 $n=1$,$d=1\ 000$ m 得

$$\omega_j=\frac{10^{-3}}{n\pi}=\frac{10^{-3}}{\pi}\mathrm{s^{-1}}$$

相应的周期约为 100 分钟。

最大垂向位移之量阶约为

$$O(Z_{olj})=O(W_{olj}/\omega_j)=10\ \mathrm{m}$$

若上述模式合理,则气压产生的内波是不容忽视的。

$$\boldsymbol{k}_a\cdot\boldsymbol{k}=k^2$$

即 $\boldsymbol{k}_a$ 在 $\boldsymbol{k}$ 方向的投影应等于 k,而且应有

$$\omega_a=\omega$$

因而气压移行速度在内波相速度方向的分量应等于此内波之相速度,于是,内波就不断地从气压波吸取能量。

在上层深为 d,下层深为∞的两层模型海洋中,若气压移行速度与界面波相速度满足前述关系,则此界面波振幅的平均增长率为

$$\dot{A}=\frac{1}{2}\frac{p_0}{\bar{\rho}}\left(\frac{\Delta\rho}{\bar{\rho}gd}\right)^{1/2}\left[kd\,\mathrm{sh}(kd)\exp(3kd)\right]^{1/2}$$

当 $k=(9d)^{-1}$时,$\dot{A}$ 有最大值。若取

$$d=100\ \mathrm{m},\ \frac{\Delta\rho}{\bar{\rho}}=10^{-3},\ k=\frac{1}{900\ \mathrm{m}},\ \frac{p_0}{\bar{\rho}}=10^3\ \mathrm{cm^2s^{-2}}$$

得到成长率为

$$\dot{A}=1.3\times10^{-3}\ \mathrm{cms^{-1}}\approx1\ \mathrm{md^{-1}}$$

对于海深为 d 的常浮频率海洋,第 n 模态内波成长率为

$$\dot{A}=\frac{p_0}{\rho_0}\frac{n\pi k^2d^2N^2}{g(n^2\pi^2+k^2d^2)^{3/2}(k^2d^2N^2+f^2n^2)^{1/2}}$$

由于假设条件与实际情况有差距，此模型仅是原理性的。这一课题的研究无论从理论、实验室实验或野外观测都在逐步深入。

7.3.2　表面波与内波之间的弱非线性共振相互作用

这是一个广为讨论的内波生成机制。最早，人们认为内波的波数和频率与表面波（风浪和涌）的波数和频率相差极大，它们之间不大可能发生能量的相互转换。Ball(1964)（见 Olbers，1983）最早提出表面波和内波之间的能量转换机制。继之，有不少学者进入这一研究领域。早期的工作可参阅 Phillips(1977) 的著作。这里仅作极其简单的叙述。

设两列表面波的波数分别为 $\boldsymbol{K}_1$，$\boldsymbol{K}_2$，频率分别为 ω_1，ω_2，内波的波数与频率记为 $\boldsymbol{K}_3$ 和 ω_3。它们间发生共振相互作用的条件为

$$\begin{cases}\boldsymbol{K}_1=\boldsymbol{K}_2+\boldsymbol{K}_3\\ \omega_1=\omega_2+\omega_3\end{cases}\tag{7.3.19}$$

由于内波的波数和频率皆比表面波波数和频率小得多，所以它们也应满足如下的关系式

$$\begin{cases}\boldsymbol{K}_3=\boldsymbol{K}_1-\boldsymbol{K}_2=\delta\boldsymbol{K}\\ \omega_3=\omega_1-\omega_2=\delta\omega\end{cases}\tag{7.3.20}$$

$\delta\boldsymbol{K}$ 与 $\delta\omega$ 皆为小量。

要使 $\delta\boldsymbol{K}$ 为小量，$\boldsymbol{K}_1$，$\boldsymbol{K}_2$ 必须方向与量值都极相近，于是可得 $\delta\boldsymbol{K}$，亦即 $\boldsymbol{K}_3$，几乎与 $\boldsymbol{K}_1$，$\boldsymbol{K}_2$ 垂直。将式(7.3.20)的下式除以上式，得

$$\omega_3/\boldsymbol{K}_3=\delta\omega/\delta\boldsymbol{K}\tag{7.3.21}$$

上式左端为内波的相速度，右端为表面波的群速度，所以，表面波与内波发生共振相互作用的条件是内波的相速等于表面波的群速。这时就可能发生内波与表面波之间的能量转换，但能量是由表面波传给内波还是由内波传给表面波要视具体情况而定。人们直观地认为表面波不断地从风应力获得能量，更可能出现的情况是表面波向内波输送能量。然而这种直观认识并非总是正确的，进一步的研究必须采用随机波场理论。

随机表面波场与内波场共振相互作用问题的处理是相当复杂烦难的，已有一些学者做了大量工作。他们建立不同的模型，采用不同的方法，得出不同的结果。Watson 等(1976)采用“锁相”近似，以少数几个内波模态进行了数值计算，得出显著过高的能量转化率估计。Olbers 和 Herterich(1979)的理论局限于“自然生成”(spontaneous creation)机制，得到的结论是能量转换率不显著。Dysthe 和 Das(1981)采用“调制机制”(modulation mechanism)并假设表面波为锥形波束，他们得到的结论是：实际风浪场和内波场之间没有显著的能量转换。显然这些不同的结论源自不同的模型和假设条件。Watson(1990，1991)采用北太平洋约 25 个测点的季节平均浮频率剖面及风速平均剖面，计算了能量转换率，得出的能量转换率与风速的关系在图 7.3.1 中给出。从图中可以看出：在夏季当风速小于 17 $\mathrm{ms^{-1}}$ 时，转换率为负值，表示能量由内波传给表面波；只有当风速大于 17 $\mathrm{ms^{-1}}$ 时，风浪才向内波输送能量。冬季的转换率比夏季小 1 个量阶。实际海洋中，季节平均风速大于 17

ms^{-1}（大约相当于蒲氏风级 8 级，相应浪高约为 5 m）的情况是很少见的，因而 Watson 认为表面波和内波相互作用与其说是内波的生成机制不如说是内波的耗散机制更恰当。

新近，Jamali 等(2004)从另一角度进行了表面波与内波相互作用的理论和实验室实验研究，——长波长的长峰表面波激发出短波长的三维内波（界面波），图 7.3.2 为此实验的照片。

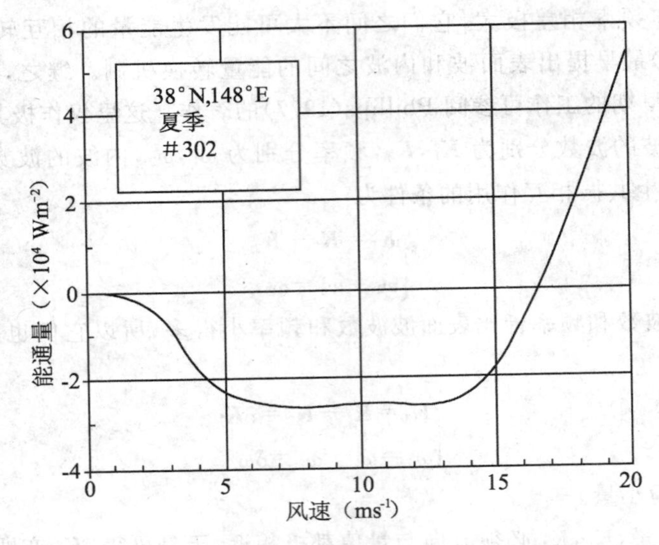

图 7.3.1　风浪与内波之间能量转换率与风速的关系（Watson，1991）

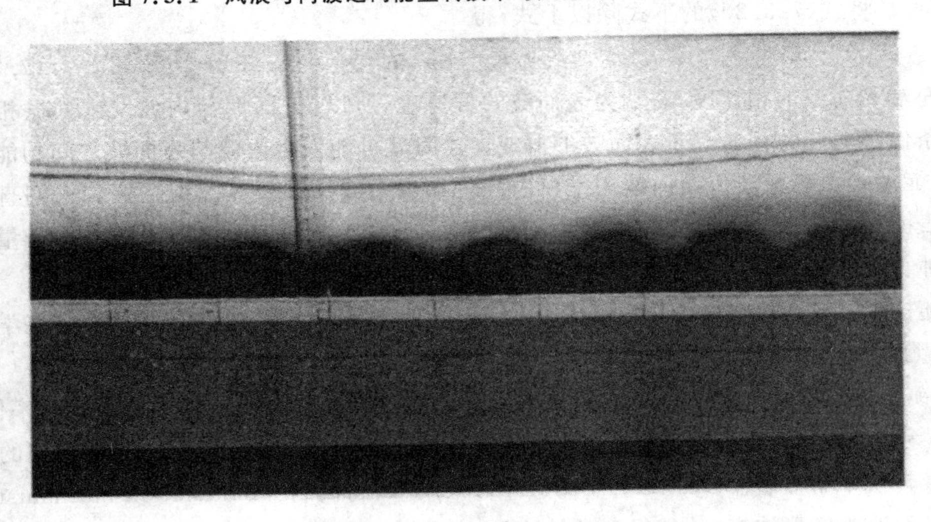

图 7.3.2　由长峰表面波激发出三维短内波（Jamali *et al*，2004）

7.3.3　其他生成机制

正压潮流流经变化的海底地形时会形成内潮，海流流经变化底地形时会产生山后波(lee wave)，它们都已在第 3 章中论及。

§7.4　海洋细结构及其对海洋内波的影响

7.4.1　海洋细结构的基本概念

尺度划分　如前所述，早年的海洋观测由于垂向测点间的间隔较大（如标准层），所得物理量（温、盐、密度及流速、流向等）的垂向剖面人为地画成光滑曲线。实际上在高分辨率快速取样的电子仪器获得的海洋调查资料中，各种物理量的垂向剖面充满着不同尺度的脉动变化。Munk(1981)根据不同的垂向尺度将海洋过程划分成以下3类：① 粗结构（gross structure），垂向尺度大于100 m；② 细结构（fine structure），垂向尺度介于1～100 m；③ 微结构（microstructure），垂向尺度小于1 m。

至今尚未见到关于细结构的严格定义。开始人们只是根据Munk的上述划分泛泛地将那些垂向尺度介于1～100 m的海洋现象称为细结构现象，而且有些文献将细结构与微结构笼统地称为微结构。此后，Gregg(1987)从物理机制出发，把尺度远大于耗散尺度而小于温跃层e折厚度的脉动归属于细结构。这样就将诸如跃层这样的垂向结构保留在粗结构范畴，这是很合理的。将耗散排除在外又使问题简化。在实际工作中人们根据不同的研究海区或目的对此尺度的上下限有不同的取值，例如，Eriksen(1978)和Kunze等(1990)则将细结构垂向尺度局限于1～10 m。方欣华等(1994)结合季节性跃层的厚度尺度，采用1～20 m作为研究季节性跃层处和浅海海域中细结构特性的尺度范围。

对于细结构的水平尺度和时间尺度的研究远不及垂向尺度。地转系统下，地转调整过程的结果使细结构的垂向尺度与水平尺度之比呈f/N（鲍献文、方欣华，1994）。Федоров(1972)根据观测资料得出此值为10^{-4}～10^{-2}，所以，细结构在水平方向能延伸几百米至几千米。Eriksen(1978)和Munk(1981)认为细结构的时间尺度可与内波的周期相比拟。一方面，其最短周期可小于浮周期（浮频率倒数）；另一方面，有的细结构可以在数日内不发生显著变化。所以细结构的时空尺度如同内波那样，有较宽的分布范围，而且与内波的时空尺度有重叠。

在细结构资料分析中需分离细结构成分和粗尺度成分，其原理和方法已在§5.4中有所论述。

统计分布　在调查资料中发现存在垂向细小尺度的脉动是在20世纪40年代。但第一个根据海洋观测提出细结构概念的学者是Woods(1968)。他在地中海马耳他附近海域的季节性跃层中投放染料，发现染料在不同的水层中在水平方向迁移的距离远近不等。由此，他得出，不同水层水质点具有不同流速；季节性跃层是由一系列层流薄片和其间的弱湍流厚层构成的。统计而言，层流薄片具有很高的稳定性（即很大的密度垂向梯度），而弱湍流层只有中等密度垂向梯度，层厚数米。早期的文献中就将细结构称为“片层结构”。即海水物理量的垂向分布呈强梯度片和弱梯度层相间叠置状态。Woods的这一定性模型是其后一些学者的定量模型的基础。图7.4.1给出了两段典型的片层结构实例。图7.4.1a为Neal等(1969)（参见范植松，2002）在北冰洋观测到的阶梯状温-深剖面（相应的温度-深度剖面即呈片层结构）；图7.4.1b为Gregg等(1973)在北太平洋中部测得的温度-深度剖面。Hayes 等(1975),Joyce 和 Desaubies(1977)以片层结构为基础,推出 $\Delta T/\delta$ 的概率密度函数应服从泊松分布,其中 δ 为计算 ΔT 的垂向间隔。

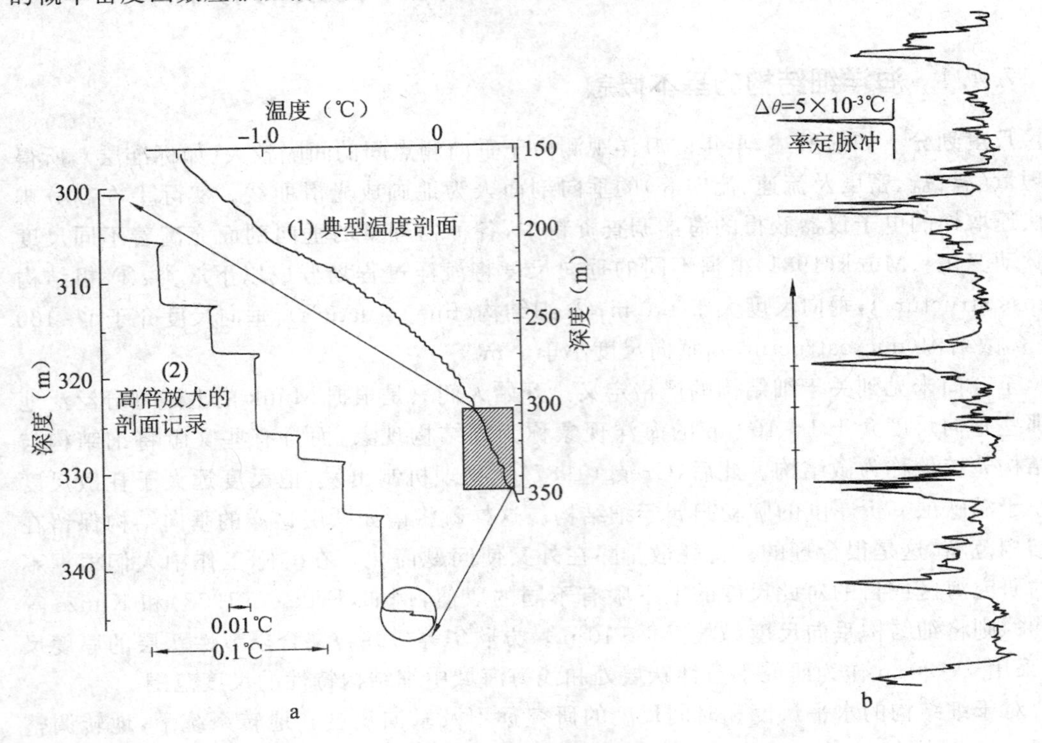

图 7.4.1 观测得的片层结构实例

a Neal 等在北冰洋测到的温-深剖面(范植松,2002)

b 北太平洋中部测得的 320～379 m 深度段的温度(Gregg *et al*,1973)

然而其后的理论分析表明(如 Desaubies & Gregg,1981),简单的片层结构模型缺乏物理机制的支持。而且大量观测表明,“片层结构”仅是细结构的一种特殊形式。Desaubies 和 Gregg(1981)假设存在片层结构,并设片厚为 L_s,δ 为取样尺度,得出当 $\delta \ll L_s$ 和 $\delta \approx L_s$ 时,$\Delta T/\delta$ 的概率密度具有完全不同的形式,如图 7.4.2a。接着,他们对实际资料做了分析,在 0.1～10 m 之间,当 $\Delta T/\delta$ 较低时,密度函数呈严重偏态,偏于低 $\Delta T/\delta$ 一侧,并在高 $\Delta T/\delta$ 段有一长尾。随着 δ 的增大,偏度和长尾都减小,分布趋于正态,如图 7.4.2b,而未出现如图 7.4.2a 所示的 2 种完全不同的概率密度函数。这一分析结果表明,虽然从一些观测资料上看,细结构呈现片层结构形式,但片层结构假设没有得到大量资料统计分析的支持。大量的细结构现象并不呈现出片层形式,它们是一种随机性极强的、不同尺度的脉动。

图 7.4.3 给出了此类的观测资料实例。其中图 7.4.3a 为一段在马尾藻海观测到的温度梯度-深度剖面(Joyce,1976),图 7.4.3b 为在北大西洋百慕大附近海域测得的一段流速东分量 u_1 和北分量 u_2 之剪切剖面(Evans,1982)。

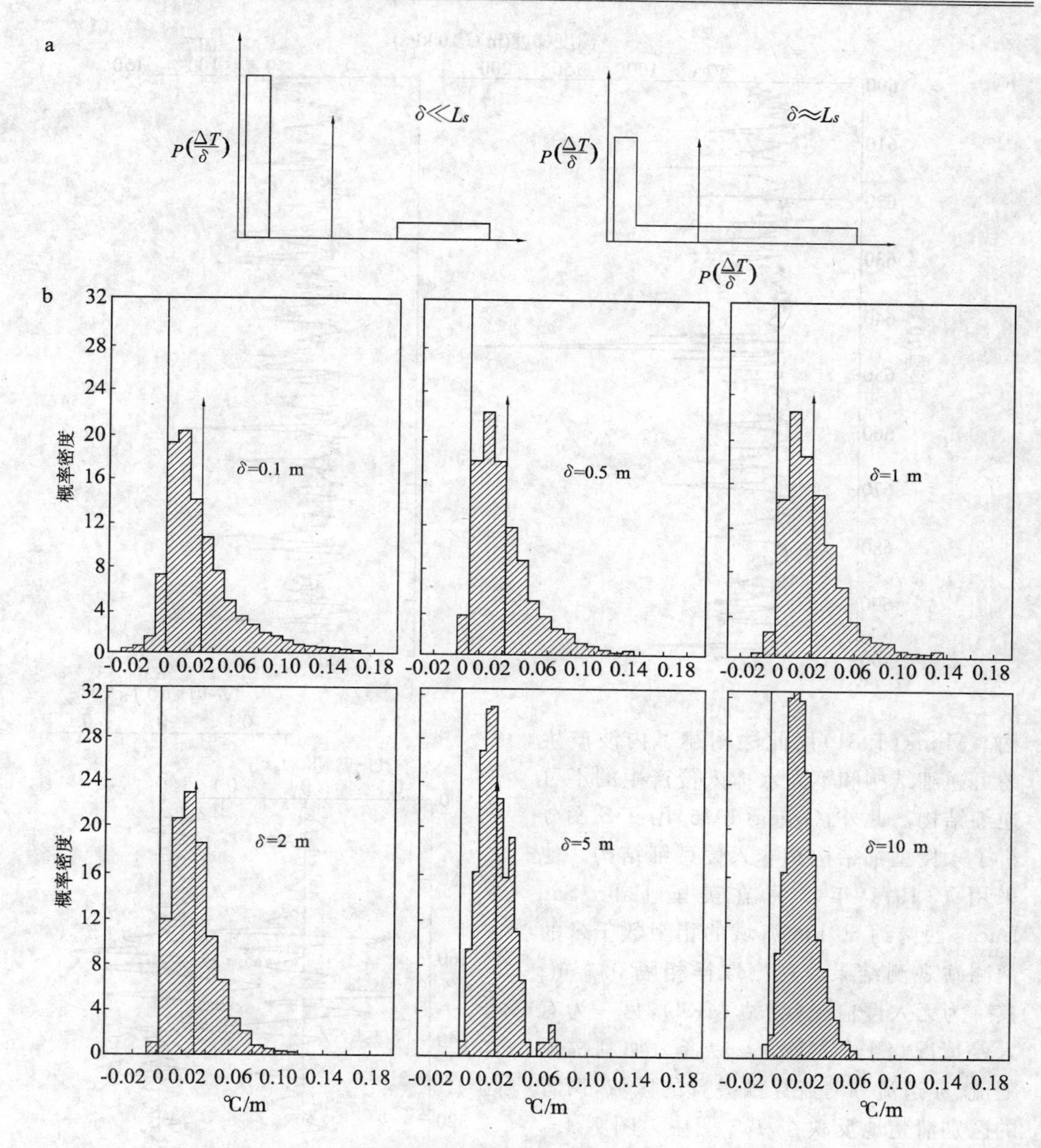

图 7.4.2　$\Delta T/\delta$ 的概率密度函数(Desaubies & Gregg,1981)

a 以片层结构假设为基础导出的 $\Delta T/\delta$ 的概率密度函数;

b δ 在 0.1～10 m 之间变化时,$\Delta T/\delta$ 的概率密度函数

生成机制　Dausaubies 和 Gregg(1981)提出海洋细结构可分为两大类,即可逆细结构和不可逆细结构。可逆细结构由内波引起的等温面间隔的增大和缩小所致,它随着内波的消失而消失。不可逆细结构由偶然出现的不充分混合事件产生或由不同水体入侵产生。它不会因生成机制的消失而消失。

在§5.2中论述了用对确定温、盐、密度值对应的深度随时间变化的曲线作综合分析的方法分辨引起水体脉动的因素,从细结构角度看,即为分辨出可逆细结构和不可逆细结

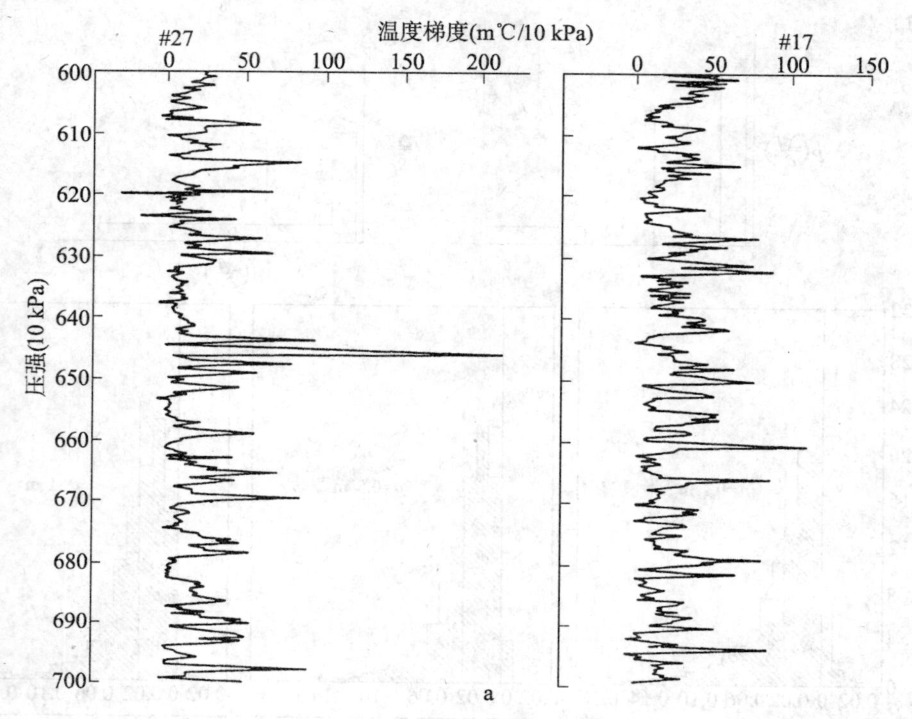

构。Munk(1981)用此法阐述了内波产生的可逆细结构和不同水体入侵产生的不可逆细结构。此外,Gregg(1975)用 *T-S* 图分析了入侵型细结构和非入侵型细结构。他采用了 1971 年 3 月在美国 Cabo San Lucas 西南约 60 km 海域的相距数千米的两测站观测结果。观测取样相隔 0.3 m。其一为无入侵情况(测站 MR6),另一为有入侵情况(测站 MR7)。后者为加利福尼亚流、赤道流和湾流穿插叠置的区域,两者的区别清楚地反映在 *T-S* 图中。图 7.4.4 是 Munk(1981)根据 Gregg(1975)的结果重新绘制的。其左侧为无入侵过程的情况,它的 *T-S* 图线(左下)呈现单调变化,而右侧所示 *T-S* 图线(右下)存在很多弯曲和一连串的环形及交叉显示出入侵情况。由这一实例可看出,*T-S* 图是分析细结构成因的另一有效工具。

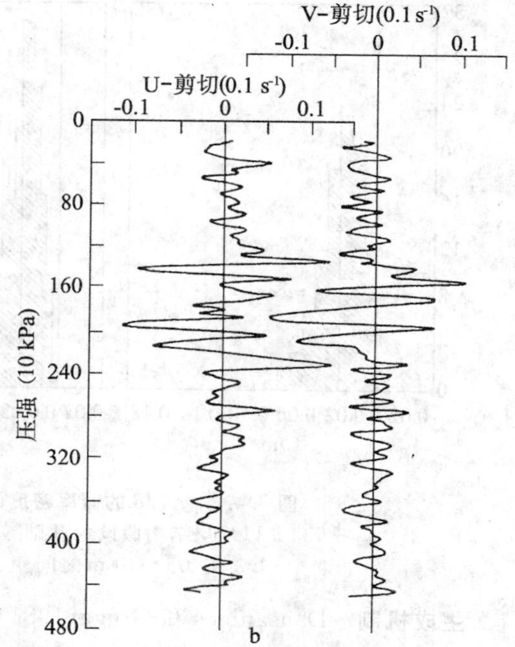

图 7.4.3　非片层形式的细结构观测资料实例

a 马尾藻海的温度梯度-深度剖面(Joyce,1976);
b 百幕大附近海域的剪切流-深度剖面(Evans,1982)

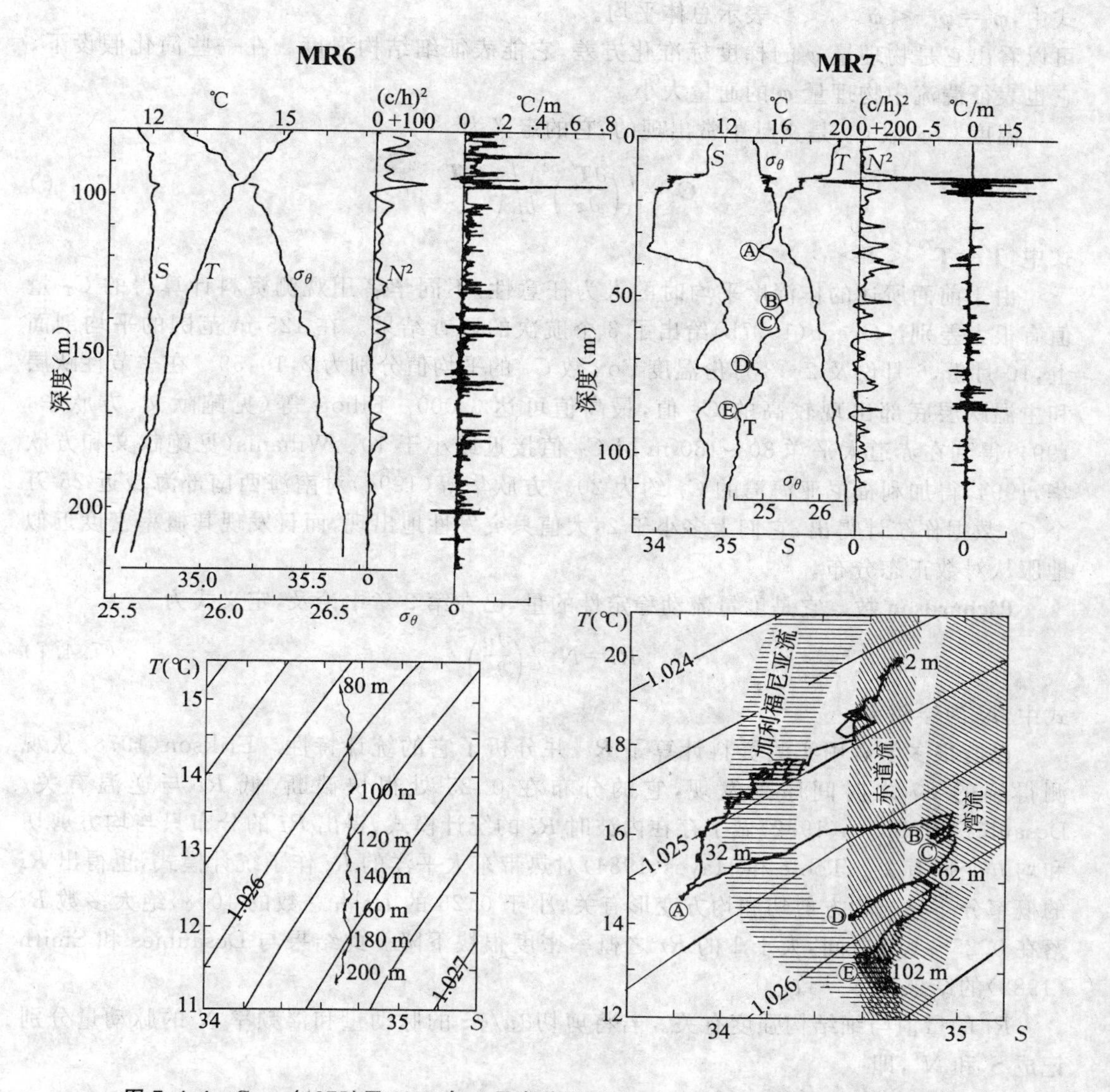

图 7.4.4　Gregg(1975)于 1971 年 3 月在美国 Cabo San Lucas 西南约 60 km 海域的相距数千米的两测站的观测结果(Munk,1981)

左侧为无入侵情况(测站 MR6);右侧为有入侵情况(测站 MR7)

上图为 $T,S,\sigma_\theta,N^2,\dfrac{\mathrm{d}T}{\mathrm{d}z}$随深度的分布,下图为 T-S 图

与海洋内波的研究方法相似,细结构研究中所采用的重要数学工具是随机过程及时间序列分析。即将细结构问题抽象成一个随机过程问题,用现成的随机过程方法处理细结构观测资料。

细结构研究中常采用 Cox 数和 Richardson 数等无量纲量来描述细结构特性。

Cox 数　定义式为

$$C_{\varphi}=\left\langle\left(\frac{\partial \boldsymbol{\varphi}'}{\partial z}\right)^{2}\right\rangle \Big/ \left(\frac{\partial\langle\boldsymbol{\varphi}\rangle}{\partial z}\right)^{2} \tag{7.4.5}$$

式中，$\varphi'=\varphi-\langle\varphi\rangle$，<>表示总体平均。
可以看出它是物理量 φ 的梯度标准化方差，它能表征细结构强度。在一些简化假设下，它也表征湍流中物理量 φ 的通量大小。

温度 Cox 数 C_T 是文献中常出现的，它的定义为

$$C_T=\left\langle\left(\frac{\partial T'}{\partial z}\right)^2\right\rangle\Big/\left(\frac{\partial\langle T\rangle}{\partial z}\right)^2 \tag{7.4.6}$$

式中，$T'=T-\langle T\rangle$

由于前面所述的作深度平均时的人为任意性，不同学者用观测资料计算得的 C_T 量值有很大差别。Gregg(1977b)给出了3个航次的调查结果。在125 m范围的平均剖面上，10月份，6月份及2～3月份温度 Cox 数 C_T 的平均值分别为2，10，59。在季节性跃层和主温跃层底部出现较高的 C_T 值，最高值可达3 000。Elliott 等(见鲍献文、方欣华，1994)得到在赤道太平洋30～130 m层 C_T 值接近或小于10。Wiliams(见鲍献文和方欣华，1994)得加利福尼亚海湾的 C_T 约为20。方欣华等(1994)对南海西南部海域近25万个 C_T 数据作统计得出，它们大多小于2，大值只突发性地出现，而且发现其概率密度近似地服从对数正态分布。

Richardson 数　它是度量流动稳定性的量，已在第2章中论及，定义式为

$$Ri=N^2\Big/\left(\frac{\partial u}{\partial z}\right)^2 \tag{7.4.7}$$

式中，N 为浮频率。

已有很多学者用实测资料计算了 Ri，并分析了它的统计特性。Erikson(1978)从观测得到的 Ri 之时间序列发现，它的分布在0.25处很快截断，低 Ri 与逆温有关。Desaubies 和 Smith(1982)做了存在内波时 Ri 的统计模式，得出 Ri 的分布只与均方剪切和均方变形有关。Toole 和 Hayes(1984)对热带东太平洋的 Ri 作了统计模式，也得出 Ri 的概率分布只与均方剪切和均方变形有关；小于0.25的 Ri 占总数的10%，绝大多数 Ri 落在0.25～1.0之间，大于1的 Ri 之概率密度很快下降。此结果与 Desaubies 和 Smith(1982)的结果基本一致。

Ri 的量值与细结构强度有关。若将剪切 $\partial u/\partial z$ 的脉动量和浮频率 N 的脉动量分别记成 S' 和 N'，即

$$S'=\frac{\partial u}{\partial z}-\left\langle\frac{\partial \boldsymbol{u}}{\partial z}\right\rangle \tag{7.4.8}$$

$$N'=N-\langle\boldsymbol{N}\rangle \tag{7.4.9}$$

由于存在内波时速度垂向梯度和密度垂向梯度近似地成正比，将有细结构时的 Richardson 数 Ri' 定义成

$$Ri'=Ri\frac{\langle\boldsymbol{N}\rangle^2}{N'^2} \tag{7.4.10}$$

一般地，N'^2 比 $\langle\boldsymbol{N}\rangle^2$ 大得多，因此，Ri' 比 Ri 小得多。由此得出，细结构的存在使流动稳定性降低；细结构强度越大，越易发生流动的剪切不稳定。

Ri 数的量值也随计算 $\mathrm{d}\rho/\mathrm{d}z$ 和$\partial u/\partial z$ 时 Δz 的取值而异，Δz 越小，Ri 越易出现较小值。从而可得出，变化尺度越小的流动越易发生流动不稳定现象。

当$\partial u/\partial z$ 不变时，N 值减小，Ri 值也随之减小。在逆温层和逆盐层中，一般地，密度垂向梯度较小，容易出现流动不稳定现象。在逆密层中，因重力不稳定，会发生海水翻转混合，因而逆密层不可能长时间存在。

7.5.2　细结构对内波的影响

可逆细结构本身就是海洋内波的一种表现形式，只要存在内波就存在可逆细结构；反之，随着内波的消失，可逆细结构也随之消失。不可逆细结构的存在与否与是否存在内波无直接关系，但它的存在改变了浮频率剖面，从而影响着内波的状态，使观测得到的内波资料显得复杂。在处理这种资料时需计入细结构的影响。

设测得的垂向温度剖面为 Tz，可得温度垂向梯度为$\partial T/\partial z$。若在某固定点观测到温度的时间序列 $T(t)$，当不存在水平流且无热扩散、无热源和汇时，下列关系式成立

$$\frac{\partial T}{\partial t}=-w\frac{\partial T}{\partial z} \tag{7.4.11}$$

w 为内波引起的水质点垂向速度，在有限时间间隔 Δt 内，该固定点处 T 之变化为 ΔT

$$\Delta T=-\int_{t}^{t+\Delta t} w\frac{\partial T}{\partial z}\mathrm{d}t \tag{7.4.12}$$

若将$\partial T/\partial z$ 分成两部分，一部分为时间平均量$\overline{\partial T/\partial z}$，另一部分为脉动量$(\partial T/\partial z)'$。即

$$\frac{\partial T}{\partial z}=\frac{\overline{\partial T}}{\partial z}+\left(\frac{\partial T}{\partial z}\right)' \tag{7.4.13}$$

$\overline{\partial T/\partial z}$中包含了不可逆细结构因素（因它存在时间较长），$(\partial T/\partial z)'$为内波引起的可逆细结构。于是，(7.4.12)变成

$$\Delta T=-\frac{\overline{\partial T}}{\partial z}\int_{t}^{t+\Delta t} w\mathrm{d}t-\int_{t}^{t+\Delta t} w\left(\frac{\partial T}{\partial z}\right)'\mathrm{d}t \tag{7.4.14}$$

上式第 2 项为二阶小量，忽略之。再记 Δt 内水质点垂向位移为 ζ，则

$$\zeta=\int_{t}^{t+\Delta t} w\mathrm{d}t \tag{7.4.15}$$

式(7.4.14)化简为

$$\zeta=-\frac{\Delta T}{\overline{\partial T/\partial z}} \tag{7.4.16}$$

由式(7.4.16)看出，由于$\frac{\overline{\partial T}}{\partial z}$不同，即使观测得的 ΔT 相同，反映出的内波运动幅度是不同的。若存在温度细结构，在弱梯度处的 ζ 大于强梯度处之 ζ，所以式(7.4.16)反映出细结构对内波的影响。

从谱的角度看，若 $F_T(\omega)$为在固定深度处观测得的温度变化的频率谱（例如由锚系资料取得的谱），则与式(7.4.16)对应的有

$$F_\zeta(\omega)=F_T(\omega)\Big/\left(\frac{\overline{\partial T}}{\partial z}\right)^2 \tag{7.4.17}$$

当不存在不可逆细结构时，$F_\zeta(\omega)$为真实位移谱；当存在不可逆的细结构时，式(7.4.17)

获得的就不是内波产生的真实位移谱了。这时它还包含细结构产生的影响 $F_T^{(f)}(\omega)$，即式(7.4.17)应改成

$$F_\zeta(\omega)=[F_T(\omega)-F_T^{(f)}(\omega)]/\left(\overline{\frac{\partial T}{\partial z}}\right)^2 \tag{7.4.18}$$

于是，对 $F_T^{(f)}(\omega)$之估计就是估计细结构对内波之影响的核心问题，人们习惯地将这种影响称之为细结构对内波的“污染”。

上面所述的是温度的细结构，同样地，在海洋中存在着盐度的细结构。剪切流速度的细结构等等，它们都会给内波观测量带来“污染”。已有多种关于细结构对内波观测量的污染模型。最基础性的模型（即处理方法）有 3 种：Phillips 模型（Phillips，1971），Garrett 和 Munk 模型（Garrett & Munk，1971）以及 McKean 模型（McKean，1974）。作为例子，这里仅介绍 Phillips 的模型。

Phillips 模型　设未受扰动时（即无内波存在时），（含不可逆细结构的）温度垂向剖面为 $T_m(z)$，它呈前面所述的片-层结构形式，即相间排列的强梯度片和弱梯度层，而且近似地认为在层中温度梯度为零，片的厚度为零。内波运动使此片-层结构偏离原平衡位置，但它不是刚性地上下移动，而存在片间距离（既层厚）的变化，亦即结构的畸变，Phillips 取一阶近似，忽略这种畸变，简单地将内波引起的片-层结构运动视为上下刚性移动。

设某一等温面相对平衡位置的垂向位移为 $\zeta(t)$，则 t 时刻在 z 点的水质点之平衡位置为$(z-\zeta(t))$，所以有

$$T(z,t)=T_m[z-\zeta(t)] \tag{7.4.19}$$

取一段记录，观测时间长度 p 为长而有限，记

$$\omega_0=2\pi/p \tag{7.4.20}$$

则 $T(t)$可展成傅氏级数

$$T(t)=\sum_{j=-\infty}^{\infty}C_j\exp(\mathrm{i}j\omega_0 t) \tag{7.4.21}$$

上式的逆变换为

$$C_j=\frac{1}{p}\int_{-p/2}^{p/2}T(t)\exp(-\mathrm{i}j\omega_0 t)\mathrm{d}t \tag{7.4.22}$$

对上式作分部积分，得

$$C_j=-\frac{\mathrm{i}}{2\pi j}\int_{-p/2}^{p/2}\frac{\partial T}{\partial t}\exp(-\mathrm{i}j\omega_0 t)\mathrm{d}t \tag{7.4.23}$$

将片-层结构用阶梯函数近似之，则有

$$\frac{\partial T}{\partial t}=(\Delta T)_r\delta(t-t_r) \tag{7.4.24}$$

式中，t_r 为片通过观测点的时刻，$(\Delta T)_r$ 为片之上下温度差，$\delta(t-t_r)$表示 Dirac-delta 函数，于是有

$$C_j=-\frac{\mathrm{i}}{2\pi j}\sum_r(\Delta T)_r\exp(-\mathrm{i}j\omega_0 t_r) \tag{7.4.25}$$

$$C_jC_j^*=\frac{1}{4\pi^2 j^2}\sum_r\sum_s(\Delta T)_r(\Delta T)_s\exp[-\mathrm{i}j\omega_0(t_r-t_s)] \tag{7.4.26}$$

t_r 是随机分布的，相邻的 t_r 之间有一特征时间间隔 τ_l，它是层通过观测点所历时间。设 j 足够大，使下式成立。

$$j\omega_0\tau_l=2\pi j\tau_l/p\gg 1 \tag{7.4.27}$$

再设片的出现率与片上下之温差互不相关，则(7.4.26)之总体平均只有 $r=s$ 之项不为零，即

$$\langle C_j C_j^* \rangle = \frac{1}{4\pi^2 j^2}\sum_r \langle (\Delta T)_r^2 \rangle \tag{7.4.28}$$

$$=\frac{\nu p}{4\pi^2 j^2}\langle (\Delta T)_r^2 \rangle \tag{7.4.29}$$

ν 为单位时间通过观测点之平均片数。

由上式得，傅氏系数的均方值以 j^{-2} 或说 $\omega^{-2}=(j\omega_0)^{-2}$ 的规律减小，这与内波谱特征相似，因而在区分内波引起的脉动和微结构的影响时存在困难。

在实际海洋中，片并非不连续面，而是梯度很大的层。若第 r 片之中心面通过观测点的时间为 t_r，则

$$\partial T/\partial t = \sum_r (\Delta T)_r f_r(t-t_r) \tag{7.4.30}$$

式中，$f_r(t-t_r)$ 为一连续函数，它只在 $t=t_r$ 附近的一小段时间内不为零，并且满足

$$\int f_r(t-t_r)\mathrm{d}r = 1 \tag{7.4.31}$$

再记片通过观测点所历时间为 τ_s，若下述不等式成立

$$\tau_s^{-1}\gg j\omega_0 \gg \tau_l^{-1} \tag{7.4.32}$$

则式(7.4.28)仍适用。

当记录长度 $p\to\infty$ 时，平稳随机函数的谱密度函数 $\phi(\omega)$ 由下式给出

$$\phi(\omega)\mathrm{d}\omega = \langle C_j C_j^* \rangle \tag{7.4.33}$$

将式(7.4.28)代入上式，并注意 $\mathrm{d}\omega=1$，则得

$$\phi(\omega)=\frac{\omega_0}{4\pi^2}\omega^{-2}\sum_r \langle (\Delta T)_r^2 \rangle \tag{7.4.34}$$

式中，　$\tau_s^{-1}\gg\omega\gg\tau_l^{-1}$。

若片的厚度远远小于层的厚度，存在 ω^{-2} 特性的频率范围将会相当宽，这就可能模糊了在浮频率处内波的突然截止，而使 ω^{-2} 型的谱曲线延伸到 $\omega > N$ 之范围，Garrett 和 Munk(1972,1975)及 Munk(1981)对此都有讨论。

IWEX 模型　Muller 等(1978)用逆方法和一致性检验在 McKean 模型(McKean, 1974)的基础上研究了温度细结构、流细结构和流噪声对位移观测资料污染的参数化处理。他们也假设细结构为片层结构形式，并具有统计平稳性和水平各向同性。模型中分别采用了温度细结构比 $\delta_f(\omega)$、垂向相干尺度 $a(\omega)$、流细结构比 ρ_f 以及流噪声比 η_n 等 4 个参数来描述温度细结构、流细结构及流噪声对海洋内波资料的影响(污染)。

第8章 中国海的内波

中国海内波问题属于区域海洋学范畴，具有浅海和边缘海内波的复杂性。客观地说，目前尚不具备阐述这一论题的条件，因为既缺乏系统的、分布范围广的观测资料，又缺乏关于浅海和边缘海随机内波理论。所幸的是，关于正压潮与地形相互作用产生内潮的理论模型已得到较深入的研究，而且，此海区的内波潮频段成分与其余频段的成分相比明显地占优势。加之近年来中国海的内波受到极大的关注，常有同行学者来与作者讨论这方面的问题，为此根据我们所能搜集到的资料与所掌握的理论对这一问题作一些粗浅的论述，希望有助于此课题研究的更进一步发展。

中国海是与中国陆地相邻的渤海、黄海、东海和南海的总称，陆架宽阔，地形复杂；其中的潮波主要受太平洋潮波系统和当地地形的影响；又因其纵跨温带、副热带和热带3个气候带，四季交替明显，跃层具有较强的季节性变化特征。中国海内波以潮成内波为主，伴有其他一些高频随机内波和低频惯性内波等。但因不同海域的内波，受地形、潮波和跃层变化等因素的影响，而具有各自不同的特征。

§8.1 渤、黄海的内波

渤海是一个近乎封闭型的浅海，而黄海是全部位于大陆架上的一个半封闭的浅海，两者通过渤海海峡相沟通。渤海和黄海的水文状况受大陆气候影响强烈。盐度跃层与温度跃层的变化基本一致，但与盐度跃层相比一般地温度跃层对海水密度的影响更重要。因此，海水的密度层化基本由温跃层控制。这个海区的温跃层属于浅海季节性跃层，其一年一度的变化过程可分为4个阶段：无跃期、成长期、强盛期和消衰期。一般地，每年11月至翌年3月，整个渤海和黄海大部分海区水温在铅直方向上几乎完全一致，故称为无跃期；4月份跃层出现，无跃层区退至沿岸一带，5月份，跃层区进一步扩大、强化，范围趋向稳定；6～8月份为跃层强盛期，最大强度区出现在北黄海至青岛外海；9月份，跃层进入消衰期，范围缩小，强度减弱；10～11月份，无跃层区继续扩大直至跃层消失。根据上述海区跃层的变化情况，海洋内波只能出现在存在跃层的时期，即每年的4～10月份。

8.1.1 渤、黄海地形和潮汐、潮流

地形 渤海由中央海盆、北面的辽东湾、西面的渤海湾、南面的莱洲湾和东面的渤海海峡组成。除渤海海峡因有庙岛群岛散布其中，形成深度和宽度变化较大的多个水道外，中央海盆和其他三个湾的地形变化均较平缓(图8.1.1)。渤海的平均水深仅为18 m，最深处位于老铁山水道西侧，只有83 m。

黄海，通常又以山东半岛的成山角至朝鲜半岛的长山为界将它分为南、北两部分，分

别称为南黄海和北黄海。与东海和南海相比，黄海海底地形比较平坦，其地形变化的一个最大特征是黄海槽的存在。黄海槽是自济州岛向西北经南黄海，一直伸向北黄海的狭长的海底洼地，深度一般为 60～80 m，自南向北逐渐变浅；黄海槽及其东侧朝鲜沿岸的地形变化比较剧烈，而西侧中国沿岸的地形变化则比较平缓（图 8.1.1）。黄海平均水深为 44 m，最深处位于济州岛北侧，约为 140 m。

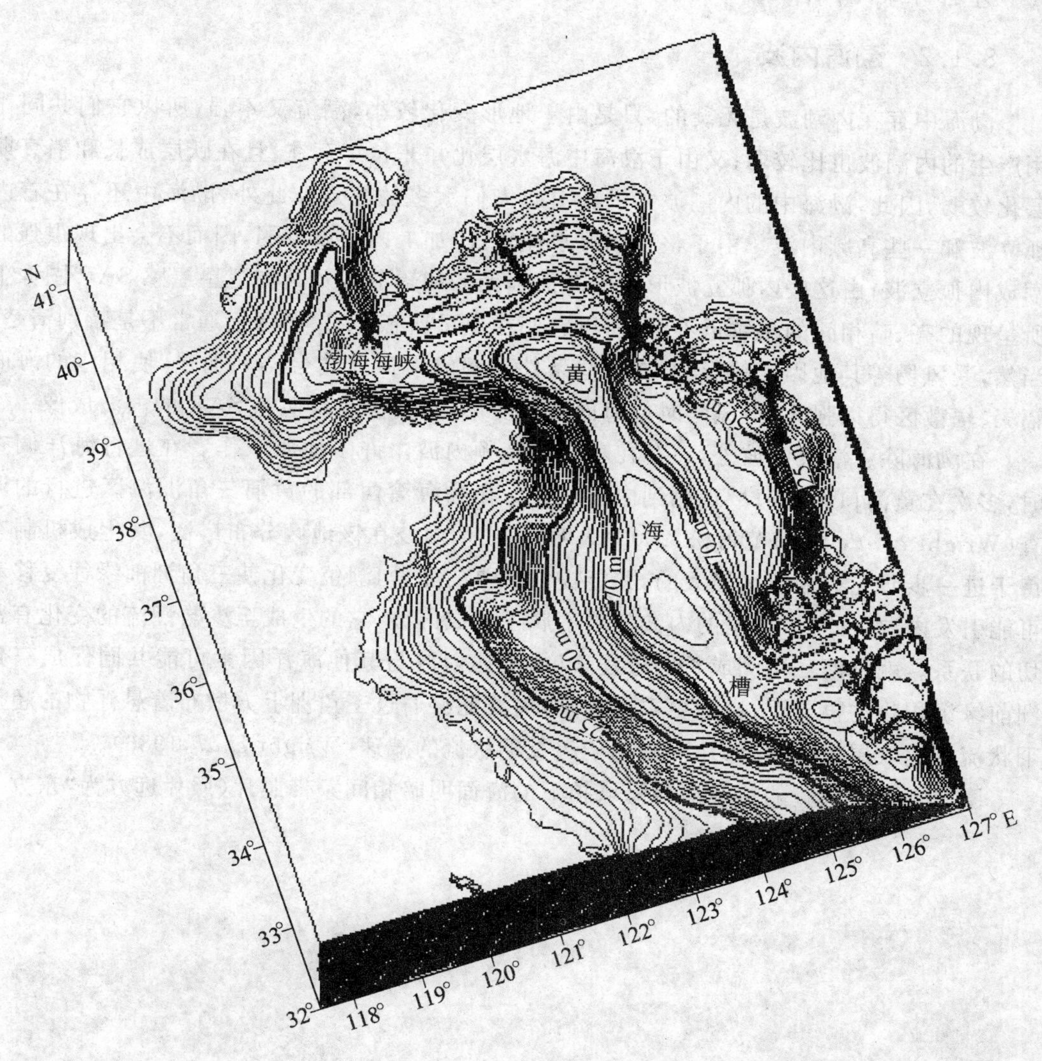

图 8.1.1　渤、黄海地形等深线

潮波和潮流　渤海的大部分海区为不正规半日潮，且潮差不大，多为 2～3 m。半日潮波分别在秦皇岛和黄河口附近海区形成无潮点，全日潮波的无潮点位于渤海海峡。渤海潮流以半日潮流为主，流速一般为 0.5～1.0 ms^{-1}，老铁山水道附近的潮流最强，可达 1.5～2.0 ms^{-1}，莱州湾则仅有 0.5 ms^{-1} 左右（冯士筰等，1999）。

黄海中大部分海区为正规半日潮，海区中部潮差小于近岸，而西岸潮差又小于东岸。

比如，朝鲜半岛西侧的潮差一般为 4～8 m，仁川附近的潮差最大可达 11 m；而中国大陆沿岸的潮差一般只有 2～4 m。黄海的潮流也以正规半日潮流为主，仅在渤海海峡以及烟台近海为不正规全日潮流，东部的潮流流速一般大于西部。比如，朝鲜半岛西岸的一些水道，曾观测到 4.8 ms^{-1}的强流；黄海西部的强流区出现在老铁山水道、成山头附近，达 1.5 ms^{-1}左右，吕泗、小洋口及斗龙港以南水域，则可达 2.5 ms^{-1}以上（冯士筰等，1999）。

8.1.2 渤海内波

渤海中存在内潮波是无疑的，只是由于地形变化较小，潮流又不强，所以它们共同作用产生的内潮波也比较弱；又由于渤海中海水层化并非长年存在，且在跃层成长和消衰期层化较弱，因此，渤海中的内潮波并没有引起人们太多的注意。此外，渤海中还存在着内孤立波和一些高频内波。由于整个渤海水深较浅，加上内潮波较弱，因而不会出现很强的潮成内孤立波；由这些内孤立波形成的海面辐聚区和辐散区及其在卫星遥感 SAR 图像上所呈现的亮、暗相间的条纹也不强，所以它们在卫星遥感 SAR 图像上通常不是特别清楚。当然，受风场等其他因素的影响，在某些条件下潮成内孤立波会得到加强，使相应的海面辐聚、辐散区得以强化，但风同时使海面状况变坏，不利于卫星遥感 SAR 的内波成像。

在渤海除了潮成内波外，还存在着其他高频内波。许多地质工作者在进行海洋调查时，多次在黄河口附近海域观测到内波现象。在渤海湾西部的黄河三角洲海区进行的调查（Wright *et al*，1986；范植松，2003）表明，短周期内波在该地区分布广泛，其生成机制有待于进一步研究。潮流是强大的，并能提供必要的能量，潮位变化使三角洲前缘往复移动可能引发内波。所以，这里的内波如果不属于潮成内波，它的生成至少与潮流的变化有密切的联系。就黄河三角洲成长的过程来说，上述内波与其他海洋因素可能共同促成三角洲前缘沉积物的再悬浮；也许更重要的是，内波能够通过三角洲上方散布着悬浮物的超重羽状流的上表层增强混合，从而有助于超重羽状流的减速（Wright *et al*，1986）。

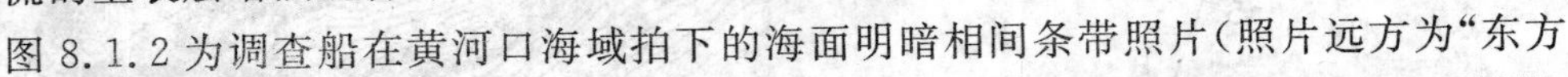

图 8.1.2 为调查船在黄河口海域拍下的海面明暗相间条带照片（照片远方为“东方

图 8.1.2 黄河口海域的海面明暗相间条带（中国海洋大学杨作升教授提供）

红号”调查船)。此海区水深不足 10 m,温、盐垂向分布均匀,似乎不可能出现内波。由于悬浮物质沿深度分布不均匀,使海水密度呈上小下大的层化状态,因此仍可能存在内波。虽无水下观测资料确证,仍可推测出,照片中呈现的明暗条带应是内波所致。

除了海峡和黄河口外,在渤海的其他地方也会有内波出现,因缺乏资料,故不能给出详细的介绍。

8.1.3 黄海内波

对黄海内波的研究,在 20 世纪 80 年代集中进行了较多的现场观测,赵俊生和耿世江等(赵俊生等,1992)在渤海海峡和黄海水域的多个站位用多层海流计、测温链做了多航次单锚系或三锚系的观测。张玉琳和方欣华等(叶建华,1990)组织实施了在黄海中部的连续站观测,观测中仅采用机械式温深剖面仪(BT)、采水器、颠倒温度计和印刷海流计等。关于这些观测的测站标号、水深、观测时间等列于表 8.1.1;测站位置与东海测站一起标在图 8.2.5 中。

图 8.1.3 为赵俊生等(1992)的部分测站的等温点之深度随时间变化的曲线(赵等称之为等温深度线或等温线),用观测资料作了谱分析,得到的各种频率谱曲线如图 8.1.4 和 8.1.5 所示。关于各测站的部分信息见表 8.1.1。

表 8.1.1 黄海内波观测站参数

站号	深度(m)	观测时间
L3	60	1985.07.02. 11:30～03. 13:25
L4(1)	60	1985.06.29. 06:15～07.02. 10:00
L5	45	1985.06.25. 18:24～29. 00:45
L6	60	1985.06.23. 12:15～25. 16:42
S1	75	1987.09.25. 10:50～10.01. 09:00
S2	55	1987.10.01. 21:40～05. 01:00
L4(2)	60	1989.09.10. 13:45～14. 18:03
L34	63	1989.09.18. 08:23～21. 12:06
B1	54	1990.10.12. 10:10～19. 15:00
B2	61	1990.10.12. 12:30～19. 16:30
B3	52	1990.10.12. 15:00～19. 12:00
L4′	53	1990.10.12. 18:20～19. 06:42
Zh	80	1985.09.22. 10:00～27. 10:00

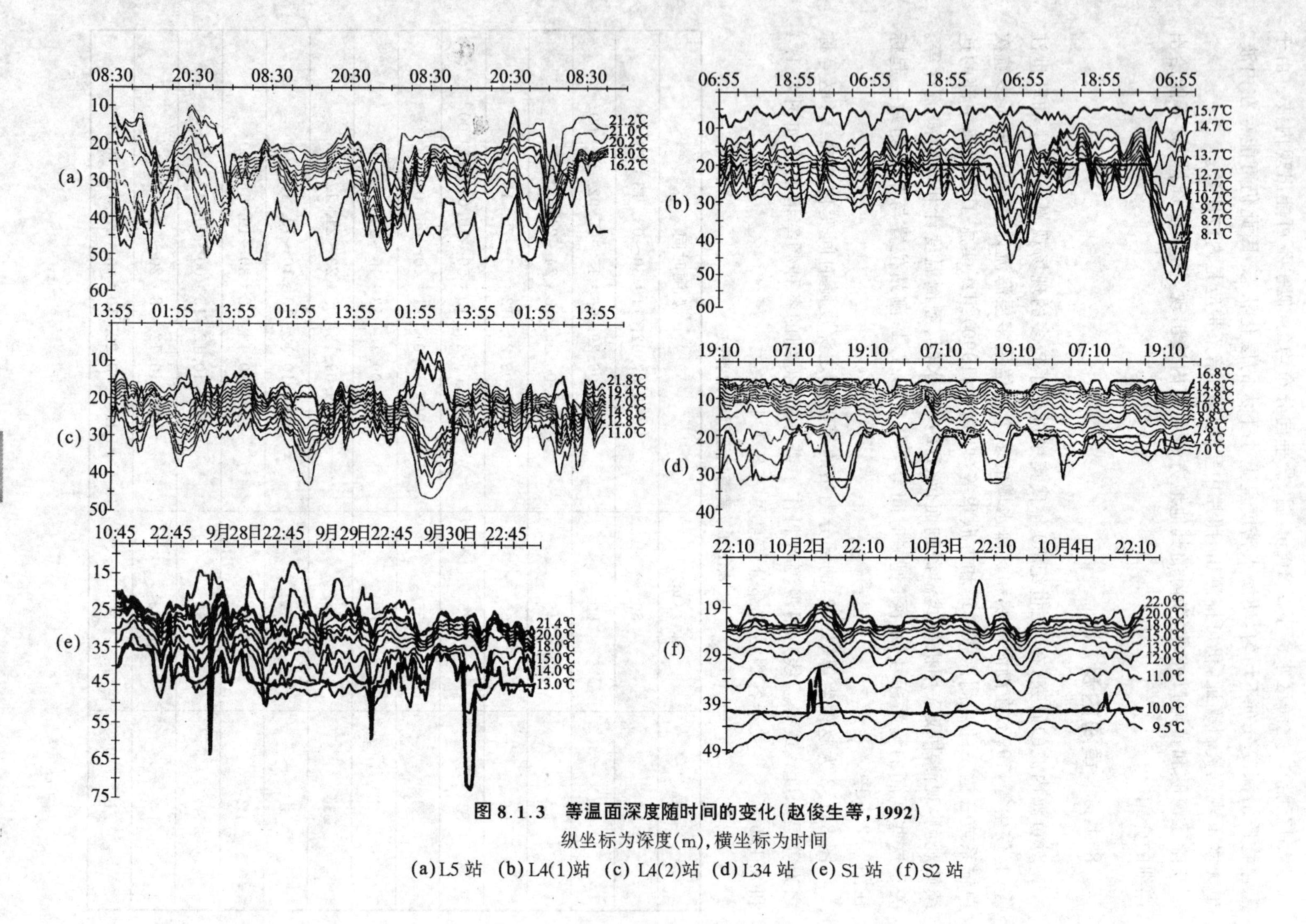

图 8.1.3 等温面深度随时间的变化(赵俊生等，1992)

纵坐标为深度(m)，横坐标为时间

(a) L5站 (b) L4(1)站 (c) L4(2)站 (d) L34站 (e) S1站 (f) S2站

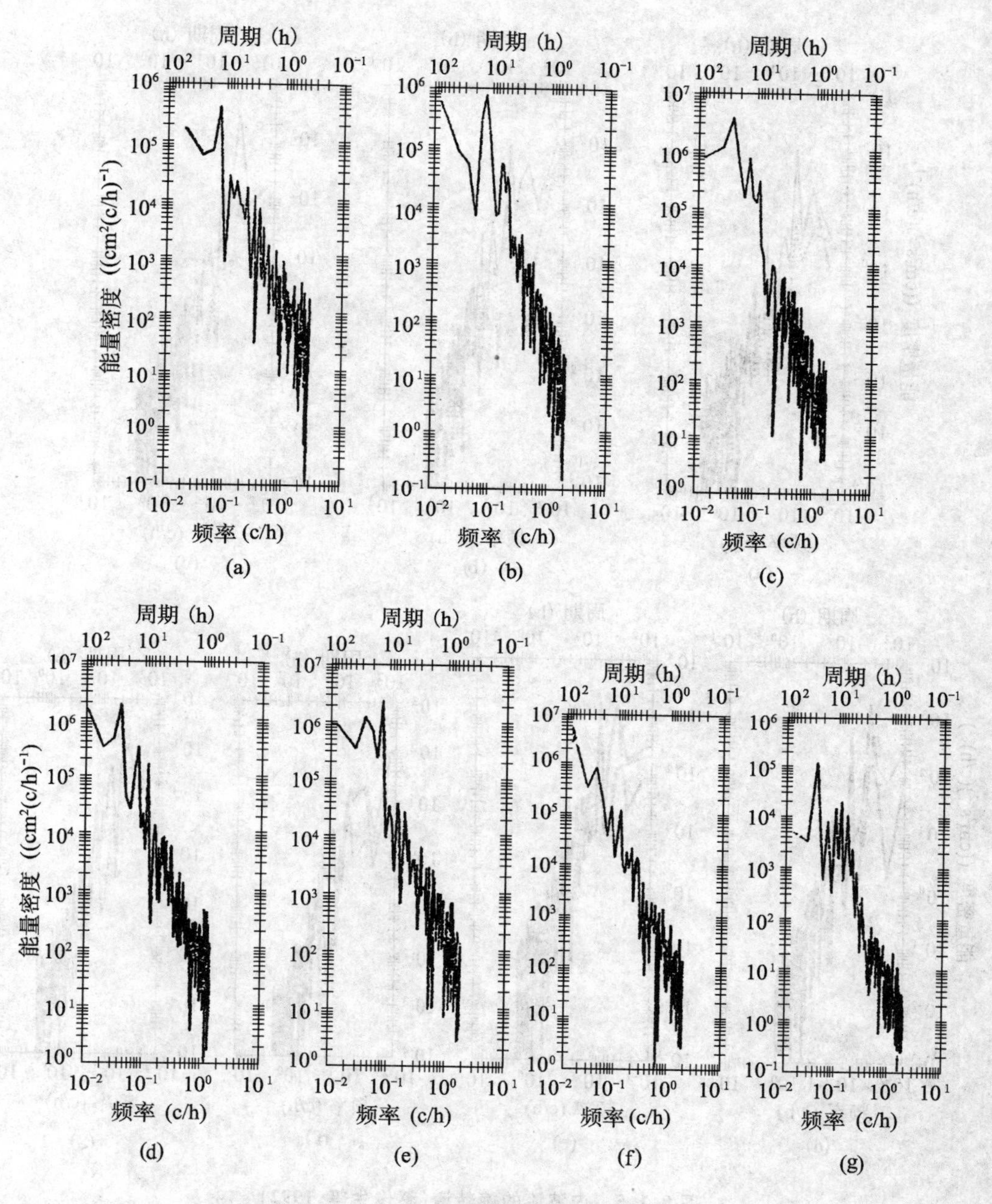

图 8.1.4　内波振幅谱(赵俊生等,1992)

(a) L6 站　(b) L5 站　(c) L4(1)站　(d) L4(2)站　(e) L34 站　(f) S1 站　(g) S2 站

赵俊生等分析他们的观测资料得出了如下结果:在黄海明显地存在潮频内波。在 L5 站,半日潮内波显著,在 L4 和 S1 站,全日潮频内波和半日潮频内波均显著。在 L4 站,1985 年 6 月与 1989 年 9 月的观测结果具有共性,即半日潮频和全日潮频谱峰均异常突出,而且全日潮频段的谱能一致地超过半日潮频段。由此可得出,在这一海域,存在较强的全日潮频内波和半日潮频内波。从振幅谱看,S1 和 S2 站的全日潮频至 1/4(或 1/5)日

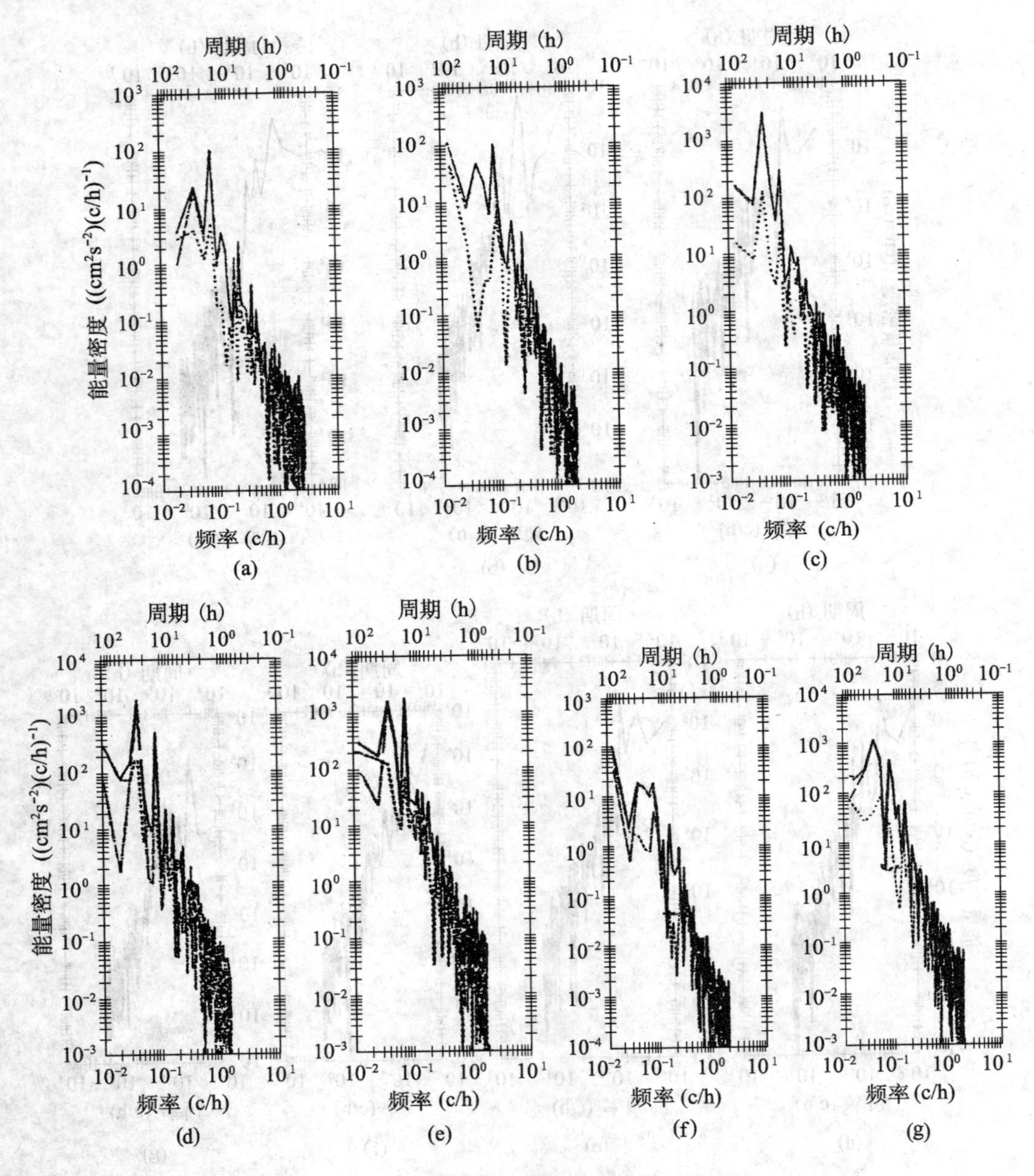

图 8.1.5　内波流的旋转谱(赵俊生等,1992)

(a) L6 站　(b) L5 站　(c) L4(1)站　(d) L4(2)站　(e) L34 站　(f) S1 站　(g) S2 站

分潮频段存在谱峰，表明在这一海域，前 4 个分潮频率的内波占主导。从内潮流旋转谱得出，所有的测站在低频段(包括潮频段)，负旋(顺时针)谱高于正旋(逆时针)谱，而且这一旋转特性与正压潮的旋转特性无关。

赵俊生等(1992)还分析了内潮波包络的传播。L4 站的内波包络呈向西南传播趋势(夏季为 225°±30°，秋季为 190°～226°)；传播速度在夏季为 65±10 cms^{-1}，在秋季为 60±10 cms^{-1}。在 L3 站，以速度 64±10 cms^{-1} 向西北方向(330°±30°)传播。位于威海东北海域的 L5 站和 L6 站，波包络以 20±5 cms^{-1} 和 25±5 cms^{-1} 的相速向偏北方向传播，波峰线与等深线基本平行。在黄海南部的测站 S1 和 S2，内潮波包络基本向偏东方向传播，传播速度约为 25～35 cms^{-1}。

赵俊生等未对谱斜率作分析说明。从谱曲线看，振幅谱的高频段频率依从关系为，一些测站(如 L4)近似地有 ω^{-2} 关系，而多数测站比 ω^{-2} 更陡，如 L5 站几乎为 $\omega^{-2.5}$。流速旋转谱则普遍比 ω^{-2} 更陡，几乎接近 $\omega^{-2.5}$。

张玉琳和方欣华等组织实施的黄海中部(124°E，36°N，在图 8.2.5 中标号 Z)内波观测得到了此海区以前未曾观测到的惯性内波(叶建华，1990)。图 8.1.6 为从 BT 记录中获得的等温面深度随时间的变化。可以看出它们的变化基本上是同相位的，这表明第 1 模态波动占绝对优势。图8.1.7为随意选取的等温线(21℃)作最大熵谱，分析得到的垂向位移频率谱。理论上说，惯性波仅是一种水平旋转流，没有垂向位移，在垂向位移频率谱中不会出现惯性峰。然而，大量的垂向位移观测谱均呈现出或高或低的惯性峰，图8.1.7也不例外。图 8.1.8 为由 BT 资料计算得的浮频率随深度的变化。它可用两层或三层模型近似。从三层海流记录中将正压分量和斜压分量分离，正压分量的旋转谱有显著的全日(24.5h)和半日(12.5h)潮谱峰(图 8.1.9a)，斜压分量谱未出现相应的谱峰，却在惯性频率处突显负旋转谱峰(图 8.1.9b)，清楚地显示在观测期间此海区存在惯性内波。叶建华还用傅氏分析方法分离出惯性频率的斜压流，相位随时间的变化几乎呈直线增长，表明流动是负旋流。用几种不同方法分析得出此惯性波向西传播，即沿纬线传播，这与惯性波理论一致。

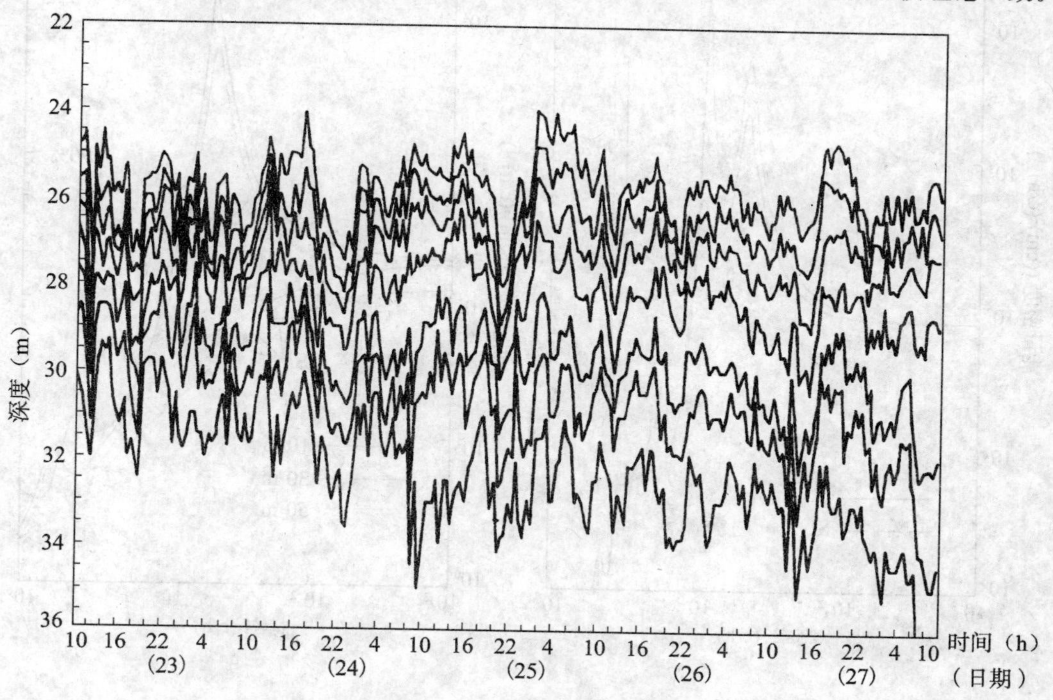

图 8.1.6　等温线深度随时间的变化(叶建华，1990)

各曲线的温度从上到下顺序为 21℃，18℃，16℃，14℃，12℃，11℃，10℃

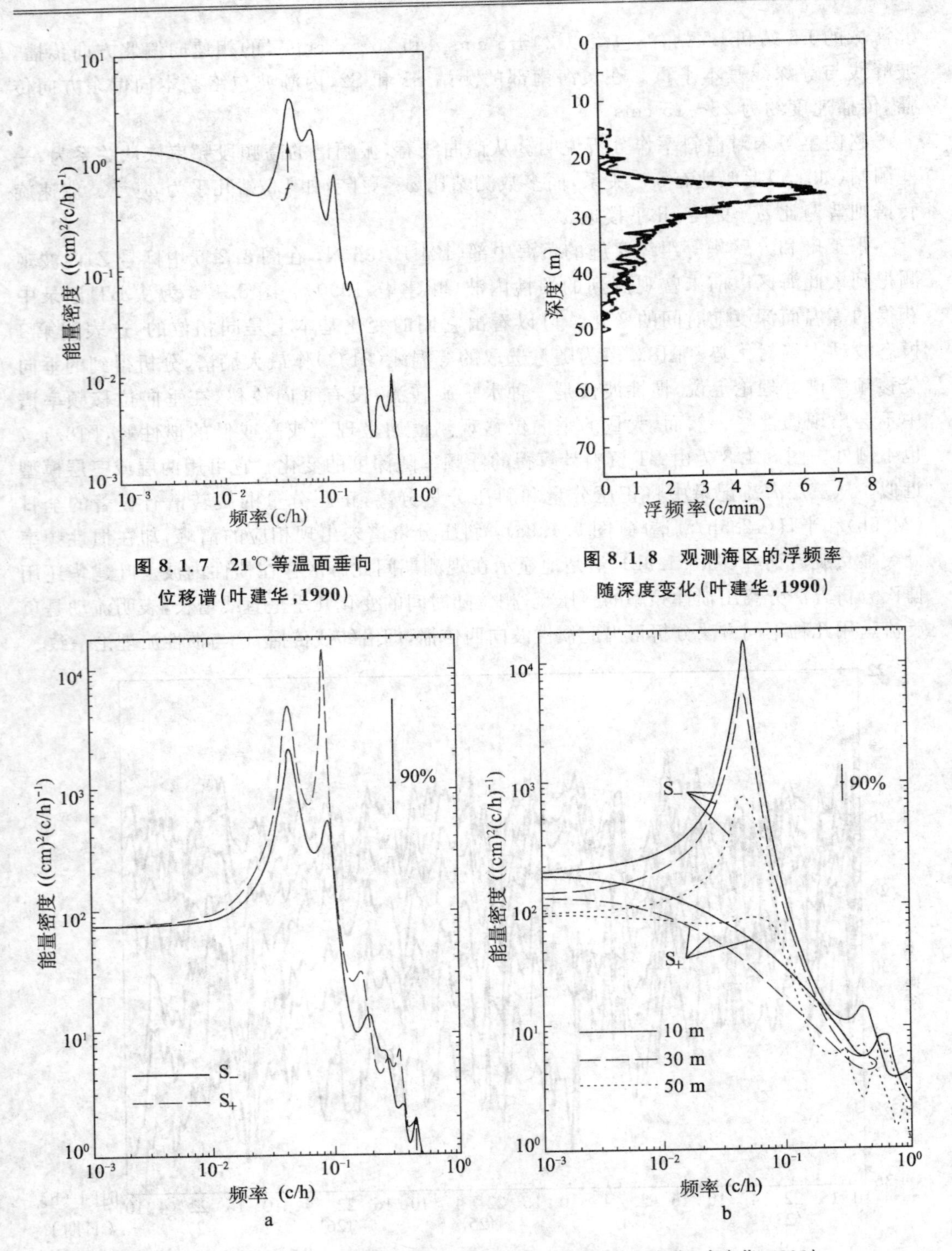

图 8.1.7　21℃等温面垂向位移谱(叶建华,1990)

图 8.1.8　观测海区的浮频率随深度变化(叶建华,1990)

图 8.1.9　正压潮流(图 a)及各层斜压流(图 b)的流速旋转谱(叶建华,1990)

S_+ 为正旋谱；　S_- 为负旋谱

郑全安等(1989)在 1987 年 5 月进行的海洋航空遥感实验中，获得了黄海西部崂山湾附近海域(36°16′～36°30′N，120°45′～121°05′E)机载侧视雷达的内波图像，发现在约 10 m 水深的近岸浅水区存在着内波；图像中的内波由 8 个波组成，波峰线与等深线平行，长度至少为 40 km，平均波长为 1.32 km，向岸传播的平均相速度为 38 cms^{-1}，由内波频率-波数关系推出的周期为 57 min。

对黄海内波的观测研究以前多集中在低频的内潮波和惯性内波上，对内孤立波的观测研究进行的很少。虽然中美联合亚洲海域浅海声学实验曾在黄海进行过观测，但具体的观测和分析结果尚不清楚。

Hsu 等(2000)利用欧洲空间局 ERS1/2 卫星遥感合成孔径雷达(SAR)图像对黄海的内孤立波进行过分析研究，给出了内孤立波的部分分布图。图中的内孤立波主要集中在北纬 34°线附近、东经 122°～126°范围内。在此基础上，本书作者根据更多的 ERS1/2 卫星遥感 SAR 图像，绘制了新的黄海内孤立波分布图(图 8.1.10，图中实线为内孤立波波峰线；虚线为等深线，单位为米)，图中增加了出现在朝鲜半岛西岸的内孤立波和中国沿岸在崂山湾、长江口北部的内孤立波。从图 8.1.10 中可以看出，黄海的内孤立波主要产生于朝

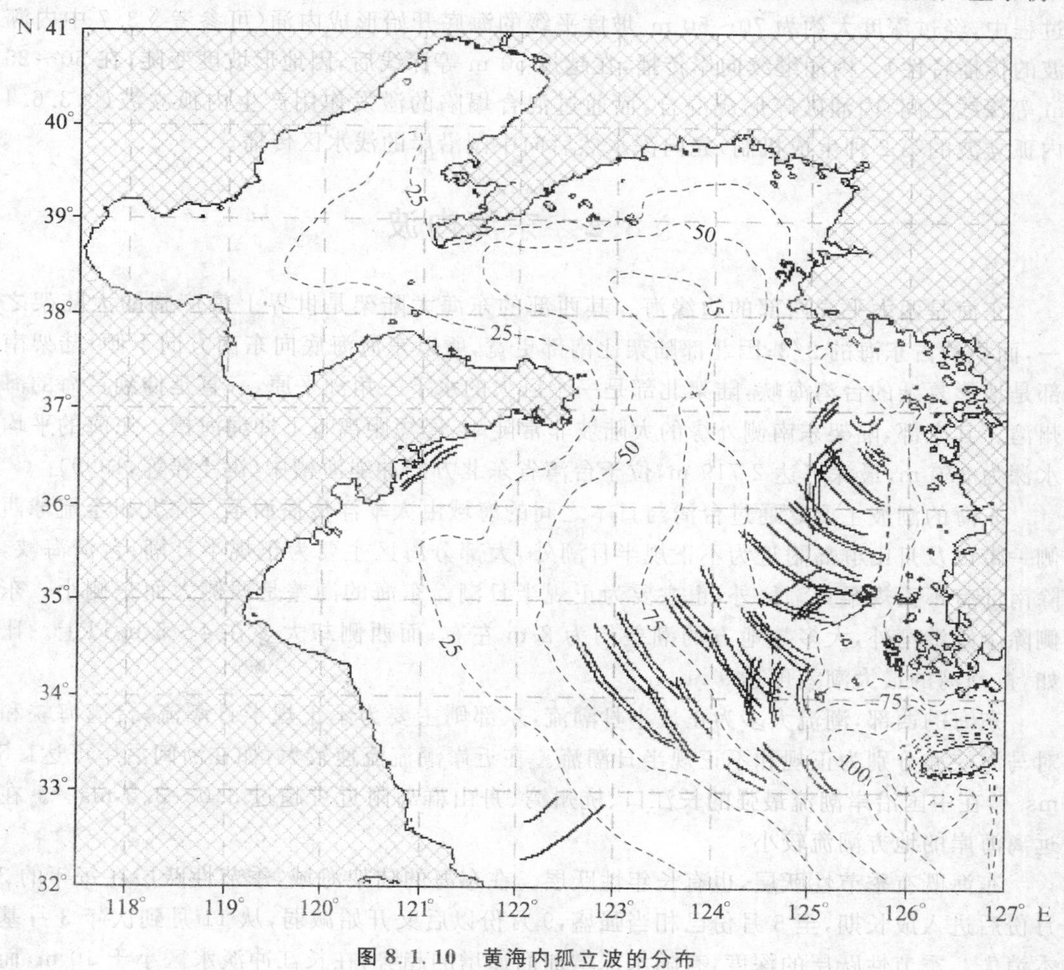

图 8.1.10　黄海内孤立波的分布

鲜半岛西岸，大部分从源地向西南方向——中国沿岸传播；另有少部分向西或向西北方向传播。从地形上看(图 8.1.1)，在黄海的中国沿岸，除了已发现在崂山湾有内孤立波外，在其他地方如青岛外海等也应可能出现内孤立波，因此需要更多的观测资料来完善上述黄海内孤立波的分布图。

8.1.4 黄海内孤立波的生成机制

为什么黄海的内孤立波基本产生在朝鲜半岛西岸并向西南方向传播(图 8.1.10)？在此对其可能的生成机制作一讨论。

它应是由海底地形的变化特点、潮流的强弱、内潮波的传播特性和内孤立波的生成机制等因素所决定的。

首先看海底地形变化(图 8.1.1)，在黄海槽的西侧大部分地方地形变化平缓，而在其东侧，特别是 35°N～37°N 之间 50 m 以上，深度变化剧烈，坡度很陡。前面指出，黄海东西两测的潮汐响应也是东侧大于西侧。虽然东侧与海岸线垂直方向的潮流小于平行于海岸线方向的潮流，但潮流和地形的作用仍能激发出内潮波。内潮波在形成和向岸传播的过程中，经过深度大约为 70～50 m、坡度平缓的海底开始形成内涌(可参考 §3.7 中内潮波的传播特性)。内涌继续向岸传播，在越过 50 m 等深线后，因地形坡度变陡，在 50～25 m 等深线之间，内涌破碎形成混合，而通过混合塌陷的激发作用产生内孤立波(§3.6.4 内孤立波的第 2 种生成机制)先向深水然后向中国沿岸的浅水区传播。

§8.2 东海内波

东海是西太平洋西部的边缘海。其西部的东海大陆架是世界上最广阔的大陆架之一，面积约占东海的 2/3；因北部陆架比南部更宽，所以东海海底向东南方向下倾；陆架南部是地形复杂的台湾海峡，陆架北部是一个巨大的水下三角洲平原，一直延伸到黄海的海州湾。其东部，陆架东南侧外缘的大陆坡非常陡峭，经短距离直下冲绳海槽。东海的平均水深为 370 m，最深可达 2 719 m，位于台湾省东北方的冲绳海槽中(冯士筰等，1999)。

东海的潮波主要是通过台湾与日本之间的海域由太平洋传播而至。除九州至琉球西侧一带以及舟山群岛附近为不正规半日潮外，大部分海区主要为正规半日潮；台湾海峡，除南部有不正规半日潮区外，也主要为正规半日潮。东海的潮差是西侧大而东侧小。东侧除个别港湾外，大多数地方的潮差约为 2 m 左右；而西侧却大多在 4～5 m 以上。比如，杭州湾的最大潮差可达 9 m。

东海的西部，潮流大多为正规半日潮流，东部则主要为不正规半日潮流，台湾海峡和对马海峡亦分别为正规和不正规半日潮流。在近岸潮流流速较大，如在浙闽沿岸可达1.5 ms^{-1}，在中国沿岸潮流最强的长江口、杭州湾、舟山群岛附近可超过 3.0～3.5 ms^{-1}。在远离海岸的地方潮流较小。

东海既有季节性跃层，也有长年性跃层。在东海的陆架海域，季节性跃层在每年的 3 月份后进入成长期，至 5 月份已相当强盛，9 月份以后又开始减弱，从 11 月到次年 3 月基本消失。季节性跃层的深度，有随水深增加而递增的趋势，在长江冲淡水区小于 10 m，而在东部可达 20 m。在季节性跃层之下的深水海域，存在长年性盐度跃层。由于它们所处的深度较深，太阳辐射、涡动及对流混合的季节性变化难以直接影响它们，所以能终年存在。它们形成的原因，大多是性质不同的水团在铅直方向叠置，它们的强度一般也不及浅海季节性跃层。

在浙江近岸至台湾海峡一带，春-夏以及秋-冬交接之际，因不同水系如沿岸冷水、台湾暖水等彼此交汇穿插，会出现“冷中间层”和“暖中间层”现象，还能形成逆温跃层。而在济州岛附近海域，还常常出现双跃层和多跃层的现象。这是东海跃层变化的一个突出的海洋学特征。

8.2.1　东海内波的分布

在东海，当正压潮波经过陆坡向西部的陆架传播时，非常陡峭的陆坡会对潮流产生很强的扰动，从而在层化的海水中激发出内波运动。与世界上大多数的海区一样，这里的潮成内波也是以内潮波和内孤立波的形式存在。由于东海的深水区，有长年性的跃层存在，所以，内潮在这些地方也应该是长年存在的。对受季节跃层影响较大的陆架浅水区，只有在跃层出现的季节，内波才可能出现。和大多数边缘海一样，内潮波在东海也是普遍存在的，而内孤立波则只是在某些海域、某些时间出现。对东海的内孤立波而言，已知经常出现的海域有两个：一个是台湾岛东北部，另一个是长江口和杭州湾外、舟山群岛附近。

图 8.2.1 是 Hsu 等(2000)根据欧洲空间局 ERS-1 和 ERS-2 卫星的合成孔径雷达(SAR)图像绘制的内孤立波在台湾岛附近海域的分布图。从图 8.2.1 可以看出，除了紧

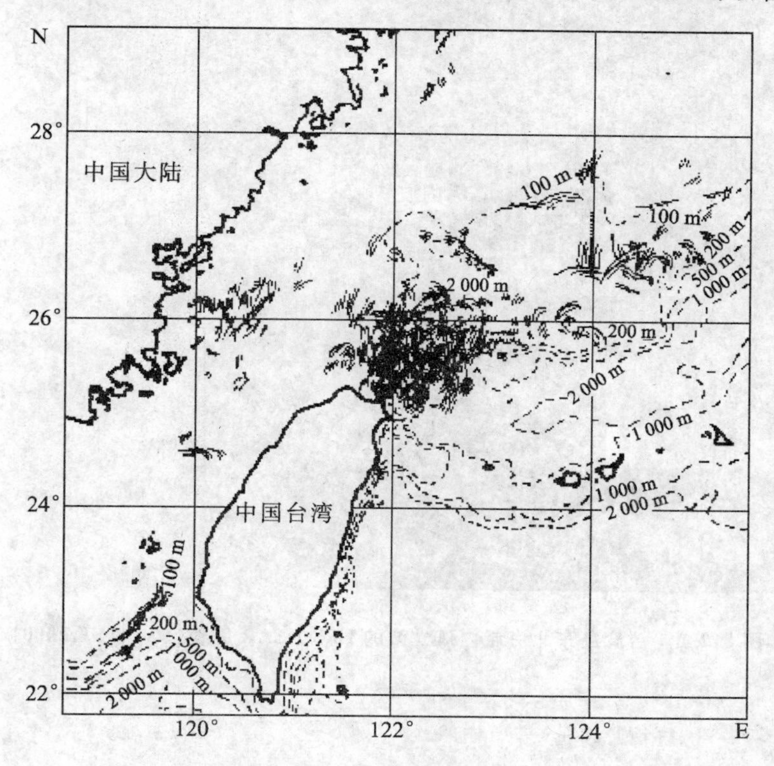

图 8.2.1　台湾岛邻近海域的内孤立波(Hsu *et al*, 2000)

靠台湾东北部有密集分布的内孤立波外，在台湾海峡的中部、福建沿岸以及图中200～100 m之间的陆架海域也零星分布有内孤立波，有些内孤立波的波峰线与等深线平行，而另一些则不具有这一特征。图8.2.2是一帧ERS-1卫星1994年5月10日的SAR图像，它清楚地显示了台湾岛东北部海域复杂的内孤立波。这个区域中内孤立波的共同特点是：各种传播方向的内孤立波互相交错，而每一组内孤立波的峰线都较短。前者说明内孤立波的源比较多，生成机制也比较复杂；而后者说明内孤立波源的水平空间尺度较小。

东海的长江口和杭州湾外、舟山群岛附近海域是另一个内孤立波经常出现的海域。图8.2.3是长江口外的内波和20 m及50 m等深线。图中的内波照片是欧洲空间局ERS-2卫星的SAR图像，它所显示的内孤立波位于长江口和杭州湾的东面。出现在图中及其南面舟山群岛海域的内孤立波与一般陆架浅海区内孤立波的最大不同在于这里不仅有向岸传播的内孤立波，也有离岸传播的内孤立波。前者的波峰有与等深线平行的趋势，后者则不具有这一特征(图8.2.3)。

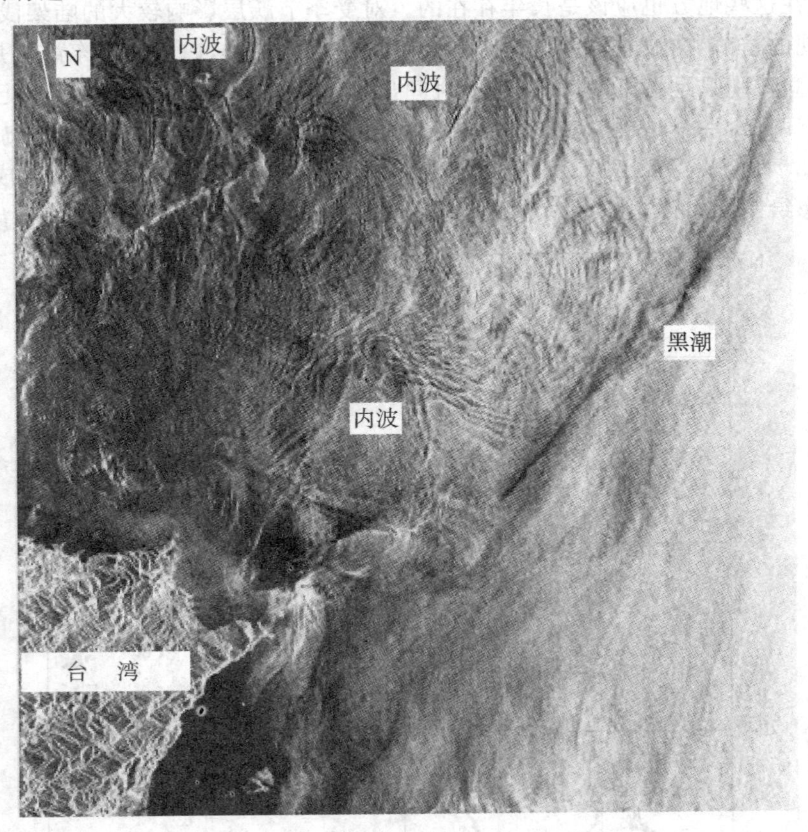

图8.2.2 台湾岛东北海域内孤立波的ERS-1 SAR图像(Hsu *et al*,2000)

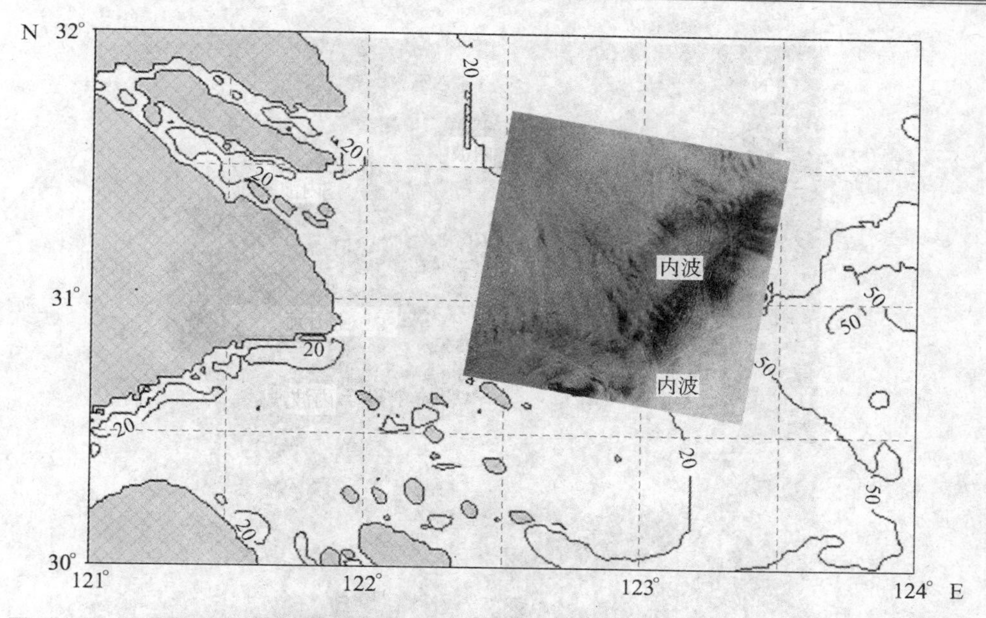

图 8.2.3　长江口、杭州湾以东海域的内孤立波(图中为 ERS-2 于 2003 年 7 月 5 日的 SAR 图像)

8.2.2　东海内孤立波的生成机制

参照§3.6 和§3.7 的论述,对东海内孤立波的生成机制作一探讨。在台湾岛东北部内孤立波密集分布的海域,由于冲绳海槽的存在,地形变化非常大。当层化海水在潮流和黑潮的共同作用从深于 2 000 多米的太平洋水域流经岛屿之间 500 m 左右深的水道到达约 2 000 m 的冲绳海槽后,即遇到非常陡峭的东海陆坡(图 8.2.1)。这里,水深从约 2 000 m 急剧变到小于 200 m,出现了一个很强的上升流区(图 8.2.4)。伴随上升流区的出现,将产生垂直混合,而通过混合区的塌陷可能产生内孤立波。由于垂直混合在水平方向上的不均匀(尤其是当混合不是特别强烈时),使得混合区的塌陷具有不同的中心,因而就有众多的内孤立波源;加上内孤立波之间的波波相互作用也会以破碎、混合、塌陷的方式激发产生出新的内孤立波。所以,这里的内孤立波波峰线比较短,传播方向比较杂乱,如图 8.2.2 中左上部分的内孤立波。此外,另一种生成机制(§3.7 中提到但未详细阐述:内潮波在向岸传播的过程中受到地形的反射等激发产生内孤立波)一些,如图 8.2.4 中右上部分的内孤立波。当然,由非常强烈的混合所产生的内孤立波,其波峰线也可能较长,如图 8.2.4 右下部分的内孤立波。

对于黑潮影响较小的福建沿岸以及图 8.2.1 中 200～100 m 之间的陆架海域中、与等深线接近平行的内孤立波,它们应是由潮地相互作用机制产生,属于潮成内孤立波。

在长江口、杭州湾以东和舟山群岛附近海域出现的内孤立波,大体上可以分为两种。一种是波峰线基本与等深线平行、向岸传播的内孤立波,它们多出现在舟山群岛附近海域;另一种是由浅水向深水方向传播的内孤立波,它们的波峰线一般不与等深线的走向平行,多出现在长江口、杭州湾以东的海域。前一种由潮流和地形相互作用机制产生,且由

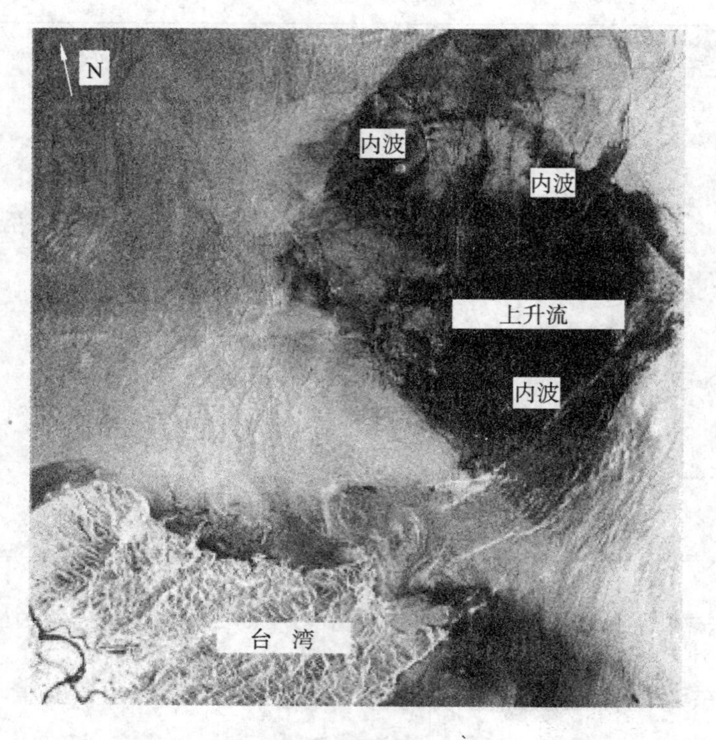

图 8.2.4　台湾岛东北海域内孤立波的 ERS-1 SAR 图像(Hsu *et al*,2000)

于潮流和地形变化都不是太大等原因,使得出现在舟山群岛附近海域的内孤立波一般不是特别强(振幅和波长都不是特别大),不会出现如在南海那样振幅高达数十米的内孤立波。因此,在卫星 SAR 图像上它们产生的亮、暗相间的条纹经常不是特别的明显。

在§3.6 中讲述混合与内孤立波时提到,Maxworthy 认为有 3 种明显的产生混合的方式,其中的第 3 种为由垂直或水平方向上的、温度或盐度等的差别产生对流混合。在长江口、杭州湾以东海域,来自陆地的淡水(如长江冲淡水团)和海水形成明显的河口海洋锋,锋两侧水团在盐度、温度方面的明显差别,并以前述第 3 种方式产生对流混合。此混合在层化的海水中激发内孤立波并向深水区传播(图 8.2.3),这是该类别内孤立波与潮成内波的明显不同。显然,这种内孤立波的源直接依赖锋面的位置和出现的时间,而内孤立波的强弱和传播距离则在很大程度上取决于混合强度。

8.2.3　东海内波的观测

在东海海域,能搜集到的专门为海洋内波研究而进行的海洋调查极少。1963 年 5 月 26 日至 6 月 1 日中国科学院"金星"号等 3 艘调查船在舟山群岛外侧进行了海洋内波同步观测(尹逊福等,1986)。尹逊福等(1986)分析了中科院海洋研究所"金星"号等 3 船同步观测资料,测站标为 T_1,T_2,T_3(图 8.2.5)。由于观测所用仪器是取样时间间隔 0.5 h 的 BT 和 1 h 的海流计,尹逊福等仅采用了 BT 资料作谱分析。分析得到了突出的半日潮频谱峰。通过对 3 船资料交谱分析得出,此内潮波水平波长约为 28 km,以相速度 0.66

ms^{-1}垂直于等深线向岸传播。尹逊福等还分析了这一海区的另外 2 份观测资料，它们的观测时间分别为 1964 年 5 月中旬和 1964 年 5 月下旬，得到了与 T_1，T_2，T_3 相一致的结果。这表明在这一海区经常性的存在向岸传播的半日潮频的内波，传播特性较稳定。

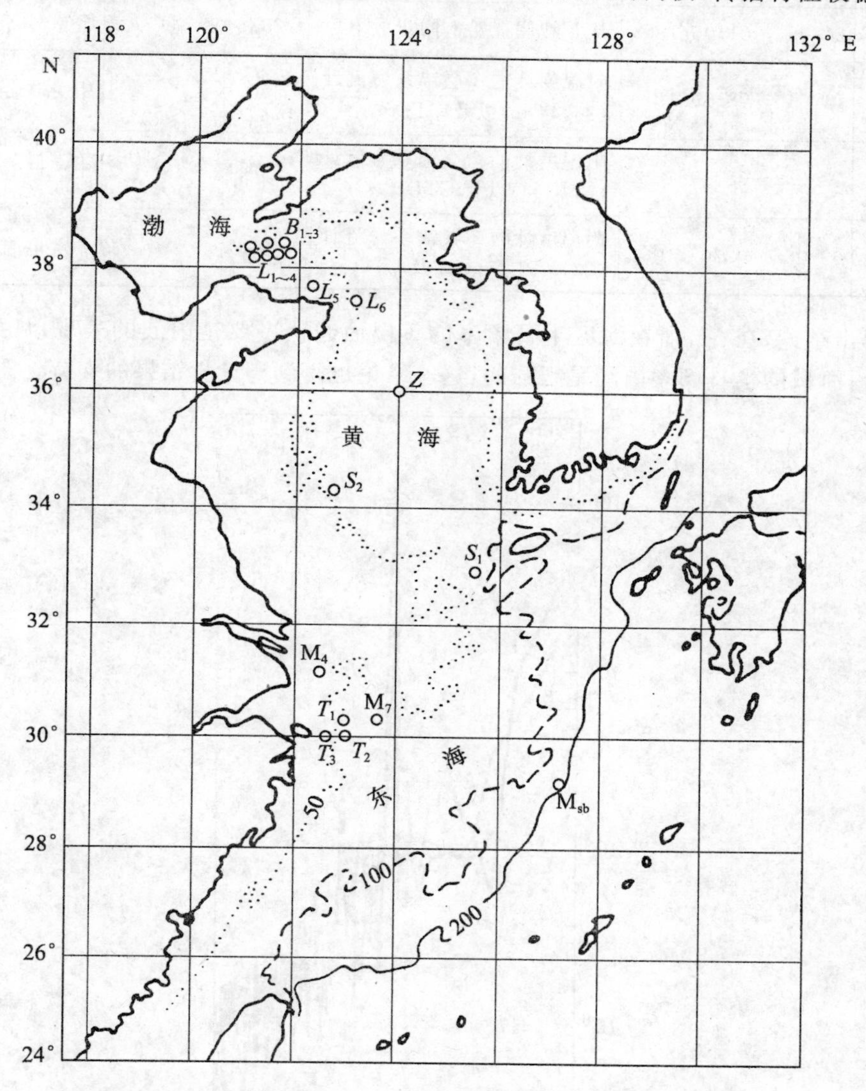

图 8.2.5　黄海和东海内波分析所用资料的观测站或锚系位置

Fang 等(1989)利用 20 世纪 80 年代初中美合作长江口调查锚系海流计资料和 CTD 资料分析了海洋内波统计特性，这些资料的测站或锚系点 M_4，M_7 和 M_{sb} 的位置如图 8.2.5所示，资料的一般情况列于表 8.2.1。

Fang 等(1989)用 CTD 资料及 M_{sb} 锚系安得拉海流计测得的温度时间序列推算出在半日潮频波动的波高约为 40 m，而 Larsen 和 Cannon(1983)给出的这一海区正压潮分潮的潮高为 0.60 m。正压潮在水下引起的等温面起伏高度随深度线性减小，在海底处为 0。

表 8.2.1 东海观测情况一览表

测站	时间	仪器和方法	资料长	取样时间间隔(分)	来源
T_1, T_2, T_3	26/05/～01/06/1963	从3艘调查船上同步放BT	283	30	金星号等调查船
M_4	14/04/～08/1981	附温度计的2层锚系海流计(26,44 m)以及CTD	300	5	中美联合调查
M_7	13/03/～08/1981	附温度计的2层锚系海流计(4,45 m)以及CTD	300	5	中美联合调查
M_{sb}	02/06/～02/07/1980	附温度计的3层锚系海流计(22,97,177 m)以及CTD	4 300	10	中美联合调查

因而可得出结论,在M_{sb}所在海区半日频率的等温面起伏主要是内波的表现。由此也可得出,这一海域的半日频率内潮是很强的,这一结论也得到谱分析结果的支持。图 8.2.6

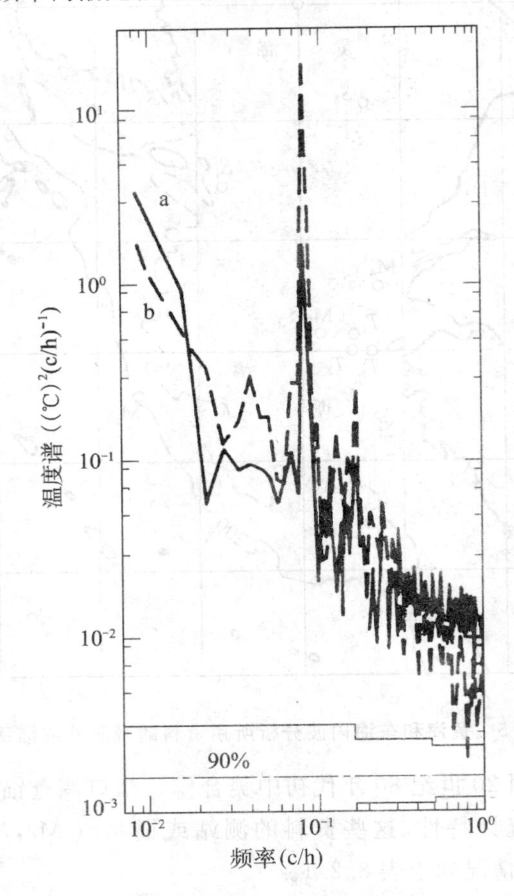

图 8.2.6 由M_{sb}测站资料分析得的温度频率谱(Fang *et al*,1989)

a 97 m层 b 177 m层

为 M_{sb} 测站测得的温度频率谱。无论是在 97 m 还是在 177 m 深层的谱曲线都呈现出突出的半日潮频谱峰。在 177 m 深层还有一个不太高的全日潮频谱峰，但在 97 m 层则无这一频率的谱峰。M_{sb} 站所在纬度的惯性频率与全日潮频率近似一致。

Fang 等(1989)将 M_{sb} 站三层海流资料分解成正压分量和斜压分量，并分别作了旋转谱分析，斜压流旋转谱如图 8.2.7 所示。在图中三层流速的正旋与负旋谱均突出地显示出半日潮频和 1/4 日潮频处的谱峰，负旋谱峰高于正旋谱峰。半日潮流旋转椭圆长轴以很高的稳定度(＞0.9)垂直于等深线(误差低于±10°)，进而根据水平流速与垂向位移的关系可推出，此海区的半日潮频内波是向岸传播的。在全日潮或惯性频率处也出现了次高负旋谱峰，由于仅在 177 m 深处的温度谱中有不大高的全日潮或惯性频率谱峰，因而很大可能此旋转谱峰源自惯性内波。此外，三层海流旋转谱中还呈现显著的 1/4 日潮频的谱峰。

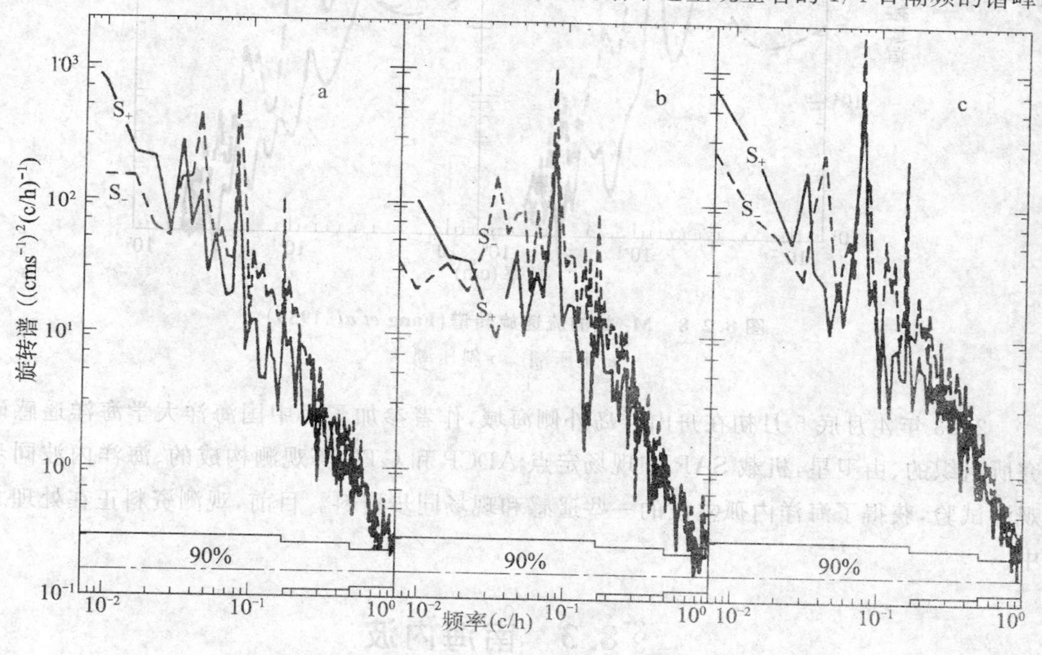

图 8.2.7 M_{sb} 站的斜压流流速旋转谱(Fang *et al*, 1989)

a 22 m 层 b 97 m 层 c 177 m 层

图 8.2.8b 给出了 M_t 站的斜压流流速旋转谱，它显示出负旋谱显著地高于正旋谱。负旋谱有两个突出的谱峰，它们位于 0.042 6 c/h 和半日潮频处，而且前者显著地高于后者。Fang 等认为很可能它属于惯性内波或近惯性内波。

1986～1989 年秋天，日本海洋科学和技术中心在东海陆架坡折处分别进行了 4 次内潮观测(Kruoda & Mitsudera, 1995)。观测使用了可以沿缆线上下滑动的、高垂向分辨率的温度、盐度和深度测量仪，船载 ADCP 和 CTD。观测发现：在东海中部(约 127°E, 28.5°N)的陆架坡折处，低潮时生成很强的第 2 模态的内波并向浅海传播；而在东海南部(约 124.29°E, 26°N)的陆架坡折处、低潮时第 1 模态的内波占优；在高潮时，在陆架坡折处有内涌产生。

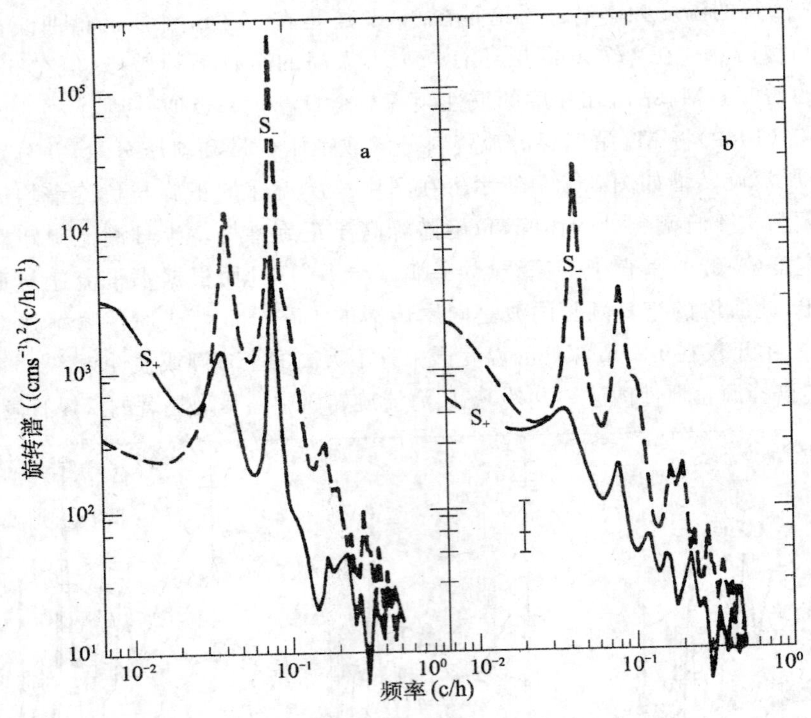

图 8.2.8　M_7 站的流速旋转谱(Fang *et al*,1989)

a 正压潮　b 斜压潮

2003 年 4 月底 5 月初在舟山群岛外侧海域,作者参加了由中国海洋大学海洋遥感研究所组织的、由卫星,机载 SAR 和现场定点 ADCP 和 CTD 等观测构成的、海洋内波同步观测试验,获得了海洋内孤立波的一些遥感和现场同步资料。目前,观测资料正在处理之中。

§8.3　南海内波

南海位于太平洋的西部边缘,东面经巴士海峡、巴林塘海峡等众多海峡和水道与太平洋相沟通,东南面经民都洛海峡、巴拉巴克海峡与苏禄海相接,南面经卡里马塔海峡及加斯帕海峡与爪哇海相邻,西南面经马六甲海峡与印度洋相通。

南海的海底地形比较复杂,具有大陆架、大陆坡和深海盆地等各种形态的地形。在北部和南部大陆架均较宽较缓,而西部和东部的陆架则较狭较陡。北部的大陆坡由西北向东南逐级下降,在不同深度的台阶上,分布着东沙、西沙和中沙 3 个群岛。南部的大陆坡较宽广,有南沙群岛和南沙海槽。西部的大陆坡也较宽阔,有明显的阶状平坦面。东部,在吕宋岛以西有北吕宋海槽和马尼拉海沟。

南海的潮波主要是经过巴士海峡等海峡和水道由太平洋传播而至,它的绝大部分海域为不正规全日潮。正规全日潮仅分布于北部湾,吕宋岛西岸中、北部,加里曼丹的米里沿岸，卡里马塔海峡至苏门答腊岛海域以及泰国湾北部；不正规半日潮区零散分布于巴士海峡、广东近岸、越南中部近岸及南部部分近岸海域、马来半岛东南端、加里曼丹西北近岸海域等。南海的潮差一般较小，南海中部、吕宋岛西岸及越南中部沿岸的潮差仅为2 m左右；粤东沿岸潮差为1～3 m。南海的潮流较弱，大部分海域不到0.5 ms^{-1}。由于南海以全日潮类型为主，所以其全日潮流显著大于半日潮流，只在广东沿岸以不正规半日潮流占优势。

南海的复杂地形和潮流分布等基本决定了这里的海洋内波状况。在南海的陆架陆坡海域，只要海水是稳定层化的，内潮波就会存在。不同地方的内潮波受地形变化的程度、潮流的强弱及性质和海水层化状况等因素的影响，其强弱和特性也各不相同。

8.3.1　内孤立波在南海的分布

对存在于南海的海洋内波，了解最多的是南海北部陆架陆坡区的内波。Liu等(1998)和Zhao等(2004)利用大量的遥感图像分别绘制了南海北部内孤立波的分布。在浏览了新加坡国立大学卫星网站和欧洲空间卫星网站提供的数千张关于南海的卫星遥感图像后，作者绘制了南海海域105°～122°E，0°～24°N范围内的内孤立波分布区域图(图8.3.1)。图中的较粗的短曲线为内孤立波的波峰线，细的闭合曲线为等深线，单位是米。除了人们已经熟悉的我国台湾岛和菲律宾吕宋岛之间和海峡和水道以西和南海北部114°E以东的陆架陆坡海域外，首次给出了海南岛东部和珠江口西南海域、北部湾湾口(海南岛东南和越南沿岸海域)以及南部2°～7°N，108°～113°E海域内(纳土纳岛附近和马来西亚沿岸)的内孤立波分布。当然，由于卫星遥感图像分布区域和观测时间的限制，除了图中已标出的内孤立波分布或出现范围外，其他地方是否有内孤立波出现尚不能给出确定的结论，还需要更多的遥感和现场观测资料。

8.3.2　南海内波的现场观测

有很多观测发现和证明了在南海存在内波。其中最多的观测报道是关于南海北部东沙群岛邻近海域出现的内孤立波现象。1987年在南海流花油田发现石油后，中国海洋石油总公司南海东部公司和Amoco东方石油公司在流花油田附近进行了大规模的观测。3个观测点分别标为A，B，C，有关的观测信息见表8.3.1。A点的观测由于采样间隔太长，观测资料不能用于对内孤立波的研究；而C点的观测则由于采样间隔太短，随机噪声信号严重污染观测，Bole等(1994)没有作为主要研究资料使用。只有B点的观测在时间尺度上适合于对孤立波的研究。B点观测资料表明，夏季每天可有2次内孤立波出现；内孤立波通过时水平流速在大约150 m深的地方有一个180度的相位转折，在近表层是较强的西向流，而在近底层是较弱的东向流；内孤立波的周期大约为20分钟(图8.3.2)。Bole等(1994)的研究认为：在B，C点的年最大内孤立波流速约2 ms^{-1}，10年一遇的最大内孤立波流速约2.6 ms^{-1}，而100年一遇的最大内孤立波流速约为3 ms^{-1}。根据1990年9月22日B点所观测到的垂直流速计算，内孤立波引起的质点最大垂直位移可达100 m。

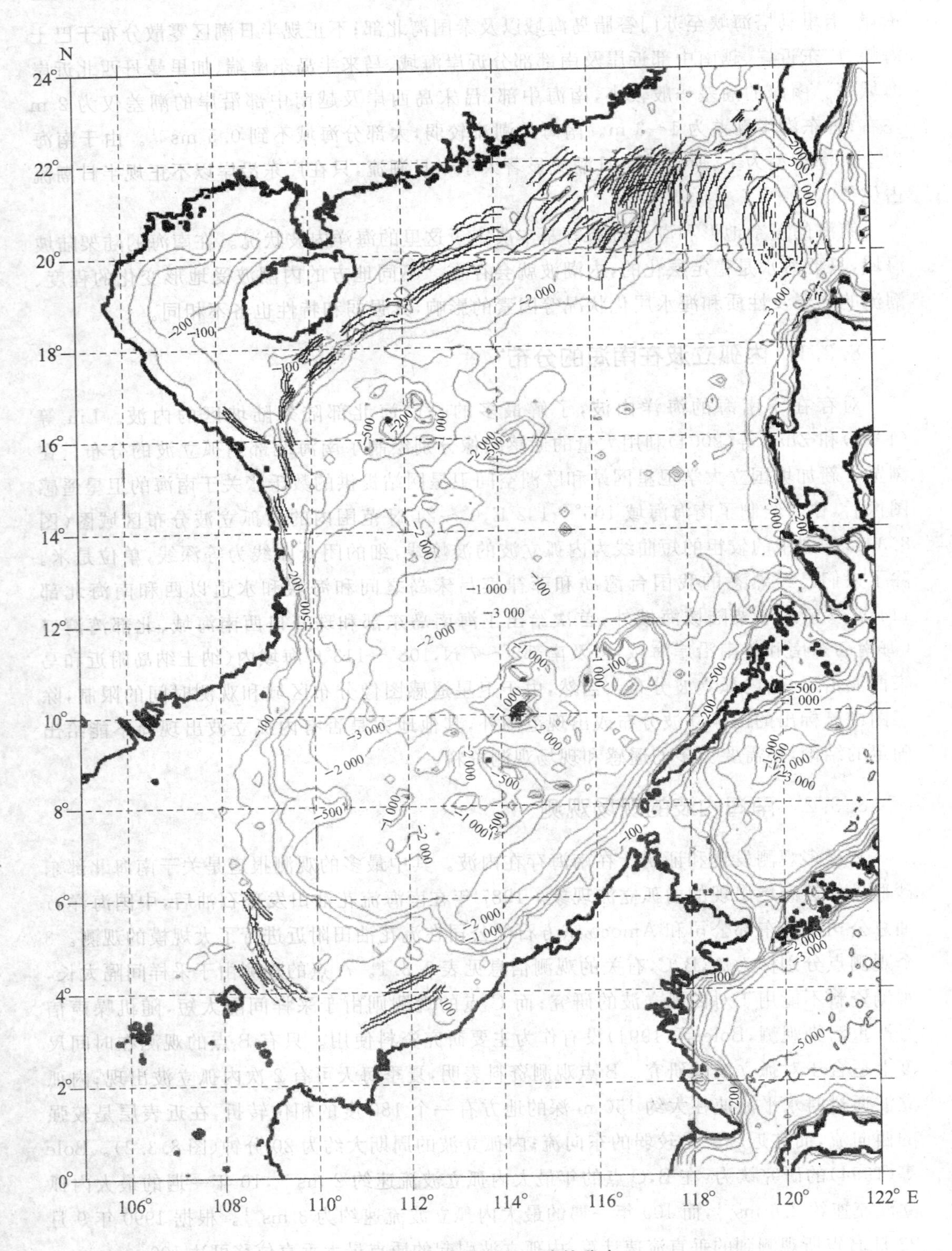

图 8.3.1　南海内孤立波的分布

表 8.3.1　石油公司联合调查观测站信息

观测点	时间	项目	观测仪器	采样间隔
A:20°52.5′N,115°22′E	1987.8～1989.2	海流 温度	锚系安德拉海流计分别在1,50,100,200,300 m 深处。2 个 ADCP 分别在 75 和 300 m 深处	海流计:15 min ADCP:75 m:400 s,15 min 300 m:200 s,15 min
B:陆丰油田 21°27.88′N,116°37.75′E	1990.9～1991.6	海流	悬挂在钻井平台上的 ADCP(150 kHz)	135 s
C:20°15′N,115°12′E		海流	悬挂在钻井平台上的 ADCP	15 s
在 2 次走航观测中(1991.7.31～8.1,16 个站,1991.9.2～3,34 个站)用 XBT 获得额外温度资料				

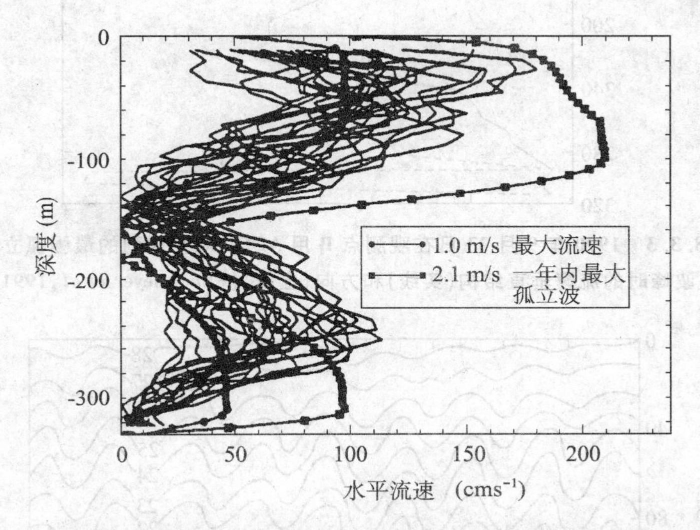

图 8.3.2　经过观测点 B 的 27 个孤立波在最大流速时水平速度的垂直结构(Bole *et al*, 1994)和模型给出的孤立波最大流速分别为 1.0 和 2.1 ms^{-1} 时水平速度的垂直结构

1990 年 9 月 23 日,25 日和 26 日在 B 点的观测表明,内孤立波的传播速度约为1.7 ms^{-1},同时观测到最大流速(订正后)分别为 1.7,1.9,1.2 ms^{-1},图 8.3.3 是 1990 年 9 月 23 日在陆丰油田观测的内孤立波波峰通过时水平流速的垂直结构。

1988 年 5 月 8～16 日在珠江口外东南约 200 km、水深约为 300 m 处进行了温度、盐度和海流的观测,结果显示(图 8.3.4),深度大于 50 m 的等温线波动较其上表层的等温线波动要显著得多,且具有明显的周日变化特征,最大的波动出现在 100～120 m 水深处,最大波动振幅约为 15 m。因此,观测点存在着内潮现象,其波动周期在 24 小时左右,它传播的方向大体是偏北,有向陆架区传播的趋势(邱章等,1996)。

1996 年春季和 1998 年夏季,中国科学院南海海洋研究所的“实验 3 号”考察船在南海北部大陆坡区分别进行了定点观测,测站信息见表 8.3.2。观测表明,在观测期间有突发性强流叠加在低频的潮流信号上,表层强流流向以向岸为主。小潮期间(3 月 24～29 日)潮流较弱,且混合潮中全日潮成分不太明显,突发性强流强度较小,出现的频率较低。

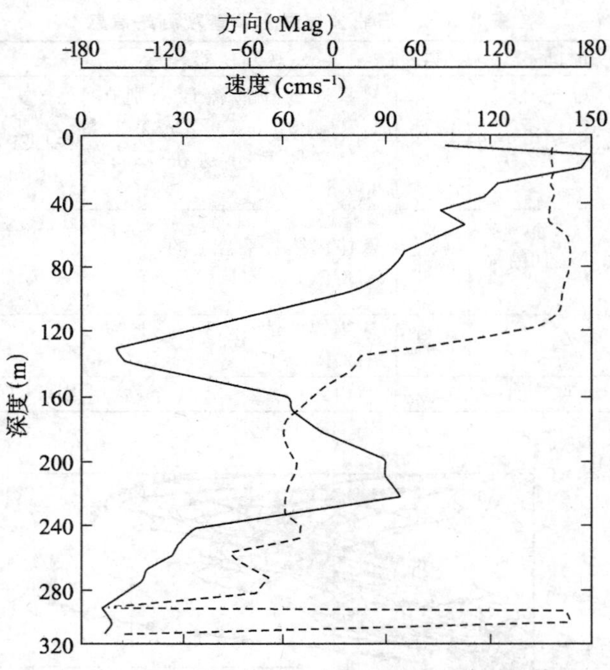

图 8.3.3　1990 年 9 月 23 日在观测点 B 用 ADCP 观测得到的最强孤立波在波峰时的流速垂直结构(实线)和方向(虚线)(Ebbesmeyer *et al*,1991)

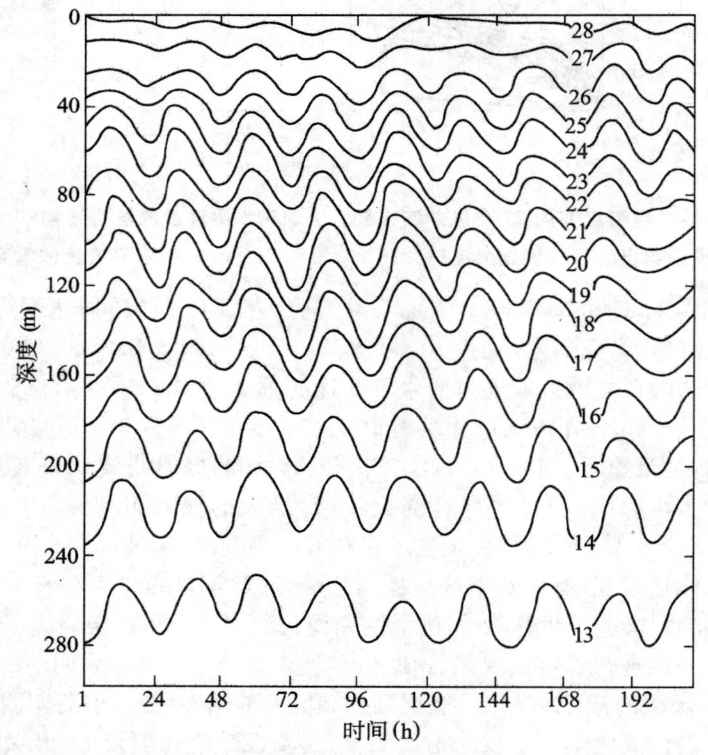

图 8.3.4　等温线(温度单位:℃)随时间的变化(邱章等,1996)

表 8.3.2　东沙群岛海域内波科学调查测站信息

观测位置	水深(m)	观测时间	项目	观测仪器	间隔
珠江口外东南约 200 km 处	300	1988 年 5 月 8 日～16 日	温、盐 海流		
20°40′N,115°51′E	300	1996 年 3～4 月(4 周)	海流	船载 ADCP 300 kHz 测 160 m	3 min
20°22′N,116°58′E	500	1998 年 5～6 月(6 周)	海流	船载 ADCP 300 kHz 测 160 m	3 min
20°21.3′N, 116°51′E		1998 年 6 月 14 日	海流	船载 ADCP 300 kHz 测 160 m	30 s
东沙群岛以北	425	ADCP：1999 年 4 月 9 日 12：00～4 月 18 日 13：00 温度链：1999 年 4 月 9 日 12：00～4 月 15 日 3：00	温度 海流	上仰式 ADCP 置于 260 m、CTD,温度链分别置于 1,30,60,75,90,105,120,150,180,210 m	

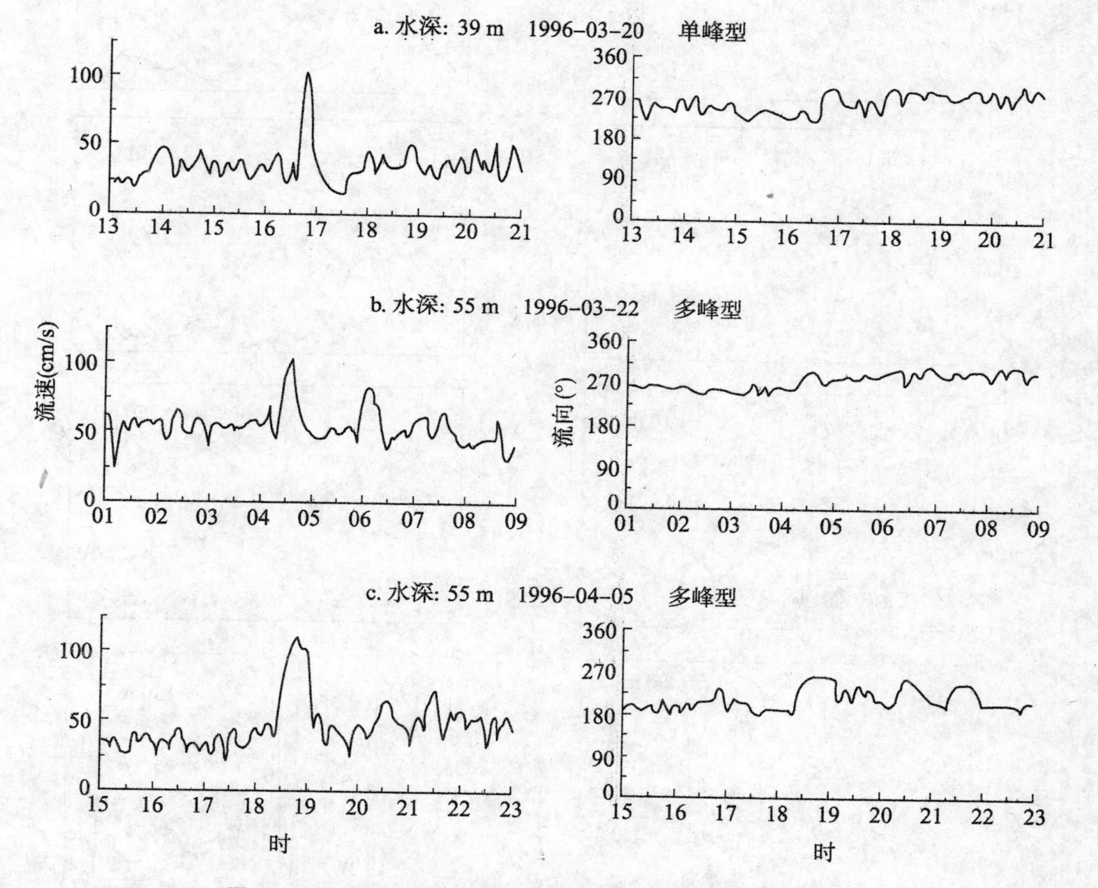

图 8.3.5　内孤立波引起的突发性强流个例(方文东等,2000)

a. 单峰型　b 和 c. 多峰型

在大潮期间(3 月 17～23 日和 3 月 30 日～4 月 5 日),潮流的全日潮成分明显,大潮过后的几天,海水呈现由外海涌向大陆架的趋势,有稳定的向岸流动分量叠加着准全日周期振荡的潮流,且在潮峰处常伴随着突发性强流。突发性强流有 2 种基本类型:一类只有单个峰值(图 8.3.5a),且持续时间较短,约为 15 分钟,但强度大,幅度超过 100 cms^{-1}。另一类具有多个峰值(图 8.3.5 b,c),最大的峰值最先出现,以后峰值依次减弱;每一峰值强流的持续时间约为 15～20 分钟(方文东等,2000)。

1998 年 6 月 14 日,中国科学院南海海洋研究所的"实验 3 号"考察船在东沙群岛南部海域附近的定点观测记录下强盛的内波活动。内孤立波为单峰,周期约为 18.3 分钟,属下凹波(图 8.3.6,蔡树群等,2000)。峰值通过时的水平最大流速为 2.1 ms^{-1},出现在 58 m 深附近。

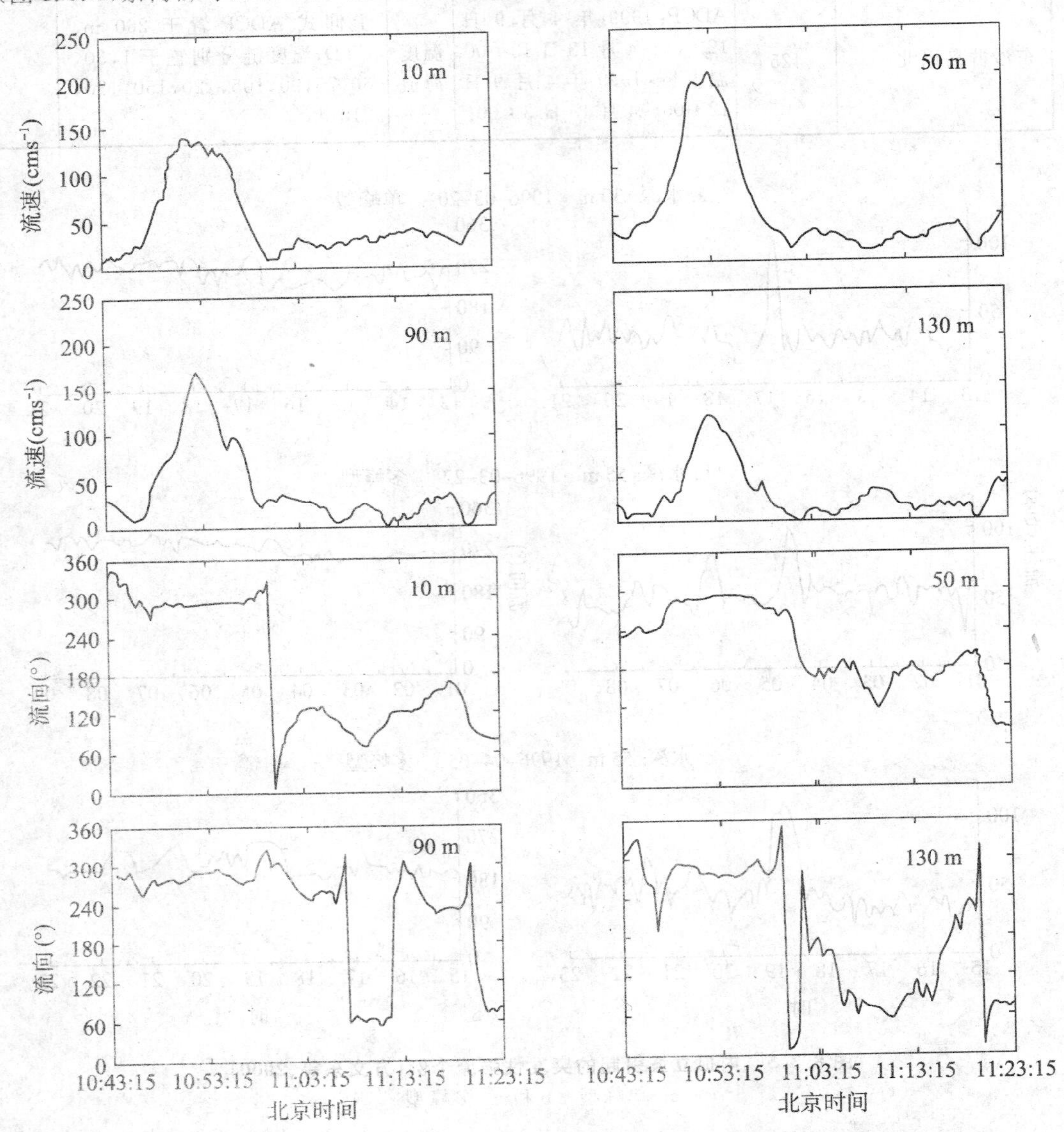

图 8.3.6 1998 年 6 月 14 日观测到的内孤立波在波峰时的流速垂直结构(蔡树群等,2000)

1999 年 4 月中国台湾和美国 NASA 的海洋学家在东沙群岛以北施放一组锚系装置(表 8.3.2)。温度链观测大都在小潮期间,混合层深度约为 30～70 m,故于 1 和 30 m 处记录的温度变化很小,但其下温度则随半日内潮和随机内波的运动而有明显的变化。随机内波引起的最大温度变化约为 1℃,周期为数分钟,由内潮波引起的温度变化约为 5℃,等温线垂直上下振荡超过 80 m。温度资料中无明显可见的内孤立波,但内潮振幅在温度观测末期(接近大潮)明显增加(梁文德等,1999)。

上述观测试验中的流速资料显示,从 4 月 15 日开始,每隔约 12 小时有一列内孤立波通过锚系点,时间大约持续 20 分钟,波的数目随内孤立波的增强而增加,内孤立波的强度也与内潮强度相关。内孤立波的水平流速垂直分布为:上、下层流向相反,上层流速以西向流为主,最大流速为 220 cms^{-1},下层流速(约在 240 m 深处)以东向流为主,最大可达 100 cms^{-1};流速节点约在 200 m 深处,但随内孤立波的通过,节点位置有上下约 20～30 m 的变化。从波峰到波峰之间的深度比较可见,内孤立波有向下传播之相速度。水平流速的垂直梯度在内孤立波通过后减低,此源于内孤立波引起的上下强烈混合效应。锚系 CTD 测量的温度显示,此内孤立波为下凹型;温盐垂直分布显示:密度垂直梯度分布近乎一常数,观测流场与理论的线性第 1 模态垂直结构吻合(梁文德等,1999)。

上述对南海北部内波的调查主要集中在东沙群岛邻近海域。观测结果显示此海区的内波通常以孤立波的形式出现,伴随而至的是突发性强流和跃层上下水体在短时间内的大幅度上下波动。观测结果总结见表 8.3.3。

表 8.3.3　东沙群岛邻近海域内波观测结果

位置	时间	内波形式	观测结果
珠江口外东南约 200 km	1988 年 5 月 8～16 日	内潮波	振幅:约为 15 m;周期:约为 24 h;方向:向陆架偏北;最大波动在 100～120 m 处(总 300 m)
21°27.88′N,116°37.75′E	1990 年 9 月～1991 年 6 月	内孤立波(波包或单个孤立波)	最大水平流速:1.9 ms^{-1};在约 150 m 深处发生 180°相位转折:近表层是较强西向流,近底层是较弱东向流;周期:约为 20 min;出现频率:2 次/天;传播速度:1.7 ms^{-1};1 波包最多 7 个孤立波
20°40′N,115°51′E	1996 年 3～4 月(4 周)	孤立波(波包或单个孤立波)	小潮期间,孤立波流速强度小,出现率低;大潮后几天,强度大,出现率高。周期:约为 15～25 min;强流速度:大于1 ms^{-1}
20°21.3′N,116°50.6′E	1998 年 6 月 14 日	孤立波(单个)	孤立波最大水平流速:2.097 ms^{-1},在 58 m 深处附近;周期:约为 18.3 min,属下凹孤立波
东沙群岛以北(425 m深)	流:1999 年 4 月 9～18 日 温度:1999 年 4 月 9～15 日	内潮波孤立波(波包)	30 m 以下温度随半日内潮变化较大,最大超过 5℃,等温线上下震荡超过 80 m,无明显内孤立波。流速:15 日后内孤立波 2 次/天,周期约为 20 min,上层流速向西为主,最大超过 2.2 ms^{-1};下层流速向东为主,最大超过 1 ms^{-1},流速相位转折在约 200 m;属下凹孤立波

1990年初夏,中国科学院南沙综合科学考察队在南沙群岛及其邻近海域进行了50多个大面站和2个连续站的海洋调查(表8.3.4)。从C1站观测所得等密线的起伏推测,在观测期间此观测点始终存在各种频率的内波,较低频率内波的波高达到20 m左右。C2观测站的资料显示,内波波高在4 m左右(方欣华等,1994)。

表8.3.4 南沙群岛邻近海域内波调查基本信息

观测位置	水深(m)	观测时间	CTD观测次数	海流计层次及采样间隔	观测结果
C1,101.07°E 5.54°N	152	1990.6.1.10:57～6.4.08:20	60	20,30,100,130 m;10分钟	较低频率内波的波高约20 m
C2,107.16°E 6.85°N	52	1990.6.7.00:00～6.8.08:57	49	10,20,30,41 m;10分钟	内波波高约4 m

8.3.3 南海内波的特征

南海内波的特征主要指它的空间分布和时间变化。由于缺乏足够的观测资料,这里只能对南海北部和北部湾口的内波特征作简单介绍。

(一) 19°～22°N,114°～119°E海域

此海域是内孤立波的活跃区,这里的内孤立波通常水平空间尺度较大,且潮成的特点突出。内孤立波从东向西传播经过东沙群岛时,有一断开和重新汇合的变化过程。当内孤立波由深水区传播到浅水区时,由于层化状况的改变,内孤立波将发生极性转变,由下凹型转变为上凸型。通过对多种观测资料进行分析并结合其他研究结果,这里的内孤立波在时间和空间上具有下列特征:

(1) 内孤立波一年四季每个月中都可能出现,只是在不同的季节不同的月份,内孤立波出现率不同,强度不同,内孤立波列中内孤立波的数量不同而已。

(2) 孤立波在该海域出现时,可能会以单个孤立波的形式出现,也可能会以一组孤立波的形式出现。

(3) 深水区内孤立波是下凹型,浅水区(大约浅于150 m)内孤立波是上凸型。

(4) 内孤立波的出现及其强弱和表面潮是大潮还是小潮有密切关系。大潮期间,内孤立波的出现次数较多,且强度也大;而小潮期间,内孤立波的出现次数较少,且强度也较弱。

(5) 在该海域300 m左右水深处的观测表明,出现内孤立波时水平流速垂直于等深线,跃层上方流速指向水深减小的方向,跃层下方流速指向水深增加的方向。水平流速的垂直结构成S形,表明波动的第一模态占绝对优势。在大约150 m水深处水平流速发生转向,在表层至150 m深处有较强的、指向等深线减少方向的流动。一般从20～100 m深,水平流速一般在0.5～1.5 ms^{-1}之间,曾经观测到有2 ms^{-1}左右的最大水平流速;在150 m水深以下为较弱的、指向等深线增加方向的流动。

(6) 内孤立波引起的最大垂直流速估计可达到0.2～0.3 ms^{-1}。

(7) 内孤立波的时间尺度或周期,即单个内孤立波在某地从出现到结束的时间一般

为 10～30 分钟。

(8) 内孤立波的传播速度，根据观测一般 1.6～2 ms^{-1}。对于单个内孤立波而言，其波长在 0.5～4 km 之间。当内波是以一组内孤立波列的形式出现时，通常第一个内孤立波（与单个内孤立波相类似）的强度最强，传播速度也最快，其后的内孤立波强度依次减弱，传播速度也逐渐变小。就 3～4 月份的观测资料而言，一个内孤立波列中，第一个孤立波产生的最大水平流速和第二个孤立波产生的最大水平流速之间的时间间隔 2 小时左右，之后的时间间隔都小于 1 小时。

(9) 内孤立波存在季节变化特征。总的说来，从春季到夏季再到秋季，内孤立波的出现次数经历一个从少到多再到少的过程，冬季内孤立波的出现次数最少。从 3 月份开始，内孤立波的出现次数呈逐渐增加的趋势，到 5，6，7，8 月份，内孤立波无论是强度还是出现次数都达到强盛期，进入 9，10 月份后，内孤立波的出现次数呈逐渐减少的趋势，到 12，1，2 月，内孤立波的出现次数最少。在内孤立波的强盛期，尤其是在夏季，内孤立波常常是每天出现两次，相隔大约 12 个小时，且多以内孤立波列的形式出现。大潮期间，内孤立波列中波的个数较多，从卫星遥感图片上可以清晰分辨出来的一列内孤立波列中的孤立波数有时可多达 10 个以上，且强度较大；而小潮期间，内孤立波列中波的个数相对较少，强度也相对较弱。在内孤立波列的非强盛期，尤其是在其中的小潮期间，内孤立波可能每天出现一次，如果是以内孤立波列的形式出现的话，其中的内孤立波的数量也较少。

(10) 内孤立波振幅的强弱变化与相应的水平流速变化基本上一致。当强内孤立波出现时，在跃层上下的水体会有很强的水平流动，同时跃层处内孤立波振幅达到最大值。根据内孤立波发生时第一模态占优的观测结果，可以利用两层模式来估算内孤立波的振幅和传播速度。表 8.3.5 是一些估算结果，其中，h_1 和 h_2 分别是未扰动的上下层水体的未扰动厚度，ρ_1，ρ_2 分别为上下层水体的密度。

表 8.3.5　根据第一模态占优的观测结果，用两层模式估算得到的内孤立波的振幅和传播速度

内孤立波振幅(m)　(假定最大水平流速为 2 ms^{-1}，$\Delta\rho=(\rho_2-\rho_1)/\rho_1=0.003$)

h_1(m) \ h_2(m)	200	500	1 000	2 000	3 000
40	54	52	52	51	51
60	72	68	67	66	66
80	89	83	81	80	79

内孤立波振幅(m)　(假定最大水平流速为 2 ms^{-1}，$\Delta\rho=(\rho_2-\rho_1)/\rho_1=0.004$)

h_1(m) \ h_2(m)	200	500	1 000	2 000	3 000
40	49	47	46	46	46
60	65	62	60	60	60
80	80	75	73	72	71

内孤立波振幅(m) (假定最大水平流速为 1 ms^{-1}, $\Delta\rho=(\rho_2-\rho_1)/\rho_1=0.003$)

h_2(m) / h_1(m)	200	500	1 000	2 000	3 000
40	32	31	30	30	30
60	42	40	39	39	38
80	52	48	46	46	45

内孤立波振幅(m) (假定最大水平流速为 1 ms^{-1}, $\Delta\rho=(\rho_2-\rho_1)/\rho_1=0.004$)

h_2(m) / h_1(m)	200	500	1 000	2 000	3 000
40	29	28	27	27	27
60	38	35	35	34	34
80	46	42	41	40	40

内孤立波传播速度(ms^{-1}) (假定最大水平流速为 2 ms^{-1}, $\Delta\rho=(\rho_2-\rho_1)/\rho_1=0.003$)

h_2(m) / h_1(m)	200	500	1 000	2 000	3 000
40	1.49	1.54	1.56	1.57	1.58
60	1.66	1.75	1.79	1.81	1.82
80	1.80	1.92	1.98	2.00	2.01

内孤立波传播速度(ms^{-1}) (假定最大水平流速为 2 ms^{-1}, $\Delta\rho=(\rho_2-\rho_1)/\rho_1=0.004$)

h_2(m) / h_1(m)	200	500	1 000	2 000	3 000
40	1.64	1.70	1.73	1.74	1.74
60	1.85	1.95	1.99	2.01	2.02
80	2.00	2.14	2.20	2.24	2.25

内孤立波传播速度(ms^{-1}) (假定最大水平流速为 1 ms^{-1}, $\Delta\rho=(\rho_2-\rho_1)/\rho_1=0.003$)

h_2(m) / h_1(m)	200	500	1 000	2 000	3 000
40	1.24	1.29	1.31	1.32	1.33
60	1.41	1.50	1.54	1.56	1.57
80	1.55	1.67	1.73	1.75	1.76

内孤立波传播速度(ms^{-1}) (假定最大水平流速为 1 ms^{-1}, $\Delta\rho=(\rho_2-\rho_1)/\rho_1=0.004$)

h_2(m) / h_1(m)	200	500	1 000	2 000	3 000
40	1.39	1.45	1.48	1.49	1.49
60	1.60	1.70	1.74	1.76	1.77
80	1.75	1.89	1.95	1.99	2.00

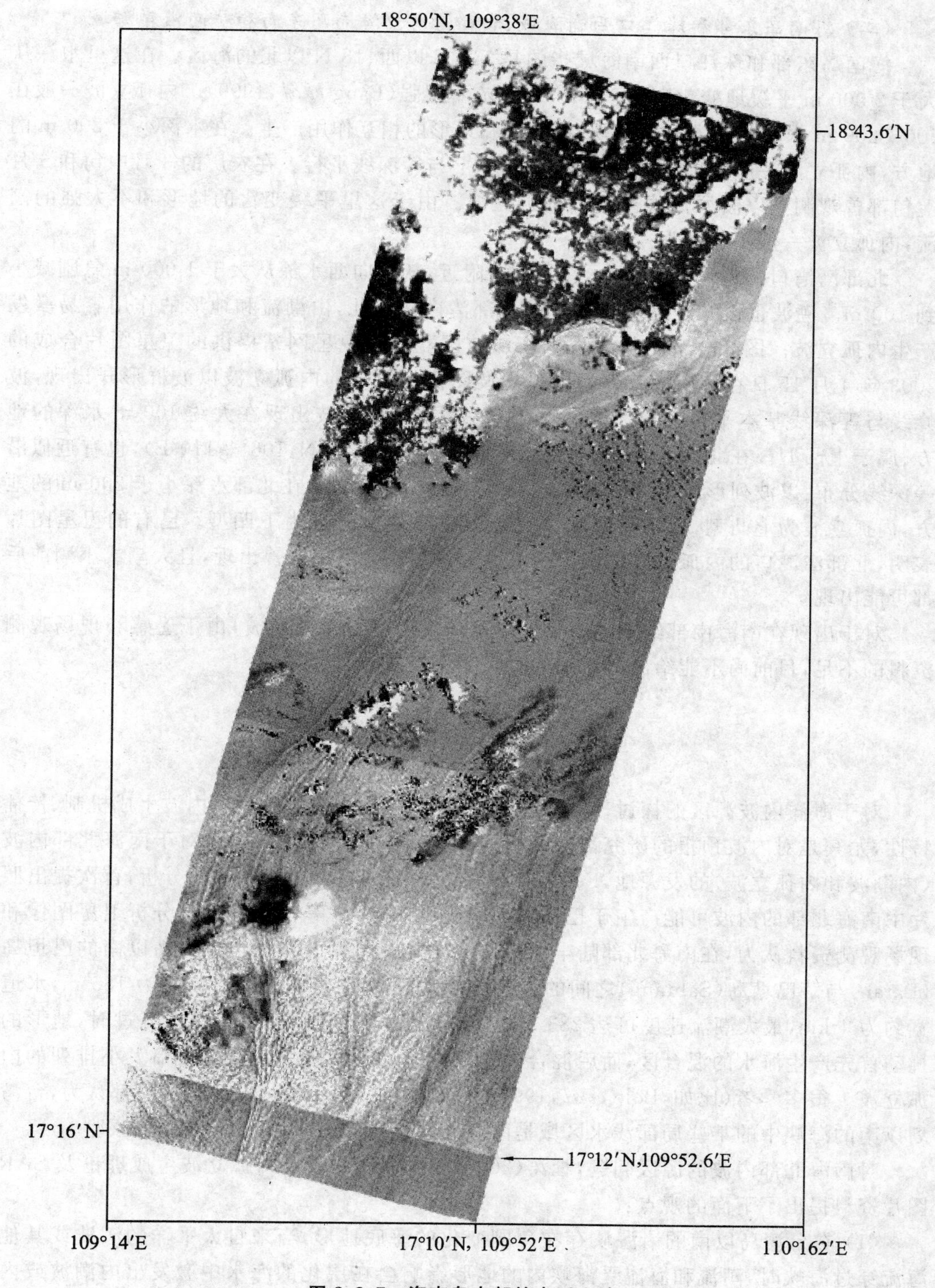

图 8.3.7　海南岛南部的内孤立波

（二）海南岛东部和珠江口西南海域、北部湾湾口海南岛东南和越南沿岸海域

海南岛东部和珠江口西南海域指的是114°E以西、18°N以北的海区。在这里水深从大于2 000 m平缓地变化到小于100 m，潮流不很强（Fang *et al*，1999）。内孤立波一般在500～200 m水深的地方开始出现，由潮流和地形的相互作用产生。在水深小于200 m的地方，内孤立波一般为上凸型，其波峰线基本上与等深线平行。在农历的3月中旬和6月上旬都曾观测到以波群形式出现的内孤立波。由于这里平缓变化的地形和不太强的潮流，内孤立波一般不会很强。

北部湾湾口的地形变化较大，在110°E附近，从东向西水深从大于1 000 m急剧减小到100 m。潮波也恰好是经过这里进入北部湾内。因此，由潮流和地形的作用容易激发产生内孤立波。图8.3.7是作者根据新加坡国立大学卫星网站提供的卫星图片合成的2003年4月15日在海南岛南部的内孤立波图像。图中的内孤立波以波群形式出现，波峰线与等深线基本平行，长度约为200 km左右，内孤立波出现在大约100 m水深的地方、属于上凸型。在北部湾湾口的南端、越南沿岸（14°～17°N，108°～110°E），也有近似沿等深线分布、以波列形式出现的内孤立波（图8.3.1）。其中，在北部水深小于200 m的地方，内孤立波为上凸型，而在南部水深大于200 m的地方则为下凹型。已有的卫星图片表明，北部湾湾口的内孤立波在农历的3月上旬和6，7月份都曾出现，且大潮或小潮前后都可能出现。

对于出现在南海南部纳土纳岛附近以及马来西亚沿岸的内波，由于遥感和现场观测资料的不足，目前尚不能给出其详细的时间变化特征。

§8.4 南海内波的源

对于海洋内波源区的探讨，一直是内波研究的焦点之一。因为对内波生成机制、传播特性，尤其是对内波预报的研究都需要了解和掌握内波源区的知识。对于南海北部内波（内潮波和内孤立波）的发源地，Fett和Rabe（1977）根据对卫星照片的分析，首次提出照片中南海北部的内波可能产生于巴士海峡。Ebbesmeyer等（1991）通过分析卫星图像和现场观测资料认为，在南海北部陆丰油田附近出现的内孤立波源自台湾岛以南的巴坦岛（Batan）与萨巴塘岛（Sabtang）之间的水道；因为那里水深最浅的地方大约为155 m，水道宽约为4 km，最大潮流速度可达283 cms^{-1}。他们认为，当潮流从水道中流过时，地形的扰动首先产生海水的混合区，而后混合区的三维塌陷激发出一系列按振幅大小排列的内孤立波。很多学者（比如，Bole *et al*，1994；Liu *et al*，1998；Zhao *et al*，2004）都认为，台湾岛以南的海峡中的某些局部浅水区域是南海北部内波、尤其是内孤立波的发源地。

对南海北部内波的源区问题，杜涛（2000）根据潮成内波及内孤立波生成理论及SAR图片资料提出了下面的观点：

（1）在台湾岛以南的诸海峡存在急剧变化的海底地形，当来自太平洋的潮波或其他海流穿过海峡时，潮流和海流受海峡内的地形影响会在层化的海水中激发出内潮波或内孤立波并向南海北部传播。

（2）另一方面，在南海北部海域、陆架陆坡连接处地形变化剧烈，且海水层化现象常

年存在，因此，由内潮波的生成机制可知，潮流在这里受到剧烈变化地形的强迫或调制作用后会在层化的海水中产生扰动并最终发展成内潮波。根据内潮波的传播演变特性可知，源于陆架陆坡连接处的内潮波在向浅海传播过程中，满足一定条件时会有内孤立波从中裂变产生。所以，陆架陆坡连接处也是南海北部内波的一个源区。

(3) 根据 Krauss(1999)提出的内潮产生理论，当正压潮通过斜压涡场时，两者之间的非线性相互作用会产生潮频内波。那么，存在于南海北部海区的中尺度涡，它们与表面潮的非线性相互作用或许应该是另一个内波源。

显然，对于"台湾岛以南的诸海峡是南海北部内波的一个重要源地"的说法，众多学者的观点是一致的。但对在南海北部陆架海域内出现的那些源自台湾岛以南的诸海峡的内波，他们的产生机制、产生过程和具体的源区位置等许多问题目前尚未完全搞清楚。Hsu 等(2000)提出，这些内波是潮成的，其生成机制与山后波的形成机制类似。Zhao 等(2004)将南海北部的内孤立波分为两类：一类是单个内孤立波带有或不带拖尾的，另一类是一组内孤立波。对前者，他们用卫星遥感图像证明是通过斜压潮或下凹波的非线性演变产生的，而不是山后波的形成机制。对后者，他们猜测可能是通过山后波的形成机制或斜压潮或下凹波的非线性演变产生，但尚未给出进一步证明。

最近，在杜涛(2000)观点的基础上，Du 等(2004)对台湾岛以南的诸海峡中内孤立波的生成机制和源区的具体位置进行了较详细的研究，下面是他们观点的简单介绍。对其他源区的研究正在进行中。

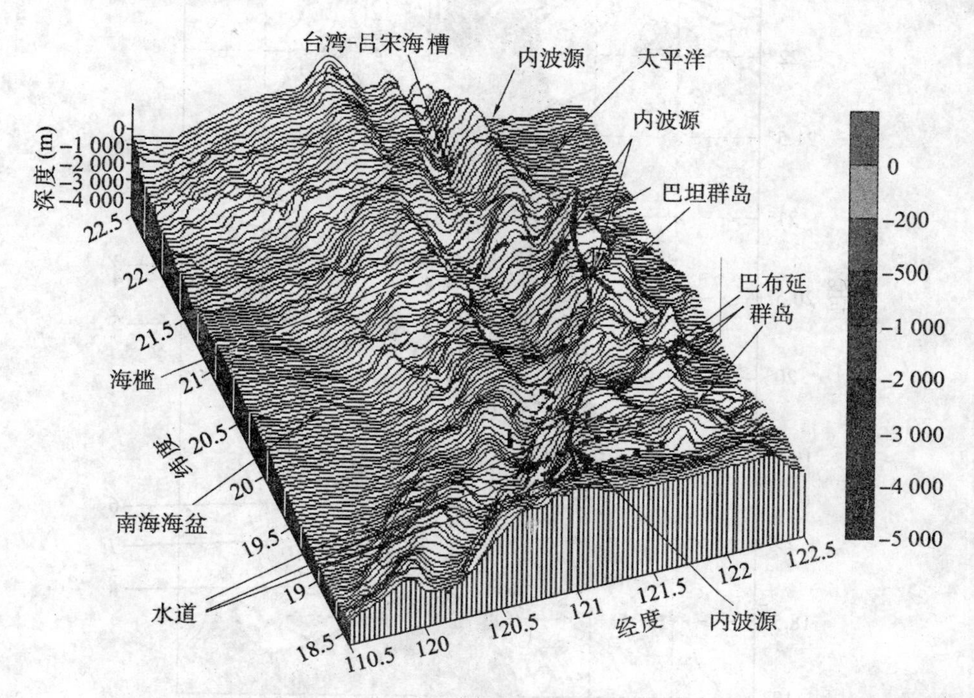

图 8.4.1　台湾岛以南诸海峡的地形(Du *et al*,2004)

8.4.1 台湾岛以南诸海峡的地形

在北起台湾岛南端，南至菲律宾的吕宋岛北端的海区中，从北向南依次分布有东西走向的巴士海峡、巴林塘海峡和巴布延海峡，总宽度大约为 320 km(图 8.4.1)。海峡东面是太平洋，西面是南海。在台湾海脊的东侧，一条最大深度大于 3 000 m 的海槽(台湾-吕宋海槽)从 21°20′N，121°20′E 开始向南延伸，至巴布延群岛西北折向西南与吕宋海槽相连。该海槽在南北方向上将海峡从中间分开。其东面岛屿、海槛星罗棋布，其中以巴坦和巴布延群岛最为显著。在巴坦群岛中分布有 5 条水道(图8.4.2中以黑点线表示)，其中水道 1,2,4 基本为东西向的，水道 3 为东北—西南走向，水道 5 为西北—东南走向。水道 3 和 5 最浅处不到 200 m，宽大约 3.5 km。水道 1 和 2 比 3 和 5 稍深、稍宽。水道 4 是其中最宽也是最深的，它的深度大于 500 m。在巴布延群岛中分布着 3 条水道，分别为水道 6，7,8(图 8.4.2 中以黑点线表示)。其中，水道 7 最浅、最窄，它最浅处不到 200 m，宽度约为 4 km。水道 8 的深度稍大于 200 m；水道 6 最深，其深度大于 500 m。海槽西面的海槛是台湾海脊的南向延伸，这里绝大部分水域的水深大于1 000 m。由于海槽的存在使得这里的海峡地形在东西方向呈波状变化，这是与其他海峡、陆架坡折等内波源地的地形显著不同

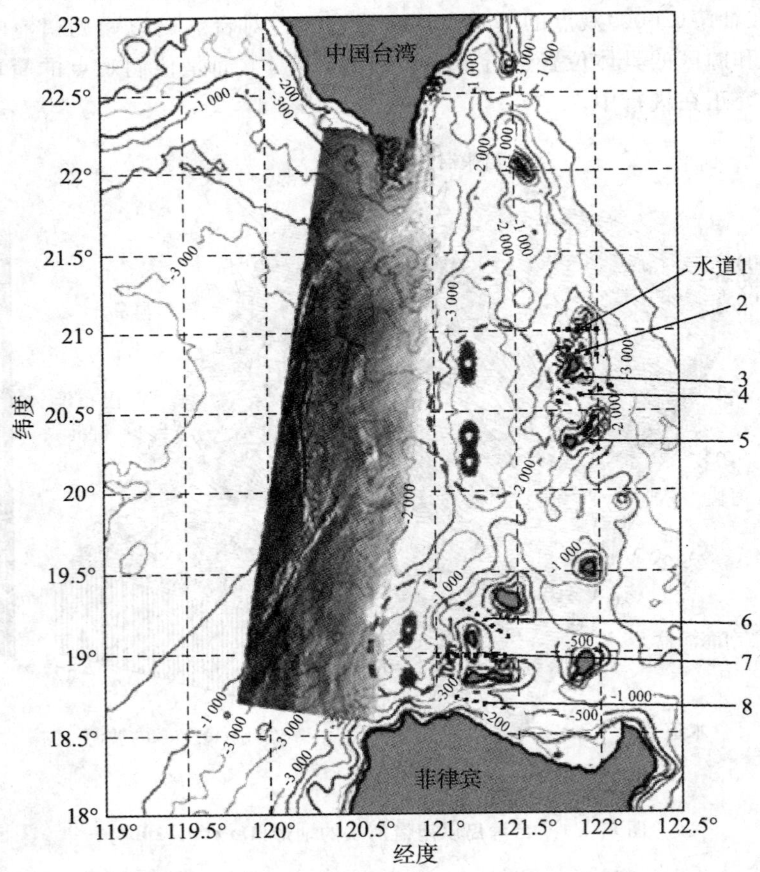

8.4.2 台湾岛以南诸海峡的水深(m)、内孤立波及其源区的分布(Du *et al*,2004)

的地方。此波状变化的波长大约为 100～120 km。在巴坦和巴布延群岛东西两面，由于海槽和太平洋的存在，其坡度很大，在不到 60 km 的水平距离，水深从 500 m 急剧增加到大于 3 000 m。

海峡东西向呈波状急剧变化的地形，尤其是那些分布于巴坦和巴布延群岛中浅而窄的水道，对这里内波生成过程有着重要的影响。

8.4.2　台湾岛以南诸海峡中的潮流和黑潮

台湾岛以南诸海峡是南海和太平洋进行水交换的重要水道。来自太平洋的潮波主要是通过该海峡进入南海。因此，周期性的潮流是海峡中主要的海水流动形式之一。虽然总的说来，海峡内的潮流并不强，但由于海槛和岛屿的存在，海底地形起伏变化较大，潮流并不是均匀分布，尤其是在前面提到的 8 个较浅且窄的水道内，可有潮流的最大流速。例如，前面提到在水道 5 中的最大潮流速度可达 283 cms^{-1}(Ebbesmeyer *et al*, 1991)。这为强内孤立波的产生提供了非常有利的条件。

除了潮流之外，黑潮经过海峡北上时，它的分支通过海峡入侵南海或者仅仅在海峡内发生弯曲(从中、南部进入，北部出去)，是海峡中另一个重要的海水运动形式。关于黑潮分支在海峡内的流动，尤其是黑潮分支对南海的入侵时间，仍然处在研究探讨之中。有的研究认为，黑潮分支对南海的入侵长年存在。而另外的研究结果则认为，入侵只发生在某些季节，在其他季节只有弯曲没有入侵。事实上，不管黑潮分支是通过海峡入侵南海还是只在海峡内弯曲，在海峡的中、南部都会有向西流动的黑潮分支，而在北部则有向东流动的黑潮分支。

在海峡的中、南部，西向流动的黑潮分支不仅存在，而且还具有很大的流动速度。Centurioni 等(2004)根据 1987～2002 年间，名义深度为 15 m 的卫星跟踪的浮标得到了黑潮从菲律宾经海峡进入南海的轨迹，该资料显示黑潮只在每年的 10 月到次年 3 月间入侵南海，而在其他月份则只在海峡中发生弯曲。其中，黑潮进入南海的日平均最大西向流动速度(穿过 120.80°E)可超过 165 cms^{-1}。另外，据黄企洲的研究(1984)：一年四季确有黑潮支流穿过海峡进入南海，并且(取 1 200 m 为速度零面)流向铅直上下一致，但它们的边界却不尽相同，具有明显的季节变化。Xue 等(2004)数值模拟的结果也表明，黑潮在中、南部进入海峡，其流动方向从表层到深层具有很好的一致性。

当黑潮分支在海峡的中、南部海域进入海峡时，海水的西向流动分量将使潮流的西向流动速度加强且持续时间延长，同时使潮流的东向流动速度减弱而持续时间缩短。在海峡的北部，由于黑潮分支向东北方向流入太平洋，所以，潮流的东向流动得到加强，而西向流动则被减弱。黑潮分支和潮流的共同作用基本决定了海峡内的内波生成过程。

8.4.3　台湾岛以南诸海峡中内波的生成

尽管黑潮分支是海峡中重要的海水流动形式，但由于其强度仍小于最强的潮流流动且从内波特性上看，在海峡中产生并传播到南海北部的内波具有明显的潮汐特征，所以，海水的潮流运动依然在内波的产生过程中起着主导性作用，海峡中的内波还是以潮成内波(内潮波和内孤立波)为主。对内潮波而言，只要海峡中海水的层化状况是稳定的，它就会存在。而对内孤立波而言，它是否出现还取决于海水流动(潮流与黑潮分支的叠加)速度的大小、方向等因素。

根据前面对地形和海峡中的潮流、黑潮分支的讨论，在海峡的中、南部，只有当潮流通过巴坦和巴布延群岛中的较浅而窄的水道时，流速才会达到较高值。由内孤立波的生成机制（§3.6）可知，只有强的流动才能产生内孤立波。所以，在上述水道中的强潮流应该是内孤立波能够产生的重要原因之一。

当海峡中的潮流向西流动时，从水道1～8中（图8.4.2）流出的海水沿着巴坦和巴布延群岛的西坡向下流动，经黑潮分支西向流动分量的强化后，合成后的流动会达到很高的流速，在巴坦和巴布延群岛的西坡上将首先产生下凹波。

(1) 如果合成流速的最大值使弗罗得数满足$Fr_c \leqslant Fr \leqslant Fr_m$（§3.6），则当潮流（或合成流）的西向流动速度开始减小时，下凹波将逆流而上，向东穿过巴坦和巴布延群岛、然后向太平洋传播，并在此过程中演变成内孤立波。

(2) 如果西向的合成流速很强，使弗罗得数满足$Fr \geqslant Fr_m$（§3.6），随着合成流速的不断增强，下凹波振幅将不断增加并最终破碎、引起强烈的海水混合。混合区的重力塌陷将像活塞一样不断冲击周围的层化海水，并在其中激发出一系列内孤立波。此种内孤立波从混合区的边缘向四周传播，也一定有内孤立波向西——即向南海北部传播。

(3) 如果西向的合成流速不是特别强，但仍然满足$Fr_c \leqslant Fr \leqslant Fr_m$，将会发生破碎和混合现象，这时下凹波本身将（以内部水跃的形式）向西——即向南海北部传播，并在传播过程中，受非线性演变的影响变为内孤立波（组）。黄企洲(1984)对巴士海峡海洋学状况的研究，通过分析历史观测资料证明上述的混合至少在冬、夏季是存在的。当潮流（或合成流）西向流动速度开始减小时，上述过程仍会发生，同时由混合产生的内孤立波也会向东传。

当海峡中的合成流向东流动时，由于黑潮分支西向流动分量使东向流动的潮流减弱，在巴坦和巴布延群岛东坡的流速就比较小，满足$Fr \geqslant Fr_m$的可能性不大；而如果条件$Fr_c \leqslant Fr \leqslant Fr_m$能够满足的话，将有下凹波产生。随着东向流动速度的减小，下凹波将逆流向西（南海）传播。但是，有以下两种不利因素阻止这种下凹波向西传播：

(1) 半个周期前在巴坦和巴布延群岛西面发生的混合破坏了那里的层化稳定性。因此，即使下凹波能够穿越巴坦和巴布延群岛，它们也不能穿越不稳定的层化区进入南海。

(2) 即使巴坦和巴布延群岛西面没有不稳定的层化区，且假定本来就不强的下凹波在穿越巴坦和巴布延群岛后能够演变成内孤立波，此时它们遇到的是深度急剧变深的台湾-吕宋海槽，这将使内孤立波的强度迅速减弱。最终，它们不可能再有足够的能量穿过更深的南海海盆到达南海北部的陆架海域。

由于地理位置等方面的原因，穿过巴布延群岛中水道7和8的黑潮分支有时较弱。因此，黑潮分支对从这里向西流动的潮流之强化作用可能会较弱，使得在某些情况下，在巴布延群岛西侧由混合区塌陷产生的内孤立波比产生于巴坦群岛西侧的内孤立波要弱。

为什么在巴坦群岛东面的太平洋中较少看到向东传播的内孤立波呢？根据式(3.7.10)和(3.7.11)，水深急剧变深可使非线性系数迅速减小而频散系数增加，结果使内孤立波的振幅迅速衰减。当产生于巴坦群岛西侧的下凹波或内孤立波穿过该群岛向东传播时，太平洋急剧增加的水深使它们迅速衰减并消失。而在水道7和8东面水深变化比巴坦群岛东面要平缓得多，内孤立波不会因此急剧衰减，所以在这里能够看到东传的内孤立波（图8.4.3，Du *et al*，2004）。

在海峡的北部，由于缺乏又浅又窄的水道，因此潮流的速度一般不大。即使黑潮

8.4.3　巴布延群岛中向东传播的内孤立波(Du *et al*,2004)

的流出加强了潮流的东向流动，仍不会像在巴坦和巴布延群岛西面那样由混合区塌陷产生很强的内孤立波。但在离台湾东南不远的地方有一个小岛，当受黑潮强化的东向潮流沿小岛附近的东坡流动时，可能会有下凹波产生并在东向潮流减弱时逆流向西传播，并演化为内孤立波。图 8.4.4 是航天飞机拍摄的台湾岛东南的内波照片(Du *et al*,2004)，其中的内孤立波可能是如此产生的。

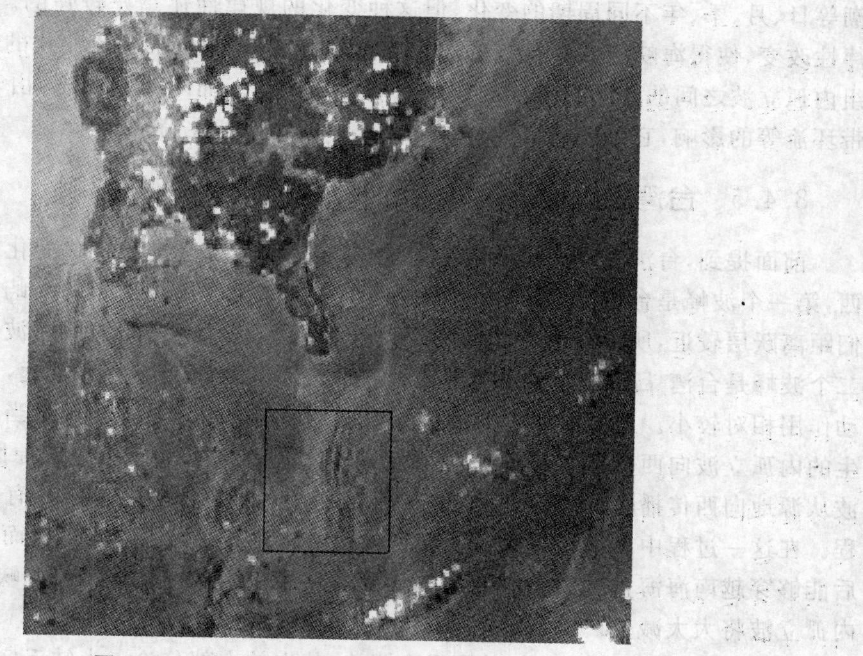

图 8.4.4　台湾东南部的内波(Du *et al*,2004)

在海峡中生成并向南海北部传播的内孤立波、其生成机制和过程是：首先由潮流以及海峡中的黑潮分支、与巴坦和巴布延群岛中又浅又窄的水道地形相互作用，如果流动速度很大，该相互作用就会在巴坦和巴布延群岛西侧产生强烈的混合区；然后通过混合区重力塌陷对周围层化海水的不断冲击作用激发产生内孤立波。如果流动速度没有大到足以产生混合但仍能产生一定幅度的下凹波，它在向南海传播的过程中一样可以演变为内孤立波(组)。

8.4.4 台湾岛以南诸海峡中的内波源和内波特性

台湾岛以南诸海峡中内孤立波生成机制和过程表明，若内孤立波的源是在混合区的边缘，它应该位于巴坦和巴布延群岛的西侧深水中，而不是像原来认为的那样(Ebbesmeyer *et al*，1991；Bole *et al*，1994)在海峡中的某个浅水区。具体的源区位置需要利用观测资料，根据内孤立波的传播特性来确定。图 8.4.1，8.4.2 中的虚线椭圆是 Du 等(2004)确定的内孤立波源区范围。对应于具体的每一组内孤立波，其源在椭圆中的确切位置与潮流和黑潮分支的强度有着非常密切的关系。两种流动合成的流越强，向南海传播之内孤立波的源就越靠近椭圆的西边缘；反之，合成的流越弱，向南海传播之内孤立波的源就越靠近椭圆的东边缘。图 8.4.1 中位于巴坦和巴布延群岛西侧的黑圆弧线表示下凹波开始产生的位置，而海峡北部可能的内孤立波源区也在该图中一并标出。

若内孤立波源自下凹波的传播演变，那么内孤立波的源区位置就更不易确定，但至少不在巴坦和巴布延群岛中的浅水区。

潮流和黑潮在海峡中的分支决定了海峡中内波的产生，因此海峡中内波的特性与海水的这两种流动形式必定有密切的关系。对于潮流而言，虽然存在着高潮、低潮、大潮、小潮等日、月、季、年不同周期的变化，但这种变化的规律性还是比较强的。因此，潮流的规律性改变，使得海峡中内孤立波的产生或出现，也具有很强的潮流变化的特点。如相邻两组内孤立波之间的时间间隔接近以潮周期为单位等。而对黑潮而言，由于受季风和亚热带环流等的影响，它给内孤立波带来的多是一些随机变化特征。

8.4.5 台湾岛以南诸海峡中的波状地形对内波的影响

前面提到，台湾岛以南诸海峡中的地形在东西方向上具有波状变化的特征。从东向西，第一个波峰是台湾-吕宋海槽东面以巴坦和巴布延群岛为代表的岛屿和海槛。由于它们距离跃层较近，所以它们对跃层的扰动作用主要是产生强的内孤立波和内潮波。而第二个波峰是台湾-吕宋海槽西面的海槛，它们的顶部距离跃层大都较远，因而对跃层的扰动作用相对较小。这些海槛的作用不是直接产生强的内孤立波，而是当由第一个波峰产生的内孤立波向西传播并经过它们，使这些内孤立波进一步增强。其原因在于，当内孤立波从源地向西传播时，海槛的存在使内孤立波传播经过地方的水深、有一由深变浅的过程。在这一过程中非线性系数变大使得内孤立波的振幅不断增加，从而使它们越过海槛后能够穿越南海海盆到达南海北部的陆架、陆坡海域。不然的话，由海峡传到南海北部的内孤立波将大大减少。

必须指出，本节的分析主要是理论性的，其中的大部分论点尚缺乏实际海洋调查资料的检验。

参考文献

1 安鸿志，陈兆国，杜金观，等. 时间序列的分析与应用. 北京：科学出版社，1983

2 鲍献文，方欣华. 海洋细结构综述. 海洋与湖沼，1994，25(5)：552～559

3 蔡树群，陈荣裕，邱章. 底地形变化对内潮产生影响的数值研究. 台湾海峡，2000，19(1)：74～81

4 蔡树群，甘子钧. 内波频散关系的一种数值解法. 热带海洋，1995，14(1)：22～29

5 蔡树群，甘子钧，龙小敏. 南海北部孤立子内波的一些特征和演变. 科学通报，2001，46(15)：1 245～1 250

6 蔡树群，龙小敏，黄企洲. 南海北部孤立子内波生成条件的初步数值研究. 海洋学报，2003，25 (4)：119～124

7 陈上及，马继瑞. 海洋数据处理分析方法及其应用. 北京：海洋出版社，1991

8 杜涛. 南海北部的内波. 地学前缘，2000，7(特刊)：188

9 杜涛，方国洪. 风暴潮漫滩的半隐半显数值模式及其在珠江口的应用. 海洋与湖沼，1998，29(6)：617～624

10 杜涛，方欣华. 岛礁处内潮波的模拟研究. 海洋学报，2000，22(增)：344～348

11 杜涛，方欣华. 内潮研究的数值模式. 海洋预报，1999，16(4)：26～30

12 杜涛，吴巍，方欣华. 海洋内波的产生与分布. 海洋科学，2001，25(4)：25～27

13 范植松. 海洋内部混合研究基础. 北京：海洋出版社，2002

14 范植松，方欣华. 旋转向量水平分量对大洋内波方程的影响. 海洋学报，1998，20(3)：129～133

15 范植松，方欣华. 考虑旋转向量水平分量的大洋内波方程的一个渐近解. 海洋学报，1998，20(4)：1～8

16 方国洪，李鸿雁，杜涛. 内潮的一种分层三维数值模式. 海洋科学集刊，1997，38：1～15

17 方欣华. 海洋内波动力学. 地球科学进展，1993，8(5)：97～98

18 方欣华. 海洋水文观测技术. 高技术百科辞典（卢嘉锡、谢希德主编），海洋技术分册（文圣常主编），福州：福建人民出版社，1994，556～558

19 方欣华. 澳大利亚悉尼外海陆架区内波场谱特性分析. 海洋学报，1987，9(3)：294～301

20 方欣华，鲍献文，张玉琳，劳治声. 南海西南海域内波和细结构. 海洋与湖沼，1994，25(1)：1～8

21 方欣华，王景明. 海水压缩性对海洋内波的影响. 山东海洋学院学报，1984，14(3)：13～18

22 方欣华，王景明. 海洋内波研究现状简介. 力学进展，1986，16(3)：319～330

23 方欣华，吴巍．海洋随机资料分析．青岛：青岛海洋大学出版社，2002

24 方欣华，吴巍，仇德忠．南沙海域内波与细结构研究．青岛海洋大学学报，1999，29(4)：537～542

25 方欣华，吴巍，刘煜，鲍献文．南沙海区温度细结构正态性检验．青岛海洋大学学报，2000，30(2)：189～194

26 方欣华，尤钰柱．用CTD资料分析东海温、盐、密度垂向细结构的初步尝试Ⅰ：浅海内波的垂向结构．海洋学报，1987，9(5)：537～543

27 方欣华，尤钰柱，张玉琳．用CTD资料分析东海温、盐、密度垂向结构的初步尝试Ⅱ：温度细结构特性初探．海洋学报，1988，10(2)：129～135

28 方欣华，张玉琳，王景明．南沙群岛西南海域内波和细结构分析．南沙群岛海区物理海洋学研究论文集Ⅰ．北京：海洋出版社，1994，28～38

29 方欣华，张玉琳，王景明．CTD资料质量控制．青岛：青岛海洋大学出版社，1992

30 方欣华，庄子禄．CTD资料正态性检验方法的探讨．海洋湖沼通报，1995，2：7～11

31 方文东，陈荣裕，毛庆文．南海北部大陆坡区的突发性强流．热带海洋，2000，19(1)：70～74

32 冯士筰，李凤岐，李少菁．海洋科学导论．北京：高等教育出版社，1999

33 冯士筰，孙文心．物理海洋数值计算．郑州：河南科学技术出版社，1992

34 何幼斌，高振中．内潮汐、内波沉积的特征与鉴别．科学通报，1998，43(9)：903～908

35 黄企洲．巴士海峡的海洋学状况．南海海洋科学集刊，1984，6：53～67

36 江明顺，方欣华，单正强，魏明建．陆架陆坡潮成内波的二维三层模式．青岛海洋大学学报，1995，25(3)：277～285

37 柯钦·H·E，基别里·N·A，罗斯·H·B．理论流体力学(第1卷第2分册)．曹俊，等译．北京：高等教育出版社，1956

38 梁文德，唐存勇，庄文思等．南海的孤立波．中国及临近海域海洋科学讨论会论文摘要，1999：63～64

39 李红岩，黄祖珂，陈宗镛．潮汐响应分析及非线性输入函数的研究．海洋与湖沼，1989，20(4)：330～337

40 吕红民，徐肇廷，方欣华．实验室用内波动态测量仪．水动力学研究与进展，1995，10(3)：328～334

41 马尔丘克，卡岗．大洋潮汐．李坤平，白乃译．北京：海洋出版社，1982

42 奈弗·A H．摄动方法．王辅俊，等译．上海：上海科学技术出版社，1984

43 潘惠周，等．浅海内波的功率谱分析．海洋通报，1982，1(1)：10～16

44 普劳德曼·L．动力海洋学．毛汉礼译．北京：科学出版社，1956

45 清华大学应用数学系现代应用数学手册编委会．现代应用数学手册计算方法分册．北京：北京出版社，1990：410～418

46 邱章，徐锡祯，龙小敏．南海北部一观测点内潮特征的初步分析．热带海洋，1996，15(4)：63～67

47 束星北，耿世江，顾学俊，等. 利用海流观测资料检验近海内波. 海洋学报，1985，7(5)：533～538

48 束星北，赵俊生，王桢祥，等. 用单站测量确定近海内潮波的方向和速度. 海洋学报，1985，7(6)：665～673

49 汪德昭，尚尔昌. 水声学. 北京：科学出版社，1981

50 文圣常，余宙文. 海浪理论和计算原理. 北京：科学出版社，1984

51 席少霖，赵风治. 最优化计算方法. 上海：上海科学技术出版社，1983

52 许宏庆，Andrian R J. 粒子象测速技术(PIV)和激光散斑测速(LSV)的实验研究. 气动实验与测量控制，1995(6)

53 徐德伦，于定勇. 随机海浪理论. 北京：高等教育出版社，2001

54 徐肇廷. 分层海洋中的内孤立波. 青岛海洋大学学报. 1989，19(3)：1～9

55 徐肇廷，方欣华，汪一明. 偶板造波机生成内波的振幅——理论与实验的比较. 水动力学研究与进展，1989，14(4)：89～95

56 徐肇廷，王景明. 小型内波实验水槽及其供水、造波及测量系统. 青岛海洋大学学报，1988，18(1)：95～102

57 徐肇廷. 海洋内波动力学. 北京：科学出版社，1999

58 徐肇廷，沈国谨，王伟，等. 新型三维内波-分层流水槽系统. 青岛海洋大学学报，2002，32(6)：868～876

59 叶建华. 黄海中部的低频内波. 青岛海洋大学学报，1990，20(2)：7～16

60 尹逊福，孔祥德，潘惠周. 东海西部陆架海区内波特征的初步分析. 海洋学报，1986，8(6)：772～778

61 於崇文. 大型矿床和成矿区(带)在混沌边缘. 地学前缘，1999，6：195～230

62 余志豪，王彦昌. 流体力学. 北京：气象出版社，1982

63 张爱军，方欣华. 赤道附近 141°30′E 断面温盐细结构特性. 海洋学报，1995，17(5)：32～41

64 郑全安，吴隆业，张东，等. 崂山湾附近海域内波的侧视雷达(SLAR)图像信息研究. 海洋与湖沼，1989，20(3)：281～287

65 赵俊生，耿世江. 内波旋转特性的理论研究及其应用. 中国海洋学文集，1992，3：41～57

66 赵俊生，耿世江. 关于估计内波对跃层影响的适用理论模式的研究. 北京：中国海洋学文集，1991，1：66～78

67 赵俊生，耿世江. 关于估计内波对跃层影响的适用理论模式的研究. 中国海洋学文集，1992，3：58～77

68 赵俊生，耿世江，孙洪亮，等. 内潮对潮流垂直结构的影响. 海洋学报，1990，12(6)：677～692

69 赵俊生，耿世江，王桢祥，等. 近海潮成内波波包结构的分析. 海洋学报，1987，9(2)：137～144

70 赵俊生，耿世江，孙洪亮，等. 北黄海内波场特征. 中国海洋学文集，1992，3：1～

13
71 赵俊生，耿世江，孙洪亮，等. 南黄海内波场特征. 中国海洋学文集，1992，3：14～25
72 赵俊生，耿世江，孙洪亮，等. 北黄海内潮对潮流垂直结构的影响. 中国海洋学文集，1992，3：26～40
73 赵俊生，耿世江，孙洪亮，等. 黄海内波场的观测和研究. 中国海洋学文集，1992，3：78～101
74 Abramowitz M, Stegun I A (ed). Handbook of mathematical functions. Dover Publications, Inc. New York, 1972
75 Apel J R, Byrne H M, Proni J R, *et al*. Observations of oceanic internal and surface waves from the earth resources technology satellite. J. Geophys. Res., 1975, 80 (6): 865－881
76 Baines P G. The generation of internal tides over steep continental slopes. Phil. Trans. R. Soc. London, 1973, 277A: 27－58
77 Baines P G. On internal tides generation models. Deep-Sea Res., 1982, 29, 3A: 307－338
78 Baines P G, Fang Xinhua. Internal tide generation at a continental shelf/slope junction: A comparison between theory and a laboratory experiment. Dynamics of Atmospheres and Oceans, 1985, 9: 297－314
79 Bendat J S, Piersol A G. Random data analysis and measurement procedures. Wiley & Sons Inc., New York, 1971
80 Benjamin T B. Internal waves of permanent form in fluids of great depth. J. Fluid Mech., 1967, 29, 559－592
81 Bole J B, Ebbesmeyer C C, Romea R D. Soliton currents in the South China Sea: measurements and theoretical modeling, the 26th Annual OTC in Houston, Texas, U. S. A., 2－5 May, 1994, 387－396
82 Boyd T J, *et al*. High-frequency internal waves in the strongly sheared currents of the upper equatorial Pacific: Observations and a simple spectral model. J. Geophys. Res., 1993, 98 (C10): 18 089－18 107
83 Brandt P, Alpers W, Backaus J O. Study of the generation and propagation of internal waves in the strait of Gibraltar using a numerical model and synthetic aperture radar images of the European ERS 1 Satellite. J. Geophys. Res., 1996, 101: 14 237－14 252
84 Brandt P, Rubino A, Alpers W, *et al*. Internal waves in the Strait of Messina studied by a numerical model and synthetic aperture radar images from the ERS 1/2 satellites. J. Phys. Ooceanogr. 1997, 27: 648－663
85 Bray N A, Fofonoff N P. Available potential energy for MODE eddies. J. Phys. Oceanogr., 1981, 11: 30－46

86 Briscoe M G. Introduction to collection of papers on oceanic internal waves. J. Geophys. Res., 1975, 80: 289—290

87 Briscoe M G. Preliminary results from the tri-moored internal wave experiments (IWEX). J. Geophys. Res., 1975, 80: 3 872—3 884

88 Briscoe M G. Gaussianity of internal waves. J. Geophys. Res., 1977, 82 (15): 2 117—2 126

89 Bryden H L. New polynomials for thermal expansion, adiabatic temperature gradient and potential temperature of seawater. Deep-Sea Res., 1973, 20: 401—408

90 Cai Shu-qun, Gan Zi-jun, Long Xiao-min. Some characteristics and evolution of the internal soliton in the northern South China Sea. Chinese Science Bulletin, 2002, 47(1): 21—26

91 Cai Shu-qun, Long Xiao-min, Gan Zi-jun. A numerical study of the generation and propagation of internal solitary waves in the Luson Strait. Oceanlogica Acta, 2002, 25: 51—60

92 Cairns J L. Internal wave measurements from a midwater float. J. Geophys. Res., 1975, 80(3): 299—306

93 Cairns J L. Variability in the Gulf of Cadiz: Internal waves and globs. J. Phys. Oceanogr., 1980, 10: 579—595

94 Cairns J L, Williams G O. Internal wave observations from a midwater float. J. Geophys. Res., 1976, 81 (12): 1 943—1 950

95 Cartwright D E, Tayler T J. New computations of tide-generating potential. Geophys. J. R. Astr. Soc., 1971, 23(1): 45—74

96 Casulli V, Cheng R. Semi-implicit finite difference methods for three-dimensional shallow water flow. International Journal for numerical methods in fluid, 1992, 15: 629—648

97 Casulli V. Semi-implicit finite difference methods for the two-dimensional shallow-water equation. Journal of Computational Physics, 1990, 86: 56—74

98 Chen C T, Millero F M. Speed of sound in seawater at high pressures. J. Acoustical Society of America, 1977, 62: 1 129—1 135

99 Centurioni L R, Niiler P P, Lee D K. Observations of inflow of Philippine Sea surface water into the South China Sea through the Luzon Strait. J. Phys. Oceanogr., 2004, 34: 113—121

100 Chuang W S, Wang D P. Effects of density front on the generation and propagation of internal tides. J. Phys. Oceanogr., 1981, 11: 1 357—1 374

101 Clark C B, Stockhausen P J, Kennedy J F. A method for generating linear profiles in laboratory tanks. J. Geophy. Res., 1967, 72(4): 1 393—1 395

102 Colosi J A, Beardsley C B, Lynch J F, *et al*. Observations of nonlinear internal

waves on the outer New England continental shelf during the summer shelfbread primer study. J. Geophys. Res., 2001, 106(C5): 9 587－9 601

103 Cox C. Internal waves Part Ⅱ. The Sea, Volume Ⅰ, Hill M. N. (General Editor), John Wiley & Sons, New York, 1962, 752－763

104 Cox C, Sandstrom H. Coupling of internal and surface waves in water of variable depth. J. Oceanog. Soc. Japan, 1962, 20: 499－513

105 Craig P D. Numerical modeling of internal tides. Numerical Modeling: Application to Marine Systems. Edited by Noye J, Elsevier, Amsterdam, 1987a, 107－122

106 Craig P D. Solutions for internal tidal generation over coastal topography. J. Mar. Res., 1987b, 45: 83－105

107 Cushmann-Roisin B, *et al*. Resonance of internal waves in fjords: A finite-difference model. J. Mar. Res., 1989, 47: 547－567

108 Debnath L. Nonlinear Water Waves. Academic Press, Inc., San Diego, CA, 1994

109 Defant A. On the origin of internal tide waves in the open sea. J. Mar. Res. 1950: 111－119

110 Defant A. Physical Oceanography, Vol. 2. Pergamon, New York, 1961

111 Desaubies Y J F. Internal waves near the turning point. Geographys. Fluid Dyn., 1973, 5: 143－154

112 Desaubies Y J F. A linear theory of internal wave spectra and coherence near the Väisäla frequency. J. Geophys. Res., 1975, 80: 895－899

113 Desaubies, Y J F. Analytical representation of internal wave spectra. J. Phys. Oceanogr., 1976, 6: 970－981

114 Desaubies Y J F, Gregg M G. Reversible and irreversible finestructure. J. Phys. Oceanogr., 1981, 11: 541－566

115 Desaubies Y J F, Smith W K. Statistics of Richardson number and instability in oceanic internal waves. J. Phys. Oceanogr., 1982, 12: 1 245－1 259

116 Djordjecvic V D, Redekopp L G. The fission and disintegration of internal solitary waves moving over two-dimensional topography. J. Phys. Oceanogr., 1978, 8: 1 016－1 024

117 Du Tao, Fang Guohong, Fang Xinhua. A layered numerical model for simulating the generation and propagation of internal tides over continental slope Ⅰ. Model design. Chin. J. Oceanol. Limnol., 1999, 17(2): 125－132

118 Du Tao, Fang Guohong, Fang Xinhua. A layered numerical model for simulating the generation and propagation of internal tides over continental slope Ⅱ. Stability analysis. Chin. J. Oceanol. Limnol., 1999, 17(3): 252－257

119 Du Tao, Fang Guohong, Fang Xinhua. A layered numerical model for simulating

the generation and propagation of internal tides over continental slope Ⅲ. Numerical experiments and simulation. Chin. J. Oceanol. Limnol., 2000, 18 (1): 18—24

120 Du Tao, Yan X H, He M X, *et al*. The sources of the internal waves on the northern shelf of the South China Sea . Part I: Luzon Strait. supplied to J Physycal Oceangr., 2004

121 Dysthe K B, Das K P. Coupling between a surface wave spectrum and an internal wave: Modulation internaction. J. Fluid Mech., 1981, 104: 483—503

122 Ebbesmeyer C C, Coomes C A, *et al*. New observations on internal waves (solitons) in the South China Sea using an acoustic Doppler current proflier. Marine Technology Society 91 Proceedings, New Orleans, 1991, 165—175

123 Eckart C. Hydrodynamics of Oceans and Atmospheres. Pergamon Press, 1960

124 Eriksen C. Measurements and models of fine structure, internal gravity waves and wave breaking in the deep ocean. J. Geophys. Res., 1978, 83: 2 989—3 009

125 Evans D L. Observations of small-scale shear and density structure in the ocean. Deep-Sea Res., 1982, 29 (5A): 581—595

126 Fan Zhisong, Fang Xinhua. A possible mechanism of ocean fine structures Part I: Engergy and coherence. 青岛海洋大学学报, 1999, 29(2): 207—214

127 Fan Zhisong, Fang Xinhua, Xu Qichuen. A possible mechanism of ocean fine structures Part Ⅱ: Shear and strain. 青岛海洋大学学报, 1999, 29(3): 405—414

128 Fan Zhisong, Fang Xinhua, Xu Qichuen. A possible mechanism of ocean fine structures Part Ⅲ: Estimation of the kinetic energy dissipation in mixing. 青岛海洋大学学报, 2000, 30(1): 7—14

129 Fang G H, Kwok Y K, Yu K J, *et al*. Numerical simulation of principal tidal constituents in the South China Sea, Gulf of Tonkin and Gulf of Thailand. Continental Shelf Research, 1999, 19: 845—869

130 Fang X H, Boland F M, Cresswell G R. Further observations of high-frequency current variations on the continental shelf near Sydney. New South Wales. Aust. J. Mar. Freshw. Res., 1984, 35: 611—618

131 Fang Xinhua, Jiang Mingshun, Du Tao. Dispersion relation of internal waves in the western equatorial Pacific Ocean. Acta Oceanologica Sinica, 2000, 19(4): 37—45

132 Fang Xinhua, Xiao Liang. Directional spectrum analysis of internal waves in the sea of Sydney, Australia. Chin. J. Oceanol. Limnol., 1991. 9(1): 15—24

133 Fang Xinhua, You Yuzhu. The vertical characteristics of internal waves in shallow region of the East China Sea analysed from CTD data. Acta Oceanologica Sinica., 1987, 6(4): 493—502

134 Fang Xinhua, Zhang Yulin, Sun Haili, Ye Jianhua. An investigation of the

properties of low-frequency internal waves in the northeastern Chia Seas, Chin J. Oceanol. Limnol., 1989, 7(4): 289—299

135 Fedorov K N (Translators Brown D A and Turner J S). The thermohaline finestructure of the ocean. Pergamon Press, New York, 1978

136 Fett R W, Rabe K. Satellite observation of internal waves refraction in the South China Sea. Geophys. Res. Let., 1977, 4(5): 189—191

137 Finette S, Orr M, Apel J. Acoustic field fluctuations caused by internal wave soliton packets. http://www. whoi. edu/science/AOPE/people/tduda/isww/text/finette/finette. htm

138 Fliegel M, Hunkins K. Internal wave dispersion calculated using the Thomson-Haskell method. J. Phys. Oceanogr., 1975, 5: 541—548

139 Fofonoff N P. Oscilation modes of a deep-sea mooring. Geo-Marine Technology, 1966, 2: 13—17

140 Foronoff N P. Spectral characteristics of internal waves in the ocean. Deep-Sea Res., 1969a, 16 suppl., 58—71

141 Fofonoff N P. Role of the NDBS in future natural variability studies of the North Atlantic. First Science Advisory Meeting, National Data Buoy Development Project, US Coast Guard 1969b

142 Fofonoff N P, Millard Jr R C. Algorithms for computation of fundamental properties of seawater, Unesco technical papers in marine science, 44, 1983

143 Fofonoff N P, Webster F. Current measurements in the western Atlantic. Philos. Trans. R. Soc. London, 1971, Ser. A, 279: 423—436

144 Fu L L. Observations and models of inertial waves in the deep ocean. Rev. Geophys. Space Phys., 1981, 19: 141—170

145 Gardner C S, Greene J M, Kurskal M D, *et al*. Method for solving the Korteweg-de Vries equation. Phys. Rev. Lett. 1967, 19: 1 095—1 096

146 Gardner C S, Greene J M, Kurskal M D, *et al*. Korteweg-de Vries equation and generalizations, VI, Method for exact solution. Comm. Pure Appl. Math, 1974, 27: 97—133

147 Garrett C J R, Munk W H. Internal wave spectra in the presence of finestructure. J. Phys. Oceanogr., 1971, 1: 196—202

148 Garrett C J R, Munk W H. Space-time scales of internal waves. Geophys. Fluid Dyn., 1972, 2: 225—264

149 Garrett C J R, Munk W H. Space-time scales of internal waves: A progress report. J. Geophys. Res., 1975, 80: 291—297

150 Garrett C J R, Munk W H. Internal waves in the ocean. Annu. Rev. Fluid Mech., 1979, 11: 339—369

151 Gerkema T. Nonlinear dispersive internal tides: generation models for a rotating

ocean. Netherlands Institute for Sea Research on the Island of Texel. Ph. D. thesis, 1994

152 Gerkema T. A unified model for the generation and fission of internal tides in a rotation ocean. J. Mar. Res., 1996, 54: 421—450

153 Gerkema T, Zimmerman J T F. Generation of nonlinear internal tides and solitary waves. J. Phys. Oceanogr., 1995, 25: 1 081—1 094

154 Gonella J. A rotary-component method for analyzing meteorological and oceanographic vector time series. Deep-Sea Res., 19: 833—846

155 Gregg M C. Microstructure and intrusionsin the California Current. J. Phys. Oceangr., 1975, 5: 253—278

156 Gregg M C. Variations in the intensity of small-scale mixing in the main thermocline. J. Phys. Oceangr., 1977a, 7: 436—454

157 Gregg M C. A comparision of fine-structure spectra from main thermocline. J. Phys. Oceanogr., 1977 b, 7: 33—40

158 Gregg M C. Diapycnal mixing in the thermocline, a review. J. Geophys. Res., 1987, 92, 5249—5286

159 Gregg M C, Briscoe M G. Internal waves, finestructure, microstructure, and mixing in the ocean. Rev. Geophys., 1979, 17: 1 524—1 548

160 Gregg M C, Cox C S, Hacker P W. Vertical microstructure measurements in the central north Pacific. J. Phys. Oceangr., 1973, 3: 458—469

161 Hachmeister L E, Martin S. An experimental study of the resonant instability of an internal wave of mode 3 over a range of driving frequencies. J. Phys. Oceangr., 1974, 4(3): 337—348

162 Haurwutz B. Internal waves of tidal character. Trans. Amer. Geophys. Un., 1950, 31(1): 47—52

163 Hayes S P, Joyce T M, Millard R C. Measurements of vertical finestructure in the Sargasso Sea. J. Geophys. Res., 1975, 80: 314—320

164 Heathershaw A D, New A L, Edwards P D. Internal tides and sediment transport at the shelf break in the Cetic Sea. Continental Shelf Res., 1987, 7(5): 485—571

165 Hill M N (General Editor). The Sea, Volume 1. New York: Intersciense Publishers, 1962

166 Hirota R. Exact solution of the Korteweg-de Vries equation for multiple collisions of solitons. Phys. Rev. Lett., 1971, 27: 1 192—1 194

167 Hirota R. Exact envelope-soliton solutions of a nonlinear wave equation. J. Math. Phys., 1973a, 14: 805—809

168 Hirota R. Exact N-solutions of the wave equation of long waves in shallow water and in nonlinear lattices. J. Math. Phys., 1973b, 14: 810—814

169 Hirst E. Internal wave-wave resonance theory: Fundamentals and limitations. Dynamics of Oceanic Internal Gravity Waves. Proceedings ' Aha Huliko ' a Hawaiian Winter Workshop, Müller P and Henderson D (editors), University of Hawaii at Manoa, Jan., 15—18, 1991: 211—226

170 Holloway P E, Pelinovasky E, Talipova T, *et al*. A nonlinear model of internal tide transformation on the Australian North West Shelf. J. Phys. Oceangr., 1997, 27: 871—896

171 Holloway P E, Pelinovsky E, Talipova T. Modeling internal tide generation and evolution into internal solitary waves on the Australian North West Shelf. Dynamics of Oceanic Internal Gravity Waves, Ⅱ. Proceedings 'Aha Huliko' a Hawaiian Winter Workshop, Muller P and Henderson D (editors), University of Hawaii at Manoa, Jan. 18—22, 1999: 43—50

172 Hsu M K, Liu A K. Nonlinear internal waves in the South China Sea. Canadian J. Remote Sensing, 2000, 26(2): 72—81

173 Hsu M K, Liu A K, Liang N K. Evolution of nonlinear internal waves Northeast of Taiwan, The Proceedings of the Eighth (1998) International Offshore and Polar Engineering Conference (ISOPE'98), Montreal, Canada, May 18 — 24, 1998

174 Hsu M K, Liu A K, Liu C. A study of internal waves in the China seas and Yellow Sea using SAR. Continental Shelf Res., 2000, 20: 389—410

175 Huthnance J M. Internal tides and waves near the continental shelf edge. Geophysical and. Astrophysical Fluid Dynamics, 1989, 48: 81—106

176 Jamali M, Seymour B. The interaction of a surface wave with waves on a diffuse interface. J. Phys. Oceanogr., 2004, 34: 204—213

177 Jenkins G M, Watts G D. Spectral Analysis and its Applications. Holden-Day, San Francisco, 1968

178 Jiang Mingshun, Fang Xinhua. Progress of studies on the internal tide generated by the passage of barotropic tide over continental shelf/slope. Chin. J. Oceanol. Linmol., 1992, 10(2): 119—134

179 Jiang Mingshun, Fang Xinhua. An exact solution of internal tides generated at continental slope. Chin. J. Oceanol. Limnol., 1995, 13(4): 289—293

180 Jiang Mingshun, Fang Xinhua. An exact solution of sub-inertial frequency baroclinic waves. Chin. J. Oceanol. Limnol., 1996, 14(1): 79—82

181 Jiang Mingshun, Fang Xinhua. A two-dimensional vorticity model of internal tides generated on the continental shelf/slope. Chin. J. Oceanol. Limnol., 1996, 14 (2): 250—260

182 Johnson C L, Cox C S, Gallagher B. The separation of wave-induced and intrusive oceanic Finestructure. J. Phys. Oceanogr., 1978, 8: 846—860

183 Joyce T M. Large-scale variations in small-scale temperature/salinity finestructure in the main thermocline of the northwest Atlantic. Deep-Sea Res., 1976, 23: 1 175—1 186

184 Joyce T M, Desaubies Y J F. Discrimination between Internal waves and temperature finestructure. J. Phys. Oceanogr., 1977, 7: 22—32

185 Katz E J. Profile of an isopycnal surface in the main thermocline of Sargasso Sea. J. Phys. Oceanogr., 1973, 3: 458—469

186 Katz E J, Briscoe M G. Vertical coherence of the internal wave field from towed sensors. J. Phys. Oceanogr., 1979, 9: 518—530

187 Kamke E. 微分方程手册. 张鸿林译. 北京：科学出版社，1977

188 Kitade Y, Matsuyama M. Characteristics of internal tides in the upper layer of Sagami Bay. J. of Oceanography, 1997, 53: 143—159

189 Koop C G. A preliminary investigation of the interaction of internal gravity waves with a steady shearing motion. J. Fluid Mech., 1981, 113: 347—386

190 Krauss W. Interne Wellen. Berlin-Nikolassee, 1966

191 Krauss W. Internal tides resulting from the passage of surface tides through an eddy field. J. Geophys. Res., 1999, 104, C8: 18 323—1 833

192 Kunze E, Briscoe M G, Williams Ⅲ A J. Interpreting shear and strain fine structure from a neutrally buoyant float. J. Geophys. Res., 1990, 95: 18 111—18 125

193 Kunze E, Sun Haili. The role of vertical divergence in internal wave/wave interactions. Dynamics of Oceanic Internal Gravity Waves, Ⅱ. Proceedings 'Aha Huliko'a Hawaiian Winter Workshop, Müller P and Henderson D (editors), University of Hawaii at Manoa, Jan. 18—22, 1999: 223—251

194 Kurapov A L, Egbert G D, Allen J S, *et al.*, The M_2 internal tide off Oregon: Influences from data assimilation. J. Phys. Oceanogr., 2003, 33: 1 733—1 757

195 Kuroda Y, Mitsudera H. Observation of internal tides in the East China Sea with an underwater sliding vehicle. J. Geophys. Res., 1995, 100(C6): 10 801—10 816

196 LaFond E C. Internal waves Part I. the Sea, Volume I, Hill M. N. (General Editor), John Wiley & Sons, New York, 1962, 731—751

197 Lamb H. Hydrodynamics. sixth edition, Cambridge University Press, London, 1975

198 Lamb K G. Numerical experiments of internal wave generation by strong tidal flow across a finite amplitude bank edge. J. Geophys. Res., 1994, 99, C1: 843—864

199 Larsen L H, Cannon G A. Tides in the East China Sea. Proceedings of International Symposium on Sedimentation on the Continental Shelf, with Special

Reference to the East China Sea I, China Ocean Press, 1983: 337—350

200 Laurent L S, Garrett C. The role of internal tides in mixing the deep ocean. J. Phys. Oceanogr., 2002, 32: 2 882—2 899

201 LeBlond P H, Mysak L A. Waves in the Ocean. New York: Elsevier Scientific Pubishing Company, 1978

202 Legg S. Internal tides generated on a corrugated continental slope. Part I: cross-slope barotropic forcing. J. Phys. Oceanogr., 2004, 34: 156—173

203 Legg S, Adcroft A. Internal wave breaking at concave and convex continental slopes. J. Phys. Oceanogr., 2003, 33: 2 224—2 246

204 Lennert-Cody C E, Franks P J S. Phytoplankton patchiness and high-frequency internalwaves. http: //www. whoi. edu/science/AOPE/people/tduda/isww/text/lennert/clennert. html

205 Lerczak J A, Hendershott M C, Winant C D. Observations of the internal tide on the Southern California shelf. Dynamics of Oceanic Internal Gravity Waves, Ⅱ. Proceedings 'Aha Huliko' a Hawaiian Winter Workshop, Muller P. and Henderson D. (editors), University of Hawaii at Manoa, Jan. 18—22, 1999: 29—33

206 Levine M D. Internal waves on the continental shelf. Dynamics of Oceanic Internal Gravity Waves, Ⅱ. Proceedings 'Aha Huliko' a Hawaiian Winter Workshop, edited by Müller P and Henderson D, University of Hawaii at Manòa, Jan., 18—22, 1999

207 Lewis J E, Lake B M, Ko R S. On the interaction of internal waves and surface gravity waves. J. Fluid Mech., 1974, 63 (4): 773—800

208 Liang N K, Liu A K, Peng C Y. A preliminary study of SAR imagery on Taiwan coastal water. Acta Oceanographica Taiwanica. 1995, 34: 17—28

209 Liu A K, Chang Y S, Hsu M K, Liang N K. Evolution of nonlinear internal waves in China Seas, J. of Geophys. Res., 1998, 103, C4: 7 997—8 008

210 Liu A K, Holbrook J R, Apel J R. Nonlinear internal wave evolution in the Sulu Sea. J. Phys. Oceanogr., 1985, 15: 1 613—1 624

211 Liu A K, Hsu M K. Internal Waves in the South China Sea during ASIAEX. Porsec 2002 Bali Proceedings, 2002: 35—38

212 Long R R. A theory of turbulence in stratified fluids. J. Fluid Mech., 1970, 42: 349—365

213 Martin S, Simmons W, Wunsch C. The excitation of resonant triads by single internal waves. J Fluid Mech., 1972, 53 (1): 17—44

214 Mass L, Zimmerman J. Tide-Topography interactions in a stratified shelf sea. I. Basic equations for quasi-nonlinear internal tides. Geophys. Astrophys. Fluid Dym., 1988, 45: 1—35

215 Matsuua T, Hibiya T. An experimental and numerical study of the internal wave generation by tide-topography interaction. J. Phys. Oceanogr., 1990, 20: 506—52

216 Matsuyama M. Numerical experiments of internal tides in Suruga Bay. J. Oceanogr. Soc. Japan, 1985, 41: 145—156

217 Maxworthy T. A note on the internal solitary waves produced by tidal flow over a three-dimension ridge. J. Geophys. Res., 1979, 84, C1: 338—346

218 Maxworthy T. On the formation of nonlinear internal waves from the gravitational collapse of mixed regions in two and three dimensions. J. Fliud. Mech., 1980, 96: 47—64

219 Mazé R. Generation and propagation of non-linear internal waves induced by the tide over a continental slope. Cont. Shelf Res., 1987, 7(9): 1 079—1 104

220 Mazé R, Le Tareau J. Interaction between internal tides and energetic fluxes across the atmosphere-ocean interface over a continental shelf break. J. Mar. Res., 1990, 48: 505—541

221 McComas C H. Equilibrium Mechanics within the oceanic internal wave field. J. Phys. Oceanogr., 1977, 7: 836—845

222 McComas C H, Bretherton F P. Resonant interactions of oceanic internal waves. J. Geophys. Res., 1977, 82: 1 379—1 412

223 McComas C H, Muller P. The dynamic balance of internal waves. J. Phys. Oceanogr., 1981, 11: 970—986

224 McEwan A D. Interactions between internal gravity waves and their traumatic effect on a continuous stratification. Boundary-Layer Meteorology, 1973, 5: 159—175

225 McEwan A D, Baines P G. Shear fronts and an experimental stratified shear flow. J. Fuid Mech., 1974, 63 (2): 257—272

226 McEwan A D, Robinson R M. Parametric instability of internal gravity waves. J. Fluid Mech., 1975, 67(4): 667—687

227 McKean R S. Interpretation of internal wave measurements in the presence of finestructure. J. Phys. Oceanogr., 1974, 4: 200—213

228 Millard R C, Owens W B, Fofonoff N P. On the calculation of the Blunt-Väisäla frequency. Deep-Sea Res., 1990, 37(1): 167—181

229 Millard R C. International oceanographic tables Volume 4. Properties derived from the equation of state of seawawter. UNESCO Technical Papers in Marine Science, Paris, 1986, No. 40

230 Millero F J, Chen C T, Bradshaw A, Schleicher K. A new high pressure equation of state for seawater. Deep-Sea Res., 1980, 27: 255—264

231 Millero F J, Poisson A. International one atmosphere equation of state of

seawater. Deep-Sea Res., 1981, 28: 625—629

232 Miropol'skiy Yu. Property distribution of certain characteristics of internal waves in the ocean. Izv. Acad. Sci. USSR Atmos. Oceanic Phys., Engl. Transl., 1973, 9: 226—230

233 Monaghan J J, Cas R A F, Kos A M, Hallworth M. Gravity currents descending a ramp in a stratified tank. J. Fluid Mech., 1999, 379, 39—70

234 Mowbray D, Rarity B S H. A theortical and experimental investigation of the phase configuration of internal waves of small amplitude in a density stratified fluid. J. Fluid Mech., 1967, 28: 1—16

235 Muller P. On the diffusion of momentum and mass by internal gravity waves. J. Fluid Mech., 1976, 77: 789—823

236 Muller P, Briscoe M. Diapycnal mixing and internal waves. Dynamics of Oceanic Internal Gravity Waves Ⅱ. Proceedings 'Aha Huliko' a Hawaiian Winter Workshop, edited by Müller P and Henderson D, University of Hawaii at Manoa, Jan., 18—22, 1999: 289—294

237 Muller P, Henderson D (editors). Dynamics of Oceanic Internal Gravity Waves. Proceedings 'Aha Huliko'a Hawaiian Winter Workshop, University of Hawaii at Manoa, Jan. 15—18, 1991

238 Muller P, Henderson D (editors). Dynamics of Oceanic Internal Gravity Waves, Ⅱ. Proceedings 'Aha Huliko' a Hawaiian Winter Workshop, University of Hawaii at Manoa, Jan. 18—22, 1999

239 Muller P, Holloway G, Henyey F, Pomphrey N. Nonlinear interactions among internal gravity waves. Rev. Geophys., 1986, 24 (3): 493—536

240 Muller P, Olbers D J. On the dynamics of internal waves in the deep ocean. J. Geophys. Res., 1975, 80: 3 848—3 860

241 Muller P, Olbers D J, Willbrand J. The IWEX spectrum. J. Geophys. Res., 1978, 83: 479—500

242 Müller P, Pujalet R (editors). Internal Gravity Waves and Small-Scale Turbulence. Proceedings 'Aha Huliko' a Hawaiian Winter Workshop. University of Hawaii at Manoa, Jan. 17—20, 1984

243 Muller P, Siedles G. Consistency relations for internal waves. Deep-Sea Res., 1976, 23: 613—628

244 Munk W H. Internal wave spectra at the Buoyant and inertial frequencies. J. Phys. Oceanogr., 1980, 10: 1 718—1 728

245 Munk W H. Internal waves and small-scale processes. Evolution of Physical Oceanographys Scientific in Honor of Henry Stommel, edited by B. A. Warren and C. Wunsch. MIT Press, Cambridge, Mass., 1981, 264—291

246 Munk W H, Wunsch C. Abyssal recipes Ⅱ: energetics of tidal and wind mixing.

Deep-Sea Res. , I, 1998, 45: 1 977—2 010

247 Munk, W H, Zachariasen F. Sound propagation through a fluctuating stratified ocean: theory and observation. J. Acoust. Soc. Am. , 1976, 59: 818—838

248 Neal V T, Neshyba S, Denner W. Thermal stratification in the Arctic Ocean. Science, 1969, 166: 373—374

249 Odell G M, Kobasznak L S G. A new type of water channel with density stratification. J. Fluid Mech. , 1971, 50(3): 535—543

250 Olbers D J. Models of the ocean internal wave field. Reviews of Geophysics and Space Physics, 1983, 21(7): 1 567—1 606

251 Olbers D J, Herterich K. The spectral energy transfer from surface waves to internal waves. J. Fluid Mech. , 1979, 92: 349—380

252 Olbers D J, Muller P, Willbrand J. Inverse technique analysis of a large data set. Phys. Earth Planet. Interiors, 1976, 12: 248—252

253 Orlanski I. A simple boundary condition for unbounded hyperbolic flows. J. Comput. Phys. , 1976, 21: 251—269

254 Orr, M H, Mignerey P C. Nonlinear internal waves in the South China Sea: Observation of the convection of depression internal waves to elevation internal waves, J. Geophys. Res. , 2003, 108, C3, 3064, doi: 10. 1029/2001JC001163

255 Osborne A R, Burch T L, Scarlet R I. The influence of internal waves on deep-water drilling. J. of Petroleum Technology, 1978, 1 497—1 504

256 Oster G. Density Gradients. Sci. Amer. , 1965, 213: 70—76

257 Paquette R. Some statistical properties of ocean currents. Ocean Eng. , 1972, 2: 95—114

258 Petrenko A A, Jones B H, Dickey T D, *et al*. Internal tide effects on a sewage plume at Sand Island, Hawaii. Continental Shelf Res. , 2000, 20: 1—13

259 Phillips O M. The Dynamics of the Upper Ocean. Cambridge University Press, London, 1966

260 Phillips O M. On spectra measured in an undulating layered medium. J. Phys. Oceanogr. , 1971, 1: 1—6

261 Phillips O M. Wave interactions, Nonlinear Waves, Ed. by Leibovich S and Seebass A R, London: Cornell University Press, 1975: 186—211

262 Phillips O M. The Dynamics of the Upper Ocean, 2nd ed. , Cambridge University Press, London, 1977

263 Pineda J. An internal tidal bore regime at nearshore stations along western USA: Predictable upwelling with the lunar cycle. Continental Shelf Res. , 1995, 15: 1 023—1 041

264 Pinkel R. Upper ocean internal wave observations from Flip. J. Geophys. Res. , 1975, 80, 3 892—3 910

265 Pinkel R. Doppler sonar observation of internal waves: The wavenumber frequency spectrum. J. of physical Oceanography, 1984, 14: 1249—1270

266 Pinkel R, Anderson S. On the statistics of fine scale strain in the thermocline. Dynamics of Oceanic Internal Waves, (Muller P and Henderson D eds,), Honolulu, SOEST special publication, 1991, 89—107

267 Pomphrey N, Meiss J D, Watson K M. Description of nonlinear internal wave interactions using Langevin methods. J. Geophys. Res., 1980, 85: 1 085—1 094

268 Priestly M B. Spectral analysis and time series. Academic Press, New York. 1981

269 Rattray M. On the Coastal Generation of Internal Tides. Tellus, 1960, 12: 54—62

270 Remoissenet M. Waves called solitons: concepts and experiments. Springer-Verlag Berlin Heidelberg, 1999

271 Roberts J. Internal Gravity Waves in the Ocean. Marcel Dekker Inc., New York, 1975

272 Russell E S, William W B. The role of internal tides in the nutrient enrichment of Monterey Bay, California. Estuarine, Coastal and Shelf Science, 1982, 15: 57—66

273 Sandstrom H, Quon C. On time-dependent, two-layer flow topography, I. Hydrostatic approximation. Fluid Dyn. Res., 1993, 11: 119—137

274 Sandstrom H, Quon C. On time-dependent, two-layer flow topography, Ⅱ. Evolution and propagation of solitary waves. Fluid Dyn. Res., 1994, 12: 197—215

275 Sandstrom H, Oakey N S. Dissipation in internal tides and solitary waves. J. Phys. Oceanogr., 1995, 25: 604—614

276 Sanford T B. Observations of the vertical structure of internal waves. J. Geophys. Res., 1975, 80: 3 861—3 871

277 Schott F. On horizontal coherence internal wave propagation in the North Sea. Deep-Sea Res., 1971, 18: 291—307

278 Schott F, Willebrand J. On the determination of internal-wave directional spectra from moored instruments. J. Marine Research, 1973, 31(2): 116—134

279 Settles G S. Schlieren and shadowgraph techniques: visualizing phenomena in transparent media. Springer-Verlag, Nov. 2001

280 Sherwin T, Taylor N K. Numerical investigation of linear internal tide generation in the Rockall trough. Deep-Sea Res., 1990, 32: 1 595—1 618

281 Siedler G. Vertical coherence of short-periodic current variations. Deep-Sea Res., 1971, 18: 179—191

282 Siedler G. Observations of internal wave coherence in the deep ocean. Deep-Sea Res., 1974, 21: 587—610

283 Stanislas M, Kompenhans J, Westerweel J (ed). Particle image velocimetry progress towards industrial application. Kluwer Academic Publishers, Dordrecht, Hardbound, April, 2000

284 Stillinger D C, Head M J, Helland K N, Van Atta C W. A closed-loop gravity-driven water channel for density-stratified shear flows. J. Fluid Mech., 1983, 131: 73—89

285 Sullivan P K, Vithanage D. Internal wave measurements in Mamala Bay. Dynamics of Oceanic Internal Gravity Waves, Ⅱ. Proceedings 'Aha Huliko'a Hawaiian Winter Workshop (Eds Muller P and Henderson D), University of Hawaii at Manoa, Jan., 18—22, 1999: 29—33

286 Thorpe S A. Internal gravity waves. PhD Thesis, University of Cambridge. 1966

287 Thorpe S A. A method of producing a shear flow in a stratified fluid. J. Fluid Mech., 1968, 32: 693—704

288 Thorpe S A. On the shape of progressive internal waves. Phil. Trans. Roy. Soc. London, Ser. 1968, A263(1145): 563—614

289 Thorpe S A. Experiments on the stability of stratified shear flow. Radio Science, 1969, 4: 1 327—1 331

290 Thorpe S A. Experiments on the stability of stratified shear flows: miscible fluids. J. Fluid Mech., 1971, 46: 299—319

291 Thorpe S A. The excitation, dissipation, and interaction of internal wave in the deep ocean. J. Geophys. Res., 1975, 80: 328—338

292 Thorpe S A. 75+25=99±1, or some of what we still don't know: Wave groups and boundary processes, Dynamics of Oceanic Internal Gravity Waves, Ⅱ. Proceedings 'Aha Huliko'a Hawaiian Winter Workshop, edited by Müller P. and Henderson D., University of Hawaii at Manoa, Jan. : 18—22, 1999: 129—135

293 Thurman H V. Introductory Oceanography. Fifth Edition, Merrill Publishing Company, Bell & Howell Information Comp., 1988: 241—242

294 Tomczak M Jr, Fang X H. Attempt to determine some properties of the semidiurnal internal tide on the continental slope, Great Barrier Reef. Aust. J. Mar. Freshw. Res., 1983, 34: 921—926

295 Toole J M, Hayes S P. Finescale velocity-density characteristics and Richardson number statistics of the Eastern Equatorial Pacific. J. Phys. Oceangr., 1984, 14: 712—726

296 Turner J S. Buoyancy Effects in Fluids. Cambridge University Press, London, 1979

297 UNESCO. Background papers supporting data on the international equation of state of seawater 1980. UNESCO Technical Marine Science, 1981, No. 38

298 Voorhis A. Measurements of vertical motion and the partition of energy in the New England slope water. Deep-Sea Res., 1968, 15: 599—608

299 Voorhis A D, Perkins H T. The spatial spectrum of short-wave temperature fluctuations in the near-surface thermocline. Deep-Sea Res., 1966, 13: 641—654

300 Wang Yiming, Xu Zhaoting. Internal wave eigenmodes and their weak nonlinear resonant interaction in a nonlinear stratified ocean. Chin. Oceanol. Lim., 1992, 10(1): 44—56

301 Watson K, West B, Cohen B. Coupling of surface and internal gravity waves: a mode coupling model. J. Fluid Mech., 1976, 77: 85—208

302 Watson K M. The coupling of surface and internal gravity waves: Revisited. J. Phys. Oceanogr., 1990, 20: 1 233—1 248

303 Watson K M. On exchange of energy between surface and internal wave fields. Proceedings 'Aha Huliko' a Hawaiian Winter Workshop, Muller P and Henderson D (editors), University of Hawaii at Manoa, Jan. 15—18, 1991: 251—259

304 Webster T F. Observation of inertial period motions in the deep sea. Rev. of Geophys., 1968a, 6: 473—490

305 Webster T F. Vertical profiles of horizontal ocean currents, Deep-Sea Res., 1968b, 16: 85—98

306 Webster T F. On the Hydrodynamics of the Ocean, Lecture, Liege University Second Clloq., 1970, 20—53

307 Webster T F. Estimates of the coherence of ocean currents over vertical distances. Deep-Sea Res., 1972, 19: 35—44

308 White R A. The vertical structure of temperature fluctuations within an oceanic thermocline. Deep-Sea Res., 1967, 14: 613—623

309 Wijesekera H W, Dillon T M. Internal waves and mixing in the upper equatorial Pacific Ocean. J. Geophys. Res., 1991, 96(C4): 7 115—7 125

310 Willebrand J, Muller P, Olbers D J. Inverse analysis of the trimoored internal wave experiment (IWEX). AD A055741, 1978

311 Willmott A J, Edwards P D. A numerical model for the generation of tidally forced nonlinear internal waves over topography. Cont. Shelf Res., 1987, 7(5): 457—484

312 Woods, J D. Wave induced shear instability in the summer thermocline. J. Fluid Mech., 1968, 32: 791—800

313 Wright L D, Yang Z S, Rornhold B D, *et al*. Short period internal waves over the Huanghe (Yellow River) Delta front. Geo-Marine Letters, 1986, 6(2): 115—120

314 Wu J, Mixed region collapse with internal wave generation in a density-stratified medium. J. Fluid Mech., 1969, 35(3): 531—544

315 Wunsch C, Deep ocean internal waves: What do we really know? J. Geophys.

Res. , 1975, 80 (3): 339—343

316 Xiao Liang, Fang Xinhua, Directional spectra and eigen-solutions of vertically standing wavemodes of internal waves in shallow seas. Chin. J. Oceanol. Limnol. , 1991, 9(1): 25— 32

317 Xu Zhaoting, *et al*. Generation of nonlinear internal waves on continental shelf. J. of Hydrodynamics, Ser. B, 2001, 3: 127—132

318 Xu Zhaoting, The propagation of internal waves in non-homogeneous ocean with the basic currents. Science in China, Ser. B. 1992, 35(6): 709—721

319 Xu Zhaoting, Shen S S. Nonlinear modulation of the short internal waves in the weakly stratified ocean. Chin. Oceanol. Lim. , 1991, 9(4): 364—374

320 Xue H, F. Chai N. Pettigrew, *et al*. Kuroshio intrusion and the circulation in the South China Sea. J. Geophys. Res. , 2004, 109: C02017, doi: 10. 1029/2002JC001724

321 Yih C-S. Stratified Flows. Academic Press, New York, 1980

322 Zabusky N J, Krusal M D. Interaction of "Solitons" in a collisionless plasma and the recurrence of the initial states. Phys. Rev. Lett. , 1965, 15(4): 240—243

323 ZalKan R L. High frequency internal waves in the Pacific Ocean. Deep-Sea Res. , 1970, 17: 91—108

324 Zeng K, Alpers W. Generation of internal solitary waves in the Sulu Sea and their refraction by bottom topography studied by ERS SAR imagery and a numerical model. Int. J. Remote Sensing, 2004, 25(7—8): 1 277—1 281

325 Zhao Junsheng, *et al*. Analysis of wave packet structure for tidally-generated internal waves in offshore areas, Acta Oceanologica Sinica, 1987, 6, supp. I: 96—104

326 Zhao Z, V. Klemas, Q. Zheng, Yan X H. Remote sensing evidence for baroclinic tide origin of internal solitary waves in the northeastern South China Sea, Geophys. Res. Lett, 2004, 31: L06302, doi: 10. 1029/2003Gl019077

327 Zheng Q, Klemas V, Yan X-H, Pan J. Nonlinear evolution of ocean internal solitons as propagating along an inhomogeneous thermocline. J. Geophys. Res. , 2001, 106(C7), 14 083—14 094

328 Zheng Q, Yuan Yeli, Klemas V, Yan X-H. Theoretical expression for an ocean internal soliton synthetic aperture radar image and determination of the soliton characteristic half width. J. Geophys. Res. , 2001, 106 (C11), 31 415—31 423

329 Ziegenbein J. Short internal waves in the Strait of Gibraltar. Deep-Sea Res. , 1969, 16: 479—487

330 Каменкович В М и Кулаков А В. К вопросуо влиянии вращения на волныв стратифицированном океане. Океанология, 1977, 3(12): 400—410

331 Федоров К Н. Виутренние волны и вертикалъная термохалинная микроструктура океана: Внутренние Волны в Окиане. Новосибирк, СО АН СССР, 1972, 90—118

Res., 1975, 80 (3): 339 – 343.

316. Mao Jifang, Fang Xinhua. Directional spectra and eigenfunctions of vertically standing wave modes of internal waves in shallow seas. Chin. J. Oceanol. Limnol., 1991, 9(1): 25 – 32.

317. Xu Zhaoting et al. Generation of nonlinear internal waves over continental shelf. J. Hydrodynamics, Ser. B, 2001, 3: 125 – 132.

318. Xu Zhaoting. The propagation of internal waves in an inhomogeneous ocean with the basic currents. Science in China, Ser. B, 1992, 35(6): 707 – 722.

319. Xu Zhaoting, Shen Y. S. Nonlinear modulation of the short internal waves in the North Equatorial Ocean. Chin. J. Oceanol. Limnol., 1991, 9(1): 264 – 271.

320. Xue H, Fei Chai, Pettigrew, et al. Kuroshio intrusion and the circulation in the South China Sea. J. Geophys. Res., 2004, 109, C02017, doi: 10.1029/2002JC001724.

321. Yih C. S. Stratified flows. Academic Press, New York, 1980.

322. Zabusky N. J., Kruskal M. D. Interaction of "solitons" in a collisionless plasma and the recurrence of the initial states. Phys. Rev. Lett., 1965, 15(6): 240 – 243.

323. Zalkan R. L. High frequency internal waves in the Pacific Ocean. Deep-Sea Res., 1970, 17: 91 – 108.

324. Zeng K, Alpers W. Generation of internal solitary waves in the Sulu Sea and their refraction by bottom topography studied by ERS SAR imagery and a numerical model. Int. J. Remote Sensing, 2004, 25(7 – 8): 1277 – 1281.

325. Zhao Junsheng, et al. Analysis of wave packet structure for tidally generated internal waves in offshore areas. Acta Oceanologica Sinica, 2004, 23, suppl. 1: 1 – 10.

326. Zhao Z. X., Klemas V., Zheng Q., Yan X. H. Remote sensing evidence for baroclinic tide origin of internal solitary waves in the northeastern South China Sea. Geophys. Res. Lett., 2004, 31, L06302, doi: 10.1029/2003GL019077.

327. Zheng Q, Klemas V, Yan X-H, Pan J. Nonlinear evolution of ocean internal solitons propagating along an inhomogeneous thermocline. J. Geophys. Res., 2001, 106(C7): 14083 – 14094.

328. Zheng Q, Yuan Yeli, Klemas V, Yan X-H. Theoretical expression for an ocean internal soliton synthetic aperture radar image and determination of the soliton characteristic half width. J. Geophys. Res., 2001, 106(C12): 31415 – 31423.

329. Ziegenbein J. Short internal waves in the Strait of Gibraltar. Deep-Sea Res., 1969, 16(5): 479 – 487.

330. Каменкович В. М. и Кулаков А. В. К вопросу о влиянии вращения Земли на волны в стратифицированном океане. Океанология, 1977, 17(3): 386 – 410.

331. Черкесов Л. В. Внутренние волны в неоднородной жидкости и процессы в океане. Внутренние волны в океане. Новосибирск, СО АН СССР, 1984: 5 – 125.